国家科学技术学术著作出版基金赞助出版

Flora of Hangzhou

杭州植物志

（第3卷）

《杭州植物志》编纂委员会　编著

总主编　余金良　卢毅军　金孝锋　傅承新

卷主编　陈伟杰　胡江琴

ZHEJIANG UNIVERSITY PRESS
浙江大学出版社

Flora of Hangzhou

Volume 3

Editor
Editorial Board of *Flora of Hangzhou*

Editors-in-chief
Yu Jinliang Lu Yijun Jin Xiaofeng Fu Chengxin

Volume Editors-in-chief
Chen Weijie Hu Jiangqin

ZHEJIANG UNIVERSITY PRESS
浙江大学出版社

图书在版编目(CIP)数据

杭州植物志. 第3卷 /《杭州植物志》编纂委员会编著. —杭州：浙江大学出版社，2017.12

ISBN 978-7-308-17076-5

Ⅰ.①杭… Ⅱ.①杭… Ⅲ.①植物志—杭州 Ⅳ.①Q948.525.51

中国版本图书馆CIP数据核字（2017）第155278号

杭州植物志(第3卷)

《杭州植物志》编纂委员会 编著

责任编辑 季峥(really@zju.edu.cn)

责任校对 张 鸽

装帧设计 续设计

出版发行 浙江大学出版社

(杭州市天目山路148号 邮政编码310007)

(网址：http://www.zjupress.com)

排　　版 杭州林智广告有限公司

印　　刷 浙江印刷集团有限公司

开　　本 787mm×1092mm 1/16

印　　张 31.5

插　　页 4

字　　数 830千

版 印 次 2017年12月第1版 2017年12月第1次印刷

书　　号 ISBN 978-7-308-17076-5

定　　价 288.00元

内容简介

本卷共记载杭州八区（上城区、下城区、江干区、拱墅区、西湖区、滨江区、萧山区、余杭区）的野生和习见栽培的被子植物39科，302属，595种，6亚种，43变种，3变型；其中包括本志作者最近发表的杭州新记录11个。每种植物有名称、形态特征、产地、生长环境、分布及用途等的介绍，并附有插图531幅及彩照50幅。另有附录介绍杭州珍稀植物与古树名木、采自杭州的植物模式标本。

SUMMARY

This volume documents 39 families, 302 genera, 595 species, 6 subspecies, 43 varieties and 3 forms of wild or cultivated angiosperms in 8 districts of Hangzhou (Shangcheng, Xiacheng, Jianggan, Gongshu, Xihu, Binjiang, Xiaoshan, Yuhang). Noticeably the volume includes 11 new records of species in Hangzhou discovered and published by the authors. Description of each species includes its scientific name, morphological characteristics, place of origin, growing environment, distribution, and economic use etc. The volume includes 531 illustrations and 50 color photographs. Appendices introduce rare and endangered species, old and famous trees in Hangzhou, and type specimens collected in Hangzhou.

《杭州植物志》编纂委员会

本卷编著者

玄参科	陈　川 / 杭州植物园
紫葳科	谭远军 / 杭州植物园
胡麻科、爵床科、石蒜科	张鹏翀 / 杭州植物园
列当科	王雪芬 / 杭州植物园
苦苣苔科	应求是 / 杭州植物园
葫芦科	高　瞻 / 杭州植物园
茜草科	张永华 / 浙江大学
狸藻科	谢春香、赵云鹏 / 浙江大学
车前科、芭蕉科、姜科	丁华娇 / 杭州植物园
桔梗科、败酱科	陈建民 / 杭州师范大学
忍冬科	卢毅军、钱江波 / 杭州植物园
菊科（舌状花亚科）	熊先华 / 杭州师范大学
菊科（管状花亚科）	胡江琴 / 杭州师范大学
禾本科（竹亚科）	曾新宇 / 杭州植物园
禾本科（禾亚科）	陈伟杰、岑佳梦、金孝锋 / 杭州师范大学
天南星科、浮萍科、棕榈科	赵云鹏 / 浙江大学
茨藻科、泽泻科、水鳖科、眼子菜科、香蒲科、黑三棱科	鲁益飞、何金晶 / 杭州师范大学
莎草科	金孝锋 / 杭州师范大学
谷精草科、雨久花科	曹亚男、邱英雄 / 浙江大学
鸭跖草科、灯心草科	傅承新 / 浙江大学
百部科、百合科、鸢尾科、兰科	李　攀 / 浙江大学
薯蓣科	王丹丹、赵云鹏 / 浙江大学
美人蕉科	章银柯 / 杭州植物园
竹芋科	张巧玲 / 杭州植物园
附录一　杭州珍稀植物与古树名木	卢毅军、王　挺 / 杭州植物园
附录二　采自杭州的植物模式标本	金孝锋 / 杭州师范大学
封面绘图	陈钰洁 / 杭州植物园

序

杭州是历史文化名城、风景名城，亦是世界名城。区内自然条件优越、地形多样，蕴藏着丰富的植物资源，其野生植物区系很有地域代表性。我国近代植物采集家和分类学家钟观光，以及其他著名植物学家钱崇澍、胡先骕、郑万钧、秦仁昌等，对杭州的植物做了大量的调查研究，之后，方云亿、张朝芳、郑朝宗等又做了很多深入的研究工作。这些工作都为《杭州植物志》的编写提供了宝贵的素材。在《杭州植物志》的编写工作中，又涌现了一批有志于从事植物资源调查与分类研究的年轻人，这对浙江乃至我国的植物分类的研究很有裨益。

随着时间、经济和社会的发展，一个地区的植物种类、分布、数量等都在不断变化，区域性植物志书的编写是了解和认识当地植物的必备参考书。杭州植物园、浙江大学和杭州师范大学联合在杭州开展了深入的野外调查，及时把握调查区域植物区系格局动态变化，编写《杭州植物志》，共收集维管束植物184科，1797种，新增植物种类百余种，为查清该地区内的植物物种多样性作出了重要贡献。本书的编写出版是对杭州近几十年来的植物考察、采集和研究工作的总结，为该地区的植物学研究提供了基础资料，也为《浙江植物志》（第二版）的编写提供了重要的参考资料。

该书参考并吸收了*Flora of China*中的部分新见解，按APG Ⅲ分类系统（2009），对部分科的次序进行调整，在学术思想上与时俱进，值得肯定。作为记载杭州植物的专著，正式出版的《杭州植物志》将在该地区的植物研究、教学、科学普及，环境保护，园林绿化等多领域发挥重要的作用。

中国植物学会名誉理事长

中国科学院院士

2017年5月

前言

杭州市地处长江三角洲南沿和钱塘江流域，中亚热带北缘，全市平均森林覆盖率为62.8%。杭州市辖上城区、下城区、江干区、拱墅区、西湖区、滨江区、萧山区、余杭区、富阳区、临安区10个区，建德1个县级市，桐庐、淳安2个县，全市总面积为16596km²。市内最高处在临安清凉峰，最低处在余杭东苕溪平原。市内地形复杂多样，山地、丘陵、平原兼有，江河湖溪，水系密布，地势高低悬殊，局部地区小气候资源丰富。其优越的自然条件和地理环境为植物生长提供了良好的条件，蕴藏的物种资源丰富，其中不乏珍稀、特有且起源古老的植物，以及众多的资源植物。

有关杭州植物的调查记载由来已久。20世纪初，日本的Honda首次对杭州的维管束植物进行了较系统的采集，Matsuda著有记录485种植物的名录。从1918年开始，我国近代植物采集家和分类学家钟观光在杭州及周边地区采集标本，并在1927年其任教于浙江大学农学院兼任西湖博物馆自然部主任期间，建立了植物标本室。之后，我国著名植物学家钱崇澍、胡先骕、郑万钧、秦仁昌等也对杭州的植物做了大量的调查研究。

从20世纪50年代开始，浙江师范学院、杭州植物园结合学生实习及杭州植物园建设，开展了杭州植物资源调查，采集了大量的植物标本。许多学者开展了分类学研究。其中，杭州植物园1982年编印的《杭州维管束植物名录》系统记载了杭州及近郊地区植物；郑朝宗教授1986年编印的《杭州西湖山区及近郊地区野生和常见栽培种子植物名录》记载了种子植物1469种。1993年，《浙江植物志》正式出版，其中记载了大量分布于杭州的植物。这些研究都为《杭州植物志》的编写提供了宝贵的资料。

近年来，随着杭州市经济迅猛发展、城市化进程加剧、旅游业升温、人类生产活动愈加频繁、外来植物被大量引进，这些因素都对当地自然环境产生强烈干扰，植物的种类、数量和动态都发生了改变，上述资料已经不能充分反映现有植物的真实状况。因此，系统地开展杭州市辖区植物资源调查，编写《杭州植物志》，将对杭州地区野生植物资源的研究、保护、开发和可持续性利用发挥重要的作用。鉴于此，从2012年开始，在杭州市科学技术委员会和杭州市西湖风景名胜区管委会（杭州市园林文物局）的资助下，杭州植物园联合杭州师范大学、浙江大学，组织多名有志于从事植物资源调查和分类学研究的人员，启动《杭州植物志》的编纂工作。其间，《杭州植物志》编纂委员会共组织4支调查队伍，开展了30多次不同规模的野外调查，尤其对之前留有空白和力所未及的地方做了重点补充调查，同时邀请了有关专家对部分疑难标本鉴定、书稿编写等工作进行全面指导。

本志在编写和出版过程中，还获得了国家科学技术学术著作出版基金的资助，得到了浙江大学出版社的大力支持。除杭州植物园标本馆外，浙江大学、杭州师范大学、浙江省自然博物馆、浙江农林大学等单位的标本馆在标本的查阅方面给予了巨大的帮助。除编委会所有成员外，参与本书编写工作的还有杭州植物园的胡中、江燕、刘锦、谭远军、王雪芬、吴玲、张巧玲、章丹峰、李晶萍、陈晓云、俞亚芬、魏婷、冯玉、陈钰洁、童军平，杭州师范大学的陈慧、岑佳梦、赵晓超、滕童莹、倪炎栋、杨王伟、何金晶，浙江大学的包慕霞、陈楠、樊宗、方囡、姜瑞、李熠婷、刘盛锋、刘世俊、刘燕婧、穆方舟、聂愉、帅世民、宋岳林、孙晨番、王丹丹、王裕舟、谢春香、张乃方、张衔远、郑丽、钟悦陶、周凯悦等，在此一并表示衷心的感谢！

在本志出版之际，还要特别感谢浙江大学出版社的老师们，正是有了他们的不懈努力，才能使本书顺利出版。

由于我们的调查积累和研究水平有限，即使我们做了很大的努力，仍难免会存在遗漏和错误，恳请读者批评指正。

《杭州植物志》编纂委员会

2017年1月

说明

1. 本志主要记录杭州市城区野生及常见栽培维管束植物，由于本志的大部分编纂工作在富阳、临安撤市设区前已完成，所以本志仅对杭州八区（上城区、下城区、江干区、拱墅区、西湖区、滨江区、萧山区、余杭区）的野生及常见栽培的维管束植物进行了系统记录。由杭州植物园、杭州师范大学和浙江大学的相关专家组织成立编纂委员会，具体负责本志的编研工作。

2. 本志中各大类群采用的分类系统分别为：蕨类植物参考*Flora of China*采用的分类系统（2013）；裸子植物采用郑万钧分类系统（1978）；被子植物采用恩格勒系统（1964），其中部分科的位置参考了APG（被子植物系统发育组）Ⅲ分类系统（2009）。科的编号基本遵循分类系统中的次序，属和种（含种下分类群）的编号依据检索表中的次序编排。

3. 本志共分三卷：第一卷包括概论（含自然概况、采集简史、植物区系特征、资源植物）、各论中的石松类与蕨类植物门、裸子植物门、被子植物门的三白草科至蔷薇科介绍；第二卷包括被子植物门的悬铃木科至茄科介绍；第三卷包括被子植物门的玄参科至兰科介绍，并附有杭州珍稀濒危植物与古树名木、采自杭州的植物模式标本介绍。

4. 本志旨在全面反映和介绍杭州八区区域内的植物，在标本考证和文献记载的基础上尽可能多地收集种类。所记载的科、属、种系以历年所采标本为主要依据，对部分仅有文献记载而未见标本、现在调查时很难见到的也予以保留，并加以说明。所记载的科、属有名称、形态特征、所含属种数目、地理分布的介绍。对含有2个以上属的科和2个以上种的属附有分属、分种检索表。每种植物均有名称、形态特征、产地、生长环境、分布及用途的介绍，除极少数种外，均附有插图。对误定或有争论的种类在最后会加以讨论。

5. 本志中的植物名称一般采用*Flora of China*、《中国生物物种名录》（2013年光盘版）、《浙江植物志》《浙江种子植物鉴定检索手册》上的名称。如有不一致的，由作者考证后选用。学名的异名仅列出最常见的或与本地区相关的。在陈述性段落及检索表中，拉丁名用斜体表示；但在单独列项进行详细描述时及拉丁名索引中，拉丁名的正名用黑体正体，异名用斜体表示。

6. 本志中的插图部分主要引自《浙江植物志》《天目山植物志》《天目山药用植物志》（部分种类的线描图经过重新描绘），有极少数参考了其他有关书籍。彩色照片由王挺、高亚红、李攀、卢毅军提供。

目录

116. 玄参科 Scrophulariaceae

草本,有时灌木,很少乔木。叶互生,对生,轮生,或基部对生、顶部互生;无托叶。花序总状、穗状或聚伞状,常组成圆锥花序顶生;花两性,通常两侧对称,很少辐射对称;花萼多为4~5裂,少6~8裂,常宿存;花冠合瓣,4~5裂,常二唇形。雄蕊多为4枚,二强,少数为2或5枚,其中可有1~2个退化,着生于花冠管上,花药1~2室,药室分离或多少会合;子房上位,2室,很少顶部1室,胚珠多数,少数仅2颗,花柱1枚,柱头2裂或头状。蒴果,少有浆果状,室间或室背开裂,或顶孔开裂,极少数不开裂;种子多粒,有时具翅或有网状种皮,具肉质胚乳,胚平直或稍弯。

约220属,4500种,世界各地均有分布,以温带地区为最多;我国有61属,681种,主要分布于我国西南部;浙江有30属,65种;杭州有13属,30种。

分属检索表

1. 乔木 …………………………………………………… 1. **泡桐属** *Paulownia*
1. 草本,有时基部木质化,稀灌木。
  2. 叶片下面具腺点;花萼下常有1对小苞片;蒴果4瓣裂 ………………… 2. **石龙尾属** *Limnophila*
  2. 叶片下面无腺点;花萼下小苞片有或无;蒴果2或4瓣裂。
    3. 花冠基部呈囊状,下唇隆起,多少封闭喉部,使花冠呈假面状;蒴果在顶端不规则开裂 …………… …………………………………………………… 3. **金鱼草属** *Antirrhinum*
    3. 花冠基部不呈囊状,亦不呈假面状;蒴果不裂或规则的2或4瓣裂。
      4. 雄蕊2枚。
        5. 叶对生,或在茎上部互生或轮生;花冠管很短;蒴果顶端微凹 …… 4. **婆婆纳属** *Veronica*
        5. 叶全部互生;花冠管较长;蒴果顶端全缘 ………………… 5. **腹水草属** *Veronicastrum*
      4. 雄蕊4枚,若为2枚,则花冠前方有2枚退化雄蕊。
        6. 花冠上唇多少向前方弓曲呈盔状或为狭长的倒舟状。
          7. 花萼基部无小苞片 ………………………………… 6. **松蒿属** *Phtheirospermum*
          7. 花萼基部有2枚小苞片。
            8. 花萼筒状,5裂,花冠黄色;蒴果线形;叶片羽状分裂;茎基部具寻常叶 ……………… ………………………………………… 7. **阴行草属** *Siphonostegia*
            8. 花萼筒状,4裂,花冠淡红色;蒴果卵球形;叶片线状披针形;茎基部具鳞片状叶 …… ………………………………………… 8. **鹿茸草属** *Monochasma*
        6. 花冠上唇伸直或向后翻卷,绝不呈盔状或倒舟状。
          9. 花萼有5枚翅或5条棱,浅裂而成萼齿 ………………… 9. **蝴蝶草属** *Torenia*
          9. 花萼无翅亦无明显的棱,深裂成明显的5裂。
            10. 能育雄蕊2枚,花冠前方有2枚退化雄蕊;水生或湿生草本 …………………… ………………………………………… 10. **虻眼属** *Dopatrium*
            10. 能育雄蕊4枚;陆生草本。
              11. 花冠在花蕾中下唇包裹上唇,盛开时大而呈喇叭状,长超过3cm;基生叶呈莲座

状,茎生叶发达至几乎不存在,叶片大,具长柄 ……… 11. **毛地黄属** *Digitalis*

11. 花冠在花蕾中上唇包裹下唇,盛开时小得多,明显呈唇形;叶多茎生,基生叶少或呈莲座状。

12. 花萼5深裂而达基部,如浅裂,则蒴果披针状狭长;花丝常有附属物 ……………………………………………………………… 12. **母草属** *Lindernia*

12. 花萼钟状,裂达一半左右;蒴果短;花丝无附属物 … 13. **通泉草属** *Mazus*

1. 泡桐属 Paulownia Siebold & Zucc.

落叶乔木。除老枝外,全体均被毛。叶对生,大而有长柄,全缘或3~5浅裂,无托叶。花大,由小聚伞花序再排成顶生的各式圆锥花序;花萼革质,5裂,稍不等,裂片肥厚;花冠管长,上部扩大,裂片5枚,唇形;雄蕊4枚,二强,不伸出,花丝近基部处扭卷,花药分叉;子房2室,花柱上端微弯,约与雄蕊等长。蒴果,室背开裂成2瓣,果皮木质化;种子小而多粒,有膜质翅。

7种,分布于我国和日本;我国有6种;浙江有5种;杭州有4种。

本属植物均为阳性速生树种,材质优良,为家具、航空模型、乐器及胶合板等的良材;花大而美丽,又可供庭院观赏等用;近年来发现泡桐的叶、花等可入药。

分种检索表

1. 小聚伞花序有明显的花序梗,花序梗与花梗近等长,花序较狭,呈金字塔形、狭圆锥形或圆柱形。

2. 蒴果卵球形,稀卵状椭圆球形,长3~5.5cm;花序金字塔形或狭圆锥形,花冠紫色至粉红色,腹部有2条明显纵褶 ……………………………………………… 1. **兰考泡桐** *P. elongata*

2. 蒴果长圆球形或长圆球状椭圆形,长6~7cm;花序圆柱形,花冠白色,仅背面稍带紫色或浅紫色,腹部无明显纵褶 ……………………………………………… 2. **白花泡桐** *P. fortunei*

1. 小聚伞花序除位于下部者外无花序梗或仅有较花梗短得多的花序梗,花序圆锥形。

3. 蒴果卵球形;小聚伞花序无花序梗或仅位于下部者有极短花序梗,花萼深裂达1/2或超过1/2,在果期常强烈反折,具不脱落的毛 ……………………………………… 3. **台湾泡桐** *P. kawakamii*

3. 蒴果椭圆球形;小聚伞花序具比花梗短得多的花序梗,花萼浅裂,仅达1/3~2/5处,具脱落或稀不脱落的毛 ……………………………………………… 4. **南方泡桐** *P. taiwaniana*

1. 兰考泡桐 (图3-1)

Paulownia elongata S. Y. Hu

落叶乔木,高10m以上。树冠宽圆锥形,全体具星状茸毛。小枝褐色,有凸起的皮孔。叶片通常卵状心形,长达34cm,先端渐尖而狭长,基部心形或近圆形,下面密被无柄的树枝状毛。花序枝的侧枝不发达,花序金字塔形或狭圆锥形,长约30cm;小聚伞花序的花序梗几与花梗等长,具花3~5朵;花萼倒圆锥形,长1.5~2cm,裂片5枚,卵状三角形;花冠漏斗状钟形,紫色至粉红色,长7~9.5cm,花冠管在基部以上稍稍拱曲,外面有腺毛和星状毛,内面无毛而有紫色细小斑点;雄蕊长达2.5cm;子房和花柱有腺。蒴果常卵球形,长3.5~5cm,有星状茸毛,顶端具长4~5mm的喙,果皮厚,宿存萼碟状;种子连翅长4~5mm。花期4—5月,果期8—10月。$2n=40$。

区内有栽培。分布于安徽、河北、河南、湖北、江苏、山东、山西、陕西，多数栽培，河南有野生。

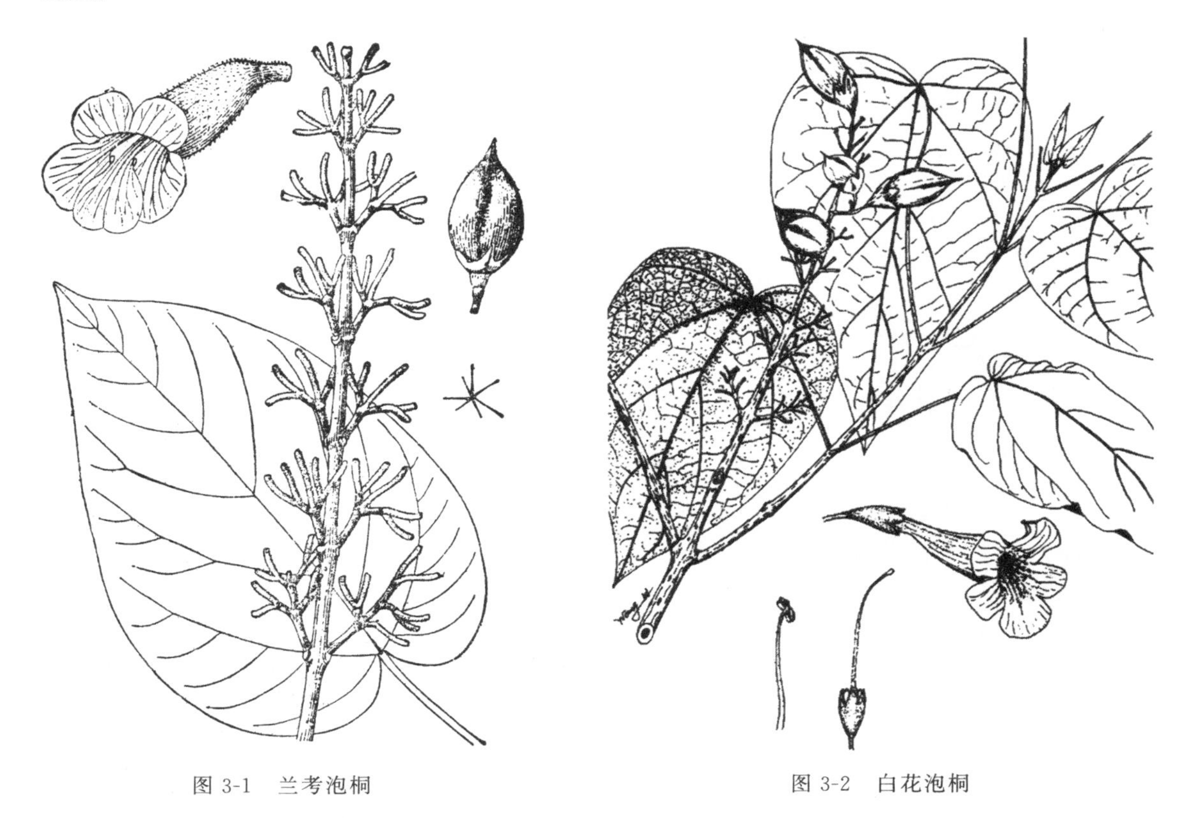

图 3-1 兰考泡桐

图 3-2 白花泡桐

2. 白花泡桐 (图 3-2)

Paulownia fortunei (Seem.) Hemsl. ——*Campsis fortunei* Seem. ——*P. duclouxii* Dode

落叶乔木，高达 30m。树冠圆锥形。幼枝、叶、花序各部和幼果均被黄褐色星状茸毛，叶柄、叶片上面和花梗老时无毛。叶片长卵状心形或卵状心形，长达 20cm，先端长渐尖或锐尖；叶柄长达 12cm。花序枝几无或仅有短侧枝，花序狭长几成圆柱形，长约 25cm，小聚伞花序有花 3～8 朵，花序梗几与花梗等长；花萼倒圆锥形，长 2～2.5cm，分裂至 1/4～1/3 处；花冠筒状漏斗形，白色，仅背面稍带紫色或淡紫色，长 8～12cm，花冠管在基部以上不突然膨大，稍向前曲，腹部无明显纵褶，内部密布紫色细斑块；雄蕊长 3～3.5cm。蒴果长圆球形或长圆球状椭圆形，长 6～10cm，顶端之喙长达 6mm，宿存萼开展或漏斗状，果皮木质；种子连翅长 6～10mm。花期 3—4 月，果期 7—8 月。$2n=40$。

区内常见野生和栽培，生于路边、平坡、山上阳面或用于园林景观配置。分布于安徽、福建、广东、广西、贵州、湖北、湖南、江西、云南、四川、台湾。

本树种对二氧化硫、氯气等有毒气体有较强的抗性。

3. 台湾泡桐 (图 3-3)

Paulownia kawakamii T. Itô——*P. rehderiana* Hand.-Mazz. ——*P. thyrsoidea* Rehder

落叶小乔木，高 6～12m。树冠呈伞形，主干较低；小枝灰褐色，有明显皮孔。叶片心形，长达 48cm,先端急尖,全缘,有时 3～5 浅裂或有角,叶片两面均被有黏毛,老时呈现单一粗毛,上面常有腺;叶柄较长。花序枝的侧枝发达,几与中央主枝等长或稍短,花序为宽大圆锥形,长可达 1m;小聚伞花序几无花序梗,有时位于下部者具短花序梗,但比花梗短,有黄褐色茸毛,常具 3 朵花;花萼具明显的凸脊,深裂至 1/2 以上,裂片狭卵圆形,急尖;花冠近钟形,浅紫色至蓝紫色,长 3～5cm,外面有腺毛,花冠管基部细缩,向上扩大。蒴果卵球形,长 2.5～4cm,顶端有短喙,果皮薄,宿存萼常强烈反卷;种子长圆形,连翅长 3～4mm。花期 4—5 月,果期 8—9 月。$2n=40$。

见于西湖区(留下)、余杭区(塘栖)、西湖景区(上天竺、云栖),生于山坡灌丛、疏林及荒地。分布于福建、广东、广西、贵州、江西、台湾。

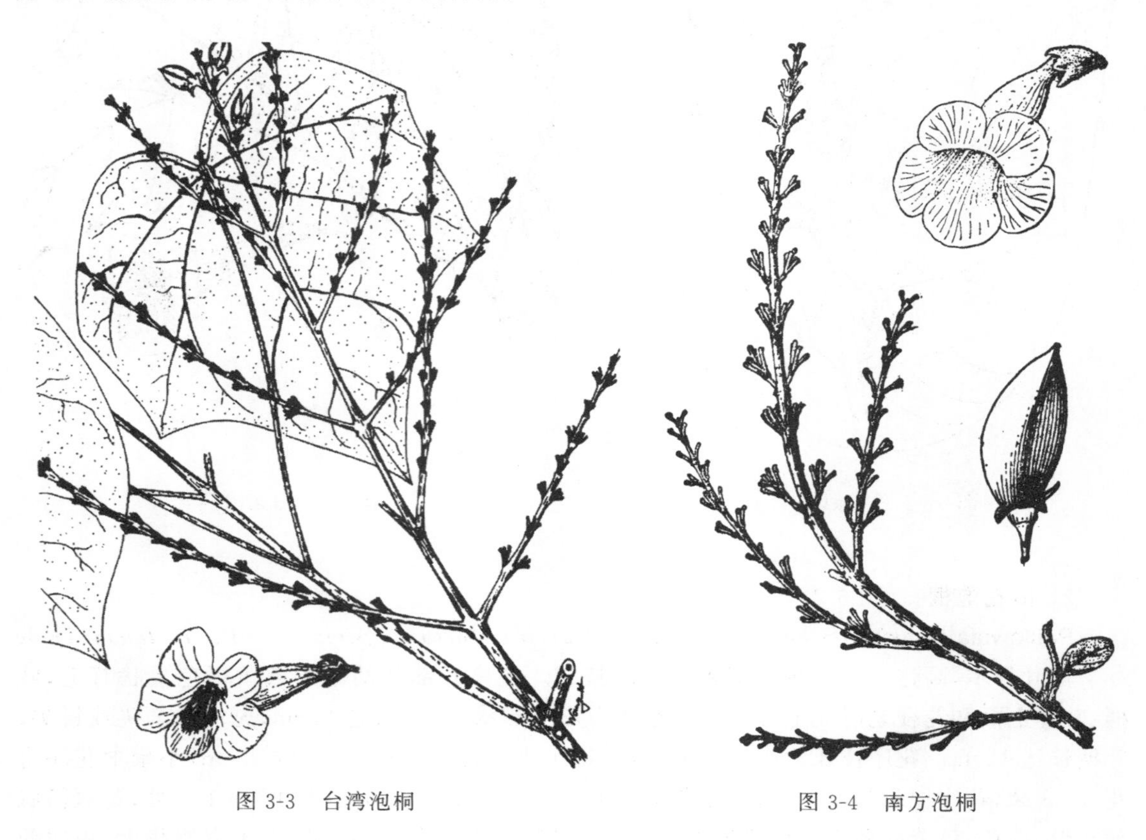

图 3-3　台湾泡桐　　图 3-4　南方泡桐

4. **南方泡桐**　(图 3-4)

Paulownia taiwaniana T. W. Hu & H. J. Chang——*P. australis* Gong Tong

落叶乔木。树冠呈伞形;枝下高达 5m,枝条开展。叶片卵状心形,全缘,有时浅波状而有角,先端急尖,下面密被黏毛或星状茸毛。花序枝宽大,侧枝长超过中央主枝之半,花序呈宽圆锥形,长达 80cm;小聚伞花序仅位于花序顶端者有不明显的花序梗;花萼在开花后部分毛脱落,浅裂;花冠紫色腹部稍带白色并有 2 条明显纵褶,长 5～7cm。蒴果椭圆球形,长约 4cm,幼时具有星状毛。花期 3—4 月,果期 7—8 月。

见于西湖景区(宝石山),生于山坡灌丛。分布于福建、湖南、广东。

2. 石龙尾属 Limnophila R. Br.

一年生或多年生草本，有腺点，揉搓后常有香味。茎直立、平卧或匍匐，单生或多分枝。叶对生或轮生；叶片有齿缺或分裂，沉水的为羽状细裂。花无梗或有梗，单生或排列成顶生或腋生的穗状或总状花序；小苞片2枚或不存在；花萼筒状，5裂，近于相等或后方1枚较大，萼筒上的脉不明显或为5条凸起的纵脉，或在果成熟时具多数凸起的条纹；花冠管状或漏斗状，5裂，裂片呈二唇形，上唇全缘或2裂，下唇3裂；雄蕊4枚，内藏，二强，后方1对较短，药室具柄，柱头呈2片状。蒴果卵球形或长椭圆球形，为宿存萼所包，室间或室背开裂；种子小，多粒。

约40种，分布于亚洲、非洲、大洋洲；我国有10种，产于东北至西南部；浙江有1种；杭州有1种。

石龙尾 （图3-5）

Limnophila sessiliflora（Vahl）Blume——*Hottonia sessiliflora* Vahl——*Ambulia sessiliflora* (Vahl) Baillon ex Wettstein

多年生水生草本。茎细长，长10～20cm，沉水部分无毛或几无毛，气生部分长6～40cm，单生或多少分枝，被多节短柔毛，稀几无毛。叶3～8轮生；沉水叶片多裂，裂片细而扁平或毛发状，无毛，有短柄；气生叶片通常羽状深裂或羽状全裂，长6～15mm，无毛，密被腺点，具1～3条脉，无柄。花单生于叶腋；花萼下常有1对小苞片；花萼狭钟形，裂片披针形，先端长尖，被多节短柔毛；花冠长6～12mm，紫红色或粉红色。蒴果近于圆球形，两侧扁，具宿存萼，4瓣裂；种子长圆球形。花、果期8—10月。

见于西湖景区（九溪），生于水塘、路边。分布于安徽、福建、广东、广西、贵州、河南、湖南、江苏、江西、辽宁、四川、云南；日本、朝鲜半岛、越南、马来西亚、印度尼西亚、不丹、尼泊尔、印度也有。

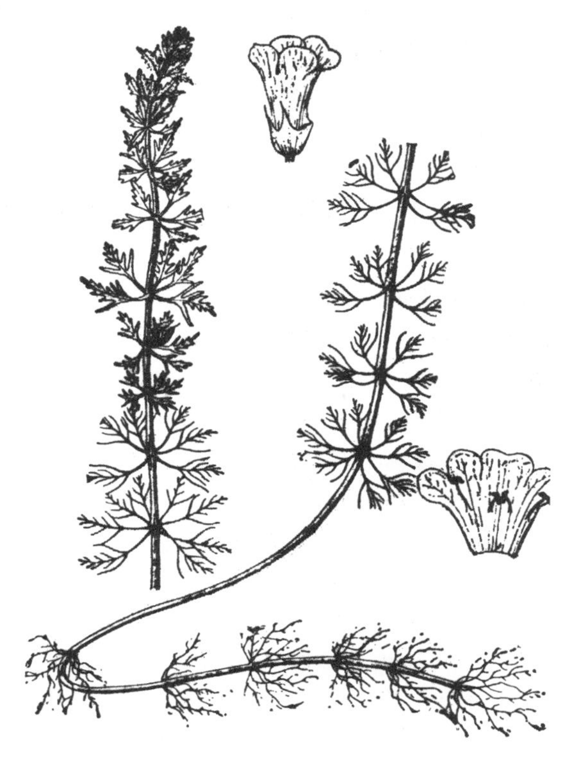

图3-5 石龙尾

3. 金鱼草属 Antirrhinum L.

多年生草本，稀亚灌木状。叶对生或上部的互生，全缘或分裂。花红色、紫色、黄色或白色等；顶生总状花序或单生于叶腋；花萼5深裂；花冠二唇形，呈假面状，喉部封闭，基部囊状或一侧肿胀，上唇直立，2裂，下唇开展，3裂；雄蕊4枚。蒴果基部偏斜，顶部下方孔裂。

约42种，分布于北温带地区，北美洲较多；我国、浙江及杭州引种栽培1种。

金鱼草 (图 3-6)

Antirrhinum majus L.

多年生直立草本。茎基部有时木质化,高 30～80cm;茎中、上部具腺毛,单生或有分枝。下部叶对生,上部常互生,叶片披针形至长圆状披针形,长 2～6cm,宽 2～8mm,顶端急尖,基部楔形,全缘,叶柄短。总状花序顶生,长 20cm,密生腺毛;花梗长 5～7mm;苞片长卵形,花萼与花梗近等长,5深裂,裂片卵形,顶端钝或急尖;花红色、紫色或白色,长 3～5cm,基部在前面下延成兜状,上唇直立,宽大,2 半裂,下唇 3 浅裂,在中部向上唇隆起,封闭喉部,使花冠呈假面状;雄蕊 4 枚,二强。蒴果卵球形,长约 1.5cm,具腺毛,基部向前延伸,顶端孔裂。花期 5—10 月,果熟期 7—11 月。

区内广泛栽培,用于园林景观配置。原产于欧洲南部和地中海地区;我国各大城市均有引种栽培。

全草入药,有清热凉血、消肿之效,治痈疮肿毒、跌打扭伤等症。

图 3-6 金鱼草

4. 婆婆纳属 Veronica L.

草本或半灌木。叶对生,稀互生或轮生。花排成顶生或腋生的总状花序或穗状花序,或有时单生;花萼 4～5 深裂,少为 3 裂;花冠辐射状,花冠管极短,4～5 裂,裂片常开展,不等宽,后方 1 片最宽,前方 1 片最窄,有时略呈二唇状;雄蕊 2 枚,开花后外露,药室叉开或并行,顶端会合;花柱宿存,柱头头状。蒴果扁平或肿胀,有 2 浅沟,顶端微凹或明显凹缺,室背开裂;种子每室 1 至多粒,卵球形、球形、凸透镜形或舟形。

约 250 种,广布于全世界,尤以欧亚大陆为多;我国有 53 种,各省、区均有分布,但多数种类产于西南山地;浙江有 6 种;杭州有 5 种。

分种检索表

1. 总状花序顶生,或有时因苞片叶状,如同花单朵生于每个叶腋。
    2. 种子扁平,光滑;花梗短,并远短于叶状的苞片。
        3. 茎无毛或疏生柔毛;叶片倒披针形至长圆形,基部楔形,全缘或中上部有三角状锯齿;花通常白色 ………………………………… 1. **蚊母草** *V. peregrina*
        3. 茎密生 2 列长柔毛;叶片卵圆形,基部圆钝,边缘具锯齿;花紫色或蓝色 ………………………………… 2. **直立婆婆纳** *V. arvensis*
    2. 种子舟状,一面膨胀,一面具深沟,多皱纹;花梗长于或等长于叶状的苞片。
        4. 花梗比苞叶略短;蒴果无明显网脉,顶端凹口的角度约为 90°,花柱与凹口齐平或略超过 ………………………………… 3. **婆婆纳** *V. polita*
        4. 花梗比苞叶长;蒴果具明显网脉,顶端凹口的角度大于 90°,花柱明显伸出凹口 ………………………………… 4. **阿拉伯婆婆纳** *V. persica*
1. 总状花序侧生于叶腋,往往成对 ………………………………… 5. **水苦荬** *V. undulata*

1. **蚊母草** （图 3-7）

Veronica peregrina L.

一年生或越年生草本。茎直立，高 10～20cm，通常自基部分枝，呈丛生状，全体无毛或疏生柔毛。叶对生；茎下部叶倒披针形，上部叶长圆形，长 1～2cm，宽 2～4mm，全缘或中上部有三角状锯齿；下部叶有短柄，上部叶无柄。花单生于苞腋，苞片与叶同形或略小；花梗长约 1mm；花萼 4 深裂，裂片狭披针形，长 3～4mm；花冠白色或淡蓝色，长 2mm，裂片长圆形至卵形；雄蕊短于花冠；宿存花柱不超出凹口；子房往往被虫寄生而形成膨大、桃形的虫瘿。蒴果倒心形，明显侧扁，边缘生短腺毛；种子长圆球形，扁平，无毛。花、果期 4—7 月。$2n=52$。

区内常见，生于路旁、潮湿的荒地。分布于安徽、福建、广西、贵州、河南、黑龙江、湖北、湖南、吉林、江苏、江西、辽宁、内蒙古、山东、四川、西藏、云南；日本、朝鲜半岛、蒙古、欧洲、北美洲也有。

全草药用；芒种及小满前后，果内小虫未出时，采全草烘干入药。

图 3-7 蚊母草

图 3-8 直立婆婆纳

2. **直立婆婆纳** （图 3-8）

Veronica arvensis L.

一年生或越年生草本。茎直立，高 10～20cm，不分枝或铺散分枝，有 2 列多节白色长柔毛。叶对生；叶片卵形至卵圆形，长 1～1.5cm，宽 5～8mm，先端钝，基部圆形，边缘具圆或钝齿，两面被硬毛，具 3～5 条脉；茎下部叶具短柄，中上部的无柄。总状花序长而具多花，长可达

15cm,各部分被多节白色腺毛;苞片互生,下部的长卵形而疏具圆齿,上部的长椭圆形而全缘;花梗长约1.5mm;花萼长3～4mm,裂片狭椭圆形或披针形,长于蒴果;花冠蓝紫色或蓝色,长约2mm,裂片圆形至长圆形;雄蕊短于花冠。蒴果倒心形,强烈侧扁,宽大于长,边缘有腺毛,顶端凹口很深,几达果的1/2处,裂片圆钝,宿存的花柱略过凹口;种子细小,光滑,圆球形或长圆球形。花、果期4—5月。$2n=16$。

区内常见,生于路边荒地。原产于欧洲;分布于华东、华中;北温带广布。

全草入药,治疟疾。

3. 婆婆纳　(图3-9)

Veronica polita Fr. ——*V. didyma* Tenore var. *lilacina* T. Yamaz.

一年生或越年生草本。全体被长柔毛,茎高10～25cm,自基部分枝,下部伏生于地面,斜上。叶在茎下部的对生,上部的互生;叶片心形至卵圆形,长5～10mm,宽6～7mm,先端圆钝,基部圆形,边缘有深切的钝齿,两面被白色长柔毛;具短柄。花单生于苞腋,苞片呈叶状,下部的对生或全部互生;花梗比苞片略短,花萼4深裂,裂片卵形,先端急尖,果期时稍增大,具3出脉,疏被短硬毛;花冠淡紫色、粉红色或白色,直径为4～5mm,裂片圆形至卵形;雄蕊比花冠短。蒴果近肾形,稍扁,密被腺毛,略短于花冠,顶端凹口的角度约为90°,宿存的花柱与凹口齐平或略过之;种子舟状深凹,背面具波状皱纹。花、果期3—10月。$2n=14$。

图3-9　婆婆纳

区内常见,是早春常见杂草,生于田间、路旁。分布于华东、华中、西南、西北;欧亚大陆北部也有。

全草可入药,治疝气、腰痛等症。

4. 阿拉伯婆婆纳　(图3-10)

Veronica persica Poir.

一年生或越年生草本。茎高10～25cm,自基部分枝,下部伏生于地面,斜升,密生2列多节柔毛。叶在茎基部的对生,上部的互生;叶片卵圆形或卵状长圆形,长6～20mm,宽5～18mm,先端圆钝,基部浅心形、平截或圆形,边缘具钝齿,两面疏生柔毛;无柄或上部者具柄。花单生于叶状苞片的叶腋,苞片互生;花梗比苞片长,有的超过1倍;花萼4深裂,长6～8mm,裂片卵状披针形,有睫毛,具3出脉;花冠蓝色或紫色,长4～6mm,裂片卵形至圆形,喉部疏被毛;雄蕊短于花冠。蒴果肾形,宽大于长,被腺毛,成熟后几无毛,网脉明显,顶端凹口的角度大于90°,裂片顶端钝,宿存的花柱明显超过凹口;种子舟形或长圆球形,背面具深的皱纹。花、果期2—5月。$2n=28$。

区内广泛分布，是早春常见杂草，生于田间、路旁。原产于亚洲西部及欧洲；分布于华东、华中及贵州、西藏、新疆、云南，为归化杂草。

全草可入药，治肾虚腰痛、风湿疼痛。

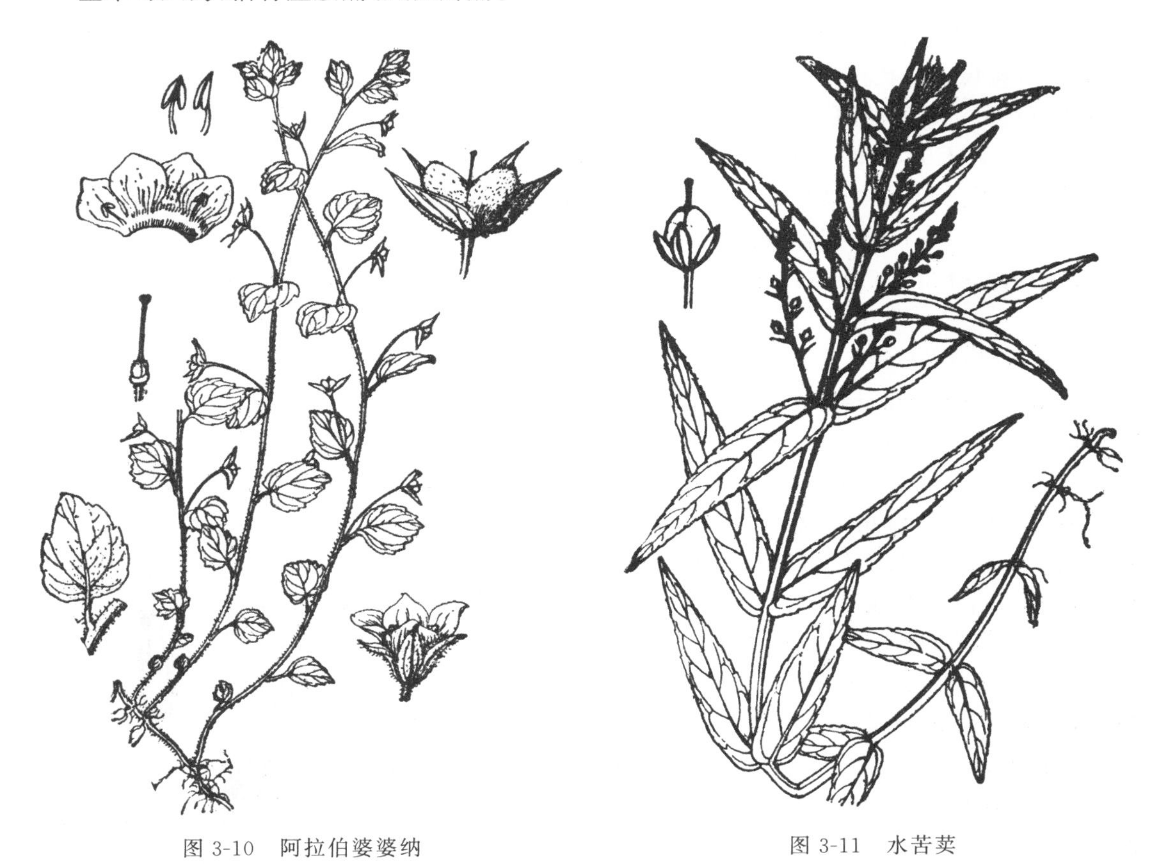

图 3-10 阿拉伯婆婆纳　　图 3-11 水苦荬

5. **水苦荬** （图 3-11）

Veronica undulata Wallich ex Jack——*V. anagallis-aquatica* L. subsp. *undulata* (Wallich ex Jack) Elenevsky.

一年生或越年生草本，稍肉质，无毛。茎、花序轴、花梗、花萼和蒴果上多少被腺毛。茎直立，高 15～40cm，圆柱形，中空。叶对生；叶片长圆状披针形或披针形，有时线状披针形，长 3～8cm，宽 0.5～1.5cm，先端近急尖，基部圆形或心形而呈耳状微抱茎，边缘有锯齿。花朵排列成疏散的总状花序；花梗平展，长 4～6mm；苞片宽线形，短于或近等长于花梗；花萼 4 深裂，裂片狭长圆形，长 3～4mm，先端钝；花冠白色、淡红色或淡蓝紫色，直径为 5mm。蒴果圆球形，直径约为 3mm，宿存花柱长 1.5mm。花、果期 4—6 月。$2n=18,54$。

区内常见，生于湿地、田地、水沟边。分布于全国各省、区；日本、朝鲜半岛、尼泊尔、印度、巴基斯坦也有。

全草可入药，带虫瘿的全草有活血止痛、通经止血的功效。

5. 腹水草属　Veronicastrum Heist. ex Fabr.

多年生草本或灌木。通常有根状茎;地上茎直立或伏卧于地面。叶互生;叶片宽披针形或长圆形,有锯齿。穗状花序顶生或腋生;花通常极为密集,每朵花下有苞片;花萼4～5深裂,裂片线状披针形,长尖;花冠紫红色,辐射对称或二唇形,下部长管状,伸直或稍拱曲,内面常密生1圈柔毛,少近无毛,顶端4裂,几相等;雄蕊2枚,伸出花冠外,花丝下部通常被柔毛,稀无毛,药室并连而不会合;花柱细长,柱头小。蒴果圆锥状卵形,稍侧扁,有两条沟纹,4瓣裂;种子多粒,椭圆球形或长圆球形,具网纹。

约20种,分布于亚洲东部和北美洲;我国有13种;浙江有2种,3变种;杭州有1种。

爬岩红　(图3-12)

Veronicastrum axillare (Siebold & Zucc.) T. Yamaz.——*Paederota axillaris* Siebold & Zucc.——*Botryopleuron formosanum* Masam.

多年生草本。根状茎短而横走;地上茎细长而拱曲,顶端着地生根,圆柱形,中上部有棱脊,无毛或极少在棱处有疏卷毛。叶互生;叶片纸质,无毛,卵形至卵状披针形,长5～12cm,宽2.5～5cm,先端渐尖,基部圆形或宽楔形,边缘具偏斜的三角状锯齿;具短柄。穗状花序腋生,稀顶生,长1.5～3cm;花无梗;苞片披针形;花萼5裂,裂片线状披针形至钻形,长3～4mm,无毛或疏生睫毛;花冠紫色或紫红色,长5～6mm,裂片卵状狭三角形,花冠管上端内面有毛;雄蕊略伸出。蒴果卵球形;种子圆球形,有不明显的网纹。花、果期7—11月。

见于余杭区(径山)、西湖景区(飞来峰、九溪),生于林下、林缘、草丛阴湿处。分布于安徽、福建、广东、江苏、江西、台湾;日本也有。

全草可入药,有利尿消肿、消炎解毒的功效。

图3-12　爬岩红

6. 松蒿属　Phtheirospermum Bunge ex Fisch. & C. A. Meyer

一年生或多年生草本。全体密被黏质腺毛。茎单一或成丛。叶对生;叶片1～3回羽状分裂,小裂片卵形、长圆形或线形,有柄或无柄。花具短梗,单生于上部叶腋,排成疏总状花序;无小苞片;花萼钟状,5裂,裂片短,全缘至羽状深裂;花冠筒状,黄色至红色,二唇形,具2条皱褶,上部扩大,上唇极短,直立,2裂,裂片外卷,下唇较长而平展,3裂,喉部开展;雄蕊4枚,二强，前方1对较长，内藏或多少露出管口，花药无毛或疏被绵毛，药室2枚，相等，分离，平行，基部有一短尖头；子房长卵球形，花柱细长，有短柔毛，柱头匙状扩大，浅2裂。蒴果扁平，具喙，室背开裂，裂瓣全缘；种子多粒，细小，卵状长圆球形，具网纹。

约3种，分布于亚洲东部；我国有2种，南北均产；浙江有1种；杭州有1种。

松蒿 （图3-13）

Phtheirospermum japonicum (Thunb.) Kanitz——*Gerardia japonica* Thunb.——*P. chinense* Bunge.

一年生草本。茎直立或弯曲而后上升，高可达1m，但有时高仅5cm即开花，通常多分枝，全体被多细胞腺毛。叶片长三角状卵形，长1.5～5.5cm，宽8～30mm，近基部的羽状全裂，向上则为羽状深裂，小裂片长卵形或卵圆形，多少歪斜，长4～10mm，宽2～5mm，边缘具重锯齿或深裂；叶柄长5～12mm，边缘有狭翅。花梗长2～7mm；花萼长4～10mm，5裂，裂片叶状，披针形，羽状浅裂或深裂，裂片先端急尖；花冠紫红色至淡紫红色，长8～25mm，外面被柔毛，上唇裂片三角状卵形，下唇裂片顶端圆钝；花丝基部疏被长柔毛。蒴果卵球形，长6～10mm；种子卵球形，扁平，长约1.2mm。花、果期6—10月。

见于西湖景区（黄龙洞、飞来峰），生于山坡灌丛、山地林下阴处。分布于全国各地，新疆、青海除外；日本、朝鲜半岛也有。

全草入药，能清热、利湿，治黄疸、水肿、风热感冒等。

图3-13 松蒿

7. 阴行草属 Siphonostegia Benth.

一年生或多年生草本，常被腺毛。茎直立，上部有分枝。叶对生或上部的互生；叶片全缘或羽状分裂。花单生于苞腋，无梗或有短梗，排成顶生、偏于一侧的总状花序；小苞片2枚；花萼筒状，有10～11条脉，5裂，裂片线形；花冠管圆柱状，或稍偏肿，二唇形，上唇直立，盔状，全缘，下唇3裂；雄蕊4枚，二强，内藏，药室平行。蒴果长椭圆状线形，顶端尖锐，包藏于宿存的花萼筒内，室背开裂；种子多粒，种皮一侧有1条多少龙骨状而肉质的厚翅，其翅的顶端常向后卷曲。

约4种，分布于东亚；我国有2种，分布于南北各地；浙江有1种；杭州有1种。

腺毛阴行草　(图 3-14)

Siphonostegia laeta S. Moore

一年生草本。全体干时稍变黑色,密被腺毛。茎直立,高 30～50cm,中空。叶对生;叶片三角状长卵形,长 1.5～2.5cm,宽 0.8～1.5cm,近掌状 3 深裂,裂片不等。总状花序常生于茎端,花对生;苞片叶状,与花萼等长或较短,披针形,稍羽裂或近全缘;无花梗或有短花梗;花萼筒状钟形,筒长 10～15mm,具 10 条细主脉,稍凸起,5 裂,裂片披针形;花冠黄色,长 2.3～2.7cm,花冠管伸直,细长,稍伸出萼筒外,二唇形,上唇镰刀状拱曲,下唇约与上唇等长;雄蕊 4 枚,二强,花丝均密被短柔毛;子房长卵球形,柱头头状,稍伸出盔外。蒴果长卵球形,黑褐色,包藏于宿存的花萼内;种子长卵球形,黄褐色。花期 7—8 月,果期 9—10 月。

见于西湖区(留下)、西湖景区(黄龙洞、上天竺、云栖),生于路旁、山坡与草丛中。分布于安徽、福建、广东、湖北、湖南、江苏、江西。

图 3-14　腺毛阴行草

8. 鹿茸草属　Monochasma Maxim. ex Franch. & Sav.

多年生草本。茎自基部分枝呈丛生状。叶对生或近对生;下部的叶片呈鳞片状,上部的叶片线状披针形。花单生于叶腋,具短梗;小苞片 2 枚;花萼筒状,4～5 裂,裂片线形;花冠二唇形,喉部稍膨大,上唇盔状弯曲,2 裂,边缘外弯,下唇长于上唇,3 裂,中裂片较长,喉部有 2 条沟;雄蕊 4 枚,二强,外露,花药分离,下端细长而具小尖;子房为不完全 2 室,胚珠多颗。蒴果卵球形,包藏于花萼内,沿一侧开裂;种子多粒,扁平。

2 种,分布于我国和日本;我国、浙江及杭州有 2 种。

1. **绵毛鹿茸草**　沙氏鹿茸草　(图 3-15)

Monochasma savatieri Franch. ex Maxim.

多年生草本。茎丛生,细而硬,高 15～30cm,全株被灰白色绵毛,上部具有腺毛。叶对生或 3 叶轮生,较密集,节间很短;基部叶片鳞片状,长 3～5mm,向上呈狭披针形,长 1～2.5cm,宽 2～3mm,先端急尖,基部渐狭,多少下延于茎并成狭翅,全缘,两面均被灰白色绵毛,老时上面的毛多少脱落。花少数,单生于茎端的叶腋,呈顶生总状花序;花梗长 2～7mm;具 2 枚叶状小苞片;花萼筒状,被腺毛或绵毛与腺毛,花冠管有 9 条凸起的粗肋,4 齿裂;花冠长 2～2.5cm,淡紫色或几白色,花冠管细长,近喉部处扩大,二唇形,上唇盔状,弯曲 2 裂,下唇 3 裂;雄蕊 4 枚,二强;花柱细长,先端弯向前方。蒴果长圆球形,顶端尖锐,有 4 条纵沟。花、果期 4—9 月。

见于萧山区(楼塔、戴村)、西湖区(双浦)、西湖景区(九溪、梅家坞、棋盘山、五云山),生于向阳处山坡灌丛、岩石旁及松林下。分布于安徽、福建、江西;日本也有。

全草可入药,有清热解毒之功效,治感冒发热、咳嗽。

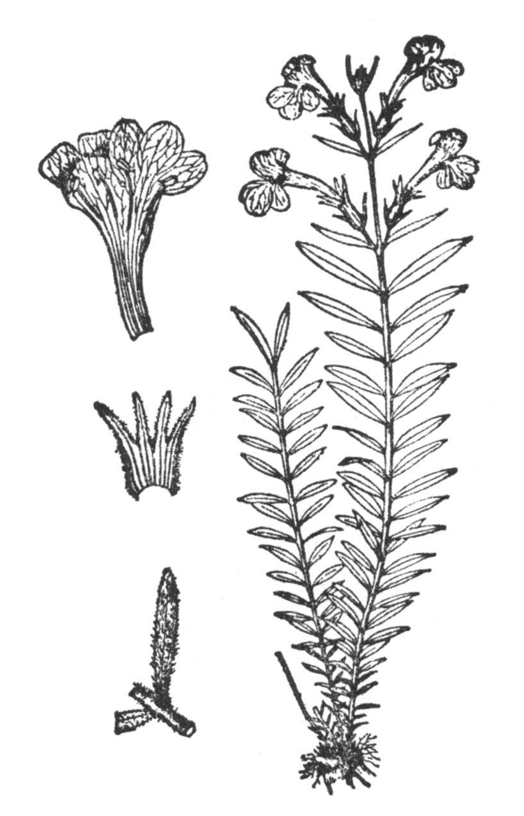

图 3-15 绵毛鹿茸草

图 3-16 鹿茸草

2. 鹿茸草 (图 3-16)

Monochasma sheareri (S. Moore) Maxim. ex Franch. & Sav.——*Bungea sheareri* S. Moore

多年生草本。主根短而木质。茎直立,高 10~25cm,下部被少量绵毛,上部仅有短柔毛或无毛,全株多少呈绿色,密集丛生。叶交互对生;茎下部叶呈鳞片状,向上渐大,线形或线状披针形,长 2~3cm,宽 1~3mm,先端急尖,基部无叶柄,全缘。花单生于茎上部叶腋,呈总状花序状;花梗长 2~5mm;具 2 枚小苞片;花萼筒状,长 12~15mm,2 裂,裂片线状披针形,长于花冠管,花开之后萼筒膨大,裂片增大,超过花冠;花冠淡紫色,长 10mm,上唇浅 2 裂,裂片短,下唇 3 深裂,裂片披针状长圆形;雄蕊 4 枚,二强;子房长卵球形。蒴果为宿存萼所包,室背开裂;种子多粒,椭圆球形。花、果期 4—5 月。

见于拱墅区(半山)、余杭区(临平)、西湖景区(飞来峰、五云山、云栖、中天竺),生于低山多沙山坡及草丛中。分布于安徽、湖北、江苏、江西、山东。

9. 蝴蝶草属 Torenia L.

草本。全体无毛或被柔毛,稀被硬毛。茎分枝,直立或稍呈倒伏状。叶对生;全缘或具齿。花具梗,腋生,或排成短总状或伞形花序,或一朵顶生花不发育而呈二歧状;无小苞片;花萼筒状,具棱或翅,通常5齿裂;花冠筒状,上部常扩大,5裂,裂片呈二唇形,上唇直立,顶端微凹或2裂,下唇开展,3裂,裂片近相等;雄蕊4枚,均发育,后方2枚内藏,花丝丝状,前方2枚着生喉部,花丝长而拱曲,基部各具1枚齿或丝状或棍棒状的附属物,稀不具附属物,花药成对紧密靠合,药室顶部常会合;子房上部被短粗毛,花柱及顶端2裂。蒴果长圆球形,为宿存萼所包藏,室间开裂;种子多粒,表面具蜂窝状皱纹。

约50种,主要分布于亚洲及非洲热带;我国有10种,分布于长江流域及其以南地区;浙江有4种;杭州引种栽培1种。

蓝猪耳 (图3-17)

Torenia fournieri Linden ex E. Fourn.

一年生草本。茎直立,高15~50cm,几无毛,有4条窄棱。叶对生;叶片长卵形或卵形,长3~5cm,宽1.5~2.5cm,先端略尖或短尖,基部楔形,边缘具带短尖的粗锯齿,两面几无毛;叶柄长1~2cm。花梗长1~2cm,通常在枝端排成总状花序;苞片线形;花萼椭圆形,绿色或顶部与边缘略带紫红色,长1.3~1.9cm,具5条宽约2mm、多少下延的翅,果实成熟时,翅宽可达3mm,萼齿2枚,近相等;花冠长2.5~4cm,花冠管淡青紫色,背部黄色,二唇形,上唇直立,浅蓝色,宽倒卵形,先端微凹,下唇裂片长圆形或近圆形,紫蓝色,中间裂片的中部有黄色斑块;花丝不具附属物。蒴果长椭圆球形,长约1.2cm;种子小,黄色,圆球形或扁圆球形,表面有细小的凹窝。花、果期6—12月。

区内常见栽培,庭院或路旁草地偶有逸生。原产于越南。

图3-17 蓝猪耳

10. 虻眼属 Dopatrium Buch.-Ham. ex Benth.

一年生稍带肉质的纤弱草本。茎直立,单生或分枝,有时倾卧。叶对生;叶片全缘,肉质,有时退化为鳞片状,上部者常小,疏离。花小,单生于叶腋或顶生而成疏散的总状花序;无小苞片;花萼5深裂;花冠管超出花萼很多,向上扩大,二唇状,上唇显著短,下唇3裂,伸展;能育雄蕊 2 枚,处于后方,着生于花冠管部,有花丝,药室平行,分离而相等,退化雄蕊 2 枚,处于前方,小而全缘,生于花冠管内;花柱短,柱头 2 裂,每室具胚珠多颗。蒴果小,球形或卵球形,室背开裂,果瓣全缘或顶部稍 2 浅裂,中部有隔障,生有膨大的胎座;种子细小,多粒,具节结或略有网脉。

约 10 种,分布于非洲、亚洲和大洋洲的热带;我国有 1 种;浙江及杭州也有。

虻眼 (图 3-18)

Dopatrium junceum (Roxb.) Buch.-Ham. ex Benth. ——*Gratiola juncea* Roxb.

一年生直立草本。植物体稍带肉质。茎高者可达 50cm,但低小者 5cm 即开花,自基部多分枝而纤细,有细纵纹,无毛。叶对生;无柄而抱茎,近基部者距离较近;叶片披针形或稍带匙状披针形,长者可达 2cm,先端急尖或微钝,全缘,叶脉不明显,向上距离较远而小,叶片常变为卵圆形或椭圆形,先端钝,在茎的上部者很小,有时退化为鳞片状。花单生于叶腋;花梗纤细,下部的极短,向上渐长,可达 1cm;无小苞片;花萼钟状,长约 2mm,5 齿裂,裂齿钝;花冠二唇形,白色、玫瑰色或淡紫色,比花萼约长 2 倍,上唇短而直立,2 裂,下唇开展,3 裂;雄蕊 4 枚,后方 2 枚能育,前方 2 枚退化而小。蒴果球形,直径为 2mm,室背 2 裂;种子卵圆状长圆球形,具细网纹。花、果期 8—11 月。

见于西湖景区(梵村、云栖)。分布于广东、广西、河南、江苏、陕西、台湾、云南;印度、日本、大洋洲也有。

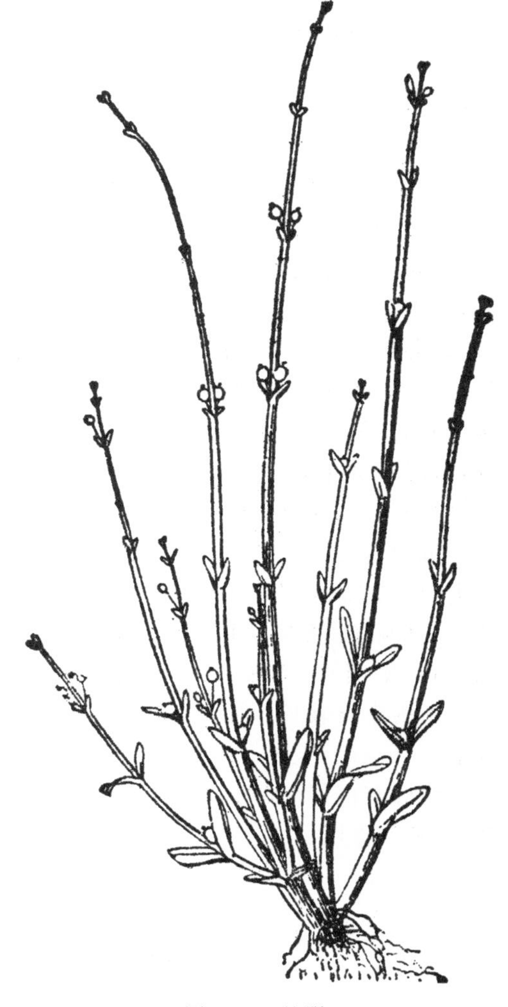

图 3-18 虻眼

11. 毛地黄属 Digitalis L.

草本,稀基部木质化,常有毛。茎单一或基部分枝。叶互生或基部丛生;叶片全缘或有锯齿。总状花序,通常偏生一侧而下垂;花萼 5 深裂,裂片覆瓦状排列;花冠紫色,淡黄色或白色,有时内面具有斑点,喉部被髯毛,花冠管一面膨胀成钟状,常在子房以上处收缩,裂片近二唇形,上唇短,微凹或 2 裂,下唇 3 裂,在花蕾时,下唇包裹上唇;雄蕊 4 枚,二强,内藏,花药成对靠近,药室叉开,顶部会合;花柱丝状,柱头浅 2 裂。蒴果卵球形,室间开裂;种子多粒而小,长圆球形、近卵球形或具棱,表面有蜂窝状网纹。

约 25 种,原产于欧洲和亚洲的中部与西部;我国引种栽培 1 种;浙江及杭州也有。

毛地黄　(图 3-19)

Digitalis purpurea L.

一年生或多年生草本。除花冠外，全体被灰白色短柔毛和腺毛，有时茎上几无毛。茎直立，高 60～120cm，单生或数条成丛。叶互生；基生叶常呈莲座状，叶片卵形或长椭圆形，长8～14cm，宽 4～6cm，先端尖或钝，基部楔形，边缘具圆齿；下部茎生叶与基生叶同形，向上渐变小。总状花序顶生；苞片披针形；花萼钟形，长约 1cm，果期时略增大，5 裂几达基部，裂片长圆状卵形，不等大；花冠钟状偏扁，上唇紫红色，内部白色而具深红色斑点，边缘有睫毛，下唇 3 裂，两侧裂片短而狭，中央裂片较长而外伸；雄蕊 4 枚，二强，内藏，花药成对靠近，药室叉开，顶端会合。蒴果卵球形，较花萼长，室间开裂；种子多粒，短棒状，表面除被蜂窝状网纹外，尚有极细的柔毛。花、果期 5—7 月。$2n=56$。

区内广泛栽培。原产于欧洲；全国各地有栽培。

全株有毒；叶入药，含毛地黄皂苷，为强心剂，有利尿作用。

图 3-19　毛地黄

12. 母草属　Lindernia All.

一年生草本。茎直立、侧卧或匍匐。叶通常对生；叶片常有齿，稀全缘，具羽状脉或掌状脉；具柄或无柄。花单生于叶腋或排成疏总状花序，少有短缩而排成假伞形花序；常具花梗；无小苞片；花萼 5 裂，或仅基部联合，裂片相等或稍不等；花冠紫色、蓝色或白色，二唇形，上唇直立，微 2 裂，下唇较大而伸展，3 裂，在花蕾中，上唇包裹下唇；雄蕊 4 枚，二强，花药粘连，或 2 枚发育，2 枚退化，退化雄蕊的花丝通常 2 裂；花柱顶端常膨大，2 裂，柱头头状。蒴果线形至圆球形，室间开裂；种子小，多粒，粗糙。

约 70 种，主要分布于亚洲的热带和亚热带，少数分布于美洲和欧洲；我国有 29 种，产于南部、西南部和东北部；浙江有 10 种；杭州有 7 种。

分种检索表

1. 植物体通常直立，稀基部稍稍倾卧而即上升；叶片具 3～5 条基出脉或平行脉。
    2. 叶片宽卵形或近圆形；花二型，1 种为无梗花，1 种为有梗花 ………… 1. **宽叶母草**　*L. nummularifolia*
    2. 叶片披针形至长圆形；均有花梗，花梗近等长。

3. 叶片长椭圆形或倒卵状长圆形；蒴果卵球形或椭圆球形，与宿存萼近等长或略超过 ………………………………………………………………………… 2. **陌上菜** *L. procumbens*

3. 叶片线状披针形至线形；蒴果线形，比宿存萼长 2 倍 ………………… 3. **狭叶母草** *L. micrantha*

1. 植物体通常铺散或长蔓，稀近直立；叶脉羽状。

4. 花萼大部联合，仅开裂 1/2，裂片三角形 ………………………………………… 4. **母草** *L. crustacea*

4. 花萼深裂，仅基部稍联合，裂片线形。

5. 果短，与花萼近等长 ……………………………………………………… 5. **刺毛母草** *L. setulosa*

5. 果长，远长于花萼。

6. 叶片三角状卵形或卵形，基部楔形至近心形，边缘有浅而不明显的锯齿；花单生 ……………… ……………………………………………………………………………… 6. **长蒴母草** *L. anagallis*

6. 叶片长圆形、长圆状披针形或倒披针形，稀宽楔形，边缘有明显的锯齿；花排成疏生的总状花序 ……………………………………………………………………………… 7. **泥花草** *L. antipoda*

1. 宽叶母草 （图 3-20）

Lindernia nummularifolia (D. Don) Wettst. ——*Vandellia nummulariifolia* D. Don——*L. sessiliflora* (Benth.) Wettst.

一年生草本。茎直立，高 5～15cm，四方形，通常多分枝，枝倾卧后上升，被稀疏伸展的柔毛或无毛。叶片宽卵形或近圆形，长 5～15mm，宽 4～8mm，先端圆钝，基部宽楔形或近心形，边缘有浅圆锯齿或波状齿，齿端有小突尖，侧脉 2～3 对，近基部发出。花少数，在枝端和叶腋中成近伞形花序；花二型，生于每一花序中央者花梗极短或无，为闭花授粉，花期早；生于花序外方之 1 或 2 对则有长梗，花期较晚，花梗长可达 2cm；花萼 5 裂；花冠紫色，少有蓝色或白色，长约 7mm，上唇直立，卵形，下唇开展，3 裂；雄蕊 4 枚，二强，全育，前方 1 对花丝基部有短小的附属物。蒴果长圆球形，顶端渐尖，比宿存萼长 1～2 倍；种子棕褐色。花、果期 7—10 月。

图 3-20 宽叶母草

见于西湖景区（飞来峰），生于田边、沟边及路旁草地。分布于甘肃、广西、贵州、江西、湖北、四川、陕西、西藏、云南；印度、尼泊尔也有。

2. 陌上菜 （图 3-21）

Lindernia procumbens (Krock.) Borbás——*Anagalloides procumbens* Krock.——*L. erecta* (Benth.) Bonati

一年生小草本。根系发达，细密成丛。茎直立，高 5～20cm，基部多分枝，无毛。叶片长椭圆形或倒卵状长圆形，长 1～2.5cm，宽 4～10mm，先端钝至圆头，全缘或有不明显的钝齿，两面无毛，叶脉 3～5 条，基出，近平行；无叶柄。花单生于叶腋；花梗长 1.2～2cm，比叶片长，无毛；花萼 5 深裂，裂片线状披针形，外面微被短毛；花冠粉红色或紫色，二唇形，上唇短，2 浅裂，下唇远大于上唇,3裂,侧裂片椭圆形,较小,中间裂片圆形,向前凸出;雄蕊4枚,二强,全育,前方2枚雄蕊的附属物腺体状而短小,花药基部微凹;柱头2裂。蒴果卵球形或椭圆球形,与花萼近等长或略超过,室间2裂;种子多粒,有格纹。花、果期7—10月。$2n=30$。

见于西湖景区(黄龙洞),生于田边、沟边潮湿处。分布于安徽、广东、广西、贵州、河北、河南、黑龙江、湖北、湖南、吉林、江苏、江西、山东、四川、云南;日本、马来西亚、欧洲南部也有。

图 3-21 陌上菜　　　　图 3-22 狭叶母草

3. 狭叶母草 (图 3-22)

Lindernia micrantha D. Don——*L. angustifolia* (Bentham) Wettstein——*Vandellia angustifolia* Bentham.

一年生草本。茎近直立,无分枝或多分枝,下部弯曲上升,长达40cm以上。叶片线状披针形至披针形或线形,长1~4cm,宽2~8mm,先端渐尖而圆钝,基部楔形,形成极短的狭翅,全缘或有少数不整齐的细圆齿,两面无毛,侧脉3~5条,自基部发出;无叶柄。花单生于叶腋,有长梗,梗在果时伸长达3.5cm,无毛;花萼5裂,仅基部联合,裂片狭披针形,果时长达4mm,先端圆钝或急尖,无毛;花冠紫色、蓝紫色或白色,长约6.5mm,上唇2裂,卵形,先端圆形,下唇开展,3裂,略长于上唇;雄蕊4枚,二强,全育,前方2枚花丝的附属物丝状;花柱宿存,形成细喙。蒴果线形,比宿存萼长约2倍;种子长圆球形,浅褐色,表面有蜂窝状孔纹。花、果期5—10月。$2n=18$。

文献记载区内有分布,生于山坡、河边潮湿处。分布于安徽、福建、广东、广西、贵州、河南、湖北、湖南、江苏、江西、云南;柬埔寨、印度、印度尼西亚、日本、朝鲜半岛、老挝、缅甸、尼泊尔、斯里兰卡、泰国、越南也有。

4. **母草** （图 3-23）

Lindernia crustacea （L.） F. Muell.——*Capraria crustacea* L.——*Vandellia bodinieri* H. Lév.

一年生草本。植株无毛或有疏毛。茎高8～20cm，常铺散成密丛，基部多分枝，枝弯曲上升，微方形，有深沟纹。叶片三角状卵形或宽卵形，长 10～20mm，宽 5～11mm，先端钝或急尖，基部宽楔形或近圆形，边缘有浅钝锯齿；叶柄长 1～8mm。花单生于叶腋或在茎端排成极短的总状花序；花梗细弱，长1～2.5cm，有沟纹；花萼坛状，长 3～5mm，5 浅裂，裂片三角形；花冠紫色，长 5～7mm，花冠管略长于花萼，上唇直立，卵形，钝头，有时 2 浅裂，下唇 3 裂，中间裂片较大，稍长于上唇；雄蕊 4 枚，二强，全育；花柱常早落。蒴果长椭圆球形或卵球形，包藏于花萼内或与花萼近等长；种子近球形，浅黄褐色，表面有明显的蜂窝状瘤凸。花、果期 7—10 月。

见于西湖区（蒋村）、余杭区（塘栖）、西湖景区（飞来峰、九溪、龙井、桃源岭、云栖），生于田边、路边或溪边草地。分布于安徽、福建、广西、贵州、海南、河南、湖北、湖南、江苏、江西、四川、台湾、西藏、云南。

全草入药。

图 3-23 母草

5. **刺毛母草** （图 3-24）

Lindernia setulosa （Maxim.） Tuyama ex H. Hara——*Torenia setulosa* Maxim.——*Vandellia cavaleriei* H. Lév.

一年生小草本。大部倾卧而多少蔓生，仅在基部 1～3 节上生根；茎方形，有翅状棱，疏被伸展刺毛或近于无毛。叶片卵形或三角状卵形，长 4～15mm，先端微尖，基部宽楔形或近圆形，有时两侧稍不等，边缘有钝锯齿，上面被平贴的粗毛，下面较少或沿脉和近边缘处有毛；叶柄长不超过 3mm。花单生于叶腋，常占茎枝的大部而呈疏总状；花梗长 1～2.5cm；花萼仅基部联合，5 裂，裂片线形，在果时可长达 5mm，有凸起的坚强中肋，肋上及边缘有硬毛，花时开

图 3-24 刺毛母草

展,果时内弯而包裹蒴果;花冠大,紫色或白色,长约7mm,稍长于花萼,上唇短,卵形,下唇较长,伸展;雄蕊4枚,全育。蒴果长椭圆球形或卵球形,比花萼短或近等长。花、果期6—8月。

见于西湖景区(云栖),生于山坡、路边及溪边潮湿处。分布于福建、广东、广西、贵州、江西和四川;日本也有。

6. **长蒴母草** (图3-25)

Lindernia anagallis (Burm. f.) Pennell——*Ruellia anagallis* Burm. f.——*Gratiola cordifolia* Colsmann

一年生小草本。茎方形,下部匍匐,长10~40cm,简单或分枝,无毛。叶片三角状卵形、卵形或长圆形,长4~20mm,宽7~12mm,先端圆钝或急尖,基部截形或近心形,边缘有不明显的浅圆齿,侧脉3~4对,两面无毛;仅在茎下部的叶具有短柄。花单生于叶腋;花梗长6~10mm,无毛;花萼长约5mm,5深裂,仅基部结合,裂片狭披针形;花冠白色或淡紫色,长8~12mm,上唇直立,卵形,2浅裂,下唇开裂,3裂,裂片近相等,比上唇稍大;雄蕊4枚,全育,前方2枚花丝在基部有短棒状附属物;柱头2裂。蒴果线状披针形,比花萼长约2倍,果梗长6~12mm;种子卵球形,表面有疣状凸起。花、果期4—11月。

见于西湖区(蒋村)、西湖景区(九溪),生于路边、溪旁较潮湿处。分布于福建、广东、广西、贵州、湖南、江西、四川、台湾、云南;亚洲东南部也有。

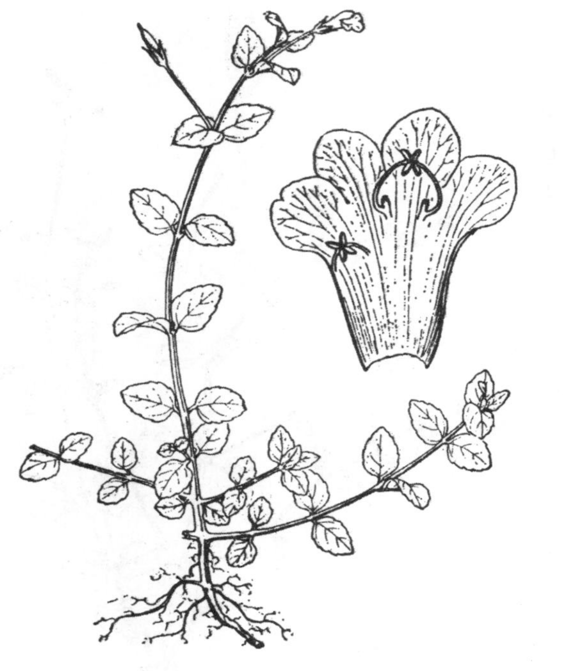

图3-25 长蒴母草

图3-26 泥花草

7. **泥花草** (图3-26)

Lindernia antipoda (L.) Alston——*Ruellia antipoda* L.——*Bonnaya antipoda* (L.) Druce

一年生小草本。全体无毛。茎高8~20cm,幼时近直立,长大后基部多分枝。叶片椭圆形至线状披针形，长 0.8～4cm，宽 0.6～1.2cm，先端急尖或圆钝，基部下延；有宽、短的叶柄，近于抱茎，边缘有稀疏钝锯齿。花排成疏生的总状花序，花序长可达 15cm；苞片钻形；花梗长 1～2cm；花萼仅基部结合，5 深裂，裂片线状披针形，沿中肋和边缘有短硬毛；花冠淡红色，二唇形，上唇 2 裂，下唇 3 裂，上、下唇近等长；能育雄蕊 2 枚，其余 2 枚退化；花柱细，柱头扁平，片状。蒴果线形，顶端渐尖，较花萼长 2～2.5 倍，果梗长 5～8mm；种子不规则三棱状卵球形，褐色，表面有网纹状孔纹。花、果期 8—10 月。

见于余杭区（良渚）、西湖景区（虎跑、茅家埠），生于路边、田沟潮湿处。分布于安徽、福建、广东、广西、贵州、湖北、湖南、江苏、江西、四川、台湾、云南。

13. 通泉草属 Mazus Lour.

一年生或越年生矮小草本。茎圆柱形，少数为方形，直立或倾卧，着地部分节上常生不定根，有时有匍匐茎。叶以基生为主，多为莲座状或对生，茎上部的叶片互生，边缘有锯齿，稀全缘或羽裂。花小，排成顶生的总状花序；苞片小，小苞片有或无；花萼漏斗状或钟状，5 裂；花冠唇形，紫白色，上唇直立，2 裂，下唇远较上唇大而开展，3 裂，喉部有 2 枚凸起，其上有白色软毛及黄色斑点；雄蕊 4 枚，二强，着生于花冠管上，药室极叉开；子房有或无毛，花柱无毛，柱头 2 裂。蒴果球形或卵球形，多少压扁，室背开裂；种子小，多粒。

约 35 种，分布于亚洲和大洋洲；我国有 25 种，主产于南部和西南部；浙江有 5 种；杭州有 4 种。

分种检索表

1. 子房被毛；茎老时至少下部木质化，有时倾卧而节上生根，但绝不长蔓；花萼裂片常披针形，先端急尖。
 2. 茎生叶无柄，叶片长椭圆形至倒披针形，长 3～7cm；花梗比花萼短或等长 …………………………………………………………………………………………………… 1. **弹刀子菜** *M. stachydifolius*
 2. 茎生叶有带翅的柄，叶片卵状匙形，长 3.5～10cm；花梗与花萼等长或更长 …………………………………………………………………………………………………… 2. **早落通泉草** *M. caducifer*
1. 子房无毛；茎完全草质，直立或倾卧而节上生根，或有长蔓；花萼裂片多为卵形，先端钝头至急尖。
 3. 植株倾卧，无匍匐茎或有分枝而短距离匍匐上升，分枝并不比直立茎长 …… 3. **通泉草** *M. pumilus*
 3. 植株有匍匐茎，比直立茎长许多，或全为匍匐茎而无直立茎 …………… 4. **匍茎通泉草** *M. miquelii*

1. 弹刀子菜 （图 3-27）

Mazus stachydifolius (Turcz.) Maxim.——*Tittmannia stachydifolia* Turcz.——*M. simadus* Masam.

多年生草本。根状茎短，地上部分全部被多节白色长柔毛；地上茎直立，高 10～50cm，圆柱形，不分枝或在基部有 2～5 分枝，老时基部木质化。基生叶匙形，有短柄，常早枯落；茎生叶对生，上部的叶常互生，披针状长圆形至倒卵状披针形，长 3～7cm，宽 1～2.5cm，边缘有不整齐的锯齿。总状花序顶生，长 2～20cm，有时稍短于茎；花萼漏斗状，长 5～10mm，果时增长达 16mm，比花梗长或近等长，5 裂，裂片披针状三角形；花冠蓝紫色，二唇形，上唇短，先端 2 裂，裂片狭三角形，下唇宽大，开展，3 裂，中间裂片宽而圆钝，有 2 条着生腺毛的皱褶直达喉部；雄蕊 4 枚，二强；子房上部被长硬毛。蒴果扁卵球形，有短柔毛，包藏于花萼内；种子多粒，细小，圆球形。花、果期 4—6 月。$2n=20$。

见于西湖景区(宝石山、满觉陇、黄龙洞、桃源岭),生于山坡、路旁。分布于安徽、广东、河北、河南、黑龙江、湖北、吉林、江苏、江西、辽宁、山东、山西、陕西、四川、台湾;朝鲜半岛、蒙古、俄罗斯也有。

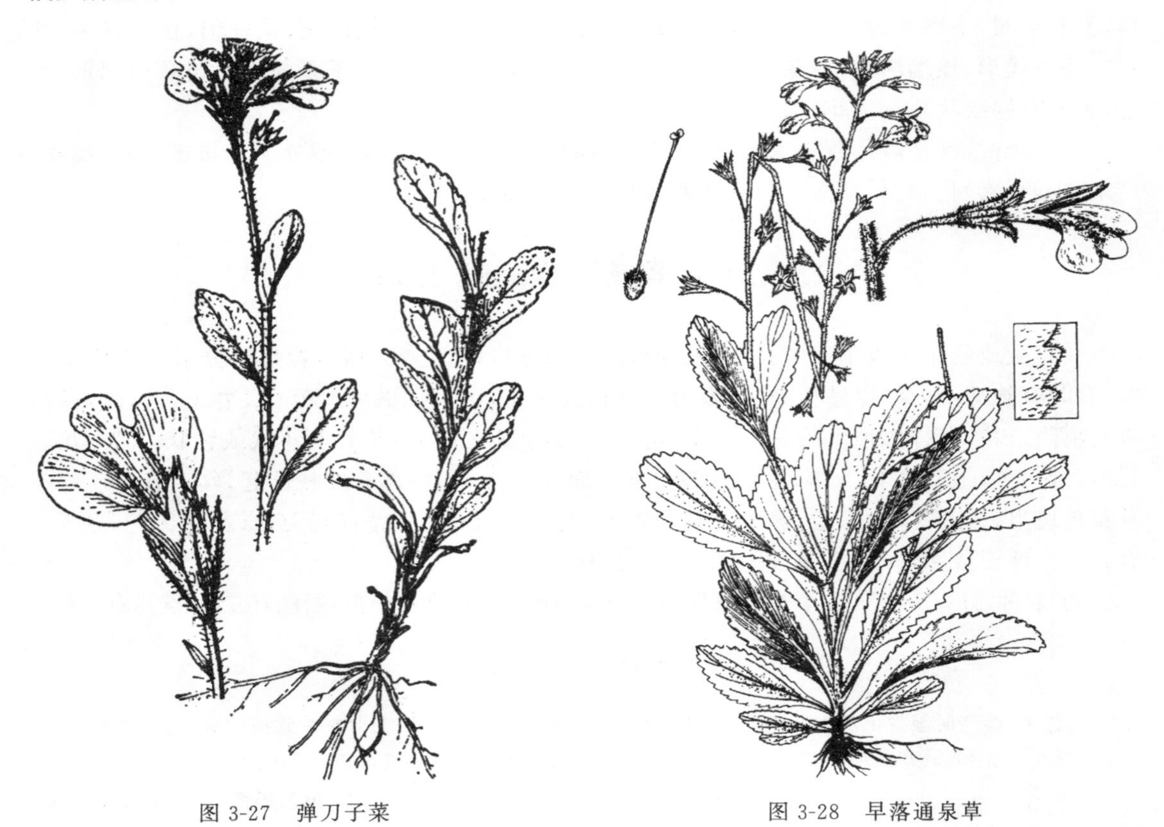

图 3-27 弹刀子菜　　图 3-28 早落通泉草

2. **早落通泉草** (图 3-28)

Mazus caducifer Hance

多年生草本。全体被多节白色长柔毛。茎直立或倾斜上升,高 20～50cm,粗壮,圆柱形,近基部木质化,有时分枝。基生叶倒卵状匙形,多数呈莲座状,但常早枯落;茎生叶对生,卵状匙形,长 3.5～10cm,宽 1.5～3.5cm,先端圆钝或急尖,基部渐狭成带翅的柄,边缘具粗而不整齐的锯齿,有时浅羽裂。总状花序顶生,长可达 35cm,或稍短于茎,花稀疏;花梗长 8～15mm,与花萼等长或更长;苞片小,卵状三角形,早枯落;花萼漏斗状,果时增长达 13mm,直径超过 1cm,花萼裂片卵状披针形,与花冠管近等长;花冠淡蓝紫色,长超过花萼 2 倍,上唇裂片先端急尖,下唇中间裂片凸出,较侧裂片小;子房被毛。蒴果圆球形;种子棕褐色,小而多粒。花、果期 4—8 月。

见于萧山区(楼塔),生于阴湿的路旁、林下、草坡。分布于安徽、江西。杭州新记录。

3. **通泉草** (图 3-29)

Mazus pumilus (Burm. f.) Steenis——*M. japonicus* (Thunb.) O. Kuntze

一年生草本。茎直立、上升或倾卧上升,高 3～30cm,无毛或疏生短柔毛,通常基部分枝。基生叶莲座状或早落,叶片倒卵状匙形至卵状倒披针形,长 2～6cm,宽 8～15mm,先端圆钝,基部楔形，下延成带翅的叶柄，边缘具不规则的粗钝锯齿或基部有 1～2 浅羽裂；茎生叶对生或互生，与基生叶相似。总状花序顶生，约占茎的大部或全部；花梗在果期长达 10mm，上部的较短；花萼钟状，长约 6mm，花萼裂片卵形，急尖，与筒部近等长；花冠白色，淡紫色，长约 10mm，上唇直立，2 裂，下唇 3 裂，中裂片较小；子房无毛。蒴果球形，稍露出花萼外；种子小而多粒，斜卵球形或肾形，淡黄色，种皮上有不规则的网纹。花、果期 4—10 月。

区内常见，生于路旁、荒野湿地。分布于全国各地(除内蒙古、宁夏、青海及新疆外)。

图 3-29 通泉草　　图 3-30 匍茎通泉草

4. 匍茎通泉草 (图 3-30)

Mazus miquelii Makino——*M. fargesii* Bonati——*M. miquelii* Makino var. *stolonifer* (Maxim.) Nakai

多年生草本。全体无毛或少有疏柔毛。茎分直立茎和匍匐茎：直立茎倾斜上升，高 10～15cm；匍匐茎于花期发出，长 15～20cm，着地部分节上常生根。基生叶多数呈莲座状，叶片倒卵状匙形，长 4～7cm，宽 1～1.5cm，先端圆钝，基部狭窄成叶柄，边缘具粗锯齿，有时近基部缺刻状羽裂；茎生叶在直立茎上的多互生，在匍匐茎上的多对生，叶片卵形或近圆形，具短柄，连叶柄长 1.5～4cm，宽不超过 2cm，具疏锯齿。总状花序顶生，伸长，花稀疏；花梗在下部的长达 2cm；花萼钟状漏斗形，长 7～10mm；花冠紫色或白色而有紫斑，长 1.5～2cm，上唇短而直立，2 深裂，下唇中裂片较小，稍凸出。蒴果圆球形，稍伸出萼筒；种子细小，多粒，无毛，微粗糙。花、果期 2—8 月。$2n=20$。

见于余杭区(百丈)、西湖景区(虎跑、九溪)，生于潮湿的路旁、田边、沟边及山坡草丛中。分布于安徽、福建、湖南、广西、江苏、江西、台湾；日本也有。

117. 紫葳科　Bignoniaceae

乔木、灌木或木质藤本,稀为草本。常具有各式卷须及气生根。叶对生或轮生,单叶或羽状复叶,顶生小叶或叶轴有时呈卷须状,卷须顶端有时变为钩状或为吸盘而攀援它物,叶基部或脉腋处常有腺体;无托叶或具叶状假托叶。花两性,左右对称,聚伞花序、圆锥花序或总状花序;苞片及小苞片存在或早落;花萼钟状、筒状,平截或具2～5枚齿;花冠合瓣,钟状或漏斗状,常二唇形,5裂,覆瓦状或镊合状排列;雄蕊通常4枚,着生于花冠管上;花盘环状,肉质;花柱丝状,柱头二唇形。蒴果,室间或室背开裂;种子多数,具翅或两端有束毛,无胚乳。

116～120属,650～750种,分布于热带、亚热带,少数延伸到温带;我国有28属,54种;浙江有3属,6种;杭州均有。

具有鲜艳夺目、大而美丽的花朵,以及各式各样、奇特的果实形状,常栽培作观赏树及行道树。

分属检索表

1. 乔木;单叶;能育雄蕊2枚;种子两端具束毛 ………………………………… 1. **梓属** *Catalpa*
1. 藤本或蔓生灌木;奇数羽状复叶;能育雄蕊4枚;种子具有膜质、透明的翅。
    2. 落叶木质藤本;雄蕊、花柱内藏 ……………………………………… 2. **凌霄属** *Campsis*
    2. 常绿蔓生小灌木;雄蕊、花柱伸出花冠外 …………………………… 3. **硬骨凌霄属** *Tecomaria*

1. 梓属　Catalpa Scop.

落叶乔木。单叶对生,稀3叶轮生,叶下面脉腋间通常具紫色腺体。花两性,圆锥花序或伞房花序,顶生;花萼2枚,唇形或不规则开裂;花冠钟状,二唇形,上唇2裂,下唇3裂;能育雄蕊2枚,内藏,退化雄蕊2或3枚;花盘明显;子房2室。蒴果长柱形,2瓣开裂;种子多粒,圆球形,薄膜状,两端具束毛。

约13种,分布于北美洲和亚洲东部;我国有5种,1变型,主要分布于长江和黄河流域;浙江及杭州有3种。

本属植物生长迅速,除供庭院观赏、作行道树外,还可以用于制作家具。

分种检索表

1. 圆锥花序,花淡黄色或白色。
    2. 花黄白色;蒴果瓣宽4～5mm,种子小,宽3mm;叶片宽卵形 ……………… 1. **梓** *C. ovata*
    2. 花白色;蒴果瓣宽10mm,种子大,宽6～10mm;叶片卵心形至卵状长圆形 …… 2. **黄金树** *C. speciosa*
1. 伞房状总状花序,花淡红色;叶片三角状卵心形或卵状长圆形 ……………… 3. **楸** *C. bungei*

1. **梓** （图 3-31）

Catalpa ovata G. Don

落叶乔木，高 10～15m。树冠伞形，主干通直；树皮灰褐色，纵裂，嫩枝具稀疏柔毛。叶对生或近对生，有时轮生，阔卵形，长、宽近相等，长 10～30cm，宽 7～25cm，顶端渐尖，基部心形，全缘或浅波状，常 3 浅裂，上面及下面均粗糙，微被柔毛或近无毛，侧脉 4～6 对，基部掌状脉 5～7条；叶柄长 6～18cm。圆锥花序顶生，花序梗微被疏毛；花萼花蕾时呈圆球形，二唇开裂，长6～8mm；花冠钟状，淡黄色，内面具 2 条黄色条纹及紫色斑点，长约 2.5cm，直径约为 2cm；雄蕊 2 枚；花柱丝形，柱头 2 裂。蒴果线形，下垂，长 20～30cm，直径为 5～7mm；种子长椭圆球形，长6～8mm，宽约 3mm，两端具有平展的长毛。花期 5—6 月，果期 8—10 月。$2n=40$。

见于江干区（彭埠）、西湖景区（虎跑、茅家埠、三台山、桃源岭），常栽培于村庄附近、公路旁。分布于长江流域及其以北各省、区。

木材可作家具、琴底；叶或树皮可作农药；种子可入药。

图 3-31 梓

图 3-32 黄金树

2. **黄金树** （图 3-32）

Catalpa speciosa (Warder ex Barney) Engelmann

落叶乔木，高 6～15m。树冠伞状；树皮厚，红褐色，呈厚鳞片状开裂。单叶对生，卵心形至卵状长圆形，长 15～30cm，宽 10～20cm，全缘，顶端长渐尖，基部截形至浅心形，上面亮绿色，无毛，下面密被短柔毛，基部有基生 3 出脉，脉腋间有绿色腺斑；叶柄长 10～15cm。圆锥花序顶生，长约 15cm，花少数；苞片 2 枚，长 3～4mm；花萼 2 裂，裂片舟状，无毛；花冠白色，喉部有 2 条黄色条纹及紫色细斑点，长 4～5cm；能育雄蕊 2 枚。蒴果圆柱形，黑色，长 30～55cm，宽 10～12mm，2 瓣开裂；种子椭圆球形，长 25～35mm，宽 6～10mm，两端有极细的白色丝状毛。

花期5—6月,果期8—9月。$2n=40$。

余杭区(塘栖)有栽培。原产于美国中部至东部;福建、广东、广西、河北、河南、江苏、山东、山西、陕西、台湾、新疆、云南均有栽培。

可用于观赏,作行道树。

3. **楸** (图3-33)

Catalpa bungei C. A. Meyer

落叶乔木,高8~12m。树干通直,树冠窄长;树皮灰褐色或黑褐色,浅纵裂;小枝灰褐色,有光泽,有黄褐色皮孔。叶对生,三角状卵形或卵状长圆形,长6~15cm,宽6~12cm,先端长尖形,有时基部具有1~2对尖齿,截形、宽楔形或心形,全缘,无毛;叶柄长2~8cm。伞房状总状花序顶生,有花3~12朵;花萼花蕾时圆球形,二唇开裂,顶端有2枚尖齿;花冠钟状,淡红色,内面具有2条黄色条纹及暗紫色斑点,长3~3.5cm;能育雄蕊2枚,花丝长,着生于下唇内。蒴果线状圆柱形,长25~50cm,宽约6mm;种子狭长椭圆球形,长约1cm,宽约2cm,两端生长毛。花期5—6月,果期6—10月。$2n=40$。

图3-33 楸

见于西湖景区(飞来峰、龙井、桃源岭、云栖)。分布于甘肃、河北、河南、湖南、江苏、山东、山西、陕西、广西、贵州、云南。

为良好的建筑用材;也可栽培作观赏树、行道树;茎皮、叶、种子可入药。

2. 凌霄属 Campsis Lour.

落叶攀援木质藤本。通常有气生根。茎灰白色。叶对生,奇数羽状复叶,小叶有粗锯齿。聚伞花序或圆锥花序,顶生;花大,花萼钟状,近革质,不等地5裂;花冠红色或橙红色,钟状漏斗形,裂片5枚;雄蕊4枚;子房2室,基部有花盘。蒴果,室背开裂;种子多数,扁平,有膜质翅。

2种,1种产于北美洲,另1种产于我国和日本;我国有2种;浙江有2种;杭州有2种。

花大而美丽,常供庭院观赏;花可入药。

1. **凌霄** (图3-34)

Campsis grandiflora (Thunb.) K. Schum.

落叶攀援藤本,有少数气生根或无气生根,常攀援在它物上,节间有毛。茎木质,表皮脱落。叶对生,奇数羽状复叶;小叶7~9枚,卵形至卵状披针形,长3~6cm,宽1.5~3cm,先端渐尖,基部宽楔形至近圆形,两面无毛,两小叶柄间有淡黄色柔毛,边缘有锯齿或齿缺。花大,圆锥花序或聚伞花序,顶生;花萼钟状,长 2～4cm,不等地 5 裂,分裂至中部;花冠内面鲜红色,外面橙黄色,漏斗形钟状,上部 5 裂,长约 5cm;雄蕊着生于花冠管基部;花柱线形,长约 3cm。蒴果,顶端钝,具柄,室背开裂;种子多粒,具 2 枚透明扇形翅。花期 6—8 月,果期 10—11 月。$2n=36,38,40$。

区内常见栽培。分布于黄河流域、长江流域;日本也有。

花大,可供观赏,为常见庭院植物;花、根可入药。

图 3-34 凌霄　　图 3-35 美国凌霄

2. 美国凌霄 (图 3-35)

Campsis radicans (L.) Seem. ex Bur.

落叶攀援藤本,长达 10m,常攀援在它物上。具气生根。叶对生,奇数羽状复叶;小叶 9～11 枚,椭圆形至卵状椭圆形,长 3.5～6.5cm,宽 2～4cm,先端长渐尖,基部楔形,边缘具齿,上面无毛,下面有柔毛,沿中脉被短柔毛;具短柄。圆锥花序顶生;花萼钟状,长约 2cm,5 浅裂至萼筒的 1/3 处;花冠橙红色至鲜红色,漏斗形钟状,长 6～9cm,直径为 4cm,比花萼长 3 倍。蒴果圆筒状长圆形,长 8～12cm,革制,顶端具喙尖,沿缝线有龙骨状凸起;种子多数,压扁,具 2 翅。花期 7—9 月,果期 11 月。

区内有栽培。原产于美洲;北京、湖北、湖南、广西、江苏、山东栽培作观赏植物;巴基斯坦、印度、越南也有栽培。

花可入药,功效与凌霄花类同。

与上种的主要区别在于:本种小叶 9～11 枚,小叶片下面被毛,至少沿中脉和侧脉被短柔毛;花萼裂至 1/3 处,裂片短,卵状三角形。

3. 硬骨凌霄属　Tecomaria Spach

常绿披散或蔓生灌木。枝柔软，常匍匐于地上，节上生根。叶对生，奇数羽状复叶，小叶有锯齿。花组成圆锥花序或总状花序，顶生；花萼钟形，5裂；花冠黄色，橙色或红色，筒状或漏斗状，二唇形；雄蕊4枚，通常伸出花冠管之外，有下垂、叉开的药室；花盘杯状；子房2室。蒴果；种子有膜质翅。

约2种，原产于南美洲；我国引种栽培1种；浙江及杭州也有。

硬骨凌霄　(图3-36)

Tecomaria capensis (Thunb.) Spach

常绿披散灌木，高1～2m。枝细长，绿褐色，常有小瘤状凸起。叶对生，奇数羽状复叶；小叶7～9片，卵形至宽椭圆形，长1～2.5cm，先端急尖或渐尖，基部楔形，边缘有不规则钝头粗锯齿，两面无毛或于下面脉腋内被绵毛；侧生小叶近无柄，顶生小叶叶柄长不到1cm。总状花序，顶生，有花序梗；花萼钟形，5裂，三角形；花冠橙红色至鲜红色，漏斗状，长4～5cm，呈二唇形；雄蕊4枚，花丝丝状，花药"个"字形着生；子房上位，2室，长圆球形，花柱丝状；雄蕊和花丝明显伸出花冠管外。蒴果长2.5～5cm。花期春季，果期夏季。

区内有栽培。原产于南美洲；福建、广东、海南也有栽培。

常用作庭院观赏植物；根、叶可入药。

图3-36　硬骨凌霄

118. 胡麻科　Pedaliaceae

一年生或多年生草本，稀为灌木。叶对生或上部的互生；叶片全缘、有锯齿或分裂；具柄；无托叶。花两性，两侧对称，下垂，单生于叶腋或组成顶生的总状花序，稀簇生；花梗短；苞片缺或极小；花萼4～5深裂；花冠筒状，不明显的二唇形，常一边肿胀，5裂，花蕾时呈覆瓦状排列；雄蕊4枚，二强，常有1枚退化雄蕊，少有2枚，花药成对靠合，2室，平行或叉开，纵裂；花盘下位，肉质；子房上位，稀下位，2～4室，很少为假1室，中轴胎座，胚珠少或多颗，倒生，花柱丝状，柱头2浅裂。蒴果开裂或不裂，而常覆以硬钩刺或翅；种子多颗，具薄肉质胚乳。

14属，约60种，主要分布于热带及亚热带；我国有2属，2种；浙江野生和栽培各1种；杭州栽培1种。

胡麻属 Sesamum L.

一年生直立或匍匐草本。叶对生或上部互生；叶片全缘、有齿裂或分裂。花白色或淡紫色，单生于叶腋内，或少数簇生，具短柄；花萼小，5深裂；花冠筒状，基部稍肿胀，5裂，二唇形，裂片圆形，开展，近轴的2裂常较短；雄蕊4枚，二强，内藏，着生于花冠管近基部，花药箭头形，药室2枚；花盘略凸起；子房2室或假4室。每室有多颗或1行排列的胚珠。蒴果长圆球形，成熟时从顶部向下室背开裂成2瓣；种子多粒，斜椭圆球形。

21种，分布于热带非洲和亚洲；我国栽培1种；浙江及杭州也有。

胡麻 芝麻 （图3-37）

Sesamum indicum L.

一年生草本。茎直立，高达1.5m，四棱形，具纵槽，分枝或不分枝，中空或具白色髓部，微有柔毛。叶对生或上部叶互生；叶片的形状和大小在同一株上变化很大；下部叶片卵形至长圆状卵形，长3～10cm，宽2.5～4cm，先端急尖或稍钝，基部圆或钝，边缘3裂或掌状3深裂，叶柄长1～5cm；上部叶片卵形、长圆形、披针形至线形，长5～10cm，宽0.6～3.5cm，先端渐尖，基部急收狭或稍钝，全缘或具缺刻，叶柄长1～3cm。花单生或2～3朵生于叶腋，具柄；花萼倒圆锥状，长约6mm，裂片披针形或长圆形，先端稍钝，被柔毛；花冠白色或淡紫色，长2.5～3cm，稍呈二唇形；雄蕊4枚，内藏；子房上位，被柔毛，4室，花柱无毛。蒴果直立，四棱状长圆球形，长2～3cm，上、下几等宽，顶端稍尖，有细毛，分裂至中部或基部；种子多粒，黑色、白色或淡黄色。花、果期6—7月。$2n=26$。

图3-37 胡麻

区内有栽培。原产于印度；我国各地广泛种植；世界各地，尤其是热带地区广泛种植。

种子榨油，可供食用或工业用；种子可为滋养强壮药，也可为糖果和点心原料。

119. 列当科 Orobanchaceae

寄生草本。叶鳞片状，呈螺旋状或近覆瓦状排列。总状花序、穗状花序或近头状花序；苞片1枚，常与叶同形；花两性，两侧对生；花萼管状、杯状、钟状或佛焰苞状；花冠二唇形，常弯曲，上唇全缘，先端微凹或2浅裂，下唇先端2～3裂，或花冠管状、钟状或漏斗状，具5枚裂片；雄蕊4枚，二强，着生于花冠管中部或以下，花药常2室，纵裂，或1室不存在或退化成距；雌蕊由2～3枚合生心皮组成，子房上位，胎座常2～4或6个；花柱细长，柱头膨大，盘状，盾状或2～4浅裂。蒴果，室背开裂；种子细小，种皮具凹点或网纹，胚乳丰富，肉质。

约15属，150种，主要分布于北温带；我国有9属，42种，主要分布于西部；浙江有4属，5种；杭州有1属，1种。

野菰属　Aeginetia L.

一年生寄生草本。茎极短。无叶或有少数鳞片叶。花生于茎端；具长梗；花萼呈佛焰苞状；花冠钟状或筒状；雄蕊4枚，花丝着生于花冠管基部，花药成对粘合，仅1室发育，下方1对雄蕊的药隔基部延长成距或距状物；雌蕊由2枚合生心皮组成，子房1室，侧膜胎座2或4个，胚珠多颗，花柱细长，上部稍弯曲，柱头肉质，盾形。蒴果2瓣裂；种子细小，种皮网状。

约4种，分布于亚洲南部和东南部；我国有3种，分布于华东、华南、西南；浙江有2种；杭州有1种。

野菰　(图3-38)

Aeginetia indica L.

一年生寄生草本，高15～50cm。根稍肉质。叶肉红色，鳞片状，卵状披针形或披针形，长5～10mm，宽3～4mm。花常单生，紫色，稍俯垂，具直立长花梗；花萼佛焰苞状，一侧斜裂，长2～5cm，紫红色或黄白色；花冠紫红色，带黏液，花冠管钟状，长4～6cm，顶端5浅裂；雄蕊4枚，着生于花冠管近基部，花丝紫色，长7～9mm，花药黄色，成对粘合；子房1室，柱头淡黄色，盾状，肉质。蒴果圆锥形或长卵球形，长2～3cm，2瓣开裂；种子椭圆球形，黄色，种皮网状。花期4—8月，果期8—10月。$2n=30$。

见于西湖景区(飞来峰、南高峰)，生于山坡、路边或林下草地。分布于安徽、福建、广东、广西、贵州、湖南、江苏、江西、四川、台湾、云南；柬埔寨、印度、印度尼西亚、日本、马来西亚、缅甸、斯里兰卡、泰国、菲律宾、越南也有。

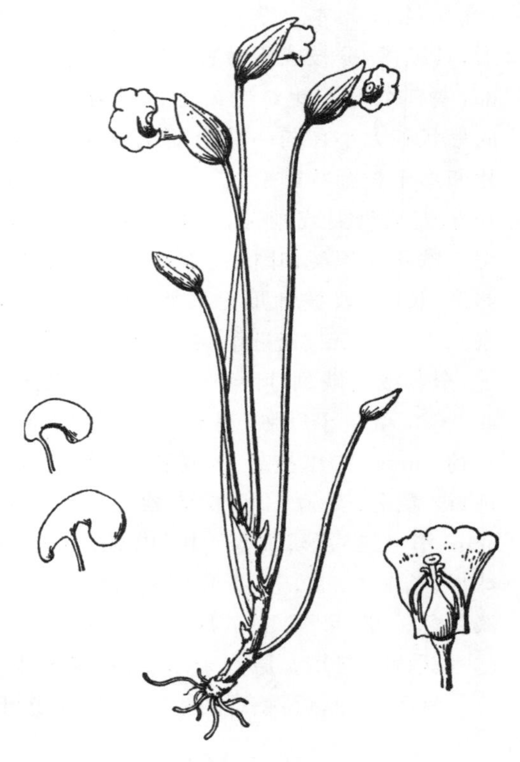

图3-38　野菰

120. 苦苣苔科　Gesneriaceae

多年生草本或小灌木。叶基生，或在茎上对生或轮生，少互生。叶片等大或不等大，全缘或有齿，稀羽状分裂，无托叶。通常为聚伞花序，或总状花序，顶生或腋生；花两性，左右对称；

花萼筒状5裂,裂片镊合状排列,稀覆瓦状排列;花冠钟状或筒状,5裂或呈二唇形,上唇2裂,下唇3裂,裂片覆瓦状排列;雄蕊4~5枚,通常4枚,着生于花冠管上,花丝通常狭线形,有时中部变宽,花药成对或全部靠合,稀分离,药室平行,略叉开或极叉开,顶端会合或不会合;雌蕊由2枚心皮组成,子房上位或下位,1室或不完全2室,侧膜胎座,胚珠多颗,倒生,花柱1枚,柱头1或2枚,呈片状、头状或盘状。蒴果,室背或室间开裂;种子多粒,小,有或无胚乳。

约133属,3000种,产于非洲、南美洲、东南亚地区、欧洲南部、大洋洲等;我国有56属,442种,分布于全国各省、区;浙江有9属,17种;杭州有3属,3种。

分属检索表

1. 附生灌木;种子顶端具有1条长毛 ……………… 1. **吊石苣苔属** *Lysionotus*
1. 陆生或岩石上草本;种子顶端无毛。
    2. 有直立肉质的地上茎;叶茎生;药室平行 ……………… 2. **半蒴苣苔属** *Hemiboea*
    2. 茎缩短;叶基生;药室叉开 ……………… 3. **唇柱苣苔属** *Chirita*

1. 吊石苣苔属 Lysionotus D. Don

附生常绿灌木或半灌木。叶对生或3~4片轮生,在茎端密集;叶片常较厚,全缘或有波状浅齿;常有短柄。聚伞花序顶生或腋生,分枝或不分枝;苞片对生,常较小;花萼5裂,宿存;花冠淡紫色、白色,花冠管细漏斗状,二唇形,上唇2裂,下唇3裂;下方2枚雄蕊能育,内藏,花丝着生于花冠管近中部处,线形,常扭曲,花药连着,两室近平行,药隔背部无或有附属物,退化雄蕊2~3枚,位于上方,小;花盘环状或杯状;子房线形,侧膜胎座2个,胚珠多粒,花柱常较短,柱头盘状或扁球形。蒴果线形,室背开裂或2瓣;种子纺锤形,两端各有1条长毛。

约25种;我国有23种,8变种,分布于秦岭以南;浙江有1种;杭州有1种。

吊石苣苔 (图3-39)

Lysionotus pauciflorus Maxim.

附生小灌木。茎长5~25cm,分枝或不分枝,无毛或上部被疏短毛。叶片在枝端的密集,下部的3~4叶轮生,叶片革质,楔形、楔状线形,有时狭长圆形、卵狭形或倒卵形,长2.5~6cm,宽0.5~2cm,先端钝或急尖,基部楔形,边缘在中部以上有钝状粗锯齿,上面深绿色,下面色淡,中脉明显,在下面凸起,两面无毛;具短柄或近无柄。聚伞花序顶生,具花1~3朵;花梗长0.3~1cm;花萼长3~4cm,5裂至近基部;花冠白色,稍带紫色,长3.5~4.5cm,无毛,

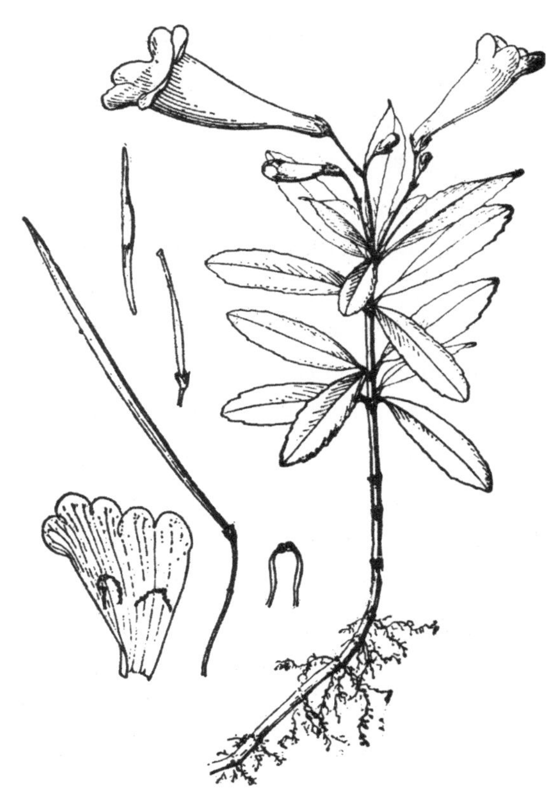

图3-39 吊石苣苔

花冠管细漏斗状,二唇形,上唇2浅裂,下唇3裂,花冠内面具有2条黄色肋状凸起和深紫色线纹;能育雄蕊2枚,退化雄蕊3枚;花盘杯状,有尖齿;子房线形,无毛。蒴果线形,长5.5~9cm;种子纺锤形,长0.6~1mm,顶端有1条长毛。花期7—8月,果期9—10月。

见于余杭区(鸬鸟)和西湖景区(飞来峰),生于阴湿的峭壁岩缝、岩壁和树上。分布于江苏、江西、福建、台湾、湖北、湖南、广东、广西、四川、贵州、云南、陕西;日本、越南也有。

全草入药,有益肾强筋、散瘀镇痛、舒经活络之效。

2. 半蒴苣苔属 Hemiboea C. B. Clarke

多年生草本或半灌木。茎上升,基部具匍匐茎,上部直立。叶对生,具柄。花序假顶生或腋生,二歧聚伞状或合轴式单歧聚伞状,有时简化为单花;总苞球形,开放后呈船形、碗形或坛状;花萼5裂,裂片具3条脉,筒内具一毛环;能育雄蕊2枚,着生于花冠管的基部,药室平行,顶端不会合,花丝狭线形,基部稍弯曲,退化雄蕊2或3枚;花盘环状;子房线形,2室,其中1室发育,含1颗胚珠,另1室退化成小的空腔,无胚珠,柱头截形或头状。蒴果不对称,稍弯,成熟时室背开裂;种子细小多数,具纵棱,多数网状凸起,无毛。

23种;我国均产;浙江有2种;杭州有1种。

半蒴苣苔 (图3-40)

Hemiboea subcapitata C. B. Clarke——*H. henryi* C. B. Clarke

多年生草本。茎高10~30cm,肉质,无毛或疏生白色短柔毛,散生紫黑色斑点,不分枝,具4~7节。叶对生,稍肉质,干时草质,菱状椭圆形、卵状披针形或倒卵状披针形,长3~20cm,宽1.5~8cm,先端急尖或渐尖,基部楔形或下延,全缘或中部以上具浅钝齿,侧脉5~6条;叶柄长0.5~9.5cm。聚伞花序腋生或假顶生,具3至10余朵花,花序梗长2~10cm;总苞球形,开裂后呈船形;花梗粗壮,长0.2~0.5cm;花萼5裂,裂片长椭圆形,干时膜质;花冠白色,具紫斑,长3.5~4.5cm,外面疏生腺状短柔毛,上唇2浅裂,下唇3浅裂;能育雄蕊2枚,退化雄蕊3枚;子房线形,无毛,柱头钝。蒴果线状披针形,长1.5~2.2cm,无毛,多少弯曲。花期8—9月,果期10—11月。

图3-40 半蒴苣苔

见于西湖景区(飞来峰),生于丘陵或山地阴湿的岩石缝。分布于江苏、安徽、江西、福建、湖北、湖南、广西、广东、贵州、四川、河南、陕西、甘肃。

全草药用,有清热解毒、利尿、止咳之功效。

3. 唇柱苣苔属 Chirita Buch. - Ham. ex D. Don

一年生或多年生草本。无或具地上茎。叶通常对生或基生；叶片有时不对称，具羽状脉。花大，聚伞花序腋生；具少数或多数花，或简化到只具有 1 朵花。苞片常 2 枚，对生，常分生；花萼筒状，浅或深 5 裂，裂片狭窄；花冠长筒状，基部以上膨胀，直或弯曲，二唇形，上唇 2 裂，下唇 3 裂；能育雄蕊 2 枚，着生于花冠的中部或上部，不伸出花冠外，花丝线形，常中部宽，向两端变狭，呈膝状弯曲，花药通常靠合，药室顶端会合，退化雄蕊 2～3 枚或缺；花盘环状；子房线形，1 室，具有(1)2 个侧膜胎座，稀 2 室，花柱线形，伸长，柱头斜，不等 2 裂。蒴果长线形，呈压扁状或圆柱状，室背 2 瓣裂；种子很小，卵球形或长椭圆球形，光滑，常有纵纹。

约 140 种；我国有 99 种，分布于华南、西南；浙江有 2 种；杭州有 1 种。

牛耳朵

Chirita eburnea Hance——*Didymocarpus eburneus* (Hance) H. Lév.——*Primulina xiziae* F. Wen, Y. Wang & G. J. Hua

多年生草本。根状茎短缩。叶基生；叶片肉质，卵形或狭卵形，长 3.5～13cm，宽 3～10cm，先端圆钝，基部楔形下延，边缘全缘，两面均被贴伏的短柔毛，下面毛密，侧脉约 4 对；叶柄扁，长 1～8cm，密被短柔毛。聚伞花序伞形，具 5～10 朵花，花序梗长 30cm，被短毛；苞片 2 枚，对生，宽卵形，密被短柔毛；花梗长达 2.3cm，被短柔毛及短腺毛；花萼长约 1cm，5 裂至近基部，裂片线状披针形，外面被短柔毛及腺毛；花冠紫色，有时白色，长 3～4.5cm，两面疏生短柔毛，上唇 2 裂，下唇 3 裂；能育雄蕊 2 枚，花药连着，有髯毛，退化雄蕊 2 枚；花盘斜，边缘有波状齿；子房与花柱密被短柔毛，柱头 2 裂。蒴果线形，长约 6cm，被短柔毛。花期 4—7 月，果期 6—10 月。

见于西湖景区(玉皇山、九曜山)，生于山谷岩壁上。分布于湖北、湖南、广东、广西、贵州、四川。

全草药用，有清肺止咳等效。

本地记载的西子报春苣苔 *Primulina xiziae* F. Wen, Y. Wang & G. J. Hua 子房线形，退化雄蕊 2 枚，与本种一致，且本种分布很广，营养体变异较大，应予以归并。

121. 葫芦科 Cucurbitaceae

一年生或多年生草质藤本。茎具卷须，稀无，卷须侧生于叶柄基部，单一或 2 至多歧。叶互生，无托叶，具叶柄；叶片不分裂，或掌状浅裂至深裂，稀为鸟足状复叶，叶缘有锯齿或稀全缘，具掌状脉。花单性，雌雄同株或异株。总状花序、圆锥花序或近伞形花序，单生或簇生。雄花花萼辐射状、钟状或管状，5 裂；花冠筒状或钟状，5 裂，全缘或边缘呈流苏状；雄蕊 3 或 5 枚；花丝分离或合生成柱状，花药分离或靠合。雌花花萼与花冠同雄花；退化雄蕊有或无；子房下位，稀半下位，通常由 3 枚心皮合生而成，花柱 1 枚或在顶端 3 裂。果实大型至小型，常为肉质浆果状或果皮木质,不开裂或在成熟后盖裂或3瓣纵裂,1室或3室;种子常多数,压扁状。

约123属,800种,大多数分布于热带和亚热带,少数种类分布于温带;我国有35属,151种;浙江有16属,28种,12变种;杭州有13属,20种,3变种。

分属检索表

1. 花冠裂片全缘或近全缘,边缘绝不呈撕裂状。
  2. 雄蕊5枚。
    3. 单叶。
      4. 叶片多长三角形;花冠裂片长3～7mm;果成熟后盖裂 ………… 1. **盒子草属** *Actinostemma*
      4. 叶片多卵状心形;花冠裂片长1～2.5cm;果为浆果状,不开裂 ……… 2. **赤瓟属** *Thladiantha*
    3. 叶常为鸟足状复叶,具3～9枚小叶 ……………………………………… 3. **绞股蓝属** *Gynostemma*
  2. 雄蕊3枚。
    5. 花、果均小型,果直径通常小于2cm;药室通直 …………………………… 4. **马瓞儿属** *Zehneria*
    5. 花、果中或大型,果直径常远大于2cm;药室呈"S"字形折曲或多回折曲。
      6. 花冠辐射状,如为钟状,则5深裂或近于分离。
        7. 雄花的花托不伸长。
          8. 花梗上有盾状苞片;果实常具明显的瘤状凸起 ………………… 5. **苦瓜属** *Momordica*
          8. 花梗上无盾状苞片。
            9. 雄花排成总状或聚伞状花序。
              10. 一年生藤本;果实有多粒种子 ………………………………… 6. **丝瓜属** *Luffa*
              10. 多年生藤本;果实仅有1粒大型种子 ………………… 7. **佛手瓜属** *Sechium*
            9. 雄花单生或簇生。
              11. 叶两面密生硬毛;花萼裂片叶状,具锯齿,反折………… 8. **冬瓜属** *Benincasa*
              11. 叶两面被柔毛状硬毛;花萼裂片钻形,近全缘,不反折。
                12. 卷须二或三歧;叶片羽状深裂;药隔不伸出 ………… 9. **西瓜属** *Citrullus*
                12. 卷须不分歧;叶片3～7深裂;药隔伸出 …………… 10. **黄瓜属** *Cucumis*
        7. 雄花的花托伸长,长约2cm;花冠白色;叶片基部具2枚腺体 …… 11. **葫芦属** *Lagenaria*
      6. 花冠钟状,5中裂 ……………………………………………………… 12. **南瓜属** *Cucurbita*
1. 花冠裂片呈撕裂状……………………………………………………… 13. **栝楼属** *Trichosanthes*

1. 盒子草属 Actinostemma Griff.

纤细攀援草本。卷须分2叉或稀单一。叶片心状戟形、心状卵形、宽卵形或披针状三角形,不分裂或3～5裂,边缘有疏锯齿,有叶柄。花单性,雌雄同株,稀两性。雄花总状或圆锥状花序,稀单生或双生;花萼辐射状,筒部杯状;花冠辐射状;雄蕊5枚,离生,花丝短,丝状。雌花单生、簇生,稀雌雄同序;花萼和花冠与雄花同形;花柱短,柱头3枚,肾形。果实卵球状,自中部以上环状盖裂,具2～4枚种子;种子稍扁,卵球形,种皮有不规则的雕纹。

1种,分布于东亚;我国南北普遍分布;浙江及杭州也有。

盒子草 (图3-41)

Actinostemma tenerum Griff.

一年生缠绕草本。茎纤细,卷须细,二歧。叶形变异大,心状戟形、心状狭卵形或披针状三角形，不分裂或3～5裂，边缘具齿；叶片两面具疏散疣状凸起，长3～12cm，宽2～8cm；叶柄细，长2～6cm，被短柔毛。雄花总状或圆锥状花序，具3裂总苞片，长6mm；花序轴细弱，长1～13cm，被短柔毛；苞片线形，长约3mm；花萼裂片线状披针形，长2～3mm，宽0.5～1mm；花冠裂片披针形，长3～7mm，宽1～1.5mm；雄蕊5枚。雌花单生、双生或雌雄同序；雌花梗具关节，长4～8cm；花萼和花冠同雄花；子房卵状，有疣状凸起。果实绿色，卵球形、阔卵球形或长圆状椭圆球形，长1～2cm，直径为1～2cm，具种子2～4枚；种子表面有不规则雕纹。花期7—9月，果期9—11月。

见于西湖景区（虎跑、九溪、桃源岭、云栖），生于山脚郊野林下、路边、水边草丛中。分布于安徽、福建、广西、河北、河南、湖北、湖南、江苏、江西、辽宁、山东、四川、台湾、西藏、云南；印度、日本、朝鲜半岛、老挝、泰国、越南也有。

种子及全草药用。

图3-41 盒子草

2. 赤瓟属 Thladiantha Bunge

多年生草质藤本，攀援或匍匐。茎草质，具纵向棱沟。卷须单一或二歧。单叶，心形，边缘有锯齿。雌雄异株。雄花花序总状或圆锥状；花萼筒短钟状或杯状，裂片5枚；花冠钟状，黄色，5深裂；雄蕊5枚。雌花单生、双生或3～4朵簇生于一短梗上；花萼和花冠同雄花；子房卵球形、长圆球形或纺锤形。果实中等大，浆质，不开裂；种子多数，水平生长。

23种，分布于亚洲东部；我国有23种；浙江有2种；杭州有2种。

1. 台湾赤瓟 （图3-42）

Thladiantha punctata Hayata

多年生攀援草本。全体几乎无毛。茎、枝稍粗壮，有明显的纵向条纹，卷须粗壮，单一。叶片长卵形或长卵状披针形，长8～20cm，宽6～10cm，边缘有小齿，平滑，无毛；叶柄长2～7cm。雌雄异株。雄花呈总状或圆锥花序；花梗丝状，长0.5～1cm；花萼筒宽钟形，长0.4cm，裂片披针形；花冠黄色，裂片长卵形

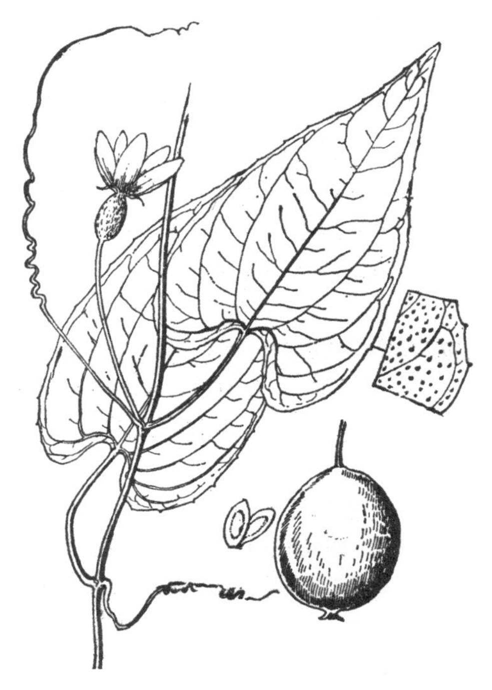

图3-42 台湾赤瓟

或长卵状披针形,长1.8～2cm;雄蕊5枚。雌花常单生;花梗长2～5cm,无毛;花萼和花冠同雄花;子房卵球形;柱头3枚,圆肾形。果实卵球形或长圆球形,基部钝圆,顶端有小尖头,表面平滑;种子宽卵球形,褐色两面有不明显的疣状凸起。花期6—7月,果期8—11月。

见于余杭区(鸬鸟),生于沟边林下、林缘、路边、山坡草丛及潮湿地。分布于安徽、福建、江西、台湾。

2. **南赤爬** (图3-43)

Thladiantha nudiflora Hemsl. ex Forbes & Hemsl. ——*T. nudiflora* Hemsl. ex Forbes & Hemsl. var. *membranacea* Z. Zhang

多年生攀援草本。全体密生柔毛状硬毛。根块状。茎草质,有较深的棱沟;卷须粗壮,密被硬毛,上部二歧。叶片卵状心形、宽卵状心形或近圆心形,长5～15cm,宽4～12cm,上面深绿色,有短而密的细刚毛,下面色淡,密被淡黄色短柔毛;叶柄粗壮,长3～10cm。雌雄异株。雄花呈总状花序,花梗纤细,长1～1.5cm;花萼筒部宽钟形,宽5～6mm,裂片卵状披针形;花冠黄色,裂片卵状长圆形,长1.2～1.6cm;雄蕊5枚。雌花单生;花梗细,长1～2cm;花萼和花冠同雄花,但较之更大;子房狭长圆球形,长1.2～1.5cm。果实长圆球形,干后红色或红褐色,顶端稍钝,有时渐狭,基部钝圆;种子卵球形或宽卵球形,顶端尖,基部圆,表面有明显的网纹。花期6—8月,果期9—10月。$2n=18$。

图3-43　南赤爬

区内常见,生于山坡、沟边、路边灌丛中。分布于我国秦岭及长江中下游以南各省、区;菲律宾也有。

与上种的区别在于:本种全体密生黄褐色柔毛状硬毛;卷须二歧;叶片卵状心形、宽卵状心形或近圆形。

3. 绞股蓝属　Gynostemma Blume

多年生攀援藤本。茎无毛或被短柔毛;卷须二歧或单一。叶互生,鸟足状,具3～9枚小叶,小叶片卵状披针形,有锯齿,具叶柄。雌雄异株,腋生或顶生圆锥花序,基部具小苞片。雄花花萼筒短,5裂;花冠辐射状,淡绿色或白色,5深裂;雄蕊5枚,花丝短,合生成柱。雌花花萼与花冠同雄花;子房球形,2～3室,花柱3枚,稀2枚;胚珠每室2枚,下垂。果球形,不开裂,具2～3枚种子;种子阔卵球形,无翅,具乳凸。

约17种,分布于亚洲的东部和南部;我国有14种;浙江有3种;杭州有2种。

1. **绞股蓝** (图 3-44)

Gynostemma pentaphyllum (Thunb.) Makino

多年生草质攀援藤本。茎细弱,具纵棱及槽;卷须纤细,二歧,稀单一。叶片鸟足状,具 3～9 枚小叶,通常 5～7 枚小叶;小叶片卵状长圆形或披针形,中央小叶长 3～12cm,宽 1.5～4cm,侧生小叶较小;叶柄长 3～7cm,被短柔毛或无毛。雌雄异株。雄花圆锥花序;花梗丝状,长 1～4mm;花萼筒极短,5 裂,裂片三角形,长约 0.7mm;花冠淡绿色或白色,5 深裂,裂片卵状披针形;雄蕊 5 枚。雌花圆锥花序远较雄花短小;花萼及花冠似雄花;子房球形,2～3 室,花柱 3 枚。果实肉质不裂,球形,内含种子 2 粒;种子卵状心形,灰褐色或深褐色。花期 7—9 月,果期 9—10 月。$2n=22,24,64,66$。

区内广布,生于山坡疏林、灌丛或路边草丛中。分布于我国长江以南各省、区;日本、越南、印度尼西亚、印度也有。

全草入药。

图 3-44 绞股蓝

图 3-45 喙果绞股蓝

2. **喙果绞股蓝** (图 3-45)

Gynostemma yixingense (Z. P. Wang & Q. Z. Xie) C. Y. Wu & S. K. Chen

多年生攀援草本。茎纤细,具纵棱及槽,近节处被长柔毛;卷须丝状,单一。鸟足状复叶,小叶 5 或 7 枚,上面被短柔毛;小叶片椭圆形,中央小叶长 4～8cm,侧生小叶较小,边缘有锯齿;叶柄长 3～6cm,被短毛。雌雄异株。雄花圆锥花序;花萼裂片椭圆状披针形,长 1～1.5mm;花冠淡绿色,5 深裂,裂片卵状披针形,长 2～2.5mm;雄蕊 5 枚。雌花簇生于叶腋;花萼与花冠同雄花,子房近球形,疏被微柔毛,花柱3枚。蒴果钟形,无毛,中部具宿存花被片,具长达5mm的长喙3枚,成熟后沿腹缝线开裂;种子阔心形,种脐端钝,另一端圆形、微凹,两面具小疣状凸起。花期8—9月,果期9—10月。$2n=88$。

见于西湖景区(龙井、翁家山、玉皇山),生于林下、灌丛中、山坡石灰岩边与石缝间。分布于安徽、江苏。

与上种的区别在于:本种小叶片椭圆形;花萼裂片椭圆状披针形;蒴果顶部具长喙,成熟后沿腹缝线裂开。

4. 马㼎儿属 Zehneria Endl.

一年生或多年生攀援或匍匐草本。卷须纤细,单一或稀二歧。叶片形状多变,全缘或3～5浅裂至深裂,具叶柄。雌雄同株或异株。雄花总状或近伞房状花序;花萼钟状,裂片5枚;花冠钟状,黄色或黄白色,裂片5枚;雄蕊3枚。雌花单生或少数几朵呈伞房状;花萼和花冠同雄花;子房卵球形或纺锤形。果实圆球形、长圆球形或纺锤形,不开裂;种子多数,卵球形,扁平。

约55种,分布于非洲和亚洲热带到亚热带地区;我国有4种,1变种;浙江有1种;杭州有1种。

马㼎儿 (图3-46)

Zehneria japonica (Thunb.) H. Y. Liu——*Melothria japonica* (Thunb.) Maxim. ex Cogn.

一年生攀援草本。茎、枝纤细,有棱沟,无毛;卷须不分歧,丝状。叶片三角状卵形、卵状心形或戟形,长2～7cm,宽2～8cm,不分裂或3～5浅裂,两面具瘤基状毛;叶柄细,长1～3.5cm。雌雄同株。雄花单生或稀2～3朵生于短的总状花序上;花梗丝状,长3～5mm;花萼宽钟形,长1～1.5mm;花冠淡黄色,裂片长圆形或卵状长圆形,长2～2.5mm;雄蕊3枚。雌花单生或稀双生;花梗丝状,长1～2.5cm;花萼同雄花;花冠阔钟形,裂片披针形;子房纺锤形。果实长圆球形或狭卵球形,两端钝,外面无毛,成熟后灰白色,直径为1.5cm左右;种子灰白色,卵球形,基部稍变狭。花、果期7—10月。

图3-46 马㼎儿

区内常见,生于山坡丘陵地、山地疏林下、林缘、郊野水沟边草丛中。广泛分布于我国南方各地;日本、朝鲜半岛、菲律宾、越南及印度半岛也有。

全草药用。

5. 苦瓜属 Momordica L.

一年生或多年生攀援或匍匐草本。卷须不分歧或二歧。叶片近圆形或卵状心形，掌状3～7浅裂或深裂，具叶柄。雌雄异株，稀同株。雄花单生或呈总状花序；花梗常具兜状苞片；花萼钟状、杯状或短漏斗状；花冠黄色或白色，辐射状或宽钟状，5裂；雄蕊3枚。雌花单生；花萼和花冠同雄花；退化雄蕊腺体状或无；子房椭圆球形或纺锤形。果实卵球形、长圆球形、椭圆球形或纺锤形，有凸起；种子少数或多数，卵球形或长圆球形。

45种，多数种分布于非洲热带地区，少数种类在温带地区有栽培；我国有3种；浙江栽培2种；杭州栽培1种。

苦瓜 （图3-47）

Momordica charantia L.

一年生攀援草本。茎、枝被柔毛，多分枝；卷须纤细，长达20cm，具微柔毛，不分歧。叶片卵状肾形或近圆形，长、宽均为3～12cm，被微柔毛，5～7深裂，裂片卵状长圆形；叶柄细，长4～6cm。雌雄同株。雄花单生于叶腋；花梗纤细，被微柔毛，长3～7cm，中下部具一大苞片；花萼裂片卵状披针形，被白色柔毛，长4～6mm；花冠黄色，裂片倒卵形，长1.5～2cm；雄蕊3枚。雌花单生，花梗被微柔毛，基部具1枚苞片；花萼花冠与雄花同；子房纺锤形，密生瘤状凸起，柱头3枚。果实纺锤形或圆柱形，多瘤皱；种子多数，长圆球形，具红色假种皮，两端各具3枚小齿，两面有刻纹。花、果期5—10月。$2n=22$。

区内常见栽培。广布于世界热带和亚热带地区。果作蔬菜；根、藤及果实可入药。

图3-47 苦瓜

6. 丝瓜属 Luffa Mill.

一年生或多年生攀援草本。无毛或被短柔毛，二歧或多歧。叶片圆形或卵状心形，掌状3～7裂，具柄。雌雄异株。雄花总状花序；花萼筒倒圆锥形，裂片5枚；花冠黄色或白色，裂片5枚，离生；雄蕊3或5枚，离生。雌花具长或短的花梗；花被与雄花同；退化雄蕊3枚，稀4～5枚；子房圆柱形，柱头3枚。果实长圆球形或圆柱状，成熟后内部呈网状纤维；种子多数，长圆球形，压扁。

约6种，分布于东半球热带和亚热带地区；我国通常栽培2种；浙江及杭州也有。

1. **丝瓜** （图3-48）

Luffa aegyptiaca Mill. ——*L. cylindrica* (L.) Roem.

一年生攀援草本。茎、枝粗糙，有棱沟，被微柔毛；卷须粗壮，被短柔毛，二至四歧。叶片三角形或近圆形,长、宽均为10～20cm,通常掌状5～7裂,裂片三角形,边缘有齿,被短毛;叶柄粗糙,长10～12cm,近无毛。雌雄同株。雄花总状花序,被柔毛;花梗长1～2cm;花萼筒宽钟形,裂片卵状披针形或近三角形;花冠黄色,辐射状,直径为5～9cm,裂片长圆形;雄蕊通常5枚,稀3枚。雌花单生,花梗长2～10cm;子房长圆柱状,有柔毛,柱头3枚。果实圆柱状,直或稍弯,表面平滑,通常有深色纵条纹;种子多数,黑色,卵球形,扁,平滑,边缘狭翼状。花、果期夏秋季。

区内常见栽培。我国南北各地普遍栽培;广泛栽培于温带和热带。

果为夏季蔬菜,成熟时里面的网状纤维称丝瓜络,可供药用,有清凉、利尿、活血、通经、解毒之效。

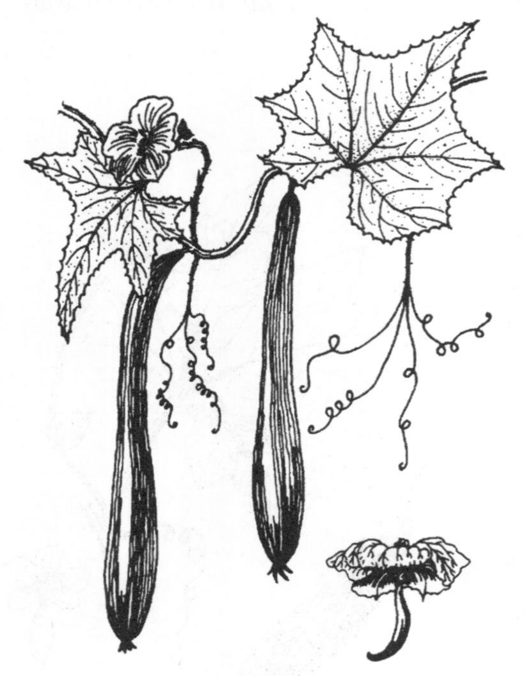

图3-48　丝瓜

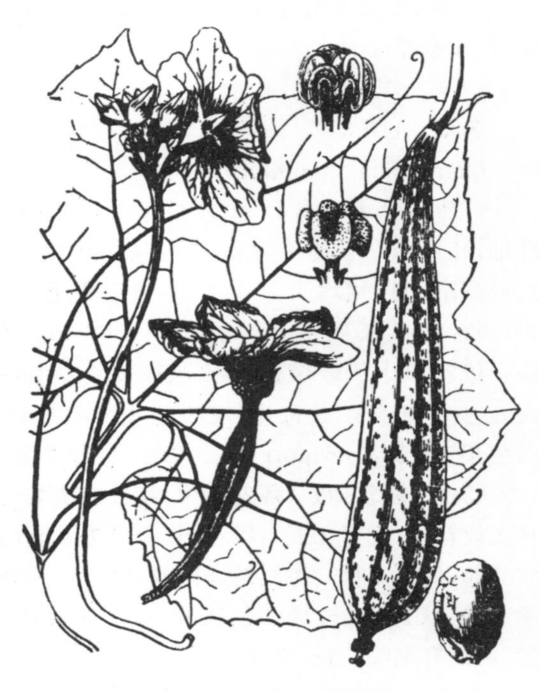

图3-49　棱角丝瓜

2. **棱角丝瓜**　(图3-49)

Luffa acutangula (L.) Roxb.

一年生攀援草本。茎粗壮,具明显的棱角,被短柔毛。卷须粗壮,三歧。叶片近圆形,长、宽均为15～20cm,常为5～7浅裂,中间裂片宽三角形;叶柄粗壮,棱上具柔毛,长8～12cm。雌雄同株。雄花总状花序,有花序梗,花梗长1～4cm,有白色短柔毛;花萼筒钟形,长0.5～0.8cm,裂片披针形;花冠黄色,辐射状,裂片倒心形,长1.5～2.5cm,宽1～2cm;雄蕊3枚。雌花单生,与雄花序生于同一叶腋;子房棍棒状,具10条纵棱,花柱粗而短,柱头3枚。果实圆柱状或棍棒状,具8～10条纵向的锐棱和沟;种子卵球形,黑色,有网状纹饰,无狭翼状边缘,基部2浅裂。花、果期夏秋季。$2n=26$。

区内常见栽培。原产于热带;我国南部多栽培,北部少见。

果嫩时作蔬菜,成熟后网状纤维即丝瓜络供药用,能通经络。

与上种的区别在于:本种叶片多浅裂;果圆柱状,具8～10条纵向的锐棱。

7. 佛手瓜属 Sechium P. Browne

多年生草本。根块状。卷须三至五歧。叶片膜质，心形，浅裂。雌雄同株。雄花总状花序；花萼筒半球形，裂片5枚；花冠白色，辐射状，深5裂；雄蕊3枚。雌花单生或双生，通常与雄花序在同一叶腋；花萼及花冠同雄花；子房纺锤状，花柱短，柱头头状，5浅裂。果实肉质，倒卵球形，上端具沟槽；种子1枚，卵球形，扁。

5种，主要分布于美洲热带地区；我国栽培1种；浙江及杭州也有。

佛手瓜 （图3-50）

Sechium edule (Jacq.) Swartz

多年生攀援草本。根块状。茎有棱沟；卷须粗壮，有棱沟，无毛，三至五歧。叶片近圆形，浅裂，中间的裂片较大，侧面的较小，边缘有小细齿，上面粗糙，下面有短柔毛；叶柄纤细，无毛，长5～15cm。雌雄同株。雄花总状花序；花梗长1～6mm；花萼筒短，裂片开展，近无毛，长5～7mm；花冠辐射状，宽12～17mm，分裂到基部，裂片卵状披针形；雄蕊3枚。雌花单生，花梗长1～1.5cm；花冠与花萼同雄花；子房倒卵球形，具5条棱。果实淡绿色，倒卵球形，有稀疏短硬毛，上部有5条纵沟，具1枚种子；种子大型，长达10cm，卵形，压扁状。花期7—9月，果期8—10月。

区内有栽培。原产于南美洲；我国南方等地有栽培或逸为野生。

果实可作蔬菜。

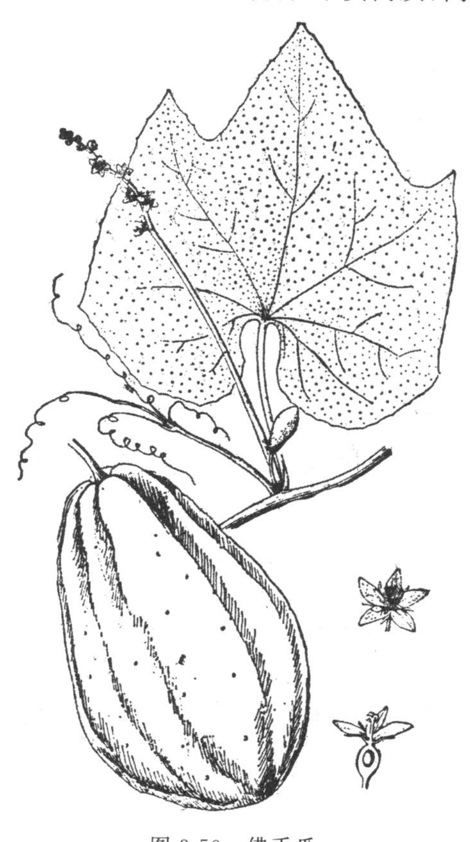

图3-50 佛手瓜

8. 冬瓜属 Benincasa Savi

一年生蔓生草本，全株密被硬毛。卷须二或三歧。叶掌状5浅裂，叶柄无腺体。雌雄同株，单生于叶腋。雄花花萼宽钟状，裂片5枚，有锯齿，反折；花冠黄色，辐射状，通常5裂，裂片倒卵形，全缘；雄蕊3枚，离生，花丝短粗。雌花花萼和花冠同雄花；子房卵球状，具3个胎座，胚珠多数；花柱插生在盘上，柱头3枚，膨大，2裂。果实大型，长圆柱状或近球状，具糙硬毛及白霜，不开裂，具多数种子；种子球形，扁，边缘肿胀。

1种，栽培于世界热带、亚热带和温带地区；我国各地普遍栽培；浙江及杭州也有。

冬瓜 （图3-51）

Benincasa hispida (Thunb.) Cogn. in A. Candolle & C. Candolle

一年生蔓生攀援草本。茎被黄褐色硬毛及长柔毛，有棱沟；卷须二或三歧，被粗硬毛和长柔毛。叶片肾状近圆形,长、宽10～30cm,5～7浅裂或有时中裂,裂片宽三角形或卵形,背面粗糙,灰白色,有粗硬毛;叶柄粗壮,长5～20cm,有毛。雄花花梗长5～15cm,密被黄褐色短刚毛和长柔毛,具苞片;花萼筒宽钟形,宽12～15mm,密生刚毛状长柔毛;花冠黄色,辐射状,裂片宽倒卵形,长3～6cm,宽2.5～3.5cm,有毛;雄蕊3枚。雌花花梗长不及5cm,密生黄褐色硬毛和长柔毛;子房卵球形或圆筒形,长2～4cm,有毛,柱头3枚。果实长圆柱状或近球状,有硬毛和白霜,长25～60cm,直径为10～25cm;种子卵球形,白色或淡黄色,压扁。花、果期夏秋季。$2n=24$。

区内常见栽培。我国各地均有栽培;亚洲热带、亚热带地区,马达加斯加,澳大利亚东部也有。

果实除作蔬菜外,也可浸渍为各种糖果;果皮和种子供药用,有消炎、利尿、消肿的功效。

图3-51 冬瓜

9. 西瓜属 Citrullus Schrad. ex Ecklon & Zeyher

一年生或多年生蔓生草本。茎、枝稍粗壮,粗糙;卷须二或三歧。叶片圆形或卵形,3～5深裂,裂片羽状,或2回羽状浅裂,或深裂。雌雄同株,单生,稀簇生。雄花花萼宽钟形,裂片5枚;花冠黄色,辐射状或宽钟状,深5裂;雄蕊3枚,花丝短,离生。雌花花萼和花冠与雄花同;子房卵球形,具3个胎座,胚珠多数,花柱短,柱状,柱头3枚,肾形,2浅裂。果实大,球形至椭圆球形,果皮平滑,肉质,不开裂;种子多数,长圆球形或卵球形,压扁,平滑。

4种,分布于地中海地区东部、非洲热带、亚洲西部;我国栽培1种;浙江及杭州也有。

图3-52 西瓜

西瓜 (图3-52)

Citrullus lanatus (Thunb.) Matsumura & Nakai

一年生蔓生草本。茎、枝粗壮,具棱沟,被长柔毛;卷须较粗壮,具短柔毛,二歧。叶片三角状卵形,长8～20cm,宽5～15cm,两面具短硬毛,3深裂;叶柄粗,长3～12cm,密被柔毛。

雌雄同株。雌、雄花均单生于叶腋。雄花花梗长 3～4cm，密被黄褐色长柔毛；花萼筒宽钟形，密被长柔毛，裂片狭披针形；花冠淡黄色，直径为 2.5～3cm；雄蕊 3 枚。雌花花萼和花冠与雄花同；子房卵球形，密被长柔毛，花柱长 4～5mm，柱头 3 枚。果实大型，近于球形或椭圆球形，肉质，多汁；种子多数，卵球形，黑色、红色，有时为白色、黄色。花、果期夏季。$2n=22$。

区内常见栽培。原产于非洲；我国各地广泛栽培；世界热带至温带地区也有栽培。

果实为夏季之水果，果肉味甜，能降温去暑；种子含油，可作消遣食品；果皮药用，有清热、利尿、降血压之效。

10. 黄瓜属 Cucumis L.

一年生攀援或蔓生草本。茎、枝有棱沟，密被白色或稍黄色的糙硬毛；卷须纤细，不分歧。叶片近圆形、肾形或心状卵形，不分裂或 3～7 浅裂，边缘具锯齿，两面粗糙，被短刚毛。雌雄同株，稀异株。雄花簇生，稀单生；花萼钟状或近陀螺状，5 裂；花冠黄色，辐射状或近钟状，5 裂；雄蕊 3 枚，离生，花丝短，花药长圆球形。雌花单生，稀簇生；花萼和花冠与雄花相同；子房纺锤形或近圆筒形，花柱短，柱头 3～5 枚。果实多型，肉质或质硬，通常不开裂，平滑或具瘤状凸起；种子多数，压扁，光滑，无毛。

约 32 种，分布于世界热带到温带地区，以非洲种类较多；我国有 4 种；浙江栽培 2 种，1 变种；杭州均有。

分种检索表

1. 果实粗糙，初时带刺 …………………………………… 1. 黄瓜 *C. sativus*
1. 果实光滑或仅有柔毛。
    2. 果椭圆形 …………………………………… 2. 甜瓜 *C. melo*
    2. 果长圆柱形，长 20～30cm …………………………………… 2a. 菜瓜 var. *conomon*

1. 黄瓜 （图 3-53）

Cucumis sativus L.

一年生攀援草本。全体有粗毛。卷须细，不分歧，具白色柔毛。叶片宽卵状心形，长、宽均 12～18cm，被糙硬毛，3～5 掌状分裂，裂片三角形；叶柄粗糙，有毛，长 8～20cm。雌雄同株。雄花常数朵在叶腋簇生；花梗纤细，被微柔毛；花萼筒狭钟状，长 8～10mm，钻形开裂，被白毛；花冠黄白色，长 2cm，裂片长圆状披针形；雄蕊 3 枚。雌花单生，稀簇生；花梗粗壮，被柔毛，长 1～2cm；子房纺锤形。果实长圆球形或圆柱形，绿色，表面粗糙，初时有刺尖；种子小，狭卵球形，白色。花、果期 6—9 月。$2n=14$。

区内常见栽培。原产于亚洲南部和非洲；我国各地普遍栽培。

我国各地夏季主要蔬菜之一。

图 3-53 黄瓜

2. 甜瓜 (图 3-54)

Cucumis melo L.

一年生蔓生草本。茎、枝有棱,有黄褐色或白色的糙硬毛;卷须纤细,被微柔毛。叶片卵圆形或近肾形,长、宽均为8～15cm,被长毛;叶柄长8～12cm,具槽沟及短刚毛。花单性,雌雄同株。雄花数朵簇生于叶腋;花梗纤细,长0.5～2cm,被柔毛;花萼筒狭钟形,密被白色长柔毛,长6～8mm;花冠黄色,长2cm,裂片卵状长圆形;雄蕊3枚。雌花单生,花梗粗糙,被柔毛;子房长椭圆球形,密被长柔毛和长糙硬毛。果实通常为球形或长椭圆球形,果肉白色、黄色或绿色,有香甜味;种子白色或黄白色,卵球形或长圆球形。花、果期夏季。$2n=24$。

区内常见栽培。全国各地广泛栽培;世界温带至热带地区也广泛栽培。

重要水果;全草可药用。

与上种的区别在于:本种叶片卵圆形或近肾形,先端圆钝,边缘有微波状锯齿;果球形或长椭圆球形,光滑。

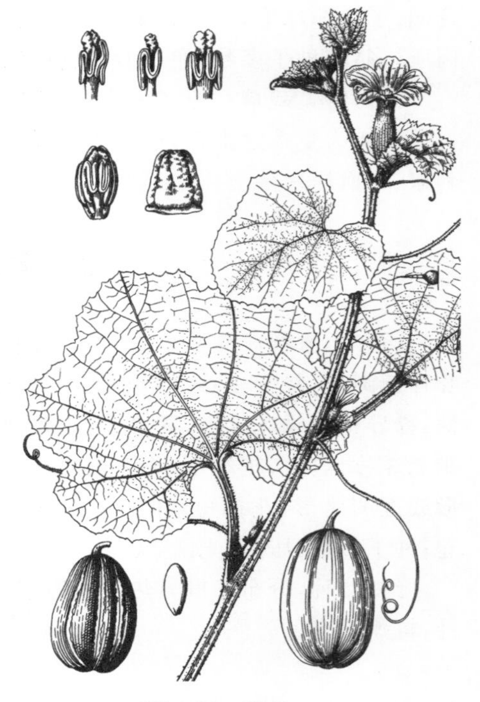

图 3-54 甜瓜

2a. 菜瓜

var. **conomon** (Thunb.) Makino

与原种的区别在于:本变种果实长圆柱形或近棒状,长可达50cm,直径为6～10cm,平滑,淡绿色,间有深色的纵长条纹,果肉白色,松脆,无香甜味。

区内常见栽培。我国南北各地常见栽培。

果为夏季的蔬菜。

11. 葫芦属 Lagenaria Ser.

一年生攀援草本。植株被黏毛,卷须二歧。叶片卵状心形或肾状圆形,叶柄顶端具1对腺体。雌雄同株,花单性。雄花花梗长;花萼筒狭钟状或漏斗状,裂片5枚;花冠白色,裂片5枚,长圆状倒卵形;雄蕊3枚。雌花花梗短;花萼筒杯状,花萼和花冠同雄花;子房卵球状或圆筒状。果实形状多种,不开裂,成熟后果皮木质;种子多数,倒卵球形,扁,边缘有凸起。

6种,主要分布于非洲热带地区;我国栽培1种,数变种;浙江有1种,5变种;杭州有1种,2变种。

分种检索表

1. 果中间缢缩 ………………………………………………………… **葫芦** *L. siceraria*
1. 果中间不缢缩。

2. 果粗细均匀而呈圆柱状 …………………………………………………… **瓠子** var. *hispida*
2. 果约在 1/2 处向上逐渐细缩 ……………………………………………… **瓠葫芦** var. *turbinata*

1. 葫芦 (图 3-55)

Lagenaria siceraria (Molina) Standl.

一年生攀援草本。茎、枝具沟纹,被黏质长柔毛,渐脱落;卷须纤细,二歧。叶片卵状心形或肾状卵形,长、宽均 10~35cm,不分裂或 3~5 裂,具 5~7 条掌状脉,边缘具齿,两面被毛;叶柄纤细,长 16~20cm,顶端有 2 枚腺体。雌雄同株,雌、雄花均单生。雄花花梗细,比叶柄稍长;花萼筒漏斗状,长约 2cm,裂片披针形;花冠黄色,裂片皱波状,长 3~4cm,宽 2~3cm;雄蕊 3 枚。雌花花梗比叶柄稍短或近等长;花萼和花冠似雄花;花萼筒长 2~3mm;子房中间细,柱头 3 枚。果大,中间缢缩,下部大于上部(具果柄之一端),果实初为绿色,后变白色至带黄色,形状因品种而异,成熟后果皮木质化;种子白色,倒卵球形或三角形,顶端截形或 2 齿裂。花期夏季,果期秋季。$2n=22$。

图 3-55 葫芦

区内常见栽培。全国各地有栽培;世界热带至温带也广泛栽培。

幼嫩时可供菜食,成熟后外壳木质化,中空,可作各种容器。

1a. 瓠子

var. hispida (Thunb.) Hara

与原种的区别在于:本变种子房圆柱状;果粗细均匀而呈圆柱状,直或稍弓曲,长可达 60~80cm,成熟时果皮绿色,果肉白色。

区内有栽培。全国各地有栽培。

果实嫩时柔软多汁,可作蔬菜。

1b. 瓠葫芦

var. turbinata (Ser.) Hara

与原种的区别在于:本变种瓠果约在 1/2 处向上(具果柄之一端)逐渐细缩,直径为 25~35cm,成熟时果皮近绿白色,果肉白色。

区内常见栽培。全国各地普遍栽培。

果实作蔬菜食用。

12. 南瓜属 Cucurbita L.

一年生或多年生蔓生或攀援草本。茎、枝稍粗壮,具茸毛;卷须 2 至多歧。叶心形,全缘或多角,有叶柄。雌雄同株,单生于叶腋内。雄花花萼钟状,裂片5枚;花冠黄色,合瓣,钟状,5裂仅达中部;雄蕊3枚,花丝离生,花药靠合成头状。雌花花梗短;花萼和花冠同雄花;子房长圆球状或球状,具3个胎座;花柱短,柱头3枚,胚珠多数,水平着生。果实通常大型,肉质,不开裂;种子多数,扁平,光滑。

约15种,原产于美洲,分布于热带及亚热带,温带地区有栽培;我国栽培3种;浙江栽培3种;杭州均有栽培。

分种检索表

1. 叶肾形或圆形,近全缘或仅有细锯齿;果梗不具棱和槽,不扩大或稍膨大 ………… 1. **笋瓜** *C. maxima*
1. 叶片宽卵形或卵状三角形,不规则5~7浅裂;果梗有棱和槽,顶端扩大成喇叭状或变粗。
   2. 叶片宽卵形或卵圆形;花萼裂片上部扩大成叶状;果梗顶端扩大成喇叭状…… 2. **南瓜** *C. moschata*
   2. 叶片三角形或卵状三角形;花萼裂片不扩大;果梗顶端变粗或稍扩大,但不呈喇叭状 ………………………………………………………………… 3. **西葫芦** *C. pepo*

1. 笋瓜　日本南瓜　(图3-56)

Cucurbita maxima Duch. ex Lam.

一年生蔓生或攀援草本。茎粗壮,有刚毛;卷须粗壮,通常多歧,疏被短刚毛。叶片肾形或圆肾形,长、宽20~40cm,近全缘或仅具细锯齿,两面具短刚毛;叶柄粗壮,长15~20cm,具毛。雌雄同株。雄花单生,花梗长10~20cm,有短柔毛;花萼筒钟形,裂片线状披针形,长1.5~2cm;花冠筒状,5中裂,裂片卵圆形;雄蕊3枚。雌花单生;子房卵球形;花柱短,柱头3枚,2裂。果梗短,圆柱状,不具棱和槽,果实形状因品种而异;种子丰满,压扁,边缘钝或稍拱起。花期5月,果期6月。$2n=40$。

区内有栽培。原产于印度;我国南北各地普遍栽培。

果实作蔬菜;种子含油。

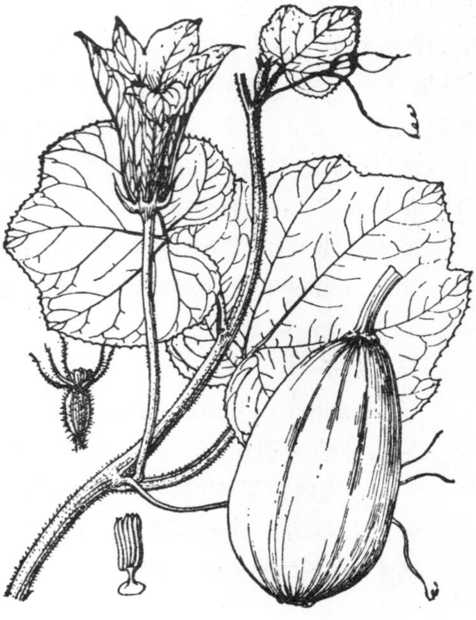

图3-56　笋瓜

2. 南瓜　(图3-57)

Cucurbita moschata (Duch. ex Lam.) Duch. ex Poin

一年生蔓生或攀援草本。茎粗壮,常节部生根;卷须粗壮,三至五歧。叶片宽卵形或卵圆形,有5角或5浅裂,长12~25cm,宽20~30cm,两面被刚毛;叶柄粗壮,被短毛。雌雄同株。雄花单生;花萼筒钟形,裂片线形,长1~1.5cm,被柔毛;花冠黄色,钟状,长8cm,5中裂,裂片边缘反卷;雄蕊3枚。雌花单生;子房1室,花柱短,柱头3枚,膨大,顶端2裂。果梗粗壮,有棱和槽,长5~7cm,果实形状因品种而异;种子多数,长卵球形或长圆球形,灰白色。花期6—8月,果期9—10月。$2n=40$。

区内常见栽培。原产于墨西哥到中美洲一带;我国各地广泛种植;世界各地普遍栽培。

果可作蔬菜。

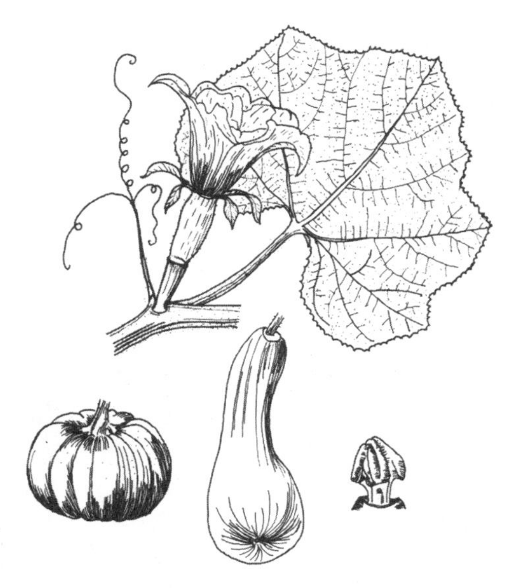

图 3-57 南瓜

图 3-58 西葫芦

3. **西葫芦** （图 3-58）

Cucurbita pepo L.

一年生蔓生或攀援草本。茎有棱沟及半透明的糙毛；卷须粗壮，多歧。叶片三角形或卵状三角形，长 15～30cm，通常 3～7 深裂或中裂，边缘有锯齿，两面有糙毛；叶柄粗壮，长 6～9cm。雌雄同株。雄花单生；花梗粗壮，有棱角；花萼筒钟状，裂片线状披针形；花冠黄色，钟状，长 5cm，分裂至中部；雄蕊 3 枚。雌花单生；子房卵球形，1 室。果梗粗壮，有棱沟，果实形状因品种而异；种子多数，卵球形，白色，边缘拱起。花期 5 月，果期 6 月。$2n=40$。

区内有栽培。原产于北美洲；全国各地有栽培；热带和温带地区广泛栽培。

果实作蔬菜。

13. 栝楼属 Trichosanthes L.

一年生或多年生藤本。茎攀援或匍匐，多分枝，具纵棱及槽；卷须二至五歧。叶形多变，通常卵状心形或圆心形，全缘或 3～7 裂，边缘具细齿。雌雄异株，稀同株。雄花总状花序；通常具苞片，稀无；花萼筒状，5 裂，裂片披针形；花冠白色，稀红色，5 裂；雄蕊 3 枚。雌花单生；花萼与花冠同雄花；子房下位，纺锤形或卵球形。果实肉质，不开裂，球形、卵球形或纺锤形；种子多数，褐色，长圆球形、椭圆球形或卵球形。

约 100 种，分布于亚洲和澳大利亚；我国有 33 种，分布于全国各地；浙江有 4 种，1 变种；杭州有 2 种。

1. **王瓜** （图 3-59）

Trichosanthes cucumeroides (Seri.) Maxim.

多年生攀援草本。块根纺锤形，肥大。茎细弱，多分枝，具纵棱及槽，被短柔毛；卷须二歧。

叶片阔卵形或圆形,长5～18cm,宽5～12cm,常3～5浅裂至深裂,有时不分裂,裂片三角形、卵形至倒卵状椭圆形,边缘有齿;叶柄长3～10cm,被毛。雌雄异株。雄花呈总状花序,或1枚单花与之并生;花梗短,长约5mm;小苞片线状披针形,长2～3mm;花萼筒喇叭形,长6～7cm;花冠白色,裂片长圆状卵形;雄蕊3枚。雌花单生;花梗长0.5～1cm;花萼及花冠与雄花相同;子房长圆球形,均密被短柔毛。果实卵球形、卵状椭圆球形或球形,成熟时橙红色,平滑,两端圆钝;种子长圆球形,深褐色,表面具瘤状凸起。花期5—8月,果期8—11月。

区内常见,生于山坡、沟旁疏林中或灌丛中。分布于广东、广西、海南、湖南、江西、四川、台湾、西藏;印度、日本也有。

果实、种子和根供药用。

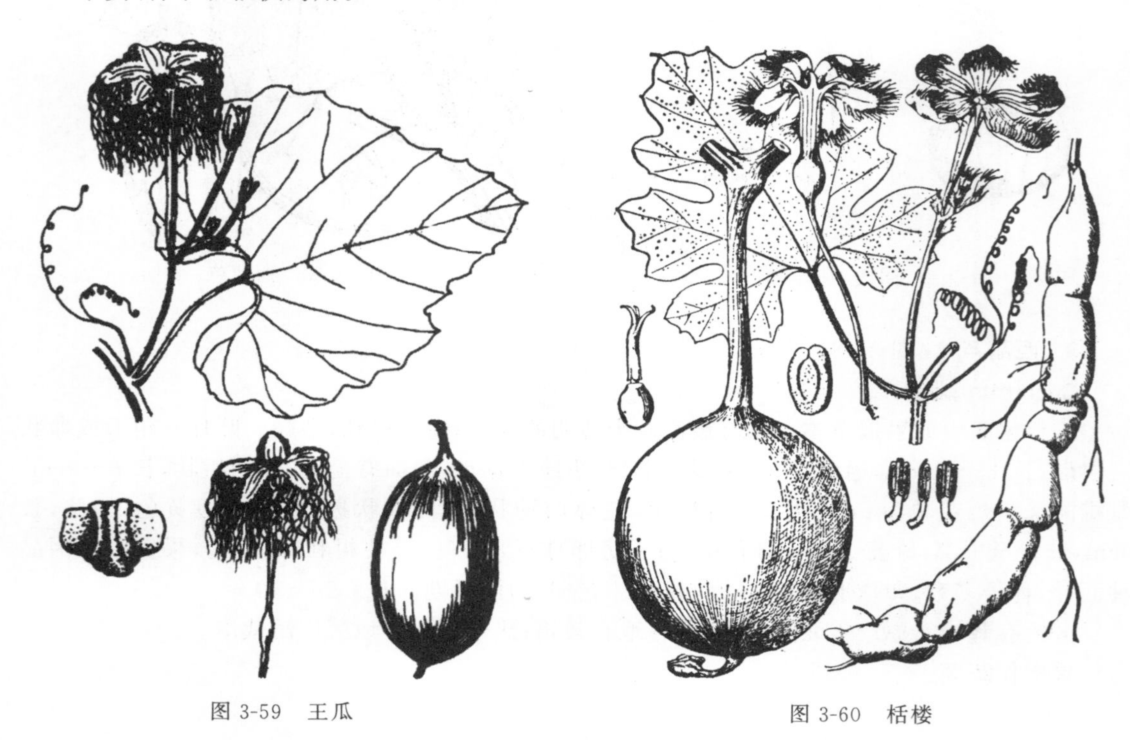

图3-59 王瓜　　图3-60 栝楼

2. **栝楼** (图3-60)

Trichosanthes kirilowii Maxim.

多年生攀援草本。块根圆柱状,粗大肥厚,黄褐色。茎较粗,多分枝,具纵棱及槽,被白色伸展柔毛;卷须三至七歧。叶片近圆形,长、宽均为5～20cm,常3～5浅裂至中裂,裂片菱状倒卵形、长圆形;叶柄长3～10cm,具纵条纹,被长柔毛。雌雄异株。雄花单生或数朵组成总状花序;花梗长约3mm;小苞片倒卵形或阔卵形,长1.5～2cm;花萼筒筒状,长2～4cm,裂片披针形;花冠白色,裂片倒卵形。雌花单生;花梗长7.5cm,被短柔毛;花萼筒圆柱形,长2.5cm,裂片和花冠同雄花;子房椭圆球形,柱头3枚。果实椭圆球形或球形,成熟时黄褐色或橙黄色;种子卵状椭圆球形,压扁,淡黄褐色,近边缘处具棱线。花期6—8月,果期8—10月。$2n=88$。

见于西湖景区(飞来峰、玉皇山、云栖),生于向阳山坡、山脚、路边、田野草丛中。分布于我国北部和长江流域各地;日本、朝鲜半岛、越南、老挝也有。

根、果实、果皮和种子为传统的中药。

与上种的区别在于：本种叶片大，长、宽均为5～20cm，5～7掌状浅裂至中裂；雄花常组成总状花序，花大，直径为3cm，花萼筒长4cm以上。

122. 茜草科 Rubiaceae

草本、灌木或乔木，有时藤本。枝有时具刺。叶对生或轮生，单叶，全缘，托叶多形，在叶柄间或在叶柄内，有时和正常叶同形，甚至联合成鞘，宿存或脱落。花单生或形成各种花序，如头状、伞房状等；花两性，稀单性，辐射对称，有时稍两侧对称；萼筒与子房合生，檐部为不明显的杯状或筒状，有些萼片有时扩大成花瓣状；花冠合瓣，呈筒状、漏斗状、高脚碟状或辐射状，常4～6裂，少见更多裂；雄蕊与花冠裂片同数且互生，生于花冠管部或喉部，少数2枚；子房下位，1至多室，通常2室，每室有1至多枚胚珠。蒴果、浆果或核果；种子多样，有些具翅，多数有胚乳。

约660属，11150多种，广布于全球热带和亚热带地区，少数分布于温带；我国有97属，701种，大部分分布于西南至东南部，西北部和北部极少；浙江有27属，53种，1亚种，13变种；杭州有16属，22种，1变种。

本科有些种可入药、作染料或者供观赏，少数种的木材可用作家具或农具。

分属检索表

1. 花极多数，组成球形的头状花序 …… 1. **鸡仔木属** *Sinoadina*
1. 花少数或多数，但绝不组成球形的头状花序。
  2. 萼檐裂片相等或不相等，但周边花的萼裂片有1枚明显扩大而呈具柄的叶状。
    3. 果为蒴果；种子有翅 …… 2. **香果树属** *Emmenopterys*
    3. 果为浆果；种子无翅 …… 3. **玉叶金花属** *Mussaenda*
  2. 萼檐裂片正常，无1枚扩大成叶片状。
    4. 子房每室有胚珠2枚或多枚。
      5. 果肉质；木本植物。
        6. 子房2室，很少3～4室，胚珠着生于中轴胎座上；花中等大，4～5基数。
          7. 聚伞花序腋生或与叶对生，花冠管短于花冠裂片 …… 4. **茜树属** *Aidia*
          7. 聚伞花序顶生，花冠管长于花冠裂片 …… 5. **龙船花属** *Ixora*
        6. 子房1室，胚珠着生于2～6个侧膜胎座上；花大型，5～12基数 …… 6. **栀子属** *Gardenia*
      5. 果干燥，为蒴果；草本植物。
        8. 果为宽倒心形或僧帽状，中部为萼筒所围绕 …… 7. **蛇根草属** *Ophiorrhiza*
        8. 果近球形或长圆球形。
          9. 种子具棱 …… 8. **耳草属** *Hedyotis*
          9. 种子盾形、平凸状或底部具穴，无棱角 …… 9. **新耳草属** *Neanotis*
    4. 子房每室只有1粒胚珠。
      10. 草本。
        11. 叶轮生4片或以上，叶小；花4数；果干燥，常被毛 …… 10. **猪殃殃属** *Galium*

11. 叶轮生4片而大;花4～5数;果肉质,常无毛 ………………………… 11. **茜草属** *Rubia*

10. 木本。

12. 花多朵聚合成头状花序 ………………………………………… 12. **巴戟天属** *Morinda*

12. 花与上述不同。

13. 子房4～9室;花聚生成束,生于叶腋内,无花梗或具极短的梗;核果 ……………………………………………………………………………… 13. **粗叶木属** *Lasianthus*

13. 子房2室或不完全4室。

14. 纤弱,缠绕藤本;果球形或压扁,果皮薄而易碎,成熟时分裂为2个圆球形或长圆球形、背向压扁的小坚果 ………………………………… 14. **鸡矢藤属** *Paederia*

14. 直立灌木或小乔木;果为小核果或浆果。

15. 萼檐裂片小,短于萼筒;有刺灌木 ………………… 15. **虎刺属** *Damnacanthus*

15. 萼檐裂片钝形,长于萼筒;无刺灌木 …………………… 16. **六月雪属** *Serissa*

1. 鸡仔木属 Sinoadina Ridsdale

小乔木至中乔木。顶芽卵圆形,不育小枝的顶芽缺失或不久脱落,侧芽埋于周围膨大的皮层内,仅露出顶端。单叶对生;托叶窄三角形,着生于叶柄间,早落。头状花序圆球状,通常7～11朵,再组成单总状聚伞圆锥花序,顶生;小苞片呈线形或线状棍棒形;花萼筒短,萼檐5裂,裂片短而钝,密被柔毛,宿存;花冠高脚碟状或窄漏斗状,外面具短柔毛,5裂,裂片在蕾期呈镊合状;雄蕊5枚,着生于花冠管的喉部,花丝短,花药基着;子房下位,2室,每室具4～12枚胚珠,花柱长伸出,柱头倒卵球形。蒴果室间、室背4瓣裂,残存花萼留附于中轴上;种子两端具翅。

1种,分布于我国、日本、缅甸、泰国;浙江及杭州也有。

鸡仔木 (图3-61)

Sinoadina racemosa (Siebold & Zucc.) Ridsdale——*Adina racemosa* (Siebold & Zucc.) Miq.

落叶乔木,高达10m。小枝红褐色,具明显皮孔。叶片坚纸质或亚革质,宽卵形或卵状宽椭圆形,长7～15cm,宽4～9cm,先端渐尖至急尖,基部圆形、宽楔形或浅心形,有时稍偏斜,边缘多少浅波状,幼时上面具柔毛,下面脉腋内具簇毛,有时沿脉疏被毛,侧脉7～10对,网脉明显,叶柄长1.5～5cm,被短柔毛,后渐脱落;托叶有时2浅裂,裂片通常近圆形。头状花序;花序梗密被短柔毛,后渐脱落;花萼筒密被柔毛;花冠淡黄色,长约5mm,密被短柔毛,裂片卵状三角形。蒴果倒卵状楔形,长4～5mm,具稀疏柔毛。花期6—7月,果期8—10月。

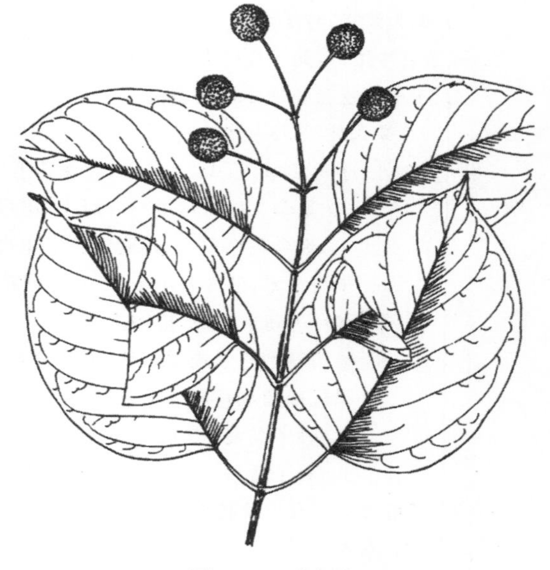

图3-61 鸡仔木

见于余杭区(中泰)、西湖景区(飞来峰),生于海拔 300m 以下的山坡谷地及溪边林中。分布于安徽、福建、广东、广西、贵州、湖南、江苏、江西、四川、台湾、云南;日本、缅甸、泰国也有。

2. 香果树属 Emmenopterys Oliv.

落叶乔木。叶对生,具柄;托叶三角状卵形,着生于叶柄间,早落。聚伞花序排成顶生的圆锥状花序;花萼小,5 裂,裂片覆瓦状排列,有些花的 1 枚萼裂片扩大成花瓣状,具长柄,较迟脱落;花冠漏斗形,有茸毛,顶端 5 裂,裂片在蕾期呈覆瓦状;雄蕊 5 枚,与花冠裂片互生,内藏;花盘环状;子房下位,2 室,每室有多枚胚珠,花柱线形,柱头全缘或 2 裂。蒴果木质,成熟后裂成 2 瓣;种子极多数,细小,周围有不规则的膜质网状翅。

仅 1 种,分布于我国秦岭以南;浙江及杭州也有。

香果树 (图 3-62)

Emmenopterys henryi Oliv.

落叶大乔木,高可达 30m。小枝红褐色,圆柱形,具皮孔。叶片革质或薄革质,宽椭圆形至宽卵形,长 6~20cm,宽 4~13cm,先端急尖或短渐尖,基部圆形或楔形,全缘,上面无毛,下面沿脉及脉腋内有柔毛,有时全面被毛,中脉在上面略平或凹陷,在下面隆起;叶柄长 2~7cm,光滑或疏被毛。聚伞花序组成顶生的大型圆锥花序,通常 3 次分枝;花大,具短梗;花萼近陀螺状,长约 5mm,裂片长约为花冠的 1/3,宽卵形,有一萼片变异为花瓣状,结实后仍宿存;雄蕊生于花冠的喉部稍下,花丝纤细,花药背着,内藏。蒴果近纺锤形,长 2~5cm,具纵棱,成熟时红色;种子多且细小,具翅。花期 8—9 月,果期 10—11 月。$2n=76$。

图 3-62 香果树

见于余杭区(鸬鸟),生于山坡谷地及溪边、路旁林中的阴湿地。分布于安徽、福建、甘肃、广东、广西、贵州、河南、湖北、湖南、江苏、江西、陕西、四川、云南。杭州新记录。

材用,也是很好的园林观赏树种。

第三纪孑遗植物,为我国二级重点保护野生植物。

3. 玉叶金花属 Mussaenda L.

攀援状或直立灌木。叶对生或数叶轮生;托叶位于叶柄间,单生或成对,常脱落。花组成顶生及各式排列的聚伞花序;萼筒长圆形或陀螺形,萼檐 5 裂,有些花的其中 1 枚萼裂片扩大成花瓣状,具柄。花冠漏斗状,花冠管长,外面常被伏柔毛,喉部有长柔毛,顶端 5 裂,裂片在花蕾时呈镊合状；雄蕊5枚，着生于花冠管的喉部，花丝极短，花药背着，内藏；花盘环形或肿胀；子房下位，2室，每室胚珠多数，着生于肉质、盾形的胎座上，花柱丝状。浆果近球形或近椭圆球形，顶端留有环纹或冠以宿存的萼裂片；种子多数，极小，种皮有小窝孔，胚乳丰富，肉质。

约200种，分布于亚洲、非洲及太平洋岛屿；我国约有29种；浙江有2种；杭州有1种。

大叶白纸扇　(图3-63)

Mussaenda shikokiana Makino——*M. esquirolii* H. Lév.

直立或攀援落叶灌木，高1～3m。小枝、叶柄、叶背、托叶、花序梗、花梗、花萼和花冠外面均被平伏柔毛。叶对生，叶片膜质或薄纸质，宽卵形或宽椭圆形，长8～20cm，宽5～12cm，先端渐尖至短渐尖，基部长楔形，全缘，中脉在上面稍隆起，下面明显隆起，侧脉7～9对；叶柄长1～4cm；托叶卵状披针形，顶端通常2裂。花组成伞房式聚伞花序，疏散；花具短梗，萼筒陀螺形，萼檐裂片披针形，花瓣状萼裂片白色，倒卵形，长3～4cm，宽1～2cm；花冠黄色，长1～1.3cm，裂片卵形，内有金黄色柔毛。浆果近球形，直径约为1cm，被疏柔毛，顶端具环纹。花期6—8月，果期8—10月。$2n=22$。

图3-63　大叶白纸扇

见于西湖区(留下)，生于海拔500m以下的山坡、溪边、路旁及林下灌丛中。分布于安徽、福建、广东、广西、贵州、湖北、湖南、江西、四川；日本也有。

4. 茜树属　Aidia Lour.

无刺灌木或乔木。叶对生，具柄；托叶在叶柄间，离生或基部合生。聚伞花序腋生，或与叶对生，或生于无叶的节上，很少顶生；花两性，无梗或具梗；萼筒杯形或钟形，檐部稍扩大，顶端5裂，裂片常小；花冠高脚碟状、漏斗状，外面通常无毛，喉部有毛，花冠管圆柱形，花冠裂片5枚，稀4枚，旋转排列，开放时常外反；雄蕊5枚，着生于花冠管喉部，与花冠裂片互生，花丝极短或缺，花药背着，长圆球形或线状披针形，伸出；子房2室，胚珠每室多数，沉没于肉质的中轴胎座上，柱头棒形或纺锤形，2裂。浆果球形，通常较小，平滑或具纵棱，内具多粒种子；种子形状多样，常具角，并与果肉胶结，种皮薄。

50多种，分布于非洲热带地区，亚洲南部、东南部至大洋洲；我国有7种，分布于西南部至东南部；浙江有1种；杭州有1种。

亨氏香楠　(图3-64)

Aidia henryi (E. Pritz.) T. Yamaz.

常绿灌木或小乔木，高可达10m。小枝光滑，具皮孔。叶对生；叶片革质，椭圆状长圆形或椭圆形，长6～14cm，宽2～5cm，先端渐尖至急尖，基部楔形或宽楔形，全缘，上面具光泽，下面脉腋内具簇毛，中脉侧脉两面均隆起，侧脉6～8对；叶柄长一般不超过 1cm；托叶披针形，长4～8mm，早落。聚伞花序与叶对生或生于无叶的节上；花序梗粗壮，长通常不超过 1cm；各级花序轴略具柔毛；花萼长约 4mm，萼筒陀螺形，萼檐 4 裂；花冠黄白色，长约 1cm，内面喉部具白色柔毛，4 裂，裂片长圆形；花药全部露出；花柱长，柱头 2 浅裂。浆果近球形，直径为5～6mm，熟时紫黑色。花期 4—5 月，果期 8—11 月。

见于西湖区(龙坞)，生于海拔 160～500m 的山坡谷地及溪边路旁林中。分布于福建、广东、广西、贵州、海南、湖北、湖南、江苏、江西、四川、台湾、云南；日本、泰国、越南也有。杭州新记录。

Flora of China 认为本种的范围界定大致与《中国植物志》中的茜树 *A. cochinchinensis* 的范围相当，而真正的 *A. cochinchinensis* Lour. 只产于海南和云南，其花萼及花冠 5 裂。故而《浙江植物志》中记载的茜树 *A. cochinchinensis* 应归为本种。

图 3-64 亨氏香楠

5. 龙船花属 Ixora L.

灌木或小乔木。小枝圆柱形或具棱。叶对生，很少 3 枚轮生，具柄或无柄；托叶在叶柄间，基部阔，常合生成鞘，顶端延长或有芒尖。花具梗或缺，排成顶生稠密或扩展的、伞房花序式或三歧分枝的聚伞花序，常具苞片和小苞片；萼筒通常卵圆形，萼檐裂片 4 枚，罕有 5 枚，宿存；花冠高脚碟形，喉部无毛或具柔毛，顶部 4 裂，罕有 5 裂，裂片短于花冠管，扩展或反折，芽时旋转排列；雄蕊与花冠裂片同数，生于花冠管喉部，花丝短或缺，花药背着，2 室；花盘肉质，肿胀；子房 2 室，每室有胚珠 1 枚，花柱线形，柱头 2 裂。核果球形或略呈压扁形，有 2 条纵槽，革质或肉质，有小核 2 枚，小核革质，平凸或腹面下凹；种子与小核同形，种皮膜质。

300～400 种，大部分分布于亚洲热带地区、非洲、大洋洲，热带美洲较少；我国有 19 种；浙江有 1 种；杭州有 1 种。

龙船花

Ixora chinensis Lam.

常绿灌木，无毛。小枝初时深褐色，有光泽，老时呈灰色，具线条。叶对生，有时由于节间距离极短几成 4 枚轮生，披针形、长圆状披针形至长圆状倒披针形，长 6～12cm，宽 3～5cm，顶端钝或圆形，基部短尖或圆形；中脉在上面扁平，略凹入，在下面凸起，侧脉每边 7～8 条；叶柄极粗短或无；托叶基部阔，合生成鞘形，顶端渐尖，比鞘长。花序顶生，多花，具短花序梗；萼筒长1.5～2mm,萼檐4裂,裂片极短,长0.8mm,短尖或钝;花冠红色或红黄色,顶部4裂,裂片倒卵形或近圆形,扩展或外反;花丝极短,花药长圆球形,基部2裂;花柱短伸出花冠管外,柱头2裂。核果近球形,双生,中间有1条沟,成熟时红黑色;种子长、宽均为4～4.5mm,上面凸,下面凹。花期5—7月。$2n=22$。

区内有栽培。原产于我国南部至东南亚;世界各热带地区广泛栽培。

供观赏。

6. 栀子属 Gardenia J. Ellis

灌木至小乔木。叶对生或3枚轮生;托叶生于叶柄内,基部常合生。花大,白色或淡黄色,常芳香,单生或很少排成伞房花序,腋生,稀顶生;萼筒卵形或倒圆锥形,具棱,宿存;花冠高脚碟状或管状,5～11裂,裂片广展,花蕾时旋转状排列;雄蕊着生于花冠喉部,花丝极短或缺,花药背着,内藏;花盘环状或圆锥状;子房1室,胚珠多数,生于2～6个侧膜胎座上;柱头棒状。果革质或肉质,具有纵棱;种子多数,常与肉质的胎座胶结而成一球状体,种皮膜质至革质,有角质的胚乳。

约250种,分布于热带和亚热带;我国有5种;浙江有1种,1变种;杭州有1种,1变种。

1. 栀子 (图3-65)

Gardenia jasminoides J. Ellis

常绿灌木,高可达2m。小枝绿色,圆柱状,密被垢状毛。叶对生或3叶轮生,革质,长椭圆形或长圆状披针形,有时卵状披针形,长4～12cm,宽1～4cm,先端短尖,全缘,基部楔形,上面光亮,仅下面脉腋簇生短毛;托叶膜质,基部全成鞘。花单生于枝端或叶腋,芳香;花梗极短;花萼长2～4cm,顶端5～8裂,萼筒倒圆锥形,裂片线状披针形,长1.5～2.5cm;花冠白色,高脚碟状,花冠管长2～4cm,顶端5至多裂,裂片倒卵形或倒卵状椭圆形;花丝短,花药线形;花柱粗厚,柱头扁宽。果橙黄色至橙红色,通常卵球形,长1.5～3cm,有5～8条纵棱。花期5—7月,果期8—11月。$2n=22$。

图3-65 栀子

区内常见栽培和野生,生于山谷溪边及路旁林下灌丛中或岩石上,或栽培于房前屋后。分布于安徽、福建、广东、广西、贵州、海南、河北、湖北、湖南、江苏、江西、山东、四川、台湾、云南;不丹、柬埔寨、印度、日本、朝鲜半岛、老挝、尼泊尔、巴基斯坦、泰国、越南也有;世界各地广泛栽培。

花香浓郁,供观赏;果实入药,也可作黄色染料。

1a. 白蟾 （图 3-68）

var. **fortuniana** (Lindl.) Hara

与原种主要区别在于：本变种花重瓣。

原产于我国和日本；我国各地常见栽培。

花大而重瓣、美丽，栽培作观赏。

7. 蛇根草属 Ophiorrhiza L.

草本或半灌木。茎直立、倾斜或匍匐，节上生根。叶对生，具柄；托叶短小，着生于叶柄内，早落。花组成顶生或腋生的二歧或多歧的聚伞花序，常偏生于花序分枝的一侧；萼筒短，陀螺形或近球形，通常具棱或槽，萼檐5裂，裂片小，宿存；花冠漏斗状或管状，顶端5裂，裂片短，在蕾期呈镊合状；雄蕊5枚，着生于花冠喉部以下，花药背着，基部2裂；花盘大，肉质，环形或圆柱形；子房下位，2室，每室有多枚胚珠，花柱线形，柱头2裂。蒴果扁，革质，宽倒心形或僧帽状，中部为萼筒所包围，顶端宽2瓣裂；种子小，具棱，种皮脆壳质。$2n=22$，偶有报道为$2n=44$。

约200种，分布于亚洲热带及亚热带地区、澳大利亚和巴布亚新几内亚；我国约有72种；浙江有2种；杭州有1种。

日本蛇根草 （图 3-66）

Ophiorrhiza japonica Blume

多年生草本，高可达40cm。茎直立或基部平卧，褐色，圆柱形，密被柔毛，幼枝具棱。叶对生，膜质或薄革质，卵形、卵状椭圆形或椭圆形，长2.5～8cm，宽1～3cm，顶端急尖或略钝，基部楔形、宽楔形至圆形，全缘，干后上面褐色，被稀疏短粗毛，下面红褐色，沿脉被短柔毛，侧脉7～9对，连同中脉在上面略平坦，下面凸起；叶柄长0.6～2.5cm，密被柔毛。聚伞花序顶生，二歧分枝，密被柔毛；小苞片线形，疏被柔毛；萼筒宽陀螺状球形，外面密被柔毛，萼檐裂片三角形，先端尖；花冠白色，漏斗状，稍具棱，长1～1.4cm，裂片三角状卵形，内面密被微茸毛；雄蕊内藏。蒴果僧帽状，长3～4mm，宽7～10mm；种子细小，有棱。花期11月至翌年5月，果期5—10月。

图 3-66 日本蛇根草

见于余杭区（鸬鸟、中泰），生于海拔150～1300m的山坡谷地及溪边路旁的林下阴湿地或岩石上。分布于安徽、福建、广东、广西、贵州、海南、湖北、湖南、江西、四川、台湾、云南；日本、越南也有。杭州新记录。

8. 耳草属 Hedyotis L.

草本、半灌木或灌木，直立或蔓生。茎圆柱形或四棱形。叶对生，稀轮生；托叶分离或基部联合，有时合生成一鞘，顶端有齿裂或刚毛。花小，组成顶生或腋生、开展或稠密的聚伞花序，很少组成其他花序或单生；萼筒形状多样，萼檐顶端通常4～5裂，少有2～3裂或平截，宿存；花冠管状、漏斗状、高脚碟状，顶端4～5裂，少有2～3裂，裂片在蕾期镊合；雄蕊和花冠裂片同数，花药背着；花盘通常小；子房下位，2室，胚珠每室有数枚至多枚，花柱线形，柱头2裂。蒴果小，果皮膜质、脆壳质或革质，不开裂、室背开裂或室间开裂，内有种子2至多粒，少有1粒；种子具棱，种皮平滑或具窝孔。

约420种，产于世界范围内的热带和亚热带，多分布于亚洲和北美洲，少数在暖温带区；我国有60种，3变种；浙江有7种，1变种；杭州有2种。

1. 金毛耳草 (图3-67)

Hedyotis chrysotricha (Palib.) Merr.

多年生铺散匍匐的草本。节上生根，基部稍木质化；全体被黄色或灰白色柔毛。叶卵形或椭圆形，长1～2.4cm，宽0.6～1.3cm，顶端短尖，基部钝或楔形；托叶联合成鞘，顶端长突尖，边缘有疏齿。花1～3朵生于托叶鞘中，白色或淡紫红色，具短柄或近无柄；萼筒有柔毛，裂片披针形；花冠漏斗形，顶端深4裂，裂片长圆形；雄蕊4枚，内藏；柱头棒状2裂。蒴果球形，成熟时不开裂。花期5—9月，果期7—11月。

区内常见，生于山坡、谷地、路边草丛中及田边。分布于安徽、福建、广东、广西、贵州、海南、湖北、湖南、江苏、江西、台湾、云南；日本也有。

全草入药。

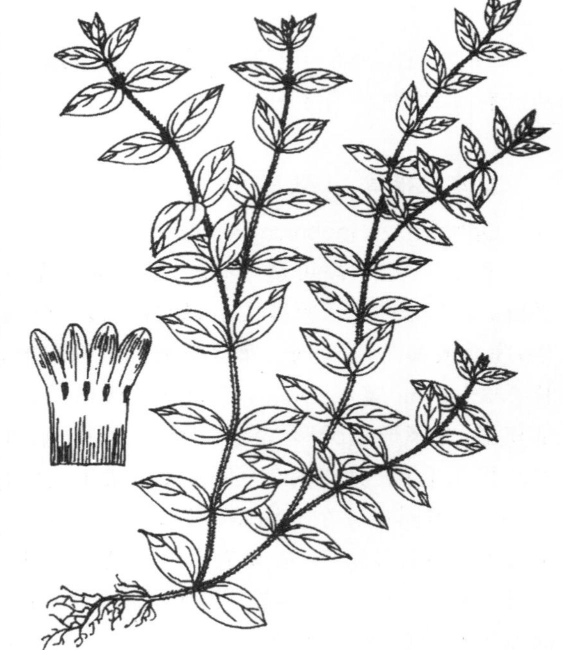

图3-67 金毛耳草

2. 白花蛇舌草 (图3-68)

Hedyotis diffusa Willd.

一年生纤细草本，高20～50cm。茎多分枝，扁圆柱形，幼枝具纵棱，四棱形。叶片对生，线形，长1～3.5cm，宽1～3mm，先端急尖或渐尖，基部长楔形，中脉在上面凹陷或略平，下面隆起，无侧脉；无叶柄；托叶基部合生，顶端齿裂。花单生或成对生于叶腋；萼筒球形，萼檐4裂，萼片长圆状披针形；花冠白色，管状，长1.5～3.5mm，顶端4裂，裂片卵状长圆形，长约2mm，先端钝；雄蕊着生于花冠管的喉部，花药凸出；花柱顶端2裂。蒴果扁球形，直径为2～3mm，具宿存萼裂片，成熟时室背开裂。花期5—8月，果期8—10月。

见于西湖景区(虎跑、九溪、云栖),生于山坡溪边草丛中及田边。分布于安徽、福建、广东、广西、海南、台湾、云南;孟加拉、不丹、印度尼西亚、日本、马来西亚、尼泊尔、菲律宾、斯里兰卡、泰国也有。

全草入药。

与上种的主要区别在于:本种叶片线形,宽1~3mm。

图 3-68 白花蛇舌草

9. 新耳草属 Neanotis W. H. Lewis

披散状或匍匐草本,很少半灌木。节上生不定根。叶对生;托叶位于叶柄间,基部合生,顶端裂成刚毛状。花组成头状花序或聚伞花序;萼筒扁球形,顶端 4 裂,裂片直立或反卷;花冠漏斗状或管状,4 裂,裂片在蕾期镊合;雄蕊 4 枚,着生于花冠管的喉部;花盘不明显;子房下位,2 室,很少 3~4 室,每室有胚珠数枚,柱头 2(3、4)裂。蒴果双生,侧向压扁,室背开裂;种子盾形或平凸状,种皮有小窝点。

30 余种,主要分布于亚洲热带和澳大利亚;我国有 8 种;浙江有 3 种;杭州有 1 种。

薄叶新耳草 (图 3-69)

Neanotis hirsuta (L. f.) W. H. Lewis

披散状多分枝草本。茎下部常匍匐,具纵棱,无毛,基部常生不定根。叶片卵形或卵状椭圆形,长 2~4cm,宽 1~2cm,先端急尖或渐尖,基部楔形或宽楔形,下延,边缘具短柔毛,后渐脱落,上面无毛,下面有时具稀疏的短柔毛,侧脉约 5 对;叶柄长 2~7mm,无毛;托叶基部合生,宽短。花序腋生或顶生,有花数朵,常集成头状,有时单生;花小,近无梗;花萼钟状,长约 4mm,裂片披针形,长约 2mm;花冠白色或淡紫红色,筒状漏斗形,长 4~5mm。蒴果近球形,顶端具宿存萼裂片;种子平凹状。花期 6—10 月。

见于西湖景区(虎跑、茅家埠、玉皇山),生于山坡谷地及溪边路旁草丛中。分布于广东、海南、江苏、江西、台湾、云南;柬埔寨、印度、日本、朝鲜半岛、老挝、缅甸、尼泊尔、巴基斯坦、泰国、越南也有。

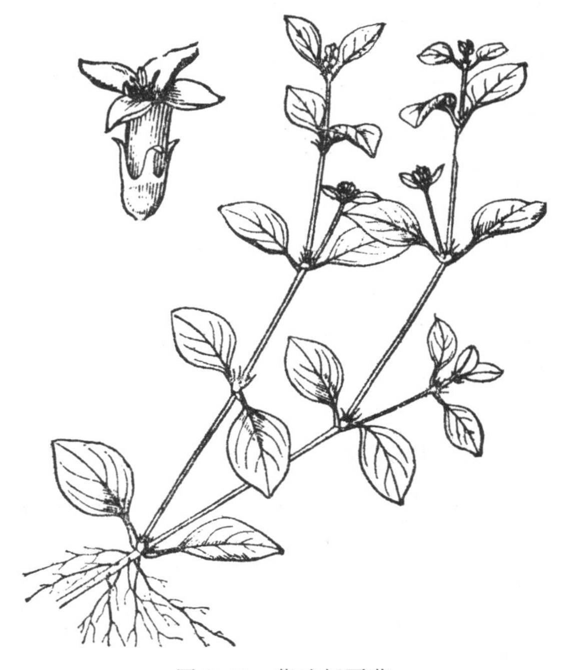

图 3-69 薄叶新耳草

10. 猪殃殃属 Galium L.

一年生纤弱草本或根状茎多年生。茎常四棱形,常具钩状皮刺。叶3至多枚轮生,罕对生,无柄,无托叶。花小,两性,罕有单性,排成腋生或顶生、圆锥式的聚伞花序;萼卵形或球形,萼檐不明显;花冠轮状,4深裂;雄蕊4枚,很少3枚,与花冠裂片互生,花丝短,花药双生,凸出;花盘环状;子房下位,2室,每室有胚珠1枚。果干燥,平滑,罕有小瘤体或被钩毛;种子与果皮紧贴,平凸状,腹部有槽,种皮膜质,胚乳角质。$2n=22,44$。

约300种,广布于全世界,主产于温带地区;我国有58种,1亚种,28变种;浙江有6种,1亚种,1变种;杭州有3种,1变种。

分种检索表

1. 茎不具下向的倒生刺毛。
    2. 茎不被柔毛 ……………… 1. 四叶葎 *G. bungei*
    2. 茎被柔毛 ……………… 1a. 硬毛四叶草 var. *hispidum*
1. 茎具下向的倒生刺毛。
    3. 叶4~5片轮生,叶片长5~8mm ……………… 2. 小猪殃殃 *G. innocuum*
    3. 叶6~8片轮生,叶片长1~3cm ……………… 3. 猪殃殃 *G. spurium*

1. 四叶葎 (图3-70)

Galium bungei Steud.

直立丛生的多年生草本,高达50cm。根红色。茎具4条棱,通常无毛。叶4枚轮生,卵状长椭圆形,长0.5~1.5cm,宽2~4mm,先端急尖,表面及背面中脉疏生短刺毛。花10多朵成腋生或顶生的聚伞花序;花冠淡黄绿色,4裂,裂片卵形。果由2个呈半球形的分果组成,通常双生,直径为1~2mm,有鳞片状凸起。花期4—6月,果期5—7月。

区内常见,生于海拔1000m以下的山坡、路旁及溪边。分布于安徽、福建、甘肃、广东、广西、贵州、河北、河南、黑龙江、湖北、湖南、江苏、江西、辽宁、内蒙古、宁夏、山东、山西、陕西、四川、台湾、云南;日本、朝鲜半岛也有。

图3-70 四叶葎

1a. 硬毛四叶葎 毛阔叶四叶葎

var. **hispidum** (Matsuda) Cufod.——*G. trachyspermum* A. Gray var. *hispidum* (Matsuda) Kitag.

与原种的区别在于:本变种茎被柔毛,其长度短于茎的直径。

见于西湖区(双浦)、西湖景区(梵村、飞来峰、杨梅岭),生于林下草丛中。分布于安徽、福建、甘肃、河南、湖北、江苏、山西、陕西、四川、云南。

2. 小猪殃殃 小叶猪殃殃 (图 3-71)

Galium innocuum Miq.

多年生草本,高 15～50cm。茎纤细而多分枝,具 4 条棱,棱上具倒生小刺毛。叶 4～5 片轮生;叶长椭圆状倒披针形,长 5～8mm,宽约 2mm,先端圆钝,基部长楔形,边缘具倒生小刺毛;近无柄。聚伞花序腋生或顶生,有花 3～4 朵;花小,花梗纤细,长 3～5mm;萼筒长 0.5mm,萼檐平截;花冠白色,长 0.5～1mm,3～4 裂。果由 2 个近球形的分果组成,具稀疏瘤状凸起。花期 4—5 月,果期 5—6 月。$2n=24$。

见于西湖景区(梵村、虎跑),生于海拔 700m 以下的山坡、谷地、溪边及路旁湿润处。分布于安徽、福建、广东、广西、河北、黑龙江、湖南、吉林、江苏、江西、辽宁、内蒙古、山西、四川、台湾、西藏、云南;印度、印度尼西亚、巴布亚新几内亚也有。

Flora of China 认为我国不产小叶猪殃殃 *G. trifidum* L.,故而《中国植物志》和《浙江植物志》中记载的小叶猪殃殃均应归为本种。

图 3-71 小猪殃殃

图 3-72 猪殃殃

3. 猪殃殃 (图 3-72)

Galium spurium L. ——*G. aparine* L. var. *echinospermum* (Wallr.) T. Durand

蔓生或攀援状草本。茎具 4 条棱,棱上有倒生小刺毛。叶 6～8 片轮生;叶片线状倒披针形,长 1～3cm,宽 2～4mm,先端急尖,有短芒,基部渐狭,呈长楔形,上面、叶缘和中脉均具倒生小刺毛,下面无或疏生倒刺毛;无柄。聚伞花序顶生或腋生,单生或2～3个簇生,有3～10朵花;萼筒有钩毛,长约0.5mm,萼檐近平截;花冠黄绿色,4深裂,裂片长圆形;雄蕊伸出。果为由2个分果组成,分果近球形,直径约为4mm,密生钩毛,果梗直。花期4—5月,果期5—6月。$2n=20,40$。

区内常见,生于海拔300m下的山坡路边、田边及水沟旁草丛中。全国(除海南及南海诸岛外)均有分布;非洲、欧亚大陆也有。

全草入药。

11. 茜草属 Rubia L.

直立、蔓生或攀援的多年生草本,稀一年生。茎被粗毛或有小刺,四棱柱形。叶假轮生;托叶叶状。花小,5朵,组成腋生或顶生的聚伞花序;萼筒卵球形或球形,萼檐不明显或无;花冠轮状或钟状,4～5裂,裂片镊合状排列;雄蕊与花冠裂片同数,着生于花冠管上,花丝短,花药球形或近圆球形;花盘极小或肿胀;子房下位,2室,每室有胚珠1枚。果肉质,平滑或有钩毛;种子与果皮粘贴,种皮膜质,有角质的胚乳。

70余种,分布于亚洲、美洲、欧洲、非洲的温带和热带;我国有36种,2变种;浙江有1种;杭州有1种。

东南茜草　茜草　(图3-73)

Rubia argyi (H. Lév. & Vaniot) Hara ex Lauener

多年生攀援草本。根圆柱形,多条簇生,紫红色或橙红色。茎、枝均有4条棱,棱上有倒生钩状皮刺,无毛。叶4枚轮生;茎生的偶有6枚轮生;叶片纸质,心形至阔卵状心形,有时近圆心形,长1～6cm,宽1～4cm,顶端短尖或骤尖,基部心形,边缘和叶背面的基出脉上通常有短皮刺,两面粗糙;基出脉通常5～7条,在上面凹陷,在下面多少凸起。圆锥状聚伞花序顶生或腋生;萼筒短,长约0.5mm,三角状卵球形,无毛;花冠黄绿色,裂片三角状卵形,长0.5～1mm;雄蕊着生于花冠管喉部;子房2室,花柱上部2裂。浆果球形,成熟时黑色。花期7—9月,果期9—11月。$2n=44$。

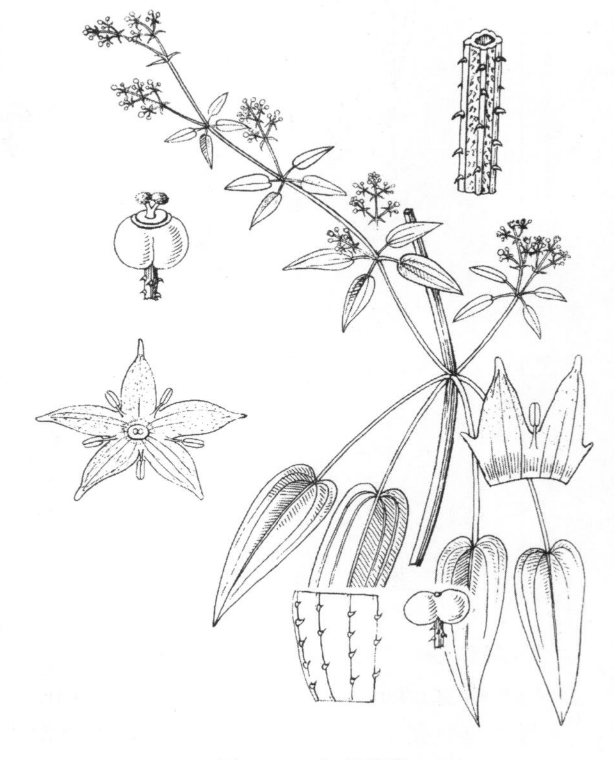

图3-73　东南茜草

见于余杭区(鸬鸟、闲林)、西湖景区(飞来峰、龙井、茅家埠),生于海拔80～1000m的山坡路旁及溪边灌丛中。分布于安徽、福建、广东、广西、河南、湖北、湖南、江苏、江西、陕西、四川、台湾;日本、朝鲜半岛也有。

根入药。

12. 巴戟天属 Morinda L.

攀援灌木或藤本。叶对生，很少轮生；托叶鞘状。花腋生或顶生，单生，有时为伞形花序式或圆锥花序式的头状花序；萼筒彼此多少粘合，萼檐短，顶端平截或具齿裂，宿存；花冠漏斗状或高脚碟状，裂片(4)5(6、7)枚，镊合状排列；雄蕊与花冠裂片同数，着生于花冠管喉部，花丝短，花药中部背着；花盘环状；子房下位，2 室或不完全的 4 室，每室有胚珠 1 枚，柱头 2 裂。果为聚花果，由肉质、扩大、合生的花萼组成，内含具 1 枚种子的小核数枚，或有时分核合生而为 1 枚具 2～4 室的核；种子倒卵球形或肾形，种皮薄，有肉质或骨质的胚乳。

约 102 种，分布于热带，以亚洲和大洋洲最多；我国有 26 种，1 亚种，1 变种；浙江有 1 种；杭州有 1 种。

印度羊角藤 羊角藤 （图 3-74）

Morinda umbellata L.

常绿攀援灌木。枝细长，干时暗褐色，节间长。叶对生，有柄；叶片薄革质或纸质，矩圆状披针形或倒卵状矩圆形，长 4～11cm，宽 1.5～3cm，先端急尖或短渐尖，基部楔形或宽楔形，上面秃净或稍粗糙，下面秃净或被柔毛；托叶膜质，鞘状，长 2～4mm。头状花序 4～8 个合成顶生、无梗、伞形花序；每一头状花序有花 6～12 朵，花序梗长 1～3cm；花白色，无柄；萼片短，截形；花冠高脚碟状，4 裂；雄蕊 4 枚，花丝短；花柱细，具有 2 枚柱头。聚花果扁球形或近肾形，直径为 7～12mm，熟时红色，有槽纹。花期 6—7 月，果期 7—10 月。$2n=22$。

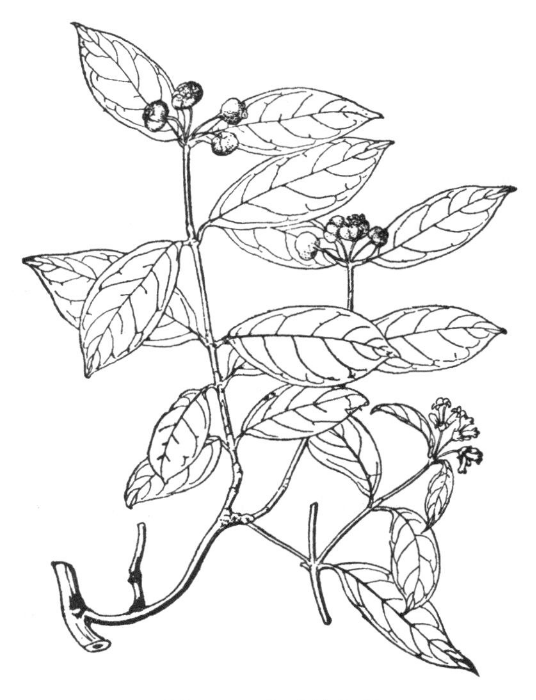

图 3-74 印度羊角藤

见于西湖区（龙坞）、萧山区（河上）、余杭区（长乐）、西湖景区（百子尖、九溪、灵峰、梅家坞、五云山、云栖），生于山坡谷地及溪边路旁林中。分布于安徽、福建、广东、广西、海南、湖南、江苏、江西、台湾；印度、日本、斯里兰卡、泰国也有。

根及根皮入药。

13. 粗叶木属 Lasianthus Jack

灌木或小乔木，常具臭味。叶对生，2 列，常有明显的横脉；托叶位于叶柄间，宿存或脱落。花腋生，单朵或 2 至数朵成束，排成聚伞花序或头状花序，有或无花序梗；萼檐顶端 3～6 裂，裂片宿存；花冠漏斗状或高脚碟状，喉部被长柔毛，顶端 4～6 裂，裂片在花蕾时镊合状排列；雄蕊 4～6 枚，着生于花冠管的喉部，花丝短，花药背着，药隔常具细尖头；花盘肿胀；子房下位，4～9

室,每室有胚珠1枚,花柱短或近延长,顶端4～9裂。核果,内有分核4～9粒;种子线状长圆球形,微弯。

约180种,分布于热带亚洲、大洋洲和非洲;我国约有32种;浙江有4种;杭州有1种。

日本粗叶木 榄绿粗叶木 (图3-75)

Lasianthus japonicus Miq.——*L. lancilimbus* Merr.

灌木,高0.6～1m。小枝黑褐色,疏被刚毛状硬毛或近无毛。叶近革质或纸质,长圆形或披针状长圆形,长6～13cm,宽2～3.5cm,先端尾状渐尖至长尾状渐尖,基部楔形或钝,边缘浅波状、全缘或先端略呈齿状,稍反卷,干后常呈橄榄绿色,略具光泽,上、下两面除中脉疏被伏毛外其余无毛,中脉及侧脉在上、下两面隆起;叶柄长0.5～1cm,密被柔毛,后渐脱落;托叶微小,近三角形。花数朵生于叶腋,有短花序梗;苞片短,线形,长2～4mm;花近无梗;花萼长8～13mm,萼檐4～5裂,裂片小,齿状,长0.5～2mm;花冠白色,漏斗状,长8～10mm,内面有茸毛,顶端4～5裂,裂片卵状三角形。核果近球形,直径为5～7mm,熟时暗蓝色,冠以宿存的萼裂片。花期4—7月,果期8—11月。

图3-75 日本粗叶木

见于西湖区(留下)、西湖景区(云栖),生于阴湿的山谷、溪边、路旁、林下灌丛中或岩上。分布于安徽、福建、广东、广西、贵州、湖北、湖南、江西、四川、台湾、云南;印度、日本也有。

14. 鸡矢藤属 Paederia L.

纤弱、缠绕藤本,揉之有臭味。叶对生,稀有3枚轮生;托叶在叶柄间,通常三角形,脱落。花排成腋生或顶生、圆锥花序式的聚伞花序;萼筒陀螺形或卵形,萼檐4～5裂,裂片宿存;花冠管状或漏斗状,外被粉状柔毛,裂片4～5枚,短,内向镊合状排列;雄蕊4～5枚,着生于花冠管喉部,花丝极短,花药背着或基着,内藏;花盘肿胀;子房下位,2室,每室有胚珠1枚,柱头2枚,纤毛状,常旋卷。核果球形或压扁,果皮膜质,光亮而脆。

20～30种,分布于亚洲热带及亚热带;我国有11种;浙江有2种;杭州有2种。

1. 耳叶鸡矢藤 长序鸡矢藤 (图3-76)

Paederia cavaleriei H. Lév.

柔弱半木质缠绕藤本。茎或枝密被黄褐色或污褐色柔毛。叶片纸质,通常卵状椭圆形或长卵状椭圆形，长 5～12cm，宽 2～6cm，先端短渐尖到渐尖，基部圆形至浅心形，上面被粗短毛，沿脉尤密，下面密被粗柔毛，侧脉 7～8 对，连同中脉在两面均凸起；叶柄长1～4cm，密被柔毛；托叶长 4～8mm，内面被柔毛。圆锥状聚伞花序腋生或顶生，花序轴伸长，密被与茎或枝同样的柔毛；萼筒卵球形，长 1～2mm，萼檐 5 裂，裂片宽卵形；花冠浅紫色，钟状，内、外均被柔毛，顶端 5 裂，裂片长 1～2mm。核果球形，直径为 5～7mm，成熟时蜡黄色，光滑。花期 6—7 月，果期 8—10 月。$2n=40\sim44$。

见于萧山区（进化）、余杭区（鸬鸟、余杭）、西湖景区（飞来峰），生于海拔 150～1000m 的山谷溪边及路旁林下灌丛中。分布于广东、广西、贵州、湖北、湖南、台湾。

图 3-76 耳叶鸡矢藤　　图 3-77 鸡矢藤

2. 鸡矢藤 （图 3-77）

Paederia foetida L. ——*P. scandens* (Lour.) Merr.

多年生缠绕藤本。基部木质。叶对生，纸质，叶形变异很大，卵形至披针形，长 5～12cm，宽 2～7cm，先端稍渐尖，基部圆形或心形，全缘，有长柄；托叶三角形，无毛，早落。圆锥状聚伞花序顶生或腋生；萼筒陀螺形，萼檐 5 裂，裂片三角形；花冠管钟形，浅紫色，长约 1cm，外面被灰白色细茸毛，内面被茸毛，顶端 5 裂，裂片长 1～2mm。核果球形，熟时蜡黄色，平滑，具光泽。花期 6—8 月，果期 9—11 月。$2n=40\sim48,55,63\sim67$。

区内常见，生于海拔 200～1000m 的山地、路旁、岩石缝及田埂。分布于安徽、福建、甘肃、贵州、广东、广西、海南、河南、湖南、江苏、江西、山东、陕西、四川、台湾、香港、云南；日本、朝鲜半岛、印度、缅甸、泰国、越南、老挝、柬埔寨、马来西亚、印度尼西亚也有。

全草入药；茎皮为造纸和人造棉材料。

与上种的主要区别在于：本种圆锥状聚伞花序扩展，花序连同茎或分枝被灰白色柔毛或无毛。

15. 虎刺属 Damnacanthus Gaertn. f.

灌木,具合轴分枝,有刺或无刺。叶对生;托叶细小,在叶柄内,锐尖,早落。花小,单生或成对生于叶胞内;萼筒倒卵球形,4～5裂,宿存;花冠漏斗状,喉部被长毛,4裂,裂片镊合状排列;雄蕊与花冠裂片同数,着生在冠管喉部,花药背着,有宽阔的药隔;子房下位,2～4室,每室有胚珠1枚。球形核果,有1～4颗平凸的分核;种子平凸状,盾形。

约10种,分布于亚洲东部;我国有11种;浙江有4种;杭州有2种。

图 3-78 虎刺

1. 虎刺 (图 3-78)

Damnacanthus indicus (L.) Gaertn. f.——*D. formosanus* (Nakai) Koidz.

常绿小灌木,多分枝,高可达1m。根粗大分枝,或呈念珠状,根皮淡黄色。枝条细,灰白色,小枝有灰黑色细毛,针状刺长1～2cm。叶对生;叶片卵形或阔椭圆形,长1～2.5cm,宽0.5～1.5cm,先端突尖,基部圆形,表面有光泽,革质,全缘;几无柄。花小,白色,1～2朵生于叶腋;萼筒倒卵球形;花冠漏斗状,裂片4枚;雄蕊4枚;花柱丝状,柱头棒状,4裂。核果球形,熟时红色。花期4—7月,果期7—11月。$2n=22,38$。

见于拱墅区(半山)、萧山区(进化)、余杭区(良渚、中泰)、西湖景区(飞来峰、九溪、云栖),生于山谷溪边及路旁林下灌丛中、石隙里。分布于安徽、福建、广东、广西、贵州、湖北、湖南、江苏、江西、四川、台湾、西藏、云南;印度、日本、朝鲜半岛也有。

根入药。

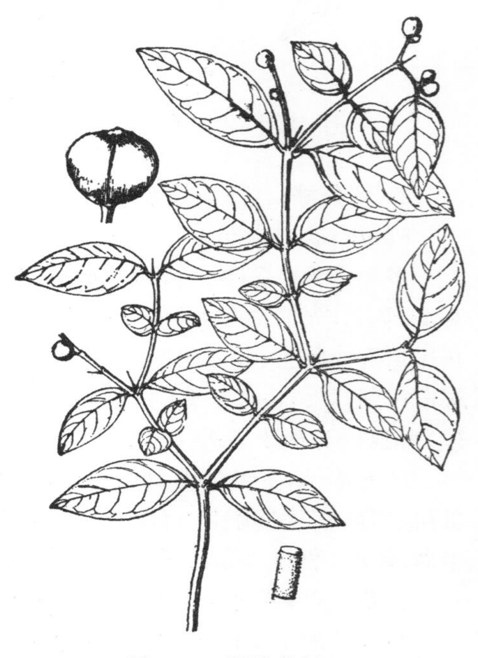

图 3-79 浙皖虎刺

2. 浙皖虎刺 浙江虎刺 (图 3-79)

Damnacanthus macrophyllus Siebold ex Miq.——*D. shanii* K. Yao & M. B. Deng

常绿小灌木,高可达1.5m。根通常肥厚而有时呈念珠状。小枝被开展短粗毛,上部长内弯,针状刺对生于叶柄间,长2～8mm。叶片亚革质,卵形、宽卵形或卵状椭圆形,长2.5～6cm,宽1～2.5cm,先端急尖至短渐尖,基部圆形或宽楔形,全缘,干后略反卷,上面具光泽,两面均无毛,中脉在上面略隆起,侧脉3～5对;叶柄短,被短粗毛。花1～3朵生于叶腋里。核果1～2个腋生,直径为3～5mm,成熟时红色。花期 3—4 月，果期 6—11 月。

见于余杭区（长乐、径山）、西湖景区（九溪），生于路边林下灌丛中。分布于安徽、福建、广东、贵州、云南；日本也有。

根入药。

与上种的主要区别在于：本种针状刺长 2～8mm，叶片长 2.5～6cm。

16. 六月雪属 Serissa Comm. ex Juss.

小灌木，揉碎有臭味。叶小，对生，近无柄；托叶位于叶柄间，分裂，裂片刺毛状，宿存。花腋生或顶生，单生或簇生；萼筒倒圆锥形，萼檐 4～6 裂，宿存；花冠漏斗状，花冠管内部和喉部均被毛，顶端 4～6 裂，裂片在蕾时呈镊合状排列；雄蕊 4～6 枚，着生于花冠管上，花丝稍与花冠管连生，花药近基部背着；花盘大；子房下位，2 室，每室有 1 枚胚珠，花柱较雄蕊短，柱头 2 裂。核果球形，具 2 枚分核，干燥，蒴果状。

2 种，分布于日本、我国及印度；我国有 2 种；浙江有 2 种；杭州有 2 种。

1. 六月雪

Serissa japonica (Thunb.) Thunb.——*S. foetida* (L. f.) Lam.

小灌木，多分枝，高达 50cm。小枝灰白色，幼枝被短柔毛。叶片坚纸质，狭椭圆形或狭椭圆状倒卵形，长 6～15mm，宽 2～6mm，先端急尖，有小尖头，基部长楔形，全缘，具缘毛，后渐脱落，干后反卷，上面沿中脉被短柔毛，下面沿脉疏被柔毛，后渐脱落，叶脉在两面均凸起；叶柄极短；托叶基部宽，先端分裂成刺毛状。花单生或数朵簇生，腋生或顶生，无梗；萼檐 4～6 裂，裂片三角形，长约 1mm；花冠白色而带红紫色，长 1～1.5cm，顶端 4～6 裂。果小，干燥。花、果期 5—8 月。$2n=18,22,44$。

区内常见栽培。原产于我国长江流域及其以南各省、区；各地广泛栽培。

供观赏，并有数个园艺品种。

2. 白马骨 （图 3-80）

Serissa serissoides (DC.) Druce

小灌木，多分枝，高达 1m。小枝灰白色，幼枝被短柔毛。叶片纸质或坚纸质，通常卵形或长圆状卵形，长 0.5～2cm，宽 0.5～1cm，先端急尖，具短尖头，基部楔形至长楔形，全缘，干后稍反卷，有时略具缘毛，上面沿中脉被短柔毛，叶脉在两面均凸起，侧脉 3～4 对；叶柄极短；托叶膜质，基部宽，先端分裂成刺毛状。花数朵簇生，无梗；萼檐 4～6 裂，裂片钻状披针形，边缘有缘毛；花冠白色，漏斗状，长 5～10mm，顶端 4～6 裂。核果小，干燥。花期 7—8 月，果期 9—10 月。$2n=22$。

图 3-80 白马骨

区内常见，生于山坡路旁及溪边林下灌丛中或石缝中。分布于安徽、福建、广东、广西、湖北、江苏、江西、台湾；日本也有。

全株入药。

与上种的主要区别在于：本种叶片较大，卵形或长圆状卵形，长0.5～2cm，宽0.5～1cm；萼片钻状披针形；花冠白色，长5～10mm。

123. 爵床科 Acanthaceae

草本、灌木或藤本，稀为小乔木。叶对生，无托叶，叶片、小枝和花萼上常有钟乳体。花序总状、穗状、聚伞形伞状或头状，有时单生或簇生；花两性，两侧对称，通常具苞片和2枚小苞片，有时退化；花萼4或5裂；花冠合瓣，冠檐常5裂，近相等或二唇形；雄蕊2或4枚，稀5枚，常为二强雄蕊，着生于花冠管内或喉部，花丝分离或基部联合，花药背着，稀基着，1或2室，纵向开裂；子房上位，常具花盘，2室，每室具2至多枚胚珠，花柱单一，柱头通常2裂。蒴果，室背开裂为2枚果瓣；种子通常生于上弯的珠柄钩上，成熟时借种钩弹出，仅少数属无种钩。

约220属，约4000种，主要分布于热带和亚热带，少数种类分布于温带地区；我国有35属，304种；浙江有10属，17种，1变型；杭州有5属，6种。

本科植物有不少种类可供药用，如板蓝、穿心莲、九头狮子草等；板蓝为民间靛蓝的天然染料；许多种为花卉观赏植物，如山牵牛、假杜鹃、虾衣花等。

分属检索表

1. 花冠显著二唇形；雄蕊2枚(水蓑衣属雄蕊4枚)。
    2. 蒴果有种子多粒 ………… 1. **水蓑衣属** *Hygrophila*
    2. 蒴果有种子2～4粒。
        3. 花序下有2枚总苞状苞片；药室基部无附属物 ………… 2. **观音草属** *Peristrophe*
        3. 花序下无总苞状苞片；药室基部有附属物 ………… 3. **爵床属** *Justicia*
1. 花冠裂片几相等或略二唇形；雄蕊4枚。
    4. 花冠里面无毛；花丝基部无薄膜相连；蒴果下部实心，细长似柄 ………… 4. **十万错属** *Asystasia*
    4. 花冠里面有2行短柔毛；花丝基部有薄膜相连；蒴果下部柄状 ………… 5. **马蓝属** *Strobilanthes*

1. 水蓑衣属 Hygrophila R. Br.

灌木或草本，直立或匍匐。叶对生，全缘或具小齿。花无梗，簇生于叶腋；苞片椭圆形至披针形；花萼筒状，5裂，裂片等大或近等大；花冠浅蓝色或淡紫色，二唇形，花冠管喉部常一侧膨大；雄蕊4枚，二强，花药2室；子房每室有胚珠4至多枚，花柱线形。蒴果长椭圆球形至线形，2室，每室有种子4至多粒；种子近圆球形或宽卵球形，两侧压扁，被紧贴白色茸毛。

约100种，广布于热带和亚热带的水湿或沼泽地区；我国有6种；浙江有1种；杭州有1种。

水蓑衣 （图 3-81）

Hygrophila ringens（L.）R. Br. ex Spreng.——*H. salicifolia*（Vahl）Nees

一年生或越年生草本，高 30～80cm。茎直立，方形，具钝棱和纵沟，仅节上被疏柔毛。叶纸质，披针形或披针状线形，有时为椭圆形或卵形，长 3～13cm，宽 0.5～2.2cm，先端钝，基部渐狭，近全缘，叶具贴生针状钟乳体；叶柄短或近无柄。花 2～7 朵簇生于叶腋，有时假轮生；苞片卵状椭圆形，长约 5mm；小苞片披针形，长 4～5mm；花萼 5 深裂，裂片狭披针形，疏被长柔毛；花冠淡红紫色或粉红色，长 0.7～1.3cm，外被柔毛，花冠管稍长于冠檐，上唇浅 2 裂，下唇 3 裂；雄蕊内藏；子房无毛。蒴果长约 1cm；种子 16～32 粒，四方状圆球形，扁平，遇水即现白色密茸毛。花期 9—11 月。$2n=44$。

图 3-81 水蓑衣

见于西湖景区（茅家埠、桃源岭），生于溪流边的阴湿地。分布于安徽、重庆、福建、广东、广西、贵州、海南、河南、湖北、湖南、江苏、江西、四川、台湾、云南；不丹、柬埔寨、印度、印度尼西亚、日本、老挝、马来西亚、缅甸、尼泊尔、巴基斯坦、菲律宾、泰国、越南也有。

全草入药。

2. 观音草属 Peristrophe Nees

草本或灌木。叶对生，全缘。花序顶生或腋生，聚伞状或伞形，由 2 至数个头状花序组成，花序梗单生或簇生；总苞状苞片 2 枚，对生，通常比花萼大，其腋间有花 1～4 朵，仅 1 朵发育；花萼小，5 深裂，裂片等大；花冠淡红色或紫色，二唇形，花冠管细长，圆筒状；雄蕊 2 枚，着生于花冠管内；花柱线形，柱头稍膨大或 2 浅裂。蒴果椭圆球形，有毛，开裂时胎座不弹起。

约 40 种，主产于亚洲的热带和亚热带地区，非洲也有分布；我国有 10 种；浙江有 1 种；杭州有 1 种。

九头狮子草 （图 3-82）

Peristrophe japonica（Thunb.）Bremek.

多年生草本，高 20～50cm。茎直立，有棱及纵沟。叶片卵状长圆形至披针形，长 2.5～13cm，宽 1～5cm，先端渐尖，基部楔形，稍下延，全缘，两面有钟乳体及少数平贴硬毛；叶柄长 0.2～1.5cm。花序顶生或生于上部叶腋，聚伞花序具花 2～14 朵；苞片椭圆形或卵状长圆形，一大一小，长 1.5～2.5cm，宽 6～12mm；小苞片钻形，长约 1.5mm；花萼裂片 5 枚，狭披针形，长约 3mm；花冠粉红色至淡紫色，长 2.5～3cm，外面疏被短柔毛，花冠管细长，近基部处有紫点,冠檐二唇形,上唇2裂,下唇3浅裂;雄蕊伸出花冠外,花药线形,具2个药室。蒴果长约1.2cm,具柄;种子4粒,近球形,两侧压扁,黑褐色,种皮有小乳头状凸起。花期7—10月,果期10—11月。$2n=48$。

区内常见,生于林缘、溪边、路旁及草丛中。分布于安徽、重庆、福建、广东、广西、贵州、海南、河南、湖北、湖南、江苏、江西、四川、台湾、云南;日本也有。

全草入药。

图3-82 九头狮子草

3. 爵床属 Justicia L.

草本。叶对生,全缘,表面具钟乳体。穗状花序顶生或腋生,花序梗极短或无;花小,无梗;苞片交互对生,每一苞片中有花1朵;小苞片和花萼裂片与苞片相似,均被缘毛;花萼4或5裂;花冠二唇形,花冠管短;雄蕊2枚,花丝扁平,着生于花冠喉部,外露;花盘坛状;子房被毛,花柱丝状,柱头2裂,裂片不等大。蒴果小,卵球形或长圆球形;种子两侧压扁状,种皮皱缩。

约700种,分布于热带和温带地区;我国有43种;浙江有1种;杭州有1种。

爵床 (图3-83)

Justicia procumbens L.——*Rostellularia procumbens* (L.) Nees

匍匐或披散状草本,高10~50cm。茎通常具6条钝棱及浅槽,沿棱被倒生短毛,节稍膨大。叶椭圆形至椭圆状长圆形,长1.2~6cm,宽0.6~2cm,先端急尖或钝,基部楔形,全缘或微波状,上面贴生横列的粗大钟乳体,下面沿脉疏生短硬毛;叶柄短,长0.3~1cm。穗状花序圆柱状,顶生或生于上部叶腋,长1~4cm,直径为0.6~1.3cm,密生多数小花;苞片与小苞片均为披针形,长4~6mm,有缘毛;花萼裂片4枚,线形,边缘白色膜质;花冠淡红色或紫红色,稀白色,长约7mm;雄蕊2枚,药室不等高,下方1室无花粉而有距;子房卵球形,2室。蒴果线形,长约6mm;种子近卵球形,两侧压扁,黑色,种皮有瘤状皱纹。花期8—11月,果期10—11月。$2n=18,36$。

区内常见,生于旷野、路边、草丛、溪边阴湿

图3-83 爵床

地。分布于秦岭以南各省、区；亚洲南部和东南部地区也有。

全草入药。

4. 十万错属 Asystasia Blume

草本或亚灌木。叶具柄，全缘或稍有圆锯齿，具钟乳体。总状花序或圆锥花序，顶生或腋生；苞片和小苞片均小，小苞片有时缺；花萼裂片 5 枚，深裂至基部，裂片等大；花冠漏斗状，冠檐 5 裂，裂片近相等；雄蕊 4 枚，二强，内藏，花丝基部成对联合；花柱头状，2 浅裂或具 2 枚齿，胚珠每室 2 枚。蒴果棍棒状，基部收缩成实心柄状。

约 40 种，分布于东半球热带地区；我国有 4 种；浙江有 1 种；杭州有 1 种。

白接骨 （图 3-84）

Asystasia neesiana (Wallich) Nees——*Asystasiella chinensis* (S. Moore) E. Hossain

多年生草本。根状茎白色，富黏液；地上茎可高达 1m，略呈四棱形，节稍膨大。叶片卵形、椭圆形至椭圆状长圆形，长 3～20cm，宽 1.6～6.5cm，先端渐尖至尾尖，基部渐狭，下延至柄，边缘具浅波状或浅钝锯齿，上面疏被白色伏毛，两面具钟乳体；叶柄长 0.6～6cm。总状花序或基部有分枝，顶生，长 4.5～21cm；花单生或双生；苞片线状披针形，长 1～2mm；花萼裂片 5 枚，线状披针形，长约 6mm，具稀疏腺毛；花冠漏斗状，淡红紫色，外面疏生腺毛，花冠管细长，长 3.5～4cm，裂片 5 枚，长约 1.5cm，先端钝；雄蕊着生于花冠喉部，2 个药室等高，基部有附属物。蒴果，长 1.8～2.5cm；种子 4 粒。花期 7—10 月，果期 8—11 月。

图 3-84 白接骨

见于西湖景区（虎跑、云栖），生于林缘、溪边、沟谷及山径旁。分布于安徽、福建、广东、广西、贵州、湖北、湖南、江苏、江西、四川、台湾、云南；印度、印度尼西亚、老挝、马来西亚、缅甸、泰国、越南也有。

全草入药。

5. 马蓝属 Strobilanthes Blume

草本、亚灌木、灌木或小乔木。茎和枝条常具 4 条棱，表面有沟槽，成熟后木质化，中空。叶对生，叶片正面常有线状排列的钟乳体，叶缘具细锯齿、圆锯齿、波状锯齿或全缘。花序腋生或顶生，头状、穗状或圆锥状花序；花萼通常 5 裂，裂片等大或中间裂片较大，有时呈 2 或 3 裂状；花冠常蓝色，稀白色、黄色或粉色，管状或漏斗状；花被管从基部逐渐膨大或喉部突然膨大成钟状，冠檐 5 裂，裂片常卵圆形；雄蕊通常 4 枚，二强（稀能育雄蕊 2 枚，退化雄蕊 2 枚；或能育雄蕊4枚,退化雄蕊1枚);子房椭圆球形至倒卵球形,2室,每室具2～8枚胚珠,花柱细长,柱头2裂。蒴果椭圆球形至狭倒卵球形,有时纺锤形至狭椭圆球形;种子通常卵球形至圆球形,两端扁平,幼时具紧贴的黏柔毛,湿润后开展,有些种类种子无毛。

约400种,主产于亚洲的热带地区;我国有128种;浙江有6种;杭州有2种。

1. 少花马蓝 (图3-85)

Strobilanthes oliganthus Miq.

多年生草本,高30～60cm。茎直立,疏分枝,略具4条棱,有白色多节长柔毛,基部节膨大、膝曲。叶片宽卵形或三角状宽卵形,长4～11cm,宽2.6～6cm,先端渐尖,基部楔形,稍下延,边缘具疏锯齿,两面贴生钟乳体;叶柄长2～4cm。穗状花序头形,有花数朵,苞片叶状,外面的长1.5～2cm,里面的较小;小苞片线状匙形,长约1cm;花萼5裂,裂片线形,约与小苞片等长,均具白色多节柔毛;花冠管圆柱形,稍弯曲,长约1.5cm,向上扩大成钟状,长约2.5cm,冠檐裂片5枚,近相等;雄蕊4枚,二强。蒴果长圆球形,长约1.3cm,近顶端有多节柔毛;种子4粒,宽椭圆球形,长约3mm,有褐色微毛。花期8—9月,果期9—10月。$2n=60$。

见于西湖景区(飞来峰),生于林缘阴湿地、溪边及路边草丛中。分布于安徽、福建、湖南、江西;日本也有。

全草药用。

图3-85 少花马蓝

图3-86 球花马蓝

2. 球花马蓝 圆苞马蓝 (图3-86)

Strobilanthes pentstemonoides (Nees) T. Anders.

多年生草本。根状茎粗短;地上茎直立或基部匍匐,多分枝,近梢部常"之"字形曲折,高30～100cm,暗紫色,无毛,基部膨大。叶片卵状椭圆形或椭圆形,上部各对一大一小,大叶长4～15cm,宽1.5～6cm,先端长渐尖,基部渐狭,下延至柄,边缘有锯齿,上面散生多节毛,下面脉上有短柔毛，侧脉5～6对；叶柄长0.5～2cm。头状花序，1～3个生于花序梗上，每一花序有花2～4朵，未开放时近球形；苞片卵状椭圆形，外部的长1.2～1.5cm，先端渐尖，内部的较小；小苞片微小，二者均早落；花萼5深裂至近基部，裂片线状披针形，长7～9mm，果期增长至15～17mm，有腺毛；花冠漏斗状，深紫色，稍弯曲，冠檐5裂，近相等，先端微凹。蒴果长圆状棒形，长1.4～1.8cm，有腺毛；种子4粒，有微毛。花期8—10月，果期11月。

见于西湖景区（九溪），生于沟谷、林缘、林下、路边、溪边等阴湿地。分布于广西、贵州、湖北、四川、云南；越南至印度也有。

全草（去根）入药。

与上种的主要区别在于：上种叶片宽卵形或三角状宽卵形，穗状花序头形，苞片叶状；而本种叶片卵状椭圆形或椭圆形，头状花序，苞片卵状椭圆形。

124. 狸藻科 Lentibulariaceae

一年生或多年生食虫草本，陆生、附生或水生。茎及分枝常变态成根状茎、匍匐茎、叶器和假根。仅捕虫堇属 *Pinguicula* 和旋刺草属 *Genlisea* 具叶，其余无真叶而具叶器；托叶不存在。除捕虫堇属外均有捕虫囊。花单生或排成总状花序；花序梗直立，稀缠绕；花两性，虫媒或闭花授粉；花萼2、4或5裂，裂片镊合状或覆瓦状排列，宿存并常于花后增大；花冠合生，左右对称，檐部二唇形，上唇全缘或2(3)裂，下唇全缘或2、3(～6)裂，裂片覆瓦状排列，管部粗短，基部下延成囊状、圆柱状、狭圆锥状或钻形的距；雄蕊2枚，着生于花冠管下（前）方的基部，与花冠的裂片互生，花丝线形，常弯曲，花药背着，2药室极叉开，于顶端会合或近分离，退化雄蕊和花盘均不存在；雌蕊1枚，由2枚心皮构成，子房上位，1室，特立中央胎座或基底胎座，胚珠2枚至多数，倒生，花柱短或不存在，柱头不等2裂，上唇较小至消失。蒴果球形、卵球形或椭圆球形，室背开裂或兼室间开裂，有时周裂或不规则开裂，稀不裂；种子多数至少数，稀单生，细小，椭圆球形、卵球形、球形、长圆球形、圆柱形、盘状或双凸镜状，无胚乳，种皮具网状凸起、疣凸、棘刺或倒刺毛，稀平滑或具扁平的糙毛。

3属，约290种，全球广布，但大多数在热带地区；我国有2属，27种，南北广布；浙江有1属，6种；杭州有1属，1种。

本科和茅膏菜科 Droseraceae、猪笼草科 Nepenthaceae 是我国原生的三个食虫植物科。

狸藻属 Utricularia L.

一年生或多年生草本，水生、沼生或附生。无真正的根和叶。茎变态成匍匐茎、假根和叶器。叶器基生，呈莲座状或互生于匍匐茎上，全缘或1至多回深裂，末回裂片线形至毛发状。捕虫囊生于叶器、匍匐茎及假根上，卵球形或球形，多少侧扁。花序总状，有时简化为单花；具苞片，小苞片存在时成对着生于苞片内侧；花序梗直立或缠绕，具或不具鳞片。花萼2深裂，裂片相等或不相等，宿存并多少增大。花冠二唇形，黄色、紫色或白色，稀蓝色或红色；上唇全缘或2～3浅裂，下唇全缘或2～6浅裂，喉凸常隆起，呈浅囊状，喉部多少闭合；距囊状、圆锥状、圆柱状或钻形。雄蕊2枚,生于花冠下方内面的基部;花丝短,线形或狭线形,常内弯,基部多少合生,上部常膨大;花药极叉开,2个药室多少会合。子房球形或卵球形,胚珠多数;花柱通常极短;柱头二唇形,下唇通常较大。蒴果球形、长圆球形或卵球形,仅前方室背开裂(一侧裂)、前方和后方室背开裂(2瓣裂)、室背连同室间开裂(4瓣裂)、周裂或不规则开裂;种子通常多数,稀少数或单生,球形、卵球形、椭圆球形、长圆球形、圆柱形、狭长圆球形、盘状或双凸镜状,具网状、棘状或疣状凸起,有时具翅,稀具倒钩毛或扁平糙毛。

约220种,全球广布,但大多数在热带地区,少数在北温带地区;我国有25种;浙江有6种;杭州有1种。

黄花狸藻 (图3-87)

Utricularia aurea Lour.

一年生水生草本。假根通常不存在,存在时轮生于花序梗的基部,扁平并膨大。匍匐茎圆柱形,具分枝。叶器多数,互生,3～4深裂达基部,裂片先羽状深裂,后1～4回二歧深裂,末回裂片丝状,具细刚毛;捕虫囊通常多数,侧生于叶器裂片上,斜卵球形,侧扁,具短梗。花序直立,高5～25cm,中部以上具3～6朵花,无毛,花序梗圆柱形,无鳞片;苞片基部着生,宽卵圆形,先端圆或急尖;无小苞片;花梗长4～20mm,在花期直立,花后下弯;花萼2裂达基部,裂片近相等,上唇稍大,卵形,稍肉质,先端钝,果期增大,开展或反折;花冠黄色,长10～15mm,喉部有时具橙红色条纹,上唇宽卵形或近圆形,先端圆,下唇较大,横椭圆形,先端圆或微凹,喉凸隆起,呈浅囊状;距近筒状,较下唇短;花丝线形,上部扩大,药室会合;子房球形,密生腺点,无毛,花柱长为子房的一半,柱头下唇半圆形,边缘具缘毛,上唇极短,钝形。蒴果球形,直径约为5mm,顶端具喙状宿存花柱,周裂;种子多粒,压扁,具5～6角和细小的网状凸起,角上具狭的棱翅,淡褐色。花期6—11月,果期7—12月。$2n=80$。

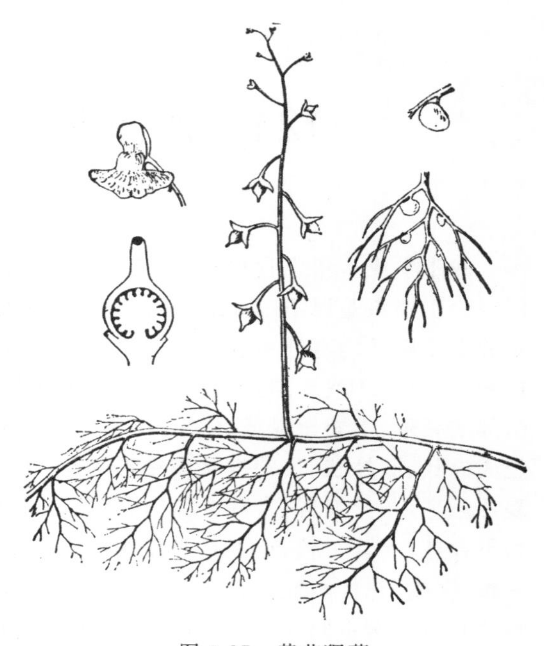

图3-87 黄花狸藻

见于西湖景区(桃源岭),生于水田或池塘中。分布于安徽、福建、广东、广西、贵州、海南、湖北、湖南、江苏、江西、山东、台湾、云南;柬埔寨、印度、印度尼西亚、日本、朝鲜半岛、老挝、尼泊尔、巴基斯坦、巴布亚新几内亚、菲律宾、斯里兰卡、泰国、越南、澳大利亚也有。

125. 车前科 Plantaginaceae

一年生、越年生或多年生草本。直根系或须根系。茎常变态成紧缩的根状茎,根状茎直立，稀斜生，少数具地上茎。单叶，全缘或具齿，螺旋状互生，通常排成莲座状；弧形脉 3～11 条，少数仅 1 条中脉；叶柄基部常为鞘状。穗状花序，细长，出自叶腋；每枚花具 1 枚苞片；花小，常两性，辐射对称；花萼 4 裂，覆瓦状排列，宿存；花冠干膜质，白色、淡黄色或淡褐色，高脚碟状或筒状，檐部 3～4 裂；雄蕊 4 枚，花丝贴生于冠管内面，花药“丁”字形，背着，2 室，纵裂；雌蕊由 2 枚心皮合生而成，子房上位，1～4 室，每室具胚珠 1～40 枚，花柱 1 枚，丝状，被毛。果常为蒴果，果皮膜质，无毛；种子小，胚乳丰富。

2 属，210 多种，全球广布；我国有 1 属，22 种；浙江有 1 属，5 种；杭州有 1 属，3 种。

车前属 Plantago L.

一年生、越年生或多年生草本，陆生或沼生。直根系或须根系。叶基生，螺旋状互生，紧缩，呈莲座状；叶片宽卵形、椭圆形、披针形或钻形，全缘或具齿；叶脉近平行，5～11 条；叶柄长，少数不明显，基部常扩大，呈鞘状。穗状花序顶生，花序梗细圆柱状；花两性，稀杂性或单性；花冠高脚碟状或筒状，宿存；雄蕊 4 枚，着生于花冠管内面，花药卵球形、球形或椭圆球形；雌蕊由 2 枚心皮合生而成；子房上位，2 室或 3～4 假室，每室有胚珠 1 至多枚。蒴果椭圆球形、圆锥状卵球形至近球形，果皮膜质，周裂；种子 1 至 40 余个，有棱，近球形或扁平状，胚直立。

约 200 种，全球广布；我国有 22 种；浙江有 5 种；杭州有 3 种。

分种检索表

1. 植体密被白色长柔毛；叶披针形或倒披针形 …………………………………… 1. **北美毛车前** *P. virginica*
1. 植物体无毛或有疏短柔毛；叶卵形或宽卵形。
    2. 叶厚纸质，卵形至长卵形；苞片宽卵状三角形；种子 6～18 粒 ………………………… 2. **大车前** *P. major*
    2. 叶薄纸质，卵形至宽卵形；苞片狭卵状三角形；种子 4～6 粒 ………………………… 3. **车前** *P. asiatica*

1. 北美毛车前 (图 3-88)

Plantago virginica L.

越年生草本。根状茎短，纤细，具细侧根。叶基生，莲座状；叶片倒披针形至狭长倒卵形，长 2～18cm，宽 1～4cm，先端急尖，边缘波状、具疏锯齿或近全缘，基部狭楔形，散生白色柔毛；基出脉 3～5 条；叶柄长 0.5～5cm。穗状花序细圆柱状，长 3～18cm，花序梗直立，长 4～20cm，密被白色柔毛；苞片披针形至狭椭圆形，长 2～2.5mm；花冠淡黄色，花冠管等长于或略长于萼片，花冠裂片卵状披针形，长 1.5～2.5mm；雄蕊 4 枚，着生于花冠管内面顶端；子房上位，胚珠 2 枚。蒴果卵球形，长 2～3mm，周裂；种子卵球形，黄褐色至红褐色，有光泽，长 1～1.8mm，腹面凹陷呈船形。花期 4—5 月，果期 5—6 月。$2n=12,24$。

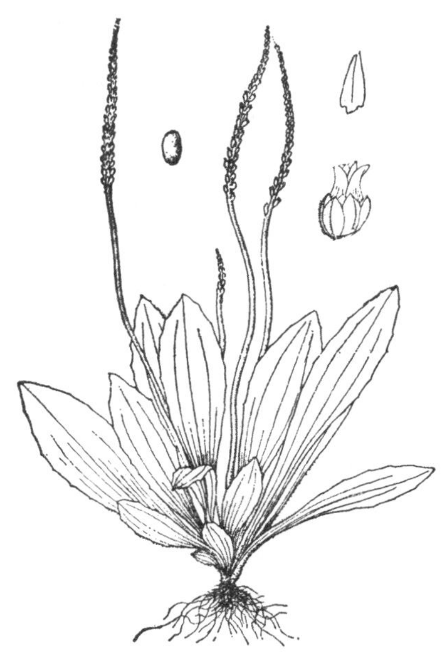
图 3-88 北美毛车前

区内常见，生于林下、路边、沟旁、田埂上。原产于北美洲；分布于安徽、重庆、福建、广西、湖北、湖南、江苏、江西、台湾。

2. **大车前** (图 3-89)

Plantago major L.

多年生草本。根状茎粗短。须根多数。叶基生,平卧、斜展或直立;叶片纸质,宽卵形至宽椭圆形,长 3～30cm,宽 2～11cm,先端圆钝,边缘波状、疏生锯齿或近全缘,两面疏生短柔毛或近无毛;基出脉 3～7 条;叶柄长 3～9cm。花序 1 至数个,花序梗直立,长 2～20cm;穗状花序细圆柱状,长 4～9cm;花无梗,密集;花萼长 1.5～2.5mm,裂片椭圆形;花冠白色,无毛,裂片披针形至狭卵形,长 1～1.5mm;雄蕊 4 枚,着生于花冠管内面近基部,花药椭圆球形,长 1～1.2mm;子房上位,2 室,胚珠 12～40 枚。蒴果圆锥状,长 2～3mm,周裂;种子卵球形,褐色。花期 4—5 月,果期 5—7 月。$2n=12$。

见于西湖区(留下)、萧山区(益农)、西湖景区(九溪、六和塔、满觉陇、云栖),生于路旁、沟边、田埂上。分布于安徽、重庆、福建、甘肃、广西、海南、河北、河南、黑龙江、吉林、江苏、辽宁、内蒙古、青海、山东、山西、四川、台湾、西藏、新疆、云南;印度、尼泊尔、巴基斯坦和西亚、欧洲也有。

全草药用。

图 3-89 大车前

图 3-90 车前

3. **车前** 虾蟆草 (图 3-90)

Plantago asiatica L.

越年生或多年生草本。根状茎短而肥厚,着生多数须根。叶基生,呈莲座状;叶片宽卵形至宽椭圆形,长 4～12cm,宽 3～9cm,先端钝圆至急尖,边缘波状,中部以下有齿或全缘,基部宽楔形,两面无毛;基出脉 5～7 条;叶柄长 2～4cm,基部扩大成鞘。花序 3～10 个,花序梗长 5～30cm,穗状花序细圆柱状,长 20～30cm;花具短梗,花萼长 2～3mm,先端钝圆或钝尖;花冠白色,裂片狭三角形,长约 1.5mm;雄蕊 4 枚,着生于花冠管内面近基部,花药椭圆球形,2 室;

子房上位,2室,每一室有胚珠7～15枚。蒴果椭圆球形,近中部开裂;种子卵球形,黑褐色。花、果期4—8月。$2n=12,24,36$。

区内常见,生于林下、路边、沟边、湿地、坡地或草丛中。我国广泛分布;东南亚地区也有。

全草入药。

126. 桔梗科 Campanulaceae

一年生至多年生直立或攀援草本,稀灌木,常有乳汁。单叶互生或对生,稀轮生,全缘、有锯齿或少有分裂;无托叶。花两性,腋生或顶生,单生或呈聚伞状等花序;无苞片;花萼4～6裂,常宿存;花冠筒状、辐射状、钟状或二唇状;雄蕊5枚,与花冠裂片互生,通常着生于花盘的边缘,花药分离或结合,纵裂;子房下位或半下位,稀上位,2～5室,各室有多枚胚珠,柱头2～5裂。果常为蒴果,顶端瓣裂或在侧面孔裂;种子多粒,具胚乳,扁平或三角状,有时具翅。

约60属,2000余种,主产于温带和亚热带;我国有17属,172种;浙江有10属,18种,1亚种;杭州有5属,4种,1亚种。

本科植物可供药用或作观赏植物。

分属检索表

1. 花冠整齐,辐射对称;雄蕊分离;蒴果顶端开裂、孔裂、不规则开裂或不裂。
   2. 蒴果顶端开裂;常具3或5枚心皮。
      3. 缠绕草本;柱头裂片卵形或椭圆形 ………………………… 1. **党参属** *Codonopsis*
      3. 直立草本;柱头裂片窄狭、线形 ………………………… 2. **兰花参属** *Wahlenbergia*
   2. 蒴果由基部不规则地开裂或不裂;具3枚心皮。
      4. 花柱基部有杯状或圆筒状花盘;花冠5浅裂 ………………………… 3. **沙参属** *Adenophora*
      4. 花柱基部无花盘;花冠5中裂 ………………………… 4. **袋果草属** *Peracarpa*
1. 花冠不整齐,两侧对称;雄蕊多合生;蒴果2瓣裂 ………………………… 5. **半边莲属** *Lobelia*

1. 党参属 Codonopsis Wall.

多年生直立或缠绕草本,有乳汁。根常肥大,肉质或木质。叶互生、对生、簇生等。花单生于叶腋、顶生或与叶对生;花萼5裂,筒部与子房贴生,常有10条明显脉;花冠宽钟状或辐射状,5裂,裂片在花蕾中镊合状排列,常有明显花脉或晕斑;雄蕊5枚,无毛或被毛;子房下位或近下位,常3室,柱头膨大,通常3裂。蒴果圆锥状,成熟后常3瓣裂;种子多粒,稍扁。

40余种,分布于亚洲东部和中部;全国有39种;浙江有2种;杭州有1种。

羊乳 (图3-91)

Codonopsis lanceolata (Siebold & Zucc.) Ttautv.

多年生缠绕草本。植株无毛或疏生柔毛。根倒卵状纺锤形。叶在主茎上互生;叶片披针形或菱状狭卵形等，长0.8～1.4cm，宽3～7mm；小枝顶端叶常2～4枚簇生且叶片较大；叶柄长1～5mm。花单生或对生于小枝的顶端；花梗长1～9cm；花萼贴生至子房中部；花冠宽钟状，长2～4cm，5浅裂，裂片三角形反卷，黄绿色或乳白色，内有紫色斑；花盘肉质；子房半下位，柱头3裂。蒴果下部半球状，上部具喙，直径为2～2.5cm，具宿存萼，上部3瓣裂；种子多粒，卵球形，棕色。花、果期9—10月。$2n=16$。

见于西湖区(双浦)、余杭区(良渚、中泰)、西湖景区(五云山)，生于灌丛、路边及林下阴湿处。分布于华东、华中、华南、华北、东北；日本也有。

根供药用，治病后体虚、乳汁不足及各种痈疽肿毒。

图3-91　羊乳

2. 兰花参属　Wahlenbergia Schrad. ex Roth

一年生至多年生草本。茎直立或匍匐。叶互生或对生。花顶生或与叶对生，排成圆锥状；花萼5裂；花冠钟状，有时近辐射状，5裂；雄蕊5枚，花丝近基部扩大；子房下位，2～5室，柱头2～5裂。蒴果在顶端室背开裂，成2～5瓣，裂瓣与花萼裂片互生；种子多数，细小。

约150种，主产于南半球；我国有1种；浙江及杭州也有。

兰花参　(图3-92)

Wahlenbergia marginata (Thunb.) A. DC.

多年生草本。根细长，直径达4mm。茎自基部多分枝，直立或上升，高20～40cm，有白色乳汁，无毛或下部疏生长硬毛。单叶互生；叶片倒披针形至线状披针形，长1～3cm，宽2～4mm，全缘、呈波状、具疏锯齿，无毛或疏生长硬毛；无柄。花顶生或腋生，具长花梗，排成圆锥状；花冠漏斗状钟形，蓝色，长5～8mm，5深裂，裂片椭圆状长圆形。蒴果倒圆锥状，长5～7mm，直径为3～4mm；种子长圆球形，光滑，黄棕色。花、果期2—5月。$2n=36,72$。

见于拱墅区(半山)、萧山区(楼塔)、余杭区(临平)、西湖景区(九溪、梵村、桃源岭)，生于林下、路边或水沟边。分布于长江以南各地；日本也有。

根药用，治小儿疳积、支气管炎、肺虚咳嗽和高血压等症。

图3-92　兰花参

3. 沙参属 Adenophora Fisch.

多年生直立草本，有白色乳汁。根胡萝卜状。单叶互生，少轮生。花通常大，下垂，排成顶生疏松的假总状或圆锥状花序；花萼钟状，与子房结合，5裂；花冠钟状，蓝色或白色，5浅裂；雄蕊5枚，与花冠离生，花丝基部扩大成片状，有软毛；花盘通常筒状或杯状，围于花柱基部；子房下位，3室，柱头3裂。蒴果自基部3瓣裂；种子多数，有1条狭棱或带翅的棱。

约50种，分布于欧洲和东亚；我国约有40种，分布于南北各地；浙江有4种，1亚种；杭州有1亚种。

华东杏叶沙参 （图3-93）

Adenophora hunanensis Nannf. subsp. **huadungensis** Hong

茎直立，高60～90cm，不分枝，无毛或有白色短硬毛。茎生叶的叶片卵圆形、卵形至卵状披针形，长3～10cm，宽2～4cm，沿叶柄下延，边缘具疏齿，两面被短硬毛或柔毛；叶近无柄或仅茎下部的叶有很短的柄，叶柄极少长达1.5cm。花萼常被白色短毛或无毛，裂片宽1.5～2.5mm，基部通常彼此重叠；花冠钟状，蓝色、紫色或蓝紫色，长1.5～2cm，5裂；花盘短筒状，高1～1.5mm，多数无毛；花柱与花冠近等长。蒴果球状椭圆形，或近于卵球状，长6～8mm，直径为4～6mm；种子椭圆球形，有1条棱。花、果期9—10月。

文献记载区内有分布。分布于安徽、福建、江苏、江西。

图3-93 华东杏叶沙参

4. 袋果草属 Peracarpa (Wall.) Hook. f. & Thoms.

多年生匍匐草本。植物体多分枝，稍带肉质，有块根。单叶互生，有柄。花单生或簇生于枝端叶腋，具有细长花梗；花萼筒与子房贴生，5裂；花冠漏斗状钟形，5裂至中部；雄蕊5枚，与花冠分离；子房下位，3室，花柱上部有细毛，柱头3裂。果实卵球形，形如袋，果皮膜质，不裂或有时基部不规则撕裂；种子多粒，纺锤状椭圆球形，平滑。

1种，分布于东亚和印度；我国产于华东、华中、华南、西南；浙江及杭州也有。

袋果草 （图3-94）

Peracarpa carnosa (Wall.) Hook. f. & Thoms.——*Campanula carnosa* Wall.

多年生草本。茎肉质，高5～15cm，无毛。叶互生，叶片膜质或薄纸质，三角形至宽卵形，长8～20mm，宽6～15mm，两面无毛或上面疏生贴伏的短硬毛；叶柄长5～15mm。花单生，花梗长0.5～2cm；花萼无毛，筒部倒卵状圆锥形，5裂，裂片长约2mm；花冠钟形，白色或紫蓝色，长3～8mm，5裂，裂片宽披针形；雄蕊5枚，分离；柱头3裂。果倒卵球形，长5～6mm，顶端稍收缩，袋状；种子棕褐色，长1.7mm。花期4—5月，果期4—11月。$2n=30$。

见于西湖区(留下)、余杭区(中泰)、西湖景区(飞来峰、中天竺),生于沟边岩石上。分布于安徽、重庆、贵州、湖北、江苏、四川、台湾、西藏、云南;日本、朝鲜半岛、印度、马来西亚、尼泊尔、菲律宾、俄罗斯也有。

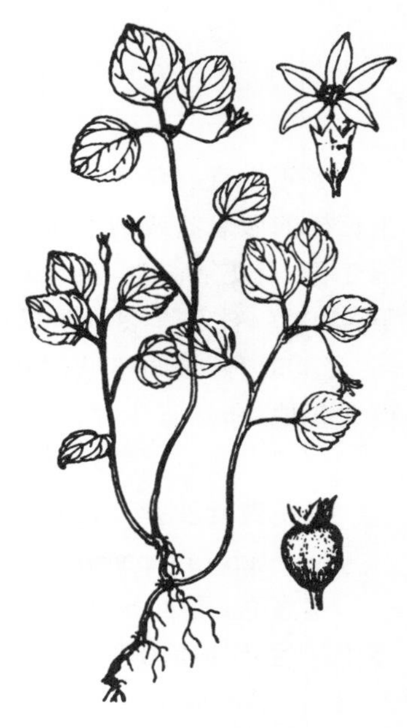
图 3-94 袋果草

5. 半边莲属 Lobelia L.

多年生草本。茎直立或匍匐。叶互生。花单生于叶腋,或排成顶生总状、圆锥状花序;花萼贴生于子房,5 裂,宿存;花冠钟状,二唇形,5 裂,上唇 2 裂较深;雄蕊 5 枚,花丝基部分离,花药彼此联合,围抱柱头;子房下位或半下位,2 室,柱头头状或 2 裂。蒴果,顶端 2 瓣裂;种子细小,多粒,扁椭圆球形。

350 余种,分布于热带和亚热带;我国有 19 种;浙江有 4 种;杭州有 1 种。

半边莲 (图 3-95)

Lobelia chinensis Lour.

多年生矮小草本。茎细弱,常匍匐,节上常生根,分枝直立,高 6~15cm,全株无毛。叶互生;叶片长圆状披针形或线形,长 8~20mm,宽 3~7mm。花单生于叶腋,花梗细,常超出叶外,基部通常有小苞片 2 枚;花萼筒倒长锥状,5 裂,裂片约与萼筒等长;花冠粉红色或白色,长 10~15mm,5 裂,裂片近相等;雄蕊 5 枚,花丝中部以上联合,花丝筒无毛。蒴果倒圆锥形,长约 6mm;种子椭圆球形,稍压扁,近肉质。花、果期 4—5 月。$2n=42$。

区内常见,生于田边。长江中下游流域及其以南各地均有分布;印度以东的其他亚洲国家也有。

全草具清热解毒、利尿消肿之功效,可治毒蛇咬伤、肝硬化、阑尾炎等。

图 3-95 半边莲

127. 忍冬科 Caprifoliaceae

灌木或木质藤本,稀小乔木或多年生草本。叶对生,单叶或奇数羽状复叶。聚伞花序,或由聚伞花序集合成伞房或圆锥式复花序,有时退化成 2 朵花,排成总状或穗状花序;常具发达的小苞片;花两性,辐射对称或两侧对称;花冠合瓣,4~5 裂;雄蕊 4~5 枚,着生于花冠管部,并与花冠裂片互生;子房下位,由 2~5 枚心皮合成,2~5(7~10)室,每室具 1 至多枚胚珠,但有时不发育,花柱单一。果为浆果、核果或蒴果,内具 1 至多粒种子;种子有胚乳。

13属,约500种,主要分布于北温带和热带高海拔山地;我国有12属,200余种;浙江有6属,41种及若干种下类群;杭州有5属,19种,5变种,1变型。

本志采用广义的忍冬科概念,记载5属。该5属在 *Flora of China* 中分别被归入忍冬科(忍冬属 *Lonicera* L.)、五福花科 Adoxaceae(接骨木属 *Sambucus* L.、荚蒾属 *Viburnum* L.)、锦带花科 Diervillaceae(锦带花属 *Weigela* Thunb.)和北极花科 Linnaeaceae(糯米条属 *Abelia* R. Br.)。

本科植物多为经济植物,如忍冬(金银花)及其若干近缘种除可供药用外,还可提取芳香油;荚蒾属及接骨木属的某些种类除药用外,其茎皮纤维供制绳索或造纸,种子可榨油,供制润滑油或肥皂等;此外,荚蒾属、忍冬属、糯米条属和锦带花属许多种类均富有观赏价值,可引种作优良的园林绿化树种。

分属检索表

1. 奇数羽状复叶 ······ 1. **接骨木属** *Sambucus*
1. 单叶。
  2. 花柱短或几乎缺失,花冠辐射对称 ······ 2. **荚蒾属** *Viburnum*
  2. 花柱细长,花冠两侧对称。
    3. 果为开裂的蒴果 ······ 3. **锦带花属** *Weigela*
    3. 果为浆果或瘦果状核果。
      4. 相邻两花的萼筒多少合生并着生于同一花序梗上,如偶尔萼筒分离,则花多朵集合成头状或轮生花序下有合生成盘状的叶片;果为浆果 ······ 4. **忍冬属** *Lonicera*
      4. 相邻两花的萼筒分离,聚伞花序或圆锥花序;果为瘦果状核果 ······ 5. **糯米条属** *Abelia*

1. 接骨木属 Sambucus L.

落叶灌木或小乔木,稀多年生高大草本。枝粗壮,具发达的髓;冬芽具数对外鳞片。叶对生;奇数羽状复叶,小叶片具锯齿;托叶叶状、退化成腺体或缺。花序为由小聚伞花序集合成复伞状或圆锥状,花白色或黄白色;萼齿细小,5枚;花冠辐射状,5裂;雄蕊5枚,花丝短;子房下位,3~5室。果为浆果状核果,具3~5枚核;种子三棱形或椭圆球形,淡褐色,略有皱纹。

约10种,分布于温带、亚热带地区和热带山区;我国有4种;浙江有3种;杭州有1种。

图3-96 接骨草

接骨草 陆英 (图3-96)

Sambucus javanica Blume——*S. javanica* Blume var. *argyi* (H. Lév.) Rehder

多年生草本或小灌木,高1~2m。茎圆柱形,具紫褐色棱条,髓部白色。奇数羽状复叶;小叶

3～9枚,侧生小叶片披针形、椭圆状披针形,长5～17cm,宽2.5～6cm,先端渐尖,基部偏斜或宽楔形,边缘具细密的锐锯齿,上面深绿色,散生糠屑状细毛,下面绿色,叶脉显著隆起,小叶柄短;叶片搓揉后有臭味;托叶叶状或退化成腺体,早落。复伞形花序大而疏散,顶生;花序梗基部有叶状总苞片,第1级辐射枝3～5出;不孕花变成黄色杯状腺体;可孕花小,白色或略带黄色,辐射状;萼筒杯状,长约1.5mm,萼齿三角形;花冠5深裂;雄蕊5枚,着生于花冠喉部,不伸出花冠外;子房3室,花柱短,柱头3浅裂。果近球形,直径为3～5mm,熟时橙黄色至红色;果核2～3枚,卵形,表面有瘤状凸起。花期5—9月,果期9—11月。$2n=36$。

区内常见,生于路旁、林缘、溪边及村庄农舍附近。分布于安徽、福建、甘肃、广东、广西、贵州、海南、河南、湖北、湖南、江苏、江西、陕西、四川、台湾、西藏、云南;日本及东南亚地区也有。

全草可入药。

2. 荚蒾属 Viburnum L.

灌木或小乔木,落叶或常绿,常被星状毛。冬芽裸露或有鳞片。单叶对生,稀3叶轮生。花小,两性,整齐;花序为聚伞花序集合成的复伞状、圆锥状、伞房式圆锥状的混合花序,有时周围或全部(园艺栽培品种)具白色大型的不孕花;萼齿5枚,宿存;花冠辐射状、钟状、漏斗状或高脚碟状,5裂;雄蕊5枚;子房1室,花柱极短,柱头浅3裂,胚珠1枚。核果,顶端具宿存的萼齿及花柱;核多扁平,少有球形、卵球形或椭圆状球形,内含1粒种子。

约200种,分布于温带和亚热带;我国有73种;浙江有18种及若干种下类群;杭州有7种,2变种,1变型。

分种检索表

1. 花序具大型不孕花。
  2. 花序呈球形,全为大型不孕花。
    3. 叶宽卵形至倒卵形,侧脉10～13对,平行,直达齿尖 ………… 1. **粉团** *V. plicatum*
    3. 叶卵形至椭圆形,侧脉5～6对,近叶缘分枝网结 ………… 2. **绣球荚蒾** *V. macrocephalum*
  2. 花序周围具大型不孕花。
    4. 叶宽卵形至倒卵形,侧脉10～17对,平行,直达齿尖 ………… 1a. **蝴蝶戏珠花** var. *tomentosum*
    4. 叶卵形至椭圆形,侧脉5～6对,近叶缘分枝网结 ………… 2a. **琼花荚蒾** f. *keteleeri*
1. 花序不具大型不孕花。
  5. 常绿灌木或小乔木。
    6. 先端急尖或圆钝,圆锥花序 ………… 3. **日本珊瑚树** *V. odoratissimum* var. *awabuki*
    6. 先端尖到渐尖,复伞形花序 ………… 4. **地中海荚蒾** *V. tinus*
  5. 落叶灌木。
    7. 冬芽裸露,当年生小枝基部无环状芽鳞痕 ………… 5. **陕西荚蒾** *V. schensianum*
    7. 冬芽具鳞片,当年生小枝基部有环状芽鳞痕。
      8. 叶柄长不超过5mm,具托叶 ………… 6. **宜昌荚蒾** *V. erosum*
      8. 叶柄长于5mm,不具托叶。
        9. 叶上面无毛或初时沿中脉有毛,花萼常无毛 ………… 7. **荚蒾** *V. dilatatum*
        9. 叶上面常具毛或至少沿中脉有毛,花萼外常具毛 ………… 8. **茶荚蒾** *V. setigerum*

1. 粉团 （图 3-97）

Viburnum plicatum Thunb.

落叶灌木，高达3m。当年生小枝基部有环状芽鳞痕，连同叶柄、叶片两面（至少沿脉）及花序被星状毛。叶纸质，宽卵形、圆状倒卵形或倒卵形，长4～10cm，宽2～6cm，顶端圆或急狭而微突尖，基部圆形或宽楔形，边缘有不整齐三角状锯齿，侧脉10～13对，伸至齿端，上面凹陷，下面凸起，小脉横列，并行，紧密，呈明显的长方形格纹；叶柄长1～2cm。聚伞花序伞形，全部由大型的不孕花组成，球形，直径为4～8cm，常生于具1对叶的短侧枝上，花序梗长1.5～4cm，被黄褐色簇状毛，第1级辐射枝6～8条，花生于第4级辐射枝上；萼筒倒圆锥形，无毛或有时被簇状毛，萼齿卵形，顶钝圆；花冠白色，辐射状，直径为1.5～3cm，裂片倒卵形或近圆形，大小常不相等；雌、雄蕊均退化。花期4—5月。$2n=18,72$。

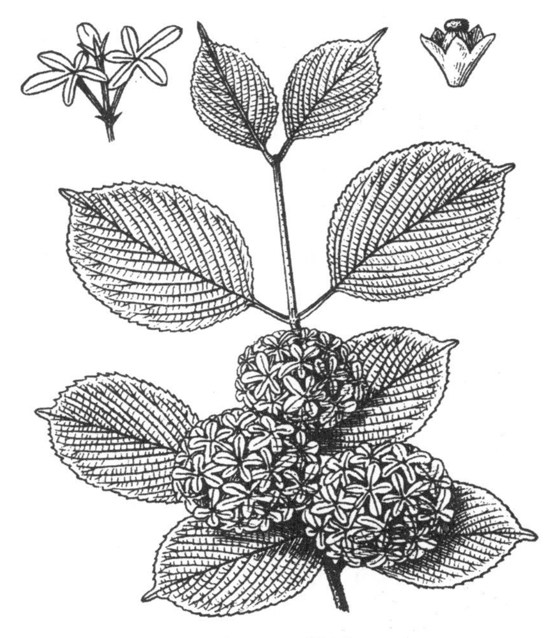

图 3-97 粉团

区内常见栽培。分布于安徽、福建、广东、广西、贵州、河南、湖北、湖南、江苏、江西、陕西、四川、台湾、云南；日本也有。

可作园林观赏，也可用于插花。

1a. 蝴蝶戏珠花

var. tomentosum (Thunb.) Rehder

与原种的区别在于：本变种叶较狭，下面常带绿白色，侧脉10～17对。花序周围有4～6朵大型的不孕花，中央的可孕花直径约为3mm，白色至乳白色，稍具香气，花后能结实。果实宽卵球形或倒卵球形，长5～6mm，先为红色，后变黑色；果核扁，有1条上宽下窄的腹沟，背面中下部还有1条短的隆起之脊。花期4—5月，果期8—9月。

见于余杭区（径山、中泰），生于山坡、山谷混交林内及沟谷旁灌丛中。分布于安徽、福建、广东、广西、贵州、河南、湖北、湖南、江苏、江西、陕西、四川、台湾、云南。

2. 绣球荚蒾

Viburnum macrocephalum Fort.

落叶或半常绿灌木，高达4m。树皮灰褐色或灰白色；芽、幼枝、叶柄及花序均密被灰白色或黄白色簇状短毛，后渐无毛。叶纸质，卵形至椭圆形或卵状矩圆形，长5～11cm，宽2～5cm，顶端钝或稍尖，基部圆形，有时微心形，边缘有小齿，两面或至少下面被簇状短毛，侧脉5～6对，近缘前互相网结，连同中脉上面略凹陷，下面凸起；叶柄长10～15mm。聚伞花序直径为8～15cm，全部由大型不孕花组成，花序梗长1～2cm，第1级辐射枝5条，花生于第3级辐射枝上；萼筒筒状，长约2.5mm，无毛，萼齿与萼筒几等长，矩圆形，先端钝；花冠白色，辐射状，直径为1.5～4cm,裂片圆状倒卵形,花冠管甚短;雄蕊长约3mm,花药小,近球形;雌蕊退化。花期4—5月。$2n=18$。

区内常见栽培。分布于安徽、河南、湖北、湖南、江苏、江西、山东。

可供园林观赏,也可用于插花。

2a. 琼花荚蒾 (图3-98)

f. **keteleeri** (Carr.) Rehder

与原种的区别在于:本变型花序周围有大型的不孕花,花序中间为两性可孕花,能结实,果序的上部各级分枝及果梗具明显的瘤状凸起皮孔,果实长椭圆球形,长8～11mm,先红色,后变黑色,果核扁,有2条浅背沟及3条浅腹沟。

见于西湖景区(飞来峰、虎跑、龙井、玉皇山、云栖),生于山坡林下、灌丛中。分布于安徽、湖北、湖南、江苏、江西。

图3-98 琼花荚蒾

图3-99 日本珊瑚树

3. 日本珊瑚树 珊瑚树 (图3-99)

Viburnum odoratissimum Ker Gawl. var. **awabuki** (K. Koch) Zabel ex Rumpl.

常绿灌木或小乔木,高3～5m。树皮灰褐色。叶对生,椭圆形、长椭圆形至倒椭圆形,厚革质,具光泽,长6～13(～16)cm,宽3～6cm,先端急尖或圆钝,基部宽楔形,上面深绿色;侧脉6～8对,弧形;叶缘具波状钝齿;叶柄长1.5～3.5cm,棕褐色至微红色。圆锥花序长9～15cm;花梗长4～10cm;苞片早落;花芳香,花冠白色,辐射状筒形至钟形,花冠管长3.5～4mm;裂片长2～3mm;雄蕊与花冠裂片近等长;花柱较细,长约1mm。果椭圆球形至卵状椭圆球形,长约8mm,初期红色,后变黑色;果核腹部具1条深纵沟。花期5—6月,果期9—11月。$2n=40$。

区内常见栽培。主要分布于台湾，我国长江下游各地常见栽培；日本、朝鲜半岛也有。

可作绿篱或园景丛植。

4. 地中海荚蒾

Viburnum tinus L.

常绿灌木或小乔木，高可达7m。单叶对生，叶革质，具光泽，卵形至椭圆形，长4～10cm，宽2～6cm，先端尖到渐尖，基部宽楔形至圆钝，上面深绿色，叶背面具毛发状腺体，叶缘全缘。聚伞花序，直径为5～10cm，花白色或带粉色，密集，具香气；花冠管状，花被片圆形；雄蕊和花柱长于花冠。核果球形，蓝黑色，直径为5～7mm。花期11月至翌年4月，果期5—6月。

区内有栽培。原产于地中海地区。

可做园林绿化植物和冬季观花植物。

5. 陕西荚蒾 （图3-100）

Viburnum schensianum Maxim.——*V. schensianum* Maxim. var. *chekiangense* (P. S. Hsu & P. L. Chiu) Y. Ren & W. Z. Di.

落叶灌木，高可达3m。幼枝、叶下面、叶柄及花序均被由黄白色簇状毛组成的茸毛；芽常被锈褐色簇状毛。叶纸质，卵状椭圆形、宽卵形或近圆形，长3～8cm，宽2～4.5cm，顶端钝或圆形，基部圆形，边缘有较密的小尖齿，侧脉5～7对，近缘处互相网结或部分直伸至齿端，中脉上面凹陷，下面凸起；叶柄长7～10（～15）mm。聚伞花序直径为4～9cm，花序梗长1～1.5（～7）cm或很短，第1级辐射枝（3～）5条，长1～2cm，花大部生于第3级分枝上；萼筒圆筒形，长3.5～4mm，萼齿卵形，长约1mm，顶钝；花冠白色，辐射状，直径约为6mm，裂片卵圆形，长约2mm；雄蕊与花冠等长或略长于花冠，花药球形。果实先红色，而后变黑色，椭圆球形，长约8mm；核卵球形，长6～8mm，背部龟背状凸起而无沟或有2条不明显的沟，腹部有3条沟。花期5—7月，果熟期8—9月。

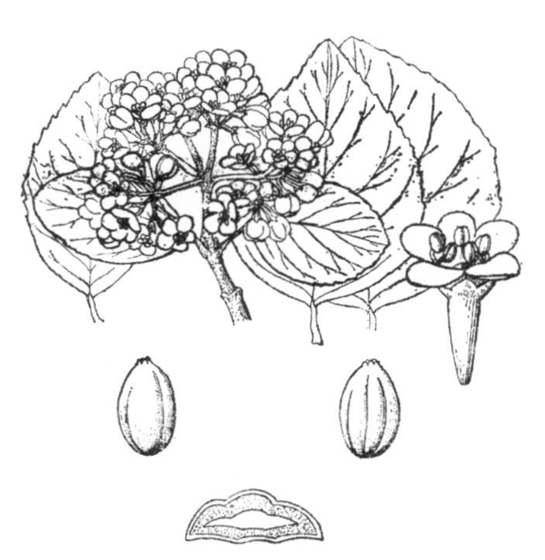

图3-100 陕西荚蒾

见于余杭区（塘栖）、西湖景区（玉皇山），生于山谷混交林、松树林下或山坡灌丛中。分布于安徽、甘肃、河北、河南、湖北、江苏、山东、山西、陕西、四川。

6. 宜昌荚蒾 蚀齿荚蒾 （图3-101）

Viburnum erosum Thunb.——*V. ichangense* Rehder

落叶灌木，高达3m。当年生小枝基部有环状芽鳞痕，连同芽、叶柄、花序及花萼均密被星状毛及简单长柔毛。叶片膜纸质至纸质，干后不变黑色，卵形、狭卵形、卵

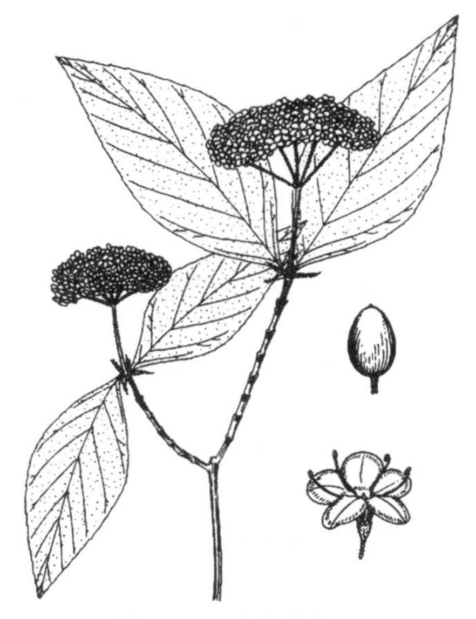

图3-101 宜昌荚蒾

状宽椭圆形、长圆形或倒卵形，长3～10cm，宽1.5～5cm，先端急尖或渐尖，基部常呈微心形、圆形或宽楔形，边缘有尖齿，两面多少被毛或有时仅脉上和脉腋处被长伏毛，中脉下陷，近基部第1对侧脉以下区域内有腺体，侧脉7～14对，直达齿端；叶柄长3～5mm；托叶线状钻形，宿存。复伞形花序；花序梗可达2.5cm，第1级辐射枝5～6出；花冠白色，辐射状；雄蕊短于至略长于花冠。果实宽卵球形至球形，长6～9mm，红色，果核扁，有2条浅背沟及3条浅腹沟。花期4—5月，果期9—11月。$2n=18$。

见于萧山区(楼塔)，生于林下或灌丛中。分布于安徽、福建、广东、广西、贵州、河南、湖北、湖南、江苏、江西、山东、陕西、四川、台湾、云南；日本、朝鲜半岛也有。

7. **荚蒾**　(图3-102)

Viburnum dilatatum Thunb.

落叶灌木，高1.5～3m。当年生小枝基部有环状芽鳞痕，连同芽、叶柄、花序及花萼被土黄色或黄绿色开展粗毛或星状毛。叶片纸质，干后不变黑色，宽倒卵形、倒卵形、椭圆形至宽卵形，长3～13cm，宽2～11cm，先端急尖或短渐尖，基部圆形至钝形或微心形，边缘有波状尖锐齿，两面多少被毛，中脉多少下陷，下面通常具黄色或几无色的透亮腺点，近基部第1对侧脉以下区域内有腺体，侧脉6～8对，直达齿端；叶柄长1～1.5cm；无托叶。复伞形花序；花序梗长0.3～3.5cm，第1级辐射枝5～6出；花萼外面通常有毛及暗红色微细腺点；花冠白色，辐射状，外面被粗毛；雄蕊明显高出花冠，生于花冠管的基部。果实卵球形至近球形，长7～8mm，红色；果核扁。花期5—6月，果期9—11月。$2n=18$。

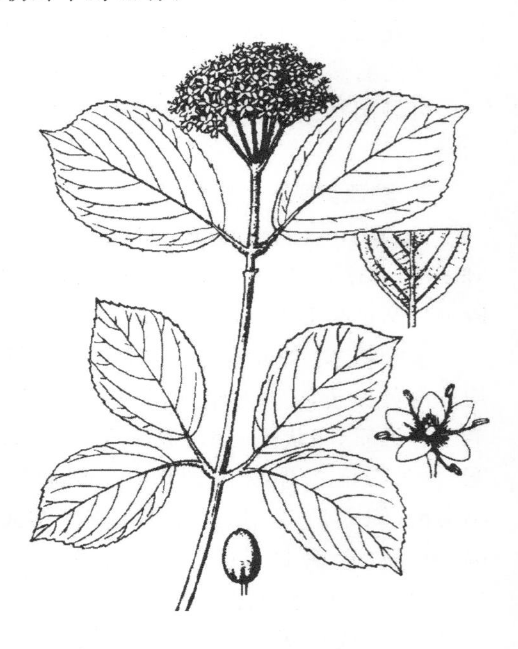

图3-102　荚蒾

区内常见，生于山坡、山谷、疏林下、林缘及灌丛中。分布于安徽、福建、广东、广西、贵州、河北、河南、湖北、湖南、江苏、江西、陕西、四川、台湾、云南；日本、朝鲜半岛也有。

8. **茶荚蒾**　饭汤子　(图3-103)

Viburnum setigerum Hance

落叶灌木，高达4m。芽及叶片干后变黑色、黑褐色。当年生小枝基部有环状芽鳞痕。叶片纸质，形状多变，卵状长圆形至卵状披针形或狭椭圆形，长7～12cm，宽2～7cm，先端渐尖，基部楔形至圆形，边缘自近基部至中部以上或近先端有锯齿，上面中脉下陷，两面或至少下面沿中脉及侧脉被浅黄色贴生疏长毛，近基部第1对侧脉以下区域内有腺体，侧脉约8对，直达齿端；叶柄长1～1.5

图3-103　茶荚蒾

(～2.5)cm。复伞形花序；花序梗长0.3～4cm，弯垂，除各级分枝的节部被密毛外，其余部分疏被长伏毛或后变无毛；第1级辐射枝5出；花萼无毛；花冠白色，辐射状，干后变茶褐色或黑褐色；雄蕊短于或等长于花冠。果序弯垂；果实卵球形至卵状长圆球形，长9～11mm，红色；果核扁，背腹沟不明显而凹凸不平。花期4—5月，果期9—10月。$2n=18$。

区内常见，生于山谷、溪边疏林中或山坡灌丛中。分布于安徽、福建、广东、广西、贵州、湖北、湖南、江苏、江西、陕西、四川、台湾、云南。

3. 锦带花属 Weigela Thunb.

落叶灌木或小乔木。小枝髓部坚实，常具2列毛；冬芽被数枚尖锐鳞片。单叶对生，叶片边缘有锯齿，具柄，无托叶。花较大，1至数朵成腋生或顶生聚伞花序；萼筒长圆柱形，裂片5枚，基部联合或完全分离；花冠钟状或漏斗形，5裂，两侧对称或近辐射对称；雄蕊5枚，着生于花冠管中部，短于花冠；子房下位，2室，花柱细长，柱头头状。蒴果圆柱形，革质或微木质，先端有喙，2瓣裂；种子小，多粒，有棱角或有狭翅。

约10种，分布于东亚和北美洲；我国有3种(含栽培种)；浙江有2种，1变种；杭州有2种，1变种。

分种检索表

1. 萼筒、叶片下面被开展毛，稀无毛。
   2. 花通常由白色变淡红色 ……………………………… 1. **水马桑** *W. japonica* var. *sinica*
   2. 花通常深红色 ……………………………………………… 2. **锦带花** *W. florida*
1. 萼筒及叶片无毛，或叶片下面脉上疏生平贴毛 ……………………… 3. **海仙花** *W. coraeensis*

1. 水马桑 (图3-104)

Weigela japonica var. **sinica** (Rehder) Bailey——*Diervilla japonica* (Thunb.) DC.

落叶灌木或小乔木，高达6m。幼枝四棱形，有2列柔毛。叶长卵形、卵状椭圆形或倒卵形，长5～15cm，宽2.5～6cm，先端渐尖，基部宽楔形或圆形，边缘具细锯齿，上面深绿色，疏生短柔毛，脉上毛较密，下面淡绿色，密生短柔毛；叶柄长5～12mm。聚伞花序具1～3朵花，生于短枝叶腋或顶端，萼筒与子房愈合，长10～12mm，萼齿5枚，深裂至基部，线形，长5～10mm，被柔毛；花冠白色至淡红色或桃红色，漏斗状钟形，长2.5～3.5cm，中部以下急缩成管状，裂片5枚；雄蕊5枚，着生于近花冠管中部；花柱稍伸出，柱头圆盘状。蒴果狭长，长1～2cm，顶端有短柄状喙，2瓣裂。花期4—5月，果期8—9月。

图3-104 水马桑

见于余杭区(径山)，生于山坡灌丛中、溪沟边或路边。分布于安徽、福建、广东、广西、贵州、湖北、湖南、江西、四川；日本、朝鲜半岛也有。

花大色艳,可公园、庭院栽培供观赏。

2. 锦带花

Weigela florida (Bunge) DC.

落叶灌木,高达1～3m。幼枝稍四方形,有2列短柔毛;树皮灰色。芽具3～4对鳞片。叶矩圆形、椭圆形至倒卵状椭圆形,长5～10cm,顶端渐尖,基部阔楔形至圆形,边缘有锯齿,上面疏生短柔毛,脉上毛较密,下面密生短柔毛或茸毛,具短柄。花单生或呈聚伞花序生于侧生短枝的叶腋或枝端;花萼5裂,深裂至中部,裂片长约1cm,萼筒长圆柱形,疏被柔毛;花冠紫红色或玫瑰红色,长3～4cm,直径为2cm,裂片不整齐,内面浅红色;花丝短于花冠,花药黄色;子房上部的腺体黄绿色,花柱细长,柱头2裂。果实长1.5～2.5cm,顶有短柄状喙;种子无翅。花期4—8月,果期10月。$2n=36$。

区内常见栽培。分布于河南、黑龙江、吉林、江苏、辽宁、内蒙古、山东、山西、陕西;日本、朝鲜半岛也有。

花盛色艳,可公园、庭院栽培供观赏。

3. 海仙花　(图3-105)

Weigela coraeensis Thunb.

落叶灌木,高达5m。小枝粗壮,无毛或疏生柔毛。叶片宽椭圆形或倒卵形,长6～12cm,宽3～7cm,先端突尾尖,基部阔楔形或圆形,边缘具细钝锯齿,上面仅中脉疏生平贴毛,下面中脉和侧脉疏生平贴毛,侧脉4～6对,明显;叶柄长5～15mm。聚伞花序具有1至数朵花,生于短枝叶腋或顶端;花序梗长2～10mm,萼筒无毛,萼裂片线状披针形,长约8mm;花冠初时淡红色或带黄白色,后变深红色,长2.5～4cm,漏斗状钟形,基部1/3以下突狭。蒴果柱状长圆形,长1～2cm。花期5—6月,果期9—10月。

区内有栽培。分布于广东、江苏、江西、山东;日本也有。

图3-105　海仙花

4. 忍冬属　Lonicera L.

直立或攀援状灌木,落叶或半常绿。小枝髓部白色或黑褐色,有时中空,老枝树皮常条状剥落;冬芽具1至数对芽鳞。单叶,对生,无托叶,有时花序下的1～2对叶相连成盘状。花两性,两侧对称或辐射对称,常成对腋生,或轮状排列于小枝顶端;苞片2枚,苞片小或大,呈叶状;小苞片4枚,分离或常连生;相邻两花的萼筒分离,或部分至全部联合,上端5齿裂;花冠黄色、白色、紫红色等各色,5裂,或二唇形而上唇4裂,花冠管基部一侧常膨大或具浅或深的囊;雄蕊5枚。果为浆果;种子数粒,卵球形。

约 180 种，分布于非洲南部、亚洲、欧洲和北美洲；我国有 57 种；浙江有 14 种，3 变种；杭州有 7 种，2 变种。

分种检索表

1. 直立灌木。
  2. 小枝髓黑褐色，后变中空 ………………………………………………………… 1. **金银忍冬** *L. maackii*
  2. 小枝髓白色而实心。
    3. 冬芽仅具 1 对外鳞片，相邻 2 枚果实基部合生过半 ……………… 2. **郁香忍冬** *L. fragrantissima*
      4. 叶两面无毛或近无毛。
      4. 叶两面被平伏细刚毛或至少下面中脉被刚伏毛 …………………… 2a. **苦糖果** var. *lancifolia*
    3. 冬芽有数对外鳞片，具四棱角，相邻 2 枚果实几全部合生 ……………… 3. **下江忍冬** *L. modesta*
1. 缠绕木质藤本。
    5. 花冠长 3cm 以下 ………………………………………………………… 4. **短柄忍冬** *L. pampaninii*
    5. 花冠长 3～12cm。
      6. 苞片大，叶状，卵形 ………………………………………………………… 5. **忍冬** *L. japonica*
        7. 幼枝暗红褐色；花冠白色，后变黄色。
        7. 幼枝紫黑色；花冠外面紫红色，内面白色 …………………… 5a. **红白忍冬** var. *chinensis*
      6. 苞片小，非叶状，线状披针形。
        8. 幼枝密被淡黄褐色弯曲短柔毛；下面有许多蘑菇状橘红色腺点 ………………………
        ……………………………………………………………………………… 6. **菰腺忍冬** *L. hypoglauca*
        8. 幼枝除密被短糙毛外，还有开展的黄褐色长糙毛；叶片下面具毡毛和硬糙毛，并杂有少数橘红色或淡黄色腺点 …………………………………………………… 7. **大花忍冬** *L. macrantha*

1. 金银忍冬 (图 3-106)

Lonicera maackii (Rupr.) Maxim.

落叶灌木，高达 6m。幼枝、叶两面脉上、叶柄、苞片、小苞片及萼檐外面都被短柔毛和微腺毛。冬芽小，卵球形，有 5～6 对或更多鳞片。叶纸质，卵状椭圆形至卵状披针形，长 2.5～8cm，宽 1.5～4cm，顶端渐尖或长渐尖，基部宽楔形至圆形；叶柄长 2～8mm。花芳香，生于幼枝叶腋，花序梗长 1～2mm；苞片条形，有时条状倒披针形而呈叶状，长 3～6mm；小苞片多少联合成对，顶端截形；相邻 2 枚花的萼筒分离，长约 2mm，无毛或疏生微腺毛，萼檐钟状，为萼筒长的 2/3 至相等，萼齿宽三角形或披针形，不相等，顶尖；花冠先白色，后变黄色，长 1～2cm，外被短伏毛或无毛，唇形，花冠管长约为唇瓣的1/2；雄蕊与花柱长约达花冠的 2/3。果实暗红色，圆球形，直径为 5～6mm；种子具蜂窝状微小浅凹点。花期 5—6 月，果熟期 8—10 月。$2n=18$。

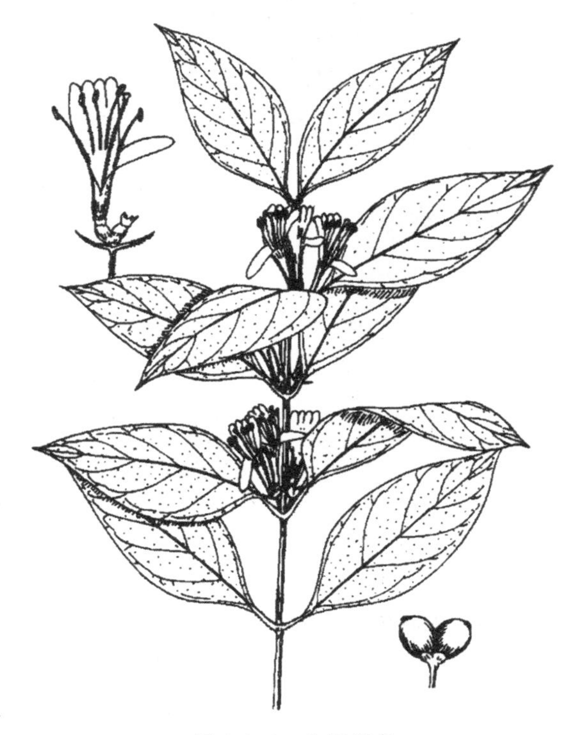

图 3-106 金银忍冬

见于余杭区(塘栖),生于林下、灌丛中。分布于安徽、甘肃、贵州、河北、河南、黑龙江、湖北、湖南、吉林、江苏、辽宁、山东、山西、陕西、四川、西藏、云南;日本、朝鲜半岛和俄罗斯也有。

茎皮可制人造棉;花可提取芳香油;种子榨成的油可制肥皂。

2. 郁香忍冬 (图3-107)

Lonicera fragrantissima Lindl. & Paxt.

半常绿灌木,高达2m。幼枝无毛或疏被倒刺状刚毛,毛脱落后留有小瘤点,老枝常条状撕裂;小枝髓部白色而实心。冬芽具1对外鳞片。叶倒卵状椭圆形、椭圆形、卵形至卵状长圆形,长3~10cm,宽1~3cm,先端短尖或突尖,基部宽楔形至圆钝,上面无毛,下面近基部或中脉疏生刚伏毛,有时稍有短糙毛,或几无毛;叶柄长2~5mm,具倒生刚毛。花成对生于幼枝基部苞腋;花序梗被倒生刚毛,长2~10mm;苞片线状披针形,长5~7mm;相邻2枚花的萼筒联合至中部,无毛;花冠白色,或略带红晕,芳香,先于叶或与叶同时开放,唇形,长1~1.5cm,基部具浅囊;雄蕊较花冠裂片短;花柱无毛。浆果球形,熟时鲜红色,直径约为1cm,两果基部合生过半。花期1—4月,果期4—6月。$2n=18$。

区内常见栽培。分布于安徽、甘肃、贵州、河北、河南、湖北、湖南、江苏、江西、山东、陕西、四川。

花芳香;果红色,可供观赏,成熟后可食用。

图3-107 郁香忍冬

图3-108 苦糖果

2a. 苦糖果 (图3-108)

var. lancifolia (Rehder) Q. E. Yang

与原种的区别在于:本变种嫩枝、叶柄和花序梗均被倒生刺状刚毛;叶片两面被平伏细刚毛或至少下面中脉被刚伏毛,有时基部两侧杂有短糙毛。花期1—4月,果期4—6月。

见于西湖区(双浦)、西湖景区(飞来峰、龙井),生于林下、灌丛中。分布于安徽、湖北、湖南、四川。

3. 下江忍冬 吉利子 (图 3-109)

Lonicera modesta Rehder

落叶灌木,高达 2m。幼枝密被短柔毛,老枝干皮纤维状纵裂;小枝髓部白色而实心。冬芽具 4 条棱,内芽鳞在幼枝伸长时不十分增大。叶厚纸质,菱形、菱状椭圆形或菱状卵形至宽卵形,长 2~8cm,宽 1.5~4.5cm,先端圆钝或突尖,有时微凹,基部楔形至圆形或近截形,边缘微波状,上面被灰白色细点状鳞片,下面网脉明显,被短柔毛;叶柄长 2~4mm。花成对腋生;花序梗长 1~2.5mm;苞片钻形,长 2~4.5mm,超过萼筒而短于萼齿,具缘毛;小苞片联合成杯状,长为萼筒的 1/3 或更短;相邻 2 朵花的萼筒合生至中部以上,萼齿狭披针形,长 2~5mm;花冠白色,基部稍带红色,后变红色,唇形,长 10~12mm,基部具浅囊;雄蕊 5 枚,长短不等;花柱具毛。相邻 2 枚果实圆球形,几全部合生,熟时半透明状鲜红色,直径为 7~8mm。花期 4—5 月,果期 9—10 月。$2n=18$。

见于余杭区(径山),生于山坡林下、灌丛中。分布于安徽、甘肃、河南、湖北、湖南、江西、陕西。杭州新记录。

花芳香;果红色,可供观赏。

图 3-109 下江忍冬

图 3-110 短柄忍冬

4. 短柄忍冬 贵州忍冬 (图 3-110)

Lonicera pampaninii H. Lév.

落叶木质藤本。茎皮紫褐色,带灰白色,不规则条状剥落。幼枝密被黄褐色短糙毛,后变紫褐色而无毛。叶片薄革质,长圆状披针形、狭椭圆形至卵状披针形,长3～8cm,宽1.5～2.5cm,先端渐尖或急尖,基部浅心形,除两面中脉有短糙毛外,两面无毛或幼时下面有疏毛;叶柄短,长2～5mm,具毛。双花数朵集生于幼枝顶端或单生于上部叶腋;花序梗极短;苞片狭披针形至卵状披针形,有时呈叶状,长0.5～1.5cm;小苞片卵圆形;萼筒长不及2mm;花冠白色,基部略带淡红色,后变黄色,唇形,长1.5～2cm,唇瓣略短于花冠管,上、下唇均反曲;雄蕊5枚,花丝与花柱略伸出花冠外。果圆球形,蓝黑色至黑色,直径为5～6mm。花期5—6月,果期10月至翌年1月。

见于西湖区(飞来峰),生于山谷、林下、溪边石隙间或灌丛中。分布于江西、福建、广东、广西、贵州、云南。

Flora of China 将本种并入淡红忍冬 *Lonicera acuminate* Wall.,但本种花序梗极短,长不超过3mm,或几缺,而淡红忍冬花序梗明显,长5～25mm,与其区别,故仍作为独立种处理。

5. 忍冬　(图3-111)

Lonicera japonica Thunb.

半常绿木质藤本。茎皮条状剥落,多分枝,枝中空;幼枝暗红褐色,密被黄褐色开展糙毛及腺毛,下部常无毛。叶片纸质,宽披针形至长圆状卵形,长3～8cm,宽1.5～4.5cm,先端短渐尖至圆钝,基部圆形或近心形,边缘具缘毛,小枝上部叶两面均密被短柔毛,下部的叶常无毛;叶柄长4～8mm,被毛。花双生;花序梗常单生于小枝上部叶腋,与叶柄等长或稍短;苞片叶状,长达2cm;萼筒长约2mm,无毛,萼齿外面密被毛,齿端被长毛;花冠白色,后变黄色,芳香,唇形,上唇具4枚裂片而直立,下唇反转,与花冠管略等长或短;雄蕊5枚,与花柱均长于花冠。浆果圆球形,熟时蓝黑色,直径为6～7mm。花期4—6月,果期10—11月。$2n=18$。

图3-111　忍冬

区内常见,生于路旁、山地灌丛或疏林中。我国大部分地区均有分布;日本、朝鲜半岛也有,东南亚地区广泛栽培。

花、茎、叶入药,为中药“金银花”的主要来源;花可配制化妆品香精;枝叶茂密,花清香,可作绿篱、花架等垂直绿化植物。

5a. 红白忍冬

var. chinensis (Wats.) Baker

与原种的区别在于:本变种幼枝紫黑色;花冠外面紫红色,内面白色。

区内有栽培。分布于安徽。

用作道路护栏和高架护栏绿化植物。

6. **菰腺忍冬** 红腺忍冬 (图 3-112)

Lonicera hypoglauca Miq.

落叶木质藤本。幼枝密被淡黄褐色弯曲短柔毛。叶片纸质,卵形至卵状长圆形,长 3～8cm,宽 2～4cm,先端渐尖,基部圆形或近心形,上面中脉被短柔毛,下面被毛并密布橙黄色至橘红色的蘑菇形腺;叶柄长 5～10mm,密被短糙毛。双花单生或多朵簇生于侧生短枝上,或于小枝顶端集合成总状;花序梗通常比叶柄短;苞片线状披针形,长约 2mm,被毛;小苞片卵圆形;萼筒几无毛,萼齿三角状卵形或披针形;花冠白色,基部稍带红晕,后变黄色,略具香气,唇形,长 3.5～4.5cm,外面被稀疏倒生柔毛和腺,唇瓣短于管部;雄蕊与花柱均稍伸出,无毛。果近圆球形,熟时黑色,稀具白粉,直径为 7～8mm。花期 4—5 月,果期 10—11 月。

区内常见,生于山坡灌丛中、疏林下或山脚路旁石隙阴湿处。分布于安徽、福建、广东、广西、贵州、湖北、湖南、江西、四川、台湾、云南;日本也有。

花蕾入药,省内常作"金银花"栽培。

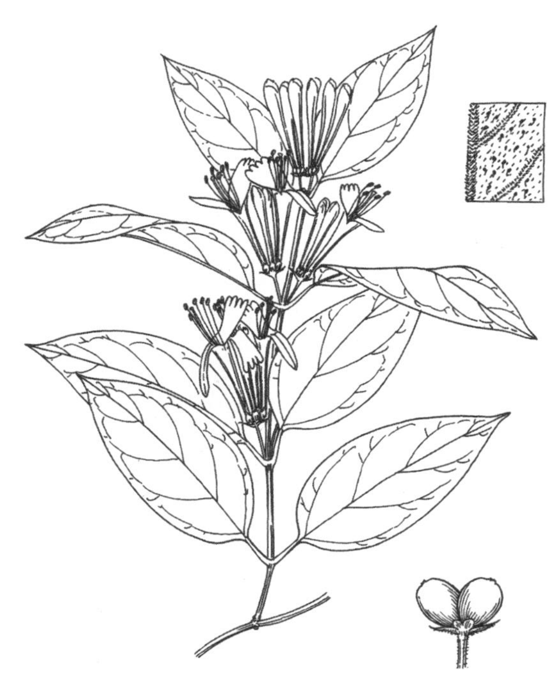

图 3-112 菰腺忍冬

图 3-113 大花忍冬

7. **大花忍冬** (图 3-113)

Lonicera macrantha (D. Don) Spreng.

半常绿木质藤本。幼枝、叶柄和花序梗均被开展黄褐色长糙毛和稠密的短糙毛,并散生短腺毛;幼枝红褐色或紫红褐色,老枝赭红色。叶片近革质或厚纸质,卵形至卵状长圆形或长圆状披针形,长 4～14cm,宽 2.5～3cm,先端长渐尖,基部圆形或微心形,边缘具长粗缘毛,上面疏生糙伏毛,中脉尤密,下面具毡毛和硬糙毛,并杂有橘红色或淡黄色腺,网脉隆起;叶柄长 3～10mm。双花腋生,于小枝顶端密集排列成伞房状花序;花序梗长 1～5mm;苞片、小苞片和萼齿均有糙毛和腺毛;苞片线状披针形,长 2～5mm;小苞片近圆形;萼筒长约 2mm,萼齿狭三角形，花冠白色，后变黄色，唇形，长4.5～9cm，下唇反卷；雄蕊5枚，与花柱均稍伸出花冠外，无毛。果椭圆球形或近圆球形，黑色，直径为7～12mm。花期4—7月，果期7—8月。

见于余杭区(塘栖)，生于山坡林下、灌丛中。分布于安徽、福建、广东、广西、贵州、湖北、湖南、江西、四川、台湾、西藏、云南；印度、尼泊尔、不丹也有分布。杭州新记录。

花蕾供药用。

5. 糯米条属　Abelia R. Br.

落叶灌木，稀常绿。小枝纤细。冬芽小，裸露，具数对芽鳞。单叶对生，稀3～4枚轮生；叶片全缘或有锯齿，具短柄；无托叶。花小，1至数朵花排成聚伞花序，腋生或生于侧枝顶端，有时形成一圆锥状花序；苞片小；萼筒狭长，长圆形，萼裂片2～5枚，狭长，椭圆形，宿存；花冠5浅裂，漏斗状或二唇状，白色、粉色或黄色；二强雄蕊，着生于花冠管中部或基部；子房下位，3室，2室不育。果为瘦果状核果，具1粒种子；种子近圆柱形，有胚乳。

5种，分布于我国和日本；我国有5种；浙江有2种；杭州有2种。

1. 糯米条　(图3-114)

Abelia chinensis R. Br.

落叶灌木，高达2m。嫩枝纤细，红褐色，被短柔毛，老枝树皮纵裂。叶对生，有时3枚轮生，卵圆形至椭圆状卵形，顶端急尖或长渐尖，基部圆或心形，长2～5cm，宽1～3.5cm，边缘有稀疏圆锯齿，叶背面基部主脉及侧脉密被白色长柔毛，花枝上部叶向上逐渐变小。聚伞花序生于小枝上部叶腋，由多数花序集合成一圆锥状花簇，花序梗被短柔毛，果期光滑；花芳香，具3对小苞片，小苞片矩圆形或披针形；萼筒圆柱形，被短柔毛，具纵条纹，萼檐5裂，裂片椭圆形或倒卵状矩圆形，长5～6mm，果期变红色；花冠白色至红色，漏斗状，长1～1.2cm，外面被短柔毛，裂片5枚，卵圆形；雄蕊着生于花冠管基部，花丝细长，伸出花冠管外；花柱细长，柱头圆盘形。果具宿存而略增大的萼裂片。花期8—9月，果期10—11月。$2n=32$。

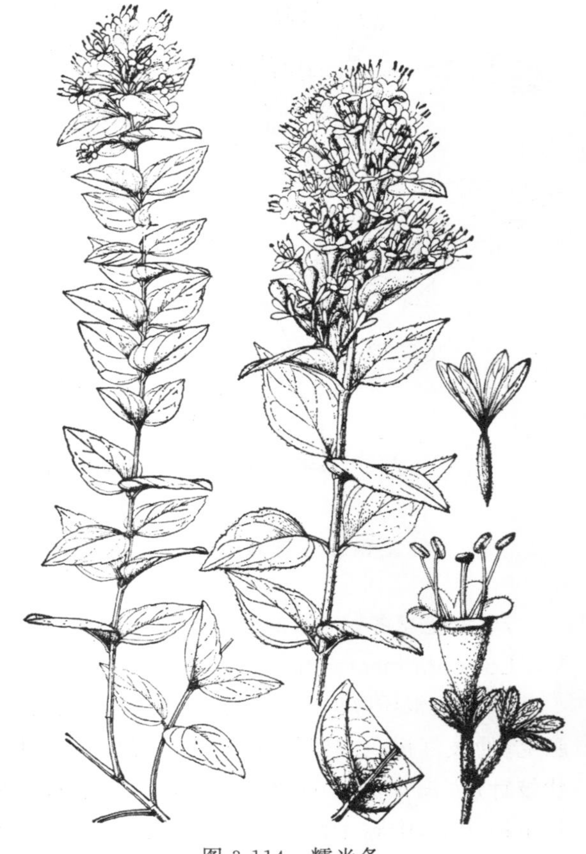
图3-114　糯米条

区内常见栽培。分布于福建、广东、广西、贵州、湖北、湖南、江西、四川、台湾、云南。

本种花多而密集，开花期长，果期宿存的萼裂片变红色，能耐寒，为优美的观赏植物，庭院中常栽培。

2. **大花糯米条** 大花六道木

Abelia × grandiflora (Andre) Rehder

半常绿灌木,高 1～1.5m。枝被短柔毛。叶对生,有时 3～4 枚轮生,卵形,顶端急尖,基部楔形,长达 4.5cm,边缘有缺刻状锯齿,上面亮绿色,背面无毛或叶脉上有短簇毛。圆锥花序腋生;花梗长 2～4mm;花略芳香,具 4 枚小苞片;萼片 2～5 枚,红色,披针形,先端锐尖;花冠白色,有时粉色,漏斗状至稍二唇状,长约 2cm;雄蕊着生于花冠管基部,与花冠管近等长或稍长;花柱细长,长约 1.7cm,无毛,柱头圆盘形。瘦果长 8～10mm,疏被毛或无毛,具宿存萼片。花期 6—10 月,果期 9—11 月。

区内公园、庭院常见栽培。非洲、美洲和欧洲也有栽培。

本种为糯米条 *A. chinensis* R. Br. 和蓪梗花 *A. uniflora* R. Br. 的杂交种。它与糯米条的主要区别在于:糯米条花冠长 1～1.2cm;本种花冠长约 2cm。

128. 败酱科 Valerianaceae

多年生草本,少半灌木。根和根状茎常有强烈气味。叶对生,有时基生;叶片羽状分裂或不裂;无托叶。聚伞花序排列成伞房状或圆锥状;花小,两性;具苞片;花萼合生,具裂片;花冠钟状或筒状,5 裂,裂片在花蕾时覆瓦状排列,基部一侧囊状或有距;雄蕊 3 或 4 枚,着生于花冠管基部;雌蕊由 3 枚心皮组成,子房下位,3 室,仅 1 室发育,胚珠 1 枚倒生。果为瘦果,有时顶端具冠毛状宿存萼或有苞片增大成翅果状;种子 1 粒。

13 属,约 400 种,大多数分布于北温带;我国有 3 属,30 余种,各地均有分布;浙江有 2 属,5 种,1 亚种,2 变种;杭州有 1 属,2 种。

败酱属 Patrinia Juss.

草本。根状茎横生,有特殊气味;地上茎直立。叶对生,少为基生;叶片常 1～2 回羽状分裂、全裂或不分裂,边缘常具粗锯齿。聚伞花序排列成圆锥状或伞房状,具叶状总苞片;花小,两性;花萼 5 齿裂,宿存;花冠钟状,黄色或白色,5 裂;雄蕊 4 枚,着生于花冠管基部;子房下位,3 室。瘦果,基部与增大的膜质翅状苞片相连,或无翅状苞片;种子 1 粒,无胚乳。

约 20 种,分布于亚洲东部至中部、北美洲西部;我国有 10 种,全国均产;浙江有 4 种,1 亚种,1 变种;杭州有 2 种。

1. **白花败酱** (图 3-115)

Patrinia villosa (Thumb.) Juss.

根状茎长而横走,偶在地表匍匐生长;地上茎密被倒生白色粗毛,或仅沿两侧各有 1 列倒生短粗伏毛,上部稍有分枝。基生叶丛生,叶片宽卵形或近圆形,长 4～11cm,宽 2～5cm,基部楔形下延,边缘有粗齿,叶柄较叶片稍长;茎生叶对生,叶片卵形或窄椭圆形,基部楔形下延,边缘羽状分裂或不裂,两面疏生粗毛,脉上尤密,叶柄长1～3cm,茎上部叶片渐近无柄。聚伞花序多分枝,排列成伞房状圆锥花序,花序梗上密生或仅具2列粗毛,花序分枝基部有总苞片1对,较狭;花萼细小;花冠白色,直径为4～5mm;雄蕊4枚,伸出;子房能育室表面有毛,花柱较雄蕊短。果倒卵球形,基部贴生在增大的圆翅状膜质苞片上,直径约为5mm。花、果期8—12月。$2n=44$。

见于萧山区(戴村、南阳)、西湖景区(龙井、虎跑、九溪、六和塔),生于路边、山坡或林中。分布于安徽、广东、广西、湖北、湖南、河南、江苏、江西、台湾、四川;日本也有。

全草、根状茎及根入药,有清热解毒、消肿排脓、活血祛瘀和抗肿瘤之效。

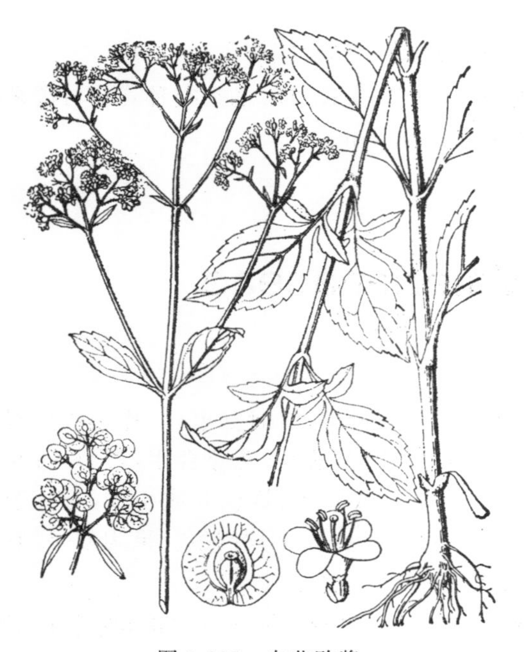

图3-115 白花败酱

图3-116 斑花败酱

2. **斑花败酱** (图3-116)

Patrinia punctiflora Hsu & H. J. Wang

越年生或多年生草本。常无根状茎;地上茎直立,高30～120cm,密被倒生粗伏毛,上部毛常排列成2纵列,周围有疏粗毛。单叶对生;叶片卵形、椭圆形或卵状披针形,长2.5～7cm,宽1～5cm,不分裂或基部具1～2对耳状小裂片,基部楔形下延,边缘具不整齐粗钝齿,两面有棕色微腺点,疏生糙伏毛,基生叶花时枯萎;叶柄长6cm,茎上部渐至无柄。聚伞花序有5～6级分枝,被白色倒生粗糙毛;苞叶卵形至线形,长1～7cm,具钝齿或全缘,疏被糙毛或无毛;花梗极短,其下贴生1枚卵形小苞片;花萼裂齿钝齿状;花冠淡黄色,直径为2.5～3mm,有棕褐色斑纹,裂片稍不等形,卵状长椭圆形;子房无毛,呈倒卵状凸起,柱头截头状。果倒卵状椭圆球形,翅状果苞干膜质,卵球形,网状脉明显;种子扁椭圆球形。花、果期8—11月。

见于西湖景区(仁寿山、桃源岭)。分布于安徽、福建、广东、广西、贵州、河南、湖北、湖南、江苏、江西、陕西、四川;日本也有。

全草入药,功效与白花败酱相同。

与上种的区别在于:本种花黄色,直径为2.5～3mm。

129. 菊科 Compositae

草本，稀半灌木或灌木，植物体无乳汁或有乳汁。茎直立或匍匐。叶互生或对生，稀轮生；单叶或复叶；无托叶。花两性或单性，辐射对称或两侧对称；头状花序单生或排列成各式花序；头状花序外围(缘花)为舌状花、中央(盘花)为管状花，或全为管状花，或全为舌状花；头状花序外有由1至多层总苞片组成的总苞，花序托凸起、平坦或圆柱状，有或无托片；花萼通常变态成鳞片状、刺毛状或毛状的冠毛，有时完全退化；花冠管状或舌状，管状花顶端4～5裂，舌状花顶端2～5裂；雄蕊5枚，稀4枚，聚药雄蕊；雌蕊1枚，2枚心皮合生，子房下位，1室，具1枚倒生胚珠，花柱纤细，顶端2裂。果为瘦果，有喙或无喙，被毛或无毛；种子无胚乳。

约1000属，25000～30000种，广布于全世界，以温带为多；我国有230属，2300多种；浙江有100余属，约220种及若干种下类群；杭州有61属，117种，3亚种，3变种，1变型。

分属检索表

1. 植物体无乳汁，干后常具香气；头状花序具同形的管状花或异形的小花(缘花为舌状花，盘花为管状花)。
  2. 叶对生，茎上部叶有时互生。
    3. 花序具同形小花，即全为管状花。
      4. 一年生草本；瘦果具少数棒状、膜片状或鳞片状冠毛。
        5. 外层总苞片基部结合成环状；花药顶部平截，无附属体 ……… 1. **下田菊属** *Adenostemma*
        5. 外层总苞片基部分离；花药顶端尖，具附属体 ……………………… 2. **藿香蓟属** *Ageratum*
      4. 多年生草本；瘦果具多数粗毛状冠毛 ……………………………………… 3. **泽兰属** *Eupatorium*
    3. 花序具异形小花，缘花舌状，盘花管状。
      6. 花序大，直径为3cm以上；通常栽培。
        7. 叶片全缘或有锯齿，但不为羽状分裂。
          8. 植株较矮小，高不超过1m；叶片全缘，长10cm以下 ……………… 4. **百日菊属** *Zinnia*
          8. 植株高大，高1m以上；叶片具锯齿，长10cm以上 ……………… 5. **向日葵属** *Helianthus*
        7. 叶片羽状分裂或至少茎上部叶为羽状分裂。
          9. 总苞片2层；花序托具托片。
            10. 无冠毛 ……………………………………………………………………… 6. **大丽菊属** *Dahlia*
            10. 冠毛芒刺状 …………………………………………………………………… 7. **秋英属** *Cosmos*
          9. 总苞片1层；花序无托片；单生或簇生花 ……………………………… 8. **万寿菊属** *Tagetes*
      6. 花序较小，直径在3cm以下；通常野生。
        11. 头状花序单生于叶腋或枝端；叶片全缘或有细钝锯齿。
          12. 花序托平坦。
            13. 托片线状；缘花2层；花柱分枝扁平 ………………………………… 9. **蟛蜞菊属** *Wedelia*
            13. 托片折叠；缘花1层；花柱分枝有多数乳头状凸起 ………… 10. **鳢肠属** *Eclipta*
          12. 花序托凸起或伸长 ……………………………………………………… 11. **金钮扣属** *Spilanthes*
        11. 头状花序组成伞房状或圆锥状；叶片有明显锯齿或分裂。
          14. 叶片通常分裂；无冠毛而有2～4枚具倒刺毛的针刺 ………… 12. **鬼针草属** *Bidens*

14. 叶片通常不分裂;无冠毛或有膜片状冠毛,但无具倒刺毛的针刺。

15. 外层总苞片明显伸长,线状匙形,具腺毛;瘦果无冠毛 …… 13. **豨莶属** *Siegesbeckia*

15. 外层总苞片不明显伸长,无腺毛;瘦果有膜片状冠毛 …… 14. **牛膝菊属** *Galinsoga*

2. 叶基生或互生。

16. 头状花序单性,具同形花,雌雄同株;瘦果包藏于具钩刺的总苞内。

17. 雄头状花序的总苞片1层,分离;雌头状花序的总苞具多数钩刺;一年生草本 ………………………………………… 15. **苍耳属** *Xanthium*

17. 雄头状花序的总苞片结合;雌头状花序的总苞有1列钩刺或瘤;半灌木 ………………………………………… 16. **豚草属** *Ambrosia*

16. 头状花序由两性花组成或单性同序;瘦果成熟后不包藏于具钩刺的总苞内。

18. 花序具异形小花,缘花舌状,盘花管状。

19. 叶全部基生。

20. 头状花序单生于花茎顶端 ………………………… 17. **大丁草属** *Gerbera*

20. 头状花序在花茎顶端排列成伞房状。

21. 总苞半球形或钟状;花序托平坦;花柱分枝画笔状 … 18. **狗舌草属** *Tephroseris*

21. 总苞筒状;花序托浅蜂窝状;花柱分枝顶端钝圆形 … 19. **大吴风草属** *Farfugium*

19. 叶基生及在茎上互生。

22. 瘦果无冠毛,或具膜片状、鳞片状或短冠状冠毛。

23. 瘦果具膜片状或鳞片状冠毛。

24. 瘦果具膜片状冠毛 ………………………… 5. **向日葵属** *Helianthus*

24. 瘦果具鳞片状冠毛 ………………………… 20. **天人菊属** *Gaillardia*

23. 瘦果无冠毛。

25. 头状花序单生于花茎顶端。

26. 总苞片4层;花柱分枝顶端截形 ……………… 21. **茼蒿属** *Chrysanthemum*

26. 总苞片2层。

27. 总苞宽钟形,总苞片披针形至线状披针形;缘花顶端3齿裂;花药基部箭头形 ………………………… 22. **金盏菊属** *Calendula*

27. 总苞卵球形,总苞片宽卵形;缘花顶端5齿裂;花药基部钝 ………………………………… 23. **虾须草属** *Sheareria*

25. 头状花序数个组成伞房状,稀单生。

28. 叶片羽状浅裂;总苞片2～3层 ………………… 24. **蓍属** *Achillea*

28. 叶片不分裂或掌状分裂;总苞片4～5层 ……… 25. **菊属** *Dendranthema*

22. 瘦果具毛状冠毛,或兼具毛状和膜片状冠毛。

29. 花柱分枝上端具三角状或披针形附器。

30. 舌状花黄色;头状花序组成总状或蝎尾状 ………… 26. **一枝黄花属** *Solidago*

30. 舌状花白色、红色或紫色;头状花序组成伞房状或圆锥状。

31. 头状花序具显著的舌状花。

32. 瘦果顶端具粗毛状和膜片状短冠毛 ……………… 27. **马兰属** *Kalimeris*

32. 瘦果顶端具毛状长冠毛,有或无外层膜片。

33. 舌状花通常1层;总苞片2层或多层,近等长。

34. 管状花两侧对称,5枚裂片不等长。

35. 头状花序单生 ……………… 28. **狗哇花属** *Heteropappus*

35. 头状花序排列成伞房状 ………… 29. **碱菀属** *Tripolium*

34. 管状花辐射对称,5枚裂片等长。

36. 瘦果椭圆球形，两端稍狭，除边肋外，两面各有 2 条细肋；冠毛糙毛状 ························ 30. **东风菜属** *Doellingeria*
36. 瘦果长圆球形或倒卵球形，稍扁；冠毛粗毛状。
37. 瘦果被长密毛；冠毛 1 层 ··· 31. **女菀属** *Turczaninovia*
37. 瘦果被疏毛；冠毛通常 2 层，外层为短膜片 ·· 32. **紫菀属** *Aster*
33. 舌状花 2～3 层；总苞片 2 层，等长 ··········· 33. **飞蓬属** *Erigeron*
31. 头状花序无明显的舌状花，或仅外层有直立的短舌片；冠毛绵毛状 ·· 34. **白酒草属** *Conyza*
29. 花柱分枝上端截形或钝，无附器。
38. 总苞片 1 或 2 层；花药基部钝尖或短箭头状 ··········· 35. **千里光属** *Senecio*
38. 总苞片 3 至多层；花药基部箭头状，具长尾。
39. 总苞片多层；花序托无托片 ······························ 36. **旋覆花属** *Inula*
39. 总苞片 3 层；花序托有托片 ··················· 37. **牛眼菊属** *Buphthalmum*
18. 头状花序具同形小花，全部为管状。
40. 头状花序具雌性和两性 2 种花，或仅具雌性花或雄性花而雌雄同株或异株。
41. 匍匐小草本；头状花序单生于叶腋 ···························· 38. **石胡荽属** *Centipeda*
41. 直立或披散草本；头状花序单生于枝端或组成各式花序。
42. 头状花序单性，仅具雌性花或雄性花而雌雄同株或异株，或杂性同株。
43. 叶片边缘具针刺；总苞有长托毛 ······························ 39. **蓟属** *Cirsium*
43. 叶片全缘或有锯齿，但叶缘无针刺；总苞无托毛和托片 ··· 40. **蜂斗菜属** *Petasites*
42. 头状花序缘花为雌性花，而盘花为两性花。
44. 植物体无挥发性气味；瘦果有冠毛。
45. 叶片全缘；总苞无托毛和托片；冠毛 2 层 ······ 41. **鼠麴草属** *Gnaphalium*
45. 叶片全缘、具齿或羽状分裂；总苞具刺状托毛；冠毛 2 层 ·· 42. **矢车菊属** *Centaurea*
44. 植物体具挥发性气味；瘦果无冠毛。
46. 头状花序较大，单生于叶腋或枝端；植物体有异味 ·· 43. **天名精属** *Carpesium*
46. 头状花序小，组成总状或圆锥状；植物体有香气 ······ 44. **蒿属** *Artemisia*
40. 头状花序仅具两性花，但刺儿菜为头状花序单性且雌雄异株。
47. 叶片边缘有锯齿或羽状分裂，具针刺；外层总苞片叶状，羽状分裂或先端具刺。
48. 瘦果无毛。
49. 外层总苞片叶片状，先端尖锐且具刺 ···················· 45. **水飞蓟属** *Silybum*
49. 外层总苞非叶片状。
50. 茎和枝无叶状翅；冠毛羽毛状 ······························ 39. **蓟属** *Cirsium*
50. 茎和枝具叶状翅；冠毛糙毛状 ···························· 46. **飞廉属** *Carduus*
48. 瘦果密被柔毛；外层总苞片叶状，羽状分裂 ············ 47. **苍术属** *Atractylodes*
47. 叶片边缘全缘、具齿或羽状分裂，但无针刺；外层总苞片非叶状。
51. 总苞片 1 层；花柱分枝具附器或呈画笔状。
52. 植物体有乳汁；叶片琴状分裂 ································ 48. **一点红属** *Emilia*
52. 植物体无乳汁；叶片非琴状分裂 ···························· 49. **菊三七属** *Gynura*
51. 总苞片多层；花柱分枝具毛环或无。

53. 花柱分枝具毛环 ………………………………………… 50. **泥胡菜属** *Hemistepta*

53. 花柱分枝无毛环。

54. 花柱分枝线状楔形 ……………………………… 51. **兔儿风属** *Ainsliaea*

54. 花柱分枝钻形,顶端稍尖 ………………………… 52. **斑鸠菊属** *Vernonia*

1. 植物体有乳汁,干后无香气;头状花序具同形舌状花。

55. 叶全为基生,在花期宿存;头状花序单生于花茎上 ……………………… 53. **蒲公英属** *Taraxacum*

55. 叶基生与茎生,基生叶常在花期枯萎;多个头状花序组成伞房状或圆锥状花序。

56. 瘦果顶端平截或两侧有钩刺,但无冠毛 ………………………… 54. **稻槎菜属** *Lapsanastrum*

56. 瘦果顶端具冠毛。

57. 冠毛羽毛状;毛多层,羽状侧毛相互错综;瘦果无横皱缩;叶片近全缘 ……………………………………………………………………………… 55. **鸦葱属** *Scorzonera*

57. 冠毛糙毛状或单毛状。

58. 头状花序含多数小花;冠毛柔软,二型,具较粗的直毛和极细的柔毛 ……………………………………………………………………………… 56. **苦苣菜属** *Sonchus*

58. 头状花序含少数小花;冠毛坚挺,一型,具直毛或糙毛。

59. 瘦果顶端具喙,或细长或粗短。

60. 瘦果顶端急狭成细长的喙;花、果期春夏季。

61. 喙长于或等长于瘦果本体(栽培)………………………… 57. **莴苣属** *Lactuca*

61. 喙短于瘦果本体(野生) ……………………………… 61. **苦荬菜属** *Ixeris*

60. 瘦果顶端急狭成粗喙;花、果期秋季 ………………… 60. **假还阳参属** *Crepidiastrum*

59. 瘦果顶端无喙。

62. 舌状小花紫红色或蓝紫色;瘦果两面各具4~6条纵肋 ……………………………………………………………………… 58. **假福王草属** *Paraprenanthes*

62. 舌状小花黄色;瘦果两面各具11~14条纵肋 …………… 59. **黄鹌菜属** *Youngia*

1. 下田菊属 Adenostemma J. R. & G. Forst.

一年生草本。全株光滑无毛或有腺毛。叶对生或上部的互生;叶片全缘或有锯齿,常具基出3脉。头状花序排成疏松伞房状,腋生或顶生;总苞半球形,总苞片2层,近等长,草质,外层基部结合成环状;花序托平坦,无托片;小花全部两性,管状,顶端5齿裂,结实;花药顶端平截,无附属体,基部钝或截形;花柱分枝细长,扁平。瘦果钝三角形,顶端圆钝,通常具3~5条棱,有腺点和乳凸;冠毛3~5枚,棒槌状,先端具腺点,基部结合,呈短环状。

约20种,主要分布于热带美洲;我国有1种,2变种;浙江有1种,1变种;杭州有1种。

下田菊 (图3-117)

Adenostemma lavenia (L.) O. Kuntze

一年生草本。茎直立或基部弯曲,高30~80cm,单生,通常自上部叉状分枝,被白色短柔毛。基部的叶片较小,花时存在或凋落;中部的叶片较大,卵圆形或卵状椭圆形,长4~10cm,宽2~4.5cm,先端急尖或钝,基部宽或狭楔形,边缘有圆锯齿,两面有稀疏的短柔毛,通常沿脉较密;叶柄长1~3cm,有狭翼。头状花序小,直径为7~10mm,排列成松散伞房状,花序梗被短柔毛;总苞半球形,总苞片2层,近等长,狭长椭圆形,绿色,有白色疏长柔毛;花两性,管状,白色,外被腺体,顶端5齿裂,全部结实。瘦果倒披针形,被多数乳头状凸起及腺点;冠毛4枚,基部结合成环状,顶端有棕黄色的腺体。花、果期 8—11 月。$2n=20$。

文献记载区内有分布。分布于华东、华南和西南地区;日本、朝鲜半岛、菲律宾、中南半岛及澳大利亚也有。

全草入药,有清热解毒、祛风清肿之效。

图 3-117 下田菊

2. 藿香蓟属 Ageratun L.

一年生或多年生草本。茎直立,被毛。叶对生或上部叶互生。头状花序小,在茎端排列成紧密的伞房状或圆锥状;总苞钟状,总苞片 2～3 层,线状披针形,不等长;花序托平坦或稍凸起,通常无托片;花萼变态为膜片状或鳞片状;花一型,两性,管状,顶端 5 齿裂;花药基部钝,顶端尖,具附属体;花柱分枝细长。瘦果具 5 纵棱,具膜片状或鳞片状冠毛。

约 30 种,主要分布于中美洲;我国有 2 种,均为归化种;浙江有 2 种;杭州有 1 种。

藿香蓟 胜红蓟 (图 3-118)

Ageratum conyzoides L.

一年生草本。茎直立,高 30～60cm,通常有分枝。叶对生,有时上部互生;叶片卵形或菱状卵形,长 4～12cm,宽 2～4.5cm,自中部叶片向上或向下渐小,先端急尖,基部圆钝或宽楔形,边缘具圆锯齿,基出 3 脉或具不明显 5 条脉,两面被白色稀疏的短柔毛并具黄色腺点,或有时下面近无毛;叶柄长 1～4cm。头状花序在茎端排列成伞房状;总苞半球形,直径为 5mm,总苞片 2 层,长圆形或披针状长圆形,先端急尖,外面无毛;管状花紫色或白色,顶端 5 裂。瘦果黑褐色,具 5 条棱,有稀疏白色细柔毛;冠毛膜片状,5 或 6 枚。花、果期 7—10 月。$2n=20,38,40$。

区内荒地和路边常见,为归化种。原产于南美洲;我国长江流域及其以南常见逸生或栽培;东南亚、印度也有。

可作绿肥或提芳香油。全草入药,有清热解毒、止血、止痛之效。

图 3-118 藿香蓟

3. 泽兰属　Eupatorium L.

多年生草本或半灌木。叶对生,有时茎上部互生;基生叶通常在花后凋落;叶片边缘有锯齿至分裂。头状花序排列成伞房状;总苞球形、钟状,总苞片2至多层,覆瓦状排列;花序托平坦而有小凹点,无毛;小花全部为两性,管状,顶端5裂;花药基部钝,顶端有膜质附属体;花柱分枝丝状,凸出花冠外。瘦果有5条纵棱,顶端平截;冠毛1层,粗毛状。

约600种,主要分布于南美洲的温带及热带,少数产于欧洲、亚洲及非洲热带;我国有15种,广布于全国;浙江有5种,3变种;杭州有3种,1变种。

分种检索表

1. 叶片无腺点,两面无毛或仅下面有疏柔毛 ………………………………… 1. 佩兰　*E. fortunei*
1. 叶片至少下面有腺点,两面有毛或下面有毛。
    2. 叶具基出3脉,叶无柄或近无柄 ………………………………… 2. 林泽兰　*E. lindleyanum*
    2. 叶具羽状脉,具长2～20mm的柄。
        3. 叶片不分裂,边缘有深浅不等的锯齿 ………………………………… 3. 泽兰　*E. japonicum*
        3. 叶片3全裂 ………………………………… 3a. 裂叶泽兰　var. *tripartitum*

1. 佩兰　(图3-119)

Eupatorium fortunei Turcz.

多年生草本。茎直立,高40～90cm,绿色或红紫色,被稀疏的短柔毛。叶对生,有时上部叶互生;叶片披针形或长椭圆形,长6～11cm,宽2.5～4.5cm,两面无毛或仅下面有疏柔毛,无腺点,边缘有粗齿或不规则的细齿,具羽状脉;有时中部叶片3全裂或深裂,中裂片较大,长椭圆形或倒披针形,长5～9cm,宽1.5～2.5cm,侧生裂片与中裂片同形但较小;叶柄长1～1.5cm。头状花序多数,排列成复伞房状;总苞钟状,总苞片2～3层,外层短,卵状披针形,中内层渐长,长椭圆形,紫红色,外面无毛和腺点,先端钝;头状花序有5朵花,花管状,白色或带微红色,外面无腺点;冠毛白色。花、果期9—11月。$2n=40$。

图3-119　佩兰

见于余杭区(径山),生于山坡草丛中。分布于广东、广西、贵州、湖北、湖南、江苏、江西、山东、四川、云南。

全草含挥发油,叶含香豆素,均可供药用。

2. 林泽兰　白鼓钉　(图3-120)

Eupatorium lindleyanum DC.——*E. lindleyanum* DC. var. *tripartitum* Makino

多年生草本。茎直立,高0.5～1.2m,被细柔毛,老时毛渐脱落。叶对生或上部的互生;基生叶花期脱落；中部茎生叶长圆形、狭椭圆形或线状披针形，长 5～7cm，宽 5～15mm，不分裂或 3 全裂，质厚，先端尖，基部楔形，基出 3 脉，边缘近基部有尖锐的疏锯齿，两面粗糙，下面有黄色腺点；无柄或几无柄。头状花序多数，排列成伞房状；总苞钟形，总苞片 3 层，外层短，披针形或宽披针形，中内层渐长，长椭圆形，先端急尖，绿色或紫红色；头状花序有花 5 朵，花管状，淡红色。瘦果圆柱形，有 5 条纵棱及多数腺体。花、果期 5—10 月。$2n=20,30,40$。

见于西湖景区（虎跑、桃源岭），生于向阳的草丛中、小溪边。除新疆外，遍布全国；日本、朝鲜半岛、菲律宾、越南、印度也有。

图 3-120 林泽兰

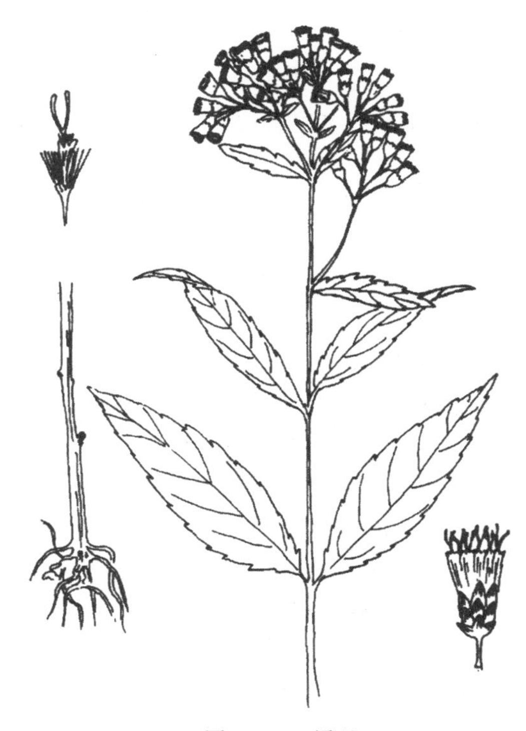

图 3-121 泽兰

3. **泽兰** 白头婆 （图 3-121）

Eupatorium japonicum Thunb.

多年生草本。茎直立，高 0.5～1.2m，被白色短柔毛。叶对生；基部叶花期枯萎；中部叶椭圆形或卵状长椭圆形，长 7～15cm，宽 2～7cm，先端渐尖，基部宽或狭楔形，边缘有深浅不等的裂齿，两面有毛和腺点或至少下面有腺点，叶脉羽状；叶柄长 1～2cm。头状花序排列成紧密的伞房状；总苞钟状，总苞片 3 层，外层极短，披针形，中层及内层渐长，长椭圆形或长椭圆状披针形，先端钝或圆形；头状花序具 5 朵花，花管状，白色或粉红色。瘦果椭圆球形，淡黑褐色，具 5 条棱，被多数黄色腺点；冠毛白色。花、果期 6—10 月。

见于拱墅区（半山）、西湖区（双浦）、萧山区（楼塔）、余杭区（塘栖）、西湖景区（飞来峰、黄龙洞、虎跑、九溪、桃源岭、五云山），生于山坡林下、路边、荒地、草丛中。分布于华东、华南、华中、西南、华北和东北；日本、朝鲜半岛也有。

茎、叶入药，含精油及香豆素等，有利尿、行血散瘀、抑制流感病毒的功效。

3a. **裂叶泽兰**

var. tripartitum Makino

与原种的区别在于：本变种叶片3全裂，中裂片大，椭圆形或椭圆状披针形。

见于拱墅区(半山)、西湖区(留下)、西湖景区(五云山、桃源岭)，生于林下、草丛、山坡。分布于安徽、江苏、四川；日本、朝鲜半岛也有。

4. 百日菊属　Zinnia L.

一年生或多年生草本。叶对生，叶片全缘，无柄。头状花序单生于茎端；总苞钟形或狭钟形，总苞片3至多层，覆瓦状排列，干膜质或先端膜质；花序托圆锥状或圆柱状，托片对折；缘花舌状，1层，舌片开展，具短管部，雌性，结实；盘花管状，顶端5浅裂，两性，结实；花药基部钝；花柱分枝上端尖或截形。缘花瘦果扁三棱形，盘花瘦果扁平或外层的三棱形；冠毛无或为芒刺或为小齿。

约17种，主要分布于墨西哥；我国引种栽培3种；浙江有1种；杭州有1种。

百日菊　(图3-122)

Zinnia elegans Jacq.

一年生草本。茎直立，高25～70cm，被糙伏毛或长硬毛。叶对生；叶片宽卵圆形或长圆状椭圆形，长4～10cm，宽2～5cm，先端急尖或钝圆，基部稍心形抱茎，下面密被短糙毛，基出3脉。头状花序直径为5～6cm，花序梗中空；总苞宽钟形，总苞片多层，宽卵形或卵状椭圆形，外层比内层短，边缘黑色；托片上端有流苏状的紫红色附片；缘花舌状，深红色、玫瑰色或紫堇色，舌片倒卵圆形，顶端2～3齿裂或全缘；盘花管状，黄色或橙色。缘花瘦果倒卵球形，扁平，腹面正中和两侧边缘各有1条棱，顶端截形；盘花瘦果倒卵状楔形，极扁，顶端有短齿。花、果期7—8月。$2n=24$。

区内常见栽培，供观赏。原产于墨西哥；我国常见栽培。

为著名观赏花卉，有单瓣、重瓣、卷叶、皱叶和各种不同颜色的园艺品种。

图3-122　百日菊

5. 向日葵属　Helianthus L.

一年生或多年生草本。植株高大，被短粗毛或白色硬毛。叶对生，或上部或全部互生，有柄；叶片常有离基3出脉。头状花序大或较大，单生或排列成伞房状；总苞盘形或半球形，总苞片2至多层，膜质或叶质；花序托平坦或隆起，托叶干膜质；缘花舌状，舌瓣开展，雌性，不结实；盘花管状，顶端5裂，两性，结实；花药基部钝；花柱分枝顶端截形，具三角形附器。瘦果长圆球形或倒卵球形，稍压扁；冠毛膜片状或芒刺状，早落。

约 100 种，主要分布于北美洲，少数分布于南美洲的秘鲁、智利等地；我国引种栽培 4 种；浙江有 2 种；杭州有 2 种。

1. 向日葵 (图 3-123)

Helianthus annuus L.

一年生高大草本。茎直立，高 1～3m，粗壮，有粗毛，髓部极发达，不分枝。叶互生；叶片心状卵圆形或卵圆形，长 10～30cm，宽 8～25cm，先端急尖或渐尖，基部截形或心形，边缘有锯齿，两面被粗毛，具基出 3 脉；有长柄。头状花序大，直径为 10～30cm，单生于茎端，常下倾；总苞片多层，叶质，覆瓦状排列，被毛；花序托平或隆起，有膜质托片；缘花舌状，黄色，舌片长圆状卵球形或长圆球形；盘花管状，棕色或紫色，顶端 5 裂。瘦果倒卵球形或卵状长圆球形，稍压扁，有细肋；冠毛膜片状，2 枚，早落。花、果期 7—9 月。$2n=34$。

区内常见栽培。原产于北美洲；我国广泛栽培；世界各地常见栽培。

种子含油量高，为半干性油，味香可口，供炒食或榨油供食用；头状花序、果皮及茎秆可作饲料及工业原料；花序托叶可供药用。

图 3-123 向日葵

图 3-124 菊芋

2. 菊芋 (图 3-124)

Helianthus tuberosus L.

多年生草本。地下茎块状，地上茎直立，高 1～3m，有分枝，被糙毛及刚毛。下部叶通常对生，上部叶互生；下部叶片卵圆形或卵状椭圆形，长 10～16cm，宽 3～6cm，先端渐尖，基部宽楔形或圆形，边缘有粗锯齿，上面有短粗毛，下面被柔毛，具离基 3 出脉，有长柄；上部叶片长椭圆形至宽披针形，先端渐尖，基部渐狭，下延成具狭翅的短柄。头状花序直径为 5～9cm，单生于枝端，直立；总苞片多层，披针形，先端长渐尖，外面被短伏毛；托片长圆形，先端不等 3 浅裂；缘花舌状,黄色,舌片长椭圆形;盘花管状,黄色。瘦果楔形,上端有2～4枚锥状扁芒。花、果期8—10月。$2n=102$。

区内常见栽培。原产于北美洲;全国常见栽培,有时逸生。

块状茎俗称“洋姜”,富含淀粉,可食用或作酱菜;叶可作猪饲料。

与上种的区别在于:本种为多年生草本,有块状地下茎;叶柄具翅;头状花序较小,管状花黄色。

6. 大丽菊属 Dahlia Cav.

多年生草本。茎直立,粗壮。叶对生或互生;叶片1～3回羽状分裂,或不分裂。头状花序大,有长梗;总苞半球形,总苞片2层,外层草质,内层椭圆形,基部稍合生;花序托平坦,托片宽大,膜质;缘花舌状,舌片顶端具3枚齿或全缘,雌性;盘花管状,顶端5齿裂,两性,或在栽培种中盘花缺而全部为舌状花;花药基部钝,花柱分枝顶端有线形或长披针形附器。瘦果长圆球形或披针形,顶端圆形,有不明显的2枚齿;冠毛无。

约15种,分布于南美洲;我国广泛栽培1种;浙江及杭州也有。

大丽菊 大丽花 (图3-125)

Dahlia pinnata Cav.

多年生草本。块根棒状。茎直立,高1.5～2m,粗壮,多分枝。叶对生;叶片1～3回羽状全裂,上部叶有时不分裂,裂片卵形或长圆状卵形,两面无毛。头状花序大,直径为6～12cm,有长梗,常下垂;总苞片外层约5枚,卵状椭圆形,草质,内层膜质,椭圆状披针形;缘花舌状,白色、红色或紫色,顶端有不明显的3枚齿,或全缘;盘花管状,黄色,或缺而全部为舌状花。瘦果长圆球形,扁平,顶端有2枚不明显的齿。花、果期6—12月。$2n=64$。

区内有栽培。原产于墨西哥;我国广泛栽培。

全世界栽培最广的观赏植物,约有3000个栽培品种,可分为单瓣、细瓣、菊花瓣、牡丹花状、球状等类型。

图3-125 大丽菊

7. 秋英属 Cosmos Cav.

一年生或多年生草本。茎直立。叶对生;叶片全缘或羽状分裂。头状花序较大,单生或排列成伞房状;总苞近半球形,总苞片2层,基部结合;花序托平坦或稍凸,托片膜质,上端伸长,呈线形;缘花舌状,舌片大,全缘或近顶端齿裂;盘花管状,顶端5裂,两性,结实;花药基部钝;

花柱分枝细，顶端膨大，具短毛或伸出短尖的附器。瘦果狭长，有4～5条棱，背面稍平，具长喙；冠毛芒刺状，2～4枚，具倒刺。

约25种，分布于美洲热带；我国常见栽培的有2种；浙江有2种；杭州有1种。

秋英 大波斯菊 （图3-126）

Cosmos bipinnatus Cav.

一年生或多年生草本。茎直立，高1～2m，无毛或稍被柔毛。叶2回羽状深裂，裂片线形或丝状线形。头状花序单生，直径为3～6cm，具长梗；总苞片外层披针形或线状披针形，近革质，淡绿色，具深紫色条纹，先端长渐尖，内层椭圆状卵形，膜质；托片平展，顶端呈丝状，与瘦果近等长；缘花舌状，紫红色、粉红色或白色，舌片椭圆状倒卵形，顶端有3～5枚钝齿；盘花管状，黄色，顶端有披针状裂片。瘦果黑紫色，无毛，顶端具长喙，有2～3枚尖刺。花、果期6—10月。$2n=24$。

区内常见栽培。原产于墨西哥；我国各地广泛栽培，有时大面积归化。

栽培供观赏。

图3-126 秋英

8. 万寿菊属 Tagetes L.

一年生草本。茎直立，有分枝，无毛。叶通常对生，少有互生；叶片羽状分裂，具油腺点。头状花序单生或簇生；总苞片1层，全部联合成管状或杯状，有半透明的油点，草质；花序托平，无托片；缘花舌状，雌性，结实；盘花管状，两性，结实；花药基部钝；花柱分枝顶端截形。瘦果线形或线状长圆球形；冠毛鳞片状或刚毛状，不等长。

约30种，分布于美洲热带地区；我国常见栽培2种；浙江有2种；杭州有2种。

1. 万寿菊 （图3-127）

Tagetes erecta L.

一年生草本。茎直立，高30～50cm，粗壮，具纵棱，分枝向上平展。叶对生，稀互生；叶片羽状分裂，长5～10cm，宽4～8cm，裂片长椭圆形或披针形，边缘具锐齿，上部裂片的齿端有长芒，沿叶缘有少数腺体。头状花序单生，直径为5～6cm，具梗，梗顶端棍棒状膨大；总苞杯状，直径为1～1.5cm，总苞片先端具齿尖；缘花舌状，黄色或暗橙色，舌片倒卵形，基部收缩成长爪；盘花管状，黄

图3-127 万寿菊

色,顶端5齿裂。瘦果线形,基部缩小,黑色或褐色;冠毛为1～2个刚毛和2～3个短而钝的鳞片。花、果期6—9月。$2n=24$。

区内常见栽培。原产于墨西哥;我国各地均有栽培。

栽培供观赏。

2. 孔雀草 (图3-128)

Tagetes patula L.

一年生草本。茎直立,高30～100cm。叶羽状全裂,长2～9cm,宽1.5～3cm,裂片线状披针形,边缘有锯齿,齿端常有芒,齿基部通常具1个腺体;叶两面无毛。头状花序单生,直径为3.5～4cm,具长5～7cm的梗,顶端稍增粗;总苞杯状,总苞片先端具锐齿,有腺点;缘花舌状,金黄色或橙色,带有红色斑;舌片近圆形,长8～10mm,宽6～7mm,顶端微凹;盘花管状,黄色,长10～14mm,与冠毛等长,5齿裂,栽培的重瓣类型的盘花多数向舌状花演变。瘦果线形,黑色,长8～12mm,被短柔毛;冠毛鳞片状,其中1～2个长芒状,2～3个短而钝。花期7—10月。

区内常见栽培。原产于墨西哥;我国各地均有栽培。

与上种的区别在于:本种叶的裂片长椭圆形或披针形;舌状花黄色或暗橙黄色,无红色斑,舌片倒卵形。

图3-128 孔雀草

9. 蟛蜞菊属 Wedelia Jacq.

一年生或多年生草本。茎直立或匍匐,被粗糙毛。叶对生;叶片具齿,稀全缘,不分裂。头状花序顶生或腋生,具长梗;总苞钟形或半球形,总苞片2层,覆瓦状排列,革质,外层被毛,内层狭窄,鳞片状;花序托平坦,托片折叠;缘花舌状,黄色,1层,舌片顶端具2～3枚齿,雌性,结实;盘花管状,黄色,顶端4～5齿裂,两性,结实;花药基部戟形或具2枚钝小耳;花柱分枝有多数乳头状凸起,顶端具锐尖或稍尖的附器。瘦果倒卵球形或楔状长圆球形,压扁或两性花瘦果有3条棱,顶端圆,被柔毛;冠毛无,或为具齿冠毛环,或为短鳞片,有时为少数糙毛。

60余种,分布于热带和亚热带地区;我国有5种,分布于东南至西南部;浙江有2种;杭州有1种。

蟛蜞菊 (图3-129)

Wedelia chinensis (Osbeck.) Merr.

多年生草本。全体密被短糙毛。茎直立或基部匍匐,分枝,有沟纹。叶对生;叶片倒披针形、椭圆形或狭椭圆形,长2～6cm,宽6～12mm,先端急尖或钝,基部狭,全缘或有1～3对疏粗齿,侧脉1～2对,基部1对较显著;无柄。头状花序少数,直径为1.5～2cm,单生于叶腋或枝端,梗长3～10cm;总苞钟形,直径约为1cm,总苞片2层,外层椭圆形,先端钝或圆,外面被紧贴的短柔毛,向内渐变短;托片线形,顶端渐尖,常有3浅裂,较总苞片略短;缘花舌状,黄色,1层,舌片卵状长圆形,顶端2～3深裂;盘花管状,黄色,顶端5裂,裂片卵形。瘦果倒卵球形,顶端圆,多疣状凸起,具3条棱;有具细齿的冠毛环。花、果期3—9月。

区内有栽培。分布于福建、广东、辽宁、台湾;日本、菲律宾、印度尼西亚、印度也有。

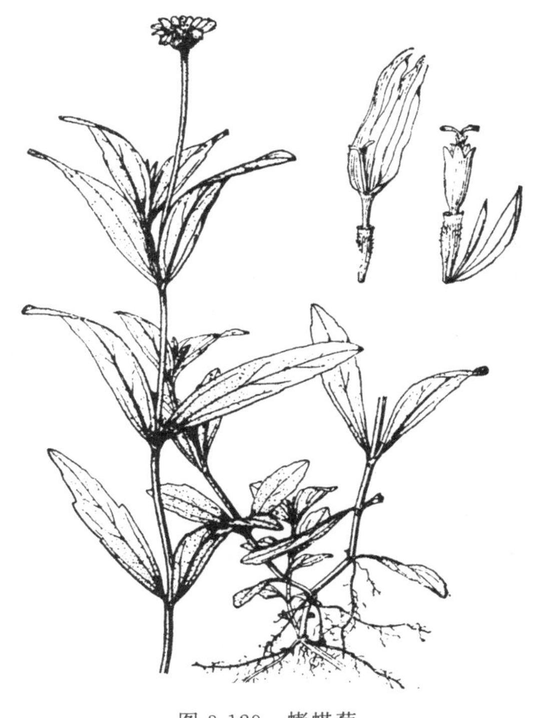

图 3-129 蟛蜞菊

10. 鳢肠属 Eclipta L.

一年生草本。茎直立或匍匐状,被糙硬毛。叶对生;叶片全缘或稍有齿缺。头状花序顶生或腋生,具梗;总苞宽钟状,总苞片2层,草质,外层较宽;花序托平,具线状托片;缘花舌状,2层,顶端2浅裂或全缘,两性,结实;盘花管状,顶端4～5裂,两性,结实;花药基部钝;花柱分枝扁平,顶端具短三角形附器。舌状花的瘦果狭,具3条棱;管状花的瘦果较粗壮,具齿或有2枚芒刺;无冠毛。

约4种,分布于南美洲和大洋洲;我国有1种,南北均有分布;浙江及杭州也有。

鳢肠 墨旱莲 (图 3-130)

Eclipta prostrata L.

一年生草本。茎匍匐状或近直立,高10～50cm,通常自基部分枝,被粗硬毛,全株干后常变黑。叶片长圆状披针形或线状披针形,长3～8cm,宽5～12mm,先端渐尖,基部楔形,全缘或有细齿,两面密被硬糙毛,基出3脉;无叶柄。头状花序腋生或顶生,卵球形,直径为5～8mm,有梗;总苞片2层,卵形或长圆形,先端钝或急尖,外部被紧贴的糙硬毛;缘花舌状,白色,顶端2浅裂或全缘;盘花管状,白色,顶端4齿裂。瘦果三棱形或扁四棱形,顶端具1～3枚细齿,边缘具白色的肋,冠毛退化成2～3个小鳞片。花、果期8—10月。$2n=18,22$。

区内常见,生于路边、田间、山谷草丛、江边、水沟中。全国各地均有分布;温带地区也有。

全草入药,有收敛、止血、补肝肾之效。

图 3-130 鳢肠

11. 金纽扣属 Spilanthes Jacq.

一年生草本。叶对生;叶片有锯齿或全缘;常具柄。头状花序小,有长梗,单生于叶腋或枝端;总苞盘状或钟形,总苞片1～2层,草质;花序托凸起或伸长,圆柱形或圆锥形,有托片;缘花舌状,黄色或白色,顶端2～3浅裂,雌性,不结实;盘花管状,黄色,顶端4～5裂,两性,结实;花药基部钝;花柱分枝短,顶端平截。瘦果三棱状或背向压扁,边缘具缘毛,冠毛无或为2～3枚芒刺。

约60种,主要分布于美洲热带地区;我国有2种,分布于西南部至台湾;浙江有1种;杭州有1种。

金纽扣 (图3-131)

Spilanthes paniculata Wall. ex DC.

一年生草本。茎直立或斜生,高20～60cm,有分枝,带紫红色,略被毛。叶对生;叶片卵形或卵状披针形,长2.5～5cm,宽0.6～2cm,先端钝或渐尖,基部楔形至圆形,边缘有钝锯齿或近全缘,两面有疏毛或无毛,具基出3脉;叶柄长约1cm。头状花序卵球形,1～3个顶生,花序梗长1～5cm或更长;总苞片2层,卵形或长圆形,先端钝或稍尖;花序托伸长,圆锥形或卵形,托片膜质,包围小花;缘花舌状,黄色,1层,舌片宽卵形,顶端3浅裂;盘花管状,顶端4～5裂,两性。瘦果长圆球形,两面扁平;冠毛刺毛状,2～3枚。花期10—11月。$2n=78$。

见于西湖景区(玉皇山),生于林下。分布于广东、广西、四川;印度至马来西亚也有。

图3-131 金纽扣

12. 鬼针草属 Bidens L.

一年生或多年生草本。茎直立或匍匐。叶对生或有时在茎上部互生;叶片全缘、具齿、缺刻、1～3回3出或羽状分裂。头状花序单生于枝端或排列成不规则的伞房状;总苞钟状或近半球形,总苞片通常1～2层,基部常合生,外层草质,短或伸长为叶状,内层通常膜质;花序托具干膜质托片;缘花舌状,舌片全缘或有齿,中性,稀雌性或缺;盘花管状,顶端4～5裂,两性,结实;花药基部钝或近箭头形;花柱分枝扁,顶端具附器,被细硬毛。瘦果扁平或具4条棱,顶端有2～4枚具倒刺的芒刺。

230多种,广布于热带及亚热带,尤以美洲种类最为丰富;我国有9种,遍布全国各地,多为荒野杂草;浙江有5种;杭州有5种。

分种检索表

1. 总苞片外层叶状;瘦果楔形或倒卵状楔形,顶端平截,通常具2枚芒刺。
   2. 茎中部叶片羽状全裂,顶生裂片具柄;盘花花冠顶端5裂 …………………… 1. **大狼把草** *B. frondosa*
   2. 茎中部叶片羽状深裂;盘花花冠顶端4裂 …………………………………… 2. **狼把草** *B. tripartita*
1. 总苞片外层草质,非叶状;瘦果线状,顶端渐狭,通常具3(4)枚芒刺。
   3. 叶片通常3出全裂;总苞片外层匙形,先端增宽 ………………………………… 3. **鬼针草** *B. pilosa*
   3. 叶片通常1～2回羽状分裂;总苞片外层披针形,先端不增宽。
      4. 顶生裂片卵形,先端短渐尖,边缘具整齐的锯齿 ……………………… 4. **金盏银盘** *B. biternata*
      4. 顶生裂片狭窄,先端渐尖,边缘具稀疏不规则的粗齿 …………………… 5. **婆婆针** *B. bipinnata*

1. 大狼把草 (图3-132)

Bidens frondosa L.

一年生草本。茎直立,高40～100cm,多分枝,被疏毛或无毛。叶对生;叶片1回羽状全裂,裂片3～5枚,长3～10cm,宽1～3cm,先端渐尖,基部楔形,边缘具粗锯齿,通常下面被稀疏短柔毛,顶生裂片具柄;具叶柄。头状花序直径为1.2～2.5cm,单生于茎端;总苞钟状或近半球形,外层苞片披针形或匙状倒披针形,叶状,具缘毛,内层长圆形,膜质;缘花舌状,花不发育,极不明显或无舌状花;盘花管状,顶端5裂,两性,结实。瘦果扁平,狭楔形,顶端平截,有2枚芒刺。花、果期8—10月。$2n=48$。

图3-132 大狼把草

区内常见,生于路边、山坡、林下、草丛中。原产于北美洲;在我国南方各地均已归化。

本种为外来入侵种,目前正处在迅速扩散,可能会对农业生产、生物多样性和生态景观产生严重影响,必须引起重视。

2. 狼把草 (图3-133)

Bidens tripartita L.

一年生草本。茎直立或匍匐,高20～80cm,上部略四方形,无毛,少分枝。叶对生;下部的叶片较小,不分裂,通常于花期枯萎;中部的叶片通常3～5深裂,顶生裂片较大,长椭圆状披针形,长5～11cm,宽1.5～3cm,两端渐狭,两侧裂片较小,披针形至狭披针形,与顶生裂片边缘均具疏锯齿,具柄;上部的叶片较小,披针形,3裂或不裂。头状花序顶生或腋生,直径为1～2cm,具较长的梗;总苞盘状,外层苞片匙状倒披针形,呈叶状,内层长椭圆形,膜质;花序托具长椭圆形或线形托片;缘花无;盘花管状,黄色,顶端4裂,两性。瘦果扁平,楔形或倒卵状楔形,边缘有倒钩刺,顶端通常有2枚芒刺。花、果期9—10月。$2n=48$。

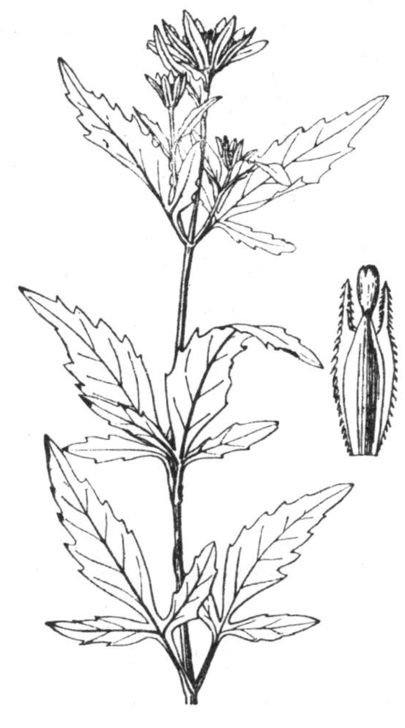

图3-133 狼把草

区内较常见,常生于路旁、溪边草丛中。分布于华东、华中、西南、华北、东北及甘肃、陕西、新疆;亚洲、欧洲和非洲北部也有。

3. 鬼针草 一包针 (图3-134)

Bidens pilosa L.

一年生草本。茎直立,高30～70cm,钝四棱形,通常无毛。茎下部叶片较小,3裂或不分裂,通常在开花前枯萎;中部叶片3全裂,稀羽状全裂,顶生裂片较大,长椭圆形或卵状长圆形,长3.5～7cm,先端渐尖,基部渐狭或近圆形,边缘有锯齿,无毛或疏被短柔毛,两侧裂片椭圆形或卵状椭圆形,先端急尖,基部近圆形或宽楔形,有时偏斜,叶柄长1～2cm;上部叶较小,3裂或不分裂,线状披针形。头状花序直径为8～9mm,梗长1～5cm;总苞近半球形,总苞片线状匙形,上部稍宽,草质;花序托具披针形或线状披针形托片;缘花舌状,白色或黄色;盘花管状,黄褐色,顶端5齿裂,两性,结实。瘦果黑色,线状披针形,略扁,具棱,顶端具3～4枚芒刺。花、果期9—11月。$2n=24,36,48,72$。

区内常见,生于路边或林缘荒地。原产于热带美洲;分布于华东、华南、华中、西南和河北、辽宁、陕西;现亚洲、美洲热带和亚热带均有归化。

图3-134 鬼针草

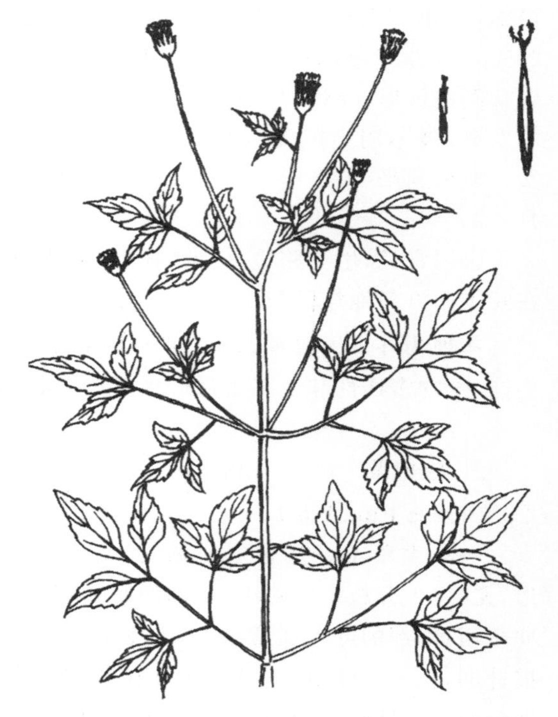

图3-135 金盏银盘

4. 金盏银盘 (图3-135)

Bidens biternata (Lour.) Merr. & Sherff.

一年生草本。茎直立,高30～90cm,略具四棱角,通常无毛。叶片为1回羽状全裂,顶生裂片卵圆形或卵状披针形,长2～7cm,宽1～2.5cm,先端渐尖,基部楔形,边缘具锯齿,有时一侧深裂为1枚小裂片,两面均被柔毛,侧生裂片1～2对,卵形或卵状长圆形,下部的1对具明显的柄,3 出复叶状分裂或仅一侧具 1 枚裂片,边缘有锯齿;叶柄长 1.5~5cm。头状花序直径为 7~10mm,有长梗;总苞杯状,总苞片外层线形,内层长椭圆形,均被短柔毛;花序托具狭披针形托片;缘花舌状,淡黄色,舌片顶端 3 齿裂,不结实,或有时舌状花缺;盘花管状,黄色,顶端 5 齿裂,两性,结实。瘦果线形,黑色,具棱,两端稍狭,顶端有芒刺 3~4 枚。花、果期 9—10 月。$2n=72$。

区内常见,生于村旁荒地或路边草丛。分布于华东、华中、西南及河北、山西、辽宁;日本、朝鲜半岛、东南亚、非洲、大洋洲也有。

5. **婆婆针** (图 3-136)

Bidens bipinnata L.

一年生草本。茎直立,高 30~90cm,通常四棱形,无毛或上部疏生柔毛。中下部叶对生,上部叶互生;叶片长5~14 cm,2 回羽状深裂,裂片先端急尖或渐尖,边缘有不规则尖齿或钝齿,两面多少有短毛;下部叶有长柄,向上逐渐变短。头状花序直径为 6~10mm,有长梗;总苞杯形,基部有柔毛,外层总苞片线状长椭圆形,先端尖或钝,革质,被稍密的短柔毛,内层总苞片椭圆形,膜质;托片狭披针形;缘花舌状,黄色,通常 1~4 朵,舌片顶端全缘或具 2~3 枚齿,不结实;盘花管状,黄色,顶端 5 齿裂。瘦果线形,略扁,具 3~4 条棱,有瘤状凸起及小刚毛,顶端具芒刺 3~4 枚,稀 2 枚,具倒刺毛。花、果期 9—11 月。$2n=24,48,72$。

区内常见。分布于华东、华中、华南、西南、华北、东北及陕西;美洲、亚洲、欧洲及非洲东部也有。

全草入药,功效与鬼针草同。

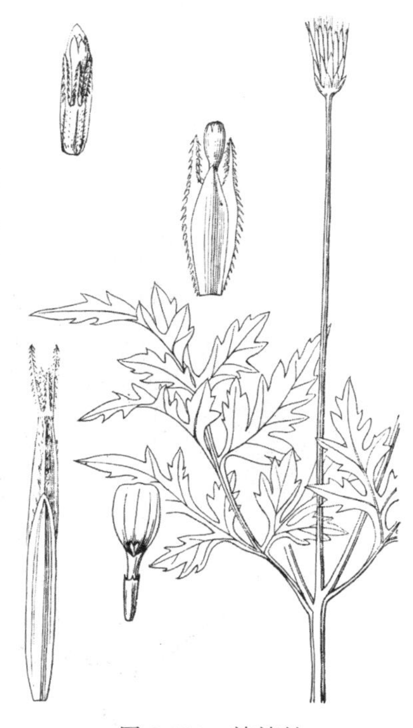

图 3-136 婆婆针

13. 豨莶属 Siegesbeckia L.

一年生草本。茎直立,具双叉状分枝,多少被腺毛。叶对生;叶片具锯齿。头状花序排列成疏散的圆锥状;总苞钟状或半球形,总苞片 2 层,外层线状匙形,有腺毛,开展,内层倒卵形或长圆形,包围瘦果一半;花序托小,托片直立;缘花舌状,舌片顶端通常 2~3 齿裂,雌性,结实;盘花管状,顶端 5 齿裂或为 2~4 齿裂,两性,结实或内部的不结实;花药基部钝;花柱分枝短,扁平,顶端尖或稍钝。瘦果倒卵状椭圆球形,有 4~5 条棱;无冠毛。

约 4 种,广布于热带、亚热带和温带;我国有 3 种,南北各地常见;浙江有 3 种,1 变型;杭州有 2 种,1 变型。

分种检索表

1. 叶片边缘具不规则的齿;花序梗和外层苞片具腺毛。
    2. 花梗具紫褐色腺毛 ………………………………………… 1. **腺梗豨莶** *S. pubescens*
    2. 花梗不具紫褐色腺毛 …………………………………… 1a. **无腺腺梗豨莶** f. *eglandulosa*
1. 叶片边缘具规则的齿;花序梗和外层苞片不具腺毛 ……………………… 2. **毛梗豨莶** *S. glabrescens*

1. 腺梗豨莶 (图 3-137)

Siegesbeckia pubescens Makino

一年生草本。茎直立,高 30～90cm,上部多分枝,被开展的灰白色长柔毛和糙毛。基部叶片卵状披针形,花期枯萎;中部叶片宽卵形或宽卵状三角形,长 7～18cm,宽 5～7cm,先端渐尖,基部宽楔形,下延成具翼的柄,边缘有大小不等的尖齿;上部叶片渐小,披针形或卵状披针形;全部叶基出 3 脉,两面被平贴短柔毛,沿脉有长柔毛。头状花序生于枝端,直径为 2～3cm,排列成伞房状;花序梗密生紫褐色腺毛和长柔毛;总苞宽钟状,总苞片 2 层,外面密生紫褐色腺毛,外层线状匙形或宽线形,内层卵状长圆形;缘花舌状,舌片顶端具 2～3 齿裂;盘花管状,顶端4～5裂。瘦果倒卵球状,顶端有灰褐色环状凸起。花、果期 10—11 月。

见于西湖景区(灵峰),生于路旁荒地、草丛中。分布于华东、华中、华南、西南、华北和东北。

图 3-137 腺梗豨莶

图 3-138 毛梗豨莶

1a. 无腺腺梗豨莶

f. eglandulosa Ling & Hwang

与原种的区别在于:本变型花梗不具紫褐色腺毛。

见于西湖景区(灵峰),生于草丛中。分布于安徽、甘肃、贵州、河北、河南、湖北、吉林、江苏、江西、辽宁、山西、陕西、四川、云南、西藏。

2. 毛梗豨莶 (图 3-138)

Siegesbeckia glabrescens Makino

一年生草本。茎直立,高 30～80cm,通常上部分枝,被平贴短柔毛。基部叶花期枯萎;中部叶片卵圆形、三角状卵圆形,长 5～11cm,宽 3～7cm,先端渐尖,基部宽楔形或钝圆形,有时下延成翼柄，边缘具规则的齿；上部叶片较小，卵状披针形，两面被柔毛，下面有腺点，基出3脉；有短柄或无柄。头状花序在枝端排列成疏散的圆锥状，直径为10～12mm，花序梗疏生平伏短柔毛；总苞钟状，总苞片2层，外面密被紫褐色腺毛，外层苞片5枚，线状匙形，内层苞片倒卵状长圆形；缘花舌状；盘花管状，顶端4～5齿裂。瘦果倒卵球形，具4条棱，有灰褐色环状凸起。花、果期9—10月。

见于西湖景区（虎跑、茅家埠），生于林缘、路边、林中、石块地。分布于安徽、福建、广东、湖北、湖南、江西、四川、云南；日本、朝鲜半岛也有。

14. 牛膝菊属 Galinsoga Ruiz & Cav.

一年生草本。茎直立，分枝。叶对生；叶片全缘或有锯齿，具基出3脉。头状花序多数，有长梗，在枝端排列成疏散的伞房状；总苞宽钟状或半球形，总苞片1～2层，卵形或卵圆形，草质；花序托圆锥状，托片质薄；缘花舌状，雌性，结实；盘花管状，顶端具5枚齿，两性，结实；花药基部箭头形。瘦果倒卵状三角形，有棱；冠毛膜片状，边缘流苏状，或舌状花的为毛状。

15～33种，主要分布于热带美洲；我国有2种；浙江有2种；杭州有1种。

睫毛牛膝菊 粗毛牛膝菊 （图3-139）

Galinsoga quadriradiata Ruiz & Pavon——*G. ciliata* (Raf.) Blake

一年生草本。茎直立，高10～40cm，全部茎枝和花柄被开展的短柔毛和腺毛。叶对生；叶片卵形或长椭圆状卵形，长2～6cm，宽1～3.5cm，先端渐尖，基部圆形或宽楔形，边缘有浅钝锯齿，常为基出3脉，两面被白色短柔毛；向上叶渐小，通常披针形；叶柄长1～2cm，具短柔毛。头状花序半球形或宽钟状，直径为6mm；总苞片1～2层，长2～3mm，先端圆钝，膜质；托片倒披针形，边缘撕裂；缘花舌状，舌片白色，顶端3齿裂；盘花管状，黄色，两性。瘦果具3～5条棱，被白色微毛；冠毛膜片状，白色，边缘流苏状，固结于冠毛环上。花、果期7—11月。$2n=32$。

区内常见，生于房屋旁、路边草丛。原产于热带美洲；我国华东、华南常见归化；日本也有。

图3-139 睫毛牛膝菊

15. 苍耳属 Xanthium L.

一年生草本。茎直立，粗壮，多分枝。叶互生；叶片全缘或多少分裂；具叶柄。头状花序单性，雌雄同株，排成顶生或腋生花束或短总状花序式。雄性的头状花序球形，多花；总苞半球形，总苞片1～2层；花序托圆柱形，托片披针形，包围管状花；管状花顶端5齿裂；花药基部钝。雌性的头状花序卵球形；总苞卵球形，总苞片2层，外层椭圆状披针形，分离，内层结合成囊状，内具2室，每室具2朵小花，表面具钩状刺，顶端具2喙；雌花无花冠；花柱分枝纤细，伸出总苞的喙外。瘦果2枚，倒卵球形，包藏于具钩刺的总苞中；冠毛无。

约25种，分布于美洲、欧洲、亚洲及非洲北部；我国有3种，南北均产；浙江有1种；杭州有1种。

苍耳　(图3-140)

Xanthium sibiricum Patrin. ex Widder

一年生草本。茎直立，高30～80cm。叶片三角状卵形或心形，长4～9cm，宽5～10cm，先端钝或略尖，基部心形，边缘有不规则的粗锯齿或3～5不明显浅裂，具基出3脉，下面被糙伏毛；叶柄长3～10cm。雄性的头状花序球形，直径为4～6mm；总苞片长圆状披针形，被短柔毛；花序托柱状，具多数雄花。雌性的头状花序椭圆球形，总苞片2层，内层结合成囊状，宽卵形，连同喙部长12～15mm，在瘦果成熟时变硬，外面有疏生具钩的刺，刺长1.5～2.5mm；喙坚硬，锥形，少有结合成1个喙。瘦果2枚，倒卵球形。花、果期9—10月。$2n=36$。

区内常见，生于山麓杂树林、草丛中、路边。分布于全国各地；日本、朝鲜半岛、俄罗斯、伊朗、印度也有。

带总苞的果实名“苍耳子”，供药用，有利尿、发汗之功效。

图3-140　苍耳

16. 豚草属　Ambrosia L.

一年生或多年生草本。茎直立。叶互生或对生；叶片全缘、羽状或掌状分裂、细裂。头状花序小，单性，雌雄同株。雄性头状花序在枝端密集排列成无叶的穗状或总状，具多数花；总苞半球状或碟状，总苞片5～12枚，基部结合，顶端开裂；花冠管状，顶端5裂。雌性头状花序生于雄性头状花序下方的叶腋内，单生或密集排列成团伞状；通常具1朵雌花；总苞有结合的总苞片，闭合，倒卵形或近球形，背部在顶部以下具4～8个瘤或刺，顶端紧缩成围裹花柱的嘴部；花冠不存在；花柱2深裂，上端从总苞的嘴部外露。瘦果倒卵球形，藏于坚硬的总苞中；无冠毛。

10余种，原产于美洲与非洲；我国有2个外来的驯化种；浙江有2种；杭州有2种。

1. **豚草**　(图3-141)

Ambrosia artemisiifolia L.

一年生草本。茎直立，高20～100cm，上部有分枝，有棱，被疏生密糙毛。下部叶对生，叶片 2～3 回羽状分裂,裂片狭小,长圆形至倒披针形,全缘,有明显的中脉,上面深绿色,被细短伏毛或近无毛,背面灰绿色,被密短糙毛;上部叶互生,无柄,羽状分裂。雄性头状花序半球形或卵球形,直径为 2.5～5mm,具短梗,下垂,在枝端密集排列成总状;总苞宽半球形或碟形,总苞片全部结合,边缘具波状圆齿,稍被糙伏毛;花序托具刚毛状托片;花冠淡黄色,有 5 枚宽裂片。雌性头状花序无梗,在雄性头花序下面或在下部叶腋单生,或 2～3 个密集排列成团伞状,仅 1 朵雌花;总苞闭合,具结合的总苞片,倒卵形或卵状长圆形,在顶部以下有 4～7 枚尖刺,结果时残存于瘦果上部。瘦果倒卵球形,无毛,藏于坚硬的总苞内。花、果期 8—10 月。$2n=36$。

见于西湖景区(桃源岭),生于路边、草丛中。原产于北美洲;在我国长江流域有逸生;亚洲和欧洲广泛分布。

图 3-141 豚草

图 3-142 三裂叶豚草

2. 三裂叶豚草 (图 3-142)

Ambrosia trifida L.

一年生粗壮草本。茎直立,高 30～80cm,有分枝,被短糙毛或近无毛。叶对生,有时互生;下部叶 3～5 裂,上部叶 3 裂或有时不裂,裂片卵状披针形或披针形,先端急尖或渐尖,边缘有锐锯齿,上面深绿色,下面灰绿色,两面被短糙伏毛,基出 3 脉;叶柄长 2～3.5cm,基部膨大,边缘有窄翅,被长缘毛。雄性头状花序多数,球形,直径约为 5mm,有短梗,下垂,在枝端密集排列成总状;总苞碟形,绿色,总苞片结合,外面具 3 肋,边缘有圆齿,疏被短糙毛;花序托无托片,具白色长柔毛;花冠黄色,钟形,顶端 5 裂,外面有 5 道紫色条纹。雌性头状花序在雄性头状花序下方的叶腋,聚作团伞状,具 1 朵雌花;总苞倒卵球形,直径为 4～5mm,先端具圆锥状短嘴,嘴部以下有 5～7 条肋,每一肋顶端有瘤或尖刺,无毛。瘦果倒卵球形,无毛,藏于坚硬的总苞中。花、果期 8—10 月。$2n=24$。

见于西湖景区(飞来峰),生于溪沟边。原产于北美洲;我国河北、黑龙江、湖南、吉林、江西、辽宁、山东、四川有逸生。

与上种的区别在于：本种雌性的头状花序在雄性的头状花序的下方叶腋聚集成团伞状；下部叶片3～5裂，上部叶片3裂。

17. 大丁草属　Gerbera Cass.

多年生草本，多少被绵毛。叶基生，叶片全缘或分裂。花茎直立，不分枝。头状花序单生于花茎顶端；总苞筒形或宽钟形，总苞片2至多层，覆瓦状排列，外层的较内层短；花序托平坦，具微凹点；缘花1～2层，二唇形或管状二唇形，雌性，结实；盘花管状，二唇形，两性，结实；有时秋天的花序仅具管状花；花药基部具尾，花柱分枝粗短，顶端钝。瘦果长圆柱形或纺锤形，扁或稍扁；冠毛羽毛状或刺毛状。

约80种，主要分布于非洲，次为亚洲东部及东南部；我国有20种，分布于南北各地，以西南地区为多；浙江有3种；杭州有1种。

扶郎花　非洲菊　(图3-143)

Gerbera jamesonii Bolus

多年生草本植物。全株有细毛，高约40cm。叶基生；叶片长椭圆状披针形，长12～25cm，宽5～8cm，先端急尖或钝，基部渐狭，羽状深裂或浅裂，上面绿色，具小凸起，下面淡绿色，被长柔毛；中脉粗壮，侧脉两面明显；叶柄长12～20cm，被长柔毛。头状花序单生于花茎顶端，直径为8～10cm；总苞盘状钟形，直径约为2cm，总苞片4～5层，外层的卵状披针形，内层的线状披针形，先端渐尖，被绵毛；缘花舌状，1层，橘红色，线状披针形，冠毛红棕色。花期5月。

区内常见栽培。原产于非洲；全国各地常见栽培。

花供观赏。

图3-143　扶郎花

18. 狗舌草属　Tephroseris (Reichenb.) Reichenb.

多年生草本。茎直立，常被蛛丝状毛。叶常基生；叶片全缘或有波状锯齿，常具羽状脉。头状花序排列成伞房状聚伞花序；总苞半球形或钟形，总苞片1层或2层，基部常有数枚外苞片；花序托平坦，无托片；缘花舌状，雌性，结实；盘花管状，两性，结实；花药隔基部圆柱形；花柱分枝顶端稍扩张，呈画笔状。瘦果近圆柱状；冠毛毛状。

约50种，分布于北温带至欧亚的北极地区，其中1种至北美洲；我国有14种；浙江有1种；杭州有1种。

狗舌草 （图 3-144）

Tephroseris kirilowii （Turcz. ex DC.） Holub. ——*Senecio kirilowii* Turcz. ex DC.

多年生草本。茎直立，高 20～35cm，密被白色蛛丝状毛。基生叶呈莲座状，叶片长圆形或倒卵状长圆形，长 5～9cm，宽 1.5～2.5cm，先端钝圆，基部渐狭沿柄下延成翅，边全缘或具浅齿，两面均密被蛛丝状毛，叶柄长 0.5～2cm；茎生叶少数且小，叶片线状披针形。头状花序在茎端排列成伞房状或假伞形；总苞筒状，直径达 1cm，无小外苞片，总苞片 1 层，线形或长圆状披针形，外密被蛛丝状毛；缘花舌状，黄色，顶端 3 齿裂；盘花管状，多数，顶端 5 裂。瘦果圆柱形，棕褐色，被白色硬毛；冠毛长约 1cm。花、果期 4—6 月。

文献记载区内有分布。分布于华东、华中、华北、东北及广东、四川、陕西、宁夏、甘肃；日本、朝鲜半岛和俄罗斯远东地区也有。

图 3-144 狗舌草

19. 大吴风草属 Farfugium Lindl.

多年生草本。叶几全部基生，幼时内卷，呈拳状，有长毛，后上面无毛，下面有茸毛；茎生叶互生，苞片状。头状花序排列成疏伞房状；总苞筒状，基部具外苞片，总苞片 2 层，覆瓦状排列，外层狭，内层宽，有白色膜质边缘，近等长；花序托浅蜂窝状，小孔边缘有齿；缘花舌状，1 层，雌性；盘花管状，多数，顶端 5 裂，两性；花药基部 2 裂，裂片线形，顶端附片椭圆形；花柱分枝顶端圆形，有短毛。瘦果圆筒形，有密毛；冠毛糙毛状，多数，宿存。

1 种，产于我国和日本；浙江及杭州也有。

大吴风草 （图 3-145）

Farfugium japonicum （L. f.） Kitam.

多年生草本。根状茎粗壮；地上茎花葶状，浅灰褐色，高 30～70cm，幼时被密的淡黄色柔毛，后毛脱落。叶几全部基生，莲座状；叶片肾形，通常长 4～15cm，宽 6～30cm，先端圆形，基部心形，边缘有尖头细齿或全缘，两面幼时被灰色柔毛，后变无毛；叶柄长 10～38cm，基部扩大成短鞘状，鞘内被密毛；茎生叶 1～3 枚，苞叶状，长圆形或线状披针形，长 1～2cm，无柄，抱茎。头状花

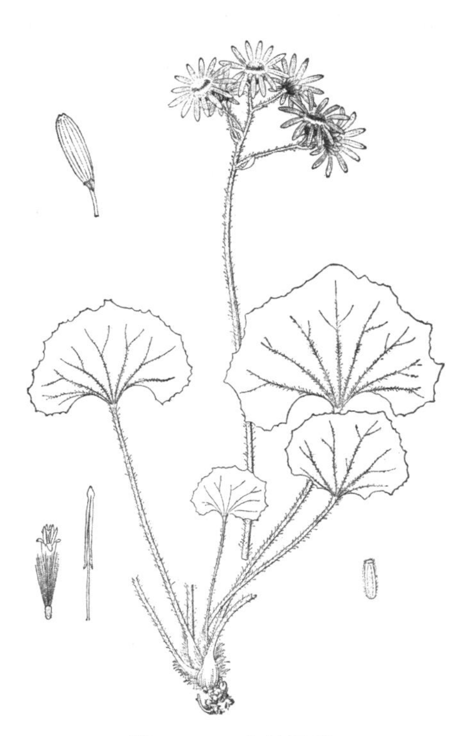

图 3-145 大吴风草

序直径为4～6cm,梗长1.5～7cm,排列成疏散伞房状;总苞钟形或宽陀螺形,总苞片12～14枚,2层,长圆形,先端渐尖,外面被细毛,内层边缘褐色宽膜质;缘花舌状,黄色,8～12枚,舌片长圆形或匙状长圆形;盘花管状,黄色,多数。瘦果圆柱形,有纵肋,被成行的短毛;冠毛棕褐色,糙毛状,等长。花、果期7—10月。$2n=60$。

区内常见栽培,作地被。分布于安徽、福建、广东、广西、湖北、江苏、台湾;日本、朝鲜半岛也有。全草入药,有活血止血、散结消肿之效。

20. 天人菊属　Gaillardia Foug.

一年生或多年生草本。茎直立。叶互生或全部基生。头状花序大,单生于枝端;总苞半球形,总苞片2～3层,革质;花序托凸起或半球形,托片刚毛状或钻形;缘花舌状,1层,顶端,3浅裂或具3枚齿,稀全缘,雌性,结实;盘花管状,顶端5浅裂,两性,结实;花药基部短耳形;花柱分枝顶端画笔状,附片有丝状毛。瘦果长椭圆球形或倒塔形,具5条棱;冠毛6～10枚,鳞片状,有长芒。

20余种,分布于美洲热带;我国栽培2种;浙江有2种;杭州有1种。

天人菊　(图3-146)

Gaillardia pulchella Foug.

一年生草本。茎直立,高20～60cm,中部以上多分枝,分枝斜生,具短柔毛或锈色毛。下部叶片匙形或倒披针形,长5～10cm,宽1～2cm,先端急尖,基部下延,边缘有波状钝齿、浅齿至琴状分裂,先端急尖,近无柄;上部叶片长椭圆形或倒披针形或匙形,长3～8cm,宽1～2cm,先端具芒尖,基部心形,半抱茎,全缘或上部有疏锯齿或3浅裂,两面均被伏毛,中脉凸起。头状花序钟形,直径为3～5cm;总苞片披针形,边缘有长缘毛,外面具腺点,基部密被长柔毛;缘花舌状,黄色,基部带紫色,舌片宽楔形,顶端2～3裂,雌性;盘花管状,顶端渐尖或芒状,被多节毛,两性,结实。瘦果长椭圆球形,基部被长柔毛;冠毛鳞片状。花、果期6—10月。$2n=34$。

图3-146　天人菊

区内有栽培。原产于美洲热带;我国各地也普遍栽培。

21. 茼蒿属　Chrysanthemum L.

一年生草本。叶互生;叶片羽状深裂或边缘有锯齿。头状花序单生于茎端;总苞宽杯状,总苞片4层;花序托凸起,半球形,无托毛;缘花舌状,舌片长椭圆形或线形,雌性,结实;盘花管状，顶端具 5 枚齿，两性，结实；花药基部钝；花柱分枝顶端截形。瘦果有凸起的肋或硬翅；无冠毛。

约 5 种，原产于地中海地区；我国有 3 种栽培；浙江有 2 种；杭州有 2 种。

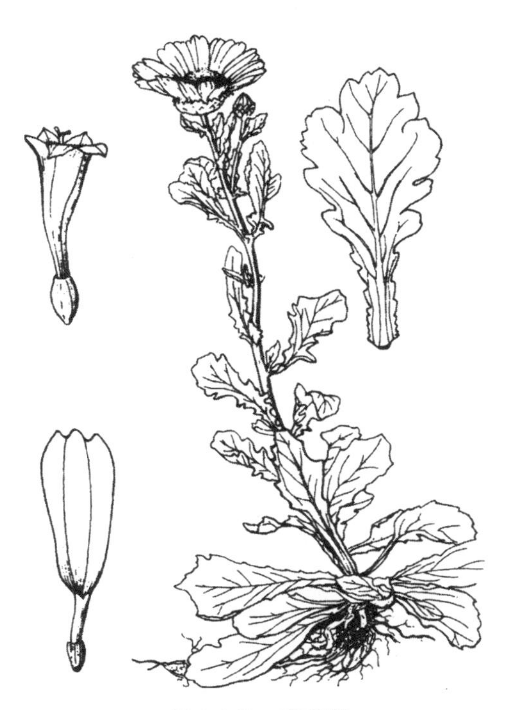

图 3-147　南茼蒿

1. 南茼蒿　蒿菜　（图 3-147）

Chrysanthemum segetum L.

多年生草本。茎直立，高 20～60cm，光滑无毛，富肉质。叶互生；叶片椭圆形或倒卵状椭圆形，长 4～6cm，先端钝或圆，基部楔形，耳状抱茎，边缘有深齿裂或羽状浅裂；无柄。头状花序直径为 4～6cm，单生于枝端；总苞直径为 1～2cm，总苞片干膜质，内层顶端膜质扩大，几呈附片状；缘花舌状，黄色或黄白色；盘花管状，黄色。舌状花瘦果有 2 条具狭翅的侧肋，间肋不明显，每面 3～6 条；管状花瘦果的肋约 10 条，等形等距。花、果期 4—6 月。$2n=18$。

区内常见栽培。原产于欧洲南部；我国南方各地普遍栽培。

供作蔬菜，食其肉质茎及叶。

2. 茼蒿

Chrysanthemum coronarium L.

一年生或越年生草本植物，光滑无毛或几光滑无毛。茎高达 70cm，不分枝或自中上部分枝。基生叶花期枯萎。中下部茎生叶长椭圆形或长椭圆状倒卵形，长 8～10cm，无柄，2 回羽状分裂；1 回为深裂或几全裂，侧裂片 4～10 对；2 回为浅裂、半裂或深裂，裂片卵形或线形。茎上部叶小。头状花序单生于茎端或少数生于枝端，但并不形成明显的伞房花序，花梗长 15～20cm；总苞直径为 1.5～3cm，总苞片 4 层，内层长 1cm，顶端膜质扩大成附片状；舌片长 1.5～2.5cm。舌状花瘦果有 3 条凸起的狭翅肋，肋间有 1～2 条明显的间肋。管状花瘦果有 1～2条椭圆形凸起的肋及不明显的间肋。花、果期 6—8 月。$2n=18$。

区内有栽培。原产于地中海地区；我国安徽、福建、广东、广西、海南、河北、湖南、吉林、江苏、山东有栽培。

茎、叶嫩时可食，亦可入药。

与上种的区别在于：本种茎较高，不分枝或分枝高；总苞直径稍大；舌状花瘦果间肋明显，管状花瘦果的肋明显少于上种。

22. 金盏菊属　Calendula L.

一年生或多年生草本。茎直立，疏被柔毛。叶互生；叶片全缘或具波状齿。头状花序顶生；总苞宽钟状，总苞片 1～2 层，披针形至线状披针形，先端渐尖，边缘膜质；花序托平或凸起，无托片；缘花舌状，通常 2～3 层，舌片开展，不分裂或顶端 3 齿裂，雌性，结实；盘花管状，顶端

5浅裂,两性,不结实;花药基部箭头形,具刚毛状小尖或附属物;柱头不分裂。瘦果形状不一,通常内曲,无冠毛。

20多种,主产于地中海地区、西欧和西亚;我国常见栽培1种;浙江及杭州也有。

金盏菊　(图3-148)

Calendula officinalis L.

一年生草本。茎直立,高30～60cm,被柔毛和腺毛,通常上部分枝。叶互生;下部叶片匙形,长15～20cm,全缘,无柄;上部叶片长椭圆形或长椭圆状倒卵形,长5～12cm,宽1～3cm,先端钝尖,基部稍呈耳状抱茎,全缘或具波状极疏小齿。头状花序大,直径为3～5cm,单生于枝端;总苞宽钟形,总苞片2层,披针形,外层较内层稍长;花黄色或橙黄色;缘花舌状,通常3层,舌片伸展,顶端3齿裂;盘花管状,顶端5浅裂;瘦果显著内弯,顶端及基部延伸成钩状,两侧具翅。花、果期4—9月。$2n=28,32$。

区内常见栽培,供观赏。原产于地中海地区至伊朗;我国各地庭院普遍栽培。

供观赏,也可药用。

图3-148　金盏菊

23. 虾须草属　Sheareria S. Moore

一年生草本。茎直立。叶互生,叶片全缘。头状花序小,顶生或腋生;总苞卵球形,总苞片2层,革质,宽卵形,外层1～2枚较小;花序托平坦,无托片;缘花舌状,2～4朵,舌片卵状椭圆形,近全缘或顶端具5枚钝齿,雌性,结实;盘花管状,1～3朵,顶端5裂,两性,不结实;花药长椭圆球形,基部钝,顶端有近三角形的附片;雌花花柱分枝,上端截形;两性花花柱不分枝,棒状,上端截形,被细毛。瘦果长圆球形,有3个狭窄的翅,翅缘具细齿;无冠毛。

仅1种,分布于我国东部、中部及南部;浙江及杭州也有。

虾须草　(图3-149)

Sheareria nana S. Moore

一年生草本。茎直立,高15～30cm,自下部起分枝,绿色,有时稍带紫色,无毛或稍被细毛。叶互生,稀疏;叶片线形或倒披针形,长1～3cm,宽2～3mm,先端急尖,全缘,中脉明显,下面凸起;上部叶片小,鳞片状;无叶柄。头状花序顶生或腋生,直径为2～4mm;总苞片2层,4～5

图3-149　虾须草

枚,宽卵形,稍被细毛,外层较内层小;缘花舌状,2～4 朵,白色或有时淡红色,舌片宽卵状长圆形,全缘或顶端有 5 枚钝齿,雌性,结实;盘花管状,1～2 朵,顶端 5 齿裂,两性,不结实。瘦果长椭圆球形,有翼状棱 3 条,翼的边缘有细毛;冠毛无。花、果期 8—9 月。

见于萧山区、西湖景区(六和塔),生于山坡、池塘边、江堤、田埂、潮湿的草地或河边沙滩上。分布于安徽、广东、贵州、湖北、湖南、江苏、江西。

24. 蓍属 Achillea L.

多年生草本。叶互生;叶片羽状深裂或全裂,有时仅有锯齿。头状花序小,具短梗,排列成伞房状,稀单生;总苞卵球形、长圆球形或半球形,总苞片 2～3 层,覆瓦状排列,边缘干膜质;花序托凸起或圆锥状,有干膜质托片;缘花舌状,雌性,结实;盘花管状,顶端 5 裂,两性,结实;花药基部钝;花柱分枝顶端截形,画笔状。瘦果长圆球形,压扁,有明显边缘;无冠毛。

约 200 种,广布于北温带;我国有 10 种;浙江常见栽培 2 种;杭州有 2 种。

图 3-150 蓍

1. 蓍 千叶蓍 (图 3-150)

Achillea millefolium L.

多年生草本。茎直立,高 30～80cm,通常被白色长柔毛,中部以上叶腋常有缩短的不育枝。叶片披针形或近线形,长 5～7cm,宽 1～1.5cm,2～3 回羽状全裂,上面密生凹入的腺点,多少被毛,下面被贴伏的长柔毛;基生叶有短柄,茎生叶无柄。头状花序多数,直径为 2～6cm,排列成复伞房状;总苞长椭圆球形,总苞片 3 层,覆瓦状排列;托片长椭圆形,外面散生金黄色腺点;缘花舌状,白色、粉红色或淡紫红色,5 朵,舌片顶端具 2～3 枚齿;盘花管状,黄色,顶端 5 齿裂,外面具腺点。瘦果长圆球形,无冠毛。花、果期 5—6 月。

区内常见栽培,供观赏。原产于欧洲;全国各地庭院常有栽培。

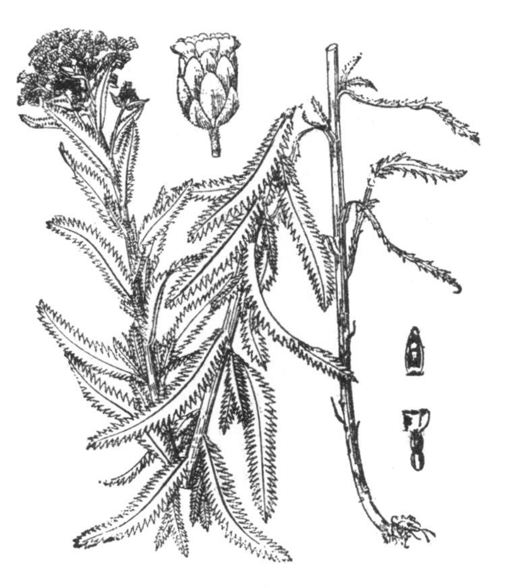

图 3-151 高山蓍

2. 高山蓍 (图 3-151)

Achillea alpina L.

多年生草本。根状茎短;地上茎直立,高 30～50cm,被疏或密的贴伏柔毛,中部以上叶腋常有不育枝,仅在花序或上半部有分枝。叶片线状披针形,长 6～10cm,宽7～15mm,篦齿状羽状浅裂至深裂,基部裂片抱茎,裂片线形或线状披针形,先端急尖,边缘有不等大的锯齿或浅裂,齿端和裂片先端有软骨质尖头,上面疏生长柔毛,下面毛较密,有腺点;下部叶花期凋落,上部叶渐小;全部叶无柄。头状花序多数,直径为7～9mm,排列成伞房状;总苞近球形,总苞片3层,宽披针形至长椭圆形,边缘膜质,褐色;托片和内层总苞片相似;缘花舌状,白色,6～8朵,舌片近圆形,顶端3枚浅齿,雌性;盘花管状,白色,顶端5裂,两性,结实。瘦果宽倒披针形,扁,具边肋。花、果期6—10月。$2n=36$。

区内常见栽培。分布于我国北部;日本、朝鲜半岛、蒙古、俄罗斯西伯利亚和远东地区也有。

全草供药用,花可供观赏。

与上种的区别在于:本种叶片篦齿状羽状浅裂至深裂,裂片线形至披针形。

25. 菊属　Dendranthema (DC.) Des Moul.

多年生草本或灌木。茎直立,分枝或不分枝。叶互生;叶片不分裂或1～2回掌状或羽状分裂。头状花序单生于茎顶,或在枝端排列成伞房状;总苞浅碟状,总苞片4～5层,膜质,或中外层草质而边缘羽状深裂或浅裂;花序托凸起,半圆形或圆锥状,无托毛;缘花舌状,雌性;盘花管状,顶端5齿裂,两性;花药基部钝;花柱分枝线形,顶端截形。瘦果近圆柱状而下部收窄,有5～8条纹肋;无冠毛。

30余种,主要分布于我国、日本、朝鲜半岛、俄罗斯;我国有17种;浙江有4种;杭州有3种。

分种检索表

1. 头状花序大,直径为2.5～10cm;舌状花多层或全为舌状花,稀1层;栽培…………1. **菊花**　*D. morifolia*
1. 头状花序小,直径为1.5～2.5cm;舌状花1层;通常野生。
    2. 叶片2回羽状分裂;叶柄基部有分裂的假托叶…………2. **野菊**　*D. indica*
    2. 叶片1回羽状分裂;叶柄基部有具锯齿的假托叶…………3. **甘菊**　*D. lavandulifolia*

1. 菊花　(图3-152)

Dendranthema morifolia (Ramat.) Tzvel.——*Chrysanthemum morifolium* Ramat.

多年生草本。茎直立,高60～120cm,基部木质化,上部多分枝,被灰色柔毛或茸毛。叶互生;叶片卵圆形至宽披针形,长5～13cm,宽2～6cm,先端急尖,基部楔形或圆形,边缘有粗大锯齿或深裂达叶片的1/3～1/2处,裂片再分裂,下面有白色柔毛;有短叶柄。头状花序直径为2.5～10cm,有梗,常数个聚生;外层总苞片线形,有宽而透明的膜质边缘;缘花舌状,其颜色及形态极多,有的品种全为舌状花;盘花管状,黄色,有的品种管状花特征特别显著。瘦果不发育。花期9—10月。

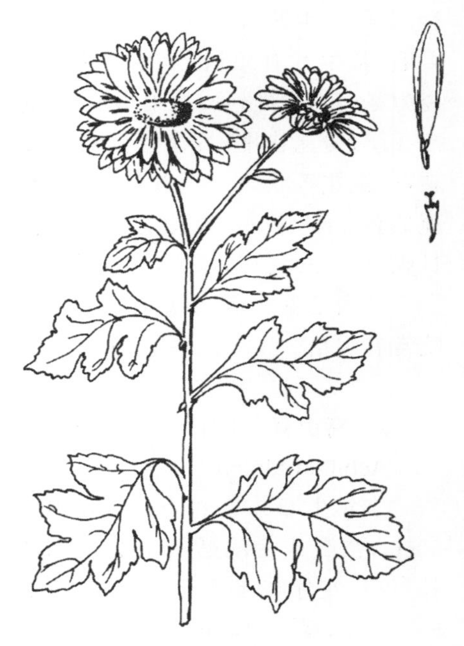

图3-152　菊花

区内常见栽培。原产于我国;现世界各地均有栽培。

菊花是世界广泛栽培的观赏植物,除供观赏外,有的供药用或作消暑饮料,如杭白菊等,有清凉镇静之效。

2. **野菊** （图 3-153）

Dendranthema indica（L.）Des Moul. ——*Chrysanthemum indicum* L.

多年生草本。茎直立，高 25～80cm，基部常匍匐，上部分枝，被细柔毛。叶互生；基部叶在花期脱落；中部叶片卵形或长圆状卵形，长 3～8cm，宽 1.5～3cm，羽状深裂，顶裂片大，侧裂片常 2 对，边缘浅裂或有锯齿；上部叶片渐小；全部叶片上面有腺体及疏柔毛，下面毛较密，基部渐狭成有翅的叶柄，假托叶有锯齿。头状花序直径为1.5～2.5cm，在枝端排列成伞房状圆锥花序；总苞半球形，总苞片 4 层，边缘宽膜质；缘花舌状，黄色，雌性；盘花管状，两性。瘦果倒卵球形，有光泽，具数条纵细肋；无冠毛。花、果期 10—11 月。

区内常见，生于山坡林下、灌丛中。分布于全国各地；日本、朝鲜半岛、俄罗斯及印度也有。

全草入药，有清热解暑、平肝明目、疏风散热、凉血降压、活血散瘀之功效。

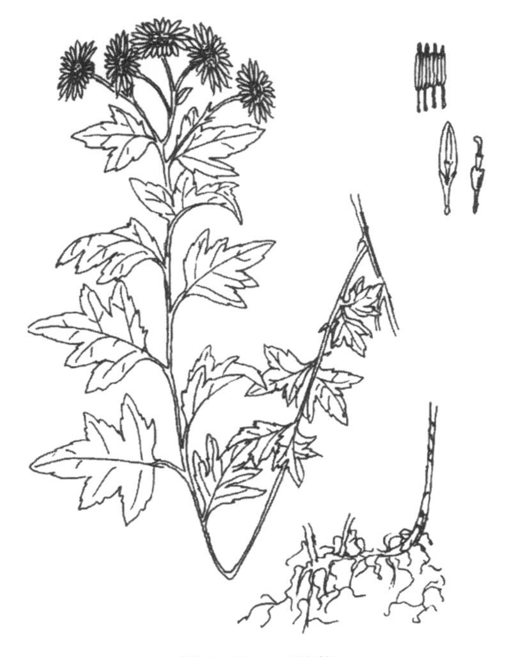

图 3-153 野菊

图 3-154 甘菊

3. **甘菊** （图 3-154）

Dendranthema lavandulifolia（Fisch. ex Trautv.）Ling & Shih

多年生草本。茎直立，高 30～100cm，自中部以上多分枝，有稀疏的柔毛。基部和下部叶片花期凋落；中部叶片宽卵形或椭圆状卵形，长 2～5cm，宽 1.5～4.5cm，2 回羽状分裂，具长 5～10mm 的叶柄，柄基部有分裂的假托叶或无；上部叶片羽裂、3 裂或不裂；全部叶两面同色或几同色，被稀疏柔毛或上部几无毛。头状花序直径为 1.2～1.8cm，在茎端排列成疏散的伞房状；总苞碟形，总苞片约 5 层，边缘白色或浅褐色；缘花舌状，黄色，舌片椭圆形，顶端全缘或 2～3齿裂。瘦果长 1.2～1.5mm。花、果期 9—11 月。

见于西湖景区（六和塔），生于山坡林下和路旁草丛。分布于湖北、江苏、江西、山东、四川、云南和华北、东北、西北地区。

26. 一枝黄花属　Solidago L.

多年生草本。茎直立,基部木质化。叶互生。头状花序小,排列成总状或蝎尾状;总苞长圆球形或钟状,总苞片3～4层,外层较内层短;花序托平坦,常有小凹点,无托片;缘花1层,舌状,雌性;盘花管状,顶端5齿裂,两性;花药基部钝;花柱分枝,上端具箭头形或披针形的附器。瘦果圆柱形或有棱角;冠毛粗糙,1～2层,白色。

约125种,分布于北美洲,少数分布于欧洲和亚洲;我国有4种,南北均有;浙江有2种;杭州有2种。

1. 一枝黄花　(图3-155)

Solidago decurrens Lour.

多年生草本。茎直立,高20～70cm,基部略带紫红色。叶片卵圆形、长圆形或披针形,长4～8cm,宽1.5～4cm,先端急尖或渐尖,基部楔形渐狭,边缘有锐锯齿,向上渐变小至近全缘。头状花序直径为5～8mm,单一或2～4枚聚生于一腋生的短枝上,再成总状或圆锥状排列;总苞片3层,外层的卵状披针形,内层的披针形;缘花舌状,8朵,黄色,雌性;盘花管状,两性。瘦果圆筒形,具棱,光滑或于顶端略有疏柔毛;冠毛粗糙,白色。花、果期9—10月。$2n=18$。

见于拱墅区(半山)、萧山区(戴村)、西湖景区(九溪、玉皇山),生于荒草地、路边、斜坡、林下。分布于华东、华中、华南和西南;日本、朝鲜半岛也有。

全草入药,有散热祛湿、消积解毒、消肿止痛之效。

图3-155　一枝黄花

图3-156　加拿大一枝黄花

2. 加拿大一枝黄花　(图3-156)

Solidago canadensis L.

多年生草本。根状茎长;地上茎直立,高达2m。叶片披针形或线状披针形,长5～12cm,

叶脉于中部呈 3 出平行脉。头状花序很小，长 4～6mm，在花序分枝上排列成蝎尾状，再形成开展的圆锥花序；总苞片线状披针形，长 3～4mm；缘花舌状，很短。瘦果有细柔毛。

区内常见，主要生长在河滩、荒地、公路两旁、农田边、农村住宅四周。1935 年作为观赏植物引入我国，是外来生物，引种后逸生成恶性杂草。原产于北美洲。

与上种的区别在于：本种头状花序排列成蝎尾状；瘦果全部具细柔毛。

27. 马兰属 Kalimeris Cass.

多年生草本。茎直立。叶互生；叶片全缘或有齿，或羽状分裂。头状花序较小，单生于枝端或呈疏散伞房状排列；总苞半球形或宽钟形，总苞片 2～3 层，有时 4 层，近等长或外层较短，草质或边缘干膜质；花序托凸起，圆锥状或蜂窝状；缘花舌状，1～2 层，顶端全缘或具细齿，雌性，结实；盘花钟状，倒卵球形。冠毛极短，粗毛状或膜片状，分离或基部结合，呈环状。

约 20 种，分布于亚洲东部和南部；我国有 7 种；浙江有 3 种；杭州有 2 种。

图 3-157 马兰

1. 马兰 （图 3-157）

Kalimeris indica (L.) Sch.-Bip.

多年生草本。根状茎有匍匐枝；地上茎直立，高 30～50cm，多少有分枝，被短毛。基部叶在花期枯萎；茎生叶披针形至倒卵状长圆形，长 3～7cm，宽 1～2.5cm，先端钝或尖，基部渐狭，边缘从中部以上具浅齿或深齿，具柄；上部叶片渐小，全缘，两面有疏微毛或近无毛，无柄。头状花序直径为 2.5cm，排列成疏伞房状；总苞半球形，直径为 6～9mm，总苞片 2～3 层，覆瓦状排列，外层倒披针形，内层倒披针状长圆形，先端钝或稍尖，上部草质，有疏短毛，边缘膜质，有缘毛；缘花舌状，紫色，1 层；盘花管状，多数。瘦果倒卵状长圆球形，极扁，边缘有厚肋，上部被腺毛及短柔毛；冠毛短毛状，易脱落。花、果期 7—10 月。$2n=54$。

区内常见，生于路边、平原、田边、溪沟边、杂草丛中。全国各地广布；亚洲东部及南部也有。

嫩茎、叶可作蔬菜；全草药用，有消食积、除湿热、利尿、退热、止咳之效。

图 3-158 毡毛马兰

2. 毡毛马兰 （图 3-158）

Kalimeris shimadae (Kitamura) Kitamura

多年生草本。根状茎粗短，全株密被短粗毛；地上茎直立，高 30～80cm，多分枝。下部叶在花期枯萎；中部叶倒卵形、倒披针形，长 3～7cm，宽 1.5～3cm，先端圆钝，基部渐狭，边缘有1～3对粗齿或全缘，近无柄；上部叶渐小，倒披针形或线形；全部叶两面密被毡状毛，下面沿脉密被糙毛，具3出脉。头状花序直径为2～3cm，单生于枝端，呈疏散的伞房状；总苞半球形，直径为8～10mm，总苞片3层，外层狭长圆形，上部草质，内层倒披针状长圆形，先端圆形而草质，边缘膜质，全部外面密被毛，具缘毛；缘花舌状，淡紫色，1层；盘花管状，多数。瘦果倒卵球形，极扁，边缘有肋，被短贴伏毛。花、果期7—8月。

见于西湖区(南屏山)，生于田埂、路旁或草丛中。分布于我国东部、东南部及中部。

与上种的区别在于：本种全株密被短粗毛。

28. 狗哇花属　Heteropappus Less.

一年生、越年生或多年生草本。茎直立。叶基生兼互生；基部叶片匙形，全缘或具钝齿；中部叶片披针形或狭椭圆形，全缘。头状花序单生于枝端；总苞半球形，总苞片2～3层，近等长；花序托微凸起或扁平，蜂窝状；缘花舌状，1层，雌性；盘花管状，顶端裂片不等长，略呈二唇形，两性；花药基部钝；花柱分枝上端具三角形附器。瘦果扁平，倒卵状长圆球形；冠毛1层，舌状花的冠毛极短，管状花的冠毛较长。

约30种，分布于亚洲东部、中部及喜马拉雅地区；我国有12种，广布于全国；浙江有2种；杭州有1种。

狗哇花　(图3-159)

Heteropappus hispidus (Thunb.) Less

一年生或越年生草本。茎直立，高30～45cm，常丛生，被粗毛。基部及下部叶在花期枯萎，叶片倒卵状披针形，长5～15cm，宽1.5～2.5cm，先端钝或圆形，基部渐狭成柄，全缘或有疏齿；中部叶片长圆状披针形至线形，长3～7cm，宽0.3～1.5cm，常全缘；上部叶片小，线形。头状花序直径为3～5cm；总苞半球形，总苞片2层，近等长，线状披针形，外面及边缘具上曲的粗毛，常有腺点；缘花舌状，浅红色或白色；盘花管状。瘦果倒卵球形，有细边肋，被密毛；冠毛在舌状花中极短，白色，膜片状，在管状花中糙毛状，初白色，后带红色。花、果期5—10月。$2n=18,36$。

区内有栽培。分布于安徽、湖北、江西、四川、台湾及华北、西北、东北；日本、朝鲜半岛、蒙古、俄罗斯也有。

图3-159　狗哇花

29. 碱菀属　Tripolium Nees

一年生草本。茎直立。叶互生，叶片全缘或有疏齿。头状花序较小，排列成伞房状；总苞近钟状，总苞片2～3层，边缘常带红紫色；花序托平，蜂窝状，窝孔有齿；缘花舌状，1层，舌片蓝紫色或浅红色，顶端有3枚齿，雌性；盘花管状，黄色，顶端有5个不等长裂片，两性；花药基部钝，全缘；花柱分枝上端具三角形附器。瘦果狭长圆球形，扁，有厚边肋，两面各有 1 条细肋，无毛或有细毛；冠毛多层，不等长，白色或浅红色，花后增长。

1 种，分布于欧洲、亚洲、北美洲和非洲北部；我国华东、西北和东北也有；浙江及杭州也有。

碱菀

Tripolium vulgare Nees

一年生草本。茎直立，高 30～50cm，单生或数个丛生，下部常带红色，无毛，上部有分枝。基部叶在花期枯萎；下部叶线形或长圆状披针形，长 5～10cm，宽 0.5～1.2cm，先端急尖，基部渐狭，全缘或有具小尖头的疏锯齿，无叶柄；上部叶渐小，苞叶状；全部叶无毛，肉质。头状花序直径为 2～2.5cm；总苞近管状，直径约为 7mm，总苞片 2～3 层，疏覆瓦状排列，绿色，边缘常红色，干后膜质，无毛，外层披针形或卵圆形，先端钝，内层狭长圆形；缘花舌状，1 层，舌片蓝紫色或淡黄色，顶端具 3 枚齿，雌性；盘花管状，黄色，顶端 5 裂，裂片不等长，两性。瘦果扁，狭长圆球形，有边肋，两面各有 1 条脉，被疏毛；冠毛多层，在花后增长达 1.4～1.6cm，有极细的微糙毛。花、果期 8—12 月。$2n=18$。

见于余杭区（乔司），生于河岸、盐碱地上。分布于甘肃、吉林、江苏、陕西、辽宁、山东、山西、内蒙古、新疆；日本、朝鲜半岛、俄罗斯西伯利亚地区、伊朗、中亚、欧洲、非洲北部及北美洲也有。

30. 东风菜属 Doellingeria Nees

多年生草本。叶互生；叶片宽卵状椭圆形，有锯齿或有时全缘；具长柄。头状花序多数，排列成伞房状；总苞半球形或宽钟形，总苞片 2～3 层，不等长；花序托扁平，蜂窝状；缘花舌状，1 层，雌性；盘花管状，顶端 5 齿裂，两性；花药基部钝；花柱分枝短，上端具三角形或披针形附器。瘦果椭圆球形或倒卵球形，具 5 条棱；冠毛 2 层，糙毛状。

7 种，分布于东亚；我国有 2 种；浙江有 2 种；杭州有 1 种。

东风菜 （图 3-160）

Doellingeria scaber （Thunb.） Nees——*Aster scaber* Thunb.

多年生草本。根状茎粗壮；地上茎直立，高 25～80cm，上部有分枝，被微糙毛。基部叶在花期枯萎，叶片心形，长 9～15cm；中部叶较小，卵状三角形，基部圆形或稍截形；全部叶片质厚，两面被微糙毛，网脉明显。头状花序少数，直径为 1.8～2.4cm；总苞半球形，总苞片 3 层，先端尖或钝，具缘毛；缘花舌状，白色，约 10 朵，舌片线状长圆形，雌性；盘花管状，顶端裂片线状披针形，两性。瘦果倒卵球形或椭圆球形，具 5 条肋，无毛；冠毛污

图 3-160 东风菜

黄白色，长3.5～4mm，具多数微糙毛。花、果期8—10月。$2n=18$。

区内常见，生于林下、山坡林缘、灌丛或竹林下。分布于我国东部、中部、南部、北部及东北部；日本、朝鲜半岛、俄罗斯西伯利亚东部也有。

根状茎供药用，治毒蛇咬伤。

31. 女菀属　Turczaninovia DC.

多年生草本。茎直立。叶互生；叶片全缘，具不明显基出3脉。头状花序多数，排列成紧密的伞房状；总苞宽钟状，总苞片3～4层，覆瓦状排列；花序托凸起，蜂窝状；缘花舌状，舌片顶端具2～3枚微齿或全缘，雌性；盘花管状，顶端5裂，两性，结实或一部分不结实；花药基部钝；花柱分枝常具三角形的附器。瘦果长圆球形，边缘有细肋；冠毛1层，粗毛状。

仅1种，分布于东亚；我国有分布；浙江及杭州也有。

女菀　(图3-161)

Turczaninovia fastigiata (Fisch.) DC.——*Aster fastigiatus* Fisch.

多年生草本。地上茎直立，高30～70cm，被短毛，上部有分枝。下部叶在花期枯萎，叶片线状披针形，长3～11cm，宽5～15mm，先端渐尖，基部渐狭成短柄，全缘；中部以上叶渐小，披针形或线形，上面无毛，下面密被短毛及腺点，边缘具糙毛，稍反卷。头状花序直径为5～7mm；总苞宽钟形，总苞片3层，密被短毛，先端钝，外层长圆形，内层倒披针状长圆形；缘花舌状，白色；盘花管状，黄色。瘦果长圆球形，稍扁，基部尖，密被短柔毛；冠毛1层，污白色至淡褐色，糙毛状。花期10月。

见于西湖景区(葛岭)，生于向阳山坡。分布于华东、华中、华北、东北及陕西；日本、朝鲜半岛、俄罗斯西伯利亚地区也有。

图3-161　女菀

32. 紫菀属　Aster L.

多年生，稀一年生草本。茎直立，单生或上部有分枝。叶互生；叶片全缘，具齿或分裂。头状花序单生，或排列成伞房状或圆锥状；总苞半球形、钟形或倒圆锥形，总苞片数层，草质或革质；花序托平或凸起，有小凹点；缘花舌状，1～2层，顶端具2～3个不明显的齿，雄性；盘花管状，顶端5裂，两性；花药基部钝；花柱分枝上端具披针形或三角形的附器。瘦果长圆球形或倒卵球形，具2条边肋；冠毛宿存，白色或红褐色。

约250种，分布于北温带；我国有100多种；浙江有6种，1变种；杭州有4种，1变种。

分种检索表

1. 叶较宽大，宽超过 1.5cm；头状花序较大，直径为 1.5cm 以上。
  2. 叶片具离基出 3 脉。
    3. 叶片基部不抱茎；总苞半球形。
      4. 叶片长圆状披针形或狭披针形，下面疏被短柔毛或除沿脉外无毛，稍有腺点 ………………………………………………………………… 1. **三脉紫菀** *A. ageratoides*
      4. 叶片卵圆形或卵状披针形，下面密被短柔毛和较密的腺点 ……………………………………………………………… 1a. **微糙三脉紫菀** var. *scaberulus*
    3. 叶片基部抱茎；总苞倒圆锥形……………………………… 2. **陀螺紫菀** *A. turbinatus*
  2. 叶片具羽状脉，茎中部和上部叶片基部圆耳状或心形，抱茎或半抱茎 …… 3. **琴叶紫菀** *A. panduratus*
1. 叶片狭窄，宽不超过 1.5cm；头状花序较小，直径为 1.5cm 以下 ……………… 4. **钻形紫菀** *A. sublatus*

1. 三脉紫菀 三脉叶马兰 （图 3-162）

Aster ageratoides Turcz.

多年生草本。根状茎粗壮；地上茎直立，高 40～90cm，常被糙毛。下部叶在花期枯落，宽卵状圆形，基部急狭成长柄；中部叶长圆状披针形，长 6～15cm，宽 1.5～5cm，先端渐尖，中部以下急狭成楔形具宽翅的柄，边缘有粗锯齿；上部叶渐小，有浅齿或全缘；全部叶片上面被密糙毛，下面被疏短柔毛或除沿脉外无毛，通常离基 3 出脉。头状花序直径为 1.5～2cm，排列成伞房状或圆锥状；总苞倒圆锥状半球形，直径为6～10mm；总苞片 3 层，线状长圆形；缘花舌状，紫色或浅红色；盘花管状，黄色。瘦果倒卵状长圆球形，有边肋，被短粗毛；冠毛浅红褐色或污白色。花、果期 9—11 月。

区内常见，生于竹林下、路旁草丛中、山坡。分布于华东、华中、华北、东北、西北、西南等地；日本、朝鲜半岛也有。

图 3-162 三脉紫菀

1a. 微糙三脉紫菀

var. scaberulus (Miq.) Ling

与原种的区别在于：本变种叶片卵圆形或卵状披针形，上面密被微糙毛，下面密被短柔毛，具较密的腺点；总苞片有毛及缘毛，先端紫红色。花、果期 9—11 月。

区内常见，生于林下、林缘和灌丛中。分布于华东、华中、华南、西南；越南也有。

2. 陀螺紫菀 （图 3-163）

Aster turbinatus S. Moore

多年生草本。根状茎粗短；地上茎直立，高60～100cm，粗壮，单生，被糙毛。下部叶在花期常枯落，叶片卵圆形或卵圆状披针形，长4～10cm，宽3～7cm，先端尖，基部截形或圆形，渐狭成4～8(～12)cm的柄，柄具宽翅，边缘具疏齿；中部叶无柄，长圆或椭圆状披针形，长3～15cm，宽1～3cm，先端尖或渐尖，边缘有浅齿，基部有抱茎的圆形小耳；上部叶渐小，卵圆形或披针形；全部叶片厚纸质，两面被短糙毛，下面沿脉有长糙毛，有离基3出脉及2～3对侧脉，中脉在下面凸起。头状花序直径为2～4cm，单生或2～3枚簇生于上部叶腋；总苞倒圆锥形，直径为1～2cm，总苞片多层，覆瓦状排列，外层卵圆形，先端圆形或急尖，内层长圆状线形，先端圆形；缘花舌状，蓝紫色；盘花管状。瘦果倒卵状长圆球形，两面有肋，密被粗毛；冠毛白色，有近等长的微糙毛。花、果期8—11月。

见于拱墅区(半山)、萧山区(戴村)、西湖景区(玉皇山、虎跑、飞来峰)，生于山坡、林下、草丛中。分布于安徽、福建、江苏、江西。

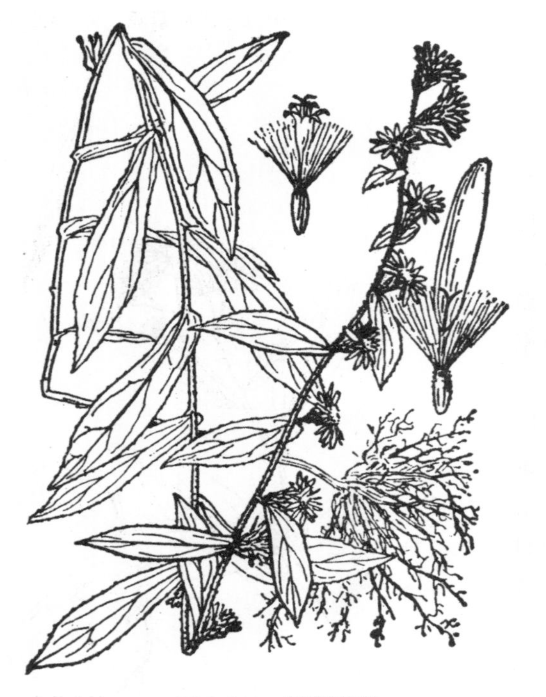

图3-163 陀螺紫菀

图3-164 琴叶紫菀

3. **琴叶紫菀** (图3-164)

Aster panduratus Nees ex Walp. ——*A. fordii* Hemsl.

多年生草本。根状茎粗壮；地上茎直立，高50～90cm，上部有分枝，全体被长粗毛和黏质的腺毛。基部叶常在花后枯萎，匙状长圆形，长达12cm，宽达3cm，下部渐狭成长柄；中部叶片倒卵状披针形，长4～9cm，宽1.5～2.5cm，先端急尖或钝，基部圆耳形，半抱茎，全缘或有波状疏齿；上部叶片渐小，卵状长圆形，基部心形抱茎，常全缘；全部叶片两面被长贴伏毛和密短毛。头状花序直径为2～2.5cm，单生或呈疏散的伞房状排列；总苞半球形，总苞片3层，外层绿色或带红色，被密短毛及腺点，内层上部或中脉绿色；缘花舌状，红色或淡紫色；盘花管状，顶端裂片外卷。瘦果倒卵球状，扁平，两面有肋；冠毛白色或稍红色。花、果期8—10月。

见于西湖景区(万松岭、玉皇山)，生于山坡疏林下、路旁草丛。分布于福建、江苏、江西、四川及华中、华南。

4. **钻形紫菀** （图 3-165）

Aster sublatus Michx.

一年生草生，全株无毛。茎直立，高 40～80cm，稍肉质，基部常略带紫红色，上部多分枝。基部叶片倒披针形，花时凋落；中部叶片线状披针形，长 6～9cm，宽 5～10mm，先端急尖，基部楔形，全缘，无叶柄；上部叶片渐狭窄至线形。头状花序排列成圆锥状，直径为 8～10mm；总苞钟形，总苞片 3～4 层，外层短于内层，线状钻形，背部绿色，边缘膜质，顶端略带红色；缘花舌状，细小，红色；盘花管状。瘦果长圆球形，略被毛，冠毛红褐色。花、果期 9—10 月。

区内常见，生于路边或荒地。原产于北美洲；我国南方各地常见归化。

图 3-165 钻形紫菀

33. 飞蓬属 Erigeron L.

一年生或多年生草本。茎直立。叶互生；叶片全缘或有锯齿。头状花序排列成伞房状或圆锥状；总苞卵球形、钟形或半球形，总苞片 2～3 层，覆瓦状排列，近等长；花序托扁平或隆起，具窝孔，无托片；缘花 2 至数层，舌状或最外层舌状，雌性，结实；盘花管状，顶端 5 齿裂，两性，结实；花药基部钝，顶端具卵状披针形附片；花柱分枝顶端具短三角形的附器。瘦果压扁，被毛；冠毛 2 层，外层膜片状，内层粗毛状。

约 200 种，广布于全世界，主产于北温带；我国有 35 种，南北均产；浙江有 2 种；杭州有 2 种。

1. **一年蓬** （图 3-166）

Erigeron annuus (L.) Desf.

一年生或越年生草本。茎直立，高 30～60cm，上部有分枝，被开展的长硬毛或上弯的短硬毛。基部叶花期枯萎，叶片长圆形或宽卵形，长 4～15cm，宽 1.5～4cm，先端急尖或钝，基部渐狭成具翅的长柄，边缘具粗齿；中部和上部叶片较小，长圆状披针形或披针形，长 1～8cm，宽 0.5～2cm，先端急尖，边缘有不规则的齿或近全缘，两面有短硬毛，具短叶柄或无叶柄。头状花序直径为 1～1.5cm，排列成疏圆锥状；总苞半球形，总苞片 3 层，外面密被腺毛和疏长节毛；缘花舌状，白色或淡蓝色，顶端具 2 枚小齿；盘花管状，黄色。瘦果披针形；冠毛异形，雌性的

图 3-166 一年蓬

冠毛极短,膜片状,两性花的为粗毛状。花、果期5—10月。$2n=27$。

区内广布,生于桥边、路边、荒地、竹林旁、山坡、荒地、草丛中。原产于北美洲;现世界各地均有归化。

全草入药,治疟疾。

2. **春飞蓬**　费城飞蓬　春一年蓬

Erigeron philadelphicus L.

一年生或多年生草本。茎直立,高30～90cm,较粗壮,绿色,上部有分枝,全体被开展长硬毛及短硬毛。叶互生;基生叶莲座状,卵形或卵状倒披针形,长5～12cm,宽2～4cm,先端急尖或钝,基部楔形,下延成具翅长柄,叶柄基部常带紫红色,两面被倒伏的硬毛,叶缘具粗齿,花期不枯萎,匙形,茎生叶半抱茎;中上部叶披针形或条状线形,长3～6cm,宽5～16mm,先端尖,基部渐狭,无柄,边缘有疏齿,被硬毛。头状花序数枚,直径为1～1.5cm,排成伞房或圆锥状花序;总苞半球形,总苞片3层,草质,披针形;缘花舌状,2层,白色略带粉红色,雌性;盘花管状,黄色,两性。瘦果披针形,长约1.5mm,压扁,被疏柔毛;雌花瘦果冠毛1层,极短而连接成环状膜质小冠;两性花瘦果冠毛2层,外层鳞片状,内层糙毛状。花期3—5月。$2n=18$。

区内常见,生于荒地、草丛等处。原产于北美洲;该种为外来入侵物种,已入侵安徽、福建、江苏、上海等。

与上种的区别在于:本种茎较高,基生叶花期不枯萎。

34. 白酒草属　Conyza Less.

一年生、越年生或多年生草本。茎直立,不分枝或上部多分枝。叶互生;叶片全缘、具齿或深裂。头状花序球形,排列成总状、伞房状或圆锥状;总苞半球形,总苞片3～4层或不明显的2～3层,覆瓦状排列;花序托扁平或凸,平滑或有小窝孔及睫毛;缘花细管状,无明显的舌片或仅外层有直立的短舌片,雌性,结实;盘花管状,顶端5齿裂,两性,结实;花药基部钝;花柱分枝上端具短披针形附器。瘦果长圆球形,极扁;冠毛绵毛状。

80～100种,主要分布于热带或亚热带;我国约有10种,分布于我国南部或西南部;浙江有4种;杭州有3种。

分种检索表

1. 茎、叶具开展长柔毛;头状花序小,直径为3～4mm ……………………………… 1. **小飞蓬**　*C. canadensis*
1. 茎、叶被弯曲短柔毛;头状花序较大,直径为5mm以上。
    2. 叶边缘平整,每边有4～8枚粗锯齿;头状花序组成塔状大型圆锥花序,头状花序直径为5～8mm …………………………………………………………………… 2. **苏门白酒草**　*C. sumatrensis*
    2. 叶边缘常呈波状,具粗锯齿或全缘;头状花序组成开展的聚伞状圆锥花序,头状花序直径为7～10mm …………………………………………………………………… 3. **野塘蒿**　*C. bonariensis*

1. **小飞蓬**　小蓬草　加拿大蓬　(图3-167)

Conyza canadensis (L.) Cronq. ——*Erigeron canadensis* L.

一年生草本。全体呈绿色。茎直立,高30～100cm,上部多分枝,被脱落性粗糙毛。基部叶花期常枯萎；下部叶倒披针形，长6～8cm，宽1～1.5cm，先端急尖或渐尖，基部渐狭成柄，边缘具疏锯齿或全缘；中部和上部叶较小，线状披针形或线形，全缘或有1～2枚齿，边缘有睫毛，近无柄或无柄。头状花序多数，直径为3～4mm，排列成圆锥状；总苞半球形，总苞片2～3层，淡绿色，外层短，内层长，外面被疏毛；缘花舌状，白色，舌片短小，顶端具2枚钝小齿；盘花管状，黄色，顶端4～5齿裂。瘦果线状披针形，稍压扁，被贴伏微毛；冠毛污白色，糙毛状。花、果期7—10月。$2n=18,54$。

区内常见。原产于北美洲；全国各地广泛逸生，为极常见的杂草。

嫩茎、叶可作饲料；全草入药，有消炎止血、祛风湿之效。

图3-167 小飞蓬

图3-168 苏门白酒草

2. 苏门白酒草 （图3-168）

Conyza sumatrensis (Retz.) Walker——*Erigeron sumatrensis* Retz.

一年生或越年生草本。茎直立，高80～120cm，粗壮，中部或中部以上有分枝，被较密灰白色、上弯糙短毛，杂有开展的疏柔毛。基部叶密集，花期凋落；下部叶片倒披针形或披针形，长6～10cm，宽1～2cm，先端急尖或渐尖，基部渐狭成柄，边缘上部每边长有4～8枚粗齿；中部和上部叶片渐小，具齿或全缘，两面密被糙短毛。头状花序多数，直径为5～8mm，在枝端排列成大型圆锥状；总苞卵形长圆柱状，直径为3～4mm，总苞片3层；缘花细管状，顶端具2浅裂，无舌片，雌性，结实；盘花管状，淡黄色，顶端5齿裂，两性，结实。瘦果线状披针形，压扁，被微毛；冠毛1层，初时白色，后变黄褐色。花、果期5—11月。

区内常见。原产于南美洲；我国长江以南各地均有归化，为极常见的杂草。

3. 野塘蒿 香丝草 （图3-169）

Conyza bonariensis (L.) Cronq. ——*Erigeron bonariensis* L.

一年生或越年生草本。全体略带灰绿色。茎直立，高20～90cm，中部以上常分枝，密被短柔毛和长粗毛。基部叶密集，花期常枯萎；下部叶片倒披针形或长圆状披针形，长3～8cm，宽5～15mm，先端急尖或稍钝，基部渐狭成长柄，边缘具粗齿或羽状浅裂；中上部叶片狭披针形或线形，长3～7cm，宽3～8mm，两面均密被粗毛，具齿或全缘。头状花序直径为8～10mm，排列成总状或圆锥状；总苞椭圆状卵球形，直径约为8mm，总苞片2～3层，外面密被灰白色短糙毛；缘花细管状，白色，无舌片或顶端具3～4枚细齿；盘花管状，淡黄色，顶端5齿裂。瘦果线状披针形，被疏短毛；冠毛淡红褐色。花、果期5—7月。$2n=54$。

区内常见，生于旷野和路边荒地等。原产于南美洲；全国各地广泛逸生。

图 3-169 野塘蒿

35. 千里光属 Senecio L.

多年生草本，稀灌木。茎直立或蔓生。叶基生或互生；叶片全缘或分裂，常具羽状脉。头状花序排列成伞房状或圆锥状；总苞钟状，总苞片1层或近2层，等长，离生或近基部合生，基部常有数枚外苞片；花序托平坦或隆起，无托片；缘花舌状，1层，雌性，结实；盘花管状，两性，结实；花药隔基部棒状或倒卵球形，有增大的边缘基细胞；花柱分枝顶端稍扩张，被短毛，呈画笔状。瘦果近圆柱状，有纵棱；冠毛毛状，白色。

约1000种，除南极洲外广布于全世界；我国有近100种；浙江有2种；杭州有2种。

1. 蒲儿根 (图 3-170)

Senecio oldhamianus (Maxim.) B. Nord.

一年生或越年生草本。茎直立，高30～60cm，上部多分枝，下部被白色蛛丝状绵毛。叶互生；下部叶片心状圆形，较小，先端尖，基部心形，边缘具不规则三角状牙齿，上面被微毛，下面密被白色蛛丝状绵毛，叶脉掌状，叶柄长3～6cm；中部叶片与下部叶片同形或宽卵状心形，长3～7cm，宽3～5cm，叶柄长1.5～3cm；上部叶片渐小，三角状卵形，具短柄。头状花序直径为1～1.5cm，在枝端排列成复伞房状；总苞宽钟形，直径为4～5mm，总苞片线状披针形，外面微被毛，边缘膜质；缘花舌状，黄色，顶端全缘或3齿裂；盘花管状。瘦果倒卵状圆柱形，长约1mm；冠毛白色。花、果期4—6月。

图 3-170 蒲儿根

区内常见，生于山沟、山坡、路旁。分布于

华东、华中、华南、西南、山西；越南、泰国、缅甸也有。

据花药基部形状，且无增大的边缘基细胞等特征，建立蒲儿根属 *Sinosenecio* B. Nord.。本区的种类少，区别明显，采用《浙江植物志》的观点，暂不分出。

2. 千里光 （图 3-171）

Senecio scandens Buch.-Ham. ex D. Don

多年生草本。茎通常攀援状，曲折，长 60～200cm，多分枝，初疏被短柔毛，后渐脱落至近无毛。叶互生；叶片卵状披针形至长三角形，长 3～7cm，宽 1.5～4cm，先端长渐尖，基部楔形至截形，边缘具不规则钝齿、波状齿或近全缘，有时下部具 1 对或 2 对裂片，两面疏被短柔毛或上面无毛；叶柄长 2～9mm；上部叶片渐小，线状披针形，近无柄。头状花序多数，在枝端排成开展的复伞房状或圆锥状聚伞花序；总苞杯状，直径为 4～5mm，总苞片线状披针形，先端渐尖，边缘膜质；缘花舌状，黄色；盘花管状，黄色，顶端 5 裂，裂片开展。瘦果圆柱形，被短毛；冠毛白色或污白色。花、果期 10—11 月。$2n=20$。

区内常见，生于溪边、屋旁、山坡、路边草丛。分布于华东、华中、华南、西南；日本、菲律宾及中南半岛地区也有。

图 3-171 千里光

茎、叶入药，有清热解毒、抗菌消炎、凉血明目、杀虫止痒、去腐生肌之功效。

与上种的区别在于：本种叶具羽状脉；无外总苞。

36. 旋覆花属 Inula L.

多年生，稀一年生、越年生草本或半灌木。茎直立。叶互生；叶片全缘或有齿，基部常抱茎。头状花序单生，或排列成伞房状或圆锥形；总苞半球形、倒卵球状或宽钟状，总苞片多层，覆瓦状排列；花序托平或稍凸起，有许多小窝孔，无托片；缘花舌状，顶端有 2～3 枚齿，雌性，结实；盘花管状，顶端 5 齿裂，两性，结实；花药基部箭头形，具长尾；花柱分枝舌状，顶端近圆球形、钝或截形。瘦果近圆柱形，通常有 4～5 条棱；冠毛 1～2 层，毛状。

约 100 种，分布于欧洲、非洲和亚洲，以地中海地区为主；我国有 20 种，分布于南北各地；浙江有 4 种；杭州有 3 种。

分种检索表

1. 头状花序大，直径为 5～8cm；叶片下面密被白色茸毛 …………………………… 1. **土木香** *I. helenium*

1. 头状花序小，直径小于 5cm；叶片下面无毛，或被柔毛和伏毛。

  2. 叶片长圆形、长圆状披针形至披针形，基部渐狭或抱茎，边缘平直；头状花序直径为 3～4cm ………… …………………………………………………………………… 2. **旋覆花** *I. japonica*

2. 叶片线状披针形,基部渐狭,不抱茎,边缘反卷;头状花序直径为1.5～2.5cm ……………………………………………………………………………………………………… 3. **线叶旋覆花** *I. lineariifolia*

1. **土木香** (图3-172)

Inula helenium L.

多年生草本。根状茎块状;地上茎直立,高60～150cm,粗壮,不分枝或上部有分枝,被开展的长毛。基部叶和下部叶在花期常存在,叶片椭圆状披针形,长10～40cm,先端尖,基部楔形,下延,边缘有不规则的齿或重齿,上面有糙毛,下面被白色密茸毛,网脉明显,叶柄具翅,长达20cm;中部叶卵圆状披针形或长圆形,长15～35cm,宽5～18cm,基部心形,半抱茎;上部叶较小,披针形。头状花序少数,直径为5～8cm,具梗,排列成伞房状;总苞宽钟形,总苞片5～6层,外层草质,宽卵圆形,先端钝,常反折,被茸毛,内层长圆形,先端扩大成卵圆三角形,干膜质,背面具疏毛,有缘毛,最内层线形,先端稍扩大或狭尖;缘花舌状,黄色,顶端3～4浅裂,雌性;盘花管状,顶端5裂,裂片披针形,两性,结实。瘦果五面体形,有棱和细沟,无毛;冠毛污白色,长8～10mm,有极多数具细齿的毛。花、果期7—10月。$2n=20$。

区内有栽培。原产于欧洲;河北、江苏、四川等地常栽培。

根入药,有健胃、驱虫、祛痰、利尿之效。

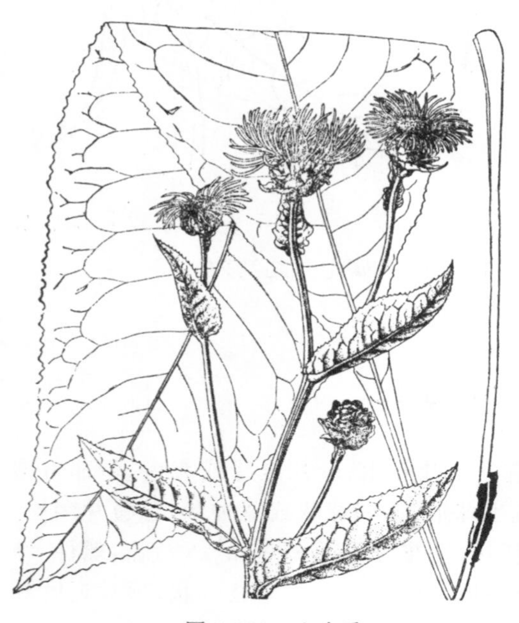

图3-172　土木香

图3-173　旋覆花

2. **旋覆花** (图3-173)

Inula japonica Thunb.

多年生草本。根状茎短,横走或斜生;地上茎直立,高20～60cm,不分枝,有毛或无毛。基部和下部叶在花期枯萎;中部叶长圆形或长圆状披针形,长5～9cm,宽1.5～3cm,先端急尖,基部狭窄,无柄或半抱茎,全缘或有小尖头状疏齿,两面有疏毛,下面有腺点,脉上具较密的长毛;上部叶渐狭小,线状披针形。头状花序具梗,直径为3～4cm,排列成疏散的伞房状;总苞半球形,直径为1.3～1.7cm,总苞片约5层,线状披针形,最外层常叶质而较长;缘花舌状,黄色;

盘花管状,顶端裂片三角状披针形。瘦果圆柱形,有 10 条沟,顶端截形;冠毛 1 层,灰白色。花、果期 8—11 月。$2n=24$。

见于江干区(彭埠)、西湖景区(仁寿山、六和塔),生于山坡路旁、井边、田埂边、沿江草丛。分布于我国东部、中部、北部、东北部及广东、贵州、四川;日本、朝鲜半岛、蒙古、俄罗斯也有。

3. 线叶旋覆花 (图 3-174)

Inula lineariifolia Turcz. ——*I. britanica* L. var. *lincariifolia* (Turcz.) Regel

多年生草本。茎直立,高 30～70cm,上部有分枝,被短柔毛并杂有腺毛。基部和下部叶在花期通常宿存,具叶柄;中部叶线状披针形或线形,长 5～12cm,宽 5～15mm,先端渐尖,基部渐狭或稍圆,全缘,反卷,上面暗绿色,近无毛,下面淡绿色,被长伏毛和腺点;无柄,微抱茎。头状花序直径为 1～2.5cm,具梗,排列成伞房状;总苞半球形,总苞片 5 层,外层的较短宽,内层的较狭长;缘花舌状,黄色,顶端有 2 或 3 枚齿,外面有腺点;盘花管状,顶端 5 齿裂,雄蕊和花柱外露。瘦果圆柱形,有细沟,被短糙毛;冠毛 1 层,灰白色。花、果期 7—9 月。$2n=24$。

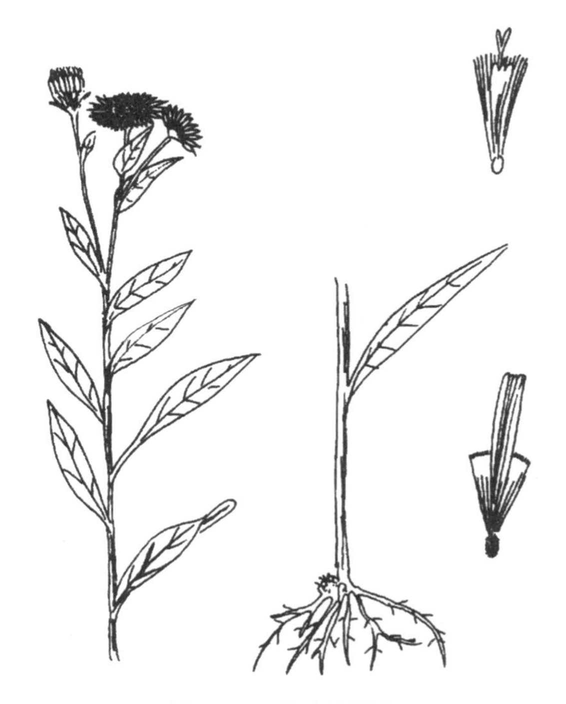
图 3-174 线叶旋覆花

见于西湖景区(赤山埠、桃源岭),生于田边、路边、草丛中。分布于湖北、江苏、江西及华北、东北;日本、朝鲜半岛、俄罗斯也有。

全草入药,有平喘、镇咳、健胃、祛痰之效。

37. 牛眼菊属 Buphthalmum L.

多年生草本。茎分枝或不分枝。叶互生,全缘或具齿。头状花序大,单生于枝端;总苞半球形,总苞片 3 层,草质,覆瓦状排列;花序托凸或圆锥状,具狭而凹陷、有小尖的托片;缘花舌状,1～2层,舌片开展,先端 2～4 齿裂,雌性,结实;盘花管状,顶端扩大或近钟状,5 浅裂,两性,结实;花药基部箭头形,具短尖或尾状渐尖的小耳;花柱分枝线状楔形,扁,顶端圆形,有乳头状凸起。雌花的瘦果背面多少压扁,腹面有明显 3 条棱;两性花的瘦果近圆柱形或一侧稍压扁,腹面的棱常具狭翅;冠毛的膜片基部结合成冠状,全缘或顶端撕裂成毛状细齿。

4 种,主要分布于欧洲;我国栽培 1 种;浙江及杭州也有。

柳叶牛眼菊 牛眼菊

Buphthalmum salicifolium L.

多年生草本。茎直立,高 30～70cm,紫红色,不分枝或上部近分枝,被开展的柔毛或近无毛。下部叶片倒卵状披针形,基部渐狭成长柄;中部叶长圆形至披针形,先端尖,基部稍狭;上部叶片渐小,披针形至线状披针形,先端尖,基部狭,无柄,全缘或具疏细齿,两面被贴生短毛或绢毛。头状花序单生于茎端,直径为3～6cm;总苞半球形,总苞片绿色,草质,卵状披针形,先端长尖,外面被贴生绢毛;缘花舌状,暗黄色,顶端2～4齿裂,雌性,结实;盘花管状,顶端钟状,5裂,两性,结实。雌花瘦果三棱形,具狭翅;两性花瘦果近圆柱形,无毛;冠毛的膜片冠状,具齿或短芒。$2n=20$。

区内常见栽培。原产于欧洲;全国各地均有栽培。

可供观赏。

38. 石胡荽属　Centipeda Lour.

一年生匍匐状小草本。全体无毛或微被蛛丝状毛。叶互生;叶片全缘或有锯齿。头状花序小,球形或盘状,单生于叶腋,无梗或有短梗;总苞半球形,总苞片2层,长圆形,近等长;花序托平坦,无托毛;缘花细管状,多层,顶端2～3齿裂,雌性,结实;盘花管状,少数,顶端4裂,两性,结实;花药基部钝,顶端无附片;花柱分枝短,顶端钝或截形。瘦果具4条棱,边缘有长毛;冠毛鳞片状或缺。

约6种,产于亚洲、大洋洲及南美洲;我国有1种;浙江及杭州也有。

石胡荽　鹅不食草　(图3-175)

Centipeda minima (L.) A. Br. & Aschers.

一年生小草本。茎多分枝,高5～20cm,匍匐状,微被蛛丝状毛或无毛。叶互生;叶片楔状倒披针形,长7～15mm,宽3～5mm,先端钝,基部楔形,边缘有锯齿,无毛或下面微被蛛丝状毛或腺点。头状花序小,直径为3～4mm,扁球形,单生于叶腋,无梗或具极短梗;总苞半球形,总苞片2层,外层较大,椭圆状披针形,绿色,边缘透明膜质;缘花细管状,多层,顶端2～3齿裂;盘花管状,淡紫红色,顶端4深裂。瘦果圆柱形,具4条棱,棱上有长毛;冠毛鳞片状或缺。花、果期7—10月。

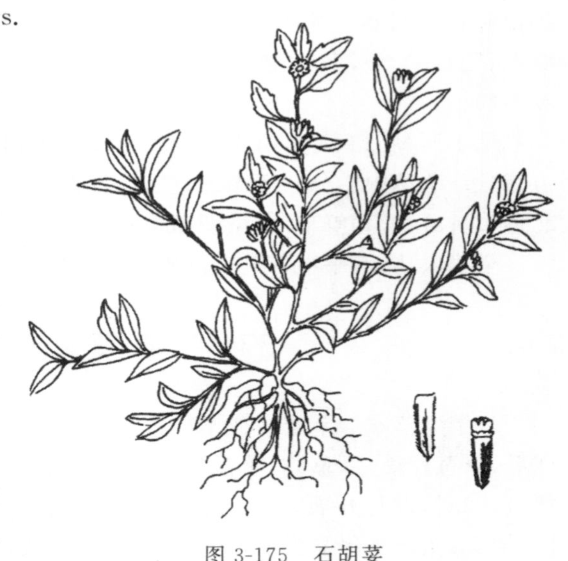

图3-175　石胡荽

见于西湖景区(杨梅岭),生于石砌坎上、草丛。分布于全国各地;日本、朝鲜半岛、印度、马来西亚和大洋洲也有。$2n=20$。

全草入药,称“鹅不食草”,有通窍散寒、祛风利湿、散瘀消肿之效。

39. 蓟属　Cirsium Adans.

一年生或多年生草本。叶互生;叶片通常羽状深裂或有锯齿,边缘有针刺。头状花序单生,或数枚簇生,或再排列成各式花序;总苞钟状或半球形,总苞片多层,覆瓦状排列,外层的先端尖锐或具刺;花序托扁平或隆起,被稠密的长托毛;花全为管状,顶端5裂,两性或雌性;花药基部有耳；花柱分枝下部具毛环。瘦果稍压扁，长圆球形或倒卵球形；冠毛羽毛状，基部结合成环，整体脱落。

近300种，分布于北温带；我国有590种，广布于全国；浙江有7种；杭州有5种。

分种检索表

1. 花两性；果期冠毛与花冠等长或较其短。
   2. 总苞片先端急尖或渐尖，无膜质扩大。
      3. 叶片两面绿色，均被稀疏的多节长毛 …………………………………………… 1. 蓟 *C. japonicum*
      3. 叶片两面异色，上面绿色，被多节长毛，下面灰白色，密被茸毛 ……… 2. 总序蓟 *C. racemiforme*
   2. 总苞片先端常膜质扩大。
      4. 叶片两面绿色，无毛或沿脉有多节长毛 ………………………………………… 3. 绿蓟 *C. chinense*
      4. 叶片两面异色，上面绿色，被多节毛，下面色淡或淡白色，被稀疏的蛛丝状薄茸毛 ………………………………………………………………………………………… 4. 线叶蓟 *C. lineare*
1. 花单性，雌雄异株；果期冠毛常长于花冠 ………………………………………… 5. 刺儿菜 *C. setosum*

1. 蓟 大蓟 （图3-176）

Cirsium japonicum (DC.) Maxim.

多年生草本。块根纺锤状。茎直立，高30～70cm，全体被多节长毛。基生叶花期存在，长倒卵状椭圆形或长椭圆形，长8～20cm，宽3～9cm，羽状深裂或几全裂，裂片5～6对，边缘有大小不等的锯齿，齿端有针刺，基部下延成翼柄；中部叶长圆形，羽状深裂，裂片和裂齿顶端均有针刺，基部抱茎；上部叶较小。头状花序球形，通常顶生；总苞钟状，直径约为3cm，总苞片多层，覆瓦状排列，向内层渐长，外层先端长渐尖，有短刺，内层先端渐尖，呈软针刺状；花全为管状，紫色或玫瑰色，顶端不等5浅裂。瘦果偏斜楔状倒披针形，具明显的5条棱；冠毛多层，羽毛状，基部联合成环。花、果期8—10月。

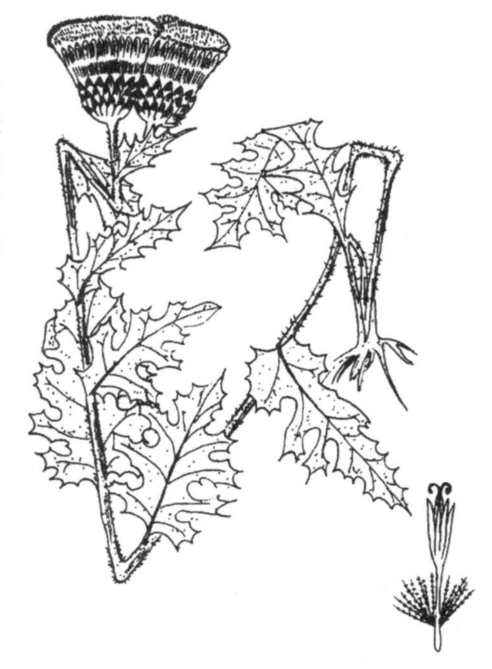

图3-176 蓟

区内常见，生于路边、林下、林缘、杂草丛中。我国各省、区均有分布；日本、朝鲜半岛也有。

根、叶药用，有凉血、散瘀、止血、利尿之效；嫩茎、叶可作饲料。

2. 总序蓟 （图3-177）

Cirsium racemiforme Ling & Shih

多年生草本。茎直立，高1.5～2m，粗壮，上部分枝，全体被多节长毛及蛛丝状毛。基生叶及下部茎生叶花期脱落；中上部茎生叶椭圆形或长椭圆形，长9～21cm，宽4～7cm，基部扩大成耳状半抱茎，羽状浅裂，侧裂片3～8对，裂片边缘具有缘毛状针刺及刺齿；全部叶两面异色，上面绿色，被多节短毛，下面灰白色，被稠密厚茸毛。头状花序直立，4～8个在茎端排成总状花序式;总苞钟状,直径为2.5～3cm,总苞片6层,覆瓦状排列,外层与中层三角形或三角状披针形,先端急尖,外面有短粗毛,中脉上部有黑色黏腺,内层线状披针形或线形,先端膜质渐尖;花管状,紫红色,顶端不等5浅裂,两性,结实。瘦果楔状,压扁,顶端截形,有细条纹;冠毛多层,羽毛状,浅褐色或污褐色,基部联合成环,整体脱落。花、果期4—6月。

见于余杭区(中泰)、西湖景区(留下),生于山坡林缘、林下潮湿地。分布于福建、广西、贵州、湖南、江西、云南。

图3-177 总序蓟

图3-178 绿蓟

3. 绿蓟 (图3-178)

Cirsium chinense Gardn. & Champ.

多年生草本。茎直立,高达1m,上部或中部以上分枝,全部茎被多节长毛,花序下部的茎常混杂蛛丝状毛。茎中部叶片长椭圆形、长披针形或宽线形,长5～7cm,宽1～4cm,羽状浅裂或深裂,侧裂片3～4对,中部侧裂片较大,全部侧裂片边缘有2～3个不等大的刺齿,齿端及齿缘具针刺;自中部向上的叶片常不裂,边缘有针刺,最上部的叶片边缘针刺常集中在基部或下部;或全部叶片不裂,长椭圆形、长椭圆状披针形或线形,边缘有针刺;全部叶两面绿色,无毛或沿脉有多节长毛;基部及下部茎生叶基部渐狭成长柄或短柄,中上部茎生叶无柄或基部扩大。头状花序少数,在枝端排成不规则的伞房状,稀单生于茎端;总苞卵球形,直径为2cm,总苞片5～6层,覆瓦状排列,向内的苞片渐长,最外层及外层是三角形至披针形,先端急尖,具针刺,内层及最内层是长披针形至线状披针形,先端膜质扩大,红色,全部苞片无毛或近无毛,全部或大部分总苞片外面沿中脉有黑色黏腺;花管状,紫红色,顶端不等5裂,两性,结实。瘦果楔状倒卵球形,压扁,顶端截形;冠毛多层,羽毛状,污白色,基部联合成环,整体脱落。花、果期7—10月。

文献记载区内有分布。分布于广东、河北、江苏、江西、辽宁、内蒙古、山东、四川。

4. **线叶蓟** (图 3-179)

Cirsium lineare (Thunb.) Sch. - Bip.

多年生草本。根直伸,高 60～120cm,被稀疏的蛛丝状毛及多节长毛至近无毛。下部和中部的茎生叶长椭圆形或披针形,长 6～10cm,宽 2～2.5cm,向上的叶片渐小,与中下部叶同形或较狭,全部叶片不分裂,先端急尖,基部渐狭成翼柄,边缘有细密的针刺;叶上面绿色,被长或短多节毛,下面色淡,被稀疏的蛛丝状薄毛。头状花序在茎端排成伞房状,稀单生;总苞卵球形或长卵球形,直径为 1.5～2cm,总苞片约 6 层,覆瓦状排列,向内层渐长,外层的先端有针刺,内层的先端渐尖;花管状,紫红色,顶端不等 5 深裂。瘦果倒金字塔状,顶端截形;冠毛多层,羽毛状,基部联合成环。花、果期 9—11 月。

见于西湖景区(九曜山、龙井、南高峰、万松岭、烟霞洞),生于山坡、林下、路边、草丛。分布于安徽、福建、江西、四川;日本也有。

图 3-179 线叶蓟　　图 3-180 刺儿菜

5. **刺儿菜** 小蓟 (图 3-180)

Cirsium setosum (Willd.) MB. ——*Cephalonoplos stosum* (MB.) Kitamura

多年生草本。茎直立,高 30～60cm,幼茎被白色蛛丝状毛。基生叶和中部茎生叶椭圆形或椭圆状倒披针形,长 7～10cm,宽 1.5～2.5cm,先端钝或圆,基部楔形,近全缘或有疏锯齿,两面绿色,有疏密不等的白色蛛丝状毛;无叶柄。头状花序直立;花单性,雌雄异株;雄花序总苞长 18mm,雌花序总苞长约 25mm,单生于茎端或在枝端排成伞房状;总苞卵球形,直径为 1.5～2cm,总苞片约 6 层,覆瓦状排列,向内层渐长,外层的长椭圆状披针形,中内层的披针形,先端有刺;花管状,紫红色或白色,雄花长18mm,雌花长24mm。瘦果椭圆球形或长卵球形,略扁平;冠毛羽毛状,污白色。花、果期5—10月。$2n=34$。

区内常见,见于江干区(彭埠)、西湖景区(桃源岭),生于荒地、江边、路边、草丛中。全国除广东、广西、西藏、云南外均有分布;日本、朝鲜半岛、蒙古和欧洲也有。

为常见杂草之一,危害农作物生长;全草入药,有利尿、止血之功效。

40. 蜂斗菜属　Petasites Mill.

多年生草本。全株被白色茸毛或绵毛。花茎于早春先叶抽出。茎生叶互生,退化成苞片状;基生叶后出,具长柄,叶片心形、肾形或肾状圆形。头状花序在茎端排列成总状或聚伞圆锥状;总苞钟形或圆柱形,总苞片1～2层;花序托平坦,无托片;花雌雄异株;雌花细管状,顶端平截或延伸成一短舌,能结实;雄花或两性花管状,顶端5裂,不能结实;花药基部全缘或为极短的耳状箭头形;花柱不分枝。瘦果狭长圆球形;冠毛多数,刚毛状。

约18种,分布于北温带;我国有6种,分布于东北、华东和西南;浙江有1种;杭州有1种。

蜂斗菜　(图3-181)

Petasites japonica (Siebold & Zucc.) Maxim.

多年生草本。根状茎粗壮;花茎高10～20cm,中空;雌株花茎在花后高达60cm,全株被白色茸毛或蛛丝状绵毛。茎生叶苞叶状,披针形,先端钝尖,基部抱茎;基生叶后出,叶片圆肾形,直径为8～15cm,先端圆形,基部耳状深心形,边缘具不整齐牙齿,两面通常被白色蛛丝状绵毛,叶脉掌状;叶柄长10～30cm。总苞片2层,近等长,狭椭圆形或狭长圆形,先端钝;雌花细管状,白色,顶端通常不规则2～3裂齿;雄花或两性花管状,黄白色,顶端5裂。瘦果无毛;冠毛白色,毛状。花、果期4—5月。

见于余杭区(百丈、鸬鸟),生于溪沟边、草丛中。分布于安徽、福建、湖北、江苏、江西、山东、陕西、四川;日本、朝鲜半岛和俄罗斯远东地区也有。

根状茎入药,有消肿、解毒、散瘀之功效。

图3-181　蜂斗菜

41. 鼠麹草属　Gnaphalium L.

一年生、越年生或多年生草本。茎直立或斜生,常被白色绵毛。叶互生;叶片全缘;无或具短柄。头状花序小,簇生,排列成伞房状或穗状,顶生或腋生;总苞半球形或钟形,总苞片2～4层,覆瓦状排列,半透明;花序托平坦,无托片;花全为管状;缘花多数,细管状,顶端3～4裂,雌性,结实;盘花少数,顶端5浅裂,两性,结实;花药基部箭头形;花柱分枝圆柱形,顶端钝。瘦果椭圆球形或倒卵球形;冠毛1层,分离或基部联合成环。

约200种,广布于全世界;我国有19种,分布于南北各地;浙江有6种;杭州有5种。

分种检索表

1. 基生叶莲座状，花时宿存；头状花序密集排列成头状 ……………………… 1. **白背鼠麴草** *G. japonicum*
1. 基生叶非莲座状，花时常枯萎；头状花序排列成伞房状或穗状。
  2. 头状花序排列成伞房状；总苞片金黄色或柠檬黄色，有光泽。
    3. 叶片匙形或匙状倒披针形；冠毛基部联合成 2 束 ……………………………… 2. **鼠麴草** *G. affine*
    3. 叶片线形或宽线形；冠毛基部分离 ………………………………………… 3. **秋鼠麴草** *G. hypoleucum*
  2. 头状花序排列成穗状；总苞片麦秆黄色或污黄色，无光泽。
    4. 侧脉 2～3 对，明显；花序托除边缘外，全部凹陷；冠毛基部联合成环 ……………………………… 4. **匙叶鼠麴草** *G. pensylvanicum*
    4. 侧脉不明显；花序托扁平或仅中央微凹入；冠毛基部分离 ………… 5. **多茎鼠麴草** *G. polycaulon*

1. 白背鼠麴草 （图 3-182）

Gnaphalium japonicum Thunb.

多年生草本。茎纤细，常自基部发出数条匍匐的小枝，花期高 8～15cm，密被白色绵毛。基生叶花期宿存，呈莲座状，叶片线状披针形或线状倒披针形，长 3～10cm，宽 3～7mm，先端具短尖头，基部渐狭下延，边缘多少反卷，上面绿色或稍有白色绵毛，下面厚被白色绵毛，叶脉 1 条；茎生叶向上逐渐短小，线形，长 2～3cm，宽 2～3mm。头状花序少数，直径为 2～3mm，无梗，在枝端密集排列成球状；总苞近钟形，总苞片 3 层，外层的宽椭圆形，外面被疏毛，中层的倒卵状长圆形，内层的线形；缘花管状，顶端 3 齿裂；盘花管状，顶端 5 浅裂。瘦果椭圆球形，密被棒状腺体；冠毛粗糙，白色。花、果期 4—7 月。$2n=28$。

见于拱墅区（半山）、西湖景区（茅家埠、珍珠岭、桃源岭），生于山坡、溪边、路边、草丛中。分布于我国长江流域及其以南各省、区；日本、朝鲜半岛、澳大利亚及新西兰也有。

图 3-182 白背鼠麴草

2. 鼠麴草 （图 3-183）

Gnaphalium affine D. Don

越年生草本。茎直立，通常自基部分枝，丛生状，高 10～40cm，全体密被白色绵毛。基部叶花后凋落，下部和中部叶匙状倒披针形，长 2～6cm，宽 3～10mm，先端圆形，基部下延，全缘，两面被白色绵毛，下面较密，上面叶脉 1 条；无叶柄。头状花序多数，直径为 2～3mm，近无梗，在枝端密集排列成伞房状；总苞钟形，直径为 2～3mm，总苞片 2～3 层，金黄色或柠檬黄色，膜质，有光泽，外层的倒卵形，外面基部被绵毛，内层的无毛；花序托稍凹，无托毛；缘花细管状，顶端 3 齿裂；盘花管状，顶端 5 浅裂。瘦果倒卵球形或倒卵状圆柱形，有乳头状凸起；冠毛粗糙,污白色,基部联合。花、果期 4—7 月。$2n=14$。

区内常见,生于山坡、路旁、草地。分布于我国华东、华中、华南、西南、西北、华北;日本、朝鲜半岛、菲律宾、印度尼西亚、中南半岛及印度也有。

嫩茎、叶可作糕点;全草入药,有镇咳、祛痰、降血压之效。

图 3-183 鼠麴草　　图 3-184 秋鼠麴草

3. **秋鼠麴草** (图 3-184)

Gnaphaliun hypoleucum DC.

一年生草本。全株被白色茸毛。茎直立,高 30～70cm,密被白色茸毛或老时较稀。基部叶通常花后凋落;下部叶线形,长 4～8cm,宽 3～7mm,先端渐尖,基部狭,稍抱茎,全缘,上面绿色,有稀疏短柔毛和腺毛,下面密被白色茸毛,中脉显著;中部和上部叶较小。头状花序多数,直径为 4mm,在枝端密集排列成伞房状;总苞球状钟形,总苞片 4～5 层,金黄色,有光泽,外层的被茸毛,内层的无毛;缘花细管状,顶端 3 齿裂;盘花管状,顶端 5 裂。瘦果长圆球形,有细点,无毛;冠毛绢毛状,基部分离,黄白色。花、果期 9—10 月。

区内常见,生于山坡、林缘、草丛或林下。我国华东、华南和西南地区均有分布;日本、朝鲜半岛、印度、越南、印度尼西亚及埃塞俄比亚也有。

4. **匙叶鼠麴草** (图 3-185)

Gnaphalium pensylvanicum Willd.

一年生草本。茎直立或斜生,高 20～35cm,基部常分枝,被白色绵毛。下部叶倒披针形或匙形,长 2～6cm,宽 1～1.5cm,先端钝圆,基部长渐尖,全缘或微波状,两面被灰白色绵毛,下面较密,侧脉 2～3 对,无柄;中部叶匙状长圆形,长 2.5～3.5cm;上部叶渐变小,与中部叶同形。头状花序多数,直径约为 3mm,数个成束簇生,再排成穗状花序;总苞卵球形,总苞片 2

层，膜质，外层的卵状长圆形，内层的与外层近等长，线形，外面被绵毛；花序托凹入，无毛；缘花细管状，顶端3齿裂；盘花管状，顶端5浅裂。瘦果长圆球形，有乳头状凸起；冠毛污白色，基部联合成环。花、果期5—6月。$2n=28$。

见于拱墅区（半山）、西湖景区（桃源岭），生于路边、田里。分布于福建、湖南、江西、台湾、华南、西南；澳大利亚、亚洲热带、非洲南部和美洲南部也有。

图3-185 匙叶鼠麴草

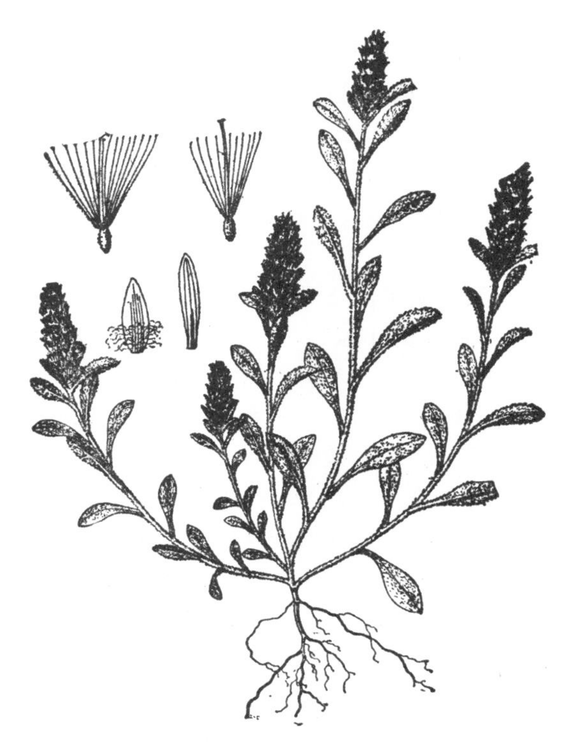

图3-186 多茎鼠麴草

5. 多茎鼠麴草 （图3-186）

Gnaphalium polycaulon Pers.

一年生草本。茎高10～25cm，多分枝，下部匍匐或斜生，密被白色绵毛或下部有时毛脱落。下部叶片倒披针形，长2～4cm，宽4～8mm，先端通常短尖，基部长渐狭，下延，无柄，全缘或有时微波状，两面被白色绵毛，上面有时多少脱落，侧脉不明显；中部和上部的叶片较小，倒卵状长圆形或匙状长圆形，长1～2cm，宽2～4mm，顶端具短尖头或中脉延伸成刺尖状，向基部渐长狭，无柄。头状花序多数，直径为2～2.5mm，在茎端密集排列成穗状花序；总苞卵球形，直径为2mm；总苞片2层，麦秆黄色或污黄色，膜质，外层长圆状披针形，顶端短尖，外面中部以下沿脊被棉毛，内层的线形，几与外层等长，先端尖，外面被疏毛或无毛；花序托干时平或仅于中央稍凹入，无毛；缘花细管状，多数，顶端3齿裂，雌性，结实；盘花管状，少数，顶端5浅裂，两性，结实。瘦果圆柱形，具乳头状凸起；冠毛绢毛状，污白色，基部分离，易脱落。花、果期1—6月。$2n=14,16$。

见于余杭区（百丈），生于山坡、路旁、草地。分布于福建、广东、贵州、云南；印度、泰国、澳大利亚也有。

42. 矢车菊属 Centaurea L.

一年生或多年生草本。茎直立或匍匐,被白色绵毛。叶基生或互生;叶片全缘、具齿或1～2回羽状分裂。头状花序在茎端排列成圆锥状、伞房状或总状,稀单生,具梗;总苞卵球形或钟形,总苞片多层,覆瓦状排列,通常具针刺状或篦齿状附片,全缘,具缘毛;花序托平坦,具刺毛状托毛;花全为管状;缘花通常细丝状,顶端5～8裂,雌性,不结实;盘花管状,顶端5裂至中部,两性,结实;花药基部箭头形;花柱分枝处下部具毛环。瘦果椭圆球形或倒卵球形,扁平,具4条钝棱;冠毛2层,糙毛状、鳞片状,或无冠毛。

约500种,分布于欧洲、非洲、美洲和亚洲;我国有10多种;浙江常见栽培2种;杭州有1种。

矢车菊 蓝芙蓉 (图3-187)

Centaurea cyanus L.

一年生或越年生草本。主根圆锥形。茎直立,高30～60cm,上部多分枝,幼时被薄蛛丝状卷毛。基生叶线状披针形,长6～10cm,宽5～7mm,先端急尖,基部渐狭成柄,全缘或提琴状羽裂,上面被稀疏蛛丝状毛或近无毛,下面被蛛丝状毛;中上部叶线形,全缘或有锯齿,无柄。头状花序单生于枝端,直径为2～4cm;总苞钟形,总苞片外层的短,边缘篦齿状,外面被白色绵毛,内层的椭圆状,中部以上边缘带紫色,篦齿状;缘花偏漏斗形,6裂,紫色、蓝色、淡红色或白色;盘花管状,顶端5裂。瘦果椭圆球形,有毛;冠毛刺毛状。花、果期4—5月。$2n=24$。

区内常见栽培。原产于欧洲;全国各地庭院常见栽培。

栽培供观赏。

图3-187 矢车菊

43. 天名精属 Carpesium L.

多年生草本。茎直立。叶互生;叶片全缘或具不规则的牙齿。头状花序顶生或腋生,通常下垂;总苞盘状、钟状或半球形,总苞片3～4层,干膜质或外层的草质,呈叶状;花序托扁平,无托毛;花全为管状;缘花1至多层,顶端3～5齿裂,雌性,结实;盘花管状,上部扩大成漏斗状,5齿裂,两性,结实;花药基部箭头形,尾细长;花柱2深裂,裂片顶端钝。瘦果细长,顶端收缩成喙状,喙顶具软骨质环状物;无冠毛。

约21种,多数分布于亚洲中部,特别是我国西南山区,少数种类广布于欧亚大陆;我国有17种;浙江有3种;杭州有2种。

1. **天名精** (图 3-188)

Carpesium abrotanoides L.

多年生粗壮草本。茎直立,高 30～80cm,上部密被短柔毛。基生叶花期凋萎;茎下部叶宽椭圆形或长椭圆形,长 8～16cm,宽 4～7cm,先端钝或锐尖,基部楔形,边缘具不规则的钝齿,齿端有腺体状胼胝体,下面密被短柔毛,有细小腺点,叶柄长 5～15mm;茎上部叶较小,无柄或具短柄。头状花序多数,直径为 5～10mm,近无梗,生于茎端,或沿茎、枝一侧着生于叶腋,着生于枝端者具披针形苞叶 2～4 枚;总苞钟形或半球形,直径为 6～8mm,总苞片 3 层,外层的较短;花全为管状,黄色;缘花 1 至多层;盘花顶端 5 齿裂。瘦果顶端有短喙。花、果期 9—11 月。

区内常见,生于屋旁、林下、公路边、山脚下、草丛中。分布于华东、华中、华南、西南、河北、陕西;日本、朝鲜半岛、越南、缅甸、伊朗也有。

全草药用,有清热解毒、祛痰止血之效。

图 3-188 天名精

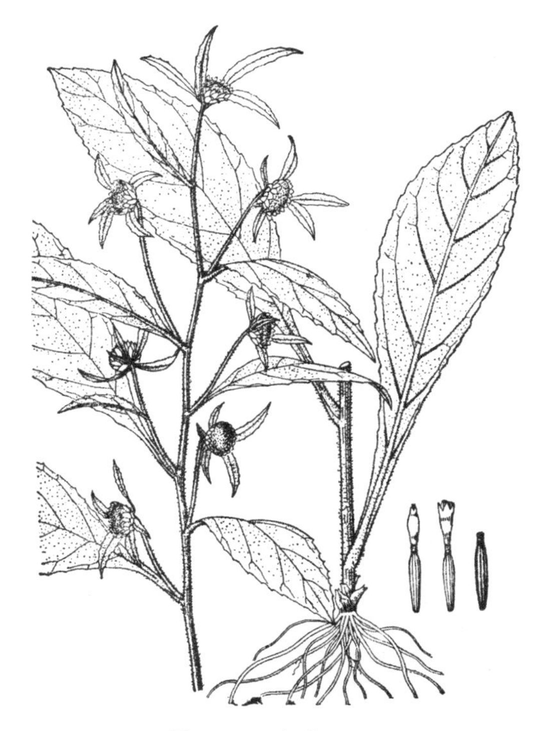

图 3-189 烟管头草

2. **烟管头草** (图 3-189)

Carpesium cernuum L.

多年生草本。茎直立,高 50～60cm,密被白色长柔毛及卷曲的短柔毛。基部叶常于花时凋萎;茎下部叶较大,长椭圆形或匙状长椭圆形,长 6～12cm,宽 4～6cm,先端急尖或钝,基部渐狭下延于叶柄,略有波状齿,上面被倒伏柔毛,下面被白色长柔毛,两面均有腺点;中部叶略小,椭圆形至长椭圆形,具短柄;上部叶渐小,近全缘。头状花序单生于枝端,向下弯曲,直径为 1.5～1.8cm,基部有叶状苞片;总苞半球形,总苞片 4 层,外层的披针形,被长柔毛,内层的长圆形,干膜质;花全为管状;缘花黄色,中部较宽,两端稍收缩;盘花顶端5齿裂。瘦果线形,两端稍狭,上端顶部具黏液。花、果期7—10月。$2n=40$。

见于西湖景区(飞来峰),生于石阶旁、草丛中、岩石边。分布于华东、华中、华南、西南、华北、西北、东北;日本、朝鲜半岛及欧洲也有。

全草入药,有发汗、解毒、散瘀之效;也可提芳香油,作为调制香精的原料。

与上种的区别在于:本种叶片全缘或有不规则齿,齿端无腺体状胼胝体;头状花序生于分枝的顶端,有梗。

44. 蒿属　Artemisia L.

一年生、越年生或多年生草本,稀为半灌木或小灌木,常有浓烈的挥发性香气。茎直立,分枝或不分枝。叶互生;叶片不分裂至1～3回羽状分裂;基生叶与茎下部叶具柄,中部与上部叶具短柄或无柄。头状花序小,盘状,排列成总状或圆锥状;总苞钟状或半球形,总苞片3～4层,覆瓦状排列;花序托凹形或半球形,有托毛,或有糠秕状托片,或无托片;缘花管状,具2～4枚小齿,雌性,结实;盘花管状,顶端5齿裂,两性,能结实或否;花药基部圆钝或具短尖头;花柱分枝钝,毛刷状。瘦果卵球形、倒卵球形或长圆球形,具2条棱;无冠毛。

300余种,分布于亚洲、非洲、欧洲及北美洲的温带、亚热带,向北延伸至寒温带;我国有186种,分布于南北各地;浙江约有20种,1变种;杭州有9种,1变种。

本属植物多数种类含挥发油、有机酸及生物碱;许多种类入药,为常见药用植物;少数种类嫩叶可制作糕点。

分种检索表

1. 叶片为2～3回羽状分裂,裂片线形或细线形。
  2. 植株灰白色,被丝状毛或绢毛;盘花不结实 ······ 1. **猪毛蒿** *A. scoparia*
  2. 植株黄绿色,无毛或被短柔毛;缘花和盘花均结实 ······ 2. **黄花蒿** *A. annua*
1. 叶片不分裂或1回羽状分裂,裂片椭圆形至线状披针形。
  3. 叶片边缘有锯齿但不分裂;总苞片边缘带白色。
    4. 叶片下面被蛛丝状毛或近无毛 ······ 3. **奇蒿** *A. anomala*
    4. 叶片下面密被短柔毛 ······ 3a. **密毛奇蒿** var. *tomentella*
  3. 叶片浅裂或深裂;总苞片边缘非白色(白苞蒿除外)。
    5. 盘花不结实;叶片具齿或掌状浅裂 ······ 4. **牡蒿** *A. japonica*
    5. 缘花和盘花均结实;叶片羽状分裂。
      6. 叶片两面密被灰白色或浅灰色绵毛或茸毛。
        7. 上部叶片3深裂可不分裂,上面具白色小腺点 ······ 5. **艾蒿** *A. argyi*
        7. 上部叶片羽状分裂,上面无白色小腺点 ······ 6. **印度蒿** *A. indica*
      6. 叶片上面被稀疏短柔毛、蛛丝状毛或无毛。
        8. 中上部叶羽状分裂或几不分裂,裂片长圆状披针形或锯齿状 ······ 7. **白苞蒿** *A. lactifolia*
        8. 中上部叶羽状深裂,裂片披针形,全缘。
          9. 叶片较大,长5～15cm,宽3.5～8cm;头状花序直径为1.5mm以上 ······ 8. **野艾蒿** *A. lavandulaefolia*
          9. 叶片较小,长3～5cm,宽2～3cm;头状花序直径约为1mm ······ 9. **矮蒿** *A. lancea*

1. **猪毛蒿** （图 3-190）

Artemisia scoparia Waldst. & Kit.

多年生草本。茎直立，高 20～60cm，有多数开展或斜生的分枝，具香味。嫩枝上的叶密集簇生，密被白色丝状毛；下部叶片 2～3 回羽状全裂，裂片线形，先端钝，两面常密被绢毛或上面无毛，具长柄；中部的叶片 1～2 回羽状全裂，裂片极细，柄短；上部叶羽状分裂、3 裂或不裂，无柄。头状花序多数，在枝端排列成圆锥状；总苞卵球形，直径为 1～1.3mm，总苞片 2～3 层，外层的卵形，内层的椭圆形，边缘宽膜质；缘花管状，6～8 朵，雌性，结实；盘花管状，4～5 朵，两性，不结实。瘦果椭圆球形，褐色。花、果期 9—11 月。$2n=16,18$。

区内常见，生于路边或林缘。全国大部分省、区都有分布。

幼苗药用，有清热利湿、消炎止痛之效；中药“茵陈”大多是本种的根出叶。

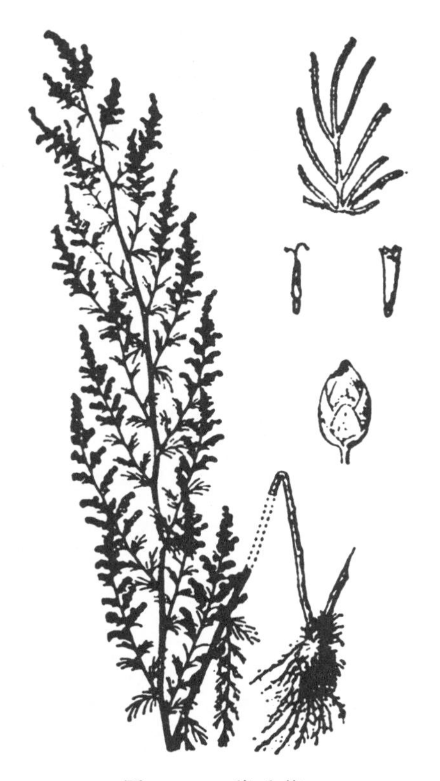

图 3-190 猪毛蒿

图 3-191 黄花蒿

2. **黄花蒿** （图 3-191）

Artemisia annua L.

一年生草本。植株具特殊气味。茎直立，高 40～110cm，中部以上多分枝，无毛。基部及下部叶在花期枯萎；中部叶卵圆形，长 4～5cm，宽 2～4cm，2～3 回羽状深裂，叶轴两侧具狭翅，裂片及小裂片长圆形或卵形，先端尖，基部耳状，两面被短柔毛，具短叶柄；上部叶小，通常 1 回羽状细裂，无叶柄。头状花序多数，排列成圆锥状；总苞半球形，直径约为 1.5mm，无毛，总苞片 2～3 层，外层狭小，内层的长椭圆形，边缘宽膜质；缘花 4～8 朵，雌性；盘花较多，两性，与缘花均为管状,黄色,结实。瘦果椭圆球形,光滑。花、果期6—10月。$2n=18$。

区内常见,生于山坡、草丛。我国南北各地均有分布;亚洲、欧洲及北美洲也有。

全草为中药之“青蒿”,含挥发油、青蒿素,有利尿健胃之效,对治疗疟疾有效。

图3-192 奇蒿

3. **奇蒿** 六月霜 (图3-192)

Artemisia anomala S. Moore

多年生草本。茎直立,高60~120cm,中部以上常分枝,被柔毛。下部叶长圆形或卵状披针形,长7~11cm,宽3~4cm,先端渐尖,基部渐狭成短柄,边缘有尖锯齿,上面被微糙毛,下面被蛛丝状微毛或近无毛,侧脉5~8对;上部叶渐小。头状花序多数,无梗,在枝端及上部叶腋排列成大型的圆锥状;总苞近钟形,总苞片3~4层,最外层卵圆形,中层椭圆形,内层狭长椭圆形,边缘宽膜质,带白色,无毛;缘花雌性,盘花两性,均为管状,白色,结实。瘦果微小,长圆球形,无毛。花、果期6—10月。$2n=18$。

区内常见,生于路边、山坡、林下、岩石溪沟边。分布于我国中部至南部。

全草为中药之“刘寄奴”,有清热利湿、活血化瘀、通经止痛之效;干燥花序泡茶饮,解渴防暑。

3a. **密毛奇蒿**

var. tomentella Hand.-Mazz.

与原种的区别在于:本变种叶下面密被短柔毛。

见于西湖区(虎跑、翁家山),生于山坡林下。分布于江西、湖南。

图3-193 牡蒿

4. **牡蒿** (图3-193)

Artemisia japonica Thunb.

多年生草本。茎直立,高30~100cm,基部木质化。基部叶长匙形,长4~5cm,宽2~3cm,3~5深裂,裂片长约10mm,宽约5mm,先端圆钝,基部楔形,两面均被微毛,具长叶柄及假托叶;中部叶近楔形,先端具齿或近掌状分裂,无叶柄,有1~2枚假托叶;上部叶3裂或不裂,卵圆形,基部具假托叶。头状花序多数,排列成圆锥状,花序梗纤细,具线形苞叶;总苞卵球形,直径为1~2mm,总苞片4层,外层小,卵状三角形,内层的长圆形,边缘宽膜质,无毛;缘花管状,黄色,3～4朵,雌性,结实;盘花管状,黄色,5～6朵,两性,不结实。瘦果长圆球形,无毛;冠毛无。花、果期7—11月。$2n$=18,36,37。

见于西湖景区(仁寿山、翁家山),生于路边、草堆中。分布几遍全国;日本、朝鲜半岛、俄罗斯、菲律宾及中南半岛也有。

全草含挥发油,供药用,有清热、解毒、祛风、祛湿、健胃、止血、消炎之效。

5. 艾蒿 (图3-194)

Artemisia argyi H. Lév. & Vant.

多年生草本。茎直立,高可达1m,粗壮,被白色绵毛。基部叶在花期枯萎;中下部叶宽广,长6～9cm,宽4～8cm,3～5羽状浅裂或深裂,裂片椭圆形或披针形,先端钝尖,基部下延,上面散生白色小腺点和绵毛,下面被灰白色茸毛,叶柄长约2cm,基部具假托叶;上部叶卵状披针形,3深裂至全裂,顶端花序下的叶常全缘而为披针形,近无柄。头状花序多数,在枝端排列成总状或圆锥状;总苞卵球形,直径约为2mm,总苞片4～5层,被白色茸毛,外层披针形,被短茸毛,内层的长椭圆状披针形,边缘膜质;缘花雌性,盘花两性,均为管状,带紫色,结实。瘦果椭圆球形,长约8mm,无毛。花、果期8—10月。$2n$=36。

区内有栽培。分布于华东、华北、西北、东北;日本、蒙古也有。

叶入药,有散热止痛、温经止血之效。

图3-194 艾蒿

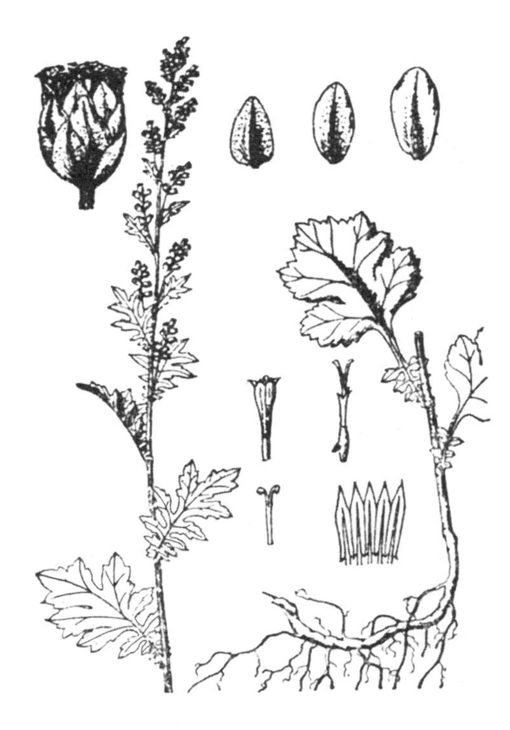

图3-195 印度蒿

6. 印度蒿 五月蒿 (图3-195)

Artemisia indica Willd.

多年生草本。茎直立,高40～90cm,基部木质化。下部叶1回羽状分裂;中部叶椭圆形,长3～8cm,宽2～7cm,3～7裂,裂片椭圆形,长约2cm,宽约1cm,先端尖,基部楔形,两面均被灰白色或淡灰色茸毛;上部叶卵状披针形,羽状分裂。头状花序多数,卵球形,在枝端排列成总状或圆锥状,总苞卵球形,直径约为3mm,总苞片3层,外层的卵状三角形,草质,内层的卵形,膜质,初时稍被茸毛,后变无毛;缘花雌性,盘花两性,均为管状,黄色,结实。瘦果圆锥形,褐色。花、果期9—11月。

见于西湖景区(北高峰、茅家埠、虎跑、赤山埠、杨梅岭、云栖等),生于车站边、草丛、路旁、沟边、平地、林下、山坡上。除西北干旱和高寒地区外,全国各省、区均有分布;日本、朝鲜半岛、东南亚、南亚也有。

嫩叶可制作糕点。

7. 白苞蒿 四季菜 (图3-196)

Artemisia lactifolia Wall. ex DC.

多年生草本。茎直立,高0.8～1.5m,多分枝,无毛,具棱。下部叶花期枯萎;中部叶倒卵形,长9～13cm,宽5～8cm,1～2回羽状深裂,顶生裂片通常披针形,长约1cm,边缘具不规则锯齿,先端尾尖,基部楔形,两面均无毛,具叶柄和假托叶;上部叶3裂或不裂,边缘具细锯齿,无柄。头状花序多数,排列成圆锥状;总苞钟状或卵球形,直径约为2mm,总苞片3～4层,外层的较短,卵形,内层的椭圆形,边缘膜质;缘花雌性,盘花两性,均为管状,黄白色或白色,结实。瘦果圆柱形,具细条纹,无毛。花、果期9—11月。

图3-196 白苞蒿

区内常见,生于草丛、林下、路边。分布于华东、华中、华南地区;亚洲南部也有。

全草入药,有清热解毒、消炎止痛、止血活血、止咳理气之效。

8. 野艾蒿 (图3-197)

Artemisia lavandulaefolia DC.

多年生草本。茎直立,高30～80cm,多分枝,密被短毛。基部叶在花期枯萎,具长柄及假托叶;中部叶长椭圆形,长5～8cm,宽3.5～5cm,2回羽状深裂,裂片1～3对,线状披针形,长3～6cm,宽约7mm,先端渐尖,基部下延,上面被短柔毛及白色腺点,下面密被灰白色绵毛;上部叶小,披针形,全缘。头状花序多数,具短梗及线形苞叶,下垂,着生于枝端,呈圆锥状;总苞长圆球形,直径约为3mm,被蛛丝状毛,总苞片4层,外层较短,卵圆形,内层的椭圆形;缘花雌性,盘花两性,均呈管状,红褐色,结实。瘦果椭圆球形,无毛。花、果期9—11月。

图3-197 野艾蒿

区内常见,生于山坡、林缘、草丛。分布于甘肃、河北、江苏、山西、陕西、内蒙古及东北；朝鲜半岛、俄罗斯远东地区也有。

9. 矮蒿 （图 3-198）

Artemisia lancea Van. ——*A. feddei* H. Lév. & Vant.

多年生草本。根状茎横生；地上茎直立，高 40～80cm，中上部多分枝，密被微毛。下部叶在花期枯萎；中部叶长 3～5cm，宽 2～3cm，羽状深裂，裂片 1～3 枚，披针形，上部渐尖，基部下延，上面绿色，无毛或疏被毛，下面被灰色短茸毛，全缘，稍反卷；上部叶小，披针形，基部具 1 对小裂片。头状花序多数，长圆形，具短梗及线形苞叶，密集排列成狭圆锥状；总苞长圆形，直径约为 1mm，总苞片 4 层，外层短，卵形，中层的近圆形，内层的长椭圆形，边缘宽膜质，近无毛；缘花雌性，盘花两性，均呈管状，紫色，结实。瘦果长椭圆球形，无毛。花、果期 9—11 月。$2n=16$。

见于西湖景区（玉皇山），生于林下、杂草中。分布于华东、西南、华北、西北、东北。

图 3-198 矮蒿

45. 水飞蓟属 Silybum Adans.

一年生或越年生草本。茎直立，无毛或被蛛丝状毛。叶互生或近轮生；叶片上面被白色斑纹，边缘波状或羽状分裂，裂片先端具尖刺。头状花序单生于枝端，常下垂；总苞宽球形，总苞片多层，覆瓦状排列，外层及中层的叶片状，边缘有带刺的锯齿，先端有长刺，内层的全缘或有不明显的齿刺；花序托平坦，肉质，被稠密的托毛；花全为管状，紫色、淡红色，少为白色，花冠管纤细，顶端 5 裂，裂片细而狭，两性，结实；花药基部箭头形；花柱分枝处下方具毛环，毛环上部分枝。瘦果倒卵球形，两侧略压扁，有网眼，无毛，具平整的基底着生面；冠毛羽毛状，多层，不等长，基部联合成环，易脱落。

2 种，分布于欧洲南部、非洲北部和亚洲西部；我国有 1 种，南北均有栽培；浙江及杭州也有。

水飞蓟 （图 3-199）

Silybum marianum (L.) Gaertn.

越年生草本。茎直立，高 1～2m，有棱，具刺，被白色蛛丝状毛。叶互生；基生叶莲座状，叶片长圆状宽披针形，长 30～50cm，宽 10～25cm，先端急尖，基部下延于全叶柄，羽状浅裂至深裂，裂片先端具尖刺，上面绿色，有光泽，具白色，下面疏被白色毛或近无毛，叶脉在上面凹下，下面凸起，具叶

图 3-199 水飞蓟

柄;中部叶较小,披针形,无柄。头状花序单生于茎端,具梗,直径为3～6cm;总苞宽球形,总苞片革质,通常6层,外层比内层短,先端具长刺;花全为管状,淡紫色或白色,顶端5裂,裂片线形,两性;花柱伸出花冠外。瘦果长椭圆球形或倒卵球形,压扁,暗褐色或黑色,有纵条纹和白色斑纹;冠毛白色,多数,羽毛状,基部联合成环。花、果期5—7月。$2n=34$。

区内常见栽培。原产于欧洲;我国各地公园有栽培;非洲、北美洲也有。

种子供药用,是优良的护肝药物。

46. 飞廉属　Carduus L.

越年生草本。茎直立,单生或有分枝。叶互生,近无柄;叶片基部通常下延至茎,成叶状翅,边缘有刺状锯齿或羽状分裂。头状花序单生于茎端,疏散或密集,大小不等,具梗或近无梗;总苞钟形或球形,总苞片数层,覆瓦状排列,直立或稍内外弯曲,先端无附片,外层和中层的先端具刺,内层的无刺;花序托平坦或稍凸起,被稠密的长托毛;花全为管状,红色或白色,顶端5裂,裂片狭窄,两性,结实;花药基部箭头形或耳状,尾部长;花柱分枝处下部具毛环,毛环以上分枝短而钝。瘦果倒卵球形或长椭圆球形,扁平,光滑,具5～10条棱,顶端平截,具平整的基底着生面;冠毛多层,糙毛状,不分枝或短羽状分枝,基部联合成环,整体脱落。

约95种,分布于欧洲西北和北非热带地区;我国有3种,南北广布;浙江有1种;杭州有1种。

丝毛飞廉

Carduus crispus L.

越年生草本。茎直立,高30～70cm,有纵棱,有数行纵列的绿色具齿刺的翅。叶互生;叶片椭圆状披针形,长5～10cm,宽2～4cm,羽状深裂,裂片边缘具齿,长3～7mm,先端刺尖,基部下延,上面绿色,被微毛或无毛,下面初被蛛丝状毛,后渐无毛,具翅柄;上部叶片渐小,无柄。头状花序1～3枚,顶生,直径为1～2cm,花序梗短,具刺及蛛丝状毛;总苞卵球形,总苞片多层,覆瓦状排列,外层的短而狭,针状,中层的线状披针形,先端刺状,向外反曲,内层的线形,膜质,稍带紫色;花管状,紫红色,两性,结实。瘦果稍压扁,长椭圆球形,淡褐色,具纵纹,顶端平截,基部收缩;冠毛多层,白色或污白色,刺毛状,稍粗糙,基部联合成环,整体脱落。花、果期5—9月。$2n=16,18$。

见于西湖景区(桃源岭),生于路边、荒地。分布于我国南北各地;朝鲜半岛、蒙古、欧洲、北美洲也有。

全草入药,有散瘀止血、清热利湿之功效。

47. 苍术属　Atractylodes DC.

多年生草本。根状茎横生或呈结节状;地上茎直立,稍有分枝。叶互生;叶片不分裂或羽状浅裂,边缘具刺状齿。头状花序单生于茎端,被羽状分裂的叶状苞片所包围;总苞钟形或筒形,总苞片多层,覆瓦状排列,外层的叶状,内层的渐尖,全缘;花序托平坦,肉质,有稠密的托毛;头状花序全部为管状花,两性或全部为雌花,顶端5深裂;花药基部箭头形;花柱分枝处下部具毛环。瘦果顶端平截,密被柔毛;冠毛羽毛状,基部联合成环状。

约7种,分布于东亚;我国有5种,南北均有分布;浙江有2种;杭州有1种。

白术 （图 3-200）

Atractylodes macrocephala Koidz.

多年生草本。根状茎结节状，肥大；地上茎直立，高 20～50cm，全体光滑无毛。茎中部叶片 3～5 羽状全裂，顶裂片倒长卵形或椭圆形，侧裂片倒披针形或长椭圆形，长 4.5～7cm，宽 1.5～2cm，叶柄长 3～6cm；紧接花序下部的叶片不裂，无柄；全部叶片两面绿色，无毛，叶片边缘或裂片边缘有刺状缘毛或刺齿。头状花序直径约为 3.5cm，顶生，叶状苞片针刺状，羽状全裂；总苞宽钟形，总苞片 9～10 层，覆瓦状排列，先端钝，边缘具白色蛛丝状毛；花全为管状，紫红色，顶端 5 深裂。瘦果倒圆锥形，被稠密白色长柔毛；冠毛污白色。花、果期 8—10 月。$2n=24$。

区内常作药用植物。分布于安徽、福建、湖北、湖南、江苏、江西、四川。

根状茎入药，有健脾燥湿、祛风辟秽之效。

图 3-200 白术

48. 一点红属 Emilia Cass.

一年生或多年生草本。茎直立，常为粉绿色，有乳汁。叶大部分基生，茎生叶有时互生；叶片全缘、具齿或琴状分裂。头状花序单生或排成疏散的伞房状花序，具长梗；总苞圆筒状，总苞片 1 层；花序托扁平，无托片；花全部管状，顶端 5 齿裂，两性，结实；花药基部钝；花柱分枝上端有短锥形的附器。瘦果近圆柱形，有 5 纵肋或棱，两端平截；冠毛绢毛状。

约 100 种，主要分布于东半球热带，少数分布于美洲；我国有 3 种，产于西南部至东南部；浙江有 3 种；杭州有 2 种。

1. 一点红 （图 3-201）

Emilia sonchifoia（L.）DC.

一年生草本。茎直立或近直立，高 10～50cm，多分枝，无毛或疏被柔毛。叶较厚；下部叶片通常卵形，长5～10cm，琴状分裂或具钝齿；上部叶片较小，卵状披针形，无柄，抱茎，下面常带紫红色。头状花序直径为 1～1.2cm，有长梗；总苞圆筒状，基部稍膨大，总苞片 1 层，绿色，等长；花全为管状，紫红色，顶端 5 裂。瘦果圆柱形，有 5 纵肋；冠毛白色而软。花、果期 5—8

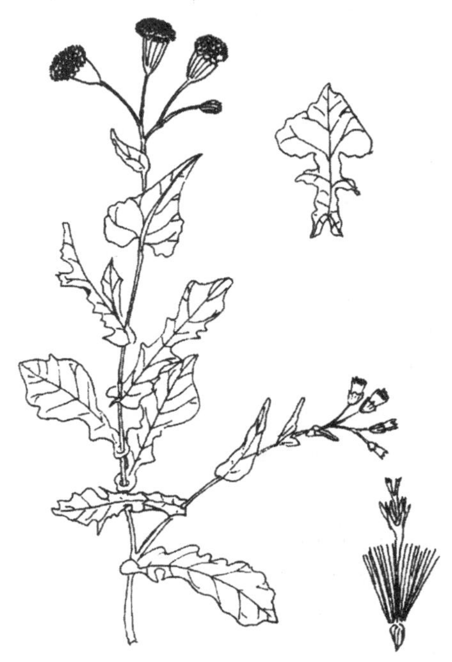

图 3-201 一点红

月。$2n=10,20$。

区内常见，生于茶园、山脚、山坡、林下、路边、草丛中。分布于长江以南各地；亚洲热带、亚热带和非洲也有。

全草入药，有凉血解毒、活血散瘀之效。

2. 一点缨　(图3-202)

Emilia flammea Cass.

一年生草本。茎直立，高40～70cm，无毛或有糙短毛。基部叶和下部叶具短柄，长圆形、倒卵形或近匙形，长5～7cm，顶端钝，基部渐狭成翅，抱茎，近全缘或具波状细齿，两面均被细柔毛，叶脉明显下凹，在下面凸起；中部叶大，长圆形或卵状长圆形，无柄，基部箭头状抱茎；上部叶渐小，披针形或长圆状披针形，顶端急尖，基部耳状抱茎。头状花序数个，在茎端排成疏伞房状，直径为1～1.5cm，花序梗长1～3cm，无苞片；总苞坛状或陀螺状，总苞片1层，明显短于小花之一半；花全为管状，橙红色，顶端5裂。瘦果圆柱形，具5肋；冠毛白色。花、果期6—10月。$2n=10$。

区内有栽培。原产于非洲；北京、河北、陕西常有栽培；在世界各国广泛栽培。

供观赏。

与上种的区别在于：本种总苞片明显短于小花之一半；管状花橙红色。

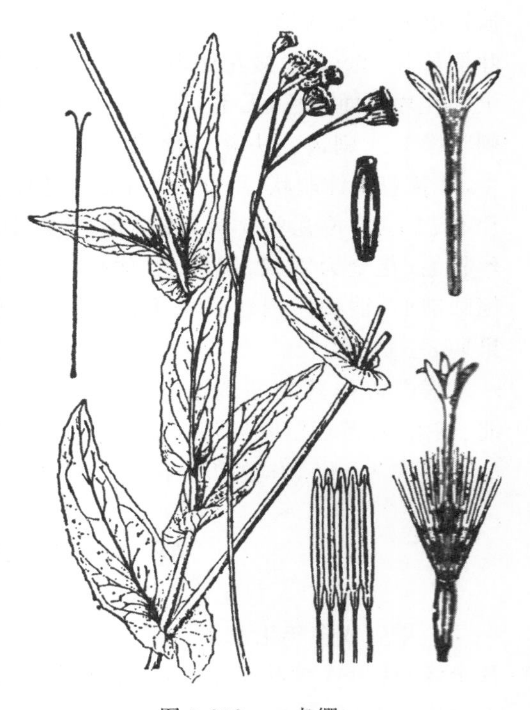

图3-202　一点缨

49. 菊三七属　Gynura Cass.

一年生或多年生草本。茎直立，稀攀援。叶互生；叶片全缘或分裂，具羽状脉，稀具假托叶。头状花序顶生，常排列成伞房状；总苞钟形或圆筒形，基部有数片小外苞片，总苞片1层；花序托平坦，上有多数小窝，无托片；花全为管状，常伸出总苞外，花冠基部骤然扩大，两性，结实；花药基部圆钝；花柱分枝线形，顶端有长钻形附器。瘦果圆柱形，具数条纵棱；冠毛绢毛状，白色。

约61种，主要分布于亚洲、非洲和澳大利亚；我国有11种，分布于西南至东南部；浙江有4种；杭州有2种。

1. 野茼蒿　革命菜　(图3-203)

Gynura crepidioides Benth.

一年生草本。茎直立，高30～80cm，无毛或被稀疏短柔毛。叶互生；叶片卵形或长圆状倒卵形，长5～12cm，宽3～7cm，先端尖或渐尖，基部楔形或渐狭下延至叶柄，边缘有不规则的锯齿或基部羽状分裂，侧裂片1～2对，两面近无毛或下面被短柔毛，叶柄长1～3cm。头状花序顶生或腋生，具长梗，排列成伞房状；总苞钟形，基部平截，有狭线形的外苞片，总苞片先端尖，具狭的膜质边缘，外面疏被短柔毛；花管状，橙红色。瘦果狭圆柱形，橙红色，具纵肋；冠毛白色，绢毛状。花、果期7—11月。$2n=40$。

区内常见，生于路边荒地、林缘灌丛。原产于热带非洲；分布于福建、广东、广西、贵州、湖北、湖南、江苏、江西、四川、西藏、云南；东南亚也有。

嫩茎、叶可作蔬菜，也可作绿肥。

本种常因花冠逐渐扩大、檐部极短、花柱分枝画笔状而从菊三七属中分出，另立野茼蒿属 *Crassocephalum* Moench.。本志仍按照《浙江植物志》的观点，将本种归于菊三七属。

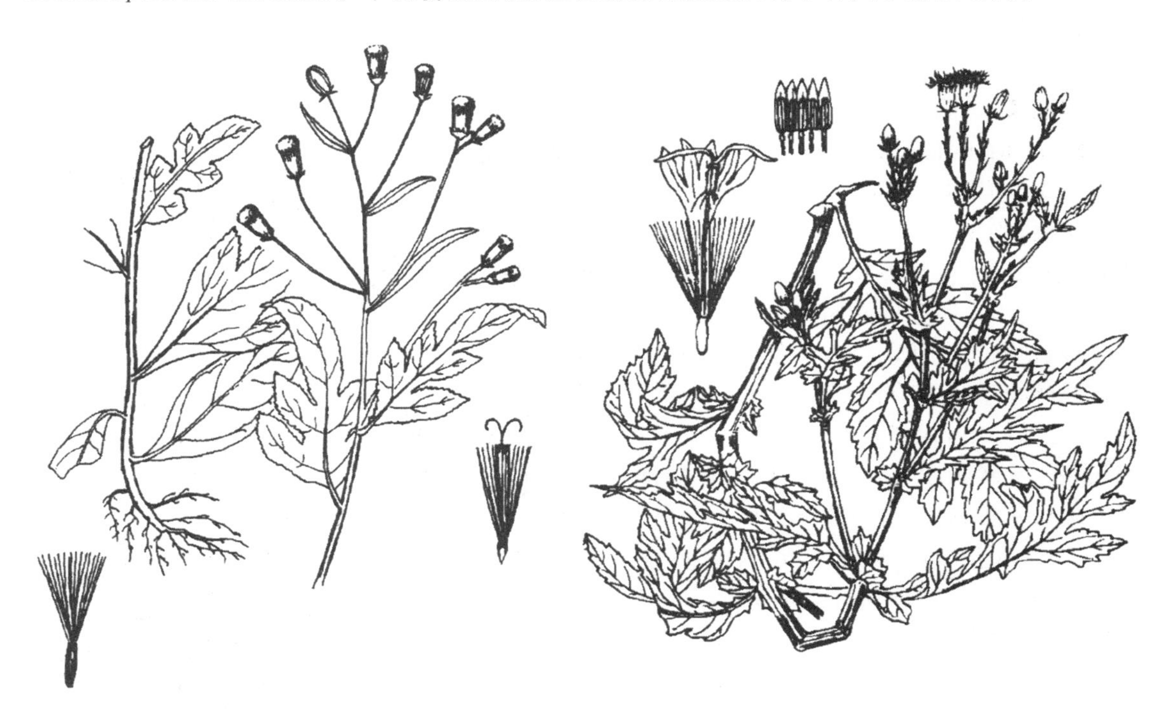

图 3-203 野茼蒿　　　图 3-204 菊三七

2. 菊三七 三七草 (图 3-204)

Gynura japonica (Thunb.) Juel. ——*G. segetum* Lour. ex Merr.

多年生草本。根肉质，肥大，须根纤细。茎直立，高45～80cm，粗壮，具纵条纹，稍被柔毛。基部叶簇生，叶片匙形，全缘、有锯齿或羽状深裂，花期凋落；中部叶互生，膜质，叶片长椭圆形，长10～23cm，宽5～15cm，羽状深裂，裂片卵形或披针形，长3～8cm，宽1～2cm，先端渐尖，基部楔形，边缘具不整齐的疏锯齿，两面疏被柔毛，中脉粗壮，侧脉纤细，两面均不明显，叶柄长约2mm；上部叶小，近无柄，基部通常具2枚假托叶。头状花序直径为1～1.5cm；总苞钟形，总苞片线状披针形，边缘膜质，外面被疏柔毛或近无毛；管状花黄色，顶端5裂；雄蕊内藏；花柱伸出。瘦果圆柱形，被疏毛；冠毛白色。花、果期7—10月。$2n=20$。

区内常见栽培。分布于华东、华中、西南；日本、泰国和尼泊尔也有。

根或全草入药，有散瘀止血、解毒消肿之效。

与上种的区别在于：本种叶柄短，近无柄；管状花黄色。

50. 泥胡菜属　Hemistepta Bunge

一年生草本。茎直立，上部分枝。叶互生；叶片琴状分裂，两面异色。头状花序大，排列成疏散的伞房状；总苞宽钟形或半球形，总苞片多层，外层先端有小鸡冠状凸起；花序托平坦，被稠密的托毛；花全为管状，顶端4～5深裂而多少粘着成为二唇，两性，结实；花药基部箭头形，有毛；花柱分枝处下部有毛环。瘦果长圆球形或倒卵球形，有13～16条纵肋，无毛；冠毛2层，外层冠毛羽毛状，脱落，内层冠毛鳞片状，宿存。

仅1种，产于亚洲和澳大利亚；我国有分布；浙江及杭州也有。

泥胡菜　(图3-205)

Hemistepta lurata Bunge

一年生草本。茎直立，高30～80cm，有纵条纹，光滑或有蛛丝状毛。基生叶莲座状，有柄，叶片倒披针形或披针状椭圆形，长7～21cm，宽2～6cm，羽状深裂或琴状分裂，顶裂片较大，上面绿色，下面密被白色蛛丝状毛；中部叶椭圆形，先端渐尖，无柄；上部叶小，线状披针形至线形，全缘或浅裂。头状花序少数，具长梗，在枝端排列成疏松伞房状；总苞倒圆锥状钟形，直径为1.5～3cm，总苞片多层，覆瓦状排列，外层呈卵形，外面先端有小鸡冠状凸起，内层的线形；花全为管状，紫红色，顶端5深裂，裂片线形。瘦果长圆球形或倒卵球形；冠毛白色。花、果期5—8月。

区内常见，生于山坡、荒地、溪沟边、路旁、草丛中。分布于我国南北各地；日本、朝鲜半岛、越南、澳大利亚也有。

图3-205　泥胡菜

51. 兔儿风属　Ainsliaea DC.

多年生草本。茎直立，单生，稀有分枝。下部叶通常基生，上部叶小，互生，叶片全缘或具锯齿。头状花序狭筒状，无梗或具短梗，排列成穗状、总状或狭圆锥状；总苞圆筒状，总苞片多层，覆瓦状排列，由外向内渐增长；花序托小，无托片；花全为管状，顶端5裂，裂片不等长或二唇形，两性，结实；花药基部箭头形，有长尾；花柱分枝短，线状楔形。瘦果长圆柱状，稍扁，具纵棱或无棱；冠毛1层，羽毛状。

约70种，分布于亚洲东南部；我国约有44种，主要分布于长江流域及其以南各省、区；浙江有2种；杭州有2种。

1. 杏香兔儿风 （图 3-206）

Ainsliaea fragrans Champ.

多年生草本。根状茎匍匐状；地上茎直立，高 20～35cm，密被棕色长毛，不分枝，叶 5～6 片，基部假轮生。叶片卵状长圆形，长 3～10cm，宽 2～6cm，先端圆钝，基部心形，全缘，上面绿色，无毛或疏被毛，下面有时紫红色，被棕色长柔毛；叶柄长3～8cm，被毛。头状花序多数，具短梗，排列成总状；总苞细筒状，长约 15mm，总苞片数层，外层的较短，卵形，内层的狭长圆形；花全为管状，白色，稍有杏仁气味，两性，结实。瘦果倒披针状长圆球形，压扁，密被硬毛；冠毛多层，羽毛状，黄棕色。花、果期 8—10 月。

见于余杭区（百丈、径山、良渚、中泰），生于山坡疏林下、灌丛中。分布于福建、广东、湖南、江苏、江西、台湾。

全草药用，有清热解毒、祛风活血之效。

图 3-206 杏香兔儿风　　图 3-207 铁灯兔儿风

2. 铁灯兔儿风 （图 3-207）

Ainsliaea macroclinidioides Hayata

多年生草本。茎直立或斜生，高 25～45cm，密被棕色长柔毛或脱落。叶 5～8 片聚生于茎中下部，呈莲座状；叶片宽卵形或卵状长圆形，长3～7cm，宽 2～4cm，先端急尖，基部圆形或浅心形，边近全缘或具芒状小齿，上面近无毛，下面绿色，疏被长毛；叶柄长 3～7cm。头状花序多数，无梗或具短梗，排列成总状；总苞管状，长约 10mm，总苞片 4～5 层，外层的较短；花全为管状，具 3 枚小花，两性，结实。瘦果倒披针形，稍压扁，密被硬毛；冠毛羽毛状，污白色。花、果期 6—11 月。$2n=36$。

见于萧山区(河上、楼塔)、余杭区(长乐、鸬鸟)、西湖景区(五云山、杨梅坞、上天竺),生于路边、竹林下、山坡、山脚。分布于安徽、福建、广东、湖北、湖南、江西、台湾。

与上种的区别在于:本种叶聚生于茎中部,呈莲座状,下面绿色;总苞较短,长约10mm。

52. 斑鸠菊属　Vernonia Schreb.

草本或灌木,有时藤本。叶互生,稀对生;叶片全缘或具齿,具羽状脉,稀近基出3脉,两面或下面常具腺;具柄或无柄。头状花序多数,排列成圆锥状、伞房状或总状,或数个密集排列成圆球状,稀单生;总苞钟状、圆柱形、卵球形或近圆球形,总苞片数层至多层,覆瓦状排列,草质,外层较短;花序托平坦,无毛,稀具短毛;花全为管状,顶端5裂,两性;花药基部箭头形或钝,具小耳;花柱分枝钻形,顶端稍尖,被微毛。瘦果圆柱状或陀螺状,具棱,顶端截形;冠毛通常2层,稀1层,内层细长,糙毛状,脱落或宿存,外层极短,刚毛状或鳞片状,或缺。

约1000种,分布于美洲、亚洲和非洲的热带和温带;我国有27种,主要分布于西南、华南及东南沿海;浙江有1种;杭州有1种。

夜香牛　(图3-208)

Vernonia cinerea (L.) Less.

一年生或多年生草本。茎直立,高20～50cm,上部分枝,或稍自基部分枝而呈铺散状,具条纹,贴生灰白短柔毛,具腺点。下部和中部叶菱状卵形、菱状长圆形或卵形,长3～6.5cm,宽1.5～3cm,先端急尖或稍钝,基部楔状变狭,成具翅的柄,边缘有疏锯齿或波状齿,侧脉3～4对,上面绿色,疏被短毛,下面被灰白色或淡黄色短柔毛,两面均有腺点,叶柄长1～2.5cm;上部叶渐小,长圆状披针形或线形,具短柄或近无柄。头状花序直径为6～8mm,在枝端排列成伞房状圆锥式,具梗;总苞钟状,总苞片4层,线形至披针形,先端渐尖,被短柔毛和腺;花序托平坦;花全为管状,淡红紫色,顶端裂片线状披针形,外面被短微毛和腺,两性,结实。瘦果圆柱形,顶端截形,基部缩小,被密短毛和腺点;冠毛白色,2层,外层多数而短,内层近等长,糙毛状。花、果期7—10月。$2n=18$。

图3-208　夜香牛

见于西湖景区(六和塔),生于溪边。分布于福建、广东、广西、湖北、湖南、江西、四川、台湾、云南;日本、印度尼西亚、印度至中南半岛、非洲也有。

全草入药,有疏风散热、拔毒消肿、安神镇静、消积化滞之效。

53. 蒲公英属 Taraxacum Weber

多年生无茎草本，具乳汁。叶基生，呈莲座状。花葶直立，自基部抽出，顶生1枚头状花序；总苞钟形，总苞片数层，外层总苞片短于内层总苞片；花均为舌状，黄色，稀白色。瘦果长圆球形，稍扁，有棱，先端具细长喙；冠毛多数，刚毛状，白色。

2500余种，主要分布于北温带；我国有116种，各地广布；浙江有1种；杭州有1种。

蒲公英 （图3-209）

Taraxacum mongolicum Hand. -Mazz.

多年生具乳汁草本。根圆柱形。植株大部分被蛛丝状柔毛。叶基生；叶片倒狭卵形或倒卵状披针形，通常大头羽裂或羽裂，长5～10cm，宽1～2cm，下面近无毛；叶柄具翅。头状花序直径约为3.5cm，单生于花葶顶端；总苞钟形；花鲜黄色，稀白色。瘦果长椭圆球形，暗褐色，具纵棱和横瘤，中部以上的横瘤具刺状凸起，喙长6～8mm；冠毛刚毛状，白色。花、果期4—6月。

区内常见，生于田边、路边或草地。分布于华东、华中、西南、华北、西北、东北。

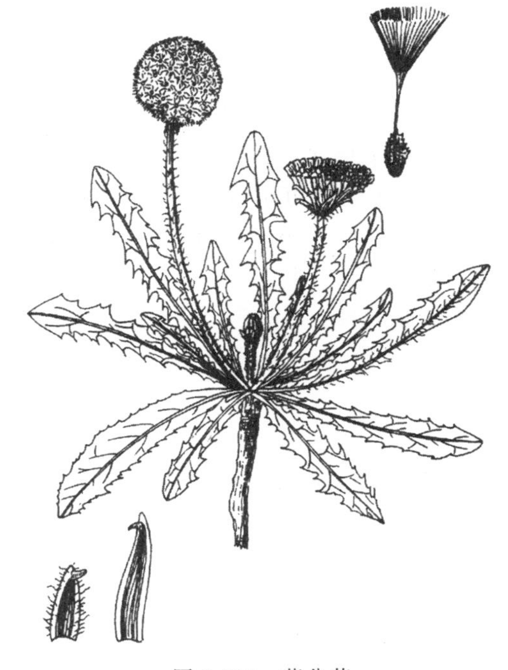

图3-209 蒲公英

54. 稻槎菜属 Lapsanastrum Pak & K. Bremer

一年生、越年生具乳汁草本。叶互生；叶片常羽状分裂。头状花序小，具长梗，排列成疏伞房状或圆锥状；总苞圆筒状钟形；总苞片2层，外层的小；花均为舌状，黄色。瘦果长圆球形，稍扁，具多条纵肋，顶端无冠毛。

4种，分布于我国、日本和朝鲜半岛；我国均有；浙江有2种；杭州有1种。

稻槎菜 （图3-210）

Lapsanastrum apogonoides (Maxim.) Pak & K. Bremer——*Lapsana apogonoides* Maxim.

一年生或越年生细弱草本，高10～30cm，多分枝，疏被细毛或近无毛。基生叶丛生，叶片倒披针形，长3～9cm，宽1.5～2cm，羽状分裂，顶裂片最大，两侧裂片向下逐渐变小，两面无毛，叶柄长1～2cm；茎生叶较小，通常1或2枚，具柄或近无柄。头状花序具梗，排列成伞房状圆锥花序；总苞圆筒状，长约5mm，总苞片2层；花全为舌状，黄色。瘦果长圆球形，长约4.5mm，稍扁，两面各有5～7条纵肋，顶端两侧各有1枚钩刺，无冠毛。花、果期4—5月。$2n=44$。

区内常见,生于田边或水沟边。分布于安徽、福建、广东、广西、湖南、江苏、江西、陕西、台湾、云南;日本、朝鲜半岛也有。

图 3-210 稻槎菜

55. 鸦葱属 Scorzonera L.

多年生有乳汁草本,稀一年生或越年生。叶互生或基部者丛生。头状花序单生于枝端或数个排列成伞房状;总苞圆柱形,总苞片多层,覆瓦状排列,外层的短小,内层的较长;花全为舌状,黄色。瘦果线形至长圆球形,具纵肋,无喙;冠毛羽毛状,多层,互相错综。

约 180 种,分布于亚洲、欧洲、非洲北部;我国有 24 种,除华南外广布;浙江有 2 种;杭州有 1 种。

笔管草 华北鸦葱 (图 3-211)

Scorzonera albicaulis Bunge

多年生草本。具粗壮主根。茎直立,高 40~75cm,中空,有沟纹,密被白色蛛丝状毛或脱落至几无毛,基部无或有少数纤维状残存叶柄。基部叶丛生,叶片线状披针形,长 15~25cm,宽 0.6~0.8cm,全缘,被蛛丝状毛;茎生叶与基部叶相似,多数,向上渐小。头状花序 2~5 枚排列成伞房状;总苞片 3~5 层;小花黄色,舌片长 1~1.5cm。瘦果线形,长约 2.5cm,具多数纵肋;冠毛羽毛状,淡黄色,与瘦果近等长,基部联合成环状。花、果期 5—7 月。$2n=14$。

见于西湖景区(九曜山),生于山坡路边或田边。分布于安徽、贵州、河北、河南、黑龙江、湖北、江苏、内蒙古、山东、山西、陕西、四川;朝鲜半岛、俄罗斯、蒙古也有。

根可供药用。

图 3-211 笔管草

56. 苦苣菜属 Sonchus L.

一年生或多年生具乳汁草本。叶互生,边缘有齿或分裂,基部常抱茎。头状花序具多数小花,排列成疏松的伞房状或圆锥状;总苞圆筒形或钟形,总苞片 2~4 层,外层的较内层的短;花全为舌状,黄色。瘦果卵球形至椭圆球形,略扁,顶端无喙;冠毛多数,二型,一种为较粗的直毛,另一种为极细的柔毛。

约 50 种,主要分布于北温带;我国有 8 种,南北均产;浙江有 4 种;杭州有 2 种。

1. **苦苣菜** (图 3-212)

Sonchus oleraceus L.

一年生或越年生草本,高 40~90cm。茎中空,具棱,下部无毛,中上部及顶端疏被短柔毛与腺毛。叶片长椭圆状宽披针形或长椭圆状宽倒披针形,长 15~20cm,宽 3~8cm,羽状深裂或提琴状羽裂,边缘有较稀疏而短软的尖齿,茎生叶基部常为尖耳状抱茎,基生叶基部下延成翼柄。头状花序直径约为 2cm,具长梗,花序梗常被腺毛,排列成伞房状;总苞钟形或圆筒形,长 1.2~1.5cm,总苞片 2~3 层;花全为舌状,多数,黄色。瘦果倒卵状椭圆球形,压扁,两面各有 3 条纵肋,肋间有粗糙细横纹;冠毛白色。花、果期 4—10 月。$2n=32$。

区内常见,生于路边、林下草丛中或荒地中。可能原产于欧洲和地中海地区;全国广布。

全草入药,亦可作青饲料或栽培作蔬菜。

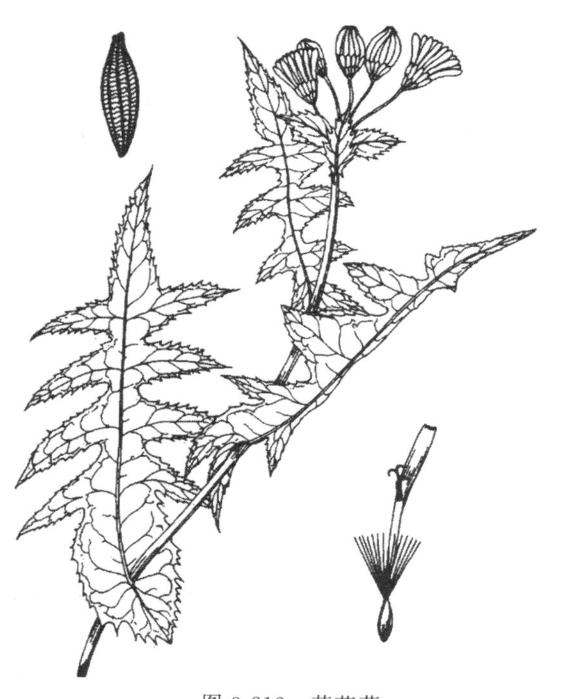

图 3-212 苦苣菜

图 3-213 续断菊

2. **续断菊** 花叶滇苦菜 (图 3-213)

Sonchus asper (L.) Hill.

一年生草本,高 30~45cm,无毛或上部被腺毛。下部叶长椭圆形或倒卵形,长 5~11cm,宽 1~4cm,基部下延成翅柄,边缘不规则羽裂或具密而不等长的刺状齿;中上部叶无柄,狭长椭圆形,不裂至羽裂,边缘有较硬而长的刺状尖齿,基部扩大成圆耳状抱茎。头状花序数枚在茎端密集排列成伞房状;总苞钟状,直径为 8~10mm,总苞片 2~3 层;花全为舌状,多数,黄色。瘦果倒长卵球形,黄褐色,压扁状,两面各具3条纵肋,肋间无横皱纹;冠毛白色。花、果期5—11月。$2n=18$。

区内较常见,生于路边、林下草丛中或荒地中。可能原产于欧洲和地中海地区;分布于广西、湖北、江苏、山东、四川、台湾、西藏、新疆。

与上种的区别在于:本种瘦果纵肋间无横皱纹;茎生叶边缘有较硬而长的尖齿,基部圆耳状抱茎。上种的瘦果纵肋间有横皱纹;茎生叶边缘有较稀疏而短软的尖齿,基部尖耳状抱茎。

57. 莴苣属 Lactuca L.

一年生、越年生或多年生具乳汁草本。头状花序在枝端排列成伞房状、圆锥状或总状圆锥式;总苞果期长卵球形或卵球形,总苞片3～5层;花全为舌状,黄色,极少白色,有小花7～25朵。瘦果压扁,边缘无翅或有薄翅,每面有1～10条细脉纹或纵肋,顶端有粗短喙或细丝状喙;冠毛白色,2层,刚毛状。

50～70种,分布于北温带;我国有12种;浙江有4种,3变种;杭州均有。

本属建立之初便包含了两种瘦果型植物:一类是瘦果每面具1～3条细脉,顶端具短喙,边缘具宽大薄翅;另一类是瘦果每面具4～6条细肋,顶端具丝状长喙。后将瘦果边缘宽扁而呈翅状、果喙短而粗的一类分出,建立了翅果菊属 *Pterocypsela* Shih。对于莴苣属的界限仍有不同观点,最近Shih在 *Flora of China* 中基于分子学和形态学的相关研究采用了广义属的概念,包含了以往的乳苣属 *Mulgedium* Cass.、翅果菊属 *Pterocypsela* Shih和雀苣属 *Scariola* F. W. Schmidt。本志采用广义概念。

分种检索表

1. 栽培植物;瘦果边缘无翅,每面有5～7条纵肋。
  2. 茎粗壮,高大。
    3. 茎上部多分枝 …… 1. **莴苣** *L. sativa*
    3. 茎特别发达,上部不分枝 …… 1a. **莴笋** var. *angustata*
  2. 茎短而不明显。
    4. 叶片椭圆形,卷心 …… 1b. **卷心莴苣** var. *capitata*
    4. 叶片长倒卵形,不卷心 …… 1c. **生菜** var. *romana*
1. 野生植物;瘦果边缘明显具翅,每面有1、3(～5)条纵肋。
  5. 瘦果每面有3(～5)条纵肋;内层总苞片5(6)枚 …… 2. **毛脉翅果菊** *L. raddeana*
  5. 瘦果每面有1条纵肋;内层总苞片8枚。
    6. 瘦果顶端的喙长0.4～1.6mm …… 3. **翅果菊** *L. indica*
    6. 瘦果顶端的喙长2～3.5mm …… 4. **台湾翅果菊** *L. formosana*

1. 莴苣 (图3-214)

Lactuca sativa L.

一年生、越年生草本。茎光滑,高达1m。基生叶丛生,叶片倒卵圆形、长圆形或长圆状倒披针形,长10～26cm,宽3～3.5cm,全缘或分裂,平滑或有皱纹,无叶柄;中部叶长圆形或三角状卵形,长3～6cm,宽1～3cm,基部心形抱茎。头状花序极多数,直径为4～8mm,在枝端排列成伞房状圆锥式;总苞片果期直径约为6mm;花全为舌状,黄色,舌片长约6mm。瘦果纺锤形或长圆状倒卵球形，灰褐色，微压扁，长约 4mm，每面有 5～7 条纵肋，喙丝状，长 3～4mm；冠毛长约 3.5mm。花、果期 6—10 月。2*n*=18。

区内有栽培。原产于欧洲；我国南北均有栽培，亦有野生；日本、朝鲜半岛、俄罗斯也有。

叶富含维生素、铁盐、钙盐和磷盐，具较高的营养价值，常栽培作蔬菜。

图 3-214 莴苣

1a. 莴笋

var. **angustata** Irish ex Bremer

与原种的主要区别在于：本变种茎特别发达，上部不分枝。

各地常见栽培，供食用。

1b. 卷心莴苣

var. **capitata** DC.

与原种的主要区别在于：本变种茎不发达；叶片椭圆形，卷心。

各地常见栽培，供食用。

1c. 生菜

var. **romana** Hort.

与原种的主要区别在于：本变种茎不发达；叶片长倒卵形。

各地常见栽培，供食用。

2. 毛脉翅果菊 （图 3-215）

Lactuca raddeana Maxim.——*Pterocypsela elata* (Hemsl.) Shih——*P. raddeana* (Maxim.) Shih

一年生或多年生草本，高 0.8～2m。茎单生，直立，上部具分枝及无毛，中下部多少被密的糙硬毛。中下部茎生叶大，不裂、羽状深裂或大头羽状分裂，长 5～16cm，宽 2～8.5cm，多少被糙硬毛，边缘有齿或深波状粗齿；向上的叶渐小，卵形、椭圆形或披针形。头状花序具 8～11 枚舌状小花；总苞果期长约 1cm，宽约 5mm，总苞片通常淡紫红色，内层总苞片 5(6)枚；舌状小花黄色。瘦果椭圆球形，压扁，长 3～4mm，边缘具宽约 2mm 的翅，每面有 3(～5)条纵肋，顶端喙长 0.2～0.4mm；冠毛长约 6.5mm。花、果期 5—10 月。2*n*=18。

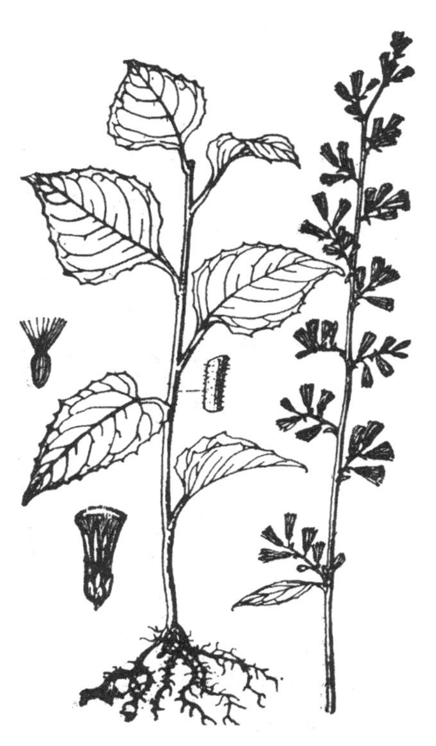

图 3-215 毛脉翅果菊

见于西湖景区(九溪)，生于山坡林缘或潮湿处。分布于安徽、福建、甘肃、广东、广西、贵州、河北、河南、湖北、湖南、吉林、江西、辽宁、山东、山西、陕西、四川、云南;俄罗斯东部、日本、朝鲜半岛、越南也有。

本志同意 *Flora of China* 的处理意见,将高大翅果菊 *Pterocypsela elata* (Hemsl.) Shih 归并于本种。

3. **翅果菊**　山莴苣　(图3-216)

Lactuca indica L.——*Pterocypsela indica* (L.) Shih——*P. laciniata* (Houtt.) Shih

一年生或多年生草本,高0.4~2m。茎直立,无毛。中下部茎生叶形状多样,线状披针形、线状椭圆形、披针形、匙形或椭圆形,无毛,长13~35cm,宽0.5~20cm,基部半抱茎至稍抱茎,全缘、羽状半裂、羽状深裂至2回羽裂;上部叶较小,线状披针形、线形或椭圆形,全缘至稍具缺刻。头状花序多数,排成圆锥花序或总状圆锥花序,通常具20~30枚小花;总苞果期长1.2~1.5cm,内层总苞片8枚;花全为舌状,淡黄色。瘦果椭圆球形,压扁,长3~5mm,边缘具宽1.2~2.5mm的翅,每面具1条纵肋,喙近丝状,长0.4~1.6mm;冠毛长约7.5mm。花、果期4—11月。$2n=18$。

区内常见,生于林下阴处、山坡草丛、水边。分布于安徽、福建、广东、广西、贵州、海南、河北、河南、黑龙江、湖北、湖南、吉林、江苏、江西、辽宁、山东、山西、陕西、四川、台湾、西藏、云南;俄罗斯东部、日本、朝鲜半岛、不丹、印度、泰国、越南、菲律宾、印度尼西亚也有。

本志同意 *Flora of China* 的处理意见,将多裂翅果菊 *Pterocypsela laciniata* (Houtt.) Shih 归并于本种。

图3-216　翅果菊

图3-217　台湾翅果菊

4. **台湾翅果菊**　(图3-217)

Lactuca formosana Maxim.——*Pterocypsela formosana* (Maxim.) Shih

一年生或越年生草本。茎直立,高40~150cm,疏被开展的曲柔毛,有时甚密。叶片椭圆形、披针形或倒披针形，长 8～11cm，宽 4～5cm，基部呈耳状抱茎，羽裂，上面被短毛，下面沿脉疏被长柔毛。头状花序直径约为 1.5cm，排列成伞房状；总苞果期长可达 1.8cm，内层总苞片 8 枚；花全为舌状，淡黄色，舌片长约 8mm。瘦果椭圆球形，压扁，长 4.5～6.5mm，边缘具宽 2～2.3mm 的翅，每面具 1 条纵肋，喙丝状，长 2～3.5mm；冠毛长约 7.5mm。花、果期 4—11 月。$2n=18$。

见于拱墅区(半山)、西湖景区(龙井)，生于路边。分布于安徽、福建、广东、广西、贵州、河南、湖北、湖南、江苏、江西、宁夏、陕西、四川、台湾、云南。

58. 假福王草属 Paraprenanthes Chang ex Shih

一年生、越年生或多年生具乳汁草本。茎直立，上部分枝。头状花序多数，在枝端排列成圆锥状或圆锥状伞房花序；总苞圆筒状，花后绝不为卵球形，总苞片 2～3 层，外层的极短小，内层的较长；花全为舌状，淡红色或紫色。瘦果纺锤形，上部收缩成白色，顶端无喙或有不明显喙状物，每边有 4～6 条细纵肋；冠毛 2 层，刚毛状，微粗糙。

12 种，分布于东亚和东南亚；我国有 12 种，分布于秦岭以南大部分地区；浙江有 2 种；杭州有 2 种。

1. 林生假福王草 (图 3-218)

Paraprenanthes diversifolia (Vaniot) N. Kilian——*P. sylvicola* Shih

一年生草本，高 50～150cm。茎直立，单生，上部分枝多，光滑无毛。基生叶及中下部茎生叶三角状戟形、卵状戟形、卵形或卵心形，长 5.5～15cm，宽 4.5～9cm，顶端急尖或渐尖，基部戟形、心形或截形，通常不裂，边缘有波状短尖齿；叶柄长 5～9cm，有翼或无翼；上部茎生叶或花序下部叶与基生叶、中下部茎生叶同形，或三角形、椭圆状披针形，有长 1.5～2.5cm 的翼柄或无翼柄；全部叶两面光滑无毛。头状花序多数或少数，具 4～6 枚舌状小花，在茎端排列成总状或狭圆锥花序；外层总苞片短，长 1～3mm，内层总苞片 5 枚；小花紫红色，有时稍白色。瘦果纺锤状，微压扁，长约 4mm，宽不足 1mm，向顶端渐窄，顶端白色，无喙，每面有 5～6 条不等粗的细肋；冠毛长约 6mm。花、果期 5—8 月。

见于西湖区(龙坞)，生于林下。分布于重庆、福建、广东、广西、贵州、湖北、湖南、江西、陕西、四川、云南。

图 3-218 林生假福王草

2. 假福王草 (图 3-219)

Paraprenanthes sororia (Miq.) Shih——*P. pilipes* (Migo) Shih

多年生草本。茎直立，高 50～150cm，无毛或具疏腺毛。基生叶花期枯萎；中下部茎生叶不裂或多少琴状半裂至全裂,三角状卵形至披针形,无毛,边缘多少具波状短小尖齿,侧裂片1、2(3)对,顶裂片宽三角状至宽披针形;上部茎生叶较小,不裂或较少分裂;叶柄长3～7cm。头状花序多数,通常具10～15枚舌状小花,排列成狭圆锥状;总苞长约1cm,宽约3mm,内层总苞片约8枚;花全为舌状,淡紫色。瘦果椭圆状披针形,长约4.5mm,每面有4～6条细肋,顶端渐狭成长约1mm的喙状物;冠毛长约7.5mm。花、果期5—8月。$2n=18$。

图3-219　假福王草

见于西湖区(龙坞)、西湖景区(云栖),生于路边或林下草丛中。分布于安徽、重庆、福建、广东、广西、湖北、湖南、江西、四川、台湾、云南;日本、越南也有。

传统上按照叶片分裂与否及茎上部是否有毛等特征作为种的划分依据,*Flora of China* 中认为 *P. sororia* (Miq.) Shih 也有不裂叶,植株上部被毛与否无分类学价值,无法与 *P. pilipes* (Migo) Shih 区分,将 *P. pilipes* (Migo) Shih 处理为 *P. sororia* (Miq.) Shih 的异名。

59. 黄鹌菜属　Youngia Cass.

一年生、越年生或多年生具乳汁草本。基生叶丛生,平铺状;中上部叶互生,少或多退化。头状花序排列成总状、疏散圆锥状、伞房状或聚伞状;总苞圆筒状;花全为舌状,黄色,有时外侧稍带红色。瘦果纺锤形或长圆球形,稍扁,顶端无喙或收窄成粗短的喙状物,具不等形的纵肋,被小刺毛或否;冠毛多数,1层,白色,稀灰色或淡褐色。

约30种,分布于东亚;我国有28种,全国广布;浙江有4种,2亚种;杭州有3种,2亚种。

分种检索表

1. 基生叶及茎中下部叶2回羽状分裂或至少有2回羽状分裂叶,侧裂片和顶裂片同宽 ………………………………………………………………………… 1. **多裂黄鹌菜** *Y. rosthornii*

1. 叶1至多回羽裂,侧裂片通常明显比顶裂片狭小。

　2. 瘦果红色,顶端收窄成长0.2～0.4mm的粗短喙状物;冠毛早落 … 2. **红果黄鹌菜** *Y. erythrocarpa*

　2. 瘦果亮褐色、深红色或紫褐色,顶端无喙;冠毛宿存。

　　3. 头状花序较小,总苞长4～5.5mm;瘦果长1.5～2mm。

　　　4. 茎裸露或几裸露;无茎生叶或几无茎生叶 ……………………… 3. **黄鹌菜** *Y. japonica*

　　　4. 茎不裸露;有发育良好的茎生叶 ……………………… 3a. **卵裂黄鹌菜** subsp. *elstonii*

　　3. 头状花序较大,总苞长6～7mm;瘦果长2～2.5mm ………… 3b. **长花黄鹌菜** subsp. *longiflora*

1. 多裂黄鹌菜

Youngia rosthornii (Diels) Babc. & Stebb.

一年生草本，高可达 1m 或更高。茎直立，无毛。基生叶长椭圆形，长达 20cm，宽达 8cm，2 回羽状全裂；中下部茎生叶与基生叶同形并等样分裂；最上部茎生叶及花序分枝上的叶狭线形，全缘。头状花序多数，在茎端排成伞房状圆锥花序，约含 20 枚舌状小花；总苞圆柱状，长约 6mm；舌状小花黄色，花冠管外面被白色短柔毛。瘦果黑褐色、紫红色，纺锤形，长约 2mm，向顶端收窄，顶端无喙，截形，有 14～15 条粗细不等的纵肋，肋上有微刺毛；冠毛白色，长约 3.5mm。花、果期 6—10 月。

文献记载区内有分布。分布于重庆、湖北、广东、四川。

2. 红果黄鹌菜 (图 3-220)

Youngia erythrocarpa (Vant.) Babc. & Stebb.

一年生草本，高 50～100cm。茎直立，无毛。基生叶倒披针形，长达 6cm，宽达 3cm，大头羽状全裂，叶柄长达 5cm；茎生叶多数，与基生叶同形并等样分裂，基部有短柄；接花序分枝处的叶不裂，长椭圆形，向两端收窄，基部无柄或有短柄；全部叶两面被稀疏的皱波状多细胞节毛或无毛。头状花序多数或极多数，在茎端排成伞房状圆锥花序，含10～13枚舌状小花；总苞圆柱状，长 4～6mm；舌状小花黄色，花冠管外面有白色短柔毛。瘦果红色，纺锤形，长达 2.5mm，向顶端收窄成长 0.2～0.4mm 的粗短喙状物，有 11～14 条粗细不等的纵肋；冠毛白色，长约 2.5mm。花、果期 4—8 月。

区内常见，生于路边草丛、岩旁、溪边。分布于安徽、重庆、福建、甘肃、贵州、湖北、江苏、陕西、四川。

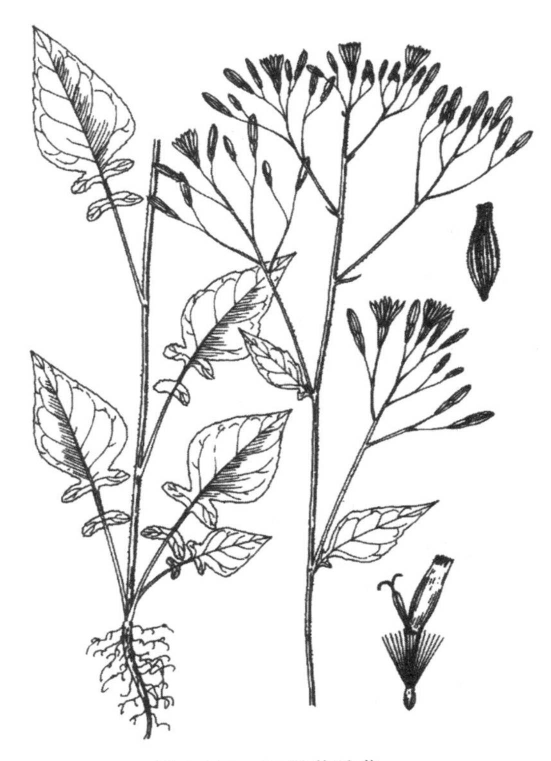

图 3-220 红果黄鹌菜

3. 黄鹌菜 (图 3-221)

Youngia japonica (L.) DC.

一年生草本，高 10～100cm。茎直立，单生或少数茎簇生，顶端伞房花序状分枝或下部有长分枝，下部被稀疏的皱波状长毛或短毛。基生叶倒披针形、椭圆形、长椭圆形或宽线形，长 2.5～13cm，宽 1～4.5cm，大头羽状深裂或全裂，极少不裂，叶柄长 1～7cm，有狭或宽翼，或无翼；无茎生叶或极少有 1(2)枚茎生叶，茎生叶与基生叶同形并等样分裂；全部叶及叶柄被皱波状长或短毛。头状花序含 10～20 枚舌状小花，少数或多数在茎端排成伞房花序；总苞圆柱状，长4～5mm，全部总苞片外面无毛；舌状小花黄色，花冠管外面有短柔毛。瘦果纺锤形，压扁，褐色或红褐色,长1.5～2mm,顶端无喙,有11～13条粗细不等的纵肋,肋上有小刺毛;冠毛长2.5～3.5mm。花、果期4—10月。

区内常见,生于路边、林下、草丛中。全国遍布,可能由我国传至泛热带地区。

图3-221　黄鹌菜

3a. 卵裂黄鹌菜

subsp. **elstonii** (Hochreutiner) Babc. & Stebb. ——*Y. pseudosenecio* (Vaniot) Shih

一年生草本,高50～150cm。茎单生或少数簇生,直立,自中部长圆锥状分枝,中下部被稀疏的皱波状长柔毛。基生叶及中下部茎生叶长倒披针形或长椭圆形,长达27cm,宽达7cm,羽状深裂,稍见大头羽状深裂,侧裂片3～7对,向下方的侧裂片渐小,叶柄有极狭的翼,长1.5～5cm;中上部茎生叶与基生叶及下部茎生叶同形并等样分裂,但侧裂片较少;花序分枝枝杈上的叶小,苞片状或钻形。头状花序多数在茎端排成狭圆锥花序或伞房状圆锥花序,含舌状小花约20枚;总苞圆柱状,长4～5.5mm;舌状小花黄色,外面被白色短柔毛。瘦果褐色,纺锤形,长约2mm,向顶端收窄,顶端截形,无喙,有11～13条纵肋,肋上有小刺毛。冠毛白色,长3～3.5mm。花、果期4—11月。

区内常见,生于水边阴湿处、山坡、沟谷、屋边草丛中。分布于安徽、福建、甘肃、广东、广西、贵州、海南、湖北、湖南、江苏、江西、山东、陕西、四川、云南。

与原种的主要区别在于:本亚种茎不裸露,有发育良好的茎生叶。

3b. 长花黄鹌菜

subsp. **longiflora** Babc. & Stebb. ——*Youngia longiflora* (Babc. & Stebb.) Shih

一年生草本,高30～80cm。茎直立,单生或2～4条成簇生,下部有稀疏的皱波状多细胞长节毛或短节毛,或无毛,自中部或顶端伞房花序状分枝。基生叶倒披针形或卵状倒披针形,长6.5～23cm,宽1～7cm,大头羽状浅裂、深裂或几全裂,或不明显倒向羽状浅裂、深裂或全裂,侧裂片3～8对,向下的侧裂片渐小;通常无茎生叶或极少有1枚茎生叶,茎生叶披针形,几全缘,或有不明显锯齿,或少锯齿;花序分枝枝杈上的叶及花梗上的叶极小或小;基生叶有长柄或短柄,茎生叶无柄或有短柄;全部叶两面被稀疏的皱波状多细胞长节毛或短节毛。头状,花序含18～20枚舌状小花,多数或少数在茎端排成伞房花序;总苞圆柱状,长6～7mm,全部总苞片外面无毛;舌状小花黄色,花冠管外面有白色微柔毛。瘦果黑紫褐色,纺锤状,长约2mm,向顶端稍收窄,顶端无喙,有11～13条粗细不等的纵肋,肋上有小刺毛;冠毛白色,长近4mm。花、果期4—8月。

区内常见,生于山坡或路边草丛。分布于安徽、重庆、福建、广东、广西、湖北、湖南、江苏、江西、四川、台湾。

与原种的主要区别在于：本亚种头状花序较大，总苞长 6～7mm；瘦果长 2～2.5mm。

60. 假还阳参属 Crepidiastrum Nakai

一年生、越年生或多年生草本、半灌木。茎生叶集中于枝端或互生，基生叶莲座状或花期枯萎而极少生存，全部叶不分裂或羽状分裂。头状花序在茎端排成伞房花序或伞房状圆锥花序，总苞圆柱状，舌状小花黄色。瘦果圆柱形、椭圆球形、长椭圆球形、纺锤形或微扁，有 10～15 条高起纵肋，顶端无喙或具粗喙；冠毛 1 层，白色，糙毛状。

约 15 种，分布于东亚和中亚、太平洋岛屿；我国有 9 种，南北均产；浙江有 3 种；杭州有 2 种。

1. **黄瓜假还阳参** 黄瓜菜 （图 3-222）

Crepidiastrum denticulatum （Houtt.） Pak & Kawano——*Ixeris denticulata* （Houtt.） Stebbins——*Paraixeris denticulata* （Houtt.） Nakai

一年生或越年生草本，高 30～120cm。茎直立，无毛，单生，上部分枝。全部叶无毛；基生叶及下部茎生叶果期枯萎，倒披针形，先端通常圆钝；中部茎生叶无柄，叶片倒披针形、倒卵形、提琴状，稀多少近椭圆形，长 3～12cm，宽 1～7cm，不裂、羽状半裂或羽状深裂，基部明显耳状抱茎，耳多少圆钝，边缘全缘，或具浅齿、深齿，分裂时侧裂片 2～4 对，三角状卵形、椭圆形或倒卵形，顶裂片较大，三角状卵形至椭圆形；上部茎生叶与中部茎生叶相似，但较小，通常裂片数或齿数较少，或全缘。头状花序少数或多数，具 12～20 枚小花，排成伞房状或圆锥状；总苞狭圆柱形，长 7～8mm；舌状小花黄色，花药筒和花柱干时淡绿色或淡黑色。瘦果狭椭圆球形，连喙长 2.5～3.5mm，喙长 0.2～0.5mm，具 10～15 条纵肋；冠毛长约 4mm。花、果期 8—2 月。

区内常见，生于荒地、山坡路边或草丛中。我国南北各地几乎均有分布；日本、朝鲜半岛、蒙古、俄罗斯东部、越南也有。

图 3-222 黄瓜假还阳参

2. **尖裂假还阳参** 抱茎苦荬菜 （图 3-223）

Crepidiastrum sonchifolium（Maxim.）Pak & Kawan——*Ixeris sonchifolia*（Bunge）Hance

一年生或越年生草本，高 20～100cm。茎直立，无毛，单生，上部分枝。全部叶无毛；基生叶及下部茎生叶通常倒披针形，先端圆钝；中部茎生叶无柄，叶片狭卵形、披针形，稀近椭圆形，长 2.5～9cm，宽 0.5～3cm，羽状半裂、羽状深裂或羽状全裂，基部明显耳状抱茎，耳多少圆钝，边缘全缘或明显具齿，侧裂片短三角状至狭长三角状或近线形，先端急尖，顶裂片较大；上部茎生叶与中部茎生叶相似，但较小，通常裂片数或齿数较少，或在叶片上部全缘，顶端长渐尖。头状花序少数或多数，具12～20枚小花，排成伞房状或圆锥状；总苞狭圆柱形，长4.5～6.5mm；舌状小花黄色，花药筒和花柱干时黄色。瘦果纺锤形，连喙长2～3.2mm，喙细长，长0.4～1mm；冠毛长约2.5mm。花、果期4—9月。$2n=10$。

区内常见，生于山坡路边、山坡草丛、林下。全国广布；蒙古、朝鲜半岛、俄罗斯东部也有。

与上种的区别在于：本种中上部茎生叶最宽处在叶片基部，总苞长4.5～6.5mm，花药筒和花柱干时黄色。

图3-223　尖裂假还阳参

61. 苦荬菜属　Ixeris Cass.

一年生、越年生或多年生具乳汁草本。植株常被白粉。茎直立，稀匍匐，有分枝。基生叶莲座状，有叶柄；茎生叶互生，全缘、具齿或羽裂，无柄或具柄。头状花序少数，具梗，在枝端排列成伞房状；总苞圆筒形；花全为舌状，黄色，少有白色或淡紫色。瘦果纺锤形，稍扁平，每面各有9～12条纵肋，顶端有细丝状喙；冠毛1层，刚毛状，粗糙，白色或棕黄色。

40～45种，分布于东亚、东南亚和南亚；我国约有17种，各地广布；浙江有10种，1亚种；杭州有4种，1亚种。

本属由Cass于1821年建立，后Tzvel(1964)根据瘦果每面的纵肋数目另立了小苦荬属*Ixeridium* (A. Gray) Tzvel. [*Ixeris* Cass. 的瘦果每面具10条锐纵肋，*Ixeridium* (A. Gray) Tzvel. 的瘦果每面具9～12条钝纵肋]，据观察，按这个性状不易分开此两属，故本文仍采用较广义的苦荬菜属。

分种检索表

1. 植株具长匍匐茎；花茎上通常无叶或仅1～2枚较小的叶片；头状花序少数，1～6个 ………………………………………… 1. **剪刀股** *I. japonica*
1. 植株无匍匐茎，茎直立，多分枝；花茎上常有明显叶片；头状花序多数或少数。
  2. 茎生叶基部箭头形抱茎；越年生草本 ……………… 2. **多头苦荬菜** *I. polycephala*
  2. 茎生叶基部不抱茎，或抱茎也不为箭头形；多年生草本。
    3. 冠毛浅棕色；瘦果的喙长0.5～1mm ……………… 3. **齿缘苦荬菜** *I. dentata*
    3. 冠毛白色；瘦果的喙长约3mm。
      4. 茎生叶通常2～4枚；总苞长6～8mm；植株高20～35cm；舌状小花浅黄色或亮黄色 ………………………………………… 4. **中华苦荬菜** *I. chinensis*
      4. 茎生叶通常1或2枚；总苞长8～9mm；植株通常高10～20cm；同一居群植株的小花颜色多样，白色、略带紫色、浅黄色，偶有亮黄色 ……………… 4a. **多色苦荬菜** subsp. *versicolor*

1. **剪刀股** (图 3-224)

Ixeris japonica (Burm. f.) Nakai

多年生草本。植株具长匍匐茎,茎上部分枝,高 10～25cm,无毛。基生叶莲座状,叶片匙状倒披针形或倒披针形,长 5～12cm,宽 1～2cm,先端钝圆,基部下延成叶柄,全缘、具疏锯齿或下部浅羽状分裂;花茎上叶片仅 1～2 枚或无,披针形,全缘,无柄。头状花序直径为 1.5～2cm,具梗;总苞长 13～15mm;花全为舌状,黄色。瘦果纺锤形,长 7～8mm,红棕色或黄棕色,具短喙,喙长 1～2mm,肋间有深沟,肋翼锐;冠毛白色。花、果期 4—6 月。$2n=48$。

区内常见,生于路边草丛中。分布于福建、广东、广西、辽宁、台湾;日本、朝鲜半岛也有。

图 3-224 剪刀股

图 3-225 多头苦荬菜

2. **多头苦荬菜** 苦荬菜 (图 3-225)

Ixeris polycephala Cass.

越年生草本。茎直立,高 15～25cm,通常自基部分枝。基生叶线状披针形,长 10～20cm,宽 0.5～1cm,先端渐尖,基部楔形下延,全缘,稀羽状分裂,叶脉羽状,具短柄;茎生叶披针形或长圆状披针形,长 8～10cm,宽 7～10mm,先端渐尖,基部箭头形抱茎,全缘或具疏齿;有时基生叶及下部茎生叶篦齿状分裂,无叶柄。头状花序具梗,密集排列成伞房状;总苞花期呈钟状,果期呈坛状,直径为 3～4mm;花全为舌状,黄色。瘦果纺锤形,黄褐色,具 10 条纵棱,棱间沟较深而为棱锐,先端有细长喙,喙长约 1.5mm;冠毛白色。花、果期 4—5

月。$2n=16$。

见于江干区(彭埠)、西湖景区(飞来峰、云栖),生于山坡路边。分布于华东、华中、华南、西南;日本、阿富汗、不丹、印度、尼泊尔、缅甸、老挝、柬埔寨、越南也有。

全草供药用。

3. 齿缘苦荬菜　小苦荬　(图3-226)

Ixeris dentata (Thunb.) Nakai

多年生草本。根状茎短;地上茎直立,高30～40cm,无毛,上部多分枝。基生叶倒披针形或倒披针状长圆形,长3～12cm,宽1～3cm,先端急尖,基部下延,边缘具钻状锯齿或稍羽状分裂,稀全缘;茎生叶2～3枚,披针形或长圆状披针形,长3～7cm,宽1～2cm,先端渐尖,基部稍扩大抱茎。头状花序具梗,直径约为1.5cm,多数,排列成伞房状;总苞圆筒形,长6～8mm;花全为舌状,黄色。瘦果纺锤形,具10条细纵棱,先端有短喙,喙长0.5～1mm;冠毛浅棕色。花、果期4—6月。

见于拱墅区(半山)、西湖景区(六和塔、五云山),生于向阳山坡、荒地。分布于安徽、福建、湖北、江苏、江西、山东;日本、朝鲜半岛、俄罗斯东部也有。

图3-226　齿缘苦荬菜

图3-227　中华苦荬菜

4. 中华苦荬菜　中华小苦荬　(图3-227)

Ixeris chinensis (Thunb.) Nakai

多年生草本,高20～35cm。茎直立,基部多分枝。基生叶长圆状倒披针形、线状披针形或倒披针形,长4～23cm,宽1～2cm,顶端钝、急尖或向上渐窄,基部渐狭成有翼的短柄或长柄,全缘、有疏小齿或不规则羽裂；茎生叶通常 2～4 枚，线状披针形或披针形，长 4～7cm，宽 4～8mm，顶端渐尖，基部稍抱茎，耳不明显，边全缘、具齿或羽裂。头状花序排成疏伞房状圆锥花序，含舌状小花 20～25 枚；总苞圆柱状，长 6～8mm；花全为舌状，浅黄色或亮黄色。瘦果狭披针形，红棕色，长 4～6mm，具 10 条细纵棱，先端有喙，喙长约 3mm；冠毛白色。花、果期 5—10 月。$2n=16$。

见于西湖区（留下）、西湖景区（南高峰、南屏山、棋盘山、云栖），生于田边、荒地或山坡路边。我国南北各地均有分布；日本、朝鲜半岛、俄罗斯东部、蒙古、老挝、越南也有。

全草供药用；嫩叶可食用或作饲料。

4a. **多色苦荬菜** 变色苦荬菜

subsp. versicolor (Fisch.) Kitamura

与原种的区别在于：本亚种植株通常高 10～20cm；茎生叶通常 1 或 2 枚；总苞长 8～9mm；同一居群植株的小花颜色多样，白色、略带紫色、浅黄色，偶有亮黄色。

产地与生境同原种。分布于甘肃、贵州、河北、河南、黑龙江、湖北、湖南、吉林、江苏、内蒙古、青海、山东、山西、陕西、四川、西藏、新疆、云南；朝鲜半岛、蒙古、俄罗斯东部亦有。

130. 禾本科 Gramineae

一年生、越年生或多年生草本，或秆木质化。秆之节间中空，节实心。叶互生，排成 2 列，由叶鞘和叶片组成，或秆生叶（常称“秆箨”或“笋壳”）的叶片退化变小，叶鞘与叶片之间无柄或具短柄，具膜质或纤毛状的叶舌；叶片披针形至线形，具平行脉，基部两侧有时具叶耳。花两性，稀单性，小，1 至数朵排列成缩短的穗状花序（称“小穗”），再排列成圆锥状、总状、穗状或指状等花序；小穗基部常具 2 枚不孕苞片（称“颖”），每一小花下具 1 枚苞片（称“外稃”）和 1 枚小苞片（称“内稃”）；花冠退化成 2～3 枚极小且透明的鳞片（称“浆片”）；雄蕊 3 或 6 枚，稀 1 或 2 枚；心皮 1～3 枚，常 2 枚，合生，子房上位，1 室，胚珠 1 枚，倒生，着生于子房底部，柱头羽毛状。果通常为颖果，稀为囊果；种子富含胚乳，背面基部具微小的胚。

700 余属，11000 余种，广布于全世界各地；我国有 226 属，1795 种，分布于南北各地；浙江有 130 属，约 330 种及若干种下类群；杭州有 70 属，115 种，1 亚种，11 变种。

本科植物的经济价值很大，稻、小麦、玉蜀黍（玉米）、高粱等是主要的粮食作物，甘蔗是主要的制糖原料。从草原牧草至竹类，本科植物在绿化、水土保持、造纸、纺织和医药方面都发挥了相当重要的作用。

1. 竹亚科 Bambusoideae Asch. & Graebn.

秆一般为木质,多为灌木或乔木状,秆的节间常中空。主秆叶(秆箨,即笋壳)与普通叶明显不同:秆箨的叶片(箨片)通常缩小而无明显的中脉;普通叶片具短柄,且与叶鞘相连处成一关节,叶易自叶鞘脱落。地下茎亦甚发达和木质化(指植株成长后而言);或成为竹鞭在地中横走,此为单轴型;或以众多秆基和秆柄两者堆聚而成为单丛,即合轴型;如同时兼有上述两种类型的地下茎,则称为复轴型。

70余属,约1000种,一般生长在热带和亚热带,尤以季风盛行的地区为多,但也有一些种类可分布到温寒地带和高海拔的山岳上部;亚洲和南美洲属种数量最多,非洲次之,北美洲和大洋洲很少,欧洲除栽培外则无野生的竹类。在产地通常与其他植物伴生,但亦可形成纯群。我国除引种栽培者外,已知有37属,500余种,其自然分布限于长江流域及其以南各省、区,少数种类还可向北延伸至秦岭及黄河流域各处;浙江有20属,125种,13变种,36变型;杭州有7属,21种,2变种。

分属检索表

1. 地下茎合轴型 …… 1. **箣竹属** *Bambusa*
1. 地下茎单轴型或复轴型。
  2. 地下茎复轴型。
    3. 各节分枝1枚 …… 2. **箬竹属** *Indocalamus*
    3. 各节异型3分枝(分枝3至多枚)。
      4. 秋季出笋,基部节具刺瘤状气根,秆箨迟落或宿存,无箨耳,箨叶极小 …… 3. **方竹属** *Chimonobambusa*
      4. 春夏季出笋,秆箨易脱落。
        5. 箨环木栓质增厚,节下常具白粉,秆箨近革质,箨叶外翻,易落 …… 4. **苦竹属** *Pleioblastus*
        5. 分枝短,常不超过5cm,每一分枝仅具2节,通常只生1~2枚叶,如为2枚叶,则下方之叶鞘长于上方 …… 5. **倭竹属** *Shibataea*
  2. 地下茎单轴型。
    6. 各节分枝2枚 …… 6. **刚竹属** *Phyllostachys*
    6. 各节分枝3枚,开展,秆箨早落,箨耳发达 …… 7. **短穗竹属** *Brachystachyum*

1. 箣竹属 Bambusa Schreb.

灌木或乔木状竹类。地下茎合轴型。秆直立丛生;节间圆筒形,秆每节分枝多数,小枝或可短缩为硬刺或软刺者。秆箨迟落;箨鞘厚革质至硬纸质;箨叶三角形,通常直立;叶片顶端渐尖,基部多为楔形,或圆形乃至近心脏形,通常小横脉不显著。花序为续次发生;小穗含1至多朵小花,小穗轴易逐节折断;颖1~4枚,外稃宽而具多条脉,内稃具2条脊,鳞被3枚;雄蕊6枚,花丝常分离;子房通常具子房柄,柱头3枚,羽毛状。果为颖果。笋期多为6—9月。

80余种;我国有50多种;浙江有18种,多分布于浙南;杭州有1种。

孝顺竹 四季竹 观音竹 （图 3-228）

Bambusa multiplex（Lour.）Raeusch. ex Schult. & Schult. f.——*B. glaucescens*（Willd.）Siebold ex Munro

灌木状丛生。秆高 2～7m，直径为 1～3cm；新秆绿色，上有白色刺毛，并被白粉，尤以被秆箨包围部分为甚。常见有箨鞘宿存秆上，箨鞘革质，初灰绿色，后淡棕色，无毛，内表面具光泽，先端不平齐，一边下延；箨耳缺如；箨舌不明显，先端全缘或具细缺刻；箨叶质薄，直立，三角形，外表面被棕色刺毛，先端渐尖，基部与箨鞘顶端等宽；叶片披针形，质薄，长 6～14cm，宽 0.7～2cm，上面绿色无毛，下面灰绿色，具细柔毛，无横脉；叶耳发达，呈镰刀状，边缘具縫毛；多分枝，末级小枝具 5～10 枚叶。花序顶生；小穗单生或数枚簇生于节，具 4～8 枚小花；颖 2 枚，外稃长 12～20mm，宽 6～9mm，内稃长 12～18mm，宽 4～6mm，鳞被 3 枚，膜质；雄蕊 6 枚；花柱 1 枚，柱头 3 枚。笋期 6—9 月。

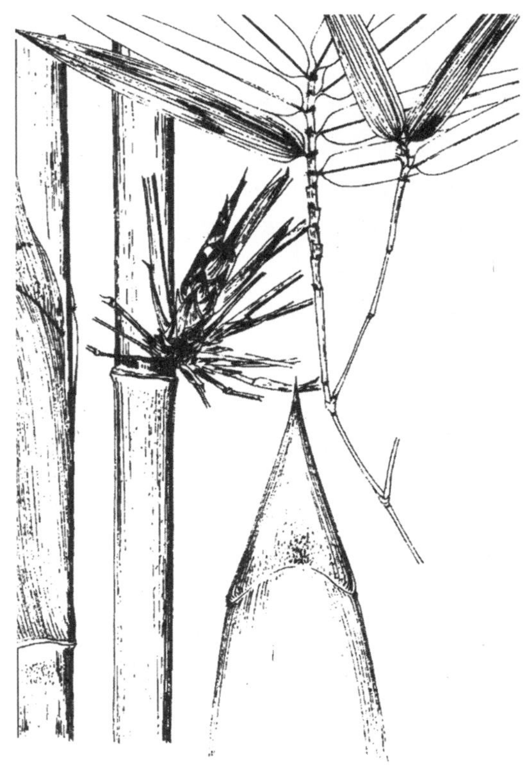

图 3-228 孝顺竹

区内常见栽培，以园林栽植为主。分布于广东、广西、海南、云南。

观赏竹种；秆材可作造纸原料；笋味苦涩，不宜食用。

本种的矮生品种——凤尾竹‘Fernleaf’矮小，丛生，秆高 1～3m，直径为0.5～1cm；具叶小枝下垂，每一小枝具叶 9～13 枚；叶片小型，线状披针形至披针形，长 3.3～6.5cm。因叶片小而密、似凤尾而得名。区内常见栽培。

2. 箬竹属 Indocalamus Nakai

灌木状或小灌木状竹类。地下茎复轴型。秆直立，节间细长，圆筒形，无分枝沟槽；具 1 枚分枝，分枝粗度与主秆相近。秆箨宿存，箨鞘质厚而脆；箨叶披针形至狭三角形，直立或开展；叶片通常为大型，多呈长椭圆状披针形，小横脉明显。圆锥花序顶生，小穗含少数乃至多花；外稃具多条脉，无毛，内稃短于外稃，具 2 条脊，先端凹，鳞被 3 枚；雄蕊 3 枚；柱头 3 枚，羽毛状。颖果长圆球形。笋期 4—6 月。

23 种以上；我国有 22 种；浙江有 5 种；杭州有 3 种。

分种检索表

1. 叶片两面无毛，叶片宽度不超过 3cm ………………………………………… 1. **胜利箬竹** *I. victorialis*
1. 叶片下面有毛，叶片宽度 4cm 以上。

2. 箨舌平截;叶片下面近基部有粗毛 ……………………………………………… 2. 阔叶箬竹 *I. latifolius*

2. 箨舌弧形;叶片下面散生直立短细柔毛,沿中脉1边有1行毡毛 ………………… 3. 箬竹 *I. tessellatus*

1. 胜利箬竹 小叶箬竹 (图 3-229)

Indocalamus victorialis Keng f.

秆高1～1.5m,直径为5～8mm,节间长15～2cm,节下被黄色茸毛。秆环隆起,箨鞘宿存,远较节间为短,近革质,基部具棕色柔毛;无箨耳与緣毛;箨叶细长,披针形;小枝具3～4枚叶,叶片宽披针形,长14～23cm,宽2.5～4cm,基部钝圆。圆锥花序,长15cm;小穗具5枚花;颖2枚,外稃长5～6mm,内稃等长或稍长于外稃,鳞被3枚;雄蕊3枚;柱头2枚。

见于西湖景区(赤山埠、飞来峰、满觉陇),生于山谷地带、山路两旁、林下。主要分布于四川。

可作园林观赏植物。

图 3-229 胜利箬竹　　图 3-230 阔叶箬竹

2. 阔叶箬竹 青箬竹 (图 3-230)

Indocalamus latifolius (Keng) McClure——*I. migoi* (Nakai) Keng f.——*I. lacunosus* T. H. Wen

秆高1m,直径为5mm,节间长12～25cm;新秆初具微毛,尤以节下为甚,节平。箨鞘宿存,质脆,外表面通常具粗糙棕褐色刺毛,边缘具纤毛;箨舌先端具长1～3mm流苏状緣毛;箨耳缺如;箨叶近锥状,直立;小枝具3～4枚叶,叶片阔披针形至长椭圆形,长20～34cm,宽3～5cm,基部钝圆,叶柄长5～10mm。圆锥花序顶生;小穗具5～6枚花;颖2枚,外稃长13～15mm,内稃长5～7mm,鳞被3枚;柱头2枚。笋期5月。$2n=48$。

区内常见，生于山谷地带、山路两旁、林下。分布于安徽、河南、湖北、江苏、山西、陕西。

秆可制作筷子；叶用于包粽子、制作箬帽等。

3. **箬竹** 米箬竹尖 箬

Indocalamus tessellatus (Munro) Keng f. ——*Sasamorph tessellata* (Munro) Koidz.

秆高1.5m，直径为5～8mm，节间长20～35cm；幼秆灰绿色被白色细茸毛，节平。箨鞘脆，棕黄色，被白粉，外表面通常具棕色刺毛或无，边缘无毛或具纤毛；无箨耳与綫毛；箨叶狭三角形，直立；小枝具1～3枚叶，叶片长椭圆形至宽披针形，长35～45cm，宽6～10cm，基部钝圆，先端急尖，延伸为一细尖头。圆锥花序顶生，长12～17cm；小穗具3～7枚花；内稃远较外稃短狭，鳞被3枚；雄蕊3枚；花柱1枚，柱头2枚。笋期5月。

区内常见，生于山谷地带、山路两旁、林下。主要分布于湖南。

叶用于包粽子、作斗笠；秆作筷子；近年来在园林绿化中也多有应用。

3. 方竹属 Chimonobambusa Makino

小乔木状或灌木状竹类。地下茎复轴混生。秆圆筒形或方形，节间通常较短，分枝一侧扁平或具沟槽，中下部节通常具1圈气生根刺或无刺，每节具3枚分枝。秆箨迟落或宿存，质较薄；箨耳不发育，无綫毛或偶有綫毛；箨舌不甚明显；箨叶极小，三角形或锥形，通常长不及1cm；叶鞘鞘口无叶耳，具綫毛；叶中型，纸质，带状披针形，小横脉明显。假小穗基部分枝形成总状花序；假小穗细长，无小穗柄，常紫色；颖片1～3枚，外稃具多条脉，内稃具2条脊，鳞被3枚；雄蕊3枚；柱头2枚，羽毛状。颖果为坚果状。笋期多在8—11月。

约37种；我国有34种；浙江有3种；杭州有2种。

1. **寒竹** 刺竹 观音竹 (图3-231)

Chimonobambusa marmorea (Mitford) Makino——*Arundinaria marmorea* (Mitford) Makino

秆高1～2m，直径为1～1.5cm，节间长8～12cm，节间圆筒形；粗秆者基部节具气根，箨环初具金黄色粗长刚毛，秆环略隆起。箨鞘纸质，柔软，宿存，外表面具淡紫色斑纹，无毛，箨鞘底部有黄色刚毛密生；无箨耳；箨叶微小，锥状；小枝具4～5枚叶，叶片狭披针形，长6～15cm，宽0.8～1.2cm，基部钝圆，先端尾状延伸。花序总状顶生；小穗具4～7枚小花；颖2枚，有时3枚，外稃卵状披针形，长6～7mm，内稃长6～7cm，鳞被3枚；雄蕊3枚；花柱3枚，极短，柱头2枚，羽状。果实圆柱状，长6cm。笋期10—11月。$2n=48$。

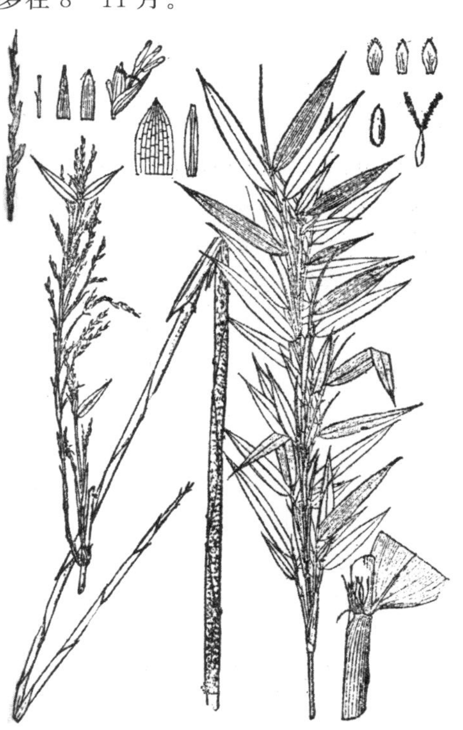

图3-231 寒竹

见于西湖景区(百子尖、九溪、中天竺)，生于山坡或潮湿水沟边，喜阴湿环境，可耐-10°C低温。分布于福建、湖北、陕西、四川。

可作盆景供观赏;秆柔韧,富有弹性,可作竹器材料、马鞭等。

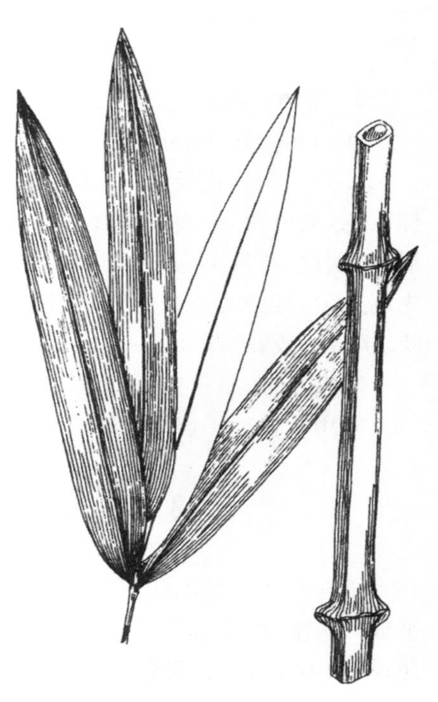
图 3-232 方竹

2. 方竹 (图 3-232)

Chimonobambusa quadrangularis (Franceschi) Makino

秆高 3~6m,直径为 2~3cm,节间长 10~20cm,灰绿色,分枝粗细与长度近相等;中下部节间呈方形;节具刺,基部节具刺状气根;幼秆常具黄褐色小刺毛,秆环隆起。箨鞘纸质,早落,淡棕黄色,无毛,边缘有脱落性纤毛,箨鞘底部密生黄色刚毛;无箨耳;箨叶微小,长 1~3mm,锥状;末级小枝具 3~5 枚叶,叶片纸质,披针形,长 8~24cm,宽 1~2.2cm,基部钝圆,先端渐尖。笋期不规则,通常为 8—9 月。$2n=48$。

见于西湖景区(黄龙洞、桃源岭),常见于庙宇周边。分布于安徽、福建、广西、湖南、江苏、江西、台湾;日本也有。

可作园林观赏植物;笋也可食。

与上种的区别在于:本种秆高大,节间呈方形;箨鞘纸质,早落。

4. 苦竹属 Pleioblastus Nakai

乔木状至灌木状竹类。地下茎为复轴型。秆直立,节间圆筒形或在其有分枝之节间下部一侧微扁平,秆环隆起;箨环常具 1 圈箨鞘基部残留物,幼秆的箨环还常具 1 圈棕褐色小刺毛;每节具分枝 3~7 枚。箨鞘宿存或迟落,革质或厚纸质,通常具脱落性小刺毛和白粉;大多数种类无箨耳和鞘口繸毛,或有微弱的箨耳和鞘口繸毛;箨舌截形至凹弧形,被白粉;箨叶披针形,基部向内收窄,常外翻;每一小枝通常生 3~5 枚叶,叶片披针形。花序总状,由 3~10 枚小穗组成,小穗含 8~12 枚小花;颖 2 枚,鳞被 3 枚;雄蕊 3 枚;柱头 3 枚,羽毛状。笋期 5—6 月。

约 40 种;我国有 17 种;浙江有 15 种,3 变种;杭州有 2 种,1 变种。

分种检索表

1. 箨鞘淡绿色,有黄白色放射状条纹 ………… 1. **川竹** *P. simonii*
1. 箨鞘绿色,无黄白色放射状条纹。
    2. 秆具白粉,节下尤甚;箨耳微弱 ………… 2. **苦竹** *P. amarus*
    2. 秆初时被紫色细点和白毛,无白粉,有光泽;无箨耳 ………… 2a. **杭州苦竹** var. *hangzhouensis*

1. 川竹 山竹 水苦竹 女竹 (图 3-233)

Pleioblastus simonii (Carr.) Nakai——*Arundinaria simoni* (Carr.) Rivière & C. Rivière

秆高 2~5m,直径为 0.6~3cm;新秆具白色稀疏微毛,节间长 15~30cm,分枝 3~5 枚。

箨鞘淡绿色,先端有黄白色放射状条纹,边缘具纤毛,基部具1圈淡棕色毛;箨耳缺如;箨舌弧形紫色;箨叶披针形张开或反转;叶片长8~16cm,宽1.5~2.5cm。笋期5—6月。$2n=48$。

区内常见,生于山地环境。分布于安徽、江苏。

可作钓竿、竹笼、团扇。

图3-233 川竹

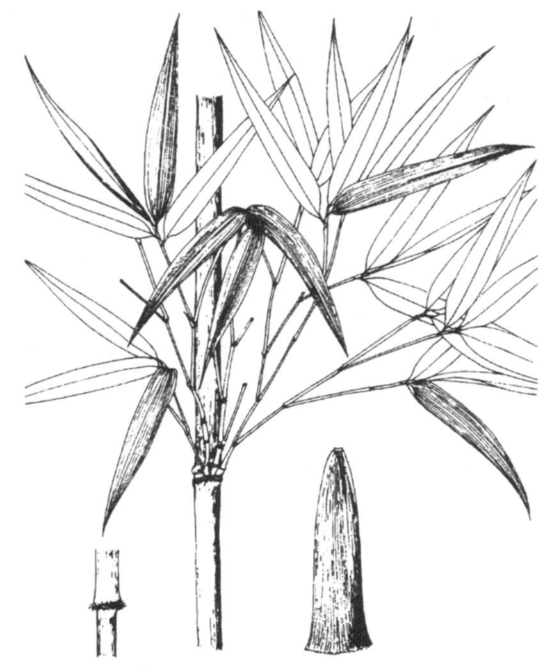

图3-234 苦竹

2. 苦竹 伞柄竹 (图3-234)

Pleioblastus amarus (Keng) Keng f.——*Arundinaria amara* Keng——*P. varius* (Keng) Keng f.

秆高4~7m,直径为2~3cm,节间长25~40cm,圆筒形,分枝一侧节间下部扁平;幼秆具白粉,节下尤甚;秆环略隆起;箨环具箨鞘基残留物。箨鞘革质,初绿色,被棕色刺毛,基部刺毛密生,边缘具黄色纤毛;箨耳微弱,棕褐色,有直立棕色繸毛;箨舌被白粉,先端具纤毛;箨叶细长披针形,初绿色;分枝3~7枚,小枝具2~4枚叶,叶片披针形至宽披针形,长8~20cm,宽1~2.8cm。总状花序具2~10枚小穗;小穗具8~12枚花;颖3~5枚,外稃长8~11mm,内稃比外稃长或等长,鳞被3枚;雄蕊3枚;花柱3枚,甚短,柱头羽状。笋期5—6月。

见于余杭区(中泰)、西湖区(留下)、西湖景区(灵峰),多生于坡地、山脚、路旁。分布于安徽、福建、贵州、湖北、湖南、江苏、江西、四川、云南。

竹篾坚韧可供编织,制作传统"杭篮";秆可用于制作旗杆、钓竿、竹笛、笔杆等。

2a. 杭州苦竹

var. hangzhouensis S. L. Chen & S. Y. Chen

与原种的区别在于:本变种秆初时被紫色细点和白毛,无白粉,光滑有光泽;箨鞘下部被紫色脱落性刺毛,无粉,无斑点,无箨耳,箨叶线状披针形;笋期4月下旬至5月上旬。$2n=48$。

区内常见,生于坡地、山谷、林下。分布于浙江。

5. 倭竹属　Shibataea Makino ex Nakai

小灌木状竹类。地下茎复轴型。秆高通常在1m以下,偶有较高者,亦不超过2m,直立;节间在秆下部不具分枝者呈细瘦圆筒形,在有分枝的各节间呈半圆筒形或几为棱形;每节具分枝3～5枚,枝短而细,常不具次级分枝。箨鞘早落,纸质;箨叶小,锥状;每一分枝具叶1～2枚,生于分枝顶端,当为2枚叶时,下方的叶片因其叶鞘较长反而超出上方叶片;叶片厚纸质,长圆形或卵状长圆形,先端锐尖,有明显呈方格状的小横脉。花序续次发生;小穗含2～6朵小花;颖2～3枚,外稃具多条脉,内稃具2条脊,鳞被3枚;雄蕊3枚;花柱1枚,柱头3枚。颖果。笋期4—5月。

约8种,分布于我国和日本;我国有7种;浙江有4种;杭州有2种。

图3-235　鹅毛竹

1. 鹅毛竹　鸡毛竹　(图3-235)

Shibataea chinensis Nakai

秆高60～80cm,直径为2～3mm,节间长6～12cm,淡绿色,分枝之节间扁平,秆环甚为隆起。箨鞘薄纸质至膜质,脱落性;无箨耳;箨叶狭披针形至锥形,边缘内卷;分枝3～5枚,无2级分枝,每一分枝具1～2枚叶,叶柄直接生于小枝顶端,第2叶具脱落性的叶鞘,叶鞘较小枝之节间长,致使第2叶高出第1叶,第2叶随叶鞘脱落,故小枝通常仅具1枚叶,叶片纸质,长卵状披针形或宽披针形,长6～11cm,宽1.2～2.5cm,基部钝圆或近截状,不对称,先端渐尖至锐尖,常枯黄。笋期4月底至5月。$2n=48$。

见于西湖区(留下),生于山坡、林下。分布于安徽、江苏、江西。

可用于园林绿化,作地被、绿篱,也可制作盆景。

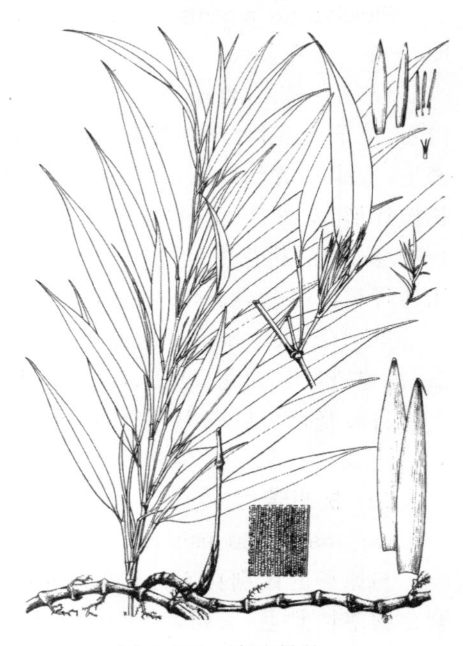

图3-236　狭叶倭竹

2. 狭叶倭竹　(图3-236)

Shibataea lancifolia C. H. Hu

秆高0.6～1.5m,直径为0.5～1.2m,节间长12～18cm,淡绿色,箨环初具箨鞘基部残留物,秆环略隆起;节下具白粉与细柔毛。箨鞘纸质,早脱落,先端渐尖;无箨耳与鞘口縫毛;箨叶狭三角形至锥形,直立;分枝3枚,小枝通常具1枚叶,叶柄长可达1cm,直接着生于小枝顶端,叶片披针形至阔披针形,长10～17cm,宽0.8～2.2cm,基部渐尖或钝圆,先端渐尖,延伸为锐尖头。总状花序，长5～9mm；颖2枚，外稃长12mm，内稃长14mm。$2n=48$。

区内有栽培。分布于福建。

可用作园林绿化材料，用于乔木下层作地被及绿篱，也宜盆栽观赏。

与上种的区别在于：本种秆较高；叶片较狭长；分枝3枚，小枝通常具1枚叶。

6. 刚竹属 Phyllostachys Siebold & Zucc.

乔木或灌木状。地下茎单轴型。秆直立散生，节间圆筒形，节间在分枝一侧扁平或有沟槽，每节有2枚分枝。箨鞘厚纸质至革质，早落；箨叶披针形至三角状披针形；有箨舌、箨耳，有繸毛或无；叶披针形或长披针形，有小横脉，表面光滑，背面稍有灰白色毛。花圆锥状、复穗状或头状，由多数穗组成；小穗外被叶状苞片或佛焰苞状苞片，具小花2～6枚；颖片1～3枚或发育不全，外稃先端锐尖，内稃有2条脊，2枚裂片先端锐尖，鳞被3枚；雄蕊3枚；雌蕊花柱细长，柱头3裂，羽毛状。颖果。

51种以上，我国为分布中心；我国有50余种；浙江有40余种及若干种下类群；杭州有10种，1变种。

分种检索表

1. 箨鞘外面有斑点或斑块，箨叶带状，远较箨舌为狭；花序穗状。
  2. 秆箨具箨耳及繸毛，箨鞘外面通常具刺毛。
    3. 分枝以下秆环不明显，幼秆密被厚白粉与细柔毛；秆高达10m以上，直径为7cm以上 ………………………………………………………… 1. **毛竹** *Ph. pubescens*
    3. 分枝以下秆环明显，幼秆无白粉，无毛，或被较疏的毛与白粉。
      4. 箨耳小或微弱；箨鞘绿紫色，上部有白色或淡紫色放射状条纹 ………………………………………………………… 2. **乌竹** *Ph. varioauriculata*
      4. 箨耳发达，秆环极度隆起，节间瘦缩；箨舌先端具长纤毛；箨叶强烈皱褶 ………………………………………………………… 3. **高节竹** *Ph. prominens*
  2. 秆箨无箨耳及繸毛，箨鞘外面通常无毛。
    5. 节下具猪皮状皮孔区 ……………………………… 4. **刚竹** *Ph. suiphurea* var. *viridis*
    5. 节下无猪皮状皮孔区。
      6. 秆环与箨鞘基部具1圈白色细毛，箨鞘淡绿色至淡紫色 ……………… 5. **毛环竹** *Ph. meyeri*
      6. 秆环与箨鞘均无毛。
        7. 老秆绿色至黄绿色，偶有黄色纵条纹；箨鞘红褐色，散布紫褐色斑点，箨鞘边缘紫褐色 ……………………………………………………………… 6. **红竹** *Ph. iridescens*
        7. 箨鞘绿褐色，密被酱色斑块或斑点，有紫褐色脉纹；箨舌绿褐色或紫褐色；出笋早，一般3月下旬 ……………………………………………………… 7. **早竹** *Ph. violascens*
1. 箨鞘外面无斑点或斑块，箨叶三角形，基部与箨舌近等宽，或宽为箨舌的1/2；花序头状。
  8. 箨耳或假箨耳显著。
    9. 秆环甚隆起；箨鞘初绿色，间有白色纵条纹；箨叶宽大，阔矛形，绿色或带白色条纹，基部向两侧下延为棕色假箨耳 ……………………………………………… 8. **篌竹** *Ph. nidularia*
    9. 秆初时绿色，逐渐呈现紫色斑块，一般两年后全部呈紫黑色；箨耳发达，紫色，边缘有长繸毛 ……………………………………………………………… 9. **紫竹** *Ph. nigra*
  8. 箨耳小，不显著或缺如。

10. 箨鞘厚纸质,绿色并间有紫色纵条纹,边缘锈黄色;箨耳小 …………… 10. **漫竹** Ph. stimulosa

10. 刚解箨时箨环具毛,节内较宽,可达5mm;箨鞘淡绿色,上部边缘紫红色;箨耳缺如;箨舌紫红色 ………………………………………………………………………… 11. **红边竹** Ph. rubromarginata

1. **毛竹**　孟宗竹　楠竹　(图3-237)

Phyllostachys pubescens Mazel ex H. de Lehaie——*Ph. mitis* (Lour.) Rivière & C. Rivière——*Ph. heterocycla* (Carr.) var. *pubescens* (Mazel) Ohwi——*Ph. edulis* (Carr.) H. de Lehaie

秆高11～13m,最高可达20m以上,直径多为7～11cm,最大达20cm以上,刚竹属中最大型种;基部节间甚短,中上部节间长25～40cm;幼秆淡绿色,密被细柔毛,不久细柔毛脱落,被白粉,尤以节下环白粉浓厚;老秆灰绿色,秆环不明显,分枝以下箨环微隆起。箨鞘黄褐色,厚革质,密被糙毛、深褐色斑点和斑块;箨耳微弱至发达,卵状至镰刀状,边缘具粗长繸毛;箨舌发达,边缘密生细须毛;箨叶三角形至披针形,向外翻转;末级小枝具叶4～6枚,叶片狭披针形至披针形,长6～10cm,宽1～1.4cm。穗状花序,小穗具2枚花,颖1枚,鳞被3枚,花柱1枚,柱头3枚。为出笋时间最早之竹种,土中冬笋黄白色,被黄棕色茸毛,3—4月出土为春笋。

区内常见,广为栽培。分布于安徽、福建、广东、广西、贵州、河南、湖北、湖南、江苏、江西、陕西、四川、台湾、云南。

秆高大,竹材强度大,为主要的材用竹种;也可用于造纸;其冬笋、毛笋也为人们喜爱。

图3-237　毛竹

2. **乌竹**　毛壳竹　大毛毛竹　板桥竹

Phyllostachys varioauriculata S. C. Li & S. H. Wu——*Ph. humilis* Munro——*Ph. hispida* S. C. Li & S. Y. Chen

秆高3～5m,直径为1.5～2cm,节间长16～20cm;幼秆绿色带紫,被薄白粉与细柔毛,节下有白粉环。箨鞘薄纸质,绿色,先端有白色放射状条纹;箨耳紫色,镰刀状或微弱,边缘具繸毛;箨舌紫色;箨叶直立,狭三角形至狭披针形,紫绿色,略窄于箨舌;小枝具2～3枚叶,叶片披针形,长5～11cm,宽1～1.1cm,基部钝圆,先端渐尖,下表面粉绿色。笋期4月中旬。

见于西湖景区(虎跑、将军山),生于山坡谷地。分布于安徽。

3. **高节竹**　钢鞭哺鸡竹　(图3-238)

Phyllostachys prominens W. Y. Xiong

秆高7～10m,直径为4～7cm,节间较短,长15～22cm,中部节间近等长,且瘦削,节明显隆起;幼秆深绿色,无白粉;老秆绿色。箨鞘黄褐色,具褐色斑点与斑块,至上端更密,疏生白毛;箨舌紫黑色;箨耳发达,长椭圆形或镰刀状,紫褐色或带绿色,边缘有长縫毛;箨叶带状披针形,橘红色或绿色,边缘黄色,强烈皱褶翻转;小枝具 3~6 枚叶,叶片披针形至狭披针形,长 8~18cm,宽 1.3~2.2cm,叶背面基部有白毛。笋期 4 月下旬至 5 月上旬。$2n=48$。

见于余杭区(径山),生于山区。分布于江苏。

笋味鲜美,产量高,是较好的笋用竹种;竹材高大结实,用途也广。

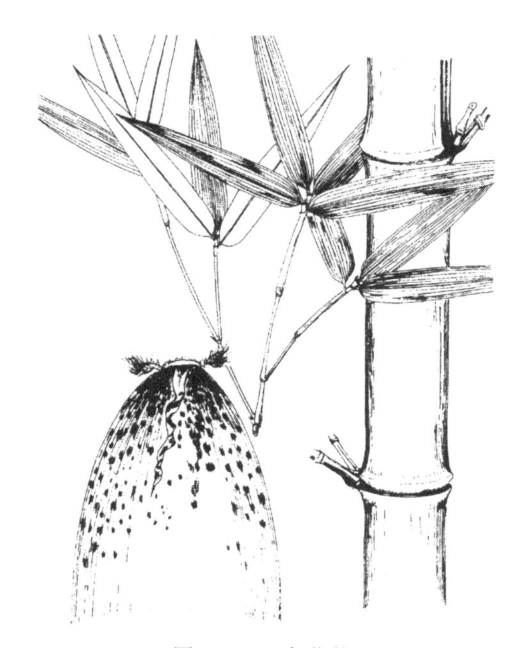

图 3-238 高节竹

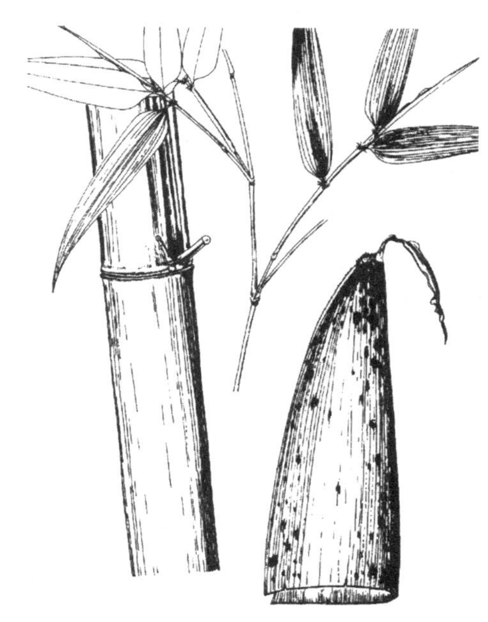

图 3-239 刚竹

4. 刚竹 胖竹 小麦燕竹 (图 3-239)

Phyllostachys sulphurea (Carr.) Rivière & C. Rivière var. **viridis** R. A. Young——*Ph. viridis* (R. A. Young) McClure

秆高 8~10m,最高可达 16m,直径为 7~11cm,节间丰满鼓起,长 20~45cm;新秆淡绿色,有薄白粉;老秆黄绿色,分枝以下节秆环不明显,节下白粉环较宽,可达 0.8cm。箨鞘淡棕黄色,无毛,微有白粉,具褐色斑块;生长正常的秆箨无箨耳与縫毛;箨叶长三角形或带状,皱褶,反转或开展;小枝具 3 枚叶,叶片披针形,长 7~13cm,宽 1.6~2.2cm。总状花序,小穗具 2 枚小花,外稃长 1.8cm,内稃与外稃同长,雄蕊 3 枚,柱头 1 枚。笋期 5 月中下旬。

见于余杭区(塘栖)、西湖景区(宝石山、灵峰),生于山坡、谷地,平原也有栽植。分布于安徽、福建、河南、湖南、江苏、江西、山东、陕西。

笋味较差,但仍可食用;秆可用于作桌椅、书架;篾性差,不宜篾用。

5. 毛环竹 浙江淡竹 东阳青皮竹 美姑扁竹

Phyllostachys meyeri McClure——*Ph. virella* T. H. Wen——*Ph. viridis* (Young) McClure f. *laqueata* T. H. Wen

秆高 6~10m,直径为 2.5~4cm,节间长 15~35cm,绿色,节下有白粉,秆环隆起,箨环边缘初具白色细毛。箨鞘淡绿色至淡紫色,散布褐色斑点或斑块,略被白粉;无箨耳繸毛;箨舌淡黄褐色,先端平截或略隆起;箨叶带状,直立或下垂,紫褐色至绿紫色,边缘黄色;每一小枝具2～3枚叶,叶片披针形至狭披针形,长7～15cm,宽1～1.5cm,下表面粉绿色,基部疏生白毛。笋期4月下旬至5月下旬。$2n=48$。

见于余杭区(径山),多见于河边宅旁。分布于安徽、广东、河南、湖北、湖南、江苏、江西、云南。

笋味略苦涩,可食;竹材可用于加工编织品,也可作农具柄。

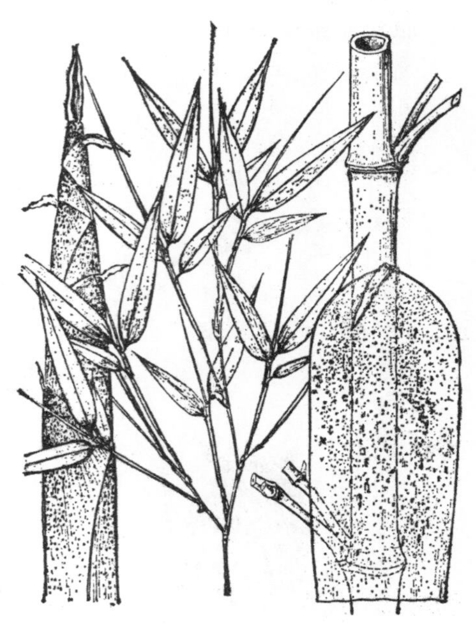
图 3-240 红竹

6. 红竹 红哺鸡竹 红壳竹 (图 3-240)

Phyllostachys iridescens C. Y. Yao & S. Y. Chen

秆高6～8m,直径为3～7cm,节间长17～24cm;幼秆绿色无毛,略被白粉;老秆绿色至黄绿色,偶有黄色纵条纹;秆环与箨环近等高。箨鞘红褐色,散布紫褐色斑点,箨鞘边缘紫褐色;无箨耳与繸毛;箨舌紫红色,先端具红色长纤毛;箨叶带状,绿色,边缘红黄色,略有皱褶,反转或下垂;小枝具3～4枚叶,叶片披针形,长9～13cm,宽1.2～1.8cm,质薄。笋期4月中下旬。$2n=48$。

见于余杭区(径山)、西湖景区(茅家埠、桃源岭),农家房前屋后有栽植,园林绿化景点广泛栽培。分布于安徽、江苏。

笋味鲜美,产量高,是较好的笋用竹种;竹材高大结实,竹竿耐晒,宜作农具柄及晾竿。

图 3-241 早竹

7. 早竹 早雷竹 燕来竹 (图 3-241)

Phyllostachys violascens (Carr.) Rivière & C. Rivière——*Ph. praecox* C. D. Chu & C. S. Chao

秆高6～9m,直径为3～6cm,节间长15～25cm,略鼓起;幼秆深绿色,无毛,被有稀薄白粉;老秆黄绿色或灰绿色;秆环与箨环隆起,近等高。箨鞘绿褐色,密被酱色斑块或斑点,有紫褐色脉纹,被白粉,无毛,边缘秃净;无箨耳与繸毛;箨舌绿褐色或紫褐色;箨叶狭带状披针形,强烈皱褶,反转;小枝具2～3枚叶,叶片披针形至带状披针形,长6～18cm,宽0.8～2.2cm。穗状花序顶生,小穗具2～3枚花,外稃长2.5cm,内稃长2cm,雄蕊3枚,柱头3枚。笋期3月下旬至4月中旬。

见于西湖区(蒋村、龙坞)、余杭区(径山),多见于平原地带。栽培于安徽、福建、湖南、江苏、江西、云南。

出笋早,产量高,为主要笋用竹种。

8. **篌竹** 花竹 枪刀竹 (图 3-242)

Phyllostachys nidularia Munro——*Ph. cantoniensis* W. T. Lin

秆高 3～5m,直径可达 1.5～4cm,节间长 18～30cm;新秆被白粉,秆环甚隆起。箨鞘近革质,初绿色,间有白色纵条纹,边缘具纤毛;箨舌短,先端略隆起,边缘具短纤毛;箨叶宽大,阔矛形,绿色或带白色条纹,基部向两侧下延为棕色假箨耳,假箨耳边缘有时具细繸毛;小枝通常具 1 枚叶,有时 1～3 枚叶,叶片长条状,长 8～10cm,宽 1～1.5cm,较挺括。头状花序侧生,小穗具 2～4 枚小花,雄蕊 3 枚,柱头 3 枚。笋期 4 月中下旬。$2n=48$。

区内常见,生于山地。分布于广东、广西、河南、湖北、江西、陕西、云南。

笋可食,也可作为园林绿化竹种。

图 3-242 篌竹

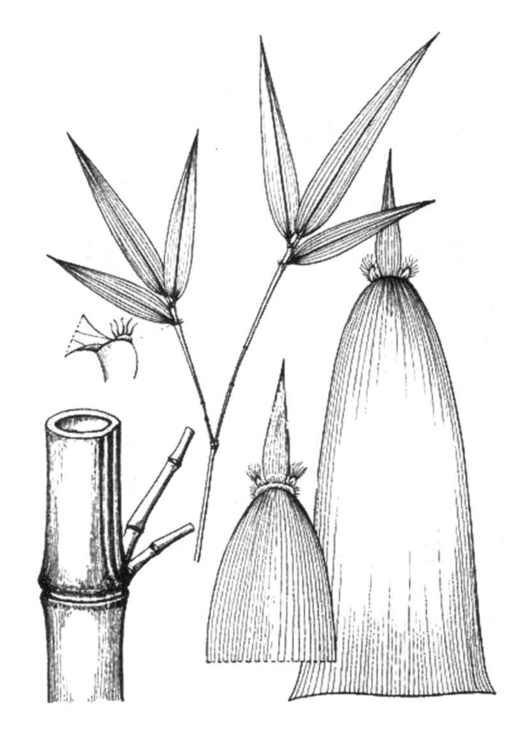

图 3-243 紫竹

9. **紫竹** 乌紫竹 (图 3-243)

Phyllostachys nigra (Lodd. ex Lindl.) Munro——*Ph. nana* Rendle——*Ph. nigripes* Hayata

秆高 5～8m,直径为 2～4cm,通直,节间长 8～22cm,初绿色,逐渐呈现紫色斑块,一般两年后全部呈紫黑色;秆环中度隆起,节下有白粉。箨鞘淡黄棕色或红褐色,无斑点,具细柔毛;箨舌紫褐色,高 2mm;箨耳发达,紫色,边缘有长繸毛;箨叶长三角形,直立,绿色带紫,略皱褶,先端急尖;小枝具 2～3 枚叶,叶片披针形,长 7～10cm,宽 1～1.3cm。花序侧生,小穗具 3～4 枚花,外稃长 1.3～1.6cm,内稃长 0.9～1.3cm,鳞被 3 枚,花柱 1 枚,柱头 3 枚。笋期 4 月下旬。$2n=48$。

区内常见栽培,以园林栽植为主。分布于湖南,我国各地广泛栽培。

笋味略苦涩,可食;竹材较坚韧,可加工为乐器、钓竿。

10. 漫竹 真水竹 (图 3-244)

Phyllostachys stimulosa H. R. Zhao & A. T. Liu

秆高 6～8m,直径为 3～4cm,节间长 11～27cm,最长达 32cm;幼秆深绿色,被白粉,节较平,秆环与箨环等高。秆箨箨鞘厚纸质,绿色并间有紫色纵条纹,边缘锈黄色,外表面无斑点,被易脱落的刺毛;箨舌绿紫色;箨叶直立三角形至狭三角形,绿紫色,基部向外延伸成假箨耳,边缘有短繸毛;小枝具 2～3 枚叶,叶片披针形,长 6～12cm,宽 1～1.8cm。笋期 4 月中旬至 5 月上旬。

见于余杭区(径山)、西湖景区(宝石山),生于山麓、河流、水塘边。分布于安徽。

笋可食用;竹材可用于作桌椅等竹器。

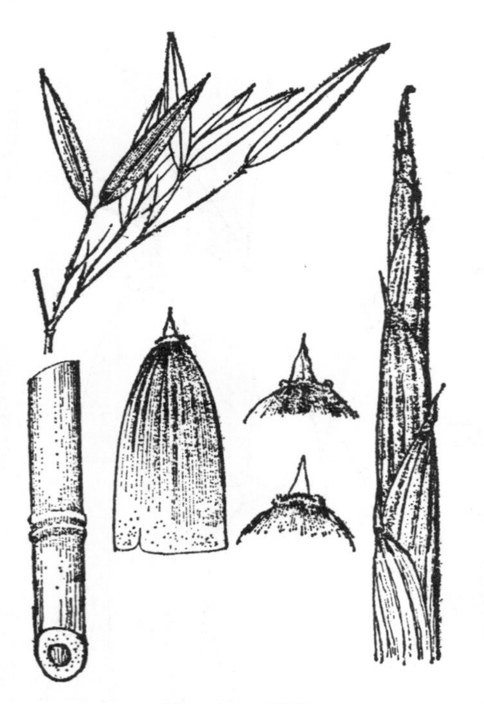

图 3-244 漫竹

图 3-245 红边竹

11. 红边竹 (图 3-245)

Phyllostachys rubromarginata McClure——*Ph. retusa* Wen——*Ph. lofushanensis* Z. P. Wang & C. H. Hu

秆高 4～10m,直径为 3～5cm,节间细长;新秆节下被稀疏白粉,刚解箨时箨环具毛,节内较宽,可达 5mm,秆环和箨环略隆起。箨鞘淡绿色,上部边缘紫红色;无箨耳;箨舌紫红色,微凹;箨叶直立,长披针形,绿色,先端及边缘紫红色;末级小枝具 2～5 枚叶。笋期 4 月下旬。

见于萧山区(河上),生于山地。分布于广西、贵州。杭州新记录。

笋可食;篾性好,可用来作竹篮等生活用品。

7. 短穗竹属 Brachystachyum Keng

地下茎单轴散生型。节间圆筒形或在分枝一侧的下部微扁平，秆环隆起，秆每节 3 分枝。秆箨早落，箨鞘厚纸质，短于其节间；箨耳发达，耳缘常有弯曲繸毛；箨舌微呈拱形；箨叶开展，易落；叶鞘宿存，叶耳小，具繸毛，老后繸毛易脱落；叶舌短矮；叶片披针形至长卵状披针形，小横脉明显。花枝节间极短缩，呈短穗状或头状，常单独侧生于顶端具叶小枝的各节，含假小穗 2～8 枚，基部有 1 枚先出叶及 1 组向上逐渐增大的苞片，苞片向上过渡到佛焰苞；佛焰苞 2～4 枚，每一苞腋内各有 1～3 枚假小穗；小穗有 5～7 朵小花，颖 1～3 枚，当为 3 枚时，第 1 颖为鳞片状，具 1 条脉，其余的颖与外稃相似；外稃硬纸质，顶端尖锐，有数条纵脉和不明显小横脉；内稃与外稃等长或稍长，背部具 2 条脊，先端有 2 裂；鳞被 3 枚；雄蕊 3 枚，花丝分离；花柱 1 枚，较长，柱头 3 枚，细长，呈羽毛状。

10 种；我国有 3 种，1 变种；浙江有 1 种；杭州有 1 种。

短穗竹 夏面苦竹 画眉苦竹 （图 3-246）

Brachystachyum densiflorum (Rendle) Keng——*Semiarundinaria densiflora* (Rendle) T. H. Wen

秆高 3～4m，直径为 1～2cm，新秆微被白粉；箨环木栓质，无毛，秆环隆起，节间圆筒形，分枝一侧扁平。箨鞘绿色至黄绿色，具显著白色条纹，无斑点，近先端边缘有硬纤毛；箨耳发达，淡紫红色，镰刀形，具紫黄色繸毛；箨叶带状至长三角形，绿色；小枝具 2～4 枚叶，叶片宽披针形，长 8～18cm，宽1～2.5cm。总状花序具 2～5 枚小穗及大型苞片；小穗具 5～7 枚小花；颖 1～3 枚，外稃长 8～10mm，内稃长 8～12mm，鳞被 3 枚；雄蕊 3 枚；花柱 3 枚，极短，柱头 3 枚，羽状。笋期 5 月。$2n=48$。

见于萧山区（楼塔）、余杭区（径山）、西湖景区（老和山、桃源岭），生于山地、丘陵。分布于安徽、广东、湖北、江苏、江西。

笋苦，不可食用；竹材可作篱笆；竹篾较韧，可作篾用。

图 3-246 短穗竹

2. 禾亚科 Agrostidoideae Keng & Keng f.

秆草质，稀木质化。基生叶与秆生叶同形；叶片与叶鞘既无柄也无关节，不易脱落。花序由多数小穗组成，排成圆锥状、总状、穗状或指状等花序；小穗含 1 至数朵小花，基部常具 2 枚颖片,稀无颖片;小花下部有1枚外稃和1枚内稃;外稃具5至多条脉,稀3～5条脉,背面中上部或先端有时延伸成或短或长的芒,芒直或膝曲;花被退化为2～3枚极小的浆片;雄蕊3或6枚,稀1或2枚;心皮1～3枚,常2枚,合生,子房上位,1室,胚珠1枚,柱头2～3枚,羽毛状。果通常为颖果,稀为囊果。

约600属,9000多种,广布于世界各地;我国约有190属,1200种,全国各地均产;浙江有109属,约200种及若干种下类群;杭州有63属,94种,1亚种,9变种。

分属检索表

1. 小穗含多数小花(少数属只含1枚小花),大多两侧压扁,常脱节于颖之上,在各小花间逐节脱落;小穗轴大多延伸到最上部小花的内稃之后,呈细柄状或刚毛状。
  2. 小穗两颖退化为半月形或殆尽,残留在小穗柄顶端;成熟花的内、外稃之边缘相互紧扣。
    3. 小穗两性,两侧压扁,具脊。
      4. 颖片退化为半月形;不孕花具外稃2枚,但明显可见(栽培)……………………… 1. **稻属** *Oryza*
      4. 颖片完全退化;不孕花无外稃(野生) …………………………………………… 2. **假稻属** *Leersia*
    3. 小穗单性,雌、雄小穗略不同形…………………………………………………… 3. **菰属** *Zizania*
  2. 小穗两颖发达,稀第1颖微小或缺如;成熟花内、外稃不相互紧扣。
    5. 成熟花之外稃具1或3条脉(隐子草属、芦苇属和芦竹属可具3或5条脉);叶舌常有纤毛或1圈毛。
      6. 小穗具3至多数结实小花,有时具2朵花。
        7. 小穗无柄,紧密排列于穗轴一侧,成穗状花序,数枚穗状花序指状排列于秆顶 ……………………………………………………………………………………… 4. **䅟属** *Eleusine*
        7. 小穗具柄,开展或紧密排列成圆锥花序或总状花序,或小穗在无柄时总状排列在穗轴一侧。
          8. 外稃无芒,或有时具小尖头,其基盘亦无毛。
            9. 外稃具柔毛,先端具小尖头;小穗背部呈圆形或微具脊 … 5. **千金子属** *Leptochloa*
            9. 外稃无毛,先端钝;小穗两侧压扁,背部明显具脊………… 6. **画眉草属** *Eragrostis*
          8. 外稃先端常具芒,其基盘具短毛或柔毛。
            10. 中型草本,植株高度小于1m。
              11. 圆锥花序由具少数分枝的总状花序组成;叶片枯老后自叶鞘顶端脱落 ……………………………………………………………… 7. **隐子草属** *Cleistogenes*
              11. 圆锥花序的支花序亦为圆锥花序;叶片枯老后不自叶鞘顶端脱落 ……………………………………………………………… 8. **类芦属** *Neyraudia*
            10. 高大禾草,植株高度大于1.5m或更高,粗壮。
              12. 外稃无毛,其基盘具长丝状毛 ……………………………… 9. **芦苇属** *Phragmites*
              12. 外稃被丝状柔毛,其基盘具较短的柔毛。
                13. 叶散生于秆上;植株为两性 ……………………………… 10. **芦竹属** *Arundo*
                13. 叶丛生,生于秆基部;植株为单性 ……………………… 11. **蒲苇属** *Cortaderia*
      6. 小穗具1(2)枚结实小花。
        14. 小穗通常具柄,若无柄,亦不排列在穗轴一侧。
          15. 小穗仅含1枚结实小花。
            16. 圆锥花序开展或收缩,含数枚小穗。
              17. 小穗两侧压扁,或为细长圆柱形;囊果或颖果,成熟时不露出。
                18. 外稃无芒,基盘无毛;囊果………………………… 12. **鼠尾粟属** *Sporobolus*
                18. 外稃有芒,基盘有毛;颖果……………………… 13. **乱子草属** *Muhlenbergia*

17. 小穗背腹压扁;颖果成熟时露出 ……………… 14. **显子草属** *Phaenosperma*

16. 穗状花序或穗形总状花序单生于秆顶;第1颖微小或缺如 …… 15. **结缕草属** *Zoysia*

15. 小穗含2枚结实小花,或第1小花常为雄性 ………………… 16. **柳叶箬属** *Isachne*

14. 小穗无柄或近无柄,排列在穗轴一侧 ……………………………… 17. **狗牙根属** *Cynodon*

5. 成熟花之外稃具5至多条脉,有时因质地硬而脉不明显(雀麦属和早熟禾属少数种至少具3条脉);叶舌常无纤毛。

19. 小穗无柄或近无柄,排列成穗状花序,稀为穗形总状花序。

20. 小穗单枚生于穗轴各节。

21. 两颖均存在;颖果顶端有毛。

22. 穗状花序之小穗彼此排列紧密;颖果与内、外稃相分离(栽培) … 18. **小麦属** *Triticum*

22. 穗状花序之小穗彼此排列疏松;颖果与内、外稃粘着(野生) ……………………… ………………………………………………………………… 19. **鹅观草属** *Roegneria*

21. 第1颖缺如;颖果顶端无毛 ……………………………………… 20. **黑麦草属** *Lolium*

20. 小穗2至数枚生于穗轴各节。

23. 小穗在穗轴上排列紧密;颖存在 ………………………………… 21. **大麦属** *Hordeum*

23. 小穗较疏松排列于穗轴;颖缺如或极退化……………………… 22. **猬草属** *Hystrix*

19. 小穗具柄或近无柄,排列成开展或紧缩的圆锥花序。

24. 小穗含2至多枚花,如为1枚花则外稃具5条脉以上。

25. 小穗含1至多数两性小花,位于顶生不孕花下方。

26. 第2颖常短于第1小花;若存在芒,则从外稃顶端伸出(有时可在外稃先端裂齿间伸出),不扭转。

27. 叶片宽披针形,有明显的小横脉 ………………… 23. **淡竹叶属** *Lophatherum*

27. 叶片狭长,条形至细长披针形,无小横脉。

28. 外稃具3～5条脉;叶鞘通常不闭合或仅基部边缘相互覆盖。

29. 外稃背部圆形 ………………………………………… 24. **羊茅属** *Festuca*

29. 外稃背部具脊。

30. 外稃先端具短芒;小穗密集簇生于圆锥花序分枝上端的一侧 …… ………………………………………………… 25. **鸭茅属** *Dactylis*

30. 外稃先端多无芒;小穗排列成开展或紧缩的圆锥花序 …………… ………………………………………………… 26. **早熟禾属** *Poa*

28. 外稃具7至多条脉,稀5条脉,叶鞘通常全部或大部闭合。

31. 内稃脊上具硬纤毛或短纤毛;子房先端具糙毛;颖果顶端有生毛的附属物或短喙…………………………………………… 27. **雀麦属** *Bromus*

31. 内稃脊上无毛或具柔纤毛;子房先端无毛或稀具短柔毛;颖果顶端无生毛的附属物或喙 …………………………………… 28. **甜茅属** *Glyceria*

26. 第2颖长于第1小花,或与之等长;若存在芒,则从外稃背面或先端裂齿间伸出,膝曲而扭转。

32. 小穗长不及1cm;子房无毛;颖果无腹沟,与内稃相互分离 ………………… …………………………………………………… 29. **三毛草属** *Trisetum*

32. 小穗长大于1cm;子房有毛;颖果有腹沟,与内稃相互附着 ………………… …………………………………………………… 30. **燕麦属** *Avena*

25. 小穗含3枚花,顶生者两性,下部2枚花退化为2枚刺状稃片 ……………… …………………………………………………………… 31. **虉草属** *Phalaris*

24. 小穗仅含1枚花,外稃具1～5条脉。

33. 圆锥花序开展或紧缩,但不呈圆柱形。

34. 小穗圆形,无柄,覆瓦状排列于穗轴一侧后成圆锥花序 …………………………………………………………………………………………… 32. **茵草属** *Beckmannia*

34. 小穗长形,具柄,排列成开展或紧缩的圆锥花序。

35. 小穗脱节于颖之上。

36. 小穗轴延伸至内稃之后,具长柔毛;外稃草质或膜质,不透明 ………………………………………………………………………………… 33. **野青茅属** *Deyeuxia*

36. 小穗轴不延伸至内稃之后,无毛;外稃膜质,透明。

37. 外稃基盘具长柔毛,几与颖等长 ……… 34. **拂子茅属** *Calamagrostis*

37. 外稃基盘无毛或仅有微毛 ……………………… 35. **剪股颖属** *Agrostis*

35. 小穗脱节于颖之下 ……………………………………… 36. **棒头草属** *Polypogon*

33. 圆锥花序极紧密,呈长圆柱形 …………………………………… 37. **看麦娘属** *Alopecurus*

1. 小穗含2枚小花,下部者常为雄性(甚至退化仅有外稃,则此小穗仅含1枚花),背腹压扁或呈圆筒形,稀两侧压扁,脱节于颖之下(野古草属脱节于颖之上);小穗轴不延伸,花成熟时内稃不存在细柄或刚毛。

38. 第2小花之外稃与内稃质地坚硬,常无芒(野古草属除外)。

39. 小穗脱节于颖之上;成熟花之外稃大多具芒,基盘常有毛 ……………… 38. **野古草属** *Arundinella*

39. 小穗脱节于颖之下;成熟花之外稃常无芒,基盘无毛。

40. 花序中无不育的小枝,其穗轴不延伸至最上端的小穗之后。

41. 小穗排列于穗轴一侧,成穗状花序或穗形总状花序,而后再排列成指状或总状。

42. 颖或外稃先端有芒(稗属一些种可无芒)。

43. 小穗的颖具芒,以第1颖最长;叶片披针形,较宽 …… 39. **求米草属** *Oplismenus*

43. 小穗的颖无芒,第1外稃具芒或芒状尖头;叶片线形,较狭 …………………………………………………………………………………………… 40. **稗属** *Echinochloa*

42. 颖与第1外稃均无芒。

44. 穗形总状花序指状排列于秆顶;第2外稃成熟时厚纸质而富有弹性;内稃微露出 …………………………………………………………………………………………… 41. **马唐属** *Digitaria*

44. 穗形总状花序总状排列于秆上部;第2外稃成熟时革质而坚硬;内稃露出较多。

45. 小穗基部有一环状或珠状基盘 ……………………… 42. **野黍属** *Eriochloa*

45. 小穗基部无上述性状的基盘 ……………………… 43. **雀稗属** *Paspalum*

41. 小穗排列为开展的圆锥花序 ………………………………………… 44. **黍属** *Panicum*

40. 花序中具刚毛状的不育小枝,其穗轴延伸至最上端的小穗之后,成一尖头或刚毛。

46. 小穗脱落时,其下刚毛宿存 ……………………………………… 45. **狗尾草属** *Setaria*

46. 小穗脱落时,连同其下刚毛一起脱落 ……………………… 46. **狼尾草属** *Pennisetum*

38. 第2小花之外稃与内稃膜质而透明,顶端或顶端裂齿间具芒。

47. 小穗两性,或结实小穗与不孕小穗同时混生在穗轴上。

48. 成对小穗均可成熟而同形,或每对中的有柄小穗(雌性或两性)可成熟并具长芒,无柄小穗至少在总状花序基部者不孕而无芒(莠竹属有时有柄小穗也退化)。

49. 穗轴有关节,各节连同其上的无柄小穗一起脱落。

50. 总状花序多数,明显圆锥状排列在伸长的主轴上 …………… 47. **甘蔗属** *Saccharum*

50. 总状花序1至多数,指状排列于缩短的主轴上。

51. 秆下部匍匐;第1颖无毛,背面具显著沟槽 …………… 48. **莠竹属** *Microstegium*

51. 秆直立;第1颖有毛,背面大多扁平或微具浅沟 ………… 49. **金茅属** *Eulalia*

49. 穗轴无关节,小穗自柄上脱落。

52. 圆锥花序缩紧成圆柱形;小穗无芒 ……………………………… 50. **白茅属** *Imperata*

52. 圆锥花序开展；小穗有芒或无芒。

53. 花序分枝(总状花序)粗壮、直立，全部着生小穗而不裸露；小穗基盘具丝状长柔毛 …………………………………………………… 51. **芒属** *Miscanthus*

53. 花序分枝(总状花序)细弱，下部者无小穗而裸露；小穗基盘具短髯毛 …………………………………………………………… 52. **油芒属** *Eccoilopus*

48. 成对小穗并非均可成熟，其中无柄小穗结实，有柄小穗常退化而不孕。

54. 穗轴节间与小穗柄粗短，较宽扁而顶端膨大，两者相互紧贴，亦可全部或部分愈合而形成腔穴。

55. 总状花序常 2 枚合生，紧贴，呈一圆柱形 ………………… 53. **鸭嘴草属** *Ischaemum*

55. 总状花序单生，或数个生于枝端同一叶腋内。

56. 有柄小穗多少退化，穗轴易逐节段落 ………………… 54. **假俭草属** *Eremochloa*

56. 有柄小穗发育良好，穗轴坚韧，不易断落 …………… 55. **牛鞭草属** *Hemarthria*

54. 穗轴节间与小穗柄细长，有时上端变粗。

57. 叶片披针形至卵状披针形，基部略呈心形；秆细弱；无柄小穗之第 2 外稃分裂达基部，芒自裂齿间伸出，第 1 颖之脉上具瘤状凸起 ………………… 56. **荩草属** *Arthraxon*

57. 叶片线形，基部狭；秆粗壮；无柄小穗之第 2 外稃不裂或分裂至中部以上，第 1 颖之脉上平整。

58. 总状花序少数至多数，圆锥状或指状排列，有时为具佛焰苞的总状花序所组成的假圆锥花序。

59. 每一总状花序具一佛焰苞，组成假圆锥花序 …………… 57. **菅属** *Themeda*

59. 总状花序无佛焰苞，排列成圆锥状。

60. 无柄小穗之第 2 外稃发育正常，顶端 2 裂，芒自裂齿间伸出，或无芒 …………………………………………………… 58. **高粱属** *Sorghum*

60. 无柄小穗之第 2 外稃退化成柄状，其上延伸成芒 ……………………………………………………… 59. **细柄草属** *Capillipedium*

58. 总状花序成对或单生。

61. 总状花序双生 ……………………………………… 60. **香茅属** *Cymbopogon*

61. 总状花序单生于秆顶 ………………………… 61. **裂稃草属** *Schizachyrium*

47. 小穗单性，雌、雄小穗生于不同花序上或同一花序的不同部分(雌小穗常在下方)。

62. 雌、雄小穗生于不同花序上，雄小穗为顶生的圆锥花序，雌小穗为腋生的穗状花序 …………………………………………………………… 62. **玉蜀黍属** *Zea*

62. 雌、雄小穗生于同一花序的不同部分，雌雄顺序 ……………………… 63. **薏苡属** *Coix*

1. 稻属 Oryza L.

一年生或多年生草本。叶片扁平。圆锥花序开展；小穗两侧压扁，含 3 枚小花，顶生 1 枚花为两性，侧生 2 枚花为中性，仅存极小的外稃而位于两性小花之下；小穗轴脱节于颖之上、两退化外稃之下；颖极退化，附着于小穗柄顶端，呈两半月形的痕迹；退化外稃小，呈鳞片状或锥刺状；两性花外稃硬纸质，具 5 条脉，先端有芒或无芒；内稃与外稃同质，具 3 条脉；浆片 2 枚；雄蕊 6 枚，花药细长；花柱 2 枚，柱头帚刷状，自小花两侧伸出。颖果平滑，种脐线形。

约 10 种，分布于亚洲与非洲的热带和亚热带地区；我国有 4 种，其中 2 种为栽培种；浙江栽培 1 种，1 变种；杭州栽培 1 种。

稻　水稻　亚洲栽培稻　(图 3-247)

Oryza sativa L.

一年生草本。秆丛生,直立,高可达 1m。叶鞘下部者长于节间,无毛;叶舌膜质而稍硬,披针形,长 8~25mm,基部两侧下延,与叶鞘边缘相结合;叶耳幼时明显,老时脱落;叶片扁平,长 30~60cm,宽 6~15mm。圆锥花序疏松,成熟时向下弯垂,分枝具棱角,常粗糙;小穗长圆形,长 6~9mm;颖极退化,在小穗柄的顶端呈半月形的痕迹;退化外稃锥刺状,长 3~4mm,无毛;两性花之外稃被细毛,稀可无毛,先端有芒或无芒;内稃亦被细毛;浆片长约 1mm;花药长约 2mm。花、果期夏秋季。$2n=24$。

除市区外广泛栽培。全世界广为栽培,我国也是主要的种植国家。

本种植物是人类主要且最有价值的粮食作物,品种很多。

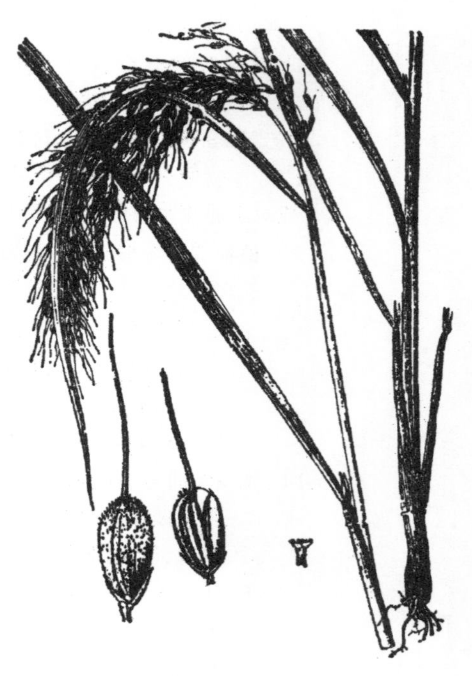

图 3-247　稻

2. 假稻属　Leersia Swartz

多年生草本。通常具匍匐茎或根状茎。圆锥花序开展;小穗两侧压扁,含 1 枚小花;小穗轴脱节于小穗柄的顶端;颖退化殆尽;外稃硬纸质,具 5 条脉,脊上有硬纤毛,边脉接近边缘,边缘紧抱内稃之边脉;内稃与外稃同质,具 3 条脉,脊上亦具硬纤毛;雄蕊 1~3、6 枚,花药线形。颖果长圆球形,胚长度仅为颖果长的 1/3。

约 20 种,分布于全球温带和热带地区;我国有 4 种,主要分布于华东、华中与华南地区;浙江有 2 种;杭州有 1 种。

假稻　(图 3-248)

Leersia japonica Makino——*L. hexandra* Swartz var. *japonica* (Makino) Keng f.

多年生草本。秆下部匍匐,节上生多分枝的须根,上部斜生,高可达 80cm,节上密生倒毛。叶鞘通常短于节间,粗糙或平滑;叶舌膜质,长 1~3mm,先端平截,基部两侧与叶鞘愈合;叶片长 10~15mm,宽 4~8mm,粗糙或下面光滑。圆锥花序长 8~10cm,分枝光滑,具棱角,较压扁,直立或斜生;小穗长 4~6mm,草绿色或带紫色;颖退化殆尽;外稃脊具刺毛;内稃中脉上亦具刺毛;雄蕊 6 枚,花药长约 3mm。花、果期 8—10 月。$2n=96$。

区内常见,生于水边或田间。分布于华东、华中及河北、贵州、四川;日本也有。

图 3-248　假稻

3. 菰属 Zizania L.

多年生水生草本。常具根状茎。叶片长且宽。圆锥花序大型;小穗单性,含1枚小花;雌小穗圆柱形,常生于花序上部与主轴贴生的分枝上,小穗柄较粗壮,顶端呈杯状,小穗轴脱节于小穗柄的顶端;雄小穗多少两侧压扁,位于花序下部开展或上升的分枝上,小穗柄较细弱;颖退化殆尽;外稃厚纸质或在雄小穗中为膜质,具5条脉,雌小穗之外稃具长芒;内稃与外稃同质,为外稃所紧抱,常具3条脉;雄花中能育雄蕊6枚。颖果圆柱形。

4种,分布于东亚和北美洲;我国有1种,另有2种栽培;浙江有1种;杭州有1种。

菰 (图3-249)

Zizania latifolia (Griseb.) Turcz. ex Stapf

多年生草本。须根粗壮。具根状茎。秆直立,高80~180cm,基部节上具不定根。叶鞘肥厚,长于节间,基部者常具横脉纹;叶舌膜质,略三角形,长6~15mm;叶片扁平,长30~100cm,宽10~25mm,上面粗糙,下面光滑。圆锥花序长30~60cm,分枝多数簇生;雄小穗着生在下部的分枝上,常呈紫色,长10~15mm,外稃具5条脉,先端渐尖或具短芒,内稃具3条脉,雄蕊6枚,花药长5~9mm;2枚雌小穗着生在上部的分枝上,长15~25mm,外稃具5条粗糙的脉,芒长15~30mm,内稃具3条脉。颖果圆柱形,长约10mm。花、果期秋季。$2n=30,34$。

区内常见栽培,生于湖沼、水田或水塘中。分布于我国南北各地;日本至俄罗斯西伯利亚东部也有。

菰的基部为真菌寄生后,变肥嫩而膨大,可食用,称茭白;颖果称茭米,营养价值高;茎、叶又是优良的饲料和鱼类的饵料。

图3-249 菰

4. 䅟属 Eleusine Gaertn.

一年生草本。穗状花序2至数枚呈指状排列于秆顶;小穗两侧压扁,含数朵小花,无柄,紧密地呈双行覆瓦状排列于穗轴之一侧;小穗轴脱节于颖上及各小花之间;颖不相等,第1颖较小,短于第1小花,具龙骨状的脊,边缘质较薄,先端尖;外稃具3~5条脉,主脉与其邻近的2条脉密接,形成背脊,先端尖;内稃具2条脊,脊上具翼或无翼;雄蕊3枚。种子椭圆球形或近球形,黑褐色,疏松地包裹于质薄的果皮内。

约9种,分布于热带和亚热带地区;我国有2种,几遍布于全国;浙江有2种;杭州有1种。

牛筋草 (图3-250)

Eleusine indica (L.) Gaertn.

一年生草本。秆丛生,直立或斜生,高30~70cm。叶鞘压扁,具脊,无毛或疏生疣毛,鞘口常有柔毛；叶舌长约1mm；叶片扁平或卷折，长达15cm，宽3～5mm，无毛或上面有疣基的柔毛。穗状花序长3～8cm，宽3～5mm，2至数枚指状排列于秆顶，有时其中有1或2枚可生于其他花序之下；小穗长4～7mm，宽2～3mm，含3～6朵小花；颖披针形，脊上粗糙，第1颖长约2mm，第2颖长约3mm；第1外稃长3～3.5mm，脊上具狭翼；内稃短于外稃，脊上具小纤毛。种子卵球形，长约1.5mm，有明显的波状皱纹。花、果期9—10月。$2n=18$。

区内常见，生于田野、路边或荒地草丛中。全世界的热带和温带地区也有。

图3-250　牛筋草

5. 千金子属　Leptochloa Beauv.

一年生草本。叶片线状披针形。圆锥花序由多数细弱穗形的总状花序所组成；小穗两侧压扁，含2～7朵小花，无柄或具短柄，于穗轴一侧呈覆瓦状、稍有间距地排列为2行；小穗轴脱节于颖之上和各小花之间；颖膜质，不等长，通常短于第1小花或第2颖长于第1小花，具1条脉，无芒或有短尖头；外稃具3条脉，脉之下部具短毛，先端尖或钝，通常无芒；内稃等长或稍短于外稃，具2条脊；雄蕊3枚，稀1～2枚。颖果常两侧压扁。

约20种，分布于北半球热带和亚热带地区；我国有2种，除东北、华北地区外广布；浙江有2种；杭州均有。

1. 千金子　(图3-251)

Leptochloa chinensis (L.) Nees

一年生草本。根须状。秆丛生，直立，基部膝曲或倾斜，高40～70cm，平滑无毛，具3～6节。叶鞘大多短于节间，无毛；叶舌膜质，长1～2mm，多撕裂成小纤毛；叶片扁平或多少卷折，长5～25cm，宽2～7mm，先端渐尖，微粗糙或下面平滑。圆锥花序长15～25cm，分枝及主轴均粗糙；小穗多带紫色，长2～4mm，含3～7朵小花；颖脊上粗糙，第1颖较短而狭，长1～1.5mm，第2颖通常稍短于第1外稃，长约1.5mm；外稃无毛或下部被微毛，先端钝，第1外稃长1.5～2mm；花药长约0.5mm。颖果长圆球形，长约1mm。花、果期8—11月。$2n=40$。

区内常见，生于田间、路边或草丛中。分布于安徽、广东、广西、贵州、湖北、江苏、山东、陕西。

图3-251　千金子

2. 虮子草 （图 3-252）

Leptochloa panicea (Retz.) Ohwi

一年生。秆较细弱，高 30～60cm。叶鞘除基部者外均短于节间，疏生具疣基的柔毛；叶舌膜质，多撕裂或先端呈不规则齿裂，长约 2mm；叶片质薄，扁平，长 6～18cm，宽 3～7mm，无毛或疏生具疣基的柔毛。圆锥花序长 10～30cm；分枝细弱，微粗糙；小穗灰绿色或带紫色，长1～2mm，含 2～4 朵小花；颖膜质，脊上粗糙，第 1 颖较狭，长约 1mm，先端渐尖，第 2 颖长1.2～1.5mm；外稃脉上被细毛，先端钝，第 1 外稃长约 1mm；内稃脊上具纤毛；花药长约 0.2mm。颖果球形，直径约为 0.5mm。花、果期 7—10 月。

见于西湖景区(仁寿山)，生于荒地中。分布于安徽、湖北、江苏、陕西、四川。

与上种的主要区别在于：本种叶鞘及叶片常疏生具疣基的柔毛；小穗含 2～4 朵小花，长1～2mm；第 2 颖通常长于第 1 外稃。

图 3-252 虮子草

6. 画眉草属 Eragrostis Beauv.

一年生或多年生草本。秆丛生。叶片线形。圆锥花序开展或紧缩；小穗两侧压扁，含数朵或多数小花，小花常疏松或紧密地覆瓦状排列；小穗轴通常呈“之”字形，逐渐断落或不断落；颖不等长，通常短于第 1 小花，具 1 条脉，稀第 1 颖无脉，宿存或脱落；外稃无芒，先端尖或钝，具 3 条明显的脉，有时侧脉不明显；内稃具 2 条脊，常弓形弯曲，宿存或与外稃同时脱落；雄蕊 2 或 3 枚。颖果与稃分离，近球形，有时压扁而呈三棱状。

约 300 种，分布于热带和亚热带地区；我国有 29 种，广布于全国各地；浙江有 9 种，1 变种；杭州有 4 种。

分种检索表

1. 花序长度等于或超过植株的一半；小穗轴自上而下逐节脱落 ………………………… 1. **乱草** *E. japonica*
1. 花序长度不及植株的一半；小穗轴宿存，仅小花的外稃自下而上逐个脱落。
    2. 一年生草本；小穗柄与花序不具腺体 …………………………………………………… 2. **画眉草** *E. pilosa*
    2. 多年生草本；小穗柄及花序具腺体，或无腺体。
        3. 花序分枝与小穗柄具腺体；叶片扁平；小穗成熟后带紫色 ………………… 3. **知风草** *E. ferruginea*
        3. 花序分枝与小穗柄无腺体；叶片内卷；小穗成熟后带绿色或蓝绿色 …… 4. **珠芽画眉草** *E. cumingii*

1. 乱草 （图 3-253）

Eragrostis japonica (Thunb.) Trin.

一年生草本。秆丛生，直立或基部膝曲，高 50～70cm，具 3～4 节。叶鞘疏松包裹茎，大多长于节间，光滑；叶舌干膜质，长约 0.5mm，平截；叶片扁平或内卷，长 10～25cm，宽 3～5mm，两面粗糙或下面光滑无毛。圆锥花序长圆柱形，长度超过植株的一半，宽 2～6cm，分枝细弱，簇生或近轮生；小穗卵球形，长 1～2mm，成熟后呈紫色或褐色，含 4～8 朵小花；小穗轴自上而下逐节断落;颖近等长,卵球形,先端钝,长 0.5～0.8mm;外稃卵球形,先端钝,长 0.8～1mm;内稃与外稃近等长;雄蕊 2 枚,花药长约 0.2mm。颖果红棕色,倒卵球形,长约 0.5mm。花、果期 7—10 月。

见于西湖景区(云栖),生于水田边。长江以南各省、区及新疆均有分布;日本、朝鲜半岛、印度、大洋洲、非洲也有。

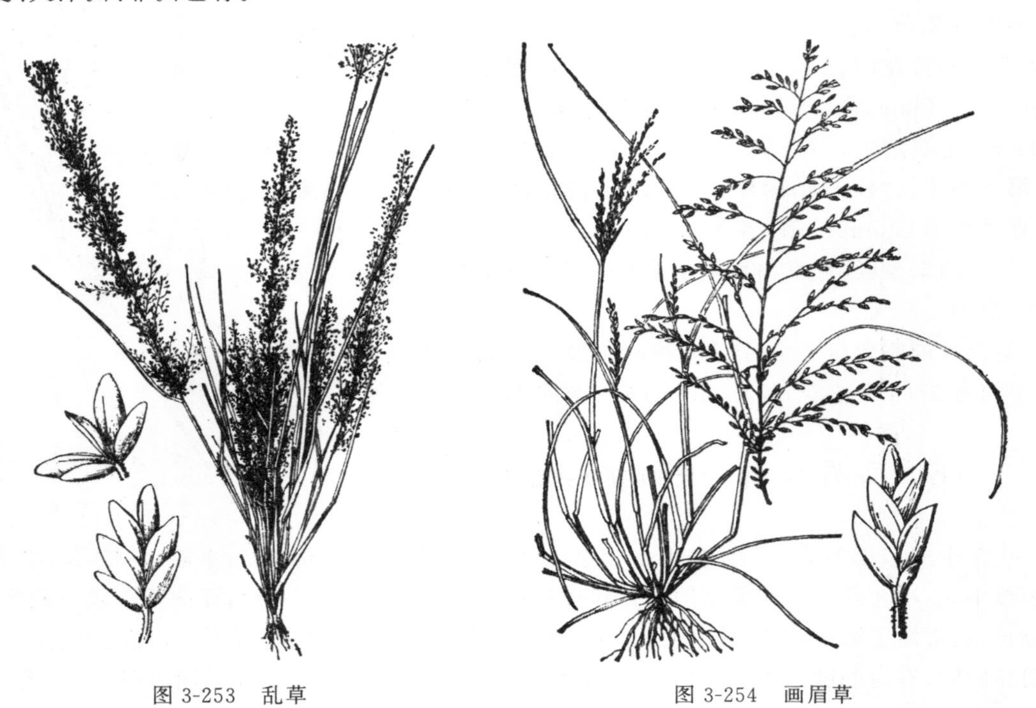

图 3-253 乱草　　图 3-254 画眉草

2. **画眉草** (图 3-254)

Eragrostis pilosa (L.) Beavu. ——*E. pilosa* (L.) Beavu. var. *imberbis* Franch.

一年生草本。秆直立或自基部斜生,高 30～60cm。叶鞘多少压扁,鞘口有柔毛;叶舌退化为一圈纤毛;叶片扁平或内卷,长 5～20cm,宽 1.5～3mm,上面粗糙,下面光滑。圆锥花序长 15～25cm,分枝腋间有长柔毛;小穗成熟后暗绿色或稍带紫黑色,长 2～7mm,含 3 至 10 多朵小花;颖先端钝或第 2 颖稍尖,第 1 颖长 0.5～1mm,常无脉,第 2 颖长约 1mm,具 1 条脉;外稃侧脉不明显,第 1 外稃长 1.5～2mm;内稃弓形弯曲,长约 1.5mm,迟落或宿存,脊上粗糙至具短纤毛;花药长约 0.2mm。颖果长圆球形。花、果期 7—9 月。

见于江干区(彭埠)、西湖景区(茅家埠、玉皇山、九溪),生于荒地、路边、田边。全国各地均有分布;遍及全世界的温暖地区。

3. **知风草** (图 3-255)

Eragrostis ferruginea (Thunb.) Beauv.

多年生草本。秆丛生,直立或基部膝曲,高 40～60cm。叶鞘两侧极压扁,鞘口两侧密生柔毛,脉上有腺体;叶舌退化成 1 圈短毛;叶片扁平或内卷,长 30～40cm,宽 3～6mm,最上面的 1 枚叶片常长于花序,上面粗糙或近基部疏生长柔毛,下面光滑。圆锥花序开展,长 20～30cm,

基部常为顶生叶鞘所包,分枝单生或2～3个聚生,腋间无毛,各具1～2回小枝;小穗线状长圆形,紫色至紫黑色,长5～10mm,含5～12朵小花;小穗柄长4～10mm,在中间或中部以上生一腺体;颖卵状披针形,具1条脉,先端锐尖或渐尖,第1颖长1.5～2.5mm,第2颖长2.5～3mm;外稃卵形,先端稍钝,侧脉隆起,第1外稃长约3mm;内稃短于外稃,脊具微纤毛;花药长约1mm。颖果长约1.5mm。花、果期7—11月。$2n=80$。

见于西湖景区(飞来峰、桃源岭、玉皇山、云栖),生于山坡、路边、草丛或水沟边。几分布于全国;日本、朝鲜半岛、印度也有。

图3-255 知风草

图3-256 珠芽画眉草

4. 珠芽画眉草 (图3-256)

Eragrostis cumingii Steud. ——*E. bulbilifera* Steud.

多年生,基部生有具鳞片的珠芽。秆丛生,直立,细瘦,质坚硬,高30～70cm,无毛。叶鞘鞘口有毛;叶舌膜质,长0.1～0.2mm;叶片通常内卷,长5～20cm,宽1～2mm,上面被柔毛,下面光滑无毛。圆锥花序开展,长7～20cm,宽3～9cm,分枝粗糙,常单生,疏松排列;小穗成熟后铅绿色或带青蓝色,长4～13mm,含6～24朵小花;颖长1～1.6mm,具1～3条脉,有时第1外稃不孕而成第3颖;外稃卵形,先端渐尖,侧脉明显;内稃弓形弯曲,常宿存或迟落;花药长约0.3mm。颖果长圆球形,长约0.6mm。花、果期7—11月。

见于西湖景区(飞来峰),生于路边。分布于安徽、福建、江苏、台湾;日本、越南、老挝、柬埔寨也有。

7. 隐子草属 Cleistogenes Keng

多年生草本。秆具多节。叶片线状披针形,质较硬,与鞘口相接处有一横痕而易于该处脱落。圆锥花序狭窄,由数枚单纯的或具有分枝的总状花序所组成,下部常隐藏在叶鞘内;小穗两侧压扁,含1至数朵小花;小穗轴顶端疏生短茸毛,脱节于颖之上及各小花之间;颖不相等,第1颖较小,近膜质,具1条脉或基部具3～5条脉;外稃灰绿色,具3～5条脉,先端有2枚微齿,裂齿间伸出细短芒或小尖头,无毛或边缘疏生柔毛,基盘短钝,有短毛;内稃具2条脊,脊上无毛至有短纤毛;雄蕊3枚,花药线形;花柱短,分离,柱头帚刷状,紫色,由小穗两侧伸出。

约20种,分布于欧洲南部至亚洲中北部;我国有12种,2变种,分布于华东、西北各省、区,以东北地区最多;浙江有1种,2变种;杭州有1种。

朝阳青茅 朝阳隐子草 (图3-257)

Cleistogenes hackelii (Honda) Honda——*Kengia hackelii* (Honda) Packer

多年生草本。秆丛生,多节,基部有鳞芽,高30～60cm,直径为0.5～1mm。叶鞘常疏生疣毛,鞘口具较长的疣毛;叶舌长0.2～0.5mm,边缘具短纤毛;叶片长2～7cm,宽2～5mm。圆锥花序长4～10cm,开展,通常每节具1枚分枝;小穗长5～9mm,含2～4朵小花;颖膜质,具1条脉,第1颖长约2mm,第2颖长约3mm;外稃边缘及顶端带紫色,背部有青色斑纹,具5条脉,边缘及基盘具短柔毛,第1外稃长4～5mm,芒长2～7mm;内稃与外稃等长,脊上粗糙。花、果期7—11月。$2n=40$。

见于西湖景区(飞来峰、九溪),生于草丛中。分布于华东及河北、湖北、四川;日本、朝鲜半岛也有。

区内记载有变种宽叶隐子草 *Cleistogenes hackelii* (Honda) Honda var. *nakaii* (Keng) Ohwi。其与原种的区别在于:该变种叶宽达8mm,小穗及外稃芒均较长,但未见标本,暂附于此。

图3-257 朝阳青茅

8. 类芦属 Neyraudia Hook. f.

较高大多年生草本。秆常具分枝。圆锥花序顶生,开展;小穗含3～9朵花,第1小花两性或中性,上部小花渐小,顶生者极退化;小穗轴无毛,脱节于颖之上或第1不育小花之上及诸小花之间;颖膜质,几相等,具1条脉;外稃披针形,较长于颖,具3条脉,边脉接近边缘而生白柔毛,中脉从先端2枚微齿间延伸成短芒,基盘短柄状,具短柔毛;内稃狭而短于外稃;鳞被2枚;雄蕊3枚。颖果狭长。

约4种,分布于东半球热带和亚热带地区;我国有2种,分布于新疆、长江流域及其以南地区;浙江有2种;杭州有1种。

山类芦 (图3-258)

Neyraudia montana Keng

多年生草本,密丛生。具根状茎。秆直立,草质,高40～80cm,直径为2～3mm,基部宿存枯萎的叶鞘,具 4～5 节。叶鞘疏松包裹茎,短于节间,上部者光滑无毛,基生者密生柔毛;叶舌密生柔毛,长约 2mm;叶片内卷,长达 60cm,宽 5～7mm,光滑或上面具柔毛。圆锥花序长 30～50cm,分枝向上斜生;小穗长 7～10mm,含 3～6 朵小花,其第 1 小花为两性;颖长 4～5mm,先端渐尖或呈锥状;外稃长5～6mm,近边缘处生较短的柔毛,先端具长 1～2mm 之短芒,基盘具长约 2mm 的柔毛;内稃略短于外稃;花药长 1～1.2mm。花、果期 7—8 月。

见于西湖景区(白沙岭),生于山坡石上。分布于安徽、江西。

图 3-258 山类芦

9. 芦苇属 Phragmites Adans.

多年生高大禾草。叶片扁平。圆锥花序顶生;小穗含数朵花,第 1 小花为雄性或中性,其余为两性;小穗轴节间短,无毛,脱节于第 1 外稃和第 2 小花之间;颖长圆状披针形,不等长,具 3～5 条脉,第 1 颖较小;第 1 外稃远大于颖,其余外稃由下而上逐渐变小,狭披针形,先端渐狭,具 3 条脉,无毛,基盘细长而具丝状柔毛;内稃远较外稃短;雄蕊 2 或 3 枚;花柱分离,顶生。颖果长圆状圆柱形。

4～5 种,世界广布;我国有 3 种,全国均有分布;浙江有 2 种;杭州有 1 种。

芦苇 (图 3-259)

Phragmites australis (Cav.) Trin. ex Steud.

多年生草本。根状茎粗壮。秆高 1～3m,直径为 2～10mm,节下通常具白粉。叶鞘圆筒形;叶舌极短,长 0.5～1mm,先端具 1 圈纤毛;叶片扁平,长 15～45cm,宽 1～3.5cm,光滑或边缘粗糙。圆锥花序长 10～40cm,微向下垂,下部枝腋间具白柔毛;小穗长 12～16mm,通常含 4～7 朵花;颖具 3 条脉,第 1 颖长 3～7mm,第 2 颖长5～11mm;第 1 花通常为雄性,外稃长 8～15mm,内稃长 3～4mm;第 2 花外稃长 9～16mm,先端长渐尖,基盘棒状,具长 6～12mm 之柔毛,内稃长约 3.5mm,脊上粗糙。花、果期 7—11 月。

区内河岸及水边常见,野生或栽培。分布于全国各地;广布于全世界温暖地区。

嫩叶可作牛、马饲料;纤维可织帘、席,又可作造纸原料;花序可作扫帚。

图 3-259 芦苇

10. 芦竹属　Arundo L.

多年生高大禾草。具根状茎。秆粗壮，稍木质化。叶鞘相互紧抱；叶片线状披针形。圆锥花序顶生，密集而长大；小穗两侧压扁或背部稍呈圆形，含2～5朵小花；小穗轴无毛，脱节于颖之上与诸小花之间；颖膜质，几相等，约与小穗等长，具3～5条脉，先端尖或渐尖；外稃质薄，上部者渐次变小，具3～5条脉，主脉通常延伸成短芒，背面中部以下密生白柔毛，基盘短小，上部两侧有毛；内稃薄膜质，具2条脊，脊上无毛或上部生小纤毛；雄蕊3枚；子房无毛。

3种，分布于热带及温带地区；我国约有3种；浙江有1种；杭州有1种。

芦竹　(图3-260)

Arundo donax L.

多年生草本。须根粗壮。具根状茎。秆直立，粗大，高2～6m，直径为1～2cm，常有分枝。叶鞘长于节间，无毛或在颈部具长柔毛；叶舌膜质，平截，长1～1.5mm；叶片扁平，长30～60cm，宽2～5cm。圆锥花序较紧密，直立，长30～60cm；小穗长9～12mm，含2～4朵花；小穗轴节间长1～1.5mm；颖披针形，长8～10mm；外稃中脉延伸成长1～2mm的短芒，背面中部以下密生白色柔毛，柔毛略短于稃体，第1外稃长8～10mm；内稃短卵状椭圆形，长约为外稃之半。花、果期9—12月。

区内河岸及水边常见，栽培或野生。分布于安徽、福建、广东、广西、江苏、四川、云南；欧亚大陆其他热带地区也有。

图3-260　芦竹

11. 蒲苇属　Cortaderia Stapf

多年生高大禾草。秆直立，粗壮。叶生于秆基部，丛生，叶片坚硬，边缘有细锯齿。圆锥花序大型，稠密且有银色光泽；小穗单性，雌雄异株，含2至多数花；小穗轴无毛，脱节于颖之上及诸小花之间；颖质薄而狭长，长于下部小花，具1条脉；外稃具3条脉，中脉延伸成长而细弱的芒，雄小穗之外稃无毛，雌小穗之外稃下部密生长柔毛，其基盘两侧具柔毛；内稃较外稃短，具2条脊；雄蕊3枚，于雌小穗中退化；柱头细弱，帚刷状。颖果长圆状圆柱形。

27种，主要分布于热带美洲；我国引种栽培1种；浙江及杭州也有。

蒲苇　(图3-261)

Cortaderia selloana (Schult. & J. H. Schult.) Aschers. & Graebn.

多年生高大禾草。秆丛生，直立，粗壮，高2m以上。叶舌为1圈长2～4mm的柔毛；叶片长1～3m。圆锥花序长30～100cm，雄花序为广金字塔形，雌花序较窄，银白色至粉红色；小穗含2～5朵小花，雌小穗具丝状长毛，雄小穗无毛；颖白色，膜质，细长，长10～12mm；外稃狭长，先端延伸成长而细弱之芒，连芒长15～20mm；内稃狭小，具2条脊，长3～4mm。

区内常见，栽培供观赏。原产于南美洲。

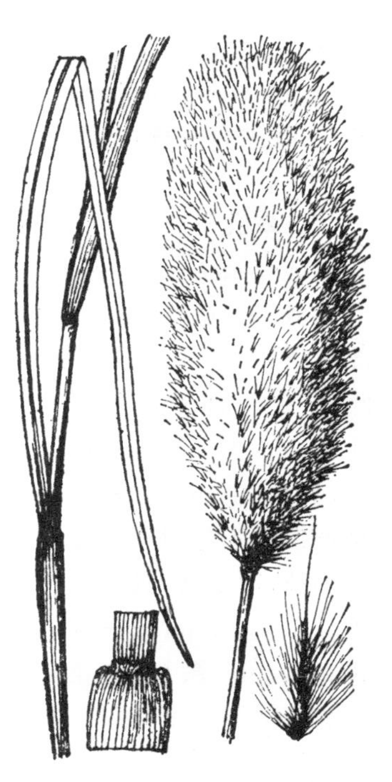

图3-261 蒲苇

12. 鼠尾粟属 Sporobolus R. Br.

一年生或多年生草本。叶片狭披针形或线形。圆锥花序紧缩或开展；小穗圆柱形或两侧稍压扁，含1朵小花；小穗轴脱节于颖之上；颖透明膜质，不等长，具1条脉或第1颖无脉；外稃膜质，具1～3条脉，无芒，与小穗等长；内稃与外稃等长，较宽，具2条脉，成熟后易自脉间纵裂；雄蕊2～3枚。颖果椭圆球形至球形，两侧压扁，成熟后易从稃体间脱落，果皮与种子分离，质薄，成熟后遇湿易破裂。

约150种，分布于温带和热带地区，美洲最多；我国有5种，分布于华东、华南至西南地区；浙江有2种；杭州有1种。

鼠尾粟 （图3-262）

Sporobolus fertilis (Steud.) W. D. Clayt. —— *S. elongates* R. Br. var. *purpureosuffusus* Ohwi —— *S. indicus* (L.) R. Br. var. *purpureosuffusus* (Ohwi) Koyama

多年生草本。秆直立，质较坚硬，高40～80cm，基部直径为2～4mm，平滑无毛。叶鞘无毛，稀边缘及鞘口具短纤毛；叶舌纤毛状，长约0.2mm；叶片质较硬，通常内卷，长10～55cm，宽2～4mm，平滑无毛或上部者基部疏生柔毛。圆锥花序紧缩，长20～45cm，宽0.5～1cm，分枝直立，密生小穗；小穗长约2mm；第1颖无脉，长0.5～1mm，先端钝或平截，第2颖卵圆形或卵状披针形，长1～1.5mm，先端尖或钝；外稃具1条脉及不明显的2条侧脉；雄蕊3枚，花药黄色，长0.8～1mm。囊果成熟后红褐色，长圆状倒卵球形，长1～1.2mm。$2n=36,48$。

见于西湖景区(赤山埠)，生于山脚或水沟边。长江以南各省、区也有分布；日本、印度也有。

图3-262 鼠尾粟

13. 乱子草属 Muhlenbergia Schreb.

多年生草本。常具根状茎。秆通常分枝。圆锥花序狭窄或开展；小穗细小，含1朵小花；小穗轴脱节于颖之上；颖宿存，质薄，近等长或第1颖较短，均短于外稃，无脉或具1条脉；外稃近膜质，具铅绿色斑纹，下部疏生柔毛，具3条脉，基部具微小而钝之基盘，先端尖或具2枚微齿，主脉延伸成细弱、劲直或稍弯曲的芒；内稃等长于外稃，具2条脊；雄蕊2～3枚。颖果细长，圆柱形或稍压扁。

约100种,大多分布于北美洲西南部、东亚、印度有少数分布;我国有6种,分布几遍全国;浙江有3种;杭州有1种。

图3-263 日本乱子草

日本乱子草 (图3-263)

Muhlenbergia japonica Steud.

多年生草本。秆基部横卧,节上生根,高20～50cm,基部直径为1mm,无毛。叶鞘大多短于节间,光滑无毛;叶舌膜质,平截而呈纤毛状,长0.2～0.5mm;叶片狭披针形,长2～8cm,宽2～5mm,两面及边缘粗糙。圆锥花序狭窄,稍弯曲,长5～10cm,分枝单生,自基部即生小枝和小穗;小穗灰绿色带黑紫色,长2～2.5mm,披针形,小穗柄粗糙,大多短于小穗;颖质薄,具1条脉,先端尖,第1颖长约1.5mm,第2颖长1.5～2mm;外稃具铅绿色斑纹,下部1/4处具柔毛,芒长5～8mm,微粗糙;花药黄色,长约0.5mm。花、果期8—10月。$2n=40$。

见于西湖景区(韬光),生于林下路边。分布于长江流域和黄河流域;日本也有。

14. 显子草属 Phaenosperma Munro

多年生草本。秆直立,高大。圆锥花序开展;小穗含1朵小花,无芒;小穗轴脱节于颖之下;颖膜质,卵状披针形,第1颖较小;外稃草质兼膜质,与第2颖等长,具3～5条脉;内稃与外稃同质而稍短,具2条脉;鳞被3枚;雄蕊3枚。颖果倒卵球形,具部分宿存的花柱,成熟时露出稃外。

1种,分布于我国、日本和朝鲜半岛;浙江及杭州也有。

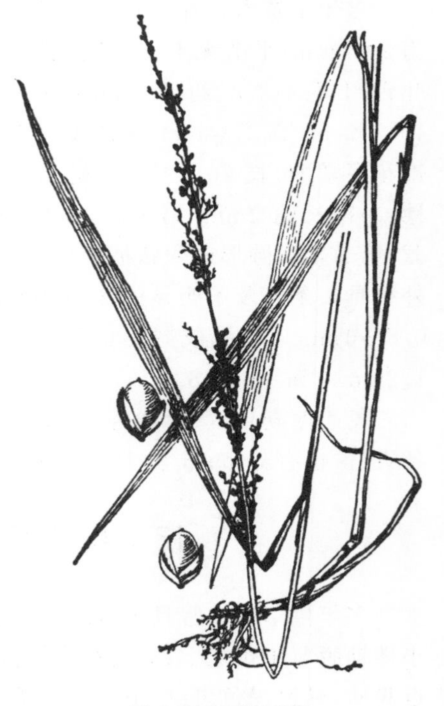
图3-264 显子草

显子草 (图3-264)

Phaenosperma globosum Munro. ex Benth.

多年生草本。须根较硬。秆单生,少数丛生,直立,坚硬,高100～150cm,光滑无毛,具4～5节。叶鞘通常短于节间,光滑无毛;叶舌质硬,长0.5～2cm,两侧下延至叶鞘之边缘;叶片长披针形,长10～40cm,宽约1cm,常反卷而使上面向下,灰绿色,下面向上,深绿色。圆锥花序长25～40cm,分枝下部者多轮生,长达10cm,幼时斜向上升,成熟时开展;小穗长4～4.5mm;第1颖长

2.5～3mm，具 3 条脉(两侧脉甚短)，第 2 颖长约 4mm，具 3 条脉；外稃长约 4mm；内稃略短于外稃；花药长约 2mm。颖果倒卵球形，长约 3mm，黑褐色，表面具皱纹。花、果期 5—7 月。

见于西湖区(留下)、西湖景区(飞来峰、龙井)，生于林下、路边、山坡或草丛中。分布于安徽、湖南、江苏、江西、陕西、四川；日本、朝鲜半岛也有。

15. 结缕草属 Zoysia Willd.

多年生草本。具横生的根状茎。穗形总状花序单生于秆顶；小穗单生于主轴上，覆瓦状排列或稍有距离，两侧压扁，以其一侧贴向主轴，通常仅含 1 朵两性小花，斜向脱节于小穗柄之上；第 1 颖微小或缺，第 2 颖硬纸质，成熟后革质，具短芒或无芒，两侧边缘在基部联合，全部包裹膜质之外稃及内稃；内稃微小或退化；鳞被缺；雄蕊 3 枚。颖果与稃离生。

约 10 种，分布于温带亚洲和大洋洲；我国有 5 种，1 变种，分布于华东和华北等地；浙江有 4 种；杭州有 3 种。

分种检索表

1. 小穗长 4～6mm，披针形 ………………………… 1. **中华结缕草** *Z. sinica*
1. 小穗长 2～3mm，卵形或披针形。
   2. 叶片宽 3～6mm；总状花序长 2～5cm，小穗柄长于小穗 ………………… 2. **结缕草** *Z. japonica*
   2. 叶片宽约 1mm；总状花序长 1～2cm，小穗柄短于小穗 ………………… 3. **细叶结缕草** *Z. pacifica*

1. 中华结缕草 (图 3-265)

Zoysia sinica Hance

多年生草本。具横走根状茎。秆直立，高 10～30cm。叶鞘无毛，鞘口具白色须毛；叶舌不明显或为 1 圈短纤毛；叶片长达 6cm，宽 3～6mm，质硬，无毛，边缘常内卷。总状花序长 2～5cm，宽约 5mm，幼时包藏于叶鞘内；小穗披针形，呈紫褐色，长 5～6mm，宽 1～1.5mm，具长 1.5～2mm 的短柄；第 2 颖光亮，具不明显的 5 条脉；外稃膜质，长约 3mm，具 1 条明显的中脉。花、果期 4—6 月。

区内常栽培作草坪。分布于福建、广东、江苏、辽宁、山东。

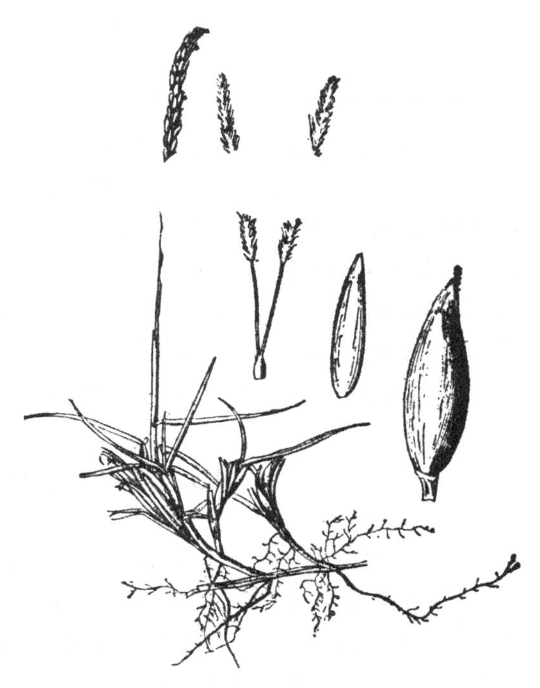

图 3-265 中华结缕草

2. 结缕草 (图 3-266)

Zoysia japonica Steud.

多年生草本。具横走根状茎。秆直立，高 8～15cm。叶鞘无毛，下部松弛而互相跨覆，上部的紧密抱茎；叶舌不明显，具白柔毛；叶片上部常具柔毛，质地较硬，长 2.5～8cm，宽 3～6mm，通常扁平或稍卷折。总状花序长 2～5cm，宽 3～6mm；小穗卵圆形，长 2～3.5mm，宽约 1.2mm，常变为紫褐色；小穗柄长 3～6mm，常弯曲；第

2颖成熟后革质,两侧边缘在基部联合,全部包裹外稃及内稃;外稃长1.8～3mm,具1条脉;内稃微小。花、果期4—6月。$2n=40$。

区内常用栽培作草坪。分布于河南、江苏、辽宁、山东;日本、朝鲜半岛也有。

图3-266　结缕草

图3-267　细叶结缕草

3. **细叶结缕草**　(图3-267)

Zoysia pacifica (Goud.) M. Hoota & S. Kuro.

多年生草本。具贴地而生的匍匐茎和横走根状茎。秆细弱,高8～15cm。叶鞘紧密抱茎,边缘膜质,仅鞘口处有长2～3mm的白柔毛;叶舌微小,膜质,顶端为1圈短纤毛;叶片长1～6cm,宽约1mm,内卷。总状花序长1.2～1.8cm,宽约2mm;小穗披针形,长约3mm,宽约0.8mm,小穗柄长1～3mm;第1颖缺,第2颖先端具短芒;外稃长圆形,长2～2.5mm,中脉显著,先端2裂;内稃细小,长为外稃的1/4～1/3。花、果期春夏季。$2n=40$。

区内常栽培作草坪。分布于台湾;日本、菲律宾、泰国和太平洋岛屿也有。

16. 柳叶箬属　Isachne R. Br.

一年生或多年生草本。叶片扁平。圆锥花序开展;小穗卵状圆球形,含2朵小花,均为两性,或第1小花为雄性,第2小花为雌性;小穗轴脱落于颖之上,节间甚短,常连同2朵花一起脱落;颖草质,近于等长,具狭膜质边缘,迟缓脱落;外稃革质或第1外稃草质,背面隆起,无脊,无毛或被短茸毛;内稃与外稃同质,扁平,边缘被外稃所包裹;雄蕊3枚。颖果近球形或椭圆球形。

约140种,分布于热带与温带,多数在热带非洲;我国有16种,全国广布;浙江有5种,1变种;杭州有1种。

图 3-268 柳叶箬

柳叶箬 (图 3-268)

Isachne globosa (Thunb.) Kuntze

多年生草本。秆下部常倾卧，稀丛生而近于直立，高 30～60cm，基部直径为 1～3mm，质较柔软，节无毛。叶鞘短于节间，仅一侧之边缘上部具细小、有疣基的纤毛；叶舌纤毛状，长 1～2mm；叶片线状披针形，长 3～10cm，宽 3～9mm，先端尖或渐尖，基部渐窄而近心形，两面粗糙，边缘质较厚，粗糙而呈微波状。圆锥花序卵圆形，长3～10cm，分枝斜上或开展，每一小枝着生 1～3 枚小穗，分枝、小枝及小穗柄上均具黄色腺体；小穗卵状圆球形，长 2～2.5mm，绿而带紫色；颖草质，具 6～8 条脉，无毛或先端粗糙；第 1 小花为雄性，较第 2 小花稍狭长，内、外稃质地亦稍软；第 2 小花为雌性，宽椭圆形，无毛。花、果期 5—10 月。

见于余杭区(临平)、西湖景区(九溪)，生于山脚、草丛、山坡及荒地中。几乎遍布全国；日本、印度、大洋洲也有。

17. 狗牙根属 Cynodon Rich.

多年生草本。具根状茎及匍匐茎。穗状花序指状排列于秆顶；小穗两侧压扁，无柄，通常含 1 朵小花，少数含 2 朵小花，双行覆瓦状排列于穗轴之一侧；小穗轴脱节于颖之上，并延伸于内稃之后呈针芒状，或在顶端具退化外稃；颖几相等或第 2 颖较长，短于或几等长于外稃，狭窄，具 1 条脉；外稃草质兼膜质，具 3 条脉，侧脉接近边缘；内稃几与外稃等长，具 2 条脊；雄蕊 3 枚。颖果椭圆球形，侧扁。

约 10 种，分布于欧亚大陆的热带和亚热带地区；我国有 2 种，南北各省、区常见；浙江有 1 种，1 变种；杭州有 1 种。

图 3-269 狗牙根

狗牙根 (图 3-269)

Cynodon dactylon (L.) Pers.

多年生草本。具横走的根状茎和细韧的须根。秆匍匐于地面，长可达 1m，直立部分高 10～30cm。叶鞘具脊，无毛或疏生柔毛；叶舌短，具小纤毛；叶片狭披针形至线形，长 1～6cm，宽 1～3mm。穗状花序长 1.5～5cm，3～6 枚指状排列于茎端；小穗灰绿色或带紫色，长 2～2.5mm，含 1 朵小花；颖狭窄，两侧膜质，几等长或第 2 颖较长，长 1.5～2mm；外稃草质兼膜质，与小穗同长，脊上有毛；内稃与外稃等长；花药黄色或紫色，长 1～1.5mm。花、果期 5—10 月。

见于江干区(九堡)、西湖景区(桃源岭)，生于路边或田边。我国黄河流域及其以南各省、区均有分布;广布于全球温带。

为优良饲料,亦常用于铺建草坪。

18. 小麦属 Triticum L.

一年生或越年生草本。穗状花序直立,顶生;穗轴在普通栽培的种类中均延续而无关节;小穗无柄而单生,两侧压扁,侧面与穗轴相对,含3～9朵小花,上部的花常不发育;颖革质,多少具膜质边缘,背部具脊,顶端常具短尖头;外稃背部扁圆或多少具脊,顶端有芒或无芒,不具基盘;内稃边缘内折;鳞被边缘有毛。颖果卵球形或长圆状圆柱形,顶端有毛,腹面具深纵沟,成熟后与内、外稃分离。

约20种,分布于亚洲西部和地中海地区;我国有4种,4变种,南北各地普遍栽培;浙江有1种;杭州有1种。

小麦 (图3-270)

Triticum aestivum L.

越年生草本。秆可高达1m以上,通常具6～7节。叶鞘通常短于节间;叶舌膜质,短小,长1～2mm;叶片线状披针形;穗状花序长5～10cm(芒除外),宽约1cm;穗轴节间长2～4mm;小穗长10～15mm,含3～9朵小花,上部花常不结实;小穗轴节间长1～2mm;颖背部具锐利的脊,具5～9条脉,先端具短而凸出的尖头;外稃厚纸质,具5～9条脉,顶端通常具芒,芒长度极大;内稃与外稃等长,脊上具狭翼,翼缘生微细纤毛;花药长约2mm。颖果卵球形或长圆状圆柱形。花、果期4—6月。$2n=42$。

区内有栽培。我国及全省各地普遍栽培。

颖果可磨制面粉,供食用。

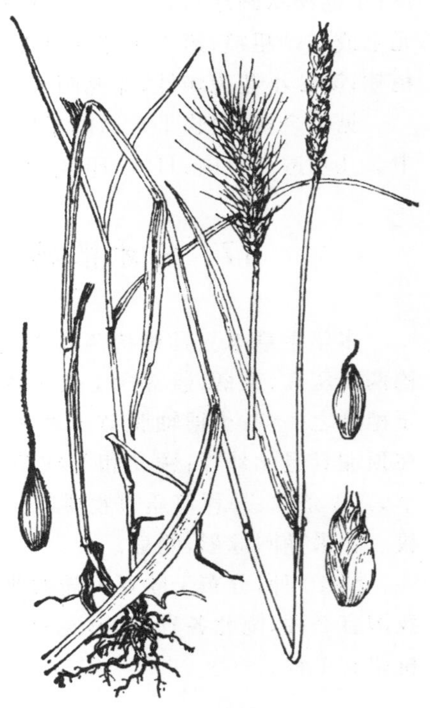

图3-270 小麦

19. 鹅观草属 Roegneria K. Koch

多年生草本,通常丛生。无根状茎。叶片扁平或内卷,粗糙或平滑。穗状花序顶生,直立或下垂,穗轴并不逐节断落,每节具1枚小穗,顶生小穗发育正常;小穗稍两侧压扁,无柄或几无柄,含2至10余朵小花;小穗轴脱节于颖之上和各小花之间;颖披针形或长圆状披针形,背部扁平无脊,先端无芒或有芒,通常具3～9条脉,脉显著,粗糙或近于平滑;外稃背部扁圆形而无脊,平滑,有时具硬毛和柔毛,先端有芒或无芒,芒劲直或反曲;内稃具2条脊,脊上粗糙或具纤毛,稀光滑无毛;雄蕊3枚。颖果顶端有茸毛,腹面微凹陷或具浅沟。

约120种,大多分布于北温带;我国约有70种,22变种,大多分布于华北地区;浙江有4种,2变种;杭州有2种,1变种。

Flora of China 中将本属并入披碱草属 *Elymus* L.,但本属植物小穗单生于穗轴各节,而

非如披碱草属植物小穗2至数枚生于穗轴各节,因此本志仍将鹅观草属分出。

分种检索表

1. 内稃长椭圆形至披针形,与外稃等长或近等长。
    2. 内稃先端钝,脊上具翼 ………………………………… 1. **鹅观草** *R. tsukushiensis* var. *transiens*
    2. 内稃先端渐尖,脊上无翼 ………………………………………………… 2. **东瀛鹅观草** *R. mayebarana*
1. 内稃倒卵状椭圆形,明显较外稃短 …………………………………………… 3. **竖立鹅观草** *R. japonensis*

1. 鹅观草 (图 3-271)

Roegneria tsukushiensis (Honda) B. R. Lu, C. Yen & J. L. Yang var. **transiens** (Hack.) B. R. Lu, C. Yen & J. L. Yang——*R. kamoji* Ohwi

秆直立或基部倾斜,高30～100cm。叶鞘长于节间或上部的较短,光滑,外侧边缘常具纤毛;叶舌纸质,平截,长约0.5mm;叶片通常扁平,长5～30cm,宽3～15mm,光滑或稍粗糙。穗状花序长10～20cm,下垂,穗轴边缘粗糙或具小纤毛;小穗长15～20mm,含3～10朵小花;颖卵状披针形或长圆状披针形,边缘膜质,先端尖锐,渐尖至具有长2～7mm的短芒,具3～5条明显而粗壮的脉,诸脉彼此疏离,中脉上端通常粗糙,第1颖长4～7mm,第2颖长5～10mm;外稃披针形,背部光滑无毛或微粗糙,具宽膜质边缘,第1外稃长7～11mm,芒劲直或上部稍曲折,长2～4cm,粗糙;内稃稍短至稍长于外稃,脊上显著具翼,翼缘有细小纤毛。花、果期4—7月。

图 3-271 鹅观草

见于西湖景区(九溪、龙井、五老峰、杨梅岭、云栖),生于山坡、路边、林下或水沟边。分布几遍全国;日本、朝鲜半岛也有。

为优良的牲畜饲料。

2. 东瀛鹅观草 (图 3-272)

Roegneria mayebarana (Honda) Ohwi

秆直立或基部稍倾斜,高50～80cm,具4～7节。叶鞘通常无毛,或基部叶鞘边缘具纤毛;叶片扁平或内卷,长10～30cm,宽5～10mm,两面粗糙或下面光滑。穗状花序直立或稍弯曲,长10～20cm;小穗长15～20mm,含5～8朵小花;颖长圆状披针形,先端尖,具隆起的5～7(～9)条脉,诸脉彼此密接,第1颖长5～7mm,第2颖长7～9mm;外稃长圆状披针形,背部无毛,有时先端两侧有小齿,边缘狭膜质,第1外稃长9～10mm,芒直立,长1.5～3cm,粗糙;内稃等长或稍短于外稃,脊上具刺状纤

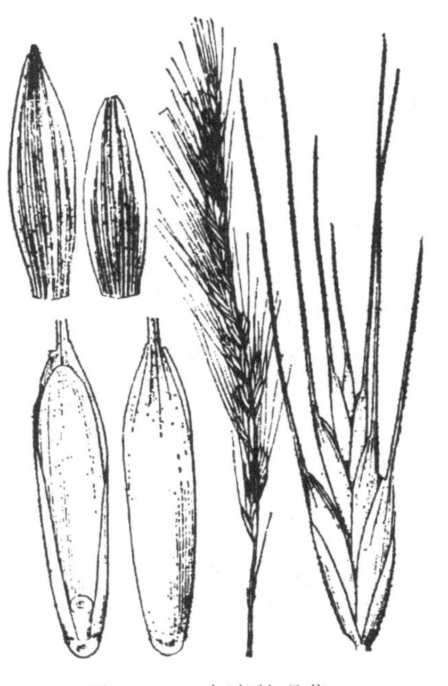

图 3-272 东瀛鹅观草

毛。花、果期5—7月。

见于西湖景区(云栖),生于潮湿地带。分布于安徽、河南、湖北、江苏、山东;日本也有。

图3-273 竖立鹅观草

3. 竖立鹅观草 (图3-273)

Roegneria japonensis (Honda) Keng

秆直立,高50～90cm,直径为2～4mm,具4～5节,无毛。叶鞘无毛;叶舌干膜质;叶片扁平,长10～25cm,宽4～9mm,上面及边缘粗糙。穗状花序直立,稀稍下垂,长10～25cm,穗轴边缘具硬纤毛;小穗长15～17mm,含7～9朵小花;颖长圆状披针形,先端锐尖或具短尖,偏斜,一侧有1枚细齿,具隆起的5～9条脉,第1颖长6～8mm,第2颖长7～9mm;外稃长圆状披针形,背部粗糙,先端两侧有小齿,第1外稃长8～9mm,芒向外弯曲,长2～2.5cm,粗糙;内稃长约为外稃的2/3,倒卵状椭圆形;雄蕊3枚,花药黄色,长约2mm。花、果期5—7月。$2n=28$。

见于江干区(彭埠)、拱墅区(半山)、西湖景区(飞来峰、五老峰),生于山坡、林下或荒地。分布于安徽、黑龙江、湖北、湖南、江苏、江西、山东、山西、陕西、四川;日本也有。

20. 黑麦草属 Lolium L.

多年生草本。叶片扁平。穗状花序顶生;小穗单生或无柄,两侧压扁,以其背面对向穗轴,穗轴连续而不逐节断落,含数枚至多数小花;小穗轴脱节于颖之上和各小花之间;第1颖除在顶生小穗外均退化,第2颖位于背轴之一方,具5～9条脉;外稃背部圆形,具5条脉,无芒或有芒;内稃稍短于外稃,先端尖,脊上具狭翼;雄蕊3枚;子房无毛,花柱顶生,柱头帚刷状。颖果腹部凹陷,中部有纵沟,与内稃粘合,不易脱落。

约10种,分布于欧亚大陆的温带地区;我国引种栽培7种;浙江有3种;杭州有2种。

图3-274 黑麦草

1. 黑麦草 (图3-274)

Lolium perenne L.

多年生草本。秆多数丛生,基部常倾卧,具柔毛,高40～50cm,具3～4节。叶鞘疏松,常短于节间;叶舌短小;叶片质地柔软,扁平,长10～20cm,宽3～6mm,无毛或上面有微毛。穗状花序顶生，长 10～20cm，宽 5～7mm，穗轴节间长 5～15mm，下部者长达 2cm 以上；小穗长1～1.5cm，宽 3～7mm，含 7～11 朵小花；颖短于小穗，通常长于第 1 小花，具 5～7 条脉，边缘狭膜质；外稃披针形，基部有明显的基盘，下部小穗之外稃无芒，上部者有芒；内稃稍短于外稃或与之等长，脊上具短纤毛。花、果期 3—4 月。$2n=14,28$。

区内有栽培或逸生。我国有栽培或逸生。

可作牧草及青饲料。

2. 多花黑麦草

Lolium multiflorum Lamk.

一年生或越年生草本。秆丛生，直立或基部常倾卧，高 50～100cm，具 4～5 节。叶鞘疏松，短于节间；叶舌长达 4mm；叶耳长 1～4mm；叶片质地柔软，扁平，长 10～20cm，宽 3～8mm，无毛。总状花序顶生，直立或略下垂，长 10～30cm，穗轴粗糙；小穗长 1～3cm，宽 4～7mm，含 8～22 朵小花；颖远短于小穗，披针形，通常长于第 1 小花，具 5～7 条脉，边缘狭膜质；外稃长圆状披针形，长 5～8mm，5 条脉，基部有明显的基盘，下部小穗之外稃无芒，上部者有芒，芒可长达 1cm；内稃与外稃近等长，脊上具短纤毛。花、果期 7—8 月。$2n=14$。

区内有栽培或逸生。我国有栽培或逸生。

可作牧草及青饲料。

与上种的区别在于：本种多为一年生草本，小穗具花 8～22 朵。

21. 大麦属 Hordeum L.

一年生、越年生或多年生草本。叶片扁平。穗状花序顶生；穗轴逐节断落（栽培者除外），每节着生(2)3 枚小穗；小穗背腹压扁，其腹面对向穗轴，含 1(2)朵小花，中间小穗无柄，发育完全，两侧的大多有柄，发育完全，或为雄花，或退化至仅存一锥状的外稃，但在栽培的种类中，两侧的小穗大都正常发育且无柄，顶生小穗常不育；颖位于小穗的前方，芒状、细长乃至狭披针形；外稃背部圆形，具 5 条脉，有时脉不明显，顶端延伸成长芒或无芒；内稃与外稃等长，脊光滑或上部粗糙。颖果腹面有纵沟或凹陷，顶端有短柔毛，成熟后与内、外稃粘着而不易分离，或在某些栽培品种中易分离。

约 30 种，分布于温带地区；我国有 15 种，南北均产；浙江栽培 1 种；杭州栽培 1 种。

图 3-275 大麦

大麦 （图 3-275）

Hordeum vulgare L.

越年生草本。秆直立，粗壮，高 50～100cm，光滑。叶鞘疏松裹茎，顶端两侧有较大之叶耳；叶舌膜质，长 1～2mm；叶片扁平，微粗糙或下面光滑。穗状花序粗壮，长 3～8cm，每节着生 3 枚完全发育的小穗；小穗通常无柄,长1～1.5cm;颖芒状或线状披针形,微有短柔毛,先端常延伸成长5～15mm的芒;外稃背部无毛,具5条脉,先端延伸成长芒,芒长8～13cm,甚粗糙;内稃与外稃等长。颖果成熟后与内、外稃粘着而不易脱落。花、果期4—6月。$2n=14$。

区内有栽培。我国各地普遍栽培。

颖果作饲料用,亦可用于制啤酒和麦芽糖。

22. 猬草属 Hystrix Moench

多年生草本。穗状花序细长,顶生;穗轴延续而无关节;小穗孪生,其腹面对向穗轴,含1～3朵小花;小穗轴脱节于颖之上,延伸于内稃之后成一细柄;颖退化或缺如;外稃披针形,具5～7条脉,顶端延伸成长芒;内稃具2条脊,脊上生纤毛;雄蕊3枚。颖果狭长,顶端有短柔毛,腹面有浅沟,成熟后与内、外稃粘着而不易分离。

约8种,分布于亚洲及北美洲温带地区,新西兰也有;我国有2种,主产于华北和东北地区;浙江有1种;杭州有1种。

猬草 (图3-276)

Hystrix duthiei (Stapf) Bor——*Aspesella duthiei* Stapf

多年生草本。具稀疏的须根。秆直立或斜生,高60～80cm,具4～5节。叶鞘光滑或下部者被毛;叶舌长约1mm,顶端平截;叶片长10～20cm,宽6～15mm,上面有毛,中脉在下面微凸起。穗状花序下垂,长10～15cm;穗轴节间长5～7mm,下部者长达10mm,被白色柔毛;小穗孪生,其腹面对向穗轴,含1朵小花而具延伸的长3～4mm的小穗轴;颖退化殆尽,稀呈芒状;外稃披针形,长9～11mm,具5条脉,贴生小刺毛,基盘钝圆而被柔毛,芒长15～25mm;内稃稍短于外稃,脊上疏生纤毛;花药黄色,长约5mm。花、果期5—7月。$2n=28$。

见于西湖景区(飞来峰),生于林下。分布于湖北、湖南、陕西、四川、西藏、云南。

图3-276 猬草

23. 淡竹叶属 Lophatherum Brongn.

多年生直立草本。须根稀疏,其中部及下部可膨大成纺锤形。具短缩之木质根状茎。叶片披针形,具明显横脉。圆锥花序开展;小穗稍呈圆柱形,几无柄,含数小花,最下1枚花为两性,其余为中性;小穗轴脱节于颖之下,在诸小花之间并不折断,其节间于第1小花之后延长而无毛;颖不等长,均短于第1小花,先端钝,具5～7条脉;第1外稃具7～9条脉,草质至厚纸质,旋卷,先端钝或具短尖头;内稃膜质,略短于外稃,狭窄,脊光滑而上部具狭翼;不育外稃互相紧密包卷，顶端具短芒，其内稃微小或缺；雄蕊 2 枚，自小花之顶端伸出。颖果与内、外稃分离。

2 种，分布于东亚和东南亚；我国均产；浙江有 2 种；杭州有 1 种。

淡竹叶 （图 3-277）

Lophatherum gracile Brongn.

多年生草本。须根稀疏，中部可膨大成纺锤形。具木质短缩之根状茎。秆少数丛生，直立，高 40～100cm，光滑，具 5～6 节。叶鞘光滑或一侧边缘具纤毛；叶舌短小，质硬，长 0.5～1mm；叶片披针形，长 5～20cm，宽2～4cm，基部狭缩成柄状，无毛或两面均有柔毛或小刺状疣毛。圆锥花序长 10～40cm，分枝长5～13cm，斜生或开展；小穗在花序分枝上排列疏散，长 7～12mm，宽1～2mm；颖先端钝，通常具 5 条脉，边缘膜质，第 1 颖长 3～4.5mm，第 2 颖长 4～5mm；第 1 外稃长 6～7mm，宽约 3mm，先端具短尖头；内稃较短，其后有长 3～4mm 之小穗轴节间；不育外稃自下而上逐渐狭小，先端各具长 1～2mm 之短芒；花药长约 2mm。花、果期 6—10 月。$2n=48$。

见于西湖景区（北高峰、飞来峰、韬光、云栖），生于林下、路边或草丛中。分布于海南及长江流域各省、区；日本、马来西亚、印度也有。

图 3-277 淡竹叶

24. 羊茅属 Festuca L.

多年生草本，稀为一年生。圆锥花序开展或紧缩；小穗含 2 至数朵小花，顶花通常发育不全；小穗轴脱节于颖之上或诸小花之间；颖先端急尖或渐尖，第 1 颖较小，具 1 条脉，第 2 颖具 3 条脉；外稃背部略呈圆形，草质至厚纸质，具狭膜质边缘，顶端或裂齿间具芒，稀无芒，具 5 条脉；内稃等长或稍短于外稃；雄蕊 3 枚，稀 1 枚。颖果长圆球形或线形，腹面具沟槽或凹陷，分离或多少附着于内稃。

约 300 种，分布于全世界寒带、温带和热带的高山地区；我国有 56 种，分布于西南、西北至东北；浙江有 3 种；杭州有 2 种。

1. 小颖羊茅 （图 3-278）

Festuca parvigluma Steud.

多年生草本。具细短根状茎，鞘外分枝。秆疏丛生，较软弱，高 30～60cm，光滑无毛，具 2～3节。叶鞘大多短于节间，光滑或于基部者有短茸毛；叶舌干膜质，长 0.5～1mm；叶片线状披针形，柔软，长 10～30cm，宽 2～5mm，两面无毛或上面微粗糙。圆锥花序柔软下垂，每节着生1～2分枝；小穗长 7～9mm，具 3～5 朵小花，淡绿色，成熟后变黄色；颖卵圆形，先端尖或稍钝,边缘膜质,第1颖长1～1.5mm,第2颖长2～3mm;外稃光滑无毛,边缘膜质,第1外稃长6～7mm;内稃与外稃几等长,先端2裂;雄蕊3枚,花药长约1mm;子房先端有毛。花、果期4—7月。

见于西湖区(留下)、西湖景区(三台山),生于荒地和草丛中。分布于我国长江流域、海南;日本、朝鲜半岛也有。

图3-278 小颖羊茅

图3-279 苇状羊茅

2. **苇状羊茅** (图3-279)

Festuca arundinacea Schreb.

多年生。具鞘外分枝。秆疏丛生,高80～100cm,基部直径约为3mm,光滑,具2～3节。叶鞘大多光滑无毛;叶舌短而平截,纸质,长0.5～1mm;叶片线形,大多扁平,茎生叶长15～25cm,分蘖上的叶长可达60cm,先端长渐尖,上面及边缘粗糙,下面光滑。圆锥花序开展,直立或下垂,每节有2～5分枝;小穗长10～13mm,含4～8朵小花;颖披针形,无毛,先端尖或渐尖,边缘膜质,第1颖长4～5mm,第2颖长5～6mm;外稃长圆状披针形,先端膜质,无芒或具小尖头,第1外稃长约8mm;内稃与外稃等长或稍短,脊上具短纤毛;雄蕊3枚,花药长4～5mm;子房顶端无毛。花、果期4—7月。$2n=28,42,70$。

区内有引种栽培。分布于我国新疆及欧洲。

与上种的区别在于:本种颖披针形;外稃无芒或仅具小尖,第1外稃长8～10mm。

25. 鸭茅属 Dactylis L.

多年生草本。圆锥花序开展或紧密。小穗两侧压扁,含多数小花,无柄或具短柄,密集排列于花序分枝上端的一侧，球形；小穗轴无毛，脱节于颖之上和各小花之间；颖几相等，短于第1小花，具1～3条脉，先端尖或渐尖；外稃近革质，具5条脉，先端具短芒，脊上粗糙或具纤毛；内稃与外稃等长，或短于外稃，脊上具纤毛；雄蕊3枚。颖果三角状长圆球形。

1种，分布于温带亚洲、欧洲和北非；我国也有；浙江及杭州也引种栽培。

鸭茅 （图3-280）

Dactylis glomerata L.

多年生草本。秆直立或基部膝曲，单生或少数丛生，高40～120cm。叶鞘无毛，通常闭合达中部以上；叶舌薄膜质，长4～8mm，顶端撕裂；叶片扁平，长6～30mm，宽4～8mm。圆锥花序开展，长6～30cm；小穗绿色或稍带紫色，多聚集于分枝之上部，长5～10mm，含2～5朵小花；颖披针形，先端渐尖，长4～7mm，膜质或边缘膜质；第1外稃几与小穗等长，脊上粗糙或具纤毛，先端具长约1mm之短芒；内稃较狭，约等长于外稃，具2条脊，脊上具纤毛，先端2裂。花、果期5—8月。$2n=14,28,42$。

区内偶见栽培。分布于我国西南、西北地区；广布于欧亚大陆之温带地区。

为牛、马等牲畜的优良饲料，于抽穗前收割，干草中含丰富的蛋白质和脂肪。

图3-280 鸭茅

26. 早熟禾属 Poa L.

多年生草本，稀一年生或越年生。叶片扁平或对折。圆锥花序紧缩或开展；小穗含1至数朵小花；小穗轴脱节于颖之上及诸小花之间，上部小花退化或不发育；颖等长或第1颖稍短，具1～3条脉；外稃无芒，纸质或较厚，先端常为膜质，具5条脉，中脉及边缘通常具柔毛，基盘具绵毛或无毛；内稃等长或稍短于外稃，但上部小花的内稃有时稍长，具2条脊，脊上常有纤毛或粗糙；雄蕊3枚，花药有时退化。颖果纺锤形或线形，与内、外稃分离。

约500种，分布于温带和寒带地区，热带很少；我国有230余种，遍布南北各省、区；浙江有6种，2变种；杭州有3种，1变种。

分种检索表

1. 颖与外稃质地较薄；第1颖具1条脉；一年生或越年生草本。
    2. 外稃基盘无绵毛；植株矮小，高10～25cm ………………………… 1. **早熟禾** *P. annua*
    2. 外稃基盘具绵毛；植株较高大，高25～50cm ……………………… 2. **白顶早熟禾** *P. acroleuca*
1. 颖与外稃质地较厚；第1颖具3条脉；多年生草本。
    3. 植株柔软；叶片柔软，长于叶鞘 ………………………………… 3. **法氏早熟禾** *P. faberi*
    3. 植株坚挺；叶片质地硬，短于叶鞘 ……………… 4. **瘦弱早熟禾** *P. sphondylodes* var. *macerrima*

1. **早熟禾**　(图3-281)

Poa annua L.

一年生或越年生草本。秆柔软,丛生,高10～25cm。叶鞘光滑无毛,常自中部以下闭合,长于节间,或在上部者短于节间;叶舌膜质,半圆形,长1～2.5mm;叶片质柔软,长2～10cm,宽1～5mm,先端呈船形。圆锥花序开展,卵圆形,每节有1～3枚分枝,分枝光滑;小穗长3～6mm,含3～5朵小花;颖质薄,先端钝,有宽膜质之边缘;第1颖长1.5～2mm,具1条脉,第2颖长2～3mm,具3条脉;外稃卵圆形,有宽膜质边缘及顶端,脊及边缘的中部以下有长柔毛,间脉的基部也常有柔毛,基盘无绵毛;内稃与外稃等长或稍短于外稃,脊上有长柔毛;花药淡黄色,长约0.8mm。颖果纺锤形,长1.5～2mm。花、果期3—5月。$2n=28$。

见于江干区(彭埠)、西湖区(留下)、西湖景区(云栖),生于路边、林下、荒地或草丛中。分布于我国大多数省、区;广布于亚洲、欧洲、美洲。

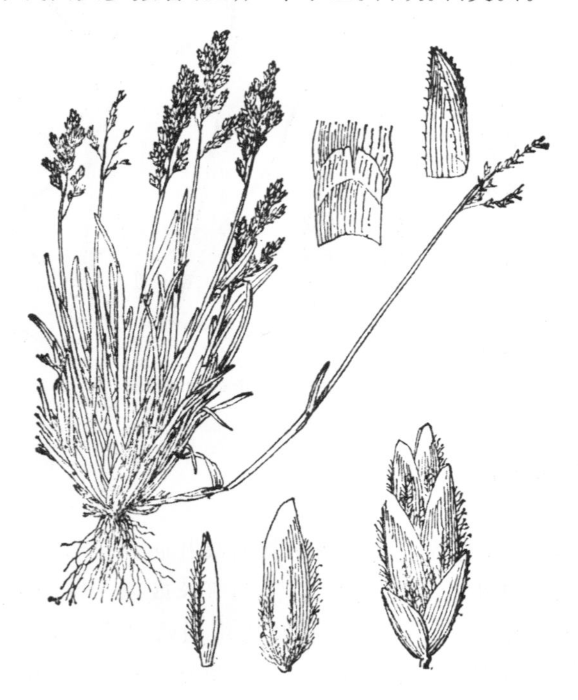

图3-281　早熟禾

图3-282　白顶早熟禾

2. **白顶早熟禾**　(图3-282)

Poa acroleuca Steud.

越年生草本。秆直立,丛生,高25～50cm,直径约为1mm。叶鞘光滑;叶舌膜质,近半圆形,长约1mm;叶片柔软,长7～15cm,宽2～6mm,光滑或上面粗糙。圆锥花序细弱下垂,长8～18cm,每节着生2～5枚分枝,分枝下部裸露而糙涩;小穗粉绿色,卵圆形,长2.5～4mm,含2～4枚小花;颖质薄,披针形,先端尖而稍钝,有狭膜质边缘,脊上部稍粗糙,第1颖长1.5～2mm,具1条脉,第2颖长2～2.5mm,具3条脉;外稃长圆形,先端钝,膜质,脊与边缘的中部以下有长柔毛,基盘有绵毛,第1外稃长2～3mm;内稃较外稃稍短,脊上有丝状毛;花药淡黄色,长0.8～1mm。颖果纺锤形,长约1.5mm。花、果期3—6月。$2n=28$。

见于西湖景区(黄龙洞、桃源岭、云栖),生于田边、林下、路边等。分布于广西、河北、华东、华中、西南;日本、朝鲜半岛也有。

3. 法氏早熟禾 (图 3-283)

Poa faberi Rendle

多年生草本。秆疏丛生,高 45～60cm,具 3～4 节。叶鞘粗糙;叶舌膜质,先端尖,长 4～8mm;叶片条形,扁平,长 7～15cm,宽 1.5～3mm,两面粗糙。圆锥花序长 10～12cm,顶端稍下垂,每节着生 2 至数枚分枝,分枝粗糙,下部 1/3～1/2 裸露;小穗倒卵状披针形,长 4～5mm,含 3～5 朵小花;颖披针形,长 3～3.5mm,先端锐尖,具 3 条脉;外稃披针形,先端钝或微尖,脊中部以下与边脉下部 1/3 处有长柔毛,基盘有绵毛,第 1 外稃长 3～3.5mm;内稃较外稃稍短。花、果期 4—7 月。

见于西湖区(留下),生于路边荒地。分布于华东、华中和西南。

图 3-283 法氏早熟禾

图 3-284 瘦弱早熟禾

4. 瘦弱早熟禾 (图 3-284)

Poa sphondylodes Trin. var. macerrima Keng

多年生草本。秆疏丛生,高 30～50cm,直立或基部斜生,坚硬,具 3～4 节。叶鞘粗糙,较节间短而长于叶片;叶舌长 3～5mm;叶片扁平,硬质,长 6～12cm,宽 1.5～2.5mm,两面粗糙。圆锥花序长 6～10cm,分枝直立,每节着生 2～5 枚分枝,分枝粗糙,下部 1/6～1/2 裸露;小穗披针形,绿色或灰绿色,长 3.5～5mm,含 2～5 朵小花;穗轴无毛;颖狭披针形,长 2.5～4mm,具 3 条脉;外稃披针形,长 3～4mm;内稃较外稃稍短。花、果期 5—8 月。

见于西湖景区(飞来峰、葛岭、南高峰),生于路边、林中、草丛或山坡。分布于华东、华北、东北;日本、朝鲜半岛、俄罗斯也有。

27. 雀麦属　Bromus L.

一年生或多年生草本。叶鞘通常闭合;叶片扁平。圆锥花序开展或紧缩;小穗含数朵至多数小花,上部小花通常发育不全;小穗轴脱节于颖之上和各小花之间;颖较短或几等长于第1小花,先端尖乃至成芒,第1颖具1～5条脉,第2颖具3～9条脉;外稃背部圆形或具脊,具5～9条脉,稀3条脉,先端全缘或具2枚齿,有芒,稀无芒,芒由外稃顶端或稍下处伸出,基盘无毛或两侧被微毛;内稃狭窄,通常短于外稃,脊上具纤毛或稍粗糙;雄蕊3枚;子房顶端有毛,花柱着生于其前下方。颖果线状圆柱形,腹面具沟槽,成熟后紧贴于内稃。

约250种,分布于全世界温带地区;我国有71种,大多分布于华北地区;浙江有4种;杭州有2种。

1. 雀麦　(图3-285)

Bromus japonicus Thunb.

一年生或越年生草本。须根细而稠密。秆直立丛生,高30～100cm。叶鞘紧密抱茎,被白色柔毛;叶舌透明膜质,长1.5～2mm,先端有不规则的裂齿;叶片长5～30cm,宽2～8mm,两面有毛,有时下面无毛。圆锥花序开展,下垂,长达30cm,每节具3～7枚分枝,每一分枝近上部着生1～4枚小穗;小穗幼时圆筒形,成熟后压扁,长10～35mm,宽约5mm,含7～14朵小花;颖披针形,边缘膜质,第1颖长5～8mm,具3～5条脉,第2颖长7～10mm,具7～9条脉;外稃卵圆形,边缘膜质,具7～9条脉,顶端微2裂,芒自其下约2mm处伸出,长5～13mm,第1外稃长8～11mm;内稃较狭,短于外稃,脊上疏生刺毛;花药长1～1.5mm。颖果压扁,长约7mm。花、果期6—8月。$2n=14$。

图3-285　雀麦

见于江干区(彭埠)、西湖区(留下)、西湖景区(葛岭、龙井、南高峰、桃源岭、杨梅岭),生于山坡、路边、草丛、荒地。分布于华东、华中及青海、陕西、四川、新疆;日本、朝鲜半岛及欧洲也有。

多作牧草。

2. 疏花雀麦　(图3-286)

Bromus remotiflorus (Steud.) Ohwi

多年生草本。须根细弱。秆直立,高60～100cm,被细短毛,具6～7节,节上具柔毛。叶鞘闭合，几达鞘口，通常被倒生柔毛；叶舌较硬，长约 1mm；叶片质薄粗糙，长 20～45cm，宽 5～10mm，上面被柔毛，下面粗糙。圆锥花序开展，长 15～30cm，成熟时下垂，每节有 2～4 枚分枝；小穗长20～35mm(芒除外)，暗绿色，幼时呈圆筒形，成熟后压扁，含 5～10 朵小花；颖狭披针形，顶端具短尖头，第 1 颖长 4～7mm，具 1 条脉，第 2 颖长 8～10mm，具 3 条脉；外稃披针形，第 1 外稃长 10～13mm，具 7 条脉，芒细直，生于外稃顶端，长5～10mm；内稃狭窄，短于外稃，脊上具纤毛；花药长约 3mm。颖果长 8～10mm。花、果期 5—9 月。$2n=14$。

见于西湖景区(飞来峰、葛岭、云栖)，生于山坡、林下、路边、岩石中。分布于华东、西南、西北；日本、朝鲜半岛也有。

与上种的区别在于：本种为多年生草本；第 1 颖具 1 条脉，第 2 颖具 3 条脉。

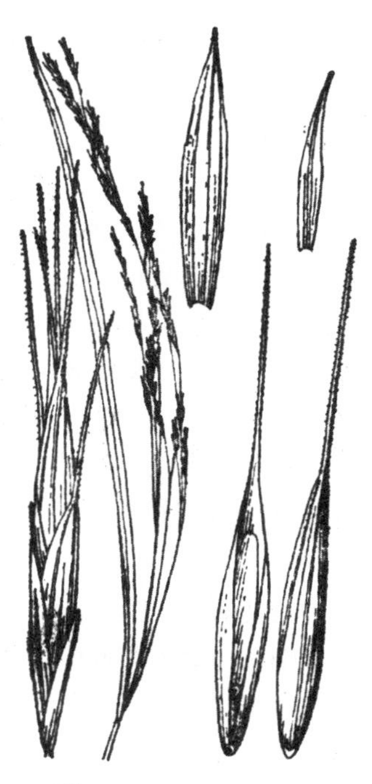

图 3-286 疏花雀麦

28. 甜茅属 Glyceria R. Br.

多年生草本，水生或沼生。叶鞘闭合或部分闭合；叶片扁平。圆锥花序紧缩或开展；小穗含数朵至多数小花，两侧压扁或多少呈圆筒形；小穗轴无毛，脱节于颖之上及诸小花之间；颖膜质，具 1 条脉，稀第 2 颖具 3 条脉，均短于第 1 小花；外稃草质兼厚纸质，先端及边缘通常膜质，具 7 条脉，稀 5 条或 9 条脉，诸脉并行隆起；内稃等长或较长于外稃，脊上具狭翼或无翼；雄蕊 2 枚。颖果倒卵球形或长圆状圆柱形，有腹沟，与内、外稃分离。

约 50 种，分布于全球的温带地区；我国有 10 种，分布于东北至西南；浙江有 1 种，1 亚种；杭州有 1 亚种。

甜茅 (图 3-287)

Glyceria acutiflora Torr. subsp. **japonica** (Steud.) T. Koyama & Kawano

多年生。秆柔软，常单生，高 30～80cm，光滑，压扁，基部常横卧并于节处生根。叶鞘通常长于节间，闭合几达顶端；叶舌透明膜质，长 5～10mm，先端变狭，常呈齿状；叶片扁平，柔软，质薄，长 5～12cm，宽 4～5mm。圆锥花序狭窄，几呈总状，长 15～30cm，基部常隐藏于叶鞘内；小穗线状圆柱形，长 2～3.5cm，含 5～12 朵小花；颖质薄，边缘干膜质，具 1 条脉，第 1 颖长 2.5～4mm，第 2 颖长 4～5mm；外稃草质，先端干膜质，具 7 条脉，第 1 外稃长 7～9mm；内稃稍长于外稃，顶端 2 裂，背部弯曲，略呈弓形，脊具狭翼，翼缘粗糙；花药长 1～1.5mm。颖果长圆球形，具纵沟，长 2.5～3mm。花、果期 4—6 月。$2n=20$。

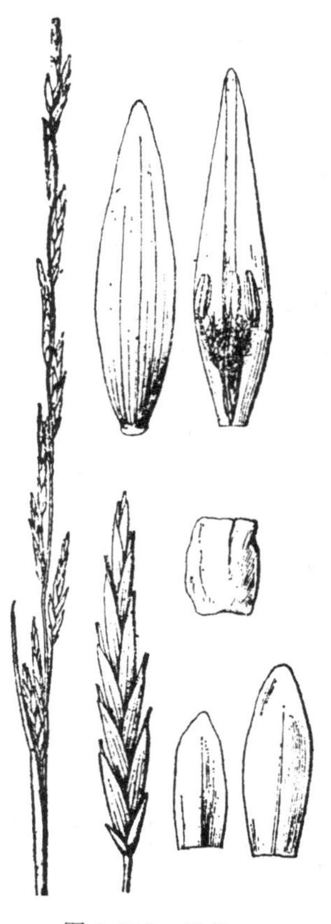

图 3-287 甜茅

见于西湖景区(云栖),生于水边。分布于长江中下游各省、区;日本、朝鲜半岛也有。

29. 三毛草属 Trisetum Pers.

多年生草本。秆丛生或单生。圆锥花序开展或紧缩;小穗两侧压扁,通常含2~5朵小花;小穗轴通常具纤毛,延伸于顶生小花内稃之后,呈刺状或顶端具不育小花;颖草质兼膜质,不等长,先端尖或渐尖,宿存,第1颖较短,具1条脉,第2颖较长,具1~3条脉;外稃披针形,纸质而具膜质边缘,基盘被微毛,先端常具裂齿,自背部1/2以上处生芒;内稃透明膜质,等长或稍短于外稃,具2条脊;子房无毛。

约70种,分布于北半球的温带和极地;我国有9种,分布于西南、西北、东北、华东及台湾;浙江有2种;杭州有1种。

三毛草 (图3-288)

Trisetum bifidum (Thunb.) Ohwi

多年生草本。须根细弱而稠密。秆直立或基部膝曲,高30~80cm,光滑无毛,具2~4节。叶鞘松弛,通常短于节间,无毛;叶舌膜质,长1~2mm;叶片扁平,柔软,长5~18cm,宽3~7mm,通常无毛。圆锥花序长圆形,有光泽,黄绿色或绿褐色,长10~20cm,宽2~4cm,分枝细而平滑;小穗长6~10mm,含2~3朵小花;小穗轴节间长1.5mm,具短毛或下部近无毛;颖不等长,第1颖长2~4mm,第2颖长4~7mm,具3条脉;第1外稃长6~8mm,背部粗糙,顶端2裂,芒细弱,自先端以下约1mm处伸出,常向外反曲,长7~10mm;内稃长为外稃的1/2~2/3,背部拱曲,呈弧形,脊上具小纤毛;花药长约0.8mm。花、果期4—7月。

图3-288 三毛草

见于江干区(丁桥)、西湖景区(飞来峰、龙井),生于山坡、路边、林下或草丛中。分布于安徽、福建、甘肃、广东、广西、贵州、河南、湖北、湖南、江苏、江西、宁夏、陕西、四川、西藏、云南;日本、朝鲜半岛也有。

30. 燕麦属 Avena L.

一年生草本。圆锥花序开展;小穗下垂,含2至数朵小花;小穗轴有毛或无毛,脱节于颖之上和诸小花之间,栽培品种中则在各小花之间不易断落;颖草质,长于下部小花,具7~11条脉;外稃草质或近革质,具5~9条脉,有芒或无芒,芒自稃体中部伸出,膝曲而具扭转之芒柱;雄蕊3枚;子房有毛。

约25种,分布于北半球温带;我国有7种,2变种,分布于南北各地;浙江栽培2种,1变种;杭州有 1 变种。

光稃野燕麦 (图 3-289)

Avena fatua L. var. glabrata Peterm.

一年生草本。秆直立,高 60~120cm,光滑,具 2~4 节。叶鞘光滑或基部有毛;叶舌透明,膜质,长 1~5mm;叶片扁平,长 10~30cm,分枝有棱角,粗糙;小穗长 18~25mm,含 2~3 朵小花;小穗轴的节间易断落,通常密生硬毛;颖通常具 9 条脉,草质;外稃近革质,第 1 外稃长 15~20mm,背面无毛,基盘密生短刺毛,芒至稃体中部稍下处伸出,膝曲,扭转,长 2~4cm。花、果期 4—9 月。

见于西湖景区(飞来峰、云栖),生于路边。分布于我国南北各地;广布于欧亚大陆和非洲部分地区。

图 3-289 光稃野燕麦

31. 虉草属 Phalaris L.

一年生或多年生草本。圆锥花序紧缩成穗状;小穗两侧压扁,含 3 朵小花,顶生的 1 朵花为两性,侧生的 2 朵花为中性,有时侧生的中性花仅存 1 朵;小穗轴脱节于颖之上,通常不延伸,稀可延伸于内稃之后;颖草质,等长,披针形,具 3 条脉,主脉成脊,脊上常有翼;中性花通常退化,仅存线形或鳞片状的外稃;两性花的外稃软骨质,短于颖,具不明显的 5 条脉,内稃与外稃同质。

约 20 种,分布于全球的温带地区;我国有 4 种,分布于东北、西北至华东;浙江有 1 种,1 变种;杭州有 1 种。

虉草 (图 3-290)

Phalaris arundinacea L.

多年生草本。具根状茎和较稀疏的须根。秆直立,通常单生,稀少数丛生,高 75~120cm,具 6~8 节。叶鞘无毛;叶舌薄膜质,长 2~3.5mm;叶片扁平,绿色,长 15~30cm,宽 5~15mm,幼嫩时微粗糙。圆锥花序紧密,狭窄,长 10~15cm,分枝直向上升,具棱角,密生小穗;小穗长 4~5mm,无毛或有微毛;颖之脊上粗糙,上部具极狭之翼;中性花的外稃退化成线形,长约 1mm,具柔毛;两性花的外稃宽披针形,长 3~4mm,上部具柔毛;内稃披针形,具 2 条不明显的脉,具 1 条脊,脊之两旁疏生柔毛;花药黄色,长 2~2.5mm。花、果期 6—8 月。$2n=28$。

区内偶见栽培。分布于江苏、江西及华中、华北、东北;广布于北半球的温带。

图 3-290 虉草

栽培花叶类型称丝带草或花叶虉草 *Phalaris arundinacea* L. *var. picta* L.,不足以成立变种等级。

32. 菵草属　Beckmannia Host

一年生或越年生草本。圆锥花序狭窄,由多数简短贴生或斜生的穗状花序组成;小穗近圆形,两侧压扁,几无柄,含1朵小花,稀为2朵花,呈双行覆瓦状排列于小穗轴之一侧;小穗轴脱节于颖之下,不延伸于内稃之后;颖草质,半圆形,等长,具3条脉,边缘质薄,先端钝或锐尖;外稃披针形,稍露出于颖外,具5条脉,先端尖或具小尖头;内稃稍短于外稃,有脊;雄蕊3枚。

2种,1变种,分布于全世界温寒地带;我国有1种,1变种,南北均产;浙江有1种;杭州有1种。

菵草　(图3-291)

Beckmannia syzigachne (Steud.) Fern.

一年生或越年生草本。须根细软。秆直立,高15～60cm,具2～4节。叶鞘多长于节间,无毛;叶舌透明膜质,长3～8mm;叶片扁平,长10～20cm,宽4～8mm,粗糙或下面平滑。圆锥花序长10～30cm,分枝稀疏,直立或斜生;小穗灰绿色,倒卵圆形,长约3mm,含1朵小花,呈双行覆瓦状排列于穗轴之一侧;颖背部灰绿色,有淡绿色横纹;外稃披针形,稍长于颖,具5条脉,先端具小尖头;内稃稍短于外稃,具脊;雄蕊3枚,花药黄色,长约1mm。花期4—9月。$2n=14$。

见于江干区(彭埠)、拱野区(半山)、西湖景区(三台山、玉皇山、云栖),生于草丛、林下、水沟边、田埂边。我国南北均产;日本、朝鲜半岛、俄罗斯西伯利亚地区及北美洲也有。

常见田间杂草。

图3-291　菵草

33. 野青茅属　Deyeuxia Clarion ex Beauv.

多年生草本。秆直立。圆锥花序紧缩或开展;小穗通常含1朵小花,稀含2朵小花,小穗轴脱节于颖之上,延伸于内稃之后而常被丝状柔毛;颖几等长或第1颖较长,具1～3条脉,先端尖或渐尖;外稃草质或膜质,稍短于颖,具3～5条脉,基盘两侧显著具毛,芒自稃体基部或中部以上伸出,稀无芒;内稃质薄,等长或短于外稃,具2条脉。

100多种,分布于全球的温带;我国约有43种,南北各地均产;浙江有3种,3变种;杭州有1种,1变种。

1. 疏花野青茅　(图3-292)

Deyeuxia arundinacea (L.) Beauv. var. laxiflora (Rendle) P. C. Kuo & S. L. Lu

多年生草本。秆高70～100cm,基部直径为1～2mm,具3～4节,在花序下微粗糙。叶鞘无毛,上部者短于节间;叶舌长1~3mm,先端钝或具裂齿;叶片扁平或基部折卷,长30~40cm,宽2~4mm,两面粗糙。圆锥花序开展,稀疏,长10~20cm,宽3~9cm,分枝粗糙,在中部以上分出小枝;小穗长4.5~5mm;第1颖稍长于第2颖;外稃长约3.5mm,基盘两侧的毛长约为稃体的1/4,芒膝曲,自外稃的近基部伸出,长约6mm;花药长约2mm。花、果期8—11月。

见于西湖景区(韬光),生于山坡、林下或路边。分布于安徽、福建、贵州、江苏、湖北、湖南、江西、山东、陕西、四川、云南。

可作饲料。

图3-292 疏花野青茅

图3-293 房县野青茅

2. 房县野青茅 (图3-293)

Deyeuxia henryi Rendle

多年生草本。秆少数丛生,直立,粗壮,高100~150cm,基部直径为3~5mm,通常具3~4节。下部叶鞘长于节间,被微糙毛,上部叶鞘短于节间,有时无毛而平滑;叶舌干膜质,较硬,长7~20mm;叶片线形,长15~90cm,宽4~10mm,主脉粗壮,边缘粗糙。圆锥花序开展,长25~35cm,宽6~15cm,主轴节间长1~4.5cm,分枝细弱,簇生,下部1/4~1/2常裸露;小穗带紫色,长4~5mm;颖近相等,第1颖具1条脉,脉上粗糙,第2颖具3条脉;外稃长约4mm,基盘两侧的毛长为稃体的1/3~1/2,先端具4枚微齿,芒自外稃近基部处伸出,长约5mm,中部以下稍膝曲,芒柱扭转;内稃等长或稍短于外稃;延伸之小穗长约1mm,连同其柔毛共长约2.5mm;花药长约2mm。花、果期9—11月。

文献记载区内有分布,但未见标本。分布于福建、贵州、湖北、湖南、江西、陕西、四川、云南。

可作饲料。

与上种的区别在于：本种外稃基盘两侧的毛长为稃体长的1/3～1/2。

34. 拂子茅属　Calamagrostis Adans.

多年生草本。具根状茎。秆粗壮。圆锥花序紧缩或开展；小穗线形，含1朵小花；小穗轴脱节于颖之上，通常不延伸于内稃之后；颖锥状狭披针形，近等长或第1颖稍长，具1条脉，有时第2颖具3条脉，先端长渐尖；外稃透明膜质，短于颖，基盘密生长于稃体的丝状毛，先端2裂或有微齿，芒自中部以上或顶端裂齿间伸出；内稃较小或短于外稃；雄蕊3枚，稀1枚。

约15种，分布于北半球温带；我国有6种，4变种，遍布全国各地；浙江有1种，1变种；杭州有1种。

拂子茅　(图3-294)

Calamagrostis epigejos (L.) Roth

多年生草本。具根状茎。秆直立，高65～80cm，直径为2～3mm，平滑无毛或在花序以下稍粗糙。叶鞘短于或基部的长于节间，平滑或稍粗涩；叶舌膜质，长圆形，长4～9mm，先端尖而易破碎；叶片线形，扁平或内卷，长15～30cm，宽5～8mm，先端长渐尖，上面粗糙，下面光滑。圆锥花序挺直，圆筒形，长10～20cm，中部直径为1.5～4cm，分枝粗糙，直立或在开花时斜向上升；小穗灰绿色或稍带淡紫色，线形，长5～7mm；颖锥形，几等长或第2颖稍短；外稃长约为颖之半，透明膜质，基盘具几与颖等长的长柔毛，先端具2枚裂齿，芒自先端1/4处伸出，长2～3mm；内稃长约为外稃的2/3；雄蕊3枚，花药黄色，长约1.5mm。花、果期5—9月。$2n=18$，42，56。

见于西湖区(留下)、西湖景区(九溪、桃源岭、云栖)，生于山坡、路边或草丛中。全国广布；亦广布于欧亚大陆的其他温带地区。

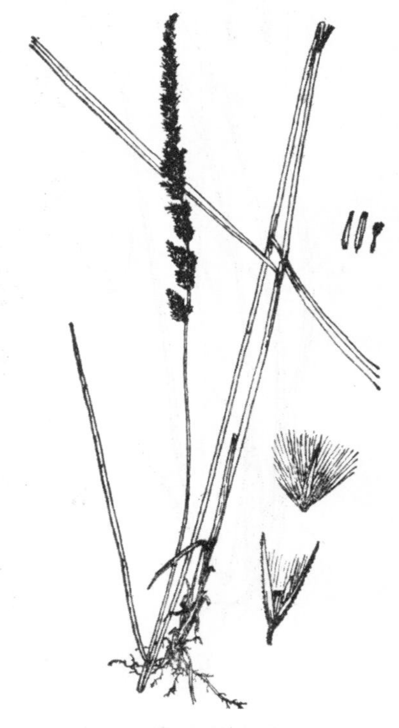

图3-294　拂子茅

35. 剪股颖属　Agrostis L.

多年生草本。秆细弱。叶片扁平或卷折。圆锥花序紧缩或开展；小穗含1朵小花；小穗轴脱节于颖之上，不延伸于小花之后；颖膜质或纸质，近等长，有时第1颖稍长，具1条脉，先端尖或渐尖；外稃质较薄，短于颖，大多具不明显的5条脉，基盘无毛或具微毛，先端钝，无芒或背面生芒；内稃多数微小而无脉，或较短于外稃而具2条脉；雄蕊3枚。颖果长圆球形。

约200种，广布于全世界，主产于北温带；我国约有29种，全国广布；浙江有2种，1变种；杭州有1种，1变种。

1. **剪股颖** (图 3-295)

Agrostis matsumurae Hack. ex Honda

多年生草本。具细弱的根状茎。秆丛生，直立，柔弱，高 30～40cm，直径约为 1mm，通常具2～3节。叶鞘疏松抱茎，光滑无毛；叶舌透明膜质，长 1～2.5mm，先端圆形或具细齿；叶片扁平，长 3～10cm，宽 1～3mm，微粗糙，上面绿色或灰绿色，分蘖叶片长可达 20cm。圆锥花序狭窄，花后开展，长 5～15cm，宽 0.5～3cm，分枝细长，每节着生 2～5 枚；小穗长约 2mm；第 1 颖稍长于第 2 颖，平滑，脊上微粗糙，先端尖；外稃长约 1.5mm，具明显的 5 条脉，基盘无毛，先端钝，无芒；内稃卵形，约长 0.3mm；花药微小，长 0.3～0.4mm。花、果期 4—7 月。

见于西湖景区(黄龙洞、三台山、杨梅岭、云栖)，生于林下、路边或竹林中。分布于福建、贵州、湖北、湖南、江苏、四川、云南；日本、朝鲜半岛、菲律宾也有。

可作牧草。

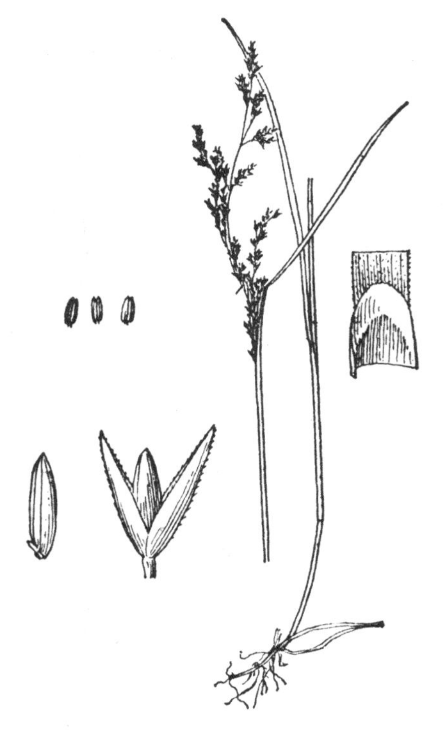

图 3-295 剪股颖

图 3-296 台湾剪股颖

2. **台湾剪股颖** (图 3-296)

Agrostis canina L. var. formosana Hack.

多年生草本。具根状茎；秆丛生，直立或基部稍斜生，高30～60cm，直径为 1～1.5mm，具3～5节。上部叶鞘短于节间，无毛；叶舌透明膜质，长 2～5.5mm，先端平，常碎裂；叶片线形，扁平或先端内卷，长 6～20cm，宽 2～4mm，微粗糙。圆锥花序长椭圆形，疏松开展，基部常包于鞘内，长 7～20cm，宽 2～6cm，每节具2～4 枚分枝，分枝纤细，上举，下部 2/3 裸露，具小枝；小穗绿色，老后呈黄紫色，长 2～2.5mm；颖近相等或第 1 颖稍长，脊上微粗糙，先端尖；外稃长 1.5～1.8mm，具明显的 5 条脉，基盘两侧有短毛，芒自背面近中部处伸出，细直或稍扭曲，长

1～2mm，微粗糙；内稃长约0.5mm。花、果期夏秋季。

见于拱墅区(半山)、西湖景区(飞来峰、三台山、桃源岭、五老峰)，生于山坡、路边、荒地、草丛中。分布于安徽、湖南、江苏、江西、四川、台湾。

与上种的区别在于：本种外稃的脊背面中部伸出长芒。

36. 棒头草属　Polypogon Desf.

一年生或多年生草本。圆锥花序穗状或金字塔形；小穗两侧压扁，含1朵小花；小穗柄有关节，自关节处脱落，使小穗的基部具柄状基盘；颖近等长，粗糙，具1条脉，先端2裂或全缘，自裂齿间或先端以下伸出一细直的芒；外稃膜质，长约为小穗之半，光滑，通常具一易脱落之芒；内稃较小，透明膜质，具2条不明显的脉；雄蕊1～3枚，花药细小。颖果与外稃等长，连同稃体一起脱落。

约6种，分布于全球的温带；我国有3种，南北广布；浙江有2种；杭州有2种。

图3-297　棒头草

1. 棒头草　(图3-297)

Polypogon fugax Nees ex Steud.

一年生草本。秆丛生，基部膝曲，高25～50cm，光滑，具4～5节。叶鞘大多短于或下部的稍长于节间，光滑无毛；叶舌膜质，长3～8mm，常2裂或先端不整齐地齿裂；叶片扁平，长5～15cm，宽4～9mm，微粗糙或下面光滑。圆锥花序穗状，长圆形，较疏松，具缺刻或有间断，分枝可长达4cm；小穗灰绿色或带紫色，约长2.5mm(连同约长0.5mm的基盘)；颖长圆形，粗糙，先端2浅裂，裂片间伸出约长2mm而微粗糙的芒；外稃约长1mm，光滑，先端具细齿，中脉延伸成约长1.5mm而易脱落的细芒；花药约长0.7mm。颖果椭圆状圆柱形，一面扁平，约长1mm。花、果期5—6月。

区内常见，生于路边、荒地或草丛中。广布于全国各省、区；日本、朝鲜半岛、印度也有。

图3-298　长芒棒头草

2. 长芒棒头草　(图3-298)

Polypogon monspeliensis (L.) Desf.

一年生草本。秆直立或基部膝曲，大多光滑无毛，高20～60cm，具4～5节。叶鞘疏松抱茎，大多短于节间，微粗糙；叶舌膜质，长4～8mm，2深裂或不规则撕裂状；叶片长6～15cm，宽3～10mm，上面及边缘粗糙，下面较光滑。圆锥花序穗状，长2～12cm，宽5～20mm(包括芒)；小穗淡灰绿色，成熟后枯黄色，长2～2.5mm(连同0.3mm长的基盘)；颖倒卵状长圆形，粗糙，脊与边缘有细纤毛，先端2浅裂，裂片间伸出约长5mm而微粗糙的芒；外稃长1～1.2mm，光滑无毛，先端具微齿，中脉延伸成约与稃体等长而易脱落的细芒；雄蕊 3 枚，花药约长 0.5mm。颖果倒卵状圆柱形，约长 1mm。花、果期 5—7 月。$2n=28$。

见于江干区（彭埠）、拱墅区（半山）、西湖景区（三台山），生于荒地或草丛中。分布于华东、华南、华北、西北；全世界的热带及温带地区也有。

与上种的区别在于：本种在叶鞘粗糙，圆锥花序不间断，颖之芒长于颖片。

37. 看麦娘属 Alopecurus L.

一年生或多年生草本。叶片扁平，柔软。圆锥花序紧缩，呈穗状圆柱形；小穗两侧压扁，含 1 朵小花；小穗轴脱节于颖之下；颖几等长，具 3 条脉，两颖边缘基部通常合生；外稃膜质，较薄，具不明显的 5 条脉，中部以下有芒，下部边缘合生；内稃常缺如；雄蕊 3 枚。

50 种，分布于北半球的寒温带；我国有 9 种，南北各地广布；浙江有 2 种；杭州有 2 种。

图 3-299 看麦娘

1. 看麦娘 （图 3-299）

Alopecurus aequalis Sobol.

一年生草本。须根细弱。秆细弱光滑，高 15～30cm，通常具 3～5 节，节部常膝曲。叶鞘疏松抱茎，短于节间，其内常有分枝；叶舌薄膜质，长 2～5mm；叶片薄而柔软，长 3～10cm，宽 2～6mm。圆锥花序圆柱形，长 3～7cm，宽 3～5mm；小穗长 2～3mm；颖膜质，脊上生细纤毛，两颖边缘基部合生；外稃膜质，先端钝头，等长或稍长于颖，芒至稃体下部 1/4 处伸出，长2～3mm，隐藏或稍伸出颖外；花药橙黄色，长 0.5～0.8mm。花、果期 4—5 月。$2n=14$。

区内常见，生于路边、田间、荒地及草丛中。我国各省、区均有分布；广泛分布于欧亚大陆和北美洲的温带地区。

图 3-300 日本看麦娘

2. 日本看麦娘 （图 3-300）

Alopecurus japonicus Steud.

一年生草本。秆多数，丛生，直立或基部膝曲，高 20～50cm，具 3～4 节。叶鞘疏松抱茎，其内常有分枝；叶舌薄膜质，长 2～5mm；叶片质柔软，长 3～12cm，宽 3～7mm，下面光滑，上面粗糙。圆锥花序圆柱形，长 3～10cm，宽 5～10mm；小穗长 5～7mm；颖脊上具纤毛；外稃略长于颖，厚膜质，下部边缘合生，芒自近稃体基部伸出，长 8～12mm，远伸出颖外，中部稍膝曲；花药淡黄色或白色，约长 1mm。花、果期 2—5 月。

见于江干区（丁桥）、西湖景区（黄龙洞），生于草丛中。分布于广东、湖北、江苏、陕西；日本、朝鲜半岛也有。

与上种的区别在于：本种圆锥花序及小穗较大，外稃芒较长。

38. 野古草属 Arundinella Raddi

一年生或多年生草本。圆锥花序开展或紧缩;小穗孪生,一具长柄,一具短柄,稀单生,含2朵小花,第1小花雄性或中性,第2小花两性;小穗轴脱节于两小花之间,颖与第1小花宿存或分别迟缓脱落;颖草质至厚纸质,几等长或第1颖较短,具3~5条脉,第2颖稀具7条脉;第1外稃膜质至纸质,等长或稍长于第1颖;第2外稃厚纸质,成熟时变薄革质,先端有芒或无芒,基盘两侧及腹面有毛或无毛;内稃为外稃所包,等长或稍短于外稃;鳞被2枚;雄蕊3枚;柱头2枚。

50多种,分布于亚洲和非洲热带地区;我国有21种,全国广布;浙江有4种;杭州有1种。

野古草 (图3-301)

Arundinella hirta (Thunb.) Tanaka

多年生草本。具横走根状茎;秆直立,较坚硬,高60~100cm,直径为2~4mm。叶鞘有毛或无毛;叶片扁平或边缘稍内卷,无毛乃至两面密生疣毛。圆锥花序开展或稍紧缩,长10~30cm;分枝及小穗柄均粗糙;小穗长3.5~5mm,灰绿色或带深紫色;颖卵状披针形,具3~5条明显而隆起的脉,脉上粗糙,第1颖长为小穗的1/2~2/3,第2颖与小穗等长或稍短;第1外稃具3~5条脉,内稃较短;第2外稃披针形,长2.5~3.5mm,稍粗糙,具不明显的5条脉,无芒或先端具芒状小尖头,基盘两侧及腹面有长为稃体1/3~1/2的柔毛,内稃稍短。花、果期8—10月。$2n=28,34,36,56$。

见于西湖景区(飞来峰),生于草丛或荒地。分布几遍全国;日本、朝鲜半岛也有。

图3-301 野古草

39. 求米草属 Oplismenus Beauv.

一年生或多年生草本。秆多匍匐而具分枝。叶片卵状披针形至披针形。圆锥花序具延伸或缩短的分枝;小穗圆柱形或多少两侧压扁,几无柄,孪生或簇生于分枝或主轴的一侧,含2朵小花,第1小花通常雄性,第2小花两性;颖几等长,有芒,第1颖之芒较长;第1外稃与第1小穗等长,先端无芒或具短尖头;第2外稃椭圆形,先端常具1枚微小的尖头,幼时纸质,后变坚硬,平滑光亮,边缘质厚,包卷同质之内稃;雄蕊3枚。

约20种,分布于热带和亚热带地区;我国有4种和若干变种,广布;浙江有1种,5变种;杭州有1种。

求米草 (图3-302)

Oplismenus undulatifolius (Arduino) Roem. & Schult

一年生草本。秆较细弱,下部匍匐,节处生根,斜生部分高20~50cm。叶鞘有疣基毛;叶舌膜质，短小，长约 1mm；叶片披针形，具横脉，通常皱缩不平，长 2～8cm，宽 5～18mm，先端尖，基部略呈圆形而不对称，通常具细毛。花序主轴长 2～10cm，密生疣基长刺毛，分枝缩短，有时下部具长达 2cm 的分枝；小穗卵圆形，长 3～4mm，被硬刺毛，几无柄，簇生在主轴或分枝的一侧，或于近顶端处孪生；颖草质，第 1 颖长约为小穗的 1/2，具3～5条脉，先端具长 5～15mm 之硬芒，第 2 颖长于第 1 颖，具 5 条脉，先端具长 2～5mm 之硬直芒；第 1 外稃草质，与小穗等长，具7～9条脉，先端具长 1～2mm 之芒，内稃通常缺如；第 2 外稃革质，椭圆形，约长 3mm，边缘包卷同质之内稃。花、果期 7—11 月。$2n=54$。

区内常见，生于山坡、路边、林下或水沟边。分布于华东、华中、华南、西南；广布于全世界温带和亚热带。

图 3-302 求米草

40. 稗属 Echinochloa Beauv.

一年生草本。叶舌缺。圆锥花序由数枚偏于一侧的穗形总状花序所组成；小穗一面扁平，一面凸起，具短柄或近无柄，孪生或不规则地密集生于穗轴之一侧，含 2 朵小花，第 1 小花雄性或中性，第 2 小花两性；颖草质，第 1 颖长为小穗的 1/3～3/5，先端尖，第 2 颖与第 1 外稃等长或稍长于第 1 外稃；第 1 外稃草质，稀近革质，有芒或无芒，内稃薄膜质；第 2 外稃硬革质，平滑光亮，先端呈小尖头状，边缘包卷同质之内稃。

30 余种，分布于全球热带和温带地区；我国有 9 种，6 变种，全国广布，为常见农田杂草；浙江有 5 种，3 变种；杭州有 2 种，3 变种。

分种检索表

1. 花序分枝常具小枝；小穗长 3～6mm，有芒或无芒。
    2. 花序分枝具小枝。
        3. 第 1 外稃延伸出长 5～15mm 的芒 ………………………………… 1. 稗 *E. crusgalli*
        3. 外稃无芒 ……………………………………………………… 1a. 无芒稗 var. *mitis*
    2. 花序分枝无小枝。
        4. 小穗长 4～6mm，芒长 5～15mm ……………………………… 1b. 旱稗 var. *hispidula*
        4. 小穗长 3～4mm，无芒 ………………………………………… 1c. 西来稗 var. *zelayensis*
1. 花序分枝无小枝；小穗长 2～2.5mm，无芒 ……………………………… 2. 光头稗 *E. colonum*

1. 稗 稗子 （图 3-303）

Echinochloa crusgalli (L.) Beauv.

一年生草本。秆基部倾斜或膝曲，光滑无毛，高 30～100cm。叶鞘疏松裹茎，平滑无毛；叶片线形，长 8～40cm，宽 5～20mm，无毛，边缘粗糙。圆锥花序的主轴有棱，粗糙或具疣基刺毛，长 8～20cm，分枝常具小枝，斜向上生或贴生，穗轴粗糙或具疣基刺毛；小穗密集排列于穗轴之一侧,长3～4mm,具极短的柄或近无柄;第1颖长为小穗的1/3～1/2,具3～5条脉,脉上有疣基毛,第2颖先端渐尖成小尖头,具5条脉,脉上有疣基毛,顶端延伸成一粗糙的芒,芒长5～15mm,粗糙,内稃与外稃等长,薄膜质,有2条脊,脊上粗涩;第1外稃具7条脉,顶端延伸成一粗糙的芒,芒长5～15mm;第2外稃长约4mm。花、果期6—11月。

区内常见,为常见农田杂草。几乎分布于全国乃至全世界的温暖地区。

图3-303 稗

1a. 无芒稗

var. **mitis** (Pursh) Peterm.

与原种的区别在于:本变种小穗无芒或具长不逾5mm的短芒。

区内常见,为农田杂草。华东、华南、西南均有分布;全世界温暖地区广布。

1b. 旱稗

var. **hispidula** (Retz.) Honda

与原种的区别在于:本变种圆锥花序分枝单纯,不具小枝;小穗较大,长4～6mm,具长5～15mm之短芒。

区内常见,为农田杂草。分布于华东、华中、华南、华北;日本、朝鲜半岛、印度也有。

Flora of China 中将其作为 *E. crusgalli* 的异名,但有时也作独立的种 *E. hispidula* (Retz.) Nees。我们所见标本不多,但其与 *E. crusgalli* 确实有一些区别,所以采用Honda的观点,将其作为变种处理。

图3-304 光头稗

1c. 西来稗

var. **zelayensis** (Kunth) Hitchc.

与原种的主要区别在于:本变种圆锥花序分枝单纯,不具小枝;小穗无芒,脉上无疣基毛,仅疏生硬刺毛。

区内常见,为农田杂草。分布于全国各地;美洲也有。

2. 光头稗 (图3-304)

Echinochloa colonum (L.) Link

一年生草本。秆较细弱,直立,基部各节可具分枝,高15～50cm,直径为1～4mm。叶鞘具脊,无毛;叶片扁平，长3～20cm，宽3～7mm，无毛，边缘稍粗糙。圆锥花序的主轴较细弱，具棱，无毛，长3～8cm，分枝单纯，不具小枝，斜升或贴向主轴，长1～2cm，粗糙；小穗卵圆形，长2～2.5mm，具小硬毛，无芒，较规则地4行排列于花序分枝之一侧；第1颖三角形，长约为第1小穗的1/2，具3条脉，第2颖与第1外稃等长而同形，具5～7条脉，先端具小尖头；第1外稃具7条脉及小尖头，内稃膜质，稍短于外稃；第2外稃约长2mm，边缘包裹同质之内稃。花、果期7—10月。

区内常见，为常见农田杂草。分布于我国华东、华南、西南；广布于全世界的温暖地区。

与稗的区别在于：本种小穗无芒，植株稍矮小，花序的分枝无小分枝。

41. 马唐属 Digitaria Heister ex Fabr.

一年生或多年生草本。秆多丛生，直立或基部倾卧。总状花序细弱，2至数枚呈指状排列或散生于秆的顶部；穗轴略呈三棱形，边缘有翼或无翼；小穗通常2～3枚，稀1或4枚着生于穗轴之每节，含2朵小花，第1小花通常中性，第2小花两性，通常下方的1枚小穗无柄或具极短的柄，上方的小穗具较长的柄，呈2行互生于穗轴之一侧；第1颖微小或缺，第2颖草质，等长于或短于同质之第1外稃；第2外稃厚纸质或软骨质，先端尖，背部凸起，边缘透明膜质，覆盖同质之内稃。

300余种，分布于全世界热带地区；我国有24种，南北均产；浙江有6种；杭州有3种。

分种检索表

1. 第2外稃成熟后深褐色或紫褐色；小穗长不及2mm ………………………… 1. **紫马唐** *D. violascens*
1. 第2外稃成熟后灰白色或灰绿色；小穗长3～3.5mm。
    2. 第1外稃边缘及侧脉间有柔毛 ………………………………………………… 2. **升马唐** *D. ciliaris*
    2. 第1外稃边缘及侧脉间有长柔毛和疣基长刚毛 ……………………… 3. **毛马唐** *D. chrysoblephara*

1. 紫马唐 （图3-305）

Digitaria violascens Link

一年生草本。秆高20～70cm，光滑无毛。叶多密集排列于基部；叶鞘疏松裹茎，短于节间，大多光滑无毛或于鞘口疏生柔毛；叶舌膜质，长1～1.5mm；叶片线状披针形，长5～15cm，宽3～7mm，无毛或基部有疏柔毛，边缘稍糙涩。总状花序4～7枚，指状排列于秆顶，有时下部的1枚单生；穗轴宽0.5～1mm，中肋白色，两侧有绿色的宽翼，边缘稍糙涩；第1颖缺，第2颖略短于小穗，具3条脉，脉间被细小灰色短茸毛；第1外稃与小穗等长，具5条脉，脉间常不明显，脉间被细小灰色短茸毛或无毛；第2外稃成熟后呈深棕色或黑紫色。花、果期7—10月。$2n=36$。

区内常见，生于荒地、路边或草丛中。长江流域及其以南各省、区均有分布；广布于亚洲、大洋洲、热带美洲。

图3-305 紫马唐

2. 升马唐　(图 3-306)

Digitaria ciliaris (Retz.) Koel. ——*D. adscendens* (Kunth) Henr.

一年生草本。秆基部横卧于地面,节上生根,具分枝,高 30～90cm。叶鞘常短于节间,多少具柔毛;叶舌长约 2mm;叶片线形或披针形,长 5～20cm,宽 3～10mm,上面散生柔毛,边缘稍厚,微粗糙。总状花序 5～8 枚,长 5～12cm,呈指状排列于秆顶;穗轴宽约 1mm,边缘粗糙,小穗披针形,长 3～3.5mm,宽 1～1.2mm,双生于穗轴各节,一具长柄,一具极短的柄或几无柄;第 1 颖小,三角形,第 2 颖披针形,长约为小穗的 2/3,具 3 条脉,脉间及边缘具柔毛;第 2 外稃黄绿色或带铅色。花、果期 6—10 月。

区内常见,生于路边、草丛中。我国南部各省、区均有分布;广布于全世界热带、亚热带。

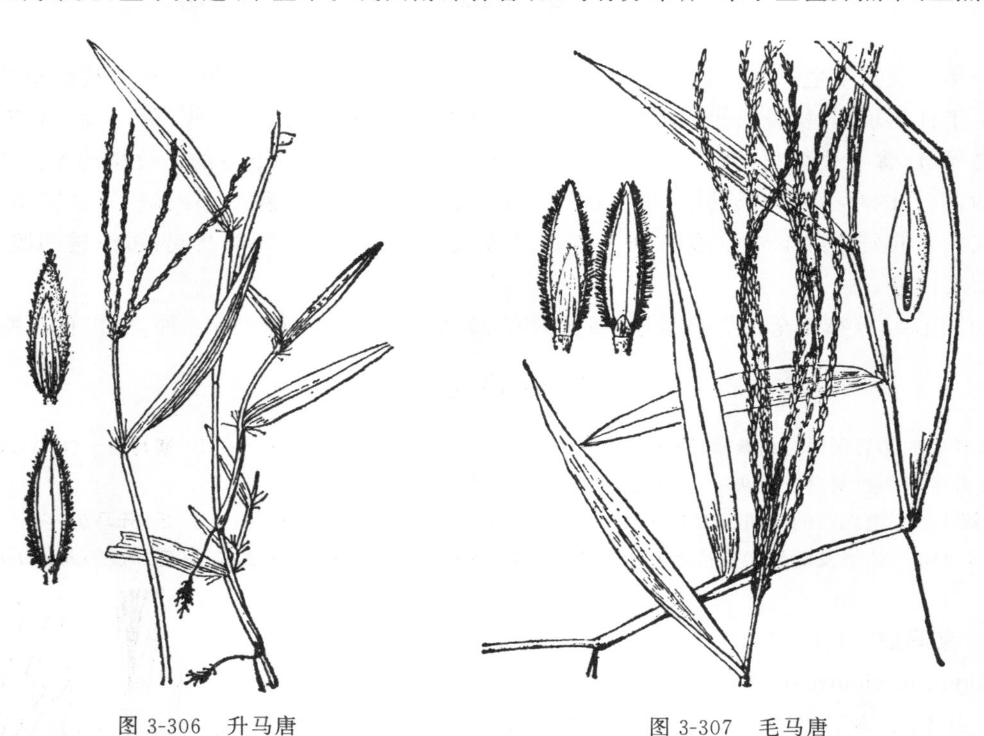

图 3-306　升马唐　　　　图 3-307　毛马唐

3. 毛马唐　(图 3-307)

Digitaria chrysoblephara Fig. & De Not.

一年生草本。秆基部侧卧,着土后节上易生根,具分枝,高 30～100cm。叶鞘多短于节间,常具柔毛;叶舌长 1～2mm;叶片线状披针形,长 5～20cm,宽 3～10cm,两面多少生柔毛,边缘微粗糙;小穗披针形,长 3～3.5mm,宽 1～1.2mm,双生于穗轴各节,一具长柄,一具极短的柄或几无柄;第 1 颖小,三角形,第 2 颖披针形,长约为小穗的 2/3,具 3 条脉,脉间及边缘生柔毛;第 1 外稃与柔毛等长,具 7 条脉,但正面具 5 条脉,中脉两侧的脉间较宽而无毛,侧脉间及边缘成熟后具广开展的长柔毛和疣基长刚毛,第 2 外稃淡绿色。花、果期 6—10 月。

区内常见,生于路边、草丛、林下或田中。分布于江苏、安徽和华北、西北、东北;广布于全世界的亚热带、温带地区。

42. 野黍属 Eriochloa Kunth

一年生或多年生草本。秆常分枝。圆锥花序由2至多数穗形的总状花序组成；小穗单生、孪生或3枚丛生，呈2行覆瓦状排列于穗轴之一侧，含2朵小花，第1小花雄性或中性，第2小花两性；第1颖退化，与第2颖下的小穗轴愈合，膨大而成环状或珠状的基盘，第2颖与第1外稃近膜质，几等长，先端尖或渐尖；第2外稃革质，离轴而生，边缘稍内卷，包着同质之内稃；雄蕊3枚。

25种，分布于全世界之热带和温带；我国有2种，全国广布；浙江有1种；杭州有1种。

野黍 （图3-308）

Eriochloa villosa (Thunb.) Kunth

一年生草本。秆直立或基部平卧，高30～100cm，节具刺毛。叶鞘松弛抱茎，无毛或微被毛；叶舌短小，具长约1mm的纤毛；叶片扁平，长5～25cm，宽5～15mm，边缘粗糙。圆锥花序长达15cm，密生柔毛，分枝2至多枚，常总状排列于主轴之一侧；小穗卵状披针形，长4.5～5mm；第2颖与第1外稃均近膜质，等长于小穗，均被白色柔毛；第2外稃卵状椭圆形，顶端钝，稍短于小穗，背面细点状粗糙，离轴而生，边缘稍包卷同质之内稃。花、果期7—11月。$2n=54$。

见于西湖景区(吴山)，生于林下。分布几遍全国；日本也有。

图3-308 野黍

43. 雀稗属 Paspalum L.

多年生草本。圆锥花序由2至数枚穗形总状花序组成；小穗单生或孪生，几无柄或具短柄，呈2～4行排列于穗轴之一侧，含2朵小花，第1小花雄性或中性，第2小花两性；第1颖通常缺如，稀存在，第2颖膜质；第1外稃与第2颖同质、同形，第2外稃革质或软骨质，成熟后变硬，背部凸起，边缘包卷同质、扁平或稍凹之内稃；雄蕊3枚。

300种以上，分布于全世界热带和亚热带地区；我国约有10种，全国广布；浙江有6种；杭州有3种。

分种检索表

1. 植株无根状茎或匍匐茎；总状花序2至数枚，在主轴上互生。
    2. 节、叶鞘、叶片常具柔毛；小穗排列稍稀疏；第2颖边缘微被毛 …………………… 1. **雀稗** *P. thunbergii*
    2. 节、叶鞘、叶片常无毛；小穗排列稍紧密；第2颖无毛 …………………………… 2. **圆果雀稗** *P. orbiculare*

1. 植株具根状茎或匍匐茎;总状花序2枚,近对生 ………………………………… 3. 双穗雀稗 *P. distichum*

1. 雀稗 (图3-309)

Paspalum thunbergii Kunth ex Steud.

多年生草本。秆通常丛生,稀单生,高50～100cm,具2～3节,节具柔毛。叶鞘松弛,具脊,常聚集于秆基,呈跨生状,被柔毛;叶舌膜质,褐色,长0.5～1.5mm;叶片长10～25cm,宽4～9mm,两面皆密生柔毛,边缘粗糙。总状花序3～6枚,长5～10cm;小穗倒卵状圆柱形,先端微凸,长2.5～3mm,呈2～4行排列,同行的小穗彼此常多少分离,绿色或带紫色,第2颖背面和边缘均被微毛;第2外稃灰白色,卵圆形,与小穗等长,表面细点状,粗糙。花、果期6—10月。$2n=40$。

见于西湖景区(六和塔、桃源岭、云栖),生于林下或草丛中。分布于安徽、福建、河南、江苏、江西、山东、陕西、四川;日本也有。

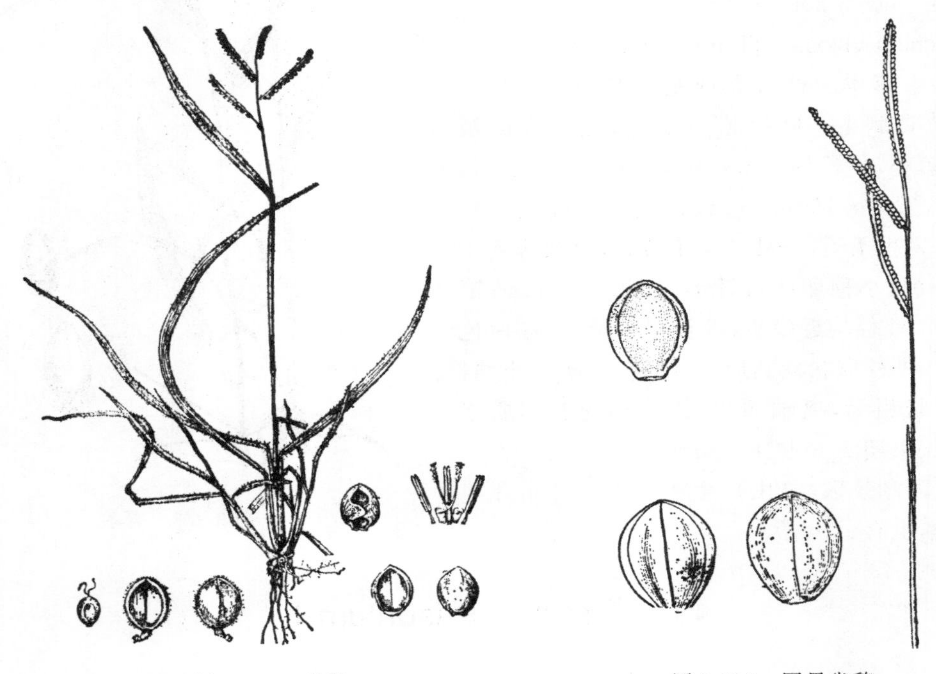

图3-309　雀稗　　　　图3-310　圆果雀稗

2. 圆果雀稗 (图3-310)

Paspalum orbiculare Forst.

多年生草本。秆单生,少数丛生,直立,无毛,高40～80cm。叶鞘无毛,基生鳞片状或短柔毛,压扁成脊;叶舌膜质,棕色,先端圆钝,长0.5～1mm;叶片质较硬,长5～40cm,顶生者可退化,宽3～6mm,扁平或卷折,除近叶舌处具柔毛外均无毛。总状花序通常3～4枚,长2.5～6cm,排列于细弱的主轴上;穗轴宽约1.5mm,边缘粗糙;小穗单生,卵状椭圆形至近圆形,褐色,长2～2.5mm,成熟后变褐色,细点状粗糙。花、果期7—11月。$2n=40,60,63$。

文献记载区内有分布,生于草丛中。分布于福建、湖北及华南、西南;分布于亚洲东南部至大洋洲。

3. **双穗雀稗** (图 3-311)

Paspalum distichum L.

多年生草本。具根状茎;秆下部匍匐,长可达 1m,稍压扁,节上被短茸毛,直立部分高20～60cm。叶鞘松弛,背部具脊,通常边缘上部具纤毛;叶舌膜质,长 1～3mm;叶片扁平,张开呈叉状,有时下方再生 1 枚而为 3 枚,长 2～6cm;小穗呈 2 行排列,椭圆形,长 3～3.5mm;第 1 颖缺如或微小,第 2 颖膜质,背面被微毛,边缘无毛;第 1 外稃与第 2 颖同质、同形,第 2 外稃革质,灰色,长约 2.5mm,先端有少数细毛。花、果期 5—9 月。$2n=40,60$。

见于西湖景区(玉皇山),生于路边。分布几遍全国;广布于全世界之热带和温带地区。

图 3-311 双穗雀稗

44. 黍属 Panicum L.

一年生或多年生草本。圆锥花序开展,顶生,有时腋生;小穗背腹压扁,含 2 朵小花,第 1 小花为中性或雄性,第 2 小花为两性;小穗轴脱节于颖之下,有时颖片缓慢脱落;颖草质,不等长,第 1 颖通常较小或微小,第 2 颖等长或略短于小穗;第 1 外稃与第 2 颖同形,内稃存在或缺如,第 2 外稃硬纸质至革质,边缘包裹同质之内稃。颖果藏于稃体内,俗称"谷粒"。

500 种,分布于热带和亚热带,少数分布于温带;我国有近 20 种,各地均产;浙江有 4 种,1 变种;杭州有 2 种。

1. **糠稷** (图 3-312)

Panicum psilopodium Trin.

一年生草本。秆直立或基部倾斜,高 60～100cm,直径为 2～4mm,具 10 多节。叶鞘松弛,无毛或边缘具纤毛;叶舌短小,长约 0.5mm,具小纤毛;叶片长 5～15cm,宽 3～10mm,通常光滑或上面疏生柔毛。圆锥花序长 20～30cm,主轴直立,分枝细,斜向上生或水平开展;小穗稀疏着生于分枝上部,灰绿色或变紫褐色,长 2～3mm;第 1 颖几呈三角形,先端尖或稍钝,长为小穗的 1/3～1/2,具 1～3条脉,基部几不包卷小穗,第 2 颖与第 1 外稃等长,均具 5 条脉,被细毛;第 1 小花内稃缺如,第 2 小花长约 1.8mm,成熟时黑褐色。花、果期 9—11 月。

图 3-312 糠稷

见于余杭区(良渚)、西湖景区(云栖),生于路边。分布于安徽、广东、广西、贵州、湖北、江苏、四川、云南及东北地区;日本、印度也有。

2. **稷** (图 3-313)

Panicum miliaceum L.

一年生草本。秆直立,单生,少数丛生,高 60～120cm,通常有分枝,节上密生髭毛,节下具疣毛。叶鞘疏松,被疣毛;叶舌长约 1mm,具长约 2mm 之纤毛;叶片线状披针形,长 10～35cm,宽 7～20mm,具柔毛或无毛,边缘常粗糙。圆锥花序开展或较紧密,成熟后下垂,长约 30cm,分枝具棱角;小穗卵状椭圆形,长 4～5mm;颖纸质,无毛,第 1 颖长为小穗的 1/2～2/3,先端尖或锥尖,具 5～7 条脉,第 2 颖与小穗等长,大多具 11 条脉,脉于顶端渐会合成喙状;第 1 外稃大多具 13 条脉,内稃薄膜质,较短小,长 1.5～2mm,先端常微凹,第 2 外稃革质,圆形或椭圆形,长约 3mm,成熟后乳白色或褐色,边缘包裹同质之内稃。$2n=36$。

区内偶见栽培。主产于华北、西北各地,浙江有零星栽培。

与上种的区别在于:本种为栽培植物,小穗长 4～5mm。

图 3-313 稷

45. 狗尾草属 Setaria Beauv.

一年生或多年生草本。圆锥花序紧缩成圆柱状,稀疏松而或多或少开展;小穗椭圆形或披针形,单生或簇生,含 2 朵小花,第 1 小花雄性或中性,第 2 小花两性,全部或部分小穗下托以 1 至数枚宿存的刚毛(即退化小枝);小穗轴脱节于颖之下、杯状小穗柄之上,或颖之上、第 1 外稃之下;颖草质,第 1 颖卵形至圆形,长为小穗的 1/4～1/2,具 3～5 条脉或无脉,第 2 颖短于或等长于小穗,具 5～7 条脉,第 1 外稃与颖同质,与小穗等长,具 5～7 条脉;第 2 外稃革质,背部隆起,具皱纹或平滑,边缘包卷同质之内稃。

130 多种,分布于全世界热带和温带,以非洲较多;我国有 15 种和若干亚种、变种,广布;浙江有 8 种;杭州有 7 种。

分种检索表

1. 圆锥花序紧缩成圆柱形;小穗下具刚毛 1 至多枚。
    2. 成熟时小穗轴脱节于颖之上、第 1 外稃之下(栽培)…………………………………… 1. **小米** *S. italica*
    2. 成熟时小穗轴脱节于颖之下、杯状小穗柄之上(野生)。
        3. 花序主轴上每簇分枝仅 1 枚小穗发育;第 2 颖明显短于第 2 外稃 …… 2. **金色狗尾草** *S. glauca*
        3. 花序主轴上每簇分枝有 3 枚以上小穗发育;第 2 颖等长于或稍短于第 2 外稃。
            4. 花序常直立;小穗先端钝;第 2 颖与第 2 外稃等长 ……………………… 3. **狗尾草** *S. viridis*
            4. 花序常弯垂;小穗先端尖;第 2 颖较第 2 外稃稍短 …………………… 4. **大狗尾草** *S. faberi*
1. 圆锥花序多少开展,疏松;小穗下刚毛 1 枚。
    5. 叶片具明显纵向皱褶;圆锥花序开展,狭塔形。

6. 第 2 外稃具不甚明显的横皱纹；叶片长 20～40cm，宽 2～6cm …… 5. **棕叶狗尾草** *S. palmifolia*

6. 第 2 外稃具明显横皱纹；叶片长 10～25cm，宽 0.5～2.5cm ………… 6. **皱叶狗尾草** *S. plicata*

5. 叶片不具皱褶；圆锥花序较紧缩，呈披针形 ……………………………… 7. **莩草** *S. chondrachne*

1. 小米 谷子粟 粱 （图 3-314）

Setaria italica (L.) Beruv.

一年生草本。秆高可达 1.5m。叶鞘无毛；叶舌具纤毛；叶片线状披针形，上面粗糙，下面较光滑。圆锥花序紧缩成圆柱形，通常下垂，主轴密生柔毛；小穗椭圆形，长 2～3mm；小穗轴脱节于颖之上、第 1 外稃之下；刚毛 1～3 枚；第 1 颖长为小穗的 1/3～1/2，具 3 条脉，第 2 颖略短于小穗或为其长的 3/4，具 5～9 条脉；第 1 外稃具 5～7 条脉，内稃短小，第 2 外稃卵形或圆形，稍长于第 1 外稃，具细点状皱纹。花、果期 6—10 月。$2n=18$。

江干区（彭埠）、西湖景区（黄龙洞）曾有栽培。我国华北、东北、西北广为栽培；欧亚大陆的温带地区也有栽培。

图 3-314 小米

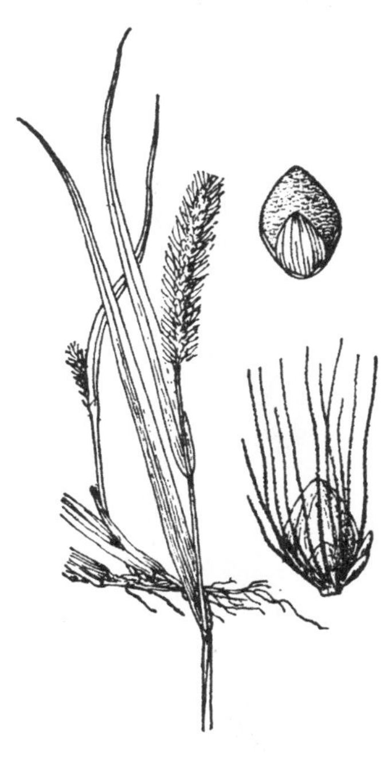

图 3-315 金色狗尾草

2. 金色狗尾草 （图 3-315）

Setaria glauca (L.) Beauv.

一年生草本。秆直立或基部倾斜于地面，节处生根，高 30～90cm。叶鞘下部压扁，具脊，上部为圆形，光滑无毛；叶舌为 1 圈长约 1mm 之柔毛；叶片长 5～40cm，宽2～8mm，下面光滑，上面具疣毛或无毛。圆锥花序紧缩成圆柱形，长 3～8cm，宽 4～8mm（刚毛除外），通常直立，主轴被微毛；小穗长 3～4mm，顶端尖，通常在 1 簇中仅 1 个发育；小穗轴脱节于颖之下；刚毛多数，金黄色或带褐色；第 1 颖宽卵形，长约为小穗的 1/3，先端尖，具 3 条脉，第 2 颖长约为小穗的 1/2，先端钝，具 5～7 条脉；第 1 外稃具 5 条脉，内稃膜质，具 2 条脊，与外稃等长，第 2 外稃先端尖，成熟时有明显的横皱纹，背部极隆起，通常为黄色。花、果期 6—10 月。$2n=36,72$。

见于西湖景区(九溪、虎跑),生于路边、草丛中。我国南北各地均有分布;欧亚大陆温带广布。

3. 狗尾草 (图 3-316)

Setaria viridis (L.) Beruv.

一年生草本。根须状。秆直立或基部膝曲,高 10～100cm,通常较细弱。叶鞘较松弛,无毛或具柔毛;叶舌具长 1～2mm 之纤毛;叶片扁平,长 3～15cm,宽 2～15mm,先端渐尖,基部略呈钝圆形或渐窄,通常无毛。圆锥花序紧密排列成圆柱形,长 2～10cm;小穗轴脱节于颖之下;刚毛多枚,长 4～12mm,粗糙,绿色、黄色或紫色;小穗椭圆形,长 2～2.5mm,顶端钝;第 1 颖卵形,长约为小穗的 1/3,具 3 条脉,第 2 颖几与小穗等长,具 5～7 条脉;第 1 外稃具 5～7 条脉,内稃狭窄,第 2 外稃长圆形,先端钝,具细点状皱纹,成熟时背部稍隆起。花、果期 5—10 月。$2n=18$。

区内常见,生于山坡、路边、荒地、草丛中。广布于全国及世界各地。

可作饲料。

图 3-316 狗尾草

图 3-317 大狗尾草

4. 大狗尾草 (图 3-317)

Setaria faberi Herrm.

一年生草本。秆直立或基部膝曲,有支柱根,高 50～120cm,直径为 3～6mm。叶鞘松弛,边缘常有细纤毛;叶舌膜质,具长 1～2mm 的纤毛;叶片长 10～30cm,宽 5～15mm,无毛或上面具疣毛。圆锥花序紧缩成圆柱形,下垂,长 5～20cm,宽 6～10mm(芒除外);主轴有柔毛;小穗椭圆形,长约 3mm,顶端尖;小穗轴脱节于颖之下;刚毛多枚,粗糙,长 5～15mm;第 1 颖宽卵形,长为小穗的 1/3～1/2,先端尖,具 3 条脉,第 2 颖长为小穗的 3/4,具 5 条脉;第 1 外稃具 5

条脉，内稃膜质，狭小，第 2 外稃先端尖，具细横皱纹，成熟后背部极膨胀隆起。花、果期 6—10 月。$2n=36$。

见于西湖景区（云栖），生于山坡、草丛中。分布于华东、华中、西南、东北；日本、越南、老挝、柬埔寨也有。

5. 棕叶狗尾草 （图 3-318）

Setaria palmifolia (Koen.) Stapf

多年生草本。须根较坚韧。秆直立，高 1～1.5m，直径为 3～10mm。叶鞘松弛，常具疣毛；叶舌长约 1mm，具长约 2mm 的纤毛；叶片宽披针形，长 20～40cm，宽 2～6cm，具纵向深褶皱，先端渐尖，基部窄缩成柄状，无毛或疏生硬毛。圆锥花序疏松，开展，呈塔形，长 20～40cm，分枝具棱角，甚粗糙；小穗卵状披针形，长 3.5～4mm；刚毛 1 枚，长 5～15mm，有时不显著；颖草质，第 1 颖卵形，长为小穗的 1/3～1/2，先端稍尖，具 3～5 条脉，第 2 颖长为小穗的 1/2～3/4，先端尖，具 5～7 条脉；第 1 外稃具 5 条脉，内稃膜质，狭小，长为外稃的 1/2～2/3，第 2 外稃具不甚明显的横皱纹，先端具小而硬的尖头。花、果期 8—12 月。$2n=36,54$。

区内有栽培。分布于华南、西南；泰国、马来西亚、印度也有。

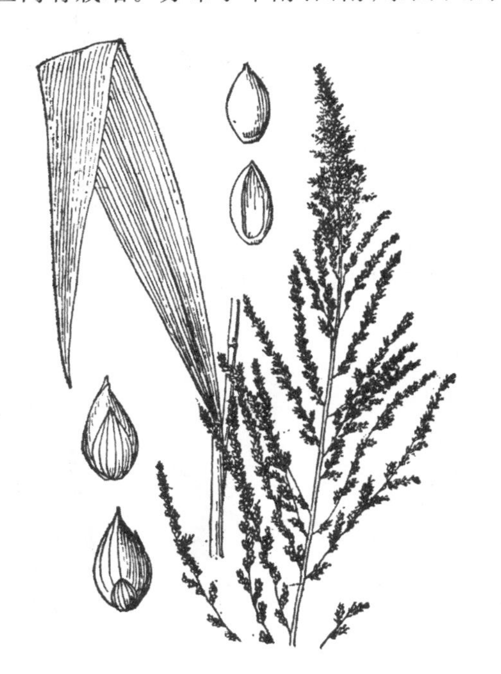

图 3-318 棕叶狗尾草

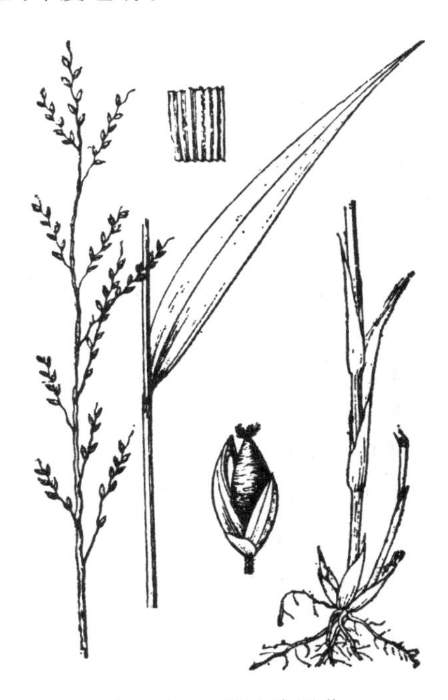

图 3-319 皱叶狗尾草

6. 皱叶狗尾草 （图 3-319）

Setaria plicata (Lamk.) T. Cooke

多年生草本。秆直立或基部倾斜于地面，高 40～110cm，直径为 3～5mm。叶鞘具脊，鞘口及边缘常具纤毛；叶舌退化为长 1～2mm 的纤毛；叶片较薄，披针形至线状披针形，长 10～25cm，宽 0.5～2.5mm，具较浅的纵向皱褶，基部窄缩成柄状。圆锥花序长 15～25cm；分枝斜向上生，长 1～7cm；小穗卵状披针形，长 3～4mm；刚毛 1 枚，有时不显著；第 1 颖宽卵形，先端钝圆，长为小穗的 1/4～1/3，具 3 条脉，第 2 颖长为小穗的 1/2～3/4，先端尖或钝，具 5～7 条脉;第1外稃具5条脉,内稃膜质,具2条脉,第2外稃等长或稍短于第1外稃,具明显的横皱纹,先端有短而硬的小尖头。花、果期6—10月。

见于西湖景区(九溪、六和塔、梅家坞、韬光),生于林下、山坡、路边或草丛中。分布于长江流域及其以南各省、区;尼泊尔、印度、斯里兰卡也有。

7. 莩草　(图3-320)

Setaria chondrachne (Steud.) Honda

多年生草本。具横走根状茎;秆直立,高60~120cm,基部质地较硬,光滑。叶鞘的边缘及鞘口具纤毛;叶舌长0.5mm,具纤毛;叶片质地较薄,扁平,长5~25cm,宽5~15mm,先端渐尖,基部圆形。圆锥花序披针形至线形,长10~20cm,主轴具棱角,分枝斜生或开展,长1.5~2.5cm;小穗椭圆形,顶端尖,长约3mm;刚毛1枚,粗糙,长4~10mm;第1颖卵形,长为小穗的1/3~1/2,先端尖,具3~5条脉,第2颖长约为小穗的3/4,具5~7条脉,先端尖;第1外稃具5条脉,内稃薄膜质,狭窄,第2外稃与第1外稃等长,先端硬尖,平滑而光亮。花、果期8—11月。$2n=36$。

见于西湖景区(飞来峰、南屏山、桃源岭、杨梅岭),生于路边、林中或草丛中。分布于华东、华中、华南、西南;日本也有。

图3-320　莩草

46. 狼尾草属　Pennisetum Rich.

一年生或多年生草本。圆锥花序紧缩成圆柱状;小穗披针形,单生或2~3枚簇生,含2朵小花,第1小花雄性或中性,第2小花两性,小穗或小穗簇下托有多数总苞状的刚毛,成熟时后者连同小穗一起脱落;颖不等长,第1颖质薄而微小,第2颖草质,等长或短于同质之第1外稃;第2外稃软骨质,等长或较短于第1外稃,平滑,边缘薄而扁平,包卷同质之内稃。

约140种,分布于热带和亚热带地区;我国连同引种的共有11种,分布于南北各地;浙江有1种;杭州有1种。

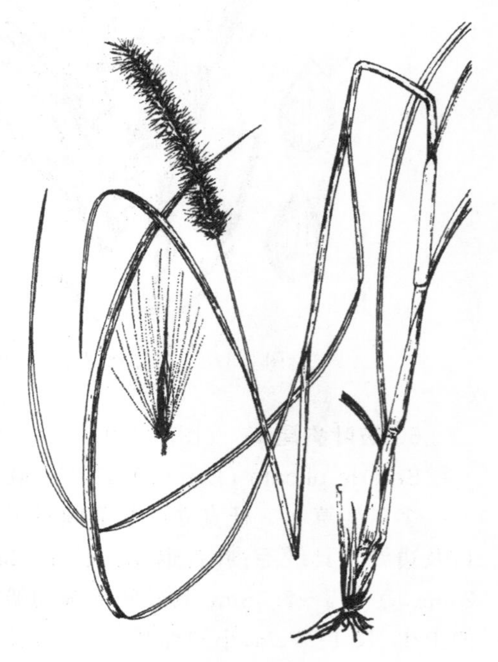

图3-321　狼尾草

狼尾草　(图3-321)

Pennisetum alopecuroides (L.) Spreng.

一年生草本。根须状。秆直立或基部膝曲,高20~70cm,通常较细弱。叶鞘较松弛,无毛或具柔毛;叶舌具长1~2mm之纤毛;叶片扁平,长3~15cm,宽

2～15mm，先端渐尖，基部略呈钝圆形或渐窄，通常无毛。圆锥花序紧密排列成圆柱形，长 2～10cm；小穗轴脱节于颖之下；刚毛多枚，长 4～12mm，粗糙，绿色、黄色或紫色；小穗椭圆形，长 2～2.5mm，顶端钝；第 1 颖卵形，长约为小穗的 1/3，具 3 条脉，第 2 颖几与小穗等长，具 5～7 条脉；第 1 外稃具 5～7 条脉，内稃狭窄；第 2 外稃长圆形，先端钝，具细点状皱纹，成熟时背部稍隆起。花、果期 5—10 月。$2n=18$。

见于西湖景区（梵村、虎跑、云栖），生于山坡、路边或草丛中。我国南北各地均有分布；亚洲温带和大洋洲广布。

47. 甘蔗属 Saccharum L.

多年生草本。秆高大。圆锥花序顶生，开展；穗轴具关节而易逐节断落，具丝状长柔毛；小穗背腹压扁，孪生于穗轴各节，其一无柄，另一有柄，同形而均含 2 朵小花，第 1 小花中性，第 2 小花两性，基盘及小穗柄均有长于小穗的丝状长柔毛；颖草质或纸质，等长；外稃透明而膜质，第 1 外稃顶端无芒，内稃缺如，第 2 外稃通常极退化，先端无芒或具小尖头，内稃较小或缺如；雄蕊 3 枚。

约 8 种，大多分布于亚洲热带和亚热带地区；我国有 5 种；浙江有 3 种；杭州有 1 种。

斑茅 （图 3-322）

Saccharum arundinaceum Retz.

多年生草本。秆粗壮，高可达 3 m，直径可达 2cm。叶鞘长于节间；叶舌短，长 1～3mm，先端平截；叶片线状披针形，长达 1m，宽 2～2.5cm，上面基部密生柔毛，下面无毛，边缘小刺状粗糙。圆锥花序大型，顶生，开展，长 40～50cm，主轴无毛；穗轴节间长 4～6mm，顶端稍膨大，具丝状柔毛；小穗披针形，长约 4mm，基盘及小穗柄均有丝状长柔毛；颖纸质，第 1 颖先端渐尖，具 2 条脊，背部具长柔毛，第 2 颖舟形，先端渐尖，上部边缘具纤毛，背部具长柔毛或无；第 1 外稃长圆状披针形，顶端尖，具 1 条脉，上部边缘具纤毛，第 2 外稃披针形，先端具小尖头，内稃长圆形，长为外稃的 1/2～2/3。花、果期 6—10 月。$2n=30,40,50,60$。

见于西湖景区（九溪），生于溪边或路边。分布于华东、华南、西南；亚洲东南部、印度也有。

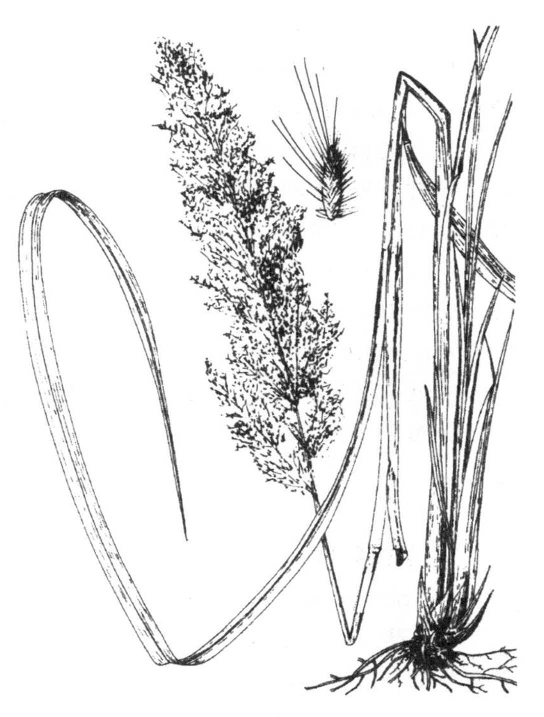

图 3-322 斑茅

48. 莠竹属 Microstegium Nees

一年生草本。秆通常基部匍匐，多分枝。叶片披针形。总状花序少数至多数呈指状排列于秆顶；穗轴具关节而易逐节断落；小穗背腹压扁，孪生于穗轴各节，一无柄，一有柄，或两者均有柄,同形而均含 2 朵小花,第 1 小花中性或雄性,第 2 小花两性;颖革质至膜质,第 1 颖通常具 2 条脊,脊间有 1 道显著沟槽,第 2 颖舟形,具 1～3 条脉;外稃透明膜质,第 1 外稃通常缺如,内稃稍短于颖或缺,第 2 外稃与内稃通常微小,外稃先端或齿间具 1 枚膝曲或劲直的芒;雄蕊 2 或 3 枚。

约 40 种,分布于亚洲的温带地区;我国有 16 种,分布于华东、华中、华南、西南和华北地区;浙江有 3 种,1 变种;杭州有 2 种,1 变种。

分种检索表

1. 孪生小穗均有柄;小穗节间较细,边缘无纤毛 ………… 1. **竹叶茅** *M. nudum*
1. 孪生小穗其一有柄,另一无柄;小穗节间较粗,边缘有纤毛。
   2. 第 2 外稃之芒不伸出颖之外 ………… 2. **柔枝莠竹** *M. vimineum*
   2. 第 2 外稃之芒长达 9mm,伸出颖之外 ………… 2a. **莠竹** var. *imberbe*

1. 竹叶茅 (图 3-323)

Microstegium nudum (Trin.) A. Camus

一年生草本。秆细弱,节上生纤毛。叶鞘长于或短于节间,边缘具纤毛;叶舌平截,长约 0.5mm;叶片披针形,长 2.5～7cm,宽 5～12mm,两面无毛,先端锐尖。总状花序 2～5 枚稍呈指状着生于秆顶,长 4～9cm,细弱,淡绿色,相互排列;穗轴节间长 4～6mm,长于小穗;孪生小穗一具长柄,一具短柄,长 3.5～4.5mm,基盘具纤毛;第 1 颖披针形,点状粗糙,先端具 2 枚微齿,上部具 2 条脊,脊间具 4 条脉,脉在先端不呈网状会合,第 2 颖先端尖,具 3 条脉;第 1 内稃稍短于颖,第 2 外稃极狭,长约 2mm,芒细弱,稍弯曲,长 10～15mm;雄蕊 2 枚,花药约长 0.5mm。花、果期 9—11 月。

文献记载区内有分布,但未见标本,生于林下或路边。分布于华东、华中、西南;日本、朝鲜半岛及亚洲南部也有。

图 3-323 竹叶茅

2. 柔枝莠竹 (图 3-324)

Microstegium vimineum (Trin.) A. Camus

一年生草本。秆细弱,高 60～80cm,一侧常有沟,光滑。叶鞘短于节间,上部叶鞘内常有隐藏小穗;叶舌膜质,先端具纤毛,长不及 1mm;叶片线状披针形,先端渐尖,基部狭窄,长 3～8cm,宽 5～10mm,两面均有柔毛或无毛,边缘粗糙,主脉在上面呈白色。总状花序 2～3 枚,稀 1 枚,长 4～6cm;穗轴节间长 3～5mm,边缘具纤毛;孪生小穗一有柄,一无柄,长 4～5mm,基盘有少量短毛;第 1 颖披针形,先端略平截而有微齿,上部具 2 条脊,脊上有小纤毛,脊间有 2～4条脉,脉在先端网状会合;第 1 小花有时有雄蕊,有时内稃缺如;第 2 外稃极狭,长 1～1.5mm,先端延伸成小尖头或长至 5mm 的短芒,芒下部扭卷,不伸出小穗外,内稃卵形,长约 1mm。花、果期 9—11 月。$2n=40$。

文献记载区内有分布，但未见标本，生于林下、山坡。分布于华东、华中、华南、西南、华北；日本、朝鲜半岛、菲律宾及亚洲南部也有。

图 3-324 柔枝莠竹

图 3-325 莠竹

2a. **莠竹** （图 3-325）

var. imberbe (Nees) Honda

与原种的主要区别在于：本变种小穗较大，长 5～6mm；第 2 外稃之芒伸出本变种颖外，长可达 9mm。

文献记载区内有分布，生于路边、溪边。分布于华东、华南、西南；日本、朝鲜半岛及亚洲南部也有。

49. 金茅属 Eulalia Kunth

多年生草本。秆通常直立。叶片线形。总状花序数枚呈指状排列于秆顶；穗轴具关节而易逐节断落；小穗背腹压扁，孪生于穗轴各节，一无柄，一有柄，同形而均含 2 朵小花，第 1 小花中性或完全退化，第 2 小花两性；颖革质至硬纸质，有时多少变硬，第 1 颖背部微凹或扁平，第 2 颖两侧压扁，有脊；外稃透明膜质，第 1 外稃短于颖或缺，内稃有时缺；第 2 外稃通常极狭小，先端 2 齿裂，甚至退化成仅为芒的基部，芒自裂齿间伸出，膝曲，芒柱扭转，芒伸出于小穗之外，内稃有时缺；雄蕊 3 枚。

30 余种，分布于东半球的热带和亚热带地区；我国约有 11 种，分布于黄河以南各省、区；浙江有 2 种；杭州有 2 种。

1. 金茅 (图 3-326)

Eulalia speciosa (Debeaux) Kuntze

多年生草本。须根粗壮。秆直立,高 70～100cm,通常在花序以下具白色柔毛,其余光滑无毛。叶鞘下部者长而上部者短于节间;叶舌平截,长 1～1.5mm;叶片长 30～50cm,宽 4～7mm,扁平或边缘内卷。总状花序 5～8 枚,长 10～15cm,淡黄色;穗轴节间长 3～4mm;小穗长圆形,长 5mm,基盘具毛,毛长为小穗的 1/6～1/3;第 1 颖先端稍钝,具 2 条脊,脊间具 2 条脉,脉在先端不呈网状会合,背部微凹,中部以下被长柔毛,上部边缘具纤毛;第 1 外稃长圆状披针形,几与颖等长,上部边缘具微小纤毛,内稃缺;第 2 外稃长约 3mm,芒长约 15mm,内稃长圆形,长约 2mm;雄蕊 3 枚。花、果期 8—10 月。

文献记载区内有分布。分布于华东、华中、华北及陕西南部;朝鲜半岛、印度也有。

图 3-326 金茅

图 3-327 四脉金茅

2. 四脉金茅 (图 3-327)

Eulalia quadrinervis (Hack.) Kuntze

多年生草本。根须状。秆直立,高 50～150cm,具多节,全部光滑无毛或节上生微毛。叶鞘下部者长而上部者短于节间,除鞘口外均无毛;叶舌平截,长 1～1.5mm;叶片长 10～20cm,宽 4～6mm,顶生者常退化,下面通常粉白色,边缘粗糙。总状花序 3～4 枚,长 8～10cm,淡黄色;穗轴节间长 2.3～3mm,被白色纤毛;小穗长圆状披针形,长 5～6mm,基盘具毛,毛长为小穗的 1/6～1/3;第 1 颖先端尖而呈膜质,具 2 条脊,脊上具小刺状纤毛,脊间具2～4条脉,脉在先端呈网状会合,背部微凹,中部以下被长柔毛,第 2 颖舟形,先端亦尖而呈膜质,稍长于第 1

颖，无毛，脊的先端稍粗糙；第 1 外稃长圆状披针形，几与颖等长，内稃缺，第 2 外稃长圆状卵形，长约 2.5mm，具小纤毛，芒长 10～15mm，内稃长圆状披针形，长约 15mm；雄蕊 3 枚，花药长约 3mm。花、果期 8—11 月。

见于拱墅区（半山）、西湖景区（北高峰），生于林下、路旁、草丛中。分布于我国华东、华中、华南、西南；日本、菲律宾、印度也有。

与上种的区别在于：本种基部叶鞘无黄色茸毛，第 1 颖脊间具 2～4 条脉，脉在先端呈网状会合。

50. 白茅属 Imperata Cyr.

多年生草本。具横走的根状茎。圆锥花序分枝缩短，密集排列成圆柱状；穗轴细弱而延续，具细长的丝状柔毛；小穗背腹压扁，孪生于穗轴各节，一具长柄，一具短柄，同形而均含 2 朵小花，第 1 小花中性，第 2 小花两性，基盘及小穗柄均具细长的丝状柔毛；颖膜质，近等长于或稍短于第 1 颖，边缘内折，下部及边缘被细长柔毛；外稃均透明膜质，无脉，无芒，第 1 内稃缺如，第 2 内稃与外稃同质，稍短；鳞被缺；雄蕊 1 或 2 枚。

约 10 种，分布于全世界的热带和亚热带地区；我国有 4 种，全国广布；浙江有 1 种；杭州有 1 种。

丝茅 白茅 白毛根 （图 3-328）

Imperata koenigii（Retz.）Beauv.——*I. cylindrica*（L.）Beauv. var. *major*（Nees）C. E. Hubb.

多年生草本。根状茎密生鳞片；秆丛生，直立，高 25～80cm，具 2～3 节，节上具长 4～10mm 之柔毛。叶鞘无毛，老时在基部常破碎，呈纤维状；叶舌干膜质，长约 1mm；叶片扁平，长 5～60cm，宽 2～8mm，先端渐尖，基部渐狭，下面及边缘粗糙，主脉在下面明显凸出且渐向基部变粗而质硬。圆锥花序圆柱状，长 5～25cm，宽 1.5～3cm，分枝短缩、密集，花序基部有时较疏松或间断；小穗披针形或长圆形，长约 4mm，基盘及小穗柄均密生长 10～15mm 的丝状柔毛；第 1 颖较狭，具 3～4 条脉，第 2 颖较宽，具 4～6 条脉；第 1 外稃卵状长圆形，长约 1.5mm，第 2 外稃披针形，长约 1.2mm，内稃长约 1.2mm，宽约 1.5mm；雄蕊 2 枚，花药黄色，长约 3mm。花、果期 5—9 月。

见于江干区（彭埠）、西湖区（留下）、西湖景区（龙井、三台山），生于路边、林下、荒地、草丛或溪边。几乎遍布全国；广布于亚洲热带和亚热带、非洲东部、大洋洲。

可作牧草。

图 3-328 丝茅

51. 芒属　Miscanthus Anderss.

多年生草本。通常有根状茎；秆较高大。叶片长而扁平，有时内卷。圆锥花序顶生，由数个乃至多数总状花序组成；穗轴延续而不逐节断落；小穗背腹压扁，孪生于穗轴各节，一具长柄，一具短柄，同形而均含2朵小花，第1小花中性，第2小花两性，基盘均有丝状长柔毛；颖厚纸质至膜质，稍不等长，第1颖两侧内折成2条脊；外稃透明膜质，第1外稃内侧无内稃，第2外稃先端具2枚微齿或急尖，具长芒，内稃极微小或缺；雄蕊2或3枚。

约20种，分布于热带亚洲；我国有10种，全国广布；浙江有3种；杭州有3种。

分种检索表

1. 小穗有芒，基盘柔毛稍短或稍长于小穗。
    2. 花序主轴延伸达花序的2/3以上；小穗长3～3.5mm ……………………… 1. 五节芒　*M. floridulus*
    2. 花序主轴延伸仅至花序中部；小穗长4～5.5mm ………………………………… 2. 芒　*M. sinensis*
1. 小穗无芒，基盘丝状柔毛长为小穗的2倍 ……………………………………… 3. 荻　*M. sacchariflorus*

1. 五节芒　(图3-329)

Miscanthus floridulus (Labill.) Warb.

多年生草本。秆高1～2.5m，无毛，节下常具白粉。叶鞘无毛，或边缘及鞘口有纤毛；叶舌长1～3mm，除上面基部有微毛外，余均无毛。圆锥花序长30～50cm，主轴显著延伸，几达花序的顶端，或至少长达花序的2/3以上；总状花序细弱，腋间有微毛；小穗卵状披针形，长3～3.5mm，基盘均具较小穗稍长的丝状毛；小穗柄无毛，顶端膨大，短柄长1～1.5mm，长柄向外反曲，长2.5～3mm；第1颖先端钝或有2枚微齿，背部无毛，第2颖舟形，先端渐尖具3条脉，边缘不明显，背部无毛或疏生柔毛；第1外稃长圆状披针形，稍短于颖，边缘有小纤毛，顶端钝圆，无芒，第2外稃先端具2枚微齿，芒自齿间伸出，长5～11mm，膝曲，内稃极微小或缺；雄蕊3枚，花药长约1.8mm。花、果期5—11月。

图3-329　五节芒

区内常见，生于山坡、路边。分布于华东、华中、华南、西南；日本至波利尼西亚也有。

茎、叶可造纸。

2. 芒　(图3-330)

Miscanthus sinensis Anderss.

多年生草本。秆高80～200cm。叶鞘长于节间，除鞘口有长柔毛外余均无毛；叶舌钝圆，长1～2mm，先端具小纤毛；叶片线形，长20～60cm，宽5～15mm，无毛，或下面疏生柔毛并被白粉。圆锥花序扇形，长 15～40cm，主轴无毛或被短毛，最长仅延伸至中部以下；总状花序较强壮而直立；每节具一短柄和一长柄小穗；小穗披针形，长 4～5.5mm，基盘具白色至淡黄褐色之丝状毛，毛稍短于或等长于小穗；小穗柄无毛，顶端膨大，短柄长 1.5～3mm，长柄向外开展，长4～6mm；第 1 颖先端渐尖，具 3 条脉，第 2 颖舟形，先端渐尖，边缘具小纤毛；第 1 外稃长圆状披针形，先端钝，较颖稍短，第 2 外稃较窄，较颖短 1/3，先端具 2 枚齿，齿间伸出 1 枚芒，芒长 8～10mm，较显著地膝曲扭转，内稃微小，长约为外稃之半。花、果期 7—11 月。

见于西湖景区（赤山埠、玉皇山），生于林中及路边灌丛。分布几遍全国；日本也有。

茎、叶可造纸。

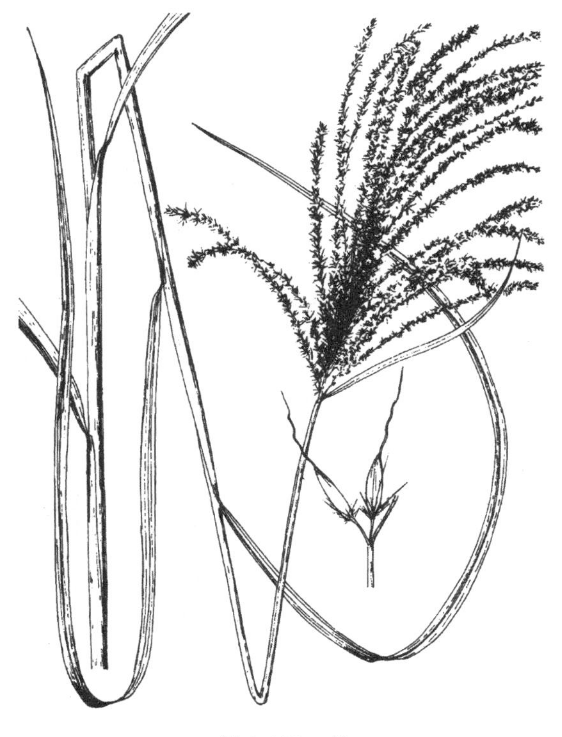

图 3-330 芒

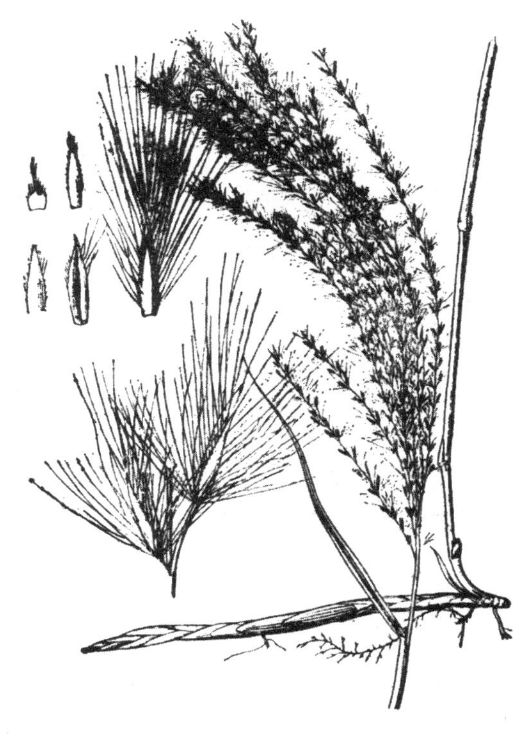

图 3-331 荻

3. 荻 （图 3-331）

Miscanthus sacchariflorus (Maxim.) Benth.

多年生草本。具粗壮、被鳞片的根状茎；秆直立，无毛，多节，节上具须毛，高可达 2m。叶鞘无毛或有毛，下部者长于节间；叶舌长约 1mm，先端圆钝，具 1 圈纤毛；叶片线形，长 10～50cm，宽 4～10mm，除上部者基部生柔毛外其余无毛。圆锥花序顶生，由多个总状花序组成，扇形，长 20～30cm；小穗草黄色，成熟后带褐色，狭披针形，长5～6mm，基盘有长约为小穗 2 倍的白色丝状长柔毛；第 1 颖膜质，先端渐尖，边缘及背面有长柔毛，第 2 颖舟状，先端渐尖，具 3 条脉；第 1 外稃披针形，较颖稍短，先端尖，具 3 条脉，被纤毛，第 2 外稃先端无芒，具小纤毛，内稃卵形，长为外稃的一半；雄蕊 3 枚，花药长 2～2.5mm。花、果期 8—11 月。

区内湿地边塘基上常见。分布几遍全国；日本、朝鲜半岛也有。

为良好的水土保持植物。

52. 油芒属 Eccoilopus Steud.

多年生草本。圆锥花序顶生,开展;穗轴延续而无关节,不逐节断落,穗轴节间及小穗柄之顶端膨大;小穗背腹压扁,孪生于穗轴各节,一具短柄,一具长柄,穗轴顶端之节可具3枚小穗,均含2朵小花,第1小花雄性或中性,第2小花两性;颖革质或近革质,近等长,具多条脉;外稃透明膜质,第1外稃先端尖或钝,无芒,内稃存在或缺,第2外稃稍短,先端2深裂,裂齿间伸出一膝曲而下部扭转的芒,内稃短于外稃。

约4种,分布于东亚;我国有3种,分布于华东、华南及西南等地;浙江有1种;杭州有1种。

Flora of China 将本属处理为大油芒属 *Spodiopogon* Trin. 的异名,但本属花序轴粗壮、坚挺,小穗全部具柄,与大油芒属有区别,因而在此仍将其作为独立的属。

油芒 (图3-332)

Eccoilopus cotulifer (Thunb.) A. Camus

多年生草本。具根状茎;秆直立强壮,基部近木质化,高90~150cm,直径为3~8mm,具4~8节。叶片宽线形,长10~50cm,宽8~15mm,先端渐尖,基部逐渐狭窄而呈柄状,两面疏生细柔毛。圆锥花序开展,长15~25cm,每节具2至数个较细弱的总状花序;小穗披针形,长5~6mm,基盘具长为小穗1/6~1/5的细毛;第1颖具7~9条脉,粗糙,边缘疏生柔毛,第2颖具7条脉,背部及边缘生柔毛;第1外稃长圆状披针形,先端具微齿,第2外稃长圆形,稍短于第1外稃,先端2深裂,芒自裂齿间伸出,长约12mm,中部以下膝曲,芒柱稍扭转,内稃约短于外稃的1/3。花、果期7—10月。

见于西湖景区(赤山埠、六和塔、南屏山、翁家山、云栖),生于林下、路边、水沟边、草丛中。分布于华东、华中、华南、西南;日本、缅甸、印度也有。

图3-332 油芒

53. 鸭嘴草属 Ischaemum L.

一年生或多年生草本。总状花序通常2枚贴生,呈圆柱状;小穗背腹压扁,孪生,一有柄,一无柄;无柄小穗通常含2朵小花,第1小花雄性,第2小花两性;有柄小穗全为雄花,或第2小花为两性而不孕;穗轴易逐节断落,节间与小穗柄均为三棱形或稍压扁,边缘有纤毛或被柔毛;第1颖长圆形或披针形,硬纸质或下部革质,边缘内折,第2颖舟形,质较薄,具3~5条脉;外稃膜质、透明,第1外稃具内稃,第2外稃通常膜质、透明,通常2裂,裂齿间有芒,稀无芒,具内稃;雄蕊3枚。

约50种,分布于亚洲南部和大洋洲,少数种分布于美洲和非洲;我国有15种,主要分布于长江流域及其以南地区;浙江有6种;杭州有1种。

有芒鸭嘴草 (图 3-333)

Ischaemum aristatum L. ——*I. hondae* Matsuda

多年生草本。秆直立或下部膝曲,高 70～80cm。叶鞘常疏生长柔疣毛;叶舌干膜质,长 2～3mm;叶片线状披针形,长 5～16cm,宽 4～8mm,先端渐尖,边缘粗糙,无毛或两面有疣基柔毛。总状花序长 4～6cm;穗轴节间和小穗柄外侧边缘均有白色纤毛,内侧无毛或略被茸毛;无柄小穗披针形,长 6～7mm;第 1 颖先端钝或具 2 枚齿,有 5～7 条脉,边缘内折,上部有脊,脊具狭或稍宽的翼,边缘粗糙,第 2 颖舟形,与第 1 颖等长,先端尖,上部有脊,边缘有纤毛,或下部 1/3 处无毛;第 1 外稃稍短于第 1 颖,具不明显的 3 条脉,先端渐尖,略粗糙,第 2 外稃较第 1 外稃短 1/5～1/4,2 深裂至中部,裂齿间伸出长 8～12mm 之芒,芒在中部以下膝曲;有柄小穗通常稍小于无柄小穗或位于顶端者极退化,有细短的直芒,稀无芒。花、果期 7—11 月。

见于西湖景区(九溪、虎跑),生于路边、草丛中。分布于华东和华中。

图 3-333 有芒鸭嘴草

54. 假俭草属 Eremochloa Buese

多年生草本。总状花序压扁,单生于秆顶。小穗单生;有柄小穗退化,仅具柄的痕迹;无柄小穗背腹压扁,含 2 朵小花,第 1 小花雄性,第 2 小花两性或雌性,无芒,呈覆瓦状排列于穗轴的一侧;穗轴迟缓断落,节间呈棍棒状;第 1 颖宽阔,硬纸质,边缘内折,具 2 条脊,脊全部或下部有篦齿状刺,第 2 颖略呈舟形,具 3 条脉,先端尖;外稃透明膜质,第 1 外稃含 1 枚内稃和 3 枚雄蕊,第 2 外稃无脉或中脉在上部消失,含同质而较狭的内稃。

约 10 种,分布于亚洲热带和亚热带地区;我国有 4 种,分布于东部至西南部;浙江有 1 种;杭州有 1 种。

假俭草 (图 3-334)

Eremochloa ophiuroides (Munro) Hack.

多年生草本。具贴地而生的横走匍匐茎;秆向上斜生,高达 30cm。叶鞘压扁,多密集跨生于秆基,鞘口常具短毛;叶片扁平,先端钝,无毛,长 3～15cm,宽 2～6mm,顶生者退化。总状花序直立或稍作镰刀状弯曲,长 4～6cm,宽约 2mm;穗轴节间压扁,略呈棍棒状,长 2～3mm;无柄小穗长圆形,长约 4mm,宽约 2mm;第 1 颖与小穗等长,具 5～7 条脉,脊之下部具篦齿状短刺,上部具宽

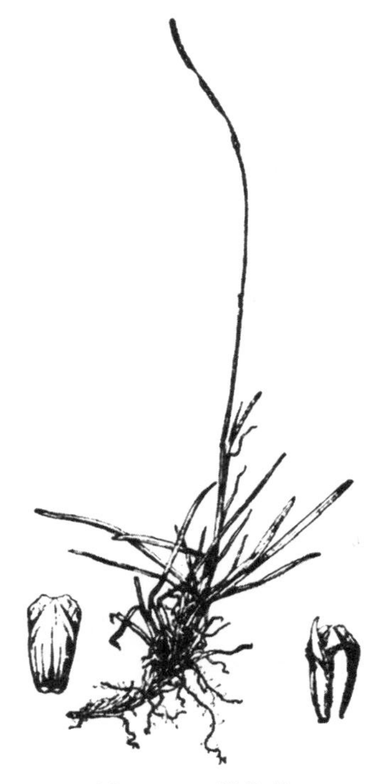

图 3-334 假俭草

翼,第2颖略呈舟形,厚膜质,具3条脉;第1外稃长圆形,先端尖,几等长于颖,内稃等长于外稃而较窄,第2外稃短于第1外稃,先端钝,具较窄之内稃;有柄小穗仅存的柄呈披针形,长3～4mm。花、果期6—10月。$2n=18$。

见于西湖景区(飞来峰、梅家坞),生于路边、草地上。分布于福建、广东、广西、江苏、江西、台湾;越南、老挝、柬埔寨也有。

可作牧草或草坪草。

55. 牛鞭草属 Hemarthria R. Br.

多年生草本。秆平卧或直立。总状花序稍扁,单独顶生或1～3枚腋生成束;小穗含2朵小花,第1小花中性,第2小花两性,孪生,一有柄,一无柄,两者同形或有柄小穗稍狭;无柄小穗嵌生于多少脆弱或坚韧的穗轴凹穴中(凹穴系小穗轴节间和小穗柄愈合而成);第1颖革质或坚纸质,背部扁平,先端钝或渐尖,第2颖多少与穗轴贴生,渐尖或具锥形的尖端;第1外稃膜质,透明,内稃缺如,第2外稃膜质,透明,无芒,内稃小型。

14种,分布于全世界热带和亚热带地区;我国有6种;浙江有2种;杭州有1种。

大牛鞭草　(图3-335)

Hemarthria altissima (Poir.) Stapf & C. E. Hubb.

多年生草本。具长而横走的根状茎;秆基部横卧于地面,向上渐倾斜,高达1m。叶鞘无毛,通常短于节间;叶片线形,先端细长渐尖,长达20cm,宽4～8mm。总状花序长达10cm;无柄小穗长6～8mm;有柄小穗长渐尖,长达7～9mm;第1颖在先端以下略紧缩;雄蕊3枚,花药长2～3mm。花、果期7—9月。

见于西湖景区(桃源岭),生于杂草丛中。分布于华东、华中、华北、东北。

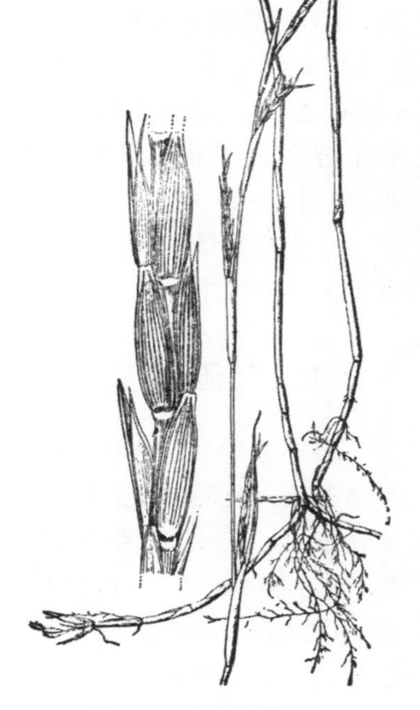

图3-335　大牛鞭草

56. 荩草属 Arthraxon Beauv.

一年生或多年生草本。叶片基部心形抱茎。总状花序呈指状排列或簇生于秆顶;小穗背腹压扁,孪生,一有柄,一无柄,有柄者雄性、中性或退化而仅留其残柄之痕迹,或有柄小穗退化殆尽致使仅存无柄小穗,无柄小穗含2朵小花,第1小花中性,第2小花两性,多数有芒;第1颖近革质,通常于脉上粗糙,或边脉上有疣基的钩毛,边缘稍内折,第2颖具3条脉,对折而主脉成脊,先端尖或具小尖头;外稃透明膜质,第1外稃无内稃,第2外稃全缘或先端具2枚微齿,具芒者芒至背面近基部处伸出,内稃甚小或不存在;雄蕊2或3枚。

约20种,分布于东半球的热带和亚热带;我国有10种,6变种,全国广布;浙江有2种,2变种;杭州有2种。

1. 荩草 (图 3-336)

Arthraxon hispidus (Thunb.) Makino

一年生草本。秆细弱无毛,基部倾斜,高 30～50cm,具多节,常分枝。叶鞘短于节间,生短硬疣毛;叶舌膜质,长 0.5～1mm,边缘具纤毛;叶片卵状披针形,长 2～5cm,宽 8～16mm,除下部边缘生纤毛外,余均无毛。总状花序细弱,长 2～4.5cm,2～10 枚呈指状排列或簇生于秆顶;穗轴节间无毛,长为小穗的 2/3～3/4;无柄小穗卵状披针形,长 4～4.5mm;有柄小穗退化至仅存短柄或退化殆尽;第 1 颖边缘带膜质,有 7～9 条脉,脉上粗糙,先端钝,第 2 颖近膜质,与第 1 颖等长,侧脉不明显,先端尖;第 1 外稃先端尖,长约为第 1 颖的 2/3,第 2 外稃与第 1 外稃等长,基部较硬,芒长 6～9mm,膝曲,下部扭转;雄蕊 2 枚,花药长 0.7～1.2mm。花、果期 8—11 月。

见于西湖区(留下),生于路边。全国广布;广布于欧亚大陆的温暖地区。

图 3-336 荩草

图 3-337 矛叶荩草

2. 矛叶荩草 (图 3-337)

Arthraxon prionodes (Steud.) Dandy

多年生草本。秆较坚硬,高 45～60cm,常多分枝,直立或于基部横卧,易生气根,节无毛或生短毛。叶鞘无毛或生疣毛;叶片披针形至卵状披针形,无毛或两面生短毛和有疣基柔毛;边缘通常具疣基纤毛。总状花序 2 至数个指状排列于秆顶,稀单生;穗轴节间有白色纤毛;无柄小穗长圆状披针形,长 6～7mm;有柄小穗雄性,长 4.5～5.5mm,无芒;第 1 颖淡绿色或顶端带紫色,背部光滑或有小瘤点状粗糙,边缘有锯齿状疣基钩毛,第 2 颖与第 1 颖等长,质较薄;第 1 外稃透明膜质,长圆形,长 2～2.5mm,第 2 外稃长 3～4mm,芒长 10～14mm,膝曲;雄蕊 3 枚。花、果期 7—10 月。

文献记载区内有分布,但未见标本。分布于华东、华中、西南;印度北部至非洲北部也有。

与上种的区别在于：本种穗轴节间具长纤毛，有柄小穗雄性；雄蕊3枚，花药长2～3mm。

57. 菅属　Themeda Forsk.

多年生草本。秆粗壮。假圆锥花序复合或单纯，由数枚短的总状花序所组成，每1枚总状花序基部有1枚佛焰苞，单生或束生于叶腋；小穗圆柱形，孪生，但在穗轴顶端的为3枚，总状花序基部的2对小穗为同性对(无柄小穗和有柄小穗均为雄性)，互相靠近，轮生如总苞状，其余1～3对小穗为异性对(无柄小穗为两性，有柄小穗为雄性或中性)，两性小穗通常具长芒，稀无芒，倾斜脱落，基盘尖锐并生有棕色柔毛；雄蕊3枚。

30多种，分布于东半球的热带和亚热带地区；我国有13种，遍布全国；浙江有4种；杭州有1种。

黄背草　(图3-338)

Themeda japonica (Willd.) C. Tanaka

多年生草本。须根粗壮。秆直立，高60～120cm。叶鞘紧密裹茎，背部具脊，通常具硬疣毛；叶舌长1～2mm，先端具小纤毛；叶片线形，长15～40cm，宽4～5mm，扁平或边缘外卷，背面通常粉白色，基部生硬疣毛。假圆锥花序较狭窄，长30～40cm；总状花序长15～20mm，具长2～3mm之花序梗，其下托以长2.5～3cm之佛焰苞；基部总苞状的雄小穗位于同一平面上，似轮生，长8～12mm；第1颖背面上方通常被硬疣毛，上部两侧具宽膜质边缘；上部的3枚小穗中，2枚为雄性或中性，有柄而无芒，1枚为两性，无柄而有芒；两性小穗纺锤状圆柱形，长8～10mm(连同基盘)，基盘具长2～5mm的棕色柔毛；第1颖革质，边缘内卷，平截，上方生硬短毛，第2颖与第1颖同质，等长，边缘为第1颖所包；芒长4～6cm，1～2回膝曲，下部密生短柔毛。花、果期7—10月。

见于西湖景区(北高峰、赤山埠)，生于路边或草丛中。几乎分布于全国；日本、朝鲜半岛、印度也有。

图3-338　黄背草

58. 高粱属　Sorghum Moench

一年生或多年生草本。秆高大。圆锥花序顶生，由多数总状花序构成；小穗背腹压扁，孪生，一有柄，一无柄，但在穗轴顶端一节为2个有柄小穗，一无柄；无柄小穗含2朵小花，第1小花中性，第2小花两性；有柄小穗雄性或中性；穗轴节间及小穗柄线形，边缘均有纤毛，但无纵沟；第1颖背部凸起或扁平，成熟时变硬而有光泽，有狭窄内卷之边缘而向顶端渐内折，第2颖舟形，具脊；第1外稃透明膜质，第2外稃长圆形或线形，先端2裂，芒从裂齿间伸出，或全缘而无芒；雄蕊3枚。

约 20 种，分布于全球的热带和亚热带地区；我国有 11 种，全国广布；浙江有 3 种；杭州有 1 种。

高粱 （图 3-339）

Sorghum vulgare Pers.

一年生草本。秆直立，高 2～4m，节上通常无白色髯毛。叶鞘无色或被白粉；叶舌硬膜质，先端圆，长约 1mm，边缘生纤毛；叶片狭披针形，长达 50cm，宽约 4cm。圆锥花序长达 30cm，分枝可再分枝，轮生；无柄小穗卵状椭圆形，长 5～6mm，宽约 3mm；颖片成熟时下部硬革质而光滑无毛，上部及边缘具白色短柔毛；颖果倒卵球形，成熟后露出颖外；有柄小穗雄性，其发育情况变化较大。花、果期秋季。$2n=20$。

区内常见栽培，品种甚多。花序分枝之长短、颖的色泽及茎的含糖量等，均随品种而异。

为我国主要栽培的杂粮之一；谷粒供食用，制淀粉、酒、酒精；茎、叶可为牲畜之饲料，老后可用以编席、造纸及作刷子等。

图 3-339 高粱

59. 细柄草属 Capillipedium Stapf

多年生草本。秆细弱或强壮似小竹。圆锥花序具 1～2 回分枝，由多数 1～5 节的总状花序组成；小穗背腹压扁，孪生，一无柄，一有柄，或顶生者一无柄，二有柄；无柄小穗含 2 朵小花，第 1 小花中性，第 2 小花两性；有柄小穗雄性或中性；穗轴节间与小穗柄纤细，均具纵沟而边缘变厚；无柄小穗脱落面几平截，基盘钝而有短髯毛；第 1 颖革质兼硬纸质，边缘内折成 2 条脊，第 2 颖舟形，背面具钝圆的脊，脊的两侧凹陷；第 1 外稃透明膜质，无脉，第 2 外稃退化成线形，先端延伸成 1 枚膝曲之芒。

约 10 种，分布于东半球的热带和温带；我国有 3 种，分布于华东、华中至西南；浙江有 2 种；杭州有 2 种。

1. 细柄草 （图 3-340）

Capillipedium parviflorum (R. Br.) Stapf

多年生草本。秆细弱，高 30～100cm，直立或基部倾斜，单生或稍分枝。叶片扁平，线形，长 10～20cm，宽 2～7mm。圆锥花序长 5～25cm，通常紫色；分枝及小枝纤细，枝腋间均具细柔毛；无柄小穗长 3～5mm，被粗糙毛，基盘被白色长柔毛，具长 1～1.5cm 的细芒；有柄小穗与无柄小穗等长或略短于无柄小穗，无芒；第 1 颖坚纸

图 3-340 细柄草

质,边缘内折成2条脊,第2颖舟形,背面具钝圆的脊;第1外稃透明膜质,无脉,第2外稃退化成线形,先端延伸成1枚膝曲之芒。花、果期7—11月。$2n=20,40,60$。

见于西湖景区(桃源岭、玉皇山),生于路边或草丛。分布于华东、华中、西南;广布于欧亚大陆的热带和日本。

2. 硬秆子草　(图3-341)

Capillipedium glaucopsis Stapf.

多年生草本。秆坚硬似小竹,高70～200cm,分枝多开展。叶鞘疏松裹茎;叶舌干膜质,长0.5～1mm;叶片线状披针形,长4～15cm,宽2～7mm,具白粉。圆锥花序长7～13cm,分枝簇生,分枝与小枝腋间具细柔毛;穗轴节间与小穗柄均具长纤毛;无柄小穗长2～3mm;有柄小穗雄性,长于无柄小穗,无芒;第1颖先端钝,具4～6条不明显的脉,第2颖与第1颖等长,先端钝或尖,具3条脉,两颖上部边缘均具纤毛;第1外稃长圆形,长为第1颖的2/3,第2外稃线形,延伸成一膝曲的芒,芒长8～13mm;花药黄色,长1.5～1.8mm。花、果期6—10月。

见于江干区(九堡)、西湖景区(玉皇山),生于路旁或草丛中。分布于广东、广西、贵州、湖南、江苏、四川;日本、马来西亚、尼泊尔、印度也有。

与上种的区别在于:本种秆较粗壮;叶片具白粉;有柄小穗长于无柄小穗。

图3-341　硬秆子草

60. 香茅属　Cymbopogon Spreng.

多年生草本,通常具香味。秆不分枝。花序为由具佛焰苞之孪生总状花序组成的假圆锥花序;小穗背腹压扁,孪生,总状花序基部的1～2对小穗为同性对(均为雄性或中性),无芒,上部的各对小穗则为异性对(无柄的两性,有柄的雄性或中性);无柄小穗含2朵小花,第1小花中性,第2小花两性,长圆形至披针形;有柄小穗无芒;颖几等长;第1外稃膜质,长圆形,第2外稃狭窄,2裂,裂齿间伸出芒,内稃微小或缺如。颖果长圆球形,背面扁平。

70余种,分布于东半球的热带和亚热带;我国有20种;浙江有3种;杭州有2种。

1. 橘草　(图3-342)

Cymbopogon goeringii (Steud.) A. Camus

多年生草本。根须状。秆较细弱,直立,无毛,高60～150cm。叶鞘无毛,下部叶鞘多破裂而向外反卷,内面红棕色;叶舌先端钝圆,长1～2.5mm;叶片线形,长12～40cm,宽3～5mm,无毛。假圆锥花序较稀疏而狭窄;总状花序长1.5～2cm;佛焰苞长1.7～2.5cm;穗轴节间长3～3.5mm;无柄小穗长5～6mm;有柄小穗长4～6mm,小穗柄有长1～3mm的白色柔毛;颖几等长；第 1 外稃膜质，长圆形，第 2 外稃狭窄，2 裂，裂齿间伸出芒，内稃微小或缺如。花、果期 8—11 月。$2n=20$。

见于西湖景区（六和塔、韬光、玉皇山），生于林中、路旁和草丛中。分布于华东、华南、华北、西南；日本、越南、老挝、柬埔寨也有。

图 3-342 橘草

图 3-343 香茅

2. **香茅** （图 3-343）

Cymbopogon citratus（DC.）Stapf

多年生，含有柠檬香味。秆粗壮，高达 1～1.5m，节具蜡质。叶片 15～40cm，宽 10～15mm，两面灰白色。假圆锥花序疏散，具 3 回分枝；总状花序长 1.5～2cm，具 4 节；穗轴节间长 2～3mm，具柔毛；无柄小穗披针形，无芒；有柄小穗铅紫色；第 1 颖先端具 2 枚微齿，脊上具狭翼，脊间无脉；第 2 外稃先端浅裂，具短尖头而无芒。$2n=40,60$。

区内偶见栽培。广泛栽培于热带地区。

植物体含有香茅油，可提取，作香水、肥皂等。

与上种的区别在于：本种小穗无芒。

61. 裂稃草属 Schizachyrium Nees

一年生或多年生草本。秆直立或基部倾斜。叶片扁平或对折，线形或线状长圆形。总状花序单生、顶生兼腋生，其下托以鞘状之总苞；小穗背腹压扁，孪生，一无柄，一有柄；穗轴节间和小穗柄的顶端常变粗而有齿状附属物；无柄小穗含 2 朵小花，第 1 小花中性，第 2 小花两性，略倾斜或水平脱落，基盘稍锐尖或钝圆，有短髯毛；有柄小穗常退化仅存 1 枚有芒的颖；第 1 颖厚纸质或略呈革质，具狭窄内折之边缘而成 2 条脊，第 2 颖舟形；第 1 外稃透明膜质，有细纤毛,第2外稃透明膜质,2深裂,裂齿间伸出1枚膝曲的芒;雄蕊3枚。

约50种,大多分布于热带和亚热带地区;我国有3种,分布于东北、华中、华东、华南和西南;浙江有1种;杭州有1种。

裂稃草　(图3-344)

Schizachyrium brevifolium (Swartz) Nees

一年生草本。须根短而细弱。秆直立或倾斜,细瘦而多分枝,长20～70cm。叶鞘松弛,无毛,具脊;叶舌膜质,长0.5～1mm;叶片平展或对折,长1～3cm,宽2～4mm,先端钝,无毛。总状花序细弱,长0.5～2mm,下面托以鞘状总苞;无柄小穗线状披针形,长约3mm,基盘具短髯毛;第1颖背面扁平,具4～5条脉,具2枚微齿,第2颖膜质,舟形,具3条脉;第1外稃略短于颖,第2外稃长为颖的2/3,2深裂几达基部,芒细弱,长达1cm,中部以下膝曲,芒柱扭转;雄蕊3枚,花药橘黄色,长约1mm;有柄小穗仅存的颖长约0.8mm,先端具长2～4mm的细直芒。花、果期9月。$2n=20,40$。

见于西湖景区(五云山),生于路边。分布于华东、华中、华南、西南、华北、东北;广布于全世界温暖地区。

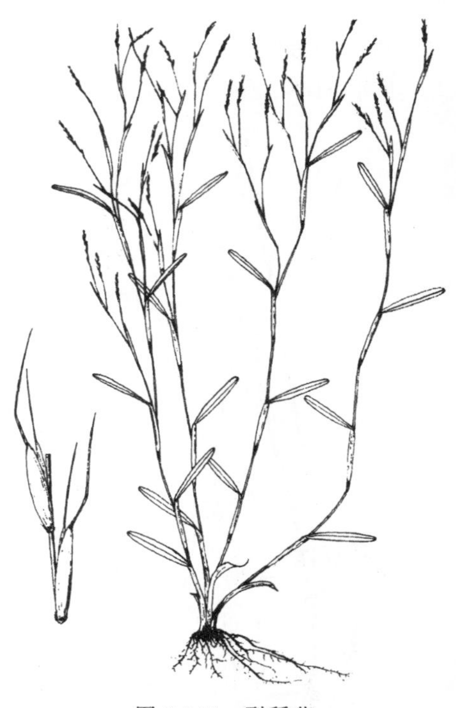

图3-344　裂稃草

62. 玉蜀黍属　Zea L.

一年生草本。秆高大。小穗单性,雌雄异序;雄花序顶生,圆锥状;雌花序腋生,穗状,具短花序梗,外包有多数鞘状苞片。雄小穗含2朵小花,孪生于三棱形的花序分枝上,一无柄,一具短柄;颖膜质,先端尖;外稃与内稃均为透明膜质;雄蕊3枚。雌小穗含2朵小花,第1小花不育,呈纵行密集排列于粗壮海绵状之穗轴上;颖宽广,顶端圆形或微凹;外稃透明膜质;雌蕊具细弱而极长之花柱。

1种,原产于美洲;我国各地均有栽培;浙江及杭州也有。

玉蜀黍　玉米　(图3-345)

Zea mays L.

一年生草本。秆高1～4m,通常不分枝,基部各节具气生支持根。叶鞘具横脉;叶片宽大,长披针形,边缘波状皱褶,具强壮之中脉。雄小穗长7～10mm;两颖几等长,背部隆起,具9～10条脉;外稃与内稃几与颖等长;花药橙黄色,长4～5mm。雌小穗孪生,呈8～18行排列于粗壮而呈海绵状之穗轴上;两颖等长,甚宽,无脉而具纤毛;第1外稃具内稃或缺,第2外稃

图3-345　玉蜀黍

似第 1 外稃,具内稃;雌蕊具极长而细弱之花柱。颖果略呈球形,成熟后超出颖片或稃片。花、果期 9—10 月。$2n=20$。

区内常见栽培。原产于美洲;全世界热带和温带广泛栽培。

本种是重要的粮食作物之一。谷粒可加工成面粉,亦可酿酒;秆、叶可作为青饲料,亦可造纸。

63. 薏苡属 Coix L.

一年生或多年生草本。秆高大,常分枝。叶片长而宽。总状花序多数,成束由叶腋抽出;小穗单性。雄小穗含 2 朵小花,2~3 枚生于穗轴各节,其中 1 枚无柄,其余 1~2 枚有柄,覆瓦状排列于总状花序的上部,伸出于骨质总苞;颖片具较明显的脉,草质;外稃与内稃透明膜质。雌小穗生于总状花序的基部,包藏于骨质念珠状的总苞内,其中仅 1 枚发育,其余均退化;孕性雌小穗的第 1 颖下部膜质,上部厚纸质,顶端钝,具多条脉,第 2 颖舟形,为第 1 颖所包。

10 种,分布于亚热带地区;我国有 5 种,2 变种,多栽培;浙江有 2 种,1 变种;杭州有 1 种。

薏苡 菩提子 (图 3-346)

Coix lacryma-jobi L.

多年生草本。秆粗壮,直立,高 1~1.5m,多分枝。叶鞘光滑,上部者短于节间;叶舌质硬,长约 1mm;叶片长而宽,线状披针形,长 20~30cm,宽 1~3cm,先端渐尖,基部近心形,中脉在下面凸起。总状花序多数,成束生于叶腋,长 5~8cm,具花序梗;小穗单性。雌小穗长 7~10mm,总苞骨质,念珠状,球形,光滑;第 1 颖具 10 条脉,第 2 颖舟形;第 1 外稃略短于颖,内稃缺,第 2 外稃稍短于第 1 外稃,具 3 条脉,具 3 枚退化雄蕊;雌蕊具长花柱,柱头分离。无柄雄小穗长 6~8mm;颖草质,第 1 颖扁平,两侧内折成脊而具不等宽之翼,先端钝,具多条脉,第 2 颖舟形,具多条脉;外稃与内稃均为膜质;雄蕊 3 枚,花药黄褐色,长 4~5mm;有柄雄小穗与无柄雄小穗相似,但较小或退化。花、果期 7—10 月。$2n=20$。

图 3-346 薏苡

区内常栽培于房前屋后,或逸生。原产于亚洲热带地区;我国各地均有栽培。

茎、叶可造纸;总苞晾干制成念珠,供装饰用。

131. 天南星科 Araceae

草本,稀为攀援灌木状。具块状茎或根状茎。叶单一或少数,常基生,若茎生,则为互生,2 列或螺旋状排列;叶柄基部或中下部鞘状;叶片不分裂,多为箭头形、戟形,或掌状、鸟足状、羽状、放射状分裂,具网状脉,稀具平行脉。花小,两性或单性;花单性时雌雄同株(同花序)或异株,排列成肉穗花序,花序外有佛焰苞包围;两性花有花被或缺,花被若存在则为2轮,花被片2或3枚;雄蕊常与花被片同数而对生,分离,但在无被花中,雄蕊数目不等,分离或合生为雄蕊柱,花药2室,花粉粒椭圆球形或长圆球形,光滑,退化雄蕊常存在;子房上位,1至多室,胚珠1至多数。果为浆果;种子具肉质的外种皮,胚乳丰富。

105属,约3000种,主要分布于热带和亚热带地区;我国有27属,202种,南北均有分布;浙江有14属,32种,1变种;杭州有13属,20种,1变种。

分属检索表

1. 浮水植物;叶倒卵状楔形,几无柄,排列成莲座状(栽培) ………………………… 1. **大薸属** *Pistia*
1. 非浮水植物。
  2. 叶狭长,剑形至线形,植株尤其是根状茎常有香气 ………………………… 2. **菖蒲属** *Acorus*
  2. 叶宽,非上述叶形。
    3. 叶片羽状分裂、掌状或鸟足状全裂。
      4. 直立草本,具块状茎。
        5. 植株花、叶不同时存在;叶1~2回羽状分裂 ………………… 3. **磨芋属** *Amorphophallus*
        5. 植株花、叶同时存在;叶非羽状分裂。
          6. 佛焰苞喉部闭合,有横隔膜;肉穗花序下部雌花序与佛焰苞合生 ……… 4. **半夏属** *Pinellia*
          6. 佛焰苞喉部不闭合,无横膈膜;肉穗花序不与佛焰苞合生 …… 5. **天南星属** *Arisaema*
      4. 草质藤本,不具块状茎。
        7. 浆果相互分离;子房室内具2或多粒胚珠 ……………………… 6. **麒麟叶属** *Epipremnum*
        7. 浆果相互粘合;子房室内具2粒胚珠 ……………………………… 7. **龟背竹属** *Monstera*
    3. 叶片不分裂。
      8. 肉穗花序有顶生附属器。
        9. 肉穗花序的雌花部分与佛焰苞分离;植株较高大(栽培)。
          10. 植株无地上茎 ……………………………………………………… 8. **芋属** *Colocasia*
          10. 植株具地上茎 ……………………………………………………… 9. **海芋属** *Alocasia*
        9. 肉穗花序的雌花部分与佛焰苞贴生;植株较矮小 ………………………… 4. **半夏属** *Pinellia*
      8. 肉穗花序无附属器。
        11. 花两性,具花被;佛焰苞扁平,颜色鲜艳,有光泽 ………………… 10. **花烛属** *Anthurium*
        11. 花全部单性,通常无花被。
          12. 雄蕊分离。
            13. 植株无地上茎;佛焰苞白色 ………………………… 11. **马蹄莲属** *Zantedeschia*
            13. 植株具地上茎;佛焰苞绿色 ………………………… 12. **广东万年青属** *Aglaonema*
          12. 雄蕊合生成一体;根状茎块状;叶柄盾状着生 ……………… 13. **五彩芋属** *Caladium*

1. 大薸属 Pistia L.

浮水草本,具长而悬垂的白色纤维根。茎上节间极短。叶簇生,呈莲座状;叶片倒卵形、倒楔形或倒心形。花序具短柄;佛焰苞甚小,白色,叶状,内面光滑,外面被毛,中部两侧狭缩,管部卵圆形,边缘合生至中部,檐部卵形,锐尖,近兜状,不等侧开展;肉穗花序短于佛焰苞,但远超出管部,背面与佛焰苞合生达2/3处,花单性同序;雄花2~8朵生于上部,无附属器,排列为轮状,雄花序下有一扩大的绿色盘状物;雌花单生于肉穗花序下部,子房1室,胚珠多数。浆果小,卵圆形,有多数种子。

仅1种,广布于热带和亚热带地区;我国常见栽培;浙江及杭州也有。

大薸 水浮莲 大浮萍 (图3-347)

Pistia stratiotes L.

水生漂浮草本。茎上节间十分短缩。叶片形状随发育阶段而异,初为圆形或倒卵形,略具柄,后为倒卵状楔形、倒卵状长圆形或近线状长圆形,长2.5~10cm,先端截形或浑圆,基部厚,几无柄,两面均被茸毛,基部尤为浓密,叶脉7~15对,扇状伸展,背面隆起,呈皱褶状;叶鞘托叶状,干膜质。杭州未见花、果。$2n=28$。

区内有栽培。原产于热带地区;长江以南各省、区有野生或栽培。

全株作猪饲料、供药用或观赏。

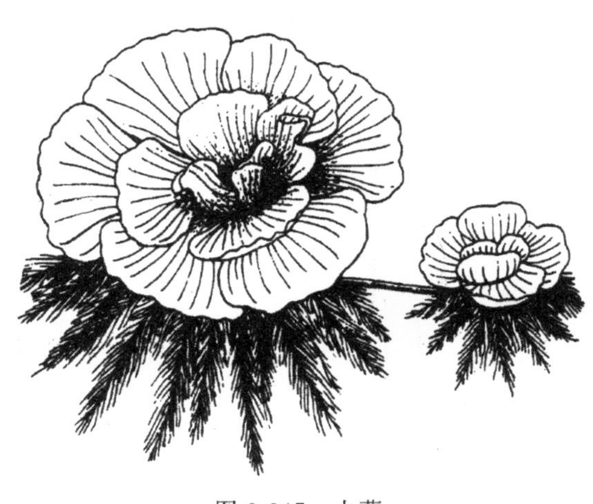

图3-347 大薸

2. 菖蒲属 Acorus L.

多年生常绿草本。根状茎匍匐,肉质,分枝,具香气。叶2列,近基生;叶鞘套叠状,边缘膜质;叶片狭长,革质,基部对折,具平行脉。佛焰苞叶状,部分与花序梗合生;肉穗花序生于当年生叶腋,花序梗三棱形;花两性;花被片6枚,先端内弯;雄蕊6枚,花丝与花被片等长,花药肾形,向外开裂;子房倒圆锥状长圆形,2~3室,每室具胚珠多数。浆果长圆球形,红色;种子长圆球形。

4种,分布于北温带至亚洲热带地区;我国有4种;浙江有3种;杭州有3种。

分种检索表

1. 叶具显著中肋,叶片剑状线形,长而宽,长90~150cm,宽1~2(~3)cm …………… 1. **菖蒲** *A. calamus*
1. 叶无明显中肋,叶片线形,较狭而长。
    2. 叶片宽7~13mm,质地较薄,气味辛辣,在根状茎上较稀疏着生;叶状佛焰苞长13~25cm,为肉穗花序长的2~5倍 …………………………………………………………… 2. **石菖蒲** *A. tatarinowii*
    2. 叶片宽不及6mm,质地较厚,气味芳香,在根状茎上较密集着生;叶状佛焰苞仅长3~9cm,为肉穗花序长的1~2倍 …………………………………………………………… 3. **金钱蒲** *A. gramineus*

1. 菖蒲 水菖蒲 (图3-348)

Acorus calamus L.

多年生草本。肉质根多数,具毛发状须根。根状茎芳香,外皮黄褐色,横走,直径为0.5~2.5cm。叶基生,基部对折呈鞘状,两侧的膜质部分宽4~5mm,向上渐狭至叶长1/3处,脱落;叶片剑状线形,长90~150cm,宽1~3cm,两面均具明显隆起的中肋,侧脉3~5对,平行。花序梗三棱形,长15～50cm;叶状佛焰苞剑状线形,长20～40cm;肉穗花序锥状圆柱形,长4～9cm,直径为6～20mm;花黄绿色,花被片长约2.5mm,宽约1mm;花丝长2.5mm,宽约1mm;子房长圆柱形,长3mm,宽约1.25mm。浆果红色,长圆形。花期6—7月,果期8月。

区内常见栽培。分布于全国各省、区;广布于温带、亚热带地区。

植株可供观赏;根状茎入药。

图3-348　菖蒲　　　　图3-349　石菖蒲

2. **石菖蒲**　九节菖蒲　岩菖蒲　(图3-349)

Acorus tatarinowii Schott

多年生草本。根肉质,具多数须根。根状茎芳香,外部淡褐色,直径为0.5～1.5cm,节间长3～5mm,茎上部常多分枝,呈丛生状,分枝常被纤维状宿存叶基。叶基生,基部对折,呈鞘状,两侧膜质部分宽2～5mm,向上渐狭至叶片近中部,脱落;叶片气味辛辣,质地较薄,线形,长10～50cm,宽7～13cm,无中肋,平行脉多数,稍隆起。花序梗三棱形,长4～15cm;叶状佛焰苞长13～25cm,通常为肉穗花序长的2倍以上;肉穗花序圆柱状,长2.5～10cm,直径为3～7mm;花白色。果幼时黄绿色或黄白色。花、果期4—7月。$2n=24$。

见于西湖区(龙坞),生于湿地或溪边石上。分布于黄河以南各省、区;泰国北部至印度东北部也有。

根状茎入药。

3. **金钱蒲**　(图3-350)

Acorus gramineus Soland.

多年生草本,高20～30cm。根肉质,多数须根密集。根状茎芳香,外部淡黄色,较短,横走或斜生，直径为 3～7mm，节间长 1～5mm，茎上部分枝甚密，呈丛生状。叶基生，基部对折，呈鞘状，两侧膜质部分棕色，下部宽2～3mm，向上渐狭至叶片中部以下，脱落；叶片气味芳香，质地较厚，线形，长 10～30cm，宽不达 6mm，先端长渐尖，无中肋，平行脉多数。花序梗长 2.5～10cm；叶状佛焰苞长3～9cm，通常短于至等长于肉穗花序；肉穗花序圆柱形，长3～9cm，直径为 3～5mm。果黄绿色。花、果期 5—8 月。$2n=24$。

见于西湖区（留下）、西湖景区（龙井、梅家坞、云栖），生于水旁湿地或石上。分布于甘肃、广东、广西、贵州、江西、湖北、湖南、四川、陕西、西藏、云南。

根状茎入药。

在腊叶标本上，该种与石菖蒲很难辨别，二者的叶片和佛焰苞的长短宽窄往往有重叠，故 *Flora of China* 将二者归并，置于 *Acorus gramineus* Soland. 下，但未作讨论。但二者活体叶片的质地和气味有一定区别，本志暂作分列处理，以待进一步研究。

图 3-350 金钱蒲

3. 磨芋属 Amorphophallus Blume ex Decne.

多年生草本。块状茎常扁球形，稀球形或长圆柱形；地上茎下部具鳞叶。叶 1 枚；叶柄粗壮，光滑或粗糙具疣，常有紫褐色斑块；叶片通常 3 全裂，裂片 1 回或 2 回羽状分裂，或二歧分裂后再羽状分裂，小裂片多少长圆形，先端常锐尖。花序与叶不同时存在，通常具长柄；佛焰苞管部漏斗形或钟形，席卷，内面下部常多疣或具线形凸起，檐部多少开展；肉穗花序圆柱形，两性，雄花部分位于雌花部分上部；附属物增粗或延长；雄花有雄蕊 1 枚或 3～6 枚，雄蕊短；雌花有心皮 1 枚或3～4枚，子房近球形或倒卵形，1～4 室。浆果球形或扁球形；种子 1 枚至少数。

约 170 种，分布于东半球；我国有 21 种，主要分布于江南各地；浙江有 2 种；杭州有 1 种。

花磨芋 磨芋 （图 3-351）

Amorphophallus konjac K. Koch——*A. rivieri* Durieu ex Riviere

块状茎扁球形，暗红褐色。叶柄长 45～150cm，黄绿色，光滑，有绿褐色或白色斑块；基部具膜质鳞叶 2～3枚，披针形，内面的渐长大，长 7.5～20cm；叶片绿色，3 裂，一次裂片具长 50cm 的柄，二歧分裂，二次裂片 2 回羽状分裂或 2 回二歧分裂，小裂片互生，大小不等，基部的较小，向上渐大。花序梗长 50～70cm，直径为 1.5～2cm，色泽同叶柄。佛焰苞漏斗

图 3-351 花磨芋

形,长20～30cm,基部席卷,管部长6～8cm,宽3～4cm,苍绿色,杂以暗绿色斑块,边缘紫红色;檐部长15～20cm,宽约15cm,心状圆形,锐尖,边缘波状,外面变绿色,内面深紫色。肉穗花序比佛焰苞长1倍;雌花序圆柱形,长约6cm,直径为3cm,紫色;雄花序紧接(有时杂以少数两性花),长8cm,直径为2～2.3cm;附属物伸长,呈圆锥形,长20～25cm,中空,深紫色。花丝长1mm,宽2mm,花药长2mm;子房长约2mm,紫红色,2室,胚珠极短,无柄,花柱与子房近等长,柱头边缘3裂。浆果球形或扁球形,成熟时黄绿色。花期4—6月,果期8—9月。$2n=26$。

区内有栽培,生于疏林下、溪谷两旁湿润地。分布于甘肃、宁夏、陕西至长江以南各省、区;喜马拉雅地区至泰国、越南也有。

块状茎可加工成豆腐,也可供药用和作胶黏剂。

据文献记载,区内还有华东磨芋 *A. sinensis* Belval,但未见到可靠标本,故本书暂不收录。

4. 半夏属 Pinellia Tenore

多年生草本,具块状茎。叶柄上部或下部、叶片基部常有珠芽;叶片全缘、3裂或鸟足状分裂,裂片椭圆形或长卵形。花序和叶同时抽出;佛焰苞管部席卷,喉部闭合,有横隔膜,檐部长圆形,长约为管部的2倍;肉穗花序两性,雄花部分位于隔膜之上,雌花部分位于隔膜之下;附属物伸长,呈线形,远超出佛焰苞;花单性,无花被;雄花有雄蕊2枚;雌花子房卵球形,1室,胚珠1枚。

9种,产于亚洲东部;我国有8种;浙江有4种;杭州有3种。

分种检索表

1. 叶片全缘,基部心形 ………………………………… 1. **滴水珠** *P. cordata*
1. 叶片3裂或鸟足状分裂(半夏的幼苗叶片可为全缘)。
    2. 叶片3全裂 ………………………………… 2. **半夏** *P. ternata*
    2. 叶片鸟足状分裂 ………………………………… 3. **掌叶半夏** *P. pedatisecta*

1. 滴水珠 (图3-352)

Pinellia cordata N. E. Brown

块状茎球形、卵球形或长圆球形,长2～2.8cm,直径为1～1.8cm。叶1枚;叶柄长8～25cm,紫色或绿色,具紫斑,几无鞘,在中部以下生1枚珠芽;叶片长圆状卵形、长三角状卵形或心状戟形,长5～10cm,宽3～8cm,先端长渐尖,有时呈尾状,基部深心形,常在弯曲处上面有1枚珠芽,上面绿色,下面常带淡紫色,全缘。花序梗短于叶柄,长6～18cm;佛焰苞绿色、淡黄紫色或青紫色,长2～7cm,管部长1.2～2cm,直径为4～7mm,檐部椭圆形,长1.8～4.5cm,展平时宽1.2～3cm;肉穗花序雄花部分长5～7mm,雌花部分长1～1.2cm;附属物绿色,长6～20cm,常弯曲,呈"之"字形上升。花期3—6月,果期7—9月。$2n=26,72,78$。

图3-352 滴水珠

见于西湖区(留下),生于山腰斜坡上。分布于安徽、福建、广东、广西、贵州、湖北、湖南、江西。

块状茎入药。

2. **半夏** （图 3-353）

Pinellia ternata（Thunb.）Breit.

块状茎圆球形，直径为 1～2cm，上部周围生多数须根。叶 2～5 枚，稀 1 枚；叶柄长 10～25cm，基部具鞘，鞘内、鞘部以上或叶片基部生珠芽；幼苗叶片卵心形至戟形，全缘；成年植株叶片 3 全裂，裂片长椭圆形或披针形，中裂片长 3～10cm，宽 1～3cm，侧裂片稍短，两端锐尖，全缘或浅波状。花序梗长 20～30cm，长于叶柄；佛焰苞绿色，管部狭圆柱形，长 1.5～2cm，檐部长圆形，有时边缘呈青紫色，长 4～5cm，宽 1.5cm，先端钝或锐尖；肉穗花序雄花部分长 5～7mm，雌花部分长约 2cm；附属物绿色至带紫色，长 6～10cm。浆果卵球形，黄绿色，顶端渐狭。花期 5—7 月，果期 7—8 月。

区内常见，生于草坡、荒地、疏林下。分布于除内蒙古、青海、西藏、新疆外的各省、区；日本、朝鲜半岛也有。

块状茎入药。

图 3-353 半夏

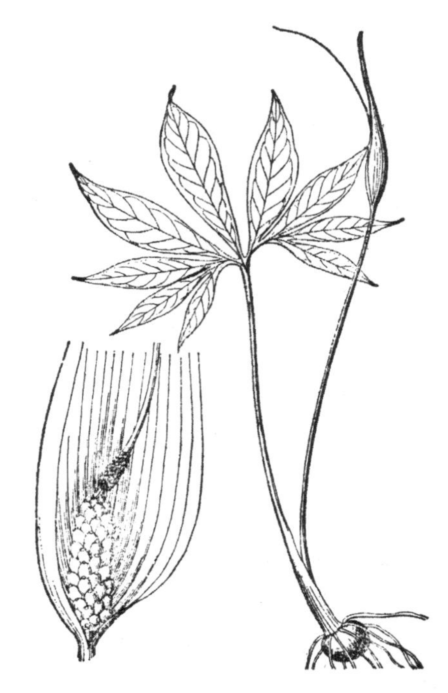

图 3-354 掌叶半夏

3. **掌叶半夏** 虎掌狗爪半夏 （图 3-354）

Pinellia pedatisecta Schott

块状茎近圆球形，直径达 4cm，四周常生有数个小块状茎。叶 1～3 枚或更多；叶柄长 20～70cm，下部具鞘；叶片鸟足状分裂，裂片 6～11 枚，披针形或楔形，中裂片长 15～18cm，宽 3cm，两侧裂片依次渐小，先端渐尖，基部楔形。花序梗长 20～50cm；佛焰苞绿色，管部长圆形，长2～4cm，直径约为 1cm，檐部长披针形，长 8～15cm，基部展平宽 1.5cm；肉穗花序雄花部分长 5～7cm，雌花部分长 1.5～3cm；附属物长 8～12cm。浆果小，卵球形，绿色至黄白色。花期6—7月,果期8—11月。$2n=26$。

见于西湖景区(桃源岭),生于山地林下、山谷或河谷阴湿处。分布于安徽、福建、广西、贵州、河北、河南、湖北、湖南、江苏、山东、山西、陕西、四川、云南。

块状茎入药。

5. 天南星属 Arisaema Mart.

多年生草本,具块状茎。茎下部常围有鳞叶。叶柄具长鞘,常与花序梗具同样的斑纹;叶片3浅裂、深裂或全裂,有时鸟足状或放射状分裂,裂片卵形、卵状披针形、披针形,全缘,有时啮齿状,无柄或具柄。佛焰苞管部席卷成圆筒形,或喉部开展,檐部大多呈拱形盔状,先端常长渐尖;肉穗花序单性或两性;雄花序多疏花,雌花序常密花,在两性花序中雄花部分位于雌花部分之上,上部常有少数或多数中性花残遗物;残遗中性花钻形或线形,系不育雄花;花序顶端附属物短,仅达佛焰苞喉部,或多或少伸出喉外;花单性,无花被;雄花有雄蕊2~5枚,花粉粒球形,常具细刺;雌花密集,子房1室。浆果倒卵球形至倒圆锥形;种子球状卵圆形,具锥尖。

150余种,大多分布于亚洲热带、亚热带和温带地区,少数产于热带非洲、北美洲;我国有91种,5变种;浙江有7种,1变种;杭州有3种,1变种。

分种检索表

1. 叶片鸟足状或掌状分裂。
    2. 附属器上部延长,鞭状,"之"字形上升,向上渐狭;叶裂片13~21枚 …… 1. **天南星** *A. heterophyllum*
    2. 附属器短缩,直立,圆柱形或棒状,基部截形;叶5~17枚指状分裂。
        3. 叶裂片全缘 …………………………………… 2. **全缘灯台莲** *A. sikokianum*
        3. 叶裂片具锯齿 …………………………………… 2a. **灯台莲** var. *serratum*
1. 叶片辐射状分裂;附属器圆柱形或棒形,直立,向两端渐尖 …………… 3. **一把伞南星** *A. erubescens*

1. 天南星 异叶天南星 (图3-355)

Arisaema heterophyllum Blume

块状茎扁球形或近球形,直径为1.5~4cm,上部扁平,周围生根,常具侧生小块状茎。鳞叶4~5枚,膜质。叶单一;叶柄圆柱形,下部3/4鞘状;叶片鸟足状分裂,裂片7~19枚,倒披针形、长圆形、线状长圆形,先端渐尖,基部楔形,全缘,无柄或具短柄,侧裂片长7~22cm,宽2~6cm,中裂片长3~15cm,宽0.7~5.8cm,长几为侧裂片的1/2。花序梗常短于叶柄;佛焰苞管部长3~8cm,宽1~2.5cm,喉部戟形,边缘稍外卷,檐部卵形或卵状披针形,长4~9cm,宽2.5~8cm,常下弯成盔状,先端骤狭渐尖;肉穗花序有两性花序和单性雄花序两种;在两性花序中,雄花部分长1.5~3.2cm,雄花疏生,大部分不育,雌花部分长1~2.2cm,雌花球形,花柱明显,柱头小;单性雄花序长3~5cm,直径为3~5mm,雄花具柄,花药2~4枚;附属物绿白色,长鞭形,无柄,长10~20cm,伸出佛焰苞外,呈"之"字形上升。浆果黄红色、红色,圆柱形,长约5mm;种子黄色,具红色斑点。花期4—5月,果期7—9月。

见于西湖区(留下)、萧山区(河上、楼塔)、余杭区(良渚)、西湖景区(九溪、老和山、茅家埠、棋盘山、五老峰),生于山坡路旁、竹林下。分布于除西北、西藏外的大部分省、区;日本、朝鲜半岛也有。

块状茎入药。

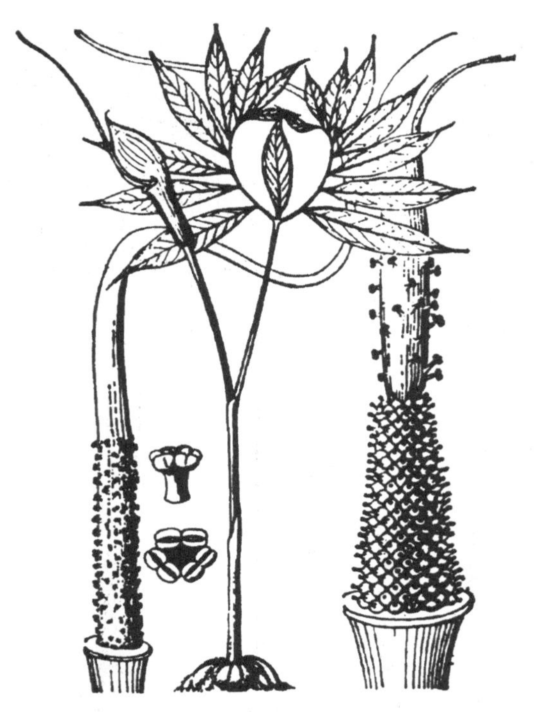

图 3-355 天南星

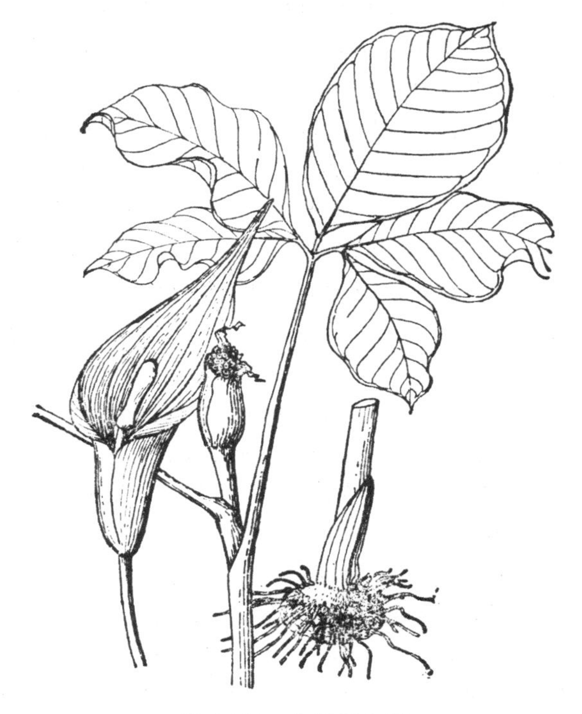

图 3-356 全缘灯台莲

2. 全缘灯台莲 （图 3-356）

Arisaema sikokianum Franch. & Savat.

块状茎扁球形，直径为 2～3cm。鳞叶 2 枚。叶 2 枚；叶柄长 20～30cm，下部 1/2 具鞘；叶片鸟足状分裂，裂片 5 枚，卵形、长卵形或长圆形，全缘，中裂片长 13～18cm，宽 9～12cm，先端锐尖，基部楔形，具长 0.5～2.5cm 的柄，侧裂片小于中裂片或近相等，具短柄或否，外侧裂片较小，不对称，内侧基部楔形，外侧圆形或耳状，无柄。花序梗略短于叶柄或几与叶柄等长；佛焰苞具淡紫色条纹，管部漏斗状，长 6～10cm，宽 2.5～5.5cm；肉穗花序单性；雄花序圆柱形，长2～3cm，直径为 2mm，花疏生；雌花序近圆锥形，长 2～3cm，下部直径为 1cm，花密集，子房卵球形，柱头小；附属物棒状或长圆球形，直径为 4～5mm，具细柄。浆果黄色，长圆锥状；种子 1～3 枚，卵球形，光滑，具柄。花期 5 月，果期 6—9 月。$2n=28$。

见于西湖景区（飞来峰、九溪），生于林下。分布于安徽、福建、湖北、江苏；日本也有。

2a. 灯台莲

var. serratum (Makino) Hand.-Mazz.

与原种的区别在于：本变种叶片边缘具不规则的粗锯齿至细锯齿；叶偶有 3 裂。

见于余杭区（黄湖、中泰），生于山坡林下。分布于安徽、福建、广东、广西、贵州、河南、湖北、湖南、江苏、江西、陕西、四川；日本也有。

3. 一把伞南星 (图 3-357)

Arisaema erubescens (Wall.) Schott

块状茎扁球形,直径为2~6cm,表面黄色或淡紫红色。鳞叶有紫褐色斑纹。叶1枚,稀2枚;叶柄长40~80cm,绿色,有时具褐色斑块,下部具鞘;叶片放射状分裂,裂片7~20枚,披针形、长圆形至椭圆形,长7~24cm,宽2~3.5cm,先端长渐尖,呈丝状,长达7cm,基部狭窄,无柄。花序梗短于叶柄,长约40cm,具褐色斑纹;佛焰苞绿色,背面有清晰的白色条纹,或紫色而无条纹,管部窄圆柱形,长4~8cm,喉部稍膨大,开展部分外卷,檐部三角状卵形至长卵圆形,长4~7cm,宽2~6cm,先端渐窄成长4~15cm的线形尾尖;肉穗花序单性;雄花序长2~2.5cm,具密花,上部常有少数中性花,雄花有雄蕊2~4枚;雌花序长约2cm,下部常具钻形中性花,雌花的子房球形,无花柱,柱头小;附属物棒状,长3~4cm。浆果红色;种子1~2枚,球形,淡褐色。花期5—7月,果期8—9月。$2n=28,56$。

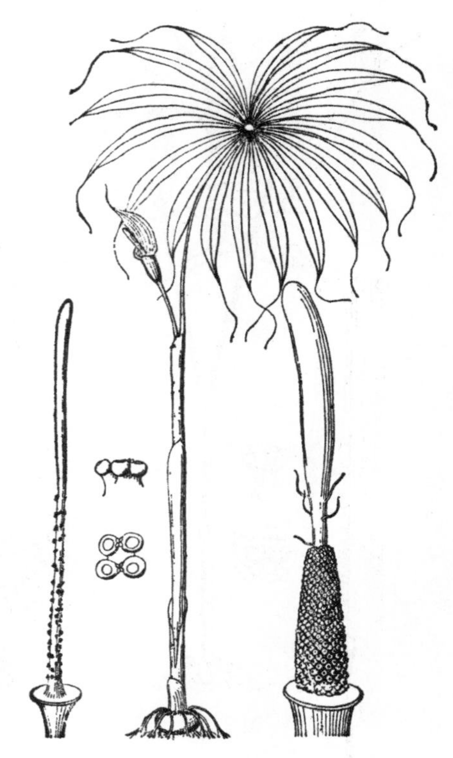
图 3-357 一把伞南星

见于萧山区(河上、楼塔)、余杭区(百丈、径山、黄湖)、西湖景区(云栖),生于林下、山坡、灌丛。分布于除内蒙古、黑龙江、吉林、江苏、辽宁、山东、新疆等以外的省、区;泰国、缅甸、尼泊尔、印度也有。

块状茎入药。

6. 麒麟叶属 Epipremnum Schott

藤本植物,常攀援于石上或树上。叶大,全缘或羽状分裂,沿中肋两侧常有小孔;叶柄具鞘,上端有关节。花序梗粗壮,佛焰苞卵形,多少渐尖,肉穗花序无柄,全部具花;花两性,稀下部为雌花,极稀单性,无花被;雄蕊4(~6)枚,花丝线形,宽,渐狭为细长的药隔,花药远短于花丝,药室线状椭圆形,锐尖,高出药隔,外向纵裂;子房顶部平截,多边形,1室,胚珠2~4枚,着生于侧膜胎座的基部,稀6~8枚成2列排列于侧膜胎座上,倒生,珠孔朝向基底,珠柄短;花柱缺,柱头线状长圆球形,纵向。浆果小;种子肾形,单一者稍圆,多数者有棱,种皮厚,壳状,胚弯曲。

26种,分布于印度至马来西亚;我国有3种;浙江有2种;杭州有1种。

绿萝

Epipremnum aureum (Linden & Andre) Bunting

高大藤本。茎攀援,节间具纵槽;多分枝,枝悬垂。幼枝鞭状,细长,粗3~4mm,节间长15~20cm。枝上叶柄长8~10cm,两侧具鞘达顶部;鞘革质,宿存,下部每侧宽近1cm,向上渐狭;下部叶片大,长5~10cm,上部叶片长6~8cm,纸质,宽卵形,短渐尖,基部心形,宽6.5cm。成熟枝上叶柄粗壮,长30~40cm,基部稍扩大,上部关节长2.5~3cm,稍肥厚,腹面具宽槽;叶鞘长；叶片薄革质，翠绿色，通常（特别是叶面）有多数不规则的纯黄色斑块，全缘，不等侧的卵形或卵状长圆形，先端短渐尖，基部深心形，长 32～45cm，宽 24～36cm，1 级侧脉 8～9 对，稍粗，两面略隆起，与强劲的中肋成 70°～80°（～90°）锐角，其间 2 级侧脉较纤细，细脉微弱，与 1、2 级侧脉网结。

区内有栽培。原产于所罗门群岛；亚洲各热带地区广泛栽培。

作室内盆栽、荫棚悬挂、水培植物，供观赏。

7. 龟背竹属 Monstera Adans.

攀援灌木。叶密，2 列；叶柄具鞘，一叶片异向旋转。幼株的叶常小，卵形或卵状心形，具短柄，叶片紧贴茎上。成熟植株的叶片各式，全缘，大都长圆形，不等侧，有时具空洞，稀羽状分裂；叶柄上叶鞘达中部或中部以上，宿存或撕裂为麻屑状，或全部脱落。花序梗由枝端附近单出或多少形成扇形的合轴。佛焰苞卵球形或长圆状卵球形，锐尖，舟状开展，果期凋萎，然后脱落。肉穗花序无梗，与佛焰苞分离，近圆柱形，多少短于佛焰苞；花多而密，最下部的花不育，余为两性，无花被。能育花雄蕊 4 枚，花丝扁平、宽，先端骤尖为细狭的药隔，长度稍超出雌蕊，花药 2 室，药室长圆形，细尖，超出药隔，近对生，外向纵裂达基部；子房倒圆锥角柱状，2 室；每室胚珠 2 枚，倒生，珠柄短，生于室腔基底一侧隆起的胎座上，珠孔朝向基底；花柱与子房等长，粗壮，顶部平截，中部稍伸长；柱头扁长圆球形或线形（直接与肉穗花序相通）。不育花假雄蕊 4 枚，小，圆锥状；残遗子房角柱状，2 室；胚珠发育不全；柱头大，压扁。浆果密集，散落后遗留部分为盘状，果皮薄，膜质，稍柔软；各室种子少数（1～3 枚），种子倒卵球形或近心形，扁，珠柄略显，外种皮分离，种皮厚，胚具长柄，无胚乳。

约 50 种，分布于南美洲热带地区；我国栽培 1 种；浙江及杭州也有。

龟背竹 （图 3-358）

Monstera deliciosa Liebm.

攀援灌木。茎绿色，粗壮，有苍白色的半月形叶迹，周延为环状，其余光滑，长 3～6m，粗 6cm，节间长 6～7cm，具气生根。叶柄绿色，长常达 1m，腹面扁平，宽 4～5cm，背面钝圆，粗糙，边缘锐尖，基部甚宽，对折抱茎，排列为覆瓦状，形如鸢尾，两侧叶鞘宽，向上渐狭，脱落后叶柄边缘呈皱波状；叶片大，轮廓心状卵形，宽 40～60cm，厚革质，表面发亮，淡绿色，背面绿白色，边缘羽状分裂，侧脉间有 1～2 个较大的空洞，靠近中肋者多为横圆形，宽 1.5～4cm，向外的为横椭圆形，宽 5～6cm；中肋及侧脉表面绿色，背面绿白色，两面均隆起；1 级侧脉 8～10 对，基部的相互靠近，向上渐远离，2～4 级叶脉网状，不明显。未见浙

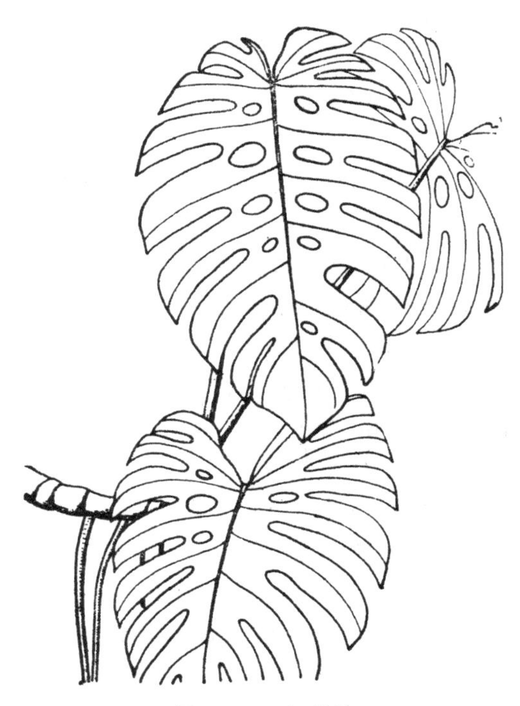

图 3-358 龟背竹

江花果标本。

区内有栽培。原产于墨西哥;各热带地区多引种栽培。

供观赏。

8. 芋属　Colocasia Schott

多年生草本。具肉质块状茎、根状茎。叶基生;叶柄下延,下部鞘状;叶片盾状着生,卵状心形或箭头状心形。花序梗常多数,于叶腋抽出;佛焰苞管部短,席卷,宿存,檐部直立,脱落;肉穗花序短于佛焰苞;雄花部分长圆柱形,位于上部,雌花部分短,位于基部,中间则为中性花(不育雄花)部分所分隔;附属物直立;花单性,无花被;雄花有雄蕊3～6枚,合生;雌花心皮3～4枚,子房1室,胚珠多数,生于侧膜胎座上。浆果绿色,倒圆锥形或长圆球形;种子多数,长圆球形。

20种,分布于亚洲热带及亚热带地区;我国有6种;浙江有3种;杭州有2种。

1. 芋　芋头　芋艿　紫芋　(图3-359)

Colocasia esculenta (L.) Schott——*C. tonoimo* Nakai

湿生草本。块状茎卵球形至长椭圆球形,常生多数小球茎,富含淀粉。叶2～5枚,基生;叶柄长于叶片,长20～90cm,绿色,基部鞘状抱茎;叶片盾状卵形,长20～50cm,先端急尖或短渐尖,侧脉4对,斜伸达叶缘,后裂片浑圆,1/3～1/2合生,弯缺较钝,深3～5cm。浙江花、果标本未见。$2n=28,42$。

区内常见栽培。我国南北各地都有栽培;埃及、菲律宾、印度尼西亚等热带地区也多栽培,视其为主要食料。

块状茎可供食用;叶柄为常用的猪饲料。

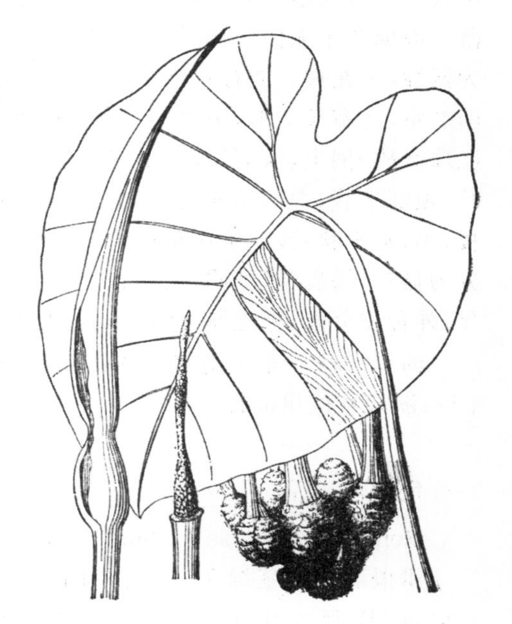

图3-359　芋

2. 大野芋　象耳芋

Colocasia gigantea (Blume) Hook. f.

多年生常绿草本。根状茎直立,圆柱形或倒圆锥形,粗3～5(～9)cm,长5～10cm,直立。叶丛生;叶柄淡绿色,具白粉,长可达1.5m,下部1/2鞘状,闭合;叶片长圆状心形、卵状心形,长可达1.3m,宽可达1m,有时更大,边缘波状,后裂片圆形,裂弯开展。浙江花果标本未见。$2n=28$。

区内有栽培。分布于福建、广东、广西、江西、云南;马来半岛和中南半岛也有。

与上种的区别在于:本种具圆柱形或倒圆锥形的根状茎,叶片可长达130cm。

9. 海芋属　Alocasia (Schott) G. Don

多年生热带草本。茎粗厚,短缩,大多为地下茎,稀上升或为直立地上茎,密布叶柄痕。叶具长柄，下部多少具长鞘；叶片幼时通常盾状，成年植株的多为箭头状心形。花序梗后叶抽出，常多数集成短缩的、具苞片的合轴。佛焰苞管部卵形、长圆形，席卷，宿存，果期逐渐不整齐地撕裂；檐部长圆形，通常舟状。肉穗花序短于佛焰苞，粗厚，圆柱形，直立；雌花序短，锥状圆柱形；不育雄花序（中性花序）通常明显变狭；能育雄花序圆柱形；附属器圆锥形。花单性，无花被。能育雄花为合生雄蕊柱，倒金字塔形，顶部平截，有雄蕊 3～8 枚，花药线状长圆球形。不育雄花为合生假雄蕊，扁平，倒金字塔形，顶部平截。雌花有心皮 3～4 枚，子房卵球形或长圆球形，花柱开始短，后来不明显，柱头扁头状，先端多少 3～4 裂，子房 1 室，但有时最上端为 3～4室；直生胚珠直立、半倒生；珠柄极短，基底胎座。浆果大多红色，椭圆球形、倒圆锥状椭圆球形或近球形，柱头宿存；种子少数或单一，种子近球形。

约 70 种，分布于热带亚洲；我国有 4 种，产于长江以南各热带地区；浙江栽培 2 种；杭州栽培 1 种。

海芋 滴水观音 （图 3-360）

Alocasia macrorrhiza（L.）Schott

大型常绿草本植物。具匍匐根状茎，有直立的地上茎，随植株的年龄和人类活动干扰程度的不同，茎高有差异，从 10cm 至 5m，粗 10～30cm，基部长出不定芽。叶多数；叶柄绿色或污紫色；叶螺状排列，粗厚，长可达 1.5m，基部连鞘宽 5～10cm，开展；叶片亚革质，草绿色，箭头状卵形，边缘波状，长 50～90cm，宽 40～90cm，有的长、宽都在 1m 以上，后裂片 1/10～1/5 联合，幼株叶片联合较多；前裂片三角状卵形，先端锐尖，长大于宽，1 级侧脉 9～12 对，下部的粗如手指，向上渐狭；后裂片多少圆形，弯缺锐尖，有时几达叶柄，后基脉互交成直角或不及 90°的锐角。花序梗 2～3 枚丛生，圆柱形，长 12～60cm，通常绿色，有时污紫色。佛焰苞管部绿色，长 3～5cm，粗 3～4cm，卵形或短椭圆形；檐部花蕾时绿色，花时黄绿色、绿白色，凋萎时变黄色、白色，舟状长圆形，略下弯，先端喙状，长10～30cm，周围4～8cm。肉穗花序芳香，雌花序白色，长 2～4cm，不育雄花序白绿色，长（2.5～）5～6cm，能育雄花序淡黄色，长 3～7cm；附属器淡绿色至乳黄色，圆锥状，长 3～5.5cm，粗 1～2cm，圆锥状，嵌以不规则的槽纹。浆果红色，卵球状，长 8～10mm，粗 5～8mm；种子 1～2 枚。四季开花，但在密阴的林下常不开花。

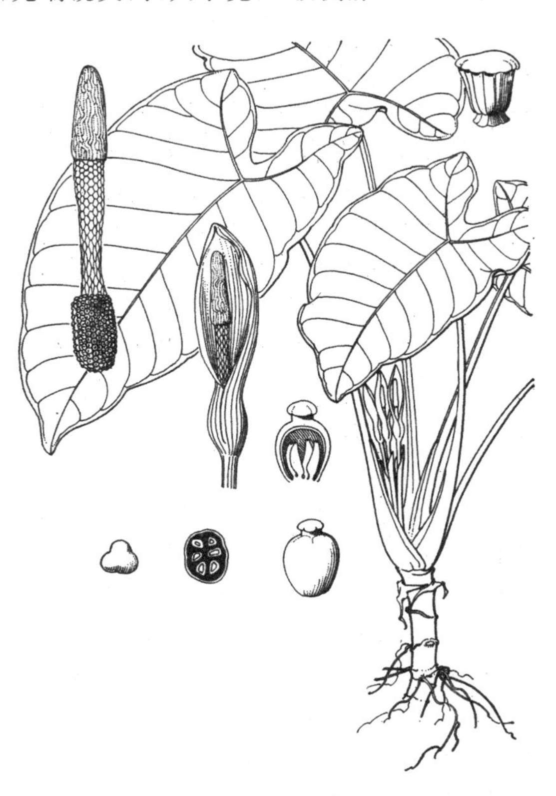
图 3-360 海芋

区内有栽培。分布于福建、广东、广西、贵州、湖南、江西、四川、台湾、云南；自孟加拉、印度东北部至马来半岛、中南半岛，以及菲律宾、印度尼西亚都有。

室内大型盆栽植物，供观赏。

10. 花烛属　Anthurium Schott

上升或匍匐草本,或为攀援灌木。叶形各式,全缘、浅裂、深裂或掌状分裂;叶柄明显,基部具短鞘,先端有膨大的关节。花序梗大都伸长,稀很短。佛焰苞宿存,大都扁平,披针形、卵形或椭圆形,绿色、紫色、白色、绯红色,基部常下延。肉穗花序无梗或具短梗,圆柱形、圆锥形,有时呈尾状,绿色、青紫色,稀白色、黄色、绯红色,花由基部向上开放。花两性,有花被;花瓣4枚,长、宽几相等,先端拱状内弯,靠合,几平截,外轮2枚常较宽,内轮的内藏,有时4个花瓣排列为不整齐的覆瓦状,果时强烈增大;雄蕊4枚,花丝扁,先端略狭为药隔,与花瓣等长,花药短,药室卵形或长卵圆形,外向纵裂;子房卵球形、长圆球形或倒卵球形,顶部平或渐狭为花柱,2室,每室具胚珠1或2枚,倒生或弯生,珠柄短,着生于室的内侧,花柱不存在或很短,柱头小,盘状,近圆形或长圆形,浅2裂。浆果肉质,近球形、卵球形、倒卵球形、倒卵状长圆球形、近陀螺形、长纺锤形,绿色、橙黄色、绯红色、紫色,果序常增大;种子成熟时渐次从花瓣中推出,长圆球形,扁凸,珠孔外凸,珠被具疣凸;胚乳丰富,胚具轴,近圆柱形,长不及胚乳。

约550种,产于热带美洲,现各热带地区引种栽培;我国常见栽培2种;浙江常见栽培1种;杭州常见栽培1种。

杂种花烛　红掌　安祖花

Anthurium × roseum hort. Pynaert

茎极短,近无茎,叶脱落后有显著叶痕。叶柄圆柱形,长20～40cm,具浅槽;叶片长椭圆状心形,长20～40cm,深绿色,具光泽,中肋稍凹陷,在背面隆起。花序梗长可达50cm。佛焰苞长10～20cm,阔椭圆球形至近圆球形,先端突尖,基部心形;颜色因品种而异,有红色、橘红色、黄色等单色,也有复色。肉穗花序长6～8cm,直立。花两性,近无柄。浆果成熟时紫褐色。

区内常见栽培。原产于墨西哥;我国广泛栽培。

本种是以花烛 *A. andraeanum* Linden 为母本,林登花烛 *A. lindenianum* K. Koch 为父本获得的杂交品种群。

11. 马蹄莲属　Zantedeschia Spreng.

多年生草本。根状茎粗厚,叶和花序同年抽出。叶柄通常长,海绵质,有时下部被刚毛;叶片披针形、箭头形、戟形,稀心状箭头形;1、2级侧脉多数,伸至边缘。花序梗长,与叶等长或超过叶。佛焰苞绿白色、白色、黄绿色或硫黄色,稀玫瑰红色,有时内面基部紫红色;管部宿存,短或长,喉部张开;檐部广展,先端后仰,骤尖。花单性,无花被。雄花雄蕊2～3个,花药楔状四棱形,压扁,无柄,药隔粗厚,先端平截,药室长圆形,外向下延,几达基部,顶孔开裂,花粉粉末状。雌花心皮1～5枚,雌蕊周围大都无假雄蕊,稀有假雄蕊3枚;假雄蕊匙形,先端增厚,围绕雌蕊;子房短卵球形,渐狭缩为花柱或无花柱,1～5室;每室具胚珠4枚,2列,倒生,珠柄短,着生于棱状胎座上;柱头半头状、盘状。浆果倒卵球形或近球形,1～5室,每室具种子1～2枚;种子卵球形,倒生,珠柄短,种脐稍凸起为小的种阜,种皮具稍隆起的条纹,内种皮薄,光滑;胚具轴,藏于胚乳中。

8～9种,均产于非洲南部至东北部,各热带地区常引种栽培;我国栽培4种;浙江栽培1

种；杭州栽培1种。

马蹄莲 （图 3-361）

Zantedeschia aethiopica (L.) Spreng.

多年生粗壮草本。具块状茎。叶基生；叶柄长0.4～1(～1.5)m，下部具鞘；叶片较厚，绿色，心状箭头形或箭头形，先端锐尖、渐尖或具尾状尖头，基部心形或戟形，全缘，长15～45cm，宽10～25cm，无斑块，后裂片长6～7cm。花序梗长40～50cm，光滑；佛焰苞长10～25cm，管部短，黄色，檐部略后仰，锐尖或渐尖，具锥状尖头，亮白色，有时带绿色；肉穗花序圆柱形，长6～9cm，粗4～7mm，黄色；雌花序长1～2.5cm；雄花序长5～6.5cm；子房3～5室，渐狭为花柱，大部分周围有3枚假雄蕊。浆果短卵球形，淡黄色，直径为1～1.2cm，有宿存花柱；种子倒卵球形，直径为3mm。花期2—3月，果熟期8—9月。$2n=32$。

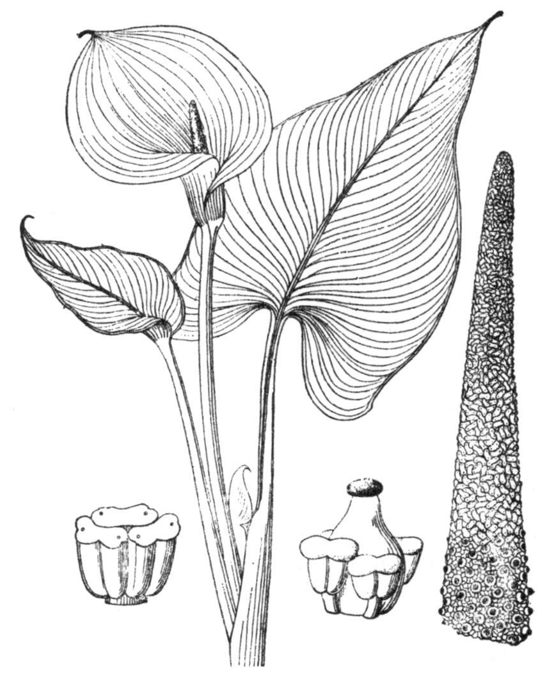

图 3-361 马蹄莲

区内有栽培。原产于非洲东北部及南部；北京、福建、江苏、四川、台湾、云南及秦岭地区栽培供观赏。

常作切花、盆栽。

12. 广东万年青属 Aglaonema Schott

草本，茎直立，极稀匍匐，不分枝；或为分枝灌木，具环状的叶痕，光滑，绿色。叶柄大部分具长鞘；叶片多为长圆形或长圆状披针形，稀卵状披针形；中肋稍粗，1级侧脉4～7对或较多，直伸或上举，弯拱，在边缘上升，2、3级侧脉多数，与1级侧脉平行，其间细脉交织。花序梗短于叶柄。佛焰苞直立，黄绿色或绿色，内面常为白色，下部常席卷，上部张开；管部和檐部分异不明显，卵状披针形或卵形，渐尖，凋萎，从基部脱落。肉穗花序近无梗，有时具短梗，与佛焰苞等长、较短或超过佛焰苞。雌雄同序：雌花序在下，少花，长为雄花序的1/4～1/3；雄花序紧接雌花序，圆柱形或长圆形，稀棒状，花密。花单性，无花被。雄花具雄蕊2枚，花丝短，药隔粗厚，略宽，药室对生，倒卵圆形，短，着生于药隔顶部，纵裂或横裂成肾形裂缝。雌花心皮1枚，稀2枚；假雄蕊极少，压扁，围绕子房；子房1室，稀2室；胚珠每室1枚，倒生，短卵球形，珠柄极短，着生于室中央(稍偏)不明显的基底胎座上，珠孔朝向基底，花柱粗厚，短，柱头大，盘状或漏斗状，下凹。浆果卵球形或长圆球形，深黄色或朱红色，1室，1种子；种子卵球形或长圆球形，直立，种皮薄，近平滑，内种皮不明显；胚具长柄，无胚乳。

50种，分布于印度至马来西亚；我国有2种，见于西南和华南；浙江栽培1种；杭州栽培1种。

广东万年青　亮丝草　粗肋草　(图3-362)

Aglaonema modestum Schott ex Engl.

多年生常绿草本。茎直立或上升,高40～70cm,粗1.5cm,节间长1～2cm,上部的短缩。鳞叶草质,披针形,长7～8cm,长渐尖,基部扩大抱茎。叶柄长(5～)20cm,1/2以上具鞘;叶片深绿色,卵形或卵状披针形,长15～25cm,宽(6～)10～13cm,不等侧,先端有长2cm的渐尖,基部钝或宽楔形;1级侧脉4～5对,上举,表面常下凹,背面隆起,2级侧脉细弱,不显。花序梗纤细,长(5～)10～12.5cm;佛焰苞长(5.5～)6～7cm,宽1.5cm,长圆状披针形,基部下延较长,先端长渐尖;肉穗花序长为佛焰苞的2/3,具长1cm的梗,圆柱形,细长,渐尖;雌花序长5～7.5mm,粗5mm;雄花序长2～3cm,粗3～4mm;雄蕊顶端常四方形,花药每室有(1)2个圆形顶孔;雌蕊近球形,上部收缩为短的花柱,柱头盘状。浆果绿色至黄红色,长圆球形,长2cm,粗8mm,冠以宿存柱头;种子1枚,长圆球形,长1.7cm。花期5月,果熟期10—11月。

图3-362　广东万年青

区内有栽培。分布于广东、广西、云南;越南、菲律宾也有。

室内耐阴盆栽植物。栽置室内,供药用和观赏;也适于水培。

13. 五彩芋属　Caladium Vent.

草本植物。根状茎块状茎状。叶柄常饰以露珠般的彩斑;叶片通常盾状箭头形,稀非盾状(我国不产);1级侧脉斜生,2级脉在侧脉之间会合成集合脉,细脉密,网状。花序梗通常单出,伸长。佛焰苞管部席卷,果时宿存且常反折,喉部收缩;檐部舟状,白色。肉穗花序稍短于佛焰苞,最下部无花,梗状。雌花序圆锥形或椭圆球形,花多密集;不育雄花序近圆锥形,比雌花序长,与之相接的能育雄花序近棒状,长为不育雄花序的2倍。花单性,无花被。雄花为倒圆锥状的合生雄蕊柱,顶部平,近六角形,有小弯缺,雄蕊3～5枚,药隔厚,先端平坦,药室贴生于药隔上,伸长,几达合生雄蕊柱的基部,长圆状披针形,外凸,顶裂,裂缝短,花粉粉末状。不育雄花假雄蕊合生成倒金字塔形,扁,顶部平。雌花子房近2室,稀近3室,无花柱,柱头压扁,半球形,3～4浅裂;每室胚珠多数,倒生,2列,上部的直立,下部的有时向下。浆果上举,白色,细小,有柱头的遗痕;种子多数,多少呈卵球形,具极短的珠柄,珠被肉质,种皮厚,具纵肋;胚具轴,藏于丰富的胚乳中。

16种,分布于热带美洲;我国有1种,分布于云南、广东、台湾,系栽培或逸生;浙江及杭州栽培1种。

五彩芋 花叶芋

Caladium bicolor (Aiton) Vent.

块状茎扁球形。叶柄光滑,长 15～25cm,为叶片长的 3～7 倍,上部被白粉;叶片表面满布各色透明或不透明斑点,背面粉绿色,戟状卵形至卵状三角形,先端骤狭,具突尖;后裂片长约为前裂片的 1/2,长圆状卵形,钝,1/5～1/3 联合,弯缺深、尖或钝;前裂片 1 级侧脉下部的几水平伸出,上部的 2 对上升;集合脉与边缘稍远离,后裂片与基脉相交成 60°角;花序梗短于叶柄,长10～13cm(河口标本)。佛焰苞管部卵圆形,长 3cm,外面绿色,内面绿白色,基部常青紫色;檐部长约 5cm,突尖,白色。肉穗花序,雌花序几与雄花序相等,长约 1.5cm,雄花序纺锤形,长 3cm,中部粗 7mm,向两头渐狭。杭州花果标本未见。

区内有栽培。原产于亚马孙河流域;全国广泛栽培。

本种叶片色泽美丽,品种多,常用作盆栽。

132. 浮萍科 Lemnaceae

漂浮或沉水的微小草本,生淡水中。无根或有退化不分枝的丝状根。茎不发育,以卵形、长圆形或圆形的小叶状体形式存在;叶状体绿色,扁平,稀背面强烈凸起。叶不存在或退化为细小的膜质鳞片而位于茎的基部。很少开花,主要为无性繁殖:在叶状体边缘的小囊(侧囊)中形成小叶状体,幼叶状体逐渐长大,从小囊中浮出。新植物体或者与母植物体联在一起,或者后来分离。花单性,雌雄同株,无花被,着生于茎基的侧囊中,每一花序常包括 1 朵雌花和 1～2 朵雄花,外侧围以膜质佛焰苞;雄花有 1～2 枚雄蕊,花丝纤细,或中部变粗,呈纺锤形,花药 1～2 室,稀 4 室;雌花具 1 枚雌蕊,葫芦状,子房无柄,1 室,内有 1～7 枚胚珠,直生或半侧生,外珠被不盖住珠孔,花柱短,柱头全缘,短漏斗状。果实为平状胞果,不开裂;种子 1～6 枚,外种皮厚,肉质,内种皮薄,于珠孔上形成一层厚的种盖,胚具短的下位胚轴,子叶大,几完全抱合胚茎。

约 6 属,30 种,除北极外,分布几遍世界各地;我国有 3 属,6 种;浙江有 3 属,5 种;杭州有 3 属,4 种。

分属检索表

1. 植株有根;花生于叶状体的边缘;雄蕊 1～2 枚,花药 2 室。
   2. 植物体具 1 条根;叶状体下面绿色或具褐色条纹 ······ 1. **浮萍属** *Lemna*
   2. 植物体具多条根;叶状体下面通常紫色 ······ 2. **紫萍属** *Spirodela*
1. 植株无根;花生于叶状体的上面;雄蕊 1 枚,花药 1 室 ······ 3. **无根萍属** *Wolffia*

1. 浮萍属 Lemna L.

漂浮或沉水的小草本。叶状体扁平,两面绿色,具 1～5 条脉,基部两侧具囊,囊内生营养芽和花;通常营养芽萌发后,新的叶状体脱离母体(品藻则附于母体,数代不脱);根1条,无维管束。花单性,雌雄同株,无花被,生于膜质的佛焰苞内;每一花序有2枚雄花和1枚雌花,雄花有1枚雄蕊,花丝细弱,花药2室,雌花具1枚雌蕊,子房1室,内有1~6枚胚珠。胞果卵球形;种子1枚,具肋凸。

约15种,广布于温带地区;我国有3种;浙江有3种;杭州有2种。

1. 浮萍 青萍 (图3-363)

Lemna minor L.

漂浮小草本。叶状体对称,近圆形、倒卵形或倒卵状椭圆形,全缘,长1.5~5mm,宽2~3mm,两面均呈绿色,具常不明显的5条脉,下面中部有1条根,长3~4cm,白色,根冠钝头,根鞘无翅。繁殖时以叶状体侧边出芽,形成新个体。雌花具1枚弯生胚珠。果实近陀螺状,无翅或有窄翅;种子具有凸出的胚乳,并具12~15条纵肋。花期6—7月。$2n=20,40,42,50,63,126$。

区内常见,生于池塘、湖泊、水田及水沟中。广布于全国及世界各地。

全草入药,有发汗、利水、消肿之效;也可作家禽饲料及绿肥用。

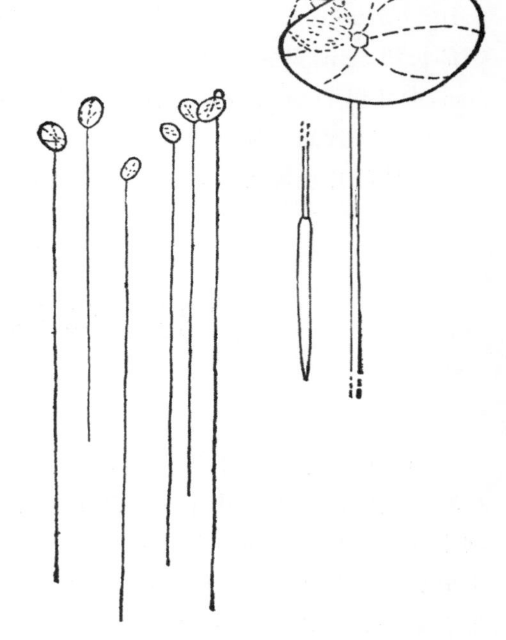

图3-363 浮萍

2. 稀脉浮萍 稀脉萍

Lemna aequinoctialis Welw.

飘浮植物。叶状体两面绿色,近扁平,斜倒卵形或倒卵状长圆形,全缘,长3~5mm,宽2~4mm,先端钝圆,基部钝,无柄。根1枚,根冠锐尖,根鞘具2枚细翅。胚珠1枚,直立。

区内常见,生于池塘、湖泊、水田及水沟中。广布于全国及世界各地。

与上种的区别在于:本种叶状体不对称,斜倒卵形或斜倒卵状长圆形,具3条脉。

2. 紫萍属 Spirodela Schleid.

水生漂浮微小草本。叶状体盘状,单生或2~5枚簇生一起,具3~12条脉纹,上面绿色,下面常紫色;有2至多条根,具多数脉,簇生于腹面,具薄的根冠和1枚维管束,两侧具囊,囊内生营养芽和花。花单性,雌雄同株,无花被;佛焰苞膜质,内有2枚雄花和1枚雌花;雄花有1~2枚雄蕊,花丝纤细,花药2室,2缝裂;雌花有单心皮雌蕊,子房1室,内有1~6枚胚珠。胞果球形,边缘具翅。

约10种,分布于温带和热带地区;我国有2种;浙江有1种;杭州有1种。

与上属的主要区别在于:本属植物体具多条根;叶状体下面通常紫色。

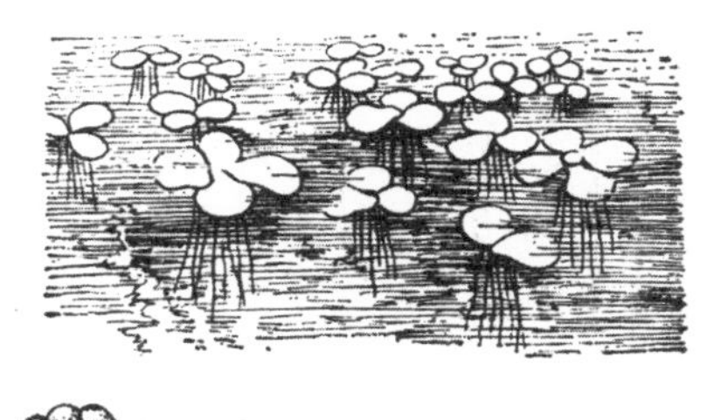

紫萍 紫背浮萍 （图 3-364）

Spirodela polyrrhiza（L.）Schleid.

浮水小植物。根 5～11 条，聚生于叶状腹面中央，根长 3～5cm，绿白色，根冠尖，脱落；叶状体扁平，倒卵形或椭圆形，长 5～9mm，宽 4～7mm，两端圆钝，表面暗绿色，有 5～11 条脉，背带紫红色；繁殖时叶状体两侧出芽，形成新个体。肉穗花序；佛焰苞袋状，苞内有 1 朵雄花和 2 朵雌花；雄花具 1～2 枚雄蕊，花丝纤细，花药 2 室；雌花子房 1 室，具 1～2 枚直生胚珠，花柱短。果实球形，上部有翅。花期 6—7 月。$2n=30,40,50,80$。

区内常见，生于池塘、湖泊、水田及水沟中。广布于全国及世界各地。

全草入药，有发汗、祛风、利尿、消肿之效；也可作家禽饲料。

学名 *Lemna perpusilla* Torr. 系误用。

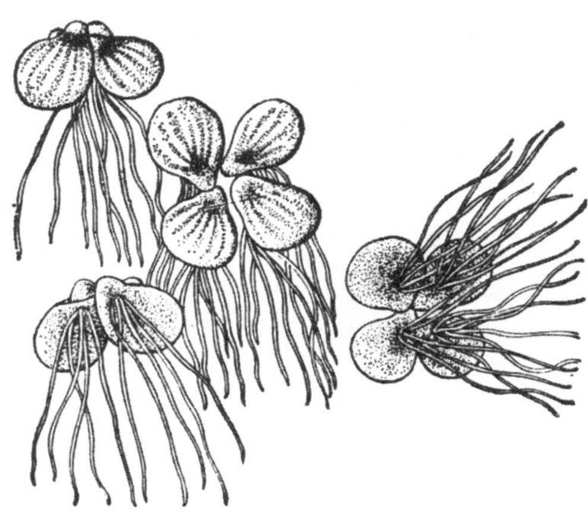

图 3-364 紫萍

3. 无根萍属 Wolffia Horkel ex Schleid.

飘浮草本。植物体细小如沙。叶状体具 1 个侧囊，从中孕育新的叶状体，通常背面强裂凸起，单一或 2 个相连。花生长于叶状体上面的囊内，无佛焰苞；花序含 1 枚雄花和 1 枚雌花；花药无柄，1 室；花柱短，子房具 1 个直立胚珠。果实圆球形，光滑。

约 10 种，分布于热带和亚热带；我国有 1 种；浙江及杭州也有。

无根萍 （图 3-365）

Wolffia globosa（Roxb.）Hartog & Plas

飘浮水面或悬浮，细小如沙，为世界上最小的种子植物。叶状体卵状半球形，单一或两代连在一起，直径为 0.5～1.5mm，上面绿色，扁平，具多数气孔，背面明显凸起，淡绿色，表皮细胞五边形或六边形；无叶脉及根。$2n=30,40,50,60$。

见于西湖区（双浦），生于静水小池塘中。分布于南北各省、区；全球各地均有分布。

学名 *Wolffia arrhiza*（L.）Wimm. 系误用。

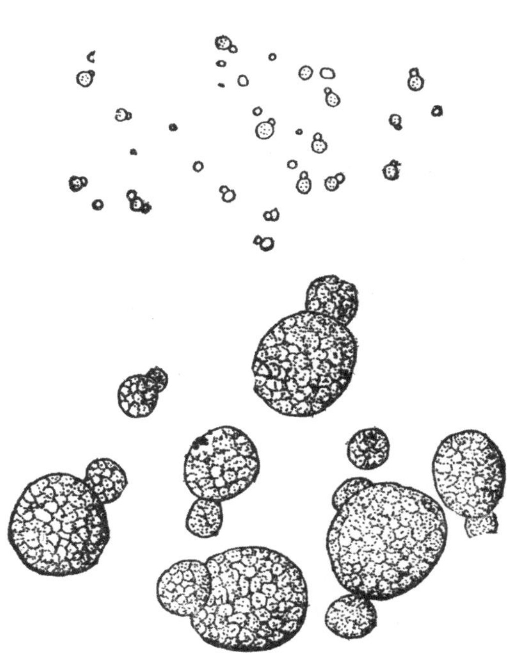

图 3-365 无根萍

133. 茨藻科　Najadaceae

一年生或多年生沉水草木，生于淡水或咸水中。茎细长而柔软，多分枝，光滑或具皮刺。叶对生、轮生状或聚生于枝端；叶片线形，边缘具粗锯齿或刺状细锯齿，无柄，基部扩大成鞘，略抱茎。花单性，雌雄同株或异株，通常单生于叶腋，无花被；雄花具佛焰苞或缺，佛焰苞膜质，管状，先端2裂，雄蕊1枚，无花丝，花药1～4室，纵裂；雌花不具或稀具佛焰苞，心皮1枚，子房内具1枚倒生胚珠，柱头2～4裂。果为小坚果，果皮薄，膜质；种子具1枚种脊，种皮2层，外种皮细胞长方形、线形、正方形或多边形，其细胞壁通常加厚，无胚乳。

1属，约35种，广布于世界热带及温带地区；我国约有10种，分布于南北各地；浙江有5种，1变种；杭州有3种。

茨藻属　Najas L.

属特征同科。

分种检索表

1. 茎和叶片下面具显著皮刺；植株较粗壮；叶片宽2～4mm，叶鞘全缘 ……………… 1. **大茨藻**　*N. marina*
1. 茎和叶片下面无皮刺；植株细弱；叶片宽在1.5mm以下，叶鞘边缘有刺状细锯齿。
    2. 外种皮细胞线形或长方形，长大于宽 ……………………………………… 2. **纤细茨藻**　*N. gracillima*
    2. 外种皮细胞横长方形，宽大于长 ……………………………………………………… 3. **小茨藻**　*N. minor*

1. 大茨藻　茨藻　(图3-366)

Najas marina L.——*N. major* All.

沉水草本。茎较粗壮，多分枝，具稀疏的皮刺。叶片线形，长1.5～3cm，宽2～4mm，先端钝而有刺状齿，边缘各有4～10枚粗锯齿，下面脉上有稀疏的皮刺；叶鞘圆形，全缘。花单性，雌雄异株；雄花具长3～4mm的佛焰苞，佛焰苞先端2裂，花药4室；雌花无佛焰苞，子房椭圆球形，柱头2～3裂。小坚果椭圆球形，长4～6mm；种皮厚，表皮细胞多边形，排列不规则。花、果期7—10月。$2n=12,24,60$。

见于西湖景区(桃源岭、西湖水域)，生于池塘或湖中。分布于华东及长江以北各省、区；日本、朝鲜半岛、欧洲和美洲也有。

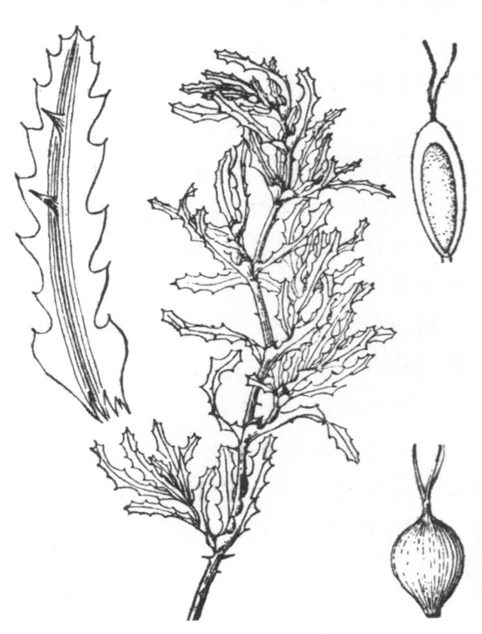

图3-366　大茨藻

2. **纤细茨藻** 日本茨藻 （图 3-367）

Najas gracillima (A. Br.) Magnus——*N. japonica* Nakai

沉水草本。茎细弱，多分枝，光滑。叶片线形，长 1.5～3.5cm，宽 0.5～1mm，先端渐尖，边缘有刺状细锯齿，中脉明显；叶鞘半圆形或斜截形，边缘有数个刺状小齿。花单性，雌雄同株；雄花具佛焰苞，花药 1 室；雌花常 2 朵生于 1 节，柱头 2 裂。小坚果长椭圆球形，长 2～2.5mm；种子与果实同形，外种皮细胞长方形或线形，长大于宽。花、果期 7—10 月。$2n=12$。

见于西湖景区（桃源岭），生于池塘浅水中。分布于我国东南部；日本也有。

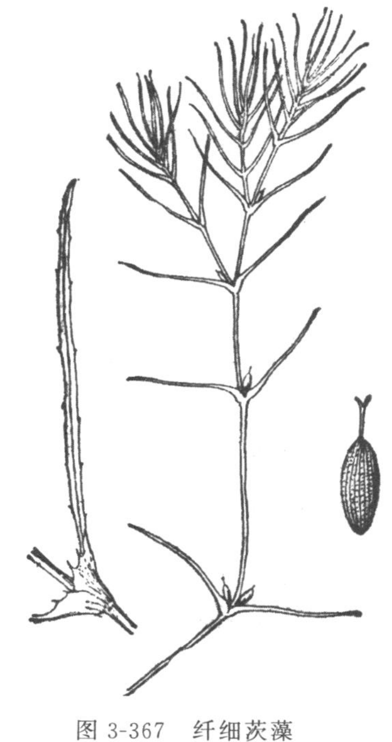

图 3-367 纤细茨藻

3. **小茨藻** （图 3-368）

Najas minor All.

沉水草本。茎细弱，多分枝，光滑。叶片线形，长 1.5～3.5cm，宽 0.6～1mm，先端渐尖，翻卷或不反卷，边缘有刺状细锯齿，中脉略明显；叶鞘半圆形或斜截形，边缘有数个刺状小齿。花单性，雌雄同株；雄花具佛焰苞，花药 1 室；雌花常 1 朵，稀 2 朵生于 1 节，柱头常 2 裂。小坚果长椭圆球形，长 2.5～3.5mm；种子与果实同形，外种皮细胞长方形或纺锤形，宽大于长。花、果期 7—10 月。$2n=12,24,36,46,56$。

见于西湖景区（桃源岭、西湖水域），生于水质较好的清水塘中。分布于我国南北各地；日本、欧洲、北美洲也有。

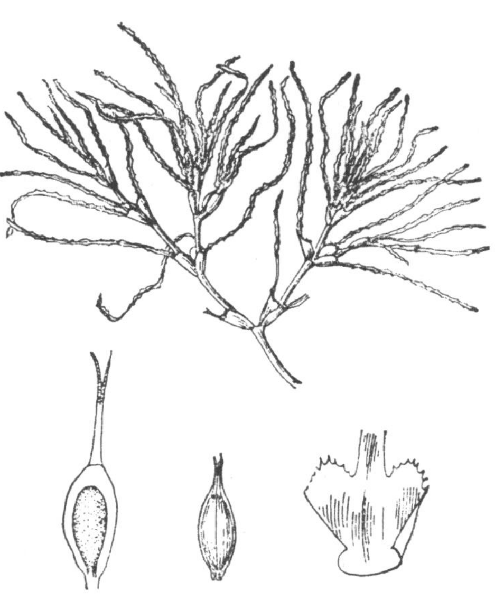

图 3-368 小茨藻

134. 泽泻科 Alismataceae

沼生或水生草本。常具坚硬的根状茎。叶常基生；叶片常挺出水面，稀浮水或沉水，叶形变化大，具平行脉、弧形脉及横脉；叶柄基部扩大成鞘。花单性，雌雄同株或异株，稀两性，常呈轮状排列于花茎上，成总状或圆锥花序；萼片 3 枚，宿存；花瓣 3 枚，覆瓦状排列；雄蕊 6 枚至多数，稀 3 枚；心皮多数，稀 6～9 枚，分离或基部联合，常轮生状排列于扁平或圆锥状的花托上，子房内有 1 或 2 枚胚珠，花柱宿存。果为聚合瘦果，稀蓇葖果或小坚果；种子有大型、马蹄形的胚，无胚乳。

11 属，约 100 种，主要分布于北半球温带或热带地区；我国有 4 属，20 种，南北各省、区均产；浙江有 4 属，8 种，1 变种；杭州有 2 属，2 种，1 变种。

1. 泽泻属 Alisma L.

多年生挺水草本,稀一年生。具短根状茎。叶基生;叶片披针形至椭圆形,具长叶柄。花两性,轮生,排成伞形花序或由伞形花序再集合成圆锥花序,具苞片;萼片3枚,宿存;花瓣3枚,白色,覆瓦状排列;雄蕊常6枚;心皮10~20枚,离生,轮生于小型、扁平的花托上。瘦果侧扁,背面有2条浅沟。

约11种,分布于北温带和大洋洲;我国有6种,南北均产;浙江有2种;杭州有1种。

窄叶泽泻 (图3-369)

Alisma canaliculatum A. Br. & Bouche

多年生挺水草本。根状茎短。叶基生;叶片披针形或线状披针形,长7~15cm,宽1.5~2.5cm,先端渐尖,基部楔形,全缘,中脉粗壮,每侧有平行脉2或3条,羽状脉20余条;叶柄长13~16cm,基部扩大成鞘。花茎高达1m,由聚伞花序再集合成圆锥花序;苞片披针形,长5~10mm;萼片3枚,卵形,长2~3mm,宽1.5~2mm;花瓣3枚,倒卵形,白色,比萼片小;雄蕊6枚;心皮多数,排成1轮,柱头略弯曲。瘦果侧扁,倒卵球形,背面有沟,顶端腹面有小尖喙;果梗长达2cm。花、果期7—9月。

见于西湖景区(吉庆山),生于路边水沟中。全国各省、区均有分布;日本、朝鲜半岛也有。

图3-369 窄叶泽泻

2. 慈姑属 Sagittaria L.

多年生沼生或水生草本,稀一年生。具根状茎、匍匐茎、球茎或珠芽。叶基生;叶片线形、心形至箭头形,具长柄,基部扩大成鞘。花单性,雌雄同株,稀杂性异株,常3朵轮状排列成总状或圆锥花序,具苞片;萼片3枚,宿存;花瓣3枚,白色;雄蕊多数;心皮多数,分离,聚集在隆起的花托上,花柱顶生或侧生。瘦果侧扁,具翅,常多数聚合成头状的聚合果;种子直立,具马蹄形的胚。

约30种,广布于温带和热带;我国约有9种,1亚种,1变种,1变型,分布于各省、区;浙江有4种,1亚种,1变种,1变型;杭州有1种,1变种。

与上属的区别在于:本属花单性,雌雄同株,稀杂性同株;雄蕊多数;瘦果具翅。

1. 慈姑

Sagittaria trifolia L. var. sinensis (Sims) Makino——*S. trifolia* L. var. *edulis* (Siebold ex Miq.) Ohwi

多年生挺水或沼生草本。根状茎横走,较粗壮,末端常膨大成球茎,球茎卵球形或球形,可达(5～8)cm×(4～6)cm。叶基生，两型，沉水叶线形，挺水叶箭头形，叶片大小变异很大，通常顶裂片短于侧裂片，顶裂片先端钝圆，卵形至宽卵形；叶柄三棱形，长 20～60cm。花葶直立，高15～70cm 或更高，常较粗壮。圆锥花序高大，长 20～60(～80)cm；分枝(1)2(3)枚，着生于下部，具 1～2 轮雌花，主轴雌花 3～4 轮，位于侧枝之上，雄花多轮，生于上部，组成大型圆锥花序；苞片卵形，长 5～7mm；萼片卵形，长 4～6mm；花瓣白色，倒卵形，长 6～10mm，宽 5～7mm，基部收缩；雌花花梗短粗，心皮多数，集成球形；雄花雄蕊多数，花丝扁平，花药黄色。瘦果两侧压扁，长约 4mm，宽约 3mm，具翅，背翅具齿，果喙短；种子褐色，具小凸起。花、果期5—10 月。

见于西湖景区(赤山埠、九溪)，生于水田中。全国各省、区均有栽培，尤以华东、华南地区普遍；日本、朝鲜半岛及东南亚也有栽培。

与原种的区别在于：本变种叶片宽大肥厚，顶端裂片宽卵形，宽 10cm 以上；花序分枝多，最下部的 1 或 2 轮常有 3 分枝；球茎显著膨大。

2. **矮慈姑** (图 3-370)

Sagittaria pygmaea Miq.——*S. sagittifolia* L. var. *pygmaea* (Miq.) Makino

一年生沉水或沼生草本，稀多年生。具匍匐茎和小球茎。叶基生；叶片线形或线状披针形，长10～15cm，宽 5～7mm，先端渐尖或急尖，基部鞘状，全缘，具多条平行脉，并有小横脉相连；无叶柄。花茎高 15～20cm，自叶丛中伸出；花单性，排列成疏松的总状花序；雄花 2～5 朵，生于花序上部，花梗长1～2cm；雌花 1 朵，生于花序下部；苞片卵形，长约2mm；萼片 3 枚，倒卵状长圆形，长 4～5mm，宿存；花瓣 3 枚，白色，倒卵形，长 6～8mm；雄蕊花丝扁平；心皮多数，分离，集成球形。瘦果侧扁，两侧具薄翅，翅边缘有鸡冠状齿。花、果期 6—10 月。$2n=22$。

见于拱墅区(半山)、西湖景区(桃源岭)，生于水田或水塘中。分布于华东、华中、华南和西南；日本、朝鲜半岛也有。

全草作饲料或绿肥。

与上种的区别在于：本种植株矮小，叶片全部为线形或线状披针形，无叶柄。

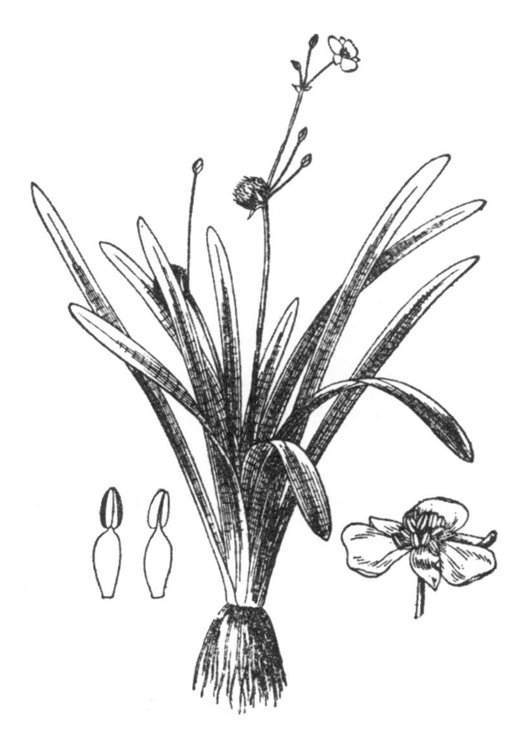

图 3-370 矮慈姑

135. 水鳖科 Hydrocharitaceae

一年生或多年生浮水或沉水草本。叶基生或茎生，无柄或具柄；叶柄常具鞘。花单性，雌雄同株或异株，稀两性；生于佛焰苞内或2个对生苞片内；雄花常多数，稀单生，两性花和雌花单生；花被片1～2轮，每轮3枚，外轮大多绿色，萼状，内轮花瓣状，稀退化；雄蕊3至多数，稀1枚，分离或合生；心皮3至多数，合生，子房下位，1室，每室有多数倒生胚珠。果为浆果状，线形、披针形或卵球形，不规则开裂；种子多数，胚直，无胚乳。

17属，约80种，广布于热带、亚热带地区，少数分布于温带；我国有9属，20种，各地均产；浙江有5属，9种，1变种；杭州有3属，3种。

分属检索表

1. 浮水草本；叶片下面中央有一海绵质的漂浮气囊组织 …………………………… 1. **水鳖属** *Hydrocharis*
1. 沉水草本；叶片下面无漂浮气囊组织。
   2. 叶片3～6枚轮生 ……………………………………………………………… 2. **黑藻属** *Hydrilla*
   2. 叶片基生或互生 ……………………………………………………………… 3. **苦草属** *Vallisneria*

1. 水鳖属 Hydrocharis L.

浮水草本。有横走的匍匐茎。叶片圆形或肾形，全缘，下面中央有一海绵质的漂浮气囊组织。花单性，雌雄同株；雄花1～4朵，生于具短柄的佛焰苞内，外轮花被片绿色，内轮花被片白色，雄蕊9～12枚，其中内面3～6枚常为退化雄蕊，花丝叉状；雌花单生于具长柄的佛焰苞内，花被片与雄花的相似，有退化雄蕊6枚，子房6室，花柱6枚，各2裂，胚珠多数。果肉质，由顶部不规则开裂；种子多数。

3种，分布于澳大利亚、非洲、亚洲、欧洲、北美洲；我国有1种；浙江及杭州也有。

水鳖　苤菜　(图3-371)

Hydrocharis dubia (Blume) Backer

多年生浮水草本，全株无毛。须根丛生，长10～20cm，有密集的羽状根毛。茎匍匐。叶基生或在匍匐茎顶端簇生，浮水或挺出水面；叶片卵状心形或肾形，长3～7cm，宽3～7.5cm，先端圆形，基部心形，全缘，下面中央有一海绵质的漂浮气囊组织，基出脉7～9条；叶柄长5～22cm。雄花2或3朵，同生出于佛焰苞内，外轮花被片长约5mm，内轮花被片长1.2cm，雄蕊9～12枚，其中有3～6枚为退化雄蕊；雌花单生于佛焰苞内，具长3～5cm的柄，花被片与雄花的相同，有退化的雄蕊6枚，子房淡绿色，椭圆球形，长约3mm，花柱6枚，2裂至中部，被毛。果肉质，卵球形，长8～12mm，直径约为8mm；种子多数，长1～1.5mm，表面有刺毛。花、果期6—11月。$2n=16$。

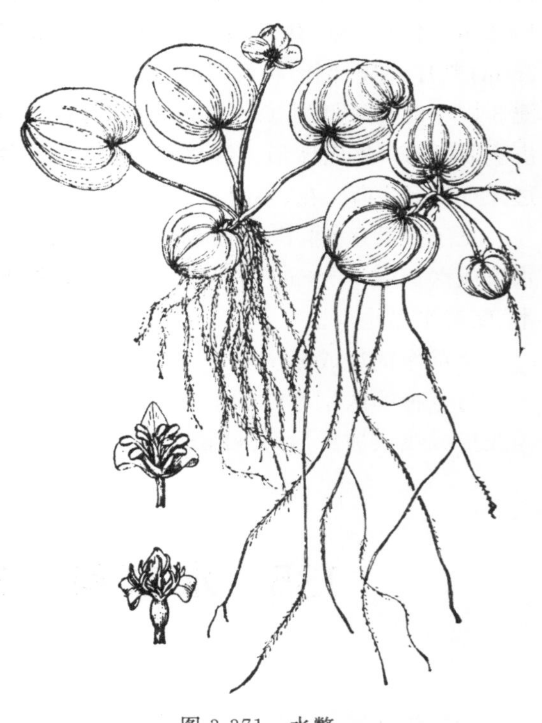
图3-371　水鳖

区内污染轻、水质较好的湖泊和河道中常

见。分布于华东、华中、华南、西南、华北、东北；日本、亚洲南部及大洋洲也有。

全草可作猪饲料。

2. 黑藻属 Hydrilla Rich.

多年生沉水草本。茎纤细，多分枝。叶3～6枚轮生；叶片线形或披针形，中脉明显；无柄。花单性，雌雄同株或异株；雄花单生，具柄，生于近球形而无柄的佛焰苞内，花被片2轮，雄蕊3枚；雌花单生，无柄，生于管状、2齿裂的佛焰苞内，花被片与雄花相似，子房1室，具线状长喙，柱头3枚。果圆柱形，具2～6枚种子。

1种，分布于热带至温带的淡水区域；我国有分布；浙江及杭州也有。

黑藻 水王荪 （图3-372）

Hydrilla verticillata (L. f.) Royle

多年生沉水草本，全株无毛。茎纤细，多分枝，节间长1～5cm。叶3～6枚轮生；叶片线状披针形，长约1cm，宽约2mm，先端急尖，全缘或有细锯齿，中脉明显；无柄。花小，单性，腋生，雌雄同株或异株；雄花单生，具梗，梗长2～3cm，生于近球形而无柄的佛焰苞内，外轮花被片白色，狭披针形，内轮花被片白色或粉红色，卵形，雄蕊3枚，花丝极短，花药线形；雌花单生，无梗，生于管状、2齿裂的佛焰苞内，花被片与雄花相似，子房具线状延伸的长喙，喙长2～3cm，开花时伸出水面。果圆柱形，长约7mm；种子2～6枚，表面有尖刺。$2n=16,24,32$。

区内常见，生于湖泊、河道或水沟中。全国各地均有分布；广布于大陆热带至温带地区。

全草作饲料或绿肥。

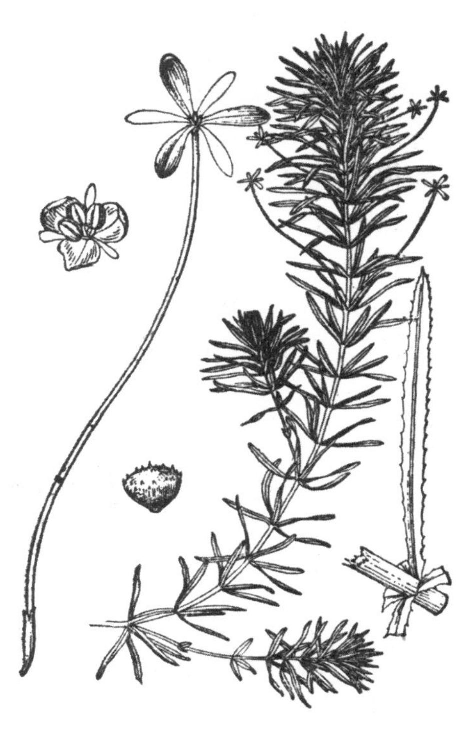

图3-372 黑藻

3. 苦草属 Vallisneria L.

多年生沉水草本。无直立茎，有纤细的匍匐茎。叶基生；叶片线形，边缘有细锯齿或全缘。花单性，雌雄异株；雄花具梗，多数集生在佛焰苞内，具短的花序梗，花成熟时从佛焰苞脱出后飘到水面开放，借助水传播花粉，外轮花被片存在，内轮花被片仅1枚或退化殆尽，基部有肉质的附属体，能育雄蕊1～3枚，有或无退化雄蕊；雌花无梗，单生于佛焰苞内，具长的花序梗，花期挺至水面，花后花序梗螺旋状卷曲，将子房拖入水底结实，外轮花被片存在，内轮花被片3枚，退化成腺体状，退化雄蕊3枚，子房线形，花柱3枚，2深裂，胚珠多数。果长圆球形或半圆柱状三棱柱形；种子多数。

5～6种，分布于热带至亚热带地区；我国有3种；浙江有2种；杭州有1种。

苦草　亚洲苦草　(图 3-373)

Vallisneria natans (Lour.) Hara

多年生沉水草本。匍匐茎光滑。叶基生;叶片长线形,膜质,暗绿色,长 20～80cm,宽 3～10mm,先端钝,全缘或近先端有不明显的细锯齿,纵脉 3～5 条,无柄。着生雄花的佛焰苞卵状圆锥形,长 6～10mm,花序梗长 1～6cm,雄花微小,淡黄色,外轮花被片 3 枚,雄蕊 1 枚,无退化的内轮花被片与退化的雄蕊;着生雌花的佛焰苞筒状,长 1.4～1.8cm,顶端 3 齿裂,花序梗长 30～100cm,雌花外轮花被片绿色,长圆形,长 2～4mm,内轮花被片白色,长约 1mm,花柱 3 枚,2 深裂,被毛。果细圆柱形,长 5～15cm,光滑;种子多数,长棒状,具腺毛状凸起。花、果期 8—10 月。

区内常见,生于河流、湖泊、池塘中。分布于我国大部分省、区;亚洲大部分地区常见。

为食草性鱼类的优良饵料及猪、鸭的饲料。

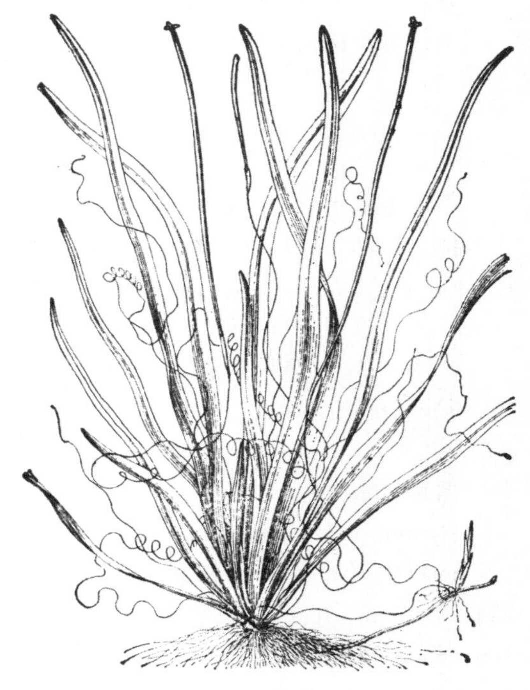

图 3-373　苦草

136. 眼子菜科　Potamogetonaceae

多年生水生草本。常有根状茎;地上茎细弱,分枝。叶对生或互生,同型或两型;两型者沉水叶片线形或丝状,浮水叶片线形、披针形或椭圆形;托叶膜质,与叶柄分离,或联合成托叶鞘。花小,两性或单性同株,排列成穗状花序或单生于叶腋;花被片 4 枚,离生,具短柄,稀合生成杯状,或花被片缺如;雄蕊 1～4 枚,花药外向;雌蕊心皮 1～4(～8)枚,离生,每一心皮内有 1 颗悬垂倒生的胚珠。果为核果状或小坚果;种子无胚乳。

9 属,约 170 种,分布于北温带;我国有 8 属,近 50 种,全国各地均有分布;浙江有 1 属,9 种,1 变种;杭州有 1 属,5 种,1 变种。

眼子菜属　Potamogeton L.

多年生水生草本。茎纤细柔弱,圆柱形或稍扁,常分枝。叶对生或互生,同型或两型;两型者沉水叶片质地薄,线形或丝状,浮水叶片质地较厚,披针形、长圆形或椭圆形,全缘或有细锯齿;托叶膜质,与叶柄分离,或联合成托叶鞘。花小,两性,稀单性,排列成腋生穗状花序或单生于叶腋;花被片 4 枚,离生,具短柄;雄蕊 4 枚,着生于花被片柄的基部;心皮 4 枚,离生,无柄,子房内有 1 枚胚珠。果为核果状,外果皮疏松,贮有空气,借水传播;种子的胚弯曲,无胚乳。

约 100 种,广布于全世界;我国约有 28 种,南北均产;浙江有 9 种,1 变种;杭州有 5 种,1 变种。

分种检索表

1. 叶两型，有沉水叶和浮水叶之分。
  2. 浮水叶片较大，长4～7.5cm，宽1.5～3cm；沉水叶有明显的叶柄 ………… 1. **眼子菜** *P. distinctus*
  2. 浮水叶片较小，长1.5～3cm，宽3～10mm；沉水叶无柄。
    3. 果背部具龙骨状凸起，其上有数个不规则的齿而呈鸡冠状；花柱细长 …………………………………………………………………………………………………… 2. **鸡冠眼子菜** *P. cristatus*
    3. 果背部不具龙骨状凸起，也无齿，仅有3条不明显脊棱；花柱短………………………………………………………………………… 3. **南方眼子菜** *P. octandrus* var. *miduhikimo*
1. 叶一型，全为沉水叶。
  4. 叶具长柄，叶片条状椭圆形 ………………………………………………………… 4. **竹叶眼子菜** *P. wrightii*
  4. 叶无柄，叶片条形至宽条形。
    5. 叶片带形或宽条形，宽0.4～1cm，边缘有细齿；茎略扁平 ……………………… 5. **菹草** *P. crispus*
    5. 叶片条形，宽2～3mm，全缘；茎近圆柱形 …………………………… 6. **尖叶眼子菜** *P. oxyphyllus*

1. 眼子菜 （图3-374）

Potamogeton distinctus A. Benn.

多年生水生草本。叶互生，两型：浮水叶片质较厚，宽披针形、长圆形或长椭圆形，长4～8cm，宽1.5～3cm，先端急尖或钝圆，基部圆形或楔形，全缘，弧状脉7～11条，中脉明显，叶柄长2～8cm，托叶长2～3cm，托叶鞘开裂，基部抱茎；沉水叶片膜质而透明，较狭，披针形或线状长椭圆形，长可达11cm，宽约1.1cm，有时略弯而有褶皱，边缘有细齿，中脉明显，各弧形之间有横小脉相连，叶柄长可达10cm，托叶鞘亦较浮水叶的鞘长。穗状花序着花密生，长2～5cm，从茎端叶腋抽出；花序梗粗壮，长3～6(～8)cm；花两性；花柱短。果实倒卵球形，略偏斜，长3～3.5mm，背部有3条脊棱，棱上具小疣状凸起。花期5—8月，果期8—11月。$2n=52$。

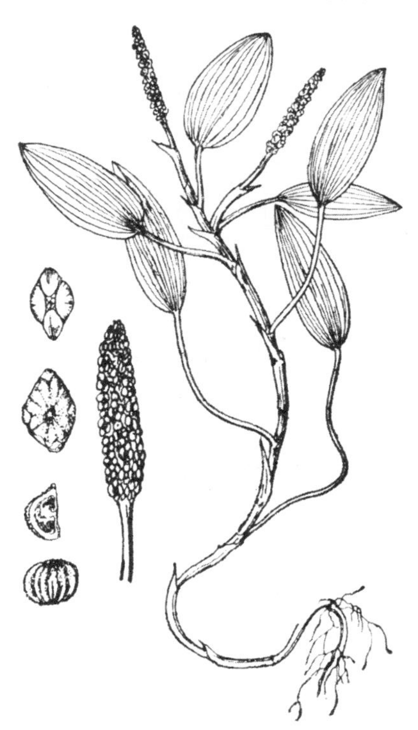

图3-374 眼子菜

区内常见，生于水田及水沟中。全国广布；日本、朝鲜半岛、俄罗斯也有。

全草民间药用，有清热解毒、利尿通淋、止咳化痰之效。

2. 鸡冠眼子菜 小叶眼子菜 突果眼子菜 （图3-375）

Potamogeton cristatus Regel & Maack

多年生水生草本。茎纤细柔弱，多分枝。叶两型：浮水叶片椭圆形或卵状椭圆形，稀披针形，长1.5～3cm，宽0.4～1cm，先端急尖或稍钝，基部宽楔形或圆形，全缘，中脉明显，两侧各有2或3条侧脉，叶柄长0.5～1cm，托叶与叶柄分离，托叶鞘稍开裂，边缘重叠，抱茎；沉水叶片丝状，长4～8cm，宽1～1.5cm，先端急尖，无柄，托叶稍薄膜质，长约1cm。穗状花序着花密集，长约1cm，生于茎端叶腋；花柱细长。果斜卵球形，长3～4mm，宽约2mm，背部具龙骨状凸起,其上有数个不规则的齿,使果背呈鸡冠状,宿存花柱喙状,具长约2mm之短梗。花期5—8月,果期8—10月。

见于拱墅区(半山)、西湖景区(飞来峰、桃源岭),生于清水塘中。分布于长江以南各省、区;日本、朝鲜半岛也有。

全草作饲料和绿肥。

图 3-375 鸡冠眼子菜

图 3-376 南方眼子菜

3. 南方眼子菜 (图 3-376)

Potamogenton octandrus Poir. var. **miduhikimo** (Makino) Hara——*P. miduhikimo* Makino

一年生或多年生水生草本。茎圆柱形,直径约为0.5mm,疏或密被分枝。叶两型:浮水叶片长椭圆形或卵状长圆形,长1.5～2.5cm,宽0.7～1.2cm,先端急尖或稍钝,基部圆形,全缘,具5～7条脉,叶柄长0.5～1.5cm,托叶膜质,腋生,托叶鞘开裂,边缘重叠,抱茎;沉水叶片丝状,互生,长2～6cm,宽约1mm,先端急尖,3条脉,中脉凸出,托叶薄膜质,长6～10mm,边缘重叠。穗状花序着花较密或稍疏,长0.6～1(～1.5)cm,生于茎端叶腋;花两性;花柱短。果无梗,斜倒卵球形,长1.5～2.5mm,背面有3条脊棱,中央1条棱较明显,宿存花柱短。花期5—8月,果期8—10月。

见于江干区(丁桥)、西湖景区(桃源岭),生于清水塘中。分布于湖北、江苏、陕西;日本也有。

4. 竹叶眼子菜 马来眼子菜

Potamogeton wrightii Mor.

多年生水生草本。茎单一或具少数分枝。叶一型,全为沉水叶;叶片褐色或暗褐色,条状椭圆形,长8～15cm,宽1～1.5cm,先端为中脉略伸出的短突尖,基部楔形或圆形,边缘具皱褶和细锯齿，中脉粗，两侧各有 3 或 4 条平行脉，横脉细而密；叶柄长 1～4cm；托叶膜质，长 2～5cm，与叶柄分离，下部抱茎。穗状花序着花密集，长 2～5cm；花序梗长 4～6cm。果无梗，斜卵球形，长约 3mm，背面有 3 条脊棱，中央 1 条棱较凸出，有细而钝的小齿，顶端具短喙。花期 5—7 月，果期 7—9 月。

区内常见，生于水沟和河流中。广布于全国；日本、朝鲜半岛、印度、东南亚也有。

5. **菹草** （图 3-377）

Potamogeton crispus L.

多年生水生草本。具细长的根状茎；地上茎稍扁，多分枝，侧枝顶端常有芽孢，脱落以后长成新植物。叶互生，同型；叶片绿色或绿褐色，带形或宽条形，长 5～8cm，宽 4～10mm，先端钝或圆，基部圆形，略抱茎，边缘有细锯齿，常皱褶或波状，中脉明显，侧脉有 1～2 条平行脉，有横脉；托叶离生，长达 1cm，薄膜质，易破裂。穗状花序具少数花，长 1～1.5cm，出自茎端叶腋；花序梗粗壮，长 3～4cm，开花时伸出水面。果实宽卵球形，长约 3mm，背部中央棱下方有几条钝脊，顶端有较长的喙，喙长约 2mm。花、果期 6—10 月。$2n=52$。

区内常见，生于水塘或林下小溪中。广布于全国及全世界。

全草作饲料或绿肥。

图 3-377 菹草

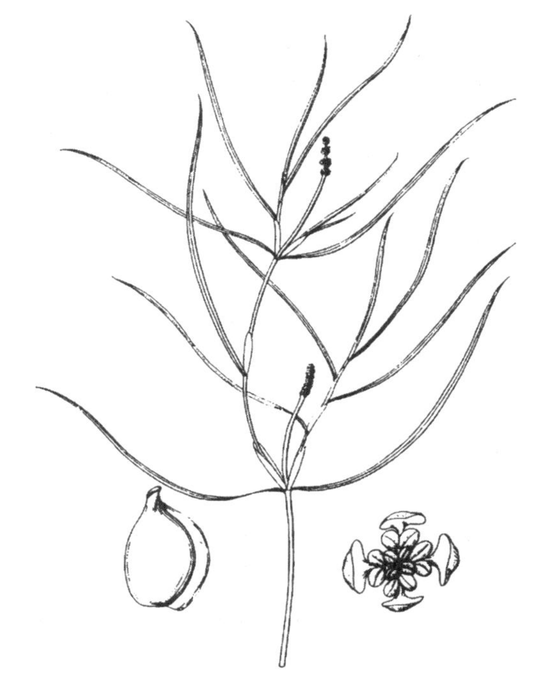

图 3-378 尖叶眼子菜

6. **尖叶眼子菜** （图 3-378）

Potamogeton oxyphyllus Miq.

多年生水生草本。具根状茎；地上茎纤细，近圆柱形，常有分枝。叶对生或互生，同型；叶片条形，长 4～9cm，宽 2～3mm，先端急尖，基部渐狭，中脉明显，两侧具数条细脉；无叶柄；托叶离生，长达 1.5cm，膜质，边缘重叠，抱茎。穗状花序花较密，长 1～1.5cm；花序梗粗壮，长

3～4cm。果实宽卵球形,略压扁,长约3mm,背部具3条棱,中央棱有狭翅,顶端有短喙。花、果期6—10月。$2n=26,28$。

见于萧山区(楼塔)、西湖景区(飞来峰、桃源岭),生于溪沟、清水塘中。分布于安徽、福建、吉林、江西、台湾、云南;日本、朝鲜半岛也有。

137. 棕榈科 Arecaceae

常绿乔木或灌木,稀为藤本。秆直立不分枝,或缩短,或攀援状,并常被以宿存的叶基,表面平滑或粗糙。叶多聚生于不分枝的茎端,或在攀援的种类中散生于茎上;叶大,革质,羽状或羽状分裂形成许多小叶,裂片或小叶在芽时内褶或背褶;叶柄基部常扩大成具纤维的鞘。花小,淡黄绿色,整齐,辐射状对称,单性,有时两性或杂性,雌雄同株,稀异株;圆锥状肉穗花序,基部常被1至多数大型的佛焰苞,生于叶丛下或叶丛中,具苞片及小苞片;花被通常6枚,呈2轮排列,分离或合生;花萼通常覆瓦状排列,花瓣在雄花上常为镊合状,在雌花上则为覆瓦状排列;雄蕊通常6枚,呈2轮排列,稀3枚或多数,花药2室,花丝分离,纵裂;雌蕊1枚,稀为3枚而基部结合,子房上位,1～3室,稀4～7室,每室具1枚胚珠,基生或轴生,直立或下垂;花柱短或无,柱头通常3裂。果为浆果、核果或坚果,外果皮肉质、纤维质及革质,有时覆盖覆瓦状排列的鳞片;种子具丰富的均匀或嚼烂状胚乳。

210属,约2800种,分布于热带和亚热带地区;我国约有28属,100余种;浙江有5属,6种;杭州有2属,3种。

本科许多为热带、亚热带观赏绿化树种。近年杭州引种栽培较多。

1. 棕榈属 Trachycarpus H. Wendl

常绿乔木。茎直立,不分枝。叶聚生于茎端;叶片圆扇形,掌状分裂,裂片先端通常硬直,具2浅裂;叶柄长,顶端有三角形的小戟凸,基部具纤维质的鞘。花淡黄色,单性,两性或杂性,雌雄同株或异株,为多分枝的圆锥状或穗状花序,花序从叶丛中抽出;佛焰苞鞘状,多数;萼片和花瓣基部合生;雄蕊6枚,花丝分离;心皮3枚,合生或基部合生,子房3室或顶部3裂而基部联合,柱头顶生。果为核果,球形、长椭圆球形或肾形。

8种,分布于亚洲东部的热带和温带地区;我国有5种;浙江有1种;杭州有1种。

棕榈 (图3-379)

Trachcarpus fortunei (Hook. f.) H. Wendl.

常绿乔木。植株高3～8(～15)m。茎圆柱形,有环纹,老叶鞘基纤维状,包被于茎上。叶多簇生于秆顶;叶片圆扇形,直径为50～100cm,掌状深裂至中部或中下部,裂片硬直、条形,30～45枚,呈狭长皱褶状,先端具2浅裂,老叶顶端往往下垂,中脉明显凸出,上面深绿色,有光泽,下面微被白粉;叶柄坚硬,长50～100cm,具3条棱,基部扩大成抱茎的鞘。肉穗花序圆锥状;佛焰苞革质,多数,被锈色茸毛;花小,淡黄色,单性,雌雄异株;萼片和花瓣均宽卵形;雄蕊6枚，花丝分离，花药短；心皮合生，子房3室，密被白色柔毛，柱头3裂，常反曲。核果肾状球形至长椭圆球形或肾形，直径为0.5～1cm，成熟时黑色或蓝灰色，被白粉。花期5—6月，果期8—10月。$2n=36$。

区内常见，分布于长江以南各省、区；日本也有。

为庭院观赏或行道绿化植物；也是重要的纤维植物，可制绳索；陈久的叶鞘纤维称“陈棕”；种子可榨油，提取植物蜡；果实入药称“棕榈子”，有收敛止血、降压之效。

图 3-379 棕榈

2. 棕竹属 Rhapis L. f. ex Aiton

丛生灌木。茎小，直立，上部被以网状纤维的叶鞘。叶聚生于茎端；叶片扇状或掌状深裂几达基部，裂片数折，截状，内向折叠，线形、线状椭圆形或披针形，上部变狭，先端短锐裂，边缘具微齿，叶脉及横小脉明显；叶柄两面凸起，或上面扁平、无凹槽，边缘无刺或具微锯齿，顶端有小戟凸，背面不延伸成叶轴。花雌雄异株或杂性；花序生于叶间，雌花序与雄花序相似，多少具梗，基部有2～3枚完全的佛焰苞，2～3次分枝；花无梗，单生或螺旋状着生于小花枝周围；雄花花萼杯状，3齿裂，花冠倒卵形或棍棒状，3浅裂，裂片短而宽，镊合状排列，雄蕊6枚，2轮，花丝贴生于花冠管上，花药短，圆形，背着；雌花的花萼与花冠近似于雄花，但花萼多少具肉质的实心基部，子房由完全分离的3枚心皮组成，背面凸起，花柱短，每一心皮具胚珠1枚，基生，退化雄蕊6枚。果实通常由1枚心皮发育而成，球形或卵球形，顶端具柱头残留物；外果皮膜质，干时具细的颗粒状；中果皮肉质，稍具纤维；内果皮薄，壳质或颗粒状近木质，易碎。种子单生，球形或近球形，种脐线状长圆形，种脊不明显，胚乳均匀，近种脊处有大的球状海绵组织（珠被）侵入物，胚位于种脊对面，近基生或侧生。

约12种，分布于亚洲东部及东南部；我国约有6种，分布于西南部至南部；浙江有2种；杭州有2种。

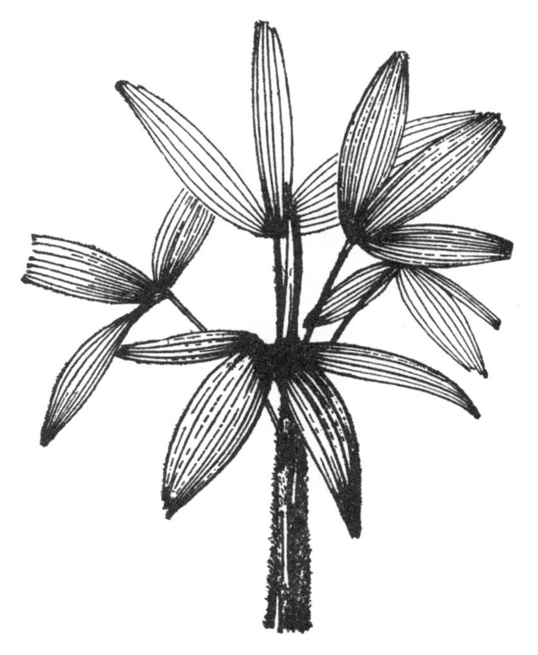

图 3-380 棕竹

1. 棕竹 （图 3-380）

Rhapis excels（Thunb.）Henry ex Rehder

丛生灌木，高2～3m。茎圆柱形，有节，直径为1.5～3cm，上部被叶鞘，但分解成稍松散的马尾状、淡黑色、粗糙而硬的网状纤维。叶掌状深裂，裂片4～10片，不均等，具2～5条肋脉，在基部(即叶柄顶端)1～4cm处联合，长20～32cm或更长，宽1.5～5cm，宽线形或线状椭圆形，先端宽，截状而具多对稍深裂的小裂片，边缘及肋脉上具稍锐利的锯齿，横小脉多而明显；叶柄两面凸起或上面稍平坦，边缘微粗糙，宽约4mm，顶端的小戟凸略呈半圆形或钝三角形，被毛。花序长约30cm，花序梗及分枝花序基部各有1枚佛焰苞包着，密被褐色弯卷茸毛；2～3个分枝花序，其上有1～2次分枝小花穗，花枝近无毛，花螺旋状着生于小花枝上。雄花在花蕾时为卵状长圆形，具顶尖，在成熟时花冠管伸长，在开花时为棍棒状长圆形，长5～6mm，花萼杯状，3深裂，裂片半卵形，花冠3裂，裂片三角形，花丝粗，上部膨大，具龙骨状凸起，花药心形或心状长圆形，顶端钝或微缺；雌花短而粗，长4mm。果实球状倒卵形，直径为8～10mm；种子球形，胚位于种脊对面近基部。花期6—7月。

区内有栽培。分布于我国南部至西南部；日本也有。

作庭院绿化植物或盆栽，供观赏。

2. **矮棕竹** (图3-381)

Rhapis humilis Blume

丛生灌木，高1m或更高。茎圆柱形，有节，上部覆盖网状纤维质的叶鞘，纤维毛发状(或丝状)，淡褐色。叶掌状深裂，裂片常7～10(～20)枚，宽线形，长15～25cm，宽0.8～2cm，具1～3条肋脉，横脉不明显，边缘及肋脉上具细锯齿，先端2～3裂；叶柄约等长于叶，顶端小戟凸常呈三角状卵圆形。花雌雄异株，花序长25～40cm，具3～4枚分枝花序；雄花花萼杯状钟形，3裂，花冠呈长管状，长约7mm，先端3裂，雄蕊6枚；雌花稍短，与雄花相似。果卵球形，直径约为7mm；种子球形，直径约为4.5mm。花期7—8月。

区内有栽培。分布于我国南部至西南部；日本也有。

树形优美，常作庭院绿化植物。

与上种的区别在于：本种叶裂片较多，且狭长。

图3-381 矮棕竹

138. 香蒲科 Typhaceae

多年生沼生草本。具根状茎；地上茎实心，圆柱形，挺出水面。叶在茎上排成2列；叶片线形，扁平，无柄，基部扩大成开裂的鞘，常有膜质的叶耳。花小，无花被，单性同株，排成稠密的圆柱形穗状花序，雌雄顺序；小苞片狭长，匙形或缺如；雄花具雄蕊(1)2～5(～7)枚，花丝分离或合生，花药线形，基着，药隔常延伸；雌花具柄，柄上有白色长柔毛，子房1室，内有1枚胚珠，花柱细长，柱头匙形或鸡冠状。果为小坚果；种子富含胚乳。

仅1属，约16种，分布于全世界热带和温带；我国有16种，大多产于东北；浙江据记载有4种，常见2种；杭州有2种。

香蒲属 Typha L.

属特征同科。

1. 香蒲 东方香蒲 (图3-382)

Typha orientalis Presl

多年生沼生草本。根状茎粗壮；地上茎高1～1.5m。叶片线形，扁平，长35～55cm，宽5～8mm，先端渐尖，基部扩大成开裂的鞘，鞘口边缘膜质，平行脉多而密。穗状花序圆柱状，雄花部分与雌花部分紧密相接，雄花部分长3～5cm，雌花部分长7～10cm，果实直径达2cm；雄花具雄蕊2～4枚，基部具1枚柄，花药长约2mm，花粉粒单一，不聚合成四合花粉；雌花无小苞片，长约8mm，基部柄上有多数白色长柔毛，柱头匙形，退化雄蕊呈棍棒状。小坚果长约1mm，表面具1条纵沟。花、果期6—9月。$2n=60$。

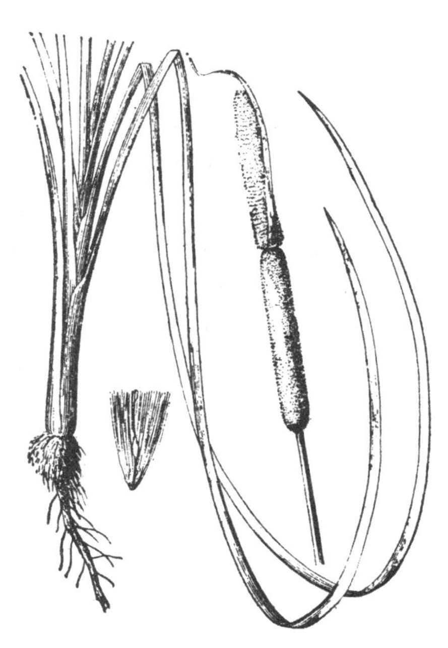

图3-382 香蒲

见于西湖景区(龙井)，有时亦见栽培，生于浅水中。华东、华中、华北、西北和东北也有分布；日本、菲律宾、俄罗斯也有。

茎、叶可造纸；花粉可供药用，称"蒲黄"；雌花称"蒲绒"，可作填充材料用。

2. 水烛 狭叶香蒲 (图3-383)

Typha angustifolia L.

多年生沼生草本。茎高1～2.5m。叶片线形，长35～100cm，宽0.5～0.8cm，先端急尖，基部扩大成抱茎的鞘，鞘口两侧有膜质的叶耳。穗状花序长30～60cm，雄花部分与雌花部分不相连接，中间相隔2～9cm，雄花部分长20～30cm，雌花部分长6～24cm，果时直径为1～2cm；雄花有2～3(～7)枚雄蕊，花药长约2mm；雌花长3～3.5mm，基部有稍比柱头短的白色长柔毛，果期柔毛可长达4～6(～8)mm，具有与柔毛等长的小苞片；不孕花子房为倒圆锥形。小坚果长1～1.5mm，表面无纵沟。花期6—7月，果期8—10月。$2n=30$。

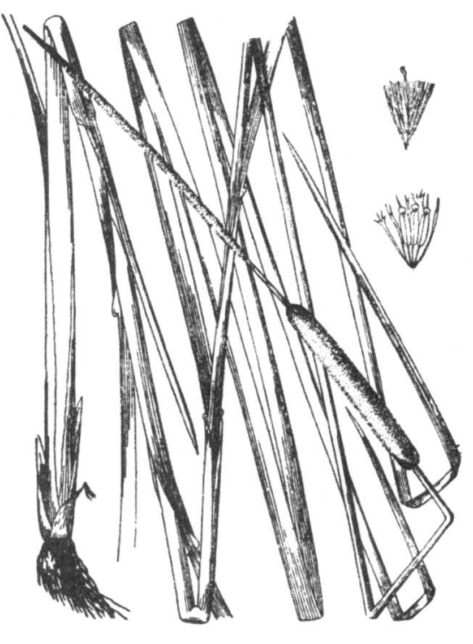

图3-383 水烛

区内常见栽培,生于浅水中。分布于我国华东、华北和东北地区。

与上种的区别在于:本种穗状花序的雄花部分与雌花部分不相连接,中间有2～9cm的间隔;雌花有小苞片;小坚果无纵沟。

139. 黑三棱科　Sparganiaceae

多年生水生或沼生草本。具根状茎;地上茎单一或有分枝。叶条形,2列,互生;叶片扁平,或中下部背面隆起龙骨状凸起或呈三棱形,基部扩大成鞘状抱茎,挺水或浮水。花单性同株,先密集排列成球形的头状花序,再排列成圆锥花序或穗状花序;下部1或2个为雌花序,上部者为雄花序,花序侧枝常与主轴有不同程度的贴生;雄花花被片膜质,雄蕊通常3枚或更多,基部有时联合,花药基着,纵裂;雌花具膜质、鳞片状小苞片,花被片4～6枚,子房上位,1室,稀2室,每室有1枚下垂的胚珠,花柱长或短,单一或分叉,柱头偏向一侧。果实坚果状,有时具棱,外果皮海绵质,内果皮坚纸质;种子有圆柱形的直胚及粉质的胚乳。

1属,约20种,分布于北温带和大洋洲;我国约有16种,南北均产;浙江有2种;杭州有1种。

黑三棱属　Sparganium L.

属特征同科。

曲轴黑三棱　(图3-384)

Sparganium fallax Graebn. ——*S. yamatense* Makino

多年生挺水草本。茎直立,高50～70cm。叶在茎基部呈丛生状,上部2列着生;叶片线形,扁平,长40～55cm,宽0.4～1cm,先端稍圆钝,基部鞘状抱茎,具直出平行脉,并有横小脉相连,下面近基部中脉凸出或呈龙骨状。穗状花序长20～40cm,花序轴略呈"S"字形弯曲;雄花花被片4～6枚,膜质,倒披针形,长1.5～2mm,雄蕊4～6枚,花丝长约3mm,伸出花被片外,花药长圆球形,长约1mm;雌花花被片4～6枚,绿色,倒卵形或倒宽卵形,长2.5～3mm,子房1室,花柱单一,长约2mm,柱头喙状。果实长圆状圆锥形,长4～5mm,宽1.5～2mm。花期6月,果期7—9月。

见于西湖景区(云栖),生于山坡溪沟中。分布于福建、贵州、台湾;日本也有。

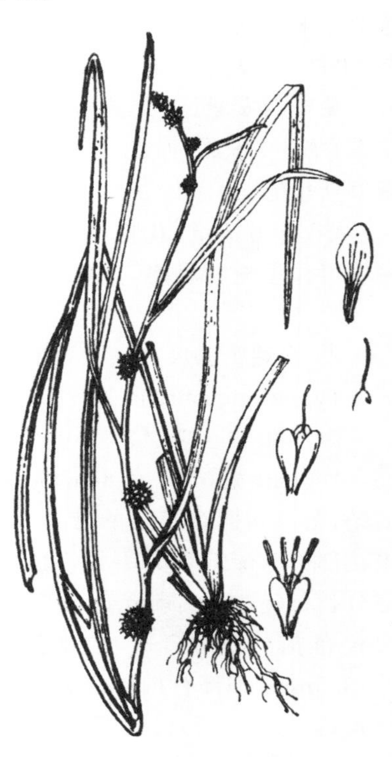

图3-384　曲轴黑三棱

140. 莎草科 Cyperaceae

多年生草本，稀为一年生。大多具根状茎，有时具地下匍匐茎或具块状茎。秆多数实心，稀中空，常三棱形，少有圆柱形。叶基生或秆生，一般具闭合的叶鞘和狭长的叶片，有时仅有叶鞘而无叶片。由小穗排列成穗状、总状、圆锥状、头状或聚伞花序，有时小穗单生；小穗由2至多数带鳞片的花组成；花两性或单性，雌雄同株，稀异株，无梗，着生于鳞片的叶腋内；鳞片螺旋状排列或2行排列；花被缺如或退化为下位刚毛、鳞片或下位盘；有时雌花为先出叶形成的果囊所包裹；雄蕊3枚，稀1或2枚；子房1室，具1枚胚珠，花柱1枚，柱头2或3枚。果为瘦果（常称"小坚果"），三棱状、双凸状、平凸状或圆球状，表面平滑或具各式花纹或细点；胚乳丰富。

80余属，4000余种，广布于全世界；我国有29属，780余种，南北各地均产；浙江有18属，近190种；杭州有9属，86种，1亚种，6变种。

分属检索表

1. 花两性或单性；小坚果不为先出叶所形成的果囊包裹。
  2. 小穗具多数花，花两性，若单性，则小坚果具下位刚毛。
    3. 鳞片螺旋状排列；下位刚毛存在，很少完全退化。
      4. 小穗通常有多数两性花。
        5. 花柱基部不膨大，与小坚果连接处界限不分明；下位刚毛不分生，通常6条 ………………………………………………………………………… 1. **藨草属** *Scirpus*
        5. 花柱基部膨大，与小坚果连接处界限分明；下位刚毛完全退化或为4～8条，具倒刺。
          6. 叶片退化；小穗单生；下位刚毛4～8条，很少完全退化 ………… 2. **荸荠属** *Eleocharis*
          6. 叶片常存在；小穗多数，很少1个；下位刚毛完全退化。
            7. 花柱基宿存 ………………………………………………… 3. **球柱草属** *Bulbostylis*
            7. 花柱基脱落 ………………………………………………… 4. **飘拂草属** *Fimbristylis*
      4. 小穗仅中部或上部有1～3朵两性花，稀单性花 ………………… 5. **刺子莞属** *Rhynchospora*
    3. 鳞片2行排列；下位刚毛完全退化。
      8. 小穗常多数，组成简单或复出的聚伞花序，稀为穗状或头状 ……………… 6. **莎草属** *Cyperus*
      8. 小穗1～3枚聚生成头状或球形 ………………………………………… 7. **水蜈蚣属** *Kyllinga*
  2. 小穗上部鳞片无花，下部鳞片具1朵两性花 ………………………………… 8. **湖瓜草属** *Lipocarpha*
1. 花单性；小坚果为先出叶所形成的果囊所包裹 ………………………………………… 9. **薹草属** *Carex*

1. 藨草属 Scirpus L.

一年生或多年生草本。具根状茎或无，有时具块状茎。秆常三棱形，稀圆柱形，具节或无节。叶基生、秆生或退化为仅存叶鞘。苞片叶状或鳞片状，在假侧生花序的种类中形似茎的延长；聚伞花序简单或复出，呈圆锥状，或短缩成头状而为假侧生，稀仅具1枚顶生小穗；小穗具少数至多数花；鳞片螺旋状排列，1枚鳞片内通常具1朵两性花，或最下1至数枚鳞片内无花，极少最上面1枚鳞片内有1朵雄花;下位刚毛2～9条或不存在,直立或弯曲,有顺刺或倒刺,稀平滑;雄蕊1～3枚;花柱基部不膨大,柱头2或3枚。小坚果平凸状、双凸状或三棱状,无柄或近无柄。

约200种,广布于全世界;我国有40种,全国各地均产;浙江有15种,1变种;杭州有7种。

分种检索表

1. 花序下有1～4条扁平的叶状苞片。
   2. 聚伞花序简单;小穗1～6枚,长10～16mm;下位刚毛的长度为小坚果的1/2～2/3 …………………… 1. **扁秆藨草** *S. planiculmis*
   2. 聚伞花序多次复出;小穗5～10枚,长5～7mm;下位刚毛远长于小坚果 …………………… 2. **华东藨草** *S. karuizawensis*
1. 花序下仅有秆所延伸的苞片,苞片三棱形或圆柱形;花序假侧生。
   3. 秆散生或单生。
      4. 秆圆柱形 …………………… 3. **水葱** *S. validus*
      4. 秆三棱形。
         5. 鳞片先端微凹或圆形,短尖;聚伞花序简单;小坚果表面平滑 ………… 4. **藨草** *S. triqueter*
         5. 鳞片先端急尖;小穗单枚,无柄;小坚果表面具网状纹 …… 5. **海三棱藨草** *S. × mariqueter*
   3. 秆丛生。
      6. 秆三棱柱形 …………………… 6. **水毛花** *S. triangulatus*
      6. 秆圆柱形 …………………… 7. **萤蔺** *S. juncoides*

1. **扁秆藨草**　(图3-385)

Scirpus planiculmis Fr. Schmidt

多年生草本,高60～100cm。具匍匐根状茎和块状茎。秆较细,三棱柱形,平滑,基部膨大。叶基生或秆生;叶片线形,扁平,宽2～5mm,基部具长叶鞘。叶状苞片1～3枚,长于花序,边缘粗糙;聚伞花序头状,有小穗1～6枚;小穗卵形或长卵圆形,长10～16mm,褐锈色,具多数花;鳞片长圆形,长6～8mm,膜质,褐色或深褐色,疏被柔毛,有1条脉,先端有撕裂状缺刻,具芒;下位刚毛4～6条,有倒刺,长为小坚果的1/2～2/3;雄蕊3枚;花柱长,柱头2枚。小坚果倒卵球形或宽倒卵球形,扁,两面稍凹或稍凸,长3～3.5mm。花、果期5—7月。$2n=50$。

见于江干区(彭埠),生于江边杂草丛中。分布于东北各省、甘肃、河北、河南、江苏、内蒙古、青海、山东、山西、云南;日本、朝鲜半岛也有。

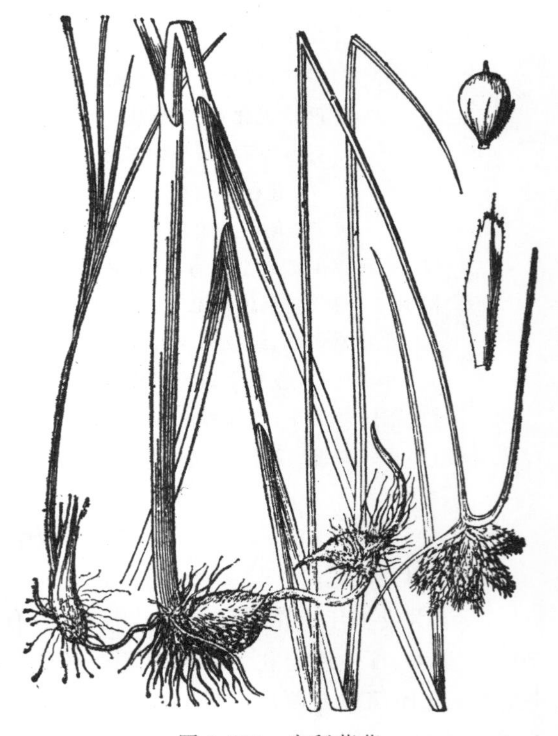

图3-385　扁秆藨草

2. 华东藨草 （图 3-386）

Scirpus karuizawensis Makino

多年生草本。根状茎短，无匍匐根状茎。秆粗壮，坚硬，高 80～150cm，呈不明显的三棱形，有 5～7 个节。具基生叶和秆生叶；少数基生叶仅具叶鞘而无叶片，鞘常红棕色；叶坚硬，一般短于秆，宽 4～10mm。叶状苞片 1～4 枚，较花序长；长侧枝聚伞花序 2～4 枚，有时仅有 1 枚，顶生和侧生，花序间相距较远，集合成圆锥状，顶生长侧枝聚伞花序有时复出，具多数辐射枝，侧生长侧枝聚伞花序简单，具 5 至少数辐射枝；辐射枝一般较短，少数长可达 7cm；小穗 5～10枚聚合成头状，着生于辐射枝顶端，长圆形或卵形，顶端钝，长 5～9mm，宽 3～4mm，密生许多花；鳞片披针形或长圆状卵形，顶端急尖，膜质，长约 3mm，红棕色，背面具 1 条脉；下位刚毛 6 条，下部卷曲，白色，较小坚果长得多，伸出鳞片之外，顶端疏生顺刺；花药线形；花柱中等长，柱头 3 枚，具乳头状小凸起。小坚果长圆形或倒卵形，扁三棱状，长约 1mm（不连喙），淡黄色，稍具光泽，具短喙。

见于西湖景区（桃源岭），生于水沟边。分布于东北、河南、江苏；日本、朝鲜半岛也有。

图 3-386 华东藨草

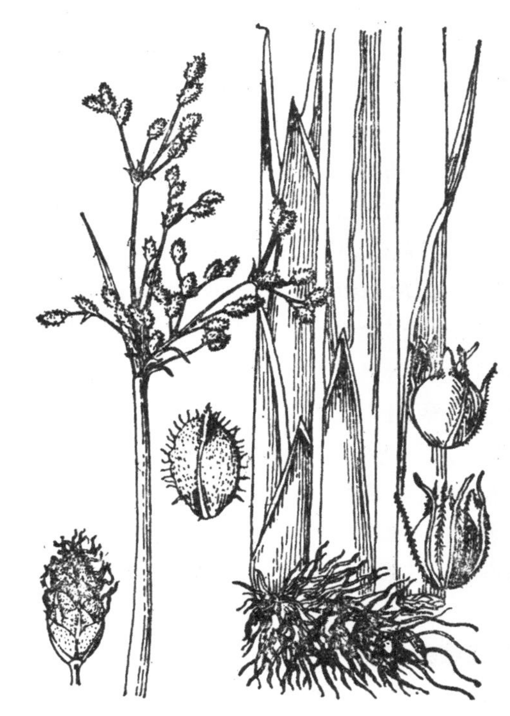

图 3-387 水葱

3. 水葱 （图 3-387）

Scirpus validus Vahl——*Schoenoplectus tabernaemontani*（Gmel.）Palla

具许多须根。匍匐根状茎粗壮。秆高大，圆柱状，高 1～2m，平滑，基部具 3 或 4 枚叶鞘；鞘长可达 38cm，管状，膜质，最上面 1 枚叶鞘具叶片。叶片线形，长 1.5～11cm。苞片 1 枚，为秆的延长，直立，钻状，常短于花序，极少数稍长于花序；长侧枝聚伞花序简单或复出，假侧生，具 4～13 或更多个辐射枝；辐射枝长可达 5cm，一面凸，一面凹，边缘有锯齿；小穗单生，或 2、3

枚簇生于辐射枝顶端，卵形或长圆形，顶端急尖或钝圆，长5～10mm，宽2～3.5mm，具多数花；鳞片椭圆形或宽卵形，顶端稍凹，具短尖，膜质，长约3mm，棕色或紫褐色，有时基部色淡，背面有铁锈色凸起小点，脉1条，边缘具缘毛；下位刚毛6条，等长于小坚果，红棕色，有倒刺；雄蕊3枚，花药线形，药隔凸出；花柱中等长，柱头2枚，稀3枚，长于花柱。小坚果倒卵球形或椭圆球形，双凸状，少有三棱状，长约2mm。花、果期6—9月。$2n=42$。

区内常见栽培。分布于我国东北、甘肃、贵州、河北、江苏、内蒙古、山西、陕西、四川、新疆、云南；日本、朝鲜半岛、大洋洲、美洲也有。

4. 藨草 (图3-388)

Scirpus triqueter L.

匍匐根状茎长，直径为1～5mm，干时呈红棕色。秆散生，粗壮，高20～90cm，三棱形，基部具2或3枚鞘；鞘膜质，横脉明显隆起，最上1枚鞘顶端具叶片。叶片扁平，长1.3～5.5(～8)cm，宽1.5～2mm。苞片1枚，为秆的延长，三棱形，长1.5～7cm；简单长侧枝聚伞花序假侧生，有1～8个辐射枝；辐射枝三棱形，棱上粗糙，长可达5cm，每一辐射枝顶端有1～8枚簇生的小穗；小穗卵形或长圆形，长6～12(～14)mm，宽3～7mm，密生许多花；鳞片长圆形、椭圆形或宽卵形，顶端微凹或圆形，长3～4mm，膜质，黄棕色，背面具1条中肋，稍延伸出顶端成短尖，边缘疏生缘毛；下位刚毛3～5条，几等长或稍长于小坚果，全都生有倒刺；雄蕊3枚，花药线形，药隔暗褐色，稍凸出；花柱短，柱头2枚，细长。小坚果倒卵球形，平凸状，长2～3mm，成熟时褐色，具光泽。花、果期6—9月。

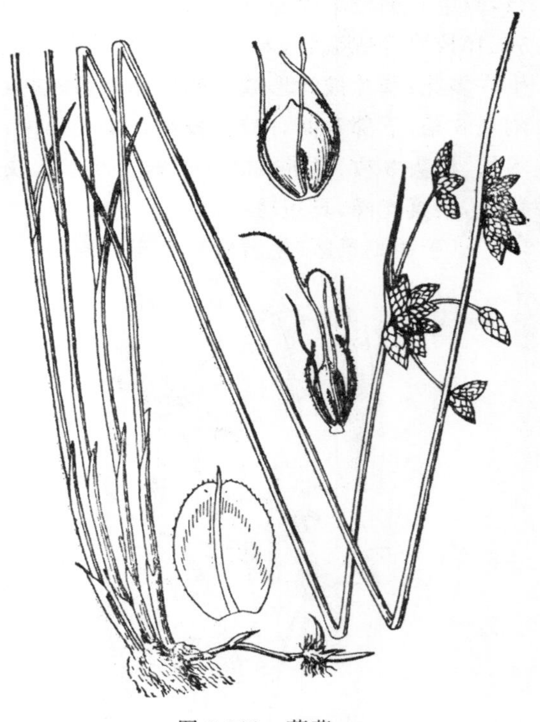

图3-388 藨草

见于江干区(彭埠)、西湖景区(六和塔、梵村)，生于水沟、水塘或沼泽地。我国除广东、海南外均有分布；日本、朝鲜半岛、中亚、欧洲、美洲也有。

5. 海三棱藨草

Scirpus × mariqueter Tang & F. T. Wang

具匍匐根状茎和须根。秆高25～40cm，或多或少为散生，三棱形，平滑。通常有叶2枚，叶片短于秆，宽2～3mm，稍坚硬；叶鞘长，深褐色。苞片2枚，一为秆的延长，较小穗长很多，三棱形，另一苞片小，等长或稍长于小穗，扁平，基部扩大；小穗单枚，假侧生，无柄，广卵形，长8～12mm，宽5～7mm，具多数花；鳞片卵形，长5～6mm，棕色或红棕色，背面具1～3条脉，中脉伸出顶端成短尖，边缘有疏缘毛；下位刚毛4条，长约为小坚果的一半，全疏生倒刺；雄蕊3枚；花柱长，柱头2枚，短于花柱。小坚果倒卵球形或广倒卵球形，平凸状，顶端近于截形，具极短的小尖，成熟时深褐色。花、果期6月。

见于江干区(彭埠)，生于江边滩地上。分布于河北、江苏。

可能系 *S. planiculmis* Fr. Schmidt 与 *S. triqueter* L. 杂交而得。秆三棱形，花序假侧生等性状似后者，而其穗大和小坚果表面细胞呈四角形至六角形网纹的特征显然又似前者。

6. **水毛花** (图 3-389)

Scirpus triangulatus Roxb.

根状茎粗短。无匍匐根状茎，具细长须根。秆丛生，稍粗壮，高 50～120cm，锐三棱形，基部具 2 枚叶鞘；鞘棕色，长 7～23cm，顶端呈斜截形，无叶片。苞片 1 枚，为秆的延长，直立或稍开展，长 2～9cm；小穗(2～)5～9(～20)枚聚集排列成头状，假侧生，卵形、长圆状卵形、圆筒形或披针形，顶端钝圆或近于急尖，长 8～16mm，宽 4～6mm，具多数花；鳞片卵形或长圆状卵形，顶端急缩成短尖，近革质，长 4～4.5mm，淡棕色，具红棕色短条纹，背面具 1 条脉；下位刚毛 6 条，有倒刺；雄蕊 3 枚，花药线形，长 2mm 或更长，药隔稍凸出；花柱长，柱头 3 枚。小坚果倒卵球形或宽倒卵球形，扁三棱状，长 2～2.5mm，成熟时暗棕色，具光泽，稍有皱纹。花、果期 5—8 月。

见于西湖景区(桃源岭)，生于沟边。我国除西藏、新疆外，广布于各地；亚洲其他国家也有。

图 3-389 水毛花

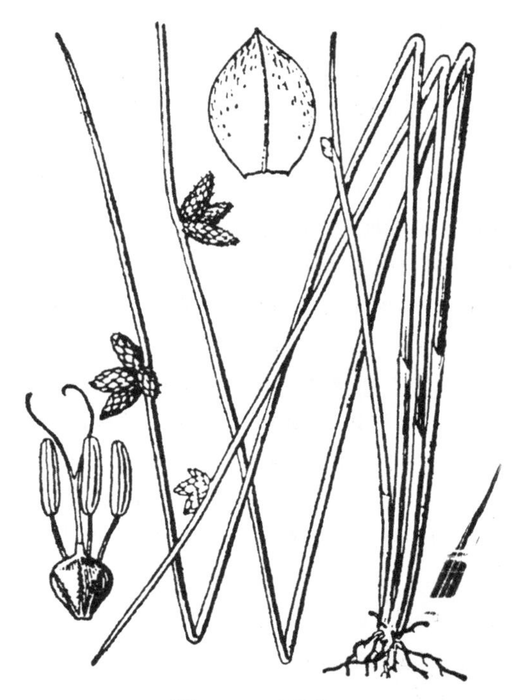

图 3-390 萤蔺

7. **萤蔺** (图 3-390)

Scirpus juncoides Roxb.

根状茎短，具许多须根。秆稍坚挺，圆柱状，少数近于有棱角，平滑，基部具 2 或 3 枚鞘；鞘的开口处为斜截形，顶端急尖或圆形，边缘为干膜质，无叶片。苞片 1 枚，为秆的延长，直立，长 3～15cm；小穗(2)3～5(～7)枚聚成头状，假侧生，卵形或长圆状卵形，长 8～17mm，宽 3.5～4mm，棕色或淡棕色，具多数花；鳞片宽卵形或卵形，顶端骤缩成短尖，近于纸质，长

3.5～4mm,背面绿色,具1条中肋,两侧棕色或具深棕色条纹;下位刚毛5成6条,长等于或短于小坚果,有倒刺;雄蕊3枚,花药长圆球形,药隔凸出;花柱中等长,柱头2枚,极少3枚。小坚果宽倒卵球形或倒卵球形,平凸状,长约2mm或更长,稍皱缩,但无明显的横皱纹,成熟时黑褐色,具光泽。花、果期8—11月。

区内较常见,生于潮湿地。除甘肃、内蒙古、西藏尚未见到外,全国各地均有分布;马来西亚、印度、缅甸、大洋洲及北美洲也有。

2. 荸荠属 Eleocharis R. Br.

一年生或多年生草本。根状茎不发育或很短,通常具匍匐根状茎。秆丛生或单生,除基部外裸露。叶常退化,一般只有叶鞘而无叶片。苞片缺如;小穗1枚,顶生,直立,极少从小穗基部生嫩枝,通常有多数两性花或有时仅有少数两性花;鳞片螺旋状排列,极少近2列,最下的1或2片鳞片中空,很少有花。下位刚毛一般存在,4～8条,其上或多或少有倒刺,很少无下位刚毛;雄蕊1～3枚;花柱细,花柱基膨大,不脱落,同时形成各种形状,很少不膨大;柱头2或3枚,丝状。小坚果倒卵球形或圆倒卵球形,三棱状或双凸状,平滑或有网纹,很少有洼穴。

150多种,除两极外,广布于全球各地,热带、亚热带地区特别多;我国产20多种和一些变种;浙江有7种,2变种;杭州有5种。

分种检索表

1. 秆粗壮,有节状横隔膜;小穗圆柱形,不比秆粗;鳞片革质;中脉不明显 ………………… 1. **荸荠** *E. dulcis*
1. 秆细弱或较细弱,无横隔膜;小穗不为圆柱形,比秆粗;鳞片膜质;中脉明显。
  2. 秆矮小,细如毛发;小穗下部的鳞片近2列,含少数花,全部鳞片有花;小坚果表面具横线形网纹 …… ………………………………………………………………………… 2. **牛毛毡** *E. yokoscensis*
  2. 秆较高大;小穗的鳞片全为螺旋状排列,含多数花,基部1～3枚鳞片内无花;小坚果表面平滑。
    3. 秆四棱状;小穗多斜生在秆的顶端;小坚果成熟时淡褐色。
      4. 下位刚毛呈羽毛状 ………………………………………………… 3. **羽毛鳞荸荠** *E. wichurai*
      4. 下位刚毛不呈羽毛状,具少数倒刺 ………………………………… 4. **龙师草** *E. tetraquetra*
    3. 秆圆柱形;小穗直立;小坚果成熟时淡黄色 ………………………… 5. **透明鳞荸荠** *E. pellucida*

1. 荸荠 (图3-391)

Eleocharis dulcis (N. L. Burman) Trinius ex Henschel

多年生草本。具细长的匍匐根状茎,在匍匐根状茎的顶端生块状茎。秆多数,丛生,直立,圆柱状,高15～60cm,直径为1.5～3mm,有多数横隔膜,干后秆表面显示有节,但不明显,灰绿色,光滑无毛。叶缺如,只在秆的基部有2或3枚叶鞘;鞘近膜质,绿黄色、紫红色或褐色,高2～20cm,鞘口斜,顶端急尖。小穗顶生,圆柱状,长1.5～4cm,直径为6～7mm,极淡绿色,顶端钝或近急尖,有多数花;小穗基部的2枚鳞片中空、无花,抱小穗基部1周;其余鳞片均有花,松散覆瓦状排列,宽长圆形或卵状长圆形,顶端钝圆,长3～5mm,宽2.5～3.5(～4)mm,背部灰绿色,近革质,边缘为微黄色干膜质,全面有淡棕色细点,具1条中脉;下位刚毛7条,较小坚果长,有倒刺;柱头3枚,花柱基从宽的基部急骤变狭变扁而呈三角形,不为海绵质,基部具领状的环，环与小坚果质地相同，宽约为小坚果的 1/2。小坚果宽倒卵球形，双凸状，顶端不缢缩，长约 2.4mm，直径为 1.8mm，成熟时棕色，光滑，稍黄绿色，表面细胞呈四角形至六角形。花、果期 5—10 月。

区内常见栽培。分布于全国各地；日本、朝鲜半岛、越南、印度也有。

球茎富含淀粉，供生食、熟食或提取淀粉，味甘美；也供药用，开胃解毒，消宿食，健肠胃。

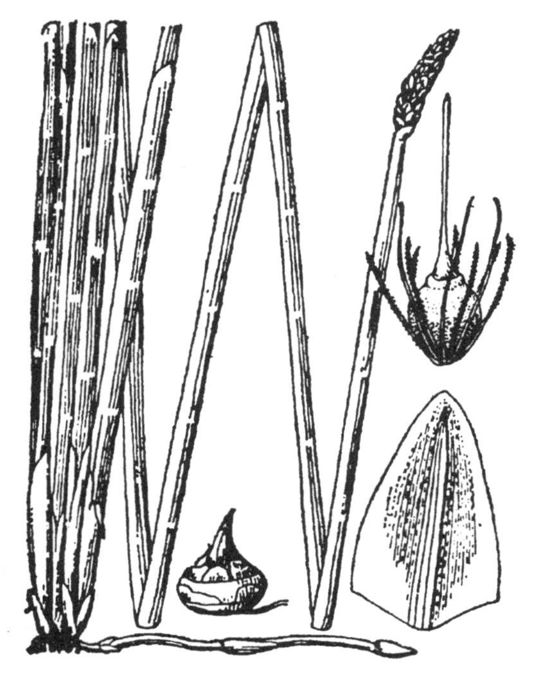

图 3-391 荸荠

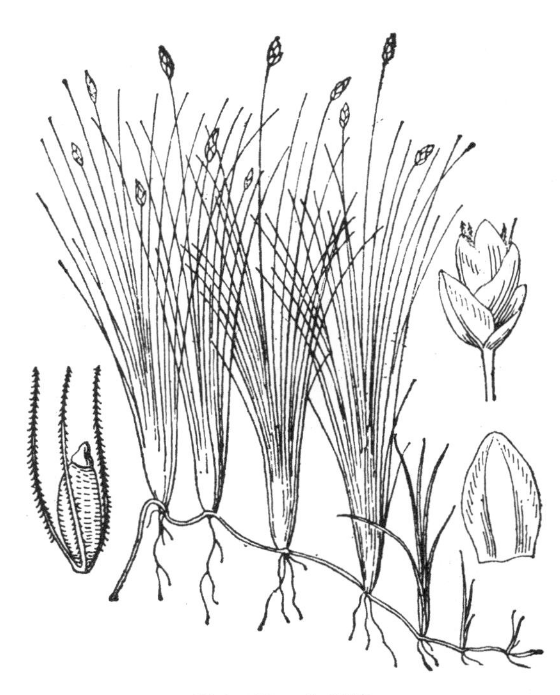

图 3-392 牛毛毡

2. 牛毛毡 （图 3-392）

Eleocharis yokoscensis (Franch. & Sav.) Tang & F. T. Wang

多年生草本。具细长匍匐状茎。秆密丛生，纤细，毛发状，高 5～10cm，绿色，具沟槽。叶片鳞片状；秆的基部有叶鞘，鞘红褐色。小穗卵形或长圆形，长 2～4mm，稍扁平，全部鳞片内有花；鳞片膜质，下部少数鳞片近于 2 列排列，卵形，长 1.5～2mm，先端急尖，背部具绿色的龙骨状凸起，具 1 条脉，两侧紫色，边缘无色透明；下位刚毛 1～4 条，长约为小坚果的 2 倍，褐色，具粗硬的倒刺；柱头 3 枚。小坚果椭圆球形，长约 2mm，淡褐色，有细密、整齐的横线状网纹；花柱基圆锥形，与果顶连接处收缩。花、果期 7—8 月。

区内广布，生于稻田、塘边、沟边等潮湿处。分布于我国南北各省、区；朝鲜半岛、蒙古、俄罗斯、越南、缅甸、印度也有。

3. 羽毛鳞荸荠 （图 3-393）

Eleocharis wichurai Böcklr

多年生草本。无匍匐根状茎，稀有短的匍匐根状茎。秆少数，丛生，高 30～50cm，锐四棱状，细弱，光滑无毛，灰绿色。叶片缺，秆基部有 1 或 2 枚叶鞘；叶鞘长筒形，带红色或紫红色，顶端向一面深裂，因而鞘口很斜。小穗卵形、长圆形或披针形，稍斜生，长 7～12mm，直径为

3～5mm,初时近褐色,后变苍白色,有多数花;小穗基部2枚鳞片对生,其内无花,其余鳞片紧密地螺旋状排列,均有花,长圆形或椭圆形,顶端钝圆,长3mm,宽近2mm,膜质,舟状,背部淡绿色,中脉1条,细而不明显,两侧有带锈色条纹,边缘干膜质;下位刚毛6条,锈褐色,羽毛状,与小坚果(连花柱基在内)近等长;柱头3枚。小坚果宽倒卵球形,扁三棱状,腹面微凸,背面隆起,长1.3～1.5mm,宽1～1.1mm,淡橄榄色,后期淡褐色;花柱基异常膨大,圆锥形至长圆形,密布乳头状凸起,长为小坚果的3/5～2/3,宽为小坚果的1/2～4/5。花、果期7月。

见于西湖区(留下),生于路边、沟边湿地。分布于甘肃、河北、山东及东北;日本、朝鲜半岛、俄罗斯远东地区也有。

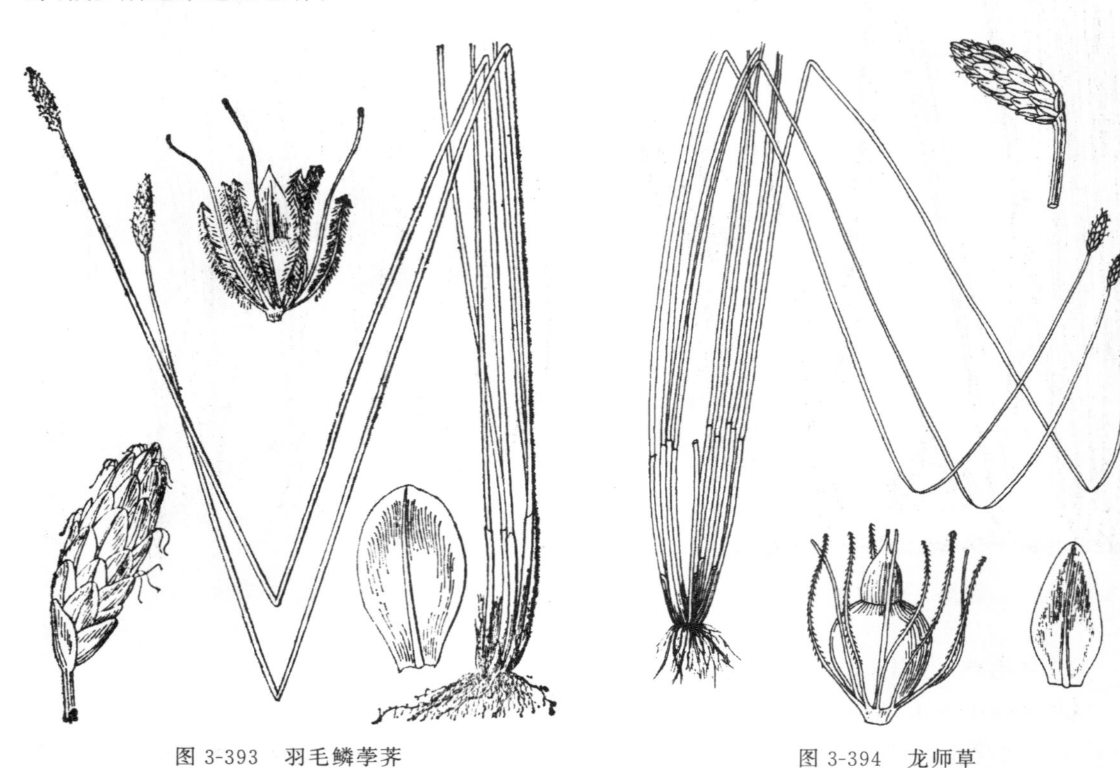

图3-393　羽毛鳞荸荠　　　　图3-394　龙师草

4. **龙师草**　(图3-394)

Eleocharis tetraquetra Nees

多年生草本。无根状茎,有时有短的匍匐状根状茎。秆多数,丛生,高30～50cm,锐四棱形,直立,无毛。叶片缺如,仅秆基部有2或3枚叶鞘;鞘口近平截,顶端具三角形的小齿。小穗稍斜生,长圆形,长8～11mm,顶端钝或急尖,基部渐狭,绿褐色,具多数花,除基部3枚鳞片内无花外,其余均有花;鳞片椭圆状卵形,长约3mm,先端钝,背部绿色,中间具1条脉,两侧锈色,边缘干膜质;下位刚毛6条,褐色,具少数粗硬的倒刺,几与小坚果等长;柱头3枚。小坚果卵球形,扁三棱状,背面明显凸起,淡褐色,长约1.2mm,有短柄;花柱基圆锥形,顶端渐尖,扁三棱形,有少数乳头状凸起。花、果期8—9月。$2n=20$。

见于西湖区(留下)、西湖景区(黄泥岭),生于路边、水沟边潮湿地带。分布于我国华东、华南;日本也有。

5. 透明鳞荸荠

Eleocharis pellucida Presl

一年生草本。无根状茎。秆少数或多数，丛生或密丛生，细弱，有少数肋条和纵槽，高5～30cm或更高，直径为0.5～1mm。叶缺如，仅在秆的基部有2枚叶鞘；长鞘的下部或多或少带紫红色，上部绿色，薄膜质，鞘口几平截，顶端具三角形小齿，高1.5～4cm。小穗披针形或长圆状卵形，稀球状卵形，长3～8mm，近基部直径为1.5～3mm，苍白色，有密生少数至多数花，稀极多数花，时常从小穗基部生小植株；在小穗基部的一鳞片中空、无花，抱小穗基部1周，其余鳞片全有花，长圆形或近长圆形，顶端钝或圆，长2mm，宽约1mm，极淡的锈色，中脉1条，淡绿色，边缘干膜质；下位刚毛6条，比小坚果长1/2，不向外开展，锈色，有倒刺，刺密而短；柱头3枚。小坚果倒卵球形，三棱状，长1.2mm，宽0.7mm，淡黄色或橄榄绿色，各棱具狭边，三面凸起，呈膨胀状；花柱基金字塔形，顶端近渐尖，长为小坚果的1/4，宽为小坚果的1/2。花、果期4—11月。

区内广布，生于水稻田中、水塘和湖边湿地。除甘肃、青海、西藏、新疆等外，各地都有分布；日本、朝鲜半岛、俄罗斯远东地区、印度、印度尼西亚和中南半岛等地也有。

3. 球柱草属 Bulbostylis Kunth

一年生或多年生草本。秆丛生，纤细。叶丝状，生于秆的基部；叶鞘顶端常有长柔毛。苞片叶状，极细；聚伞花序简单或复出，顶生，开展或紧缩成头状；小穗具多数两性花；鳞片螺旋状排列，最下面的1或2枚鳞片内中空、无花；下位刚毛缺如；雄蕊1～3枚；花柱细，基部膨大成小球状或盘状而宿存，与子房连接处通常缢缩，柱头3枚。小坚果倒卵球形，三棱状。

约60种，分布于全球温带地区；我国有3种，分布于华东、华中、华南、西南和华北；浙江有2种；杭州有2种。

1. 球柱草 (图3-395)

Bulbostylis barbata (Rottb.) C. B. Clarke

一年生草本。无根状茎。秆丛生，细，无毛，高6～25cm。叶纸质，极细，线形，长4～8cm，宽0.4～0.8mm，全缘，边缘微外卷，顶端渐尖，背面叶脉疏被微柔毛；叶鞘薄膜质，边缘被白色长柔毛状缘毛，顶端部分毛较长。苞片2或3枚，极细，线形，边缘外卷，背部疏被微柔毛，长1～2.5cm或较短；长侧枝聚伞花序头状，具密聚的无柄小穗3至数枚；小穗披针形或卵状披针形，长3～6.5mm，宽1～1.5mm，基部钝或几圆形，顶端急尖，具7～13朵花；鳞片膜质，卵形或近宽卵形，长1.5～2mm，宽1～1.5mm，棕色或黄绿色，顶端有向外弯

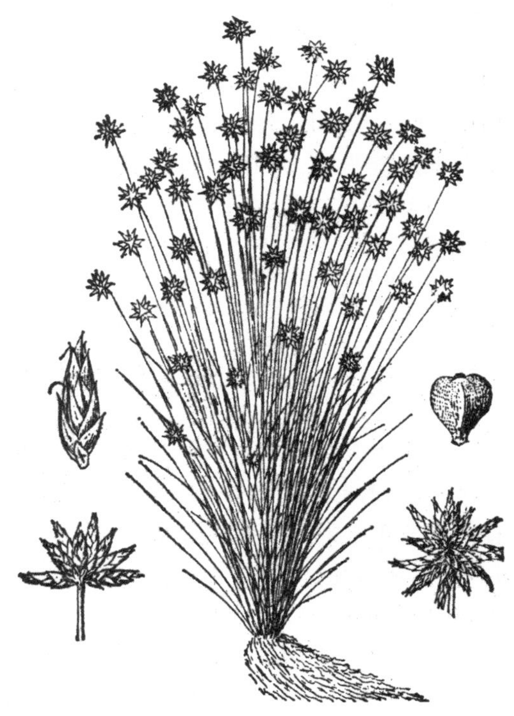

图3-395 球柱草

的短尖,仅被疏缘毛,有时背面被疏微柔毛,背面具龙骨状凸起,具黄绿色脉1条,稀3条;雄蕊1枚,罕为2枚,花药长圆形,顶端急尖。小坚果倒卵球形,三棱状,长0.8mm,宽0.5～0.6mm,白色或淡黄色,顶端截形或微凹,具盘状花柱基。花、果期4—10月。

见于西湖景区(九溪),生于山坡草丛。分布于安徽、福建、广东、广西、海南、河北、河南、湖北、江西、辽宁、山东、台湾;日本、朝鲜半岛、菲律宾、老挝、越南、柬埔寨、泰国及印度也有。

2. 丝叶球柱草 (图3-396)

Bulbostylis densa (Wall.) Hand.-Mazz.

一年生草本。无根状茎。秆纤细,丛生,高10～20cm。叶片线形,宽0.5mm,先端渐尖,全缘,边缘微外卷,背面叶脉间疏被微柔毛;叶鞘膜质,顶端具长柔毛。苞片1或2枚,线形,边缘微外卷,背面疏被微茸毛;聚伞花序简单或近复出;具1枚,稀2或3枚散生小穗,顶生小穗无柄,长圆状卵形或卵形,长5～8mm,顶端急尖,具7～14朵花或更多;鳞片卵形或近宽卵形,长1.5～2mm,宽1～1.5mm,褐色,先端钝,稀急尖,下部无花鳞片有时具芒状短尖,背面具龙骨状凸起,具1～3条脉;雄蕊2枚;柱头3枚。小坚果倒卵球形,三棱状,长约0.8mm,成熟后灰紫色,表面具有排列整齐的透明小凸起,具盘状花柱基。花、果期9—10月。

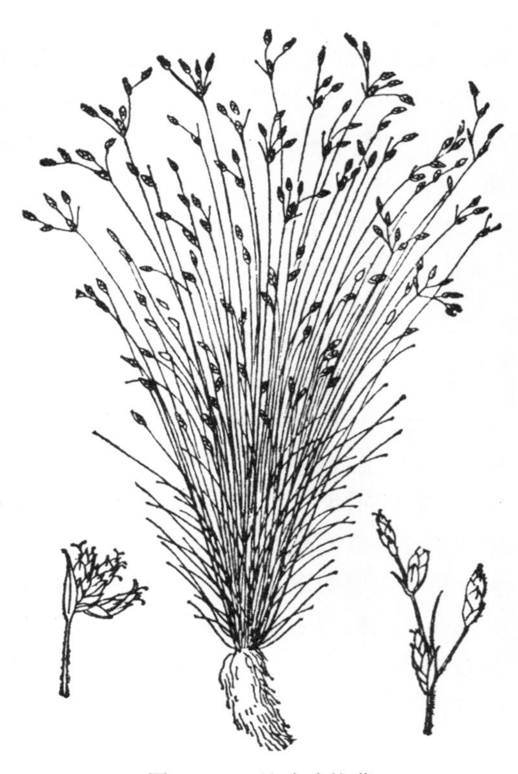

图3-396 丝叶球柱草

见于西湖景区(九溪),生于山地、路边、茶园地上。分布于安徽、福建、广东、广西、河北、湖北、湖南、江苏、江西、台湾、山东、四川、云南;亚洲东南部至热带非洲、热带大洋洲也有。

与上种的主要区别在于:前者小穗为3至数枚,鳞片具向外弯的短尖;本种常具1枚小穗,稀2或3枚,鳞片偶具芒状短尖。

4. 飘拂草属 Fimbristylis Vahl

一年生或多年生草本。具或不具根状茎,很少有匍匐根状茎。秆丛生或不丛生,较细。叶通常基生,有时仅有叶鞘而无叶片。花序顶生,为简单、复出或多次复出的长侧枝聚伞花序,少有集合成头状或仅具1个小穗。小穗单生或簇生,具几朵至多数两性花;鳞片常为螺旋状排列,或下部鳞片排为2列或近于2列,最下面1或2(3)片鳞片内无花;无下位刚毛;雄蕊1～3枚;花柱基部膨大,有时上部被缘毛,柱头2或3枚,全部脱落。小坚果倒卵球形,三棱状或双凸状,表面有网纹或疣状凸起,或两者兼有,具柄(子房柄)或柄不显著。

130多种;我国有47种,广布于全国各地;浙江有21种,2变种;杭州有13种。

分种检索表

1. 小穗圆柱状，全部鳞片螺旋状排列。
  2. 柱头3枚，少有2枚；花柱近圆柱形或稍扁，上部无缘毛。
    3. 秆下部之鞘具叶片，即秆中生。
      4. 根状茎缺；一年生草本。
        5. 小坚果两侧具后期脱落的乳头状凸起；柱头2枚 ………… 1. **疣果飘拂草** *F. verrucifera*
        5. 小坚果两侧无疣状凸起；柱头3枚 ……………………………… 2. **烟台飘拂草** *F. stauntoni*
      4. 根状茎短或匍匐状；多年生草本 ……………………………… 3. **扁鞘飘拂草** *F. complanata*
    3. 秆下部之鞘无叶片，即秆侧生。
      6. 叶片和叶鞘压扁；小穗球形或近球形 ……………………………… 4. **水虱草** *F. miliacea*
      6. 叶片和叶鞘不压扁；小穗卵球形或长圆状卵球形 ………… 5. **拟二叶飘拂草** *F. diphylloides*
  2. 柱头2枚；花柱扁平，上部有缘毛。
    7. 小穗无棱角，较大，长5～18mm。
      8. 聚伞花序具多数小穗。
        9. 秆侧生；鳞片具1条脉；小坚果表面近平滑 ……………… 6. **锈鳞飘拂草** *F. ferrugineae*
        9. 秆中生；鳞片具3至多数脉；小坚果表面有网纹。
          10. 根状茎不显著；秆基部无残存的老叶鞘；鳞片具3～5条脉。
            11. 小坚果纵肋明显隆起，表面具横长圆形网纹……… 7. **两歧飘拂草** *F. dichotoma*
            11. 小坚果纵肋不隆起，表面具六角形网纹 …………… 8. **长穗飘拂草** *F. longispica*
          10. 根状茎木质，横生；秆基部通常有老叶鞘；鳞片具11条脉 ……………………………………………………………………… 9. **结壮飘拂草** *F. rigidula*
      8. 小穗1枚，少有2枚 …………………………………………… 10. **双穗飘拂草** *F. subbispicata*
    7. 小穗具棱角，较小，长2～7mm。
      12. 小坚果宽倒卵球形，表面具明显横长圆形网纹 …………… 11. **复序飘拂草** *F. bisumbellata*
      12. 小坚果倒卵球形，表面近平滑 ……………………………… 12. **夏飘拂草** *F. aestivalis*
1. 小穗扁平，下面鳞片2列 ……………………………………………… 13. **暗褐飘拂草** *F. fusca*

1. 疣果飘拂草

Fimbristylis verrucifera (Maxim.) Makino

一年生草本。无根状茎。秆密茂丛生，细，光滑。叶较秆短得多，毛发状，柔软，内卷或近于平张，长3～5cm，宽0.25～0.5cm；鞘锈褐色，无毛，薄膜质，鞘口斜裂。苞片3～10枚，毛发状，最下面1或2枚有时稍高于花序；长侧枝聚伞花序简单或近于复出，有少数至多数小穗，辐射枝3～10个不等长，细，张开；小穗单生，少有2枚簇生，长圆形或卵圆形，长3～6mm，宽2～2.5mm，有多数花；鳞片长圆形或长圆状卵形，薄膜质，淡白色或淡麦秆黄色，顶端钝，具直短尖，背面具绿色龙骨状凸起，有1条脉，长约1mm(不连短尖)，短尖长0.25～0.3mm；雄蕊1枚，花药披针形，顶端具短尖；花柱无毛，基部稍肥厚，柱头2枚。小坚果狭长圆球形，圆筒状，具光泽，褐色，两边有4～6枚白色、具柄、球形的乳头状凸起(凸起后来脱落)，基部近于截形，具细柄，表面细胞具近六角形的网纹或近线形的横纹。$2n=10$。

见于西湖景区(桃源岭)，生于田边。分布于我国东北地区；日本、朝鲜半岛、俄罗斯也有。

2. 烟台飘拂草 (图 3-397)

Fimbristylis stauntoni Debeaux & Franch.

一年生草本。无根状茎。秆丛生,扁三棱形,高4～40cm,具纵槽,无毛,直立,少有下弯,基部有少数叶。叶短于秆,平张,无毛,向上端渐狭,顶端急尖,宽1～2.5mm;鞘前面膜质,鞘口斜裂,淡棕色,长0.5～7cm;叶舌很短,截形,具绿毛。苞片2或3枚,叶状,稍长或稍短于花序;小苞片钻状或鳞片状,基部宽,具芒;长侧枝聚伞花序简单或复出,长1～7cm,宽1.5～7cm,具少数辐射枝;辐射枝多少张开,细,长1～7cm;小穗单生于辐射枝顶端,宽卵形或长圆形,顶端急尖、钝或圆,基部楔形,长3～7mm,宽1.5～2.5mm,有多数花;鳞片膜质,长圆状披针形,锈色,背面具绿色龙骨状凸起,具1条脉,顶端具短尖,短尖不向外弯;雄蕊1枚,花药长约0.4mm,顶端具短尖;子房狭长圆球形,花柱近圆柱状,无毛,基部膨大成球形,柱头2或3枚,幼时长约为花柱的1/4,成长后仅稍短于花柱;花柱不脱落。小坚果长圆球形,近于圆筒状,黄白色,顶端稍膨大如盘,顶端以下缩成短颈,表面具横长圆形的网纹。花、果期7—10月。

见于江干区(彭埠)、西湖景区(赤山埠),生于耕地中、田埂上、沙土湿地上、杂草丛中。分布于东北、安徽、河北、河南、湖北、江苏、山东、陕西;日本、朝鲜半岛也有。

图 3-397 烟台飘拂草

图 3-398 扁鞘飘拂草

3. 扁鞘飘拂草 (图 3-398)

Fimbristylis complanata (Retz.) Link

多年生草本。根状茎或长或短,直伸,有时近于横生。秆丛生,扁三棱形或四棱形,高50～70cm,具槽,粗壮,花序以下有时具翅,基部有多数叶,在幼苗时期有时具有无叶片的鞘。叶短于秆,宽3～5mm,平张,厚纸质,上部边缘具细齿,顶端急尖;鞘两侧扁,背部具龙骨状凸起，前面锈色，膜质，鞘口斜裂，具缘毛；叶舌很短，具缘毛。苞片 2～4 枚，近于直立，较花序短得多；小苞片刚毛状，基部较宽；长侧枝聚伞花序大，多次复出，长 7.5～10.5cm，宽 4～7cm，具 3 或 4 个辐射枝，有许多小穗；辐射枝扁，粗糙，长 1～7cm；小穗单生，长圆形或卵状披针形，顶端急尖，长 5～9mm，宽 1.2～2mm，有 5～13 朵花；鳞片卵形，顶端急尖，长 3mm，褐色，背面具黄绿色龙骨状凸起，有 1 条脉延伸成短尖；雄蕊 3 枚，花药长圆球形，顶端急尖，长 1mm，约为花丝长的 1/4；子房三棱状长圆球形，花柱三棱形，无毛，基部膨大成圆锥状，柱头 3 枚，约与花柱等长。小坚果倒卵球形或宽倒卵球形，钝三棱状，长 1.5mm，白色或黄白色，有横长圆形网纹。花、果期 7—10 月。

见于西湖景区(桃源岭)，生长在山谷潮湿处和小溪旁。分布于贵州、湖北、江苏、四川、台湾、云南；日本、朝鲜半岛、印度也有。

4. 水虱草 日照飘拂草 （图 3-399）

Fimbristylis miliacea (L.) Vahl

一年生草本。无根状茎。秆丛生，高(1.5～)10～60cm，扁四棱形，具纵槽，基部包着 1～3 枚无叶片的鞘；鞘侧扁，鞘口斜裂，向上渐狭窄，有时呈刚毛状，长(1.5～)3.5～9cm。叶长于或短于秆，或与秆等长，侧扁，套褶，剑状，边上有稀疏细齿，向顶端渐狭，呈刚毛状，宽(1～)1.5～2mm；鞘侧扁，背面呈锐龙骨状，前面具膜质、锈色的边，鞘口斜裂；无叶舌。苞片 2～4 枚，刚毛状，基部宽，具锈色、膜质的边，较花序短；长侧枝聚伞花序复出或多次复出，很少简单，有许多小穗；辐射枝 3～6 个，细而粗糙，长 0.8～5cm；小穗单生于辐射枝顶端，球形或近球形，顶端极钝，长 1.5～5mm，宽 1.5～2mm；鳞片膜质，卵形，顶端极钝，长 1mm，栗色，具白色狭边，背面具龙骨状凸起，具 3 条脉，沿侧脉处深褐色，中脉绿色；雄蕊 2 枚，花药长圆球形，顶端钝，长 0.75mm，为花丝长的 1/2；花柱三棱形，基部稍膨大，无缘毛，柱头 3 枚，为花柱长的 1/2。小坚果倒卵球形或宽倒卵球形，钝三棱状，长 1mm，麦秆黄色，具疣状凸起和横长圆形网纹。$2n=10$。

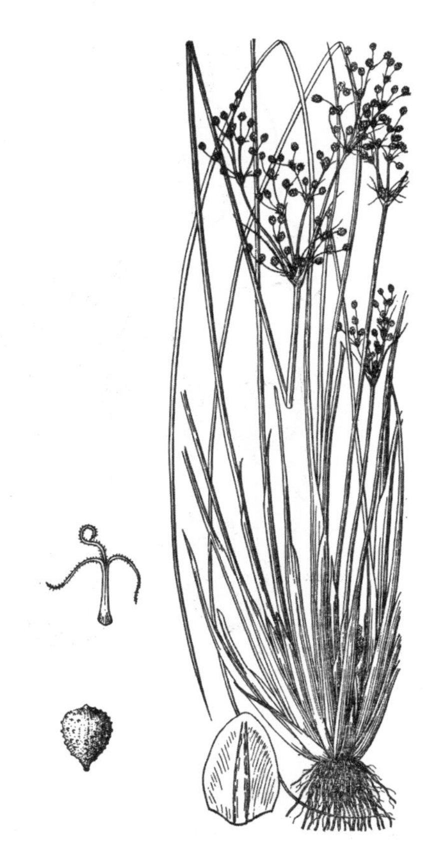
图 3-399 水虱草

见于西湖景区(赤山埠、虎跑、九溪)。除东北、甘肃、山东、山西、内蒙古、西藏、新疆外，全国各省、区都有分布；日本、朝鲜半岛、印度、马来西亚、泰国、越南、老挝、大洋洲也有。

5. 拟二叶飘拂草 面条草 （图 3-400）

Fimbristylis diphylloides Makino

一年生草本。无根状茎或具很短的根状茎。秆丛生，由叶腋间抽出，细，扁四棱形，具纵槽，15～50cm，基部具 1 或 2 枚无叶片的鞘；鞘管状，长 2.5～6.5cm，鞘口斜截形，顶端急尖，鞘外被分裂如纤维状的老叶鞘。叶短于或几等长于秆，平张，顶端急尖，边缘具疏细齿，宽 1.2～

2.2mm;鞘前面膜质,锈色,鞘口斜裂;无叶舌。苞片4～6枚,较花序短很多,刚毛状,基部宽,边缘具细齿;长侧枝聚伞花序简单或近于复出,长1.5～6cm;宽2～6cm,辐射枝4～8个,粗糙,长0.6～4cm;小穗单生于辐射枝顶端,卵形或长圆状卵形,顶端钝或近于急尖,长2.5～7.5mm,宽1.5～2.5(～3) mm,密生多数花;鳞片膜质,宽卵形,顶端极钝,长约2mm,褐色或红褐色,具白色、干膜质的边,背面有3条绿色的脉,稍呈龙骨状凸起;雄蕊2枚,花药长圆球形,顶端钝,长0.8mm,约等于花丝长的1/2;花柱基部稍膨大,无缘毛,柱头2或3枚,稍长于花柱或几与之等长。小坚果宽倒卵球形,三棱状或为不等的双凸状,长约1mm或稍短些,褐色,有稀疏疣状凸起,具横长圆形网纹。花、果期6—9月。$2n=10$。

见于西湖景区(上天竺),生于路边、山坡林下。分布于安徽、贵州、广东、广西、湖北、湖南、江苏、江西、四川;日本、朝鲜半岛也有。

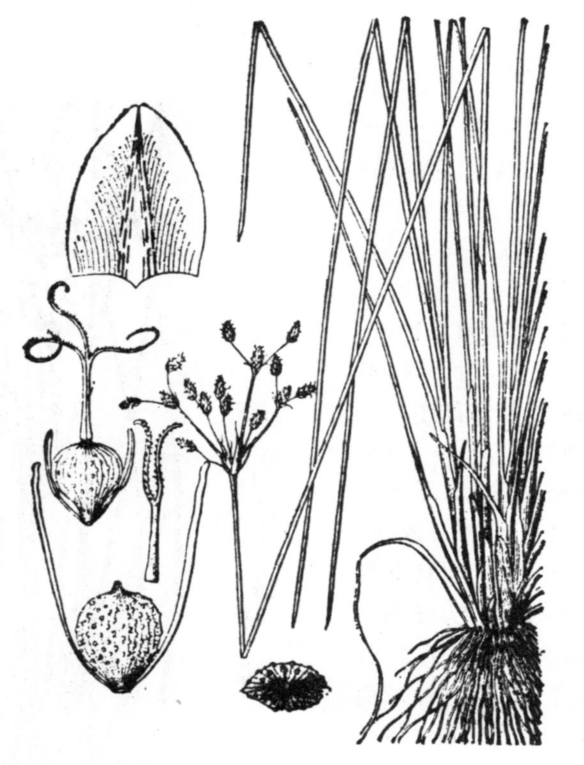

图3-400 拟二叶飘拂草

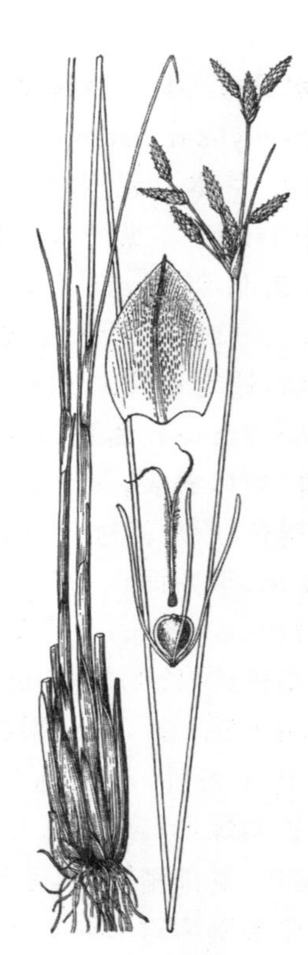

图3-401 锈鳞飘拂草

6. **锈鳞飘拂草** (图3-401)

Fimbristylis ferrugineae (L.) Vahl

多年生草本。根状茎短,木质,水平生长。秆丛生,细而坚挺,高20～65cm,扁三棱形,平滑,灰绿色,基部稍膨大,具少数叶。下部的叶仅具叶鞘而无叶片,鞘灰褐色;上部的叶常对折,线形,顶端钝,长仅为秆的1/3或更短些,宽约1mm。苞片2或3枚,线形,短于或稍长于花序,近于直立,基部稍扩大;长侧枝聚伞花序简单,少有近于复出,具少数辐射枝;辐射枝短,最长不及1cm;小穗单生于辐射枝顶端,长圆状卵形、长圆形或长圆状披针形,顶端急尖,稀钝,圆柱状,长7～15mm,宽约3mm,具多数密生的花;鳞片近于膜质,卵形或椭圆形,顶端钝,具短尖,长3～4mm,灰褐色,中部具深棕色条纹,背面具1条明显的中肋,上部被灰白色短柔毛,边缘具缘毛;雄蕊 3 枚,花药线形,药隔稍凸出于花药顶端;花柱长而扁平,基部稍宽,具缘毛,柱头 2 枚。小坚果倒卵球形或宽倒卵球形,扁双凸状,长 1～1.5mm,表面近于平滑,成熟时棕色或黑棕色,有很短的柄。花、果期 6—8 月。

见于江干区(彭埠)、余杭区(乔司),生于盐沼地里江边、沙滩上。分布于福建、广东、海南、台湾;印度、日本及全世界温暖地区的沿海也有。

7. **两歧飘拂草** (图 3-402)

Fimbristylis dichotoma (L.) Vahl

一年生草本,具须根。秆丛生,高 30～50cm,无毛或被柔毛,钝三棱形。叶片线形,略短于秆或与秆等长,宽 1.5～2.5mm;叶鞘革质,上端近于截形。苞片 3 或 4 枚,叶状,通常有 1 或 2 枚长于花序,无毛或被短柔毛;聚伞花序复出,少有简单;小穗卵形或长圆状卵形,长 6～10mm,宽约 2.5mm,具多数花;鳞片卵形或长圆形,长 2～2.5mm,褐色,有光泽,具 3～5 条脉,先端具短尖;雄蕊 2 或 3 枚;花柱扁平,上部有缘毛,柱头 2 枚。小坚果宽倒卵球形,双凸状,长约 1mm,白色至淡褐色,表面有 7 或 8 条显著纵肋和横长圆形的网纹,有褐色短柄。花、果期 7—8 月。

区内常见,生于路边、水沟边或空旷草地上。分布于福建、广东、广西、贵州、黑龙江、吉林、江苏、江西、辽宁、山东、河北、山西、四川、台湾、云南;日本、朝鲜半岛、大洋洲、非洲也有。

图 3-402 两歧飘拂草

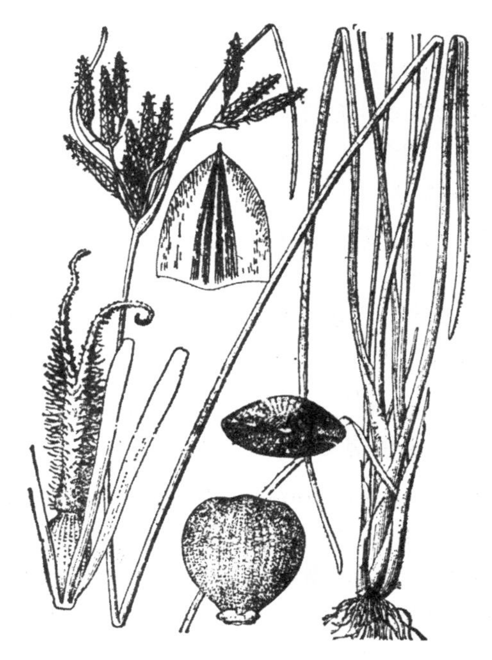

图 3-403 长穗飘拂草

8. **长穗飘拂草** (图 3-403)

Fimbristylis longispica Steud.

一年生草本。根状茎短。秆丛生,高 25～60cm。叶短于秆,近于无毛,宽 1.5～2.5mm,边缘常内卷,顶端钝。苞片 2 或 3 枚,叶状,最下面 1 枚通常较花序长,顶端钝;长侧枝聚伞花序复出、多次复出或简单,有 3～6 个辐射枝;小穗单生于辐射枝顶端,狭长圆形、长圆形或长圆状卵形,长6~20mm,顶端急尖或钝圆;鳞片宽卵形,舟状,长约3mm,有3~5条棕色或浅棕色脉,无毛,顶端具短尖;雄蕊3枚;花柱略长于小坚果,上部有缘毛,基部稍宽,柱头2枚。小坚果倒卵球形,双凸状,长1.2~1.5mm,浅棕色,无柄,具六角形网纹,无纵肋和疣状凸起。花、果期8—9月。

见于江干区(彭埠),生于江边。分布于东北、福建、江苏、山东;日本、越南、马来西亚也有。

9. 结壮飘拂草 (图3-404)

Fimbristylis rigidula Nees

多年生草本。根状茎粗短,木质,横生。秆呈横列疏丛生,高15~50cm,扁圆柱形,具纵槽,基部粗大,常具残存的老叶鞘。叶短于秆,宽2~3mm,平张,两面均被疏柔毛,呈灰绿色。叶状苞片3~5枚,短于花序,少数与花序等长;长侧枝聚伞花序复出,少有简单,具3~6个辐射枝;辐射枝长短不等,最长达3cm;小穗单生于第1次或第2次辐射枝的顶端,卵形或椭圆形,顶端钝或急尖,长5~10mm,宽3~4mm,具多数花;鳞片排列紧密,卵形或宽卵形,顶端钝,具短尖,长约4mm,红褐色,背面具多数脉,基部2枚鳞片内无花,小于具花鳞片,短尖稍长些;雄蕊3枚,花药线形,长约1.5mm;花柱长而扁平,基部稍粗大,上端具缘毛,柱头2枚。小坚果宽倒卵球形,或近于椭圆球形,长1.2~1.5mm,表面具细小的六角形网纹。花、果期4—6月。

见于西湖景区(九曜山),生于山坡、路旁或林下。分布于安徽、广东、河南、湖北、江苏、江西、四川、云南;缅甸、印度、菲律宾也有。

图3-404 结壮飘拂草

10. 双穗飘拂草 (图3-405)

Fimbristylis subbispicata Nees & Meyen

一年生草本。无根状茎。秆丛生,细弱,高7~60cm,扁三棱形,灰绿色,平滑,具多条纵槽,基部具少数叶。叶短于秆,宽约1mm,稍坚挺,平张,上端边缘具小刺,有时内卷。苞片无或只有1枚,直立,线形,长于花序,长0.7~10cm;小穗通常1枚,顶生,罕有2枚,卵形、长圆状卵形或长圆状披针形,圆柱状,长8~30mm,宽4~8mm,具多数花;鳞片螺旋状排列,膜质,卵形、宽卵形或近于椭圆形,顶端钝,具硬短尖,长5~7mm,棕色,具锈色短条纹,背面无龙骨状凸起,具多条脉;雄蕊3枚,花药线形,长2~2.5mm;花柱长而扁平,基部稍膨大,具缘毛,柱头2枚。小坚果圆倒卵球形,扁双凸状,长1.5~1.7mm,褐色,基部具柄,表面具六角形网纹,稍有光泽。花期6—8月,果期9—10月。

见于西湖景区(玉皇山),生于山坡。分布于东北各省、福建、广东、河北、河南、江苏、山东、山西、台湾;日本、朝鲜半岛也有。

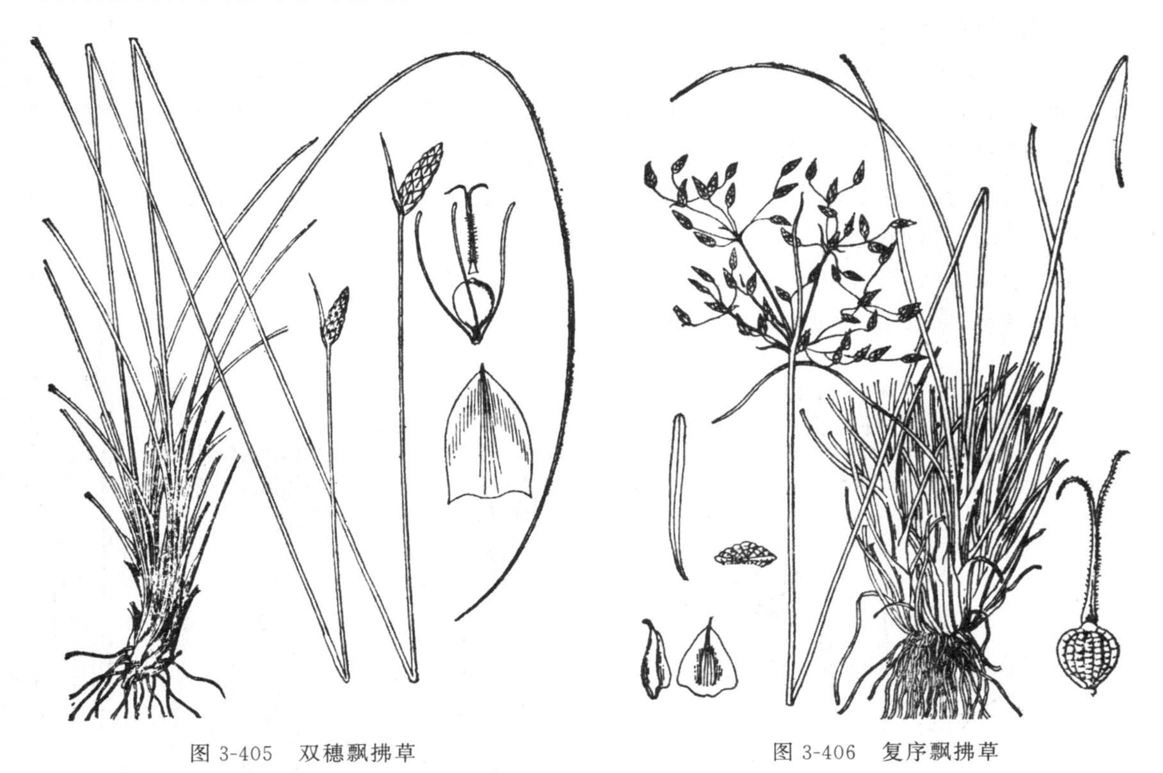

图 3-405 双穗飘拂草　　图 3-406 复序飘拂草

11. 复序飘拂草 (图 3-406)

Fimbristylis bisumbellata (Forsk.) Bubani

一年生草本。无根状茎,具须根。秆密丛生,较细弱,高 4~20cm,扁三棱形,平滑,基部具少数叶。叶短于秆,宽 0.7~1.5mm,平展,顶端边缘具小刺,有时背面被疏硬毛;叶鞘短,黄绿色,具锈色斑纹,被白色长柔毛。叶状苞片 2~5 枚,近于直立,下面的 1~2 枚较长或等长于花序,其余的短于花序,线形;长侧枝聚伞花序复出或多次复出,松散,具 4~10 个辐射枝;辐射枝纤细,最长达 4cm;小穗单生于第 1 次或第 2 次辐射枝顶端,长圆状卵形、卵形或长圆形,顶端急尖,长 2~7mm,宽 1~1.8mm,具 10~20 多朵花;鳞片稍紧密地螺旋状排列,膜质,宽卵形,棕色,长 1.2~2mm,背面具绿色龙骨状凸起,有 3 条脉;雄蕊 1 或 2 枚,花药长圆状披针形,药隔稍凸出;花柱长而扁,基部膨大,具缘毛,柱头 2 枚。小坚果宽倒卵球形,双凸状,长约 0.8mm,黄白色,基部具极短的柄,表面具横的长圆形网纹。花、果期 7—9 月,个别地区开花期长至 11 月。$2n=10,16$。

见于江干区(彭埠),生长在沿江沙土或草丛中。分布于广东、河北、河南、湖北、山东、山西、陕西、四川、台湾、云南;日本、印度及非洲也有。

12. 夏飘拂草 (图 3-407)

Fimbristylis aestivalis (Retz.) Vahl

一年生草本。无根状茎。秆密丛生,纤细,高 3~12cm,扁三棱形,平滑,基部具少数叶。

叶短于秆，宽0.5～1mm，丝状，平张，边缘稍内卷，两面被疏柔毛；叶鞘短，棕色，外面被长柔毛。苞片3～5枚，短于或等长于花序，丝状，被疏硬毛；长侧枝聚伞花序复出，疏散，具3～7个辐射枝；辐射枝纤细，最长达3cm；小穗单生于第1次或第2次辐射枝顶端，卵形、长圆状卵形或披针形，长2.5～6mm，宽1～1.5mm，具多数花；鳞片为稍密的螺旋状排列，膜质，卵形或长圆形，顶端圆，具或长或短的短尖，红棕色，长约1mm，背面具绿色的龙骨状凸起，有3条脉；雄蕊1枚，花药披针形，药隔凸出于花药顶端，红色；花柱长而扁平，基部膨大，上部具缘毛，柱头2枚，较短。小坚果倒卵球形，双凸状，长约0.6mm，黄色，基部近于无柄，表面近于平滑，有时具不很明显的六角形网纹。花期5—8月。

见于余杭区(临平)，生于荒草地、沼泽、稻田中。分布于福建、广东、广西、海南、四川、台湾、云南；日本、尼泊尔、印度以及大洋洲也有。

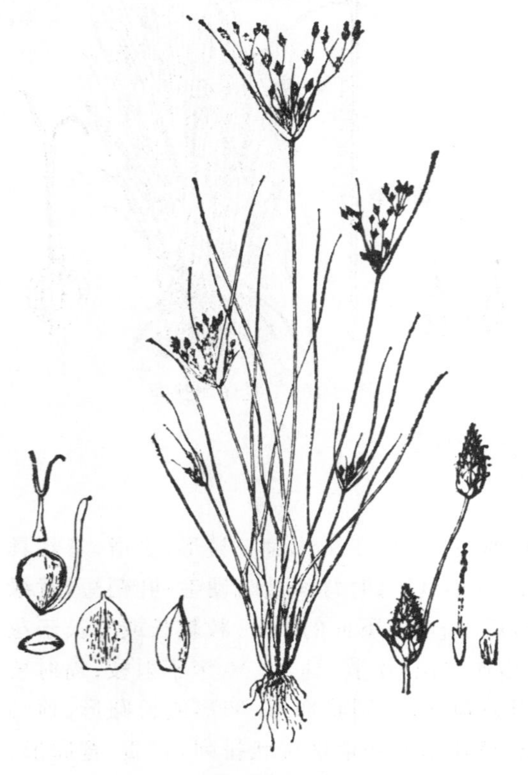

图3-407 夏飘拂草

图3-408 暗褐飘拂草

13. 暗褐飘拂草 (图3-408)

Fimbristylis fusca (Nees) Benth

一年生草本。无根状茎。秆丛生，高20～40cm，具根生叶。叶线形，两面被毛，长5～15cm，宽1～3mm，顶端急尖。苞片2～4枚，叶状，长8～35mm，被毛，基部甚宽，向顶端渐狭，顶端具短尖；长侧枝聚伞花序复出，有多数被毛的辐射枝；小穗单生于辐射枝顶端，披针形或长圆状披针形，长6～10mm，上端渐狭，最下面的2或3枚鳞片内无花；有花鳞片厚纸质，卵状披针形，顶端有硬尖，长4～5mm，被粗糙短毛，棕色或近似黑棕色，有时边缘膜质，白色，中脉1条，略隆起；雄蕊3枚；花柱长4～5mm，基部膨大，柱头3枚。小坚果倒卵球形，三棱状，几无柄，长约 0.9mm，淡棕色或白色，有疣状凸起。花、果期 6—9 月。

见于拱墅区（半山），生于山顶草丛。分布于福建、广东、广西、海南、湖南、台湾；马来西亚、印度、泰国、越南、缅甸及喜马拉雅地区也有。

5. 刺子莞属 Rhynchospora Vahl

多年生草本。秆丛生，常三棱形或钝三棱形。叶基生或秆生，扁平，具封闭的叶鞘。苞片叶状或鳞片状，具鞘；圆锥花序由少数聚伞花序组成，稀为近头状花序；小穗具少数花；鳞片螺旋状排列，或下部的鳞片多少呈 2 列排列，基部的 3 或 4 枚鳞片内中空、无花，中部的 1～3 枚鳞片内具 1 朵两性花，稀为雌花，最上部的 1 枚鳞片亦无花或具 1 朵雄花；下位刚毛 3～6 条，平滑或粗糙；雄蕊 3 枚，稀 1 或 2 枚；花柱细长，基部膨大，宿存，柱头 2 枚。小坚果扁，双凸状，表面平滑、具瘤体或具皱纹，顶端具宿存而膨大的喙状花柱基。

约 200 种，主产于热带美洲；我国有 8 种，主产于长江流域及其以南各省、区；浙江有 4 种；杭州有 2 种。

1. 华刺子莞 （图 3-409）

Rhychospora chinensis Nees & Meyen

多年生草本。根状茎极短。秆丛生，高40～50cm，纤细，具节，三棱形，基部有 1 或 2 枚秆生叶。叶基生和秆生；叶片线形，短于花序，宽 1.5～2mm，先端渐尖，边缘粗糙。苞片叶状，狭线形，下部的有鞘，上部的无鞘或具短鞘；圆锥花序由顶生和侧生伞房状聚伞花序组成；小穗通常 4～8 枚簇生成头状，披针形，长约 6mm，褐色；鳞片 7 或 8 枚，近卵形，最下部的 2 或 3 枚鳞片中空、无花，上部的 2 或 3 枚鳞片内各有 1 朵两性花（其中仅最下部的 1 朵花结实），最上部的 1 枚鳞片亦中空、无花；下位刚毛 6 枚，有顺刺，比小坚果长；雄蕊 3 枚，药隔顶端凸出；子房倒卵球形，花柱基部膨大，柱头 2 枚。小坚果长约 3mm，倒宽卵球形，双凸状，成熟时栗褐色，表面具皱纹；花柱基狭圆锥状，长于或等于小坚果。花、果期 7—8 月。

图 3-409 华刺子莞

见于西湖景区（九溪），生于路边草丛。分布于安徽、福建、广东、广西、江苏、江西、山东、台湾；日本、越南、缅甸、印度尼西亚、印度也有。

2. 刺子莞 (图 3-410)

Rhynchospora rubra (Lour.) Makino

一年生或多年生草本。具或不具根状茎,很少有匍匐根状茎。秆丛生或不丛生,较细。叶通常基生,无秆生叶。头状花序呈球状,顶生,直径为15~17mm,棕色,具多数小穗;小穗钻状披针形,长约8mm,有光泽,具鳞片7或8枚,有2或3朵花;鳞片常螺旋状排列,或下部鳞片排为2列或近于2列,卵状披针形至椭圆状卵形,有花鳞片较无花鳞片大,棕色,背面具隆起的中脉,上部几呈龙骨状,顶端钝或急尖,具短尖,最上面的1或2枚鳞片具雄花,其下1枚鳞片具雌花;最下面1或2(3)枚鳞片内无花;无下位刚毛;雄蕊1~3枚;花柱基部膨大,有时上部被缘毛,柱头2或3个,全部脱落。小坚果倒卵球形,三棱状形或双凸状,表面有网纹或疣状凸起,或两者兼有,具柄(子房柄)或柄不显著。

图 3-410 刺子莞

文献记载区内有分布。分布于长江流域及其以南各省、区;亚洲、大洋洲、大洋洲的热带地区也有。

与上种的主要区别在于:本种不具秆生叶,头状花序呈球形,花单性。

6. 莎草属 Cyperus L.

一年生或多年生草本。具须根或短根状茎,稀具匍匐茎。秆丛生或散生,三棱形,粗壮或细弱。叶基生,线形,有时仅有叶鞘而无叶片。苞片叶状;聚伞花序简单或复出,疏展或缩短成头状;小穗条形或狭长圆形,压扁,2至多数排成近总状、穗状、指状或头状于聚伞花序上,小穗轴宿存,具翅或无翅;鳞片2行排列,稀为螺旋状排列,具1至多条脉,最下部1或2枚鳞片内中空、无花,其余每一鳞片内均具1朵两性花;雄蕊1~3枚;花柱基部不膨大,脱落,柱头2或3枚。小坚果三棱状、双凸状、平凸状或凹凸状,有时背腹压扁或两侧压扁,面向或棱向小穗轴。

约700种,广布于全世界,以热带和亚热带地区种类较多;我国有70余种,南北各省、区均有分布;浙江约有17种及若干种下类群;杭州有15种,1亚种,4变种。

本志采用的是最广义的莎草属。

分种检索表

1. 柱头3枚,稀2枚;小坚果三棱状。
  2. 小穗轴基部无关节,小穗不脱落;鳞片从小穗的基部向顶端逐渐脱落。
    3. 小穗呈穗状花序或近总状花序式排列。

4. 小穗轴具翅；花柱中等长。
5. 植物具长匍匐茎和块状茎；小穗排列较疏松；鳞片紧密排列 …… 1. **香附子** *C. rotundus*
5. 植物无根状茎；小穗密集排成球形；鳞片疏松排列 ………… 2. **球形莎草** *C. glomeratus*
4. 小穗轴无翅，或仅具狭的白色、半透明的边；花柱短或长。
6. 多年生粗壮草本，具根状茎。
7. 秆粗壮，高大，具短根状茎；聚伞花序复出或多次复出，较大；鳞片具龙骨状凸起 ……… ………………………………………… 3. **长穗高秆莎草** *C. exaltatus* var. *megalanthus*
7. 秆细弱，具长匍匐状根状茎；聚伞花序复出，较小；鳞片无龙骨状凸起。
8. 花常 8～24 朵；小穗长 5～14mm ………………………… 4. **毛轴莎草** *C. pilosus*
8. 花常 4～7 朵；小穗长 2～3mm ………………… 4a. **白花毛轴莎草** var. *albliquus*
6. 一年生柔弱草本，具须根而无根状茎。
9. 聚伞花序复出。
10. 小穗轴近于无翅；鳞片淡黄色，先端微凹，有不显著的短头 ……………………… ……………………………………………………………… 5. **碎米莎草** *C. iria*
10. 小穗轴有白色狭翅；鳞片淡黄色至黄褐色，先端有明显的尖头 …………………… ………………………………………………………… 6. **具芒碎米莎草** *C. microiria*
9. 聚伞花序简单。
11. 穗状花序轴延长；小穗稀疏排列，近平展；鳞片红棕色，先端具略外弯的短尖 …… ……………………………………………………… 7. **阿穆尔莎草** *C. amuricus*
11. 穗状花序轴短缩成近头状；小穗排列紧密；鳞片密覆瓦状排列 …………………… ……………………………………………………… 8. **扁穗莎草** *C. compressus*
3. 小穗指状排列或簇生于极短缩的花序轴上。
12. 聚伞花序疏散；辐射枝发达。
13. 多年生草本；根状茎短缩，木质；秆基部无叶片；叶状苞片 10 余片 ……………………… ……………………………………………… 9. **风车草** *C. alternifolius* subsp. *flabelliformis*
13. 一年生草本；具须根；秆基部具叶片；叶状苞片 2 或 3 枚。
14. 小穗密聚，组成近头状花序；鳞片折扇状圆形，先端钝 … 10. **异型莎草** *C. difformis*
14. 小穗少数，指状着生，组成疏松、开展的头状花序；鳞片排列紧密，先端常有短尖 …… ………………………………………………………… 11. **畦畔莎草** *C. haspan*
12. 聚伞花序短缩成头状；辐射枝不发达。
15. 鳞片排成螺旋状排列 ………………………………… 12. **旋鳞莎草** *C. michelianus*
15. 鳞片排成 2 列……………………………………………… 13. **白鳞莎草** *C. nipponicus*
2. 小穗轴基部具关节；鳞片常和小穗轴在关节处脱落 ……………………… 14. **砖子苗** *C. cyperoides*
1. 柱头 2 枚；小坚果双凸状、平凸状或凹凸状。
16. 小坚果背腹压扁，面向小穗轴 …………………………………………… 15. **水莎草** *C. serotinus*
16. 小坚果两侧压扁，棱向小穗轴。
17. 鳞片两侧具宽槽；雄蕊 3 枚……………………………………… 16. **红鳞扁莎** *C. sanguinolentus*
17. 鳞片两侧无宽槽；雄蕊 2 枚。
18. 小穗宽 1.5～3mm。
19. 叶短于秆；小穗含 18～42 朵花 ……………………………… 17. **球穗扁莎** *C. flavidus*
19. 叶长于秆；小穗含 8～16 朵花 ………………………… 17a. **直球穗扁莎** var. *strictus*
18. 小穗极狭，宽常不超过 1.5mm；鳞片紧密排列，栗色或紫褐色 ……………………… ………………………………………………… 17b. **小球穗扁莎** var. *nilagiricus*

1. 香附子 莎草 (图 3-411)

Cyperus rotundus L.

多年生草本。根状茎长,匍匐;具椭圆形块根。秆稍细弱,高15~50cm,锐三棱形,平滑,下部具多数叶。叶片短于秆,扁平,宽3~4mm;叶鞘棕色,常撕裂成纤维状。苞片2~4枚,叶状,通常长于花序;聚伞花序简单或复出,具3~8个不等长辐射枝;穗状花序有4~10枚小穗;小穗开展,线状披针形,长2~3cm,宽1.5~2mm,压扁,具花15~30朵,小穗轴有白色、透明、较宽的翅;鳞片密覆瓦状排列,膜质,卵形或长圆状卵形,长2~3mm,先端钝,暗血红色,具5~7条脉;雄蕊3枚,花药线形,暗红色;花柱细长,柱头3枚,伸出鳞片外。小坚果长圆状倒卵球形,三棱状,长约1mm。花、果期6—10月。

区内常见,生于路边或草丛中。分布于我国南北各地;广布于世界各地。

块状茎名为"香附子",入药,也可提芳香油。

图 3-411 香附子

2. 球形莎草 (图 3-412)

Cyperus glomeratus L.

一年生草本,具须根。秆散生,粗壮,高50~95cm,钝三棱形,平滑,基部稍膨大,具少数叶。叶短于秆,宽4~8mm,边缘不粗糙;叶鞘长,红棕色。叶状苞片3或4枚,较花序长,边缘粗糙;复出长侧枝聚伞花序具3~8个辐射枝,辐射枝长短不等,最长达12cm;穗状花序无花序梗,近于圆形、椭圆形或长圆形,长1~3cm,宽6~17mm,具极多数小穗;小穗多列,排列极密,线状披针形或线形,稍扁平,长5~10mm,宽1.5~2mm,具8~16朵花,小穗轴具白色透明的翅;鳞片排列疏松,膜质,近长圆形,顶端钝,长约2mm,棕红色,背面无龙骨状凸起,脉极不明显,边缘内卷;雄蕊3枚,花药短,长圆球形,暗血红色,药隔凸出于花药顶端;花柱长,柱头3枚,较短。小坚果长圆球形,三棱状,长为鳞片的1/2,灰色,具明显的网纹。花、

图 3-412 球形莎草

果期 6—10 月。

见于江干区(彭埠),生于江边岸堤或荒地草丛中。分布于甘肃、河北、河南、黑龙江、吉林、辽宁、山西、陕西;亚洲东部和中部、欧洲中部也有。

3. 长穗高秆莎草 (图 3-413)

Cyperus exaltatus Retz. var. megalanthus Kük.

多年生草本。根状茎短,具许多须根。秆粗壮,高 100~150cm,钝三棱形,平滑,基部生较多叶。叶几与秆等长,宽 6~10mm,边缘粗糙;叶鞘长,紫褐色。叶状苞片 3~6 枚,下面几枚较花序长;长侧枝聚伞花序复出或多次复出,具 5~10 个第 1 次辐射枝,辐射枝长短不等,最长可达 18cm,第 2 次辐射枝向外开展,长 1~4cm;穗状花序具柄,圆筒形,长 2~5cm,宽 7~10cm,具多数小穗;小穗近 2 列,排列较紧密,斜展,长圆状披针形,扁平,长达 14mm,宽 1~1.5mm,有 12~24 朵花,小穗轴具狭翅,翅线形,白色透明;鳞片稍密地复瓦状排列,卵形,倒卵形,长约 1.5mm,背面具龙骨状凸起,绿色,有 3~5 条脉,顶端具直的短尖,两侧栗色或黄褐色,稍有光泽;雄蕊 3 枚,花药线形,药隔凸出于花药顶端;花柱细长,柱头 3 枚。小坚果倒卵球形或椭圆球形,三棱状,长不及鳞片的 1/2,光滑。花、果期 6—8 月。$2n=96$。

见于西湖景区(九溪),生于阴湿多水处。分布于安徽、福建、江苏。

图 3-413 长穗高秆莎草

图 3-414 毛轴莎草

4. 毛轴莎草 (图 3-414)

Cyperus pilosus Vahl

多年生草本。匍匐根状茎细长。秆散生,粗壮,高 25~80cm,锐三棱形,平滑,有时秆上部的棱上稍粗糙。叶短于秆,宽 6~8mm,平张,边缘粗糙;叶鞘短,淡褐色。苞片通常 3 枚,长于花序,边缘粗糙;复出长侧枝聚伞花序具3～10个第1次辐射枝,辐射枝长短不等,最长达14cm,每个第1次辐射枝具3～7个第2次辐射枝,聚成宽金字塔形的轮廓;穗状花序卵形或长圆形,长2～3cm,宽10～21mm,近于无花序梗,具较多小穗;穗状花序轴上被较密的黄色粗硬毛;小穗2列,排列疏松,平展,线状披针形或线形,稍肿胀,长5～14mm,宽1.5～2.5mm,具8～24朵花,小穗轴上具很狭的白色透明的边;鳞片排列稍松,宽卵形,长2mm,背面具不明显的龙骨状凸起,绿色,顶端具很短的短尖或无短尖,脉5～7条,两侧褐色或红褐色,边缘具白色透明的边;雄蕊3枚,花药短,线状长圆形,红色,药隔凸出于花药顶端;花柱短,白色,具棕色斑点,柱头3枚。小坚果宽椭圆球形或倒卵球形,三棱状,长为鳞片的1/2～3/5,顶端具短尖,成熟时黑色。花、果期8—11月。$2n=36,68$。

见于西湖景区(九溪、云栖),多生于田埂、水沟边潮湿地。分布于福建、广东、广西、贵州、海南、江西、四川、云南等;日本、越南、印度、尼泊尔、马来西亚、印度尼西亚及大洋洲也有。

4a. 白花毛轴莎草

var. albliquus (Nee) C. B. Clarke

与原种的区别在于:本变种小穗短,长2.5～3mm;花少,通常仅有4～7朵花;鳞片两侧苍白色。花、果期6—9月。

分布与生境同原种。分布于福建、广东、四川;尼泊尔、印度、马来西亚、印度尼西亚、菲律宾也有。

5. 碎米莎草　(图3-415)

Cyperus iria L.

一年生草本。具多数须根。秆丛生,高15～50cm,扁三棱形,下部具多数叶,无毛。叶短于秆;叶片线形,扁平,宽2～3.5mm;叶鞘红棕色或棕紫色。苞片3～5枚,叶状,长于花序;聚伞花序复出;穗状花序卵形或长圆状卵形,长2～4cm,具5至多数小穗;小穗排列松散,斜展,长圆形、披针形或线状披针形,压扁,长5～8mm,具8～16朵花,小穗轴近于无翅;鳞片宽倒卵形,长约1.5mm,先端微凹或钝圆,具不显著的短尖,尖头不凸出于鳞片的顶端,背面龙骨状,绿色,具3～5条脉,两侧呈黄色或麦秆黄色;雄蕊3枚,花药短,椭圆球形;花柱短,柱头3枚。小坚果倒卵球形或椭圆球形,三棱状,与鳞片等长,褐色,具密的微凸细点。花、果期7—9月。

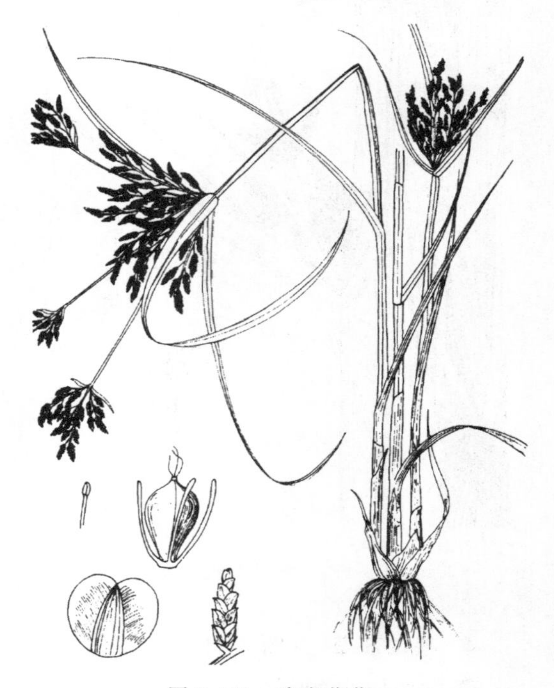
图3-415　碎米莎草

区内常见,生于山坡、林缘或草丛中。分布于全国各地;日本、朝鲜半岛、俄罗斯、越南、印度、伊朗、澳大利亚、非洲东部、美洲也有。

6. **具芒碎米莎草** （图 3-416）

Cyperus microiria Steud.

一年生草本。具须根。秆丛生，高 15～35cm，稍细，锐三棱形，平滑，下部具多数叶。叶片线形，短于秆，宽 2.5～4mm，平展；叶鞘红棕色，表面稍带白色。苞片 3～4 枚，叶状，长于花序；聚伞花序复出或多次复出；穗状花序卵形或近于三角形，长 2～4cm，宽 1～3cm，具多数小穗；小穗排列稍稀疏，斜展，线状披针形，长 8～13mm，宽约 1.5mm，具 10～20 朵花，小穗轴直，具白色透明的狭边；鳞片排列疏松，宽倒卵形，长约 1.5mm，先端圆，具短尖，麦秆黄色或白色，背面有龙骨状凸起，具 3～5 条绿色的脉；雄蕊 3 枚，花药长圆球形；花柱极短，柱头 3。小坚果倒卵球形，三棱状，几与鳞片等长，深褐色，具密微凸细点。花、果期 9—10 月。

区内常见，生于路边草丛、阴湿处。全国各地均有分布；日本、朝鲜半岛也有。

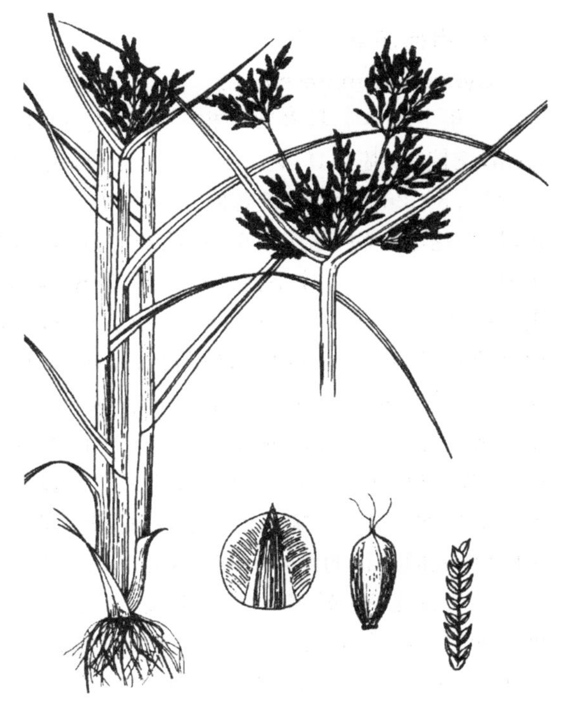

图 3-416 具芒碎米莎草

7. **阿穆尔莎草** （图 3-417）

Cyperus amuricus Maxim.

一年生草本。具须根。秆丛生，稀单生，高 20～30cm，纤细，扁三棱形，平滑，基部叶较多。叶短于秆；叶片线形，扁平，宽 2～3mm，边缘平滑。苞片 3 或 4 枚，叶状，长于花序；聚伞花序简单，具 3～5 个辐射枝；穗状花序宽卵形，长 15～25mm，具 5 至多数小穗；小穗排列疏松，斜展，后期平展，线形或线状披针形，长 5～15mm，具 10～16朵花，小穗轴具白色透明狭边；鳞片膜质，圆形或宽倒卵形，长约 1mm，先端有稍长的短尖，背部龙骨状凸起，中脉绿色，具 5 条脉，两侧紫红色或褐色，稍具光泽；雄蕊 3 枚，花药椭圆球形，药隔凸出，红色；花柱极短，柱头 3 枚。小坚果倒卵球形，三棱状，与鳞片近等长，顶端具小短尖，黑褐色，具密微凸细点。花、果期 8—9 月。

文献记载区内有分布，生于山坡、路旁草丛中。分布于安徽、河北、吉林、辽宁、山西、陕西、四川、云南；日本、朝鲜半岛、俄罗斯远东地区也有。

图 3-417 阿穆尔莎草

8. 扁穗莎草　(图3-418)

Cyperus compressus L.

一年生草本。具多数须根。秆丛生,高15～35cm,三棱形,基部具多数叶。叶短于秆;叶片线形,宽1.5～2mm;叶鞘紫褐色。苞片3～5枚,叶状,长于花序;聚伞花序简单;穗状花序近头状,花序梗很短,具5～12枚小穗;小穗排列紧密,斜展,线状披针形,长10～15mm,具10～18朵花,小穗轴具狭翅;鳞片覆瓦状排列,较紧密,宽卵形,长约3mm,先端具稍长的芒,背面有龙骨状凸起,具7～9条脉,两侧苍白色或麦秆色,有时有锈色斑点;雄蕊3枚,花药线形;花柱长,柱头3枚,较短。小坚果倒卵球形,三棱状,长约1mm,侧面凹陷,深棕色,表面具密的细点。花、果期8—10月。

见于江干区(彭埠),生于山坡、荒地中。分布于安徽、福建、广东、贵州、湖北、湖南、江苏、江西、四川、台湾;日本、越南、印度也有。

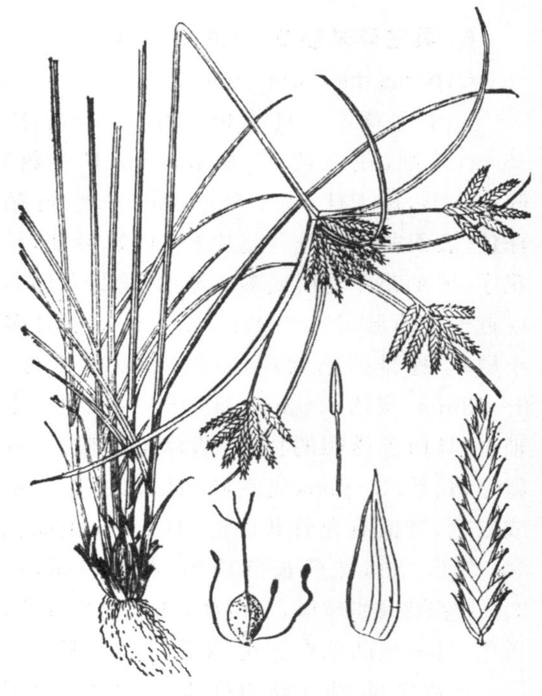

图3-418　扁穗莎草

9. 风车草　(图3-419)

Cyperus alternifolius L. subsp. flabelliformis (Rottb.) Kükenth.——*C. flabelliformis* Rottb.

多年生草本。须根坚硬。根状茎短,粗大。秆稍粗壮,高30～150cm,近圆柱状,上部稍粗糙,基部包裹以无叶的鞘,鞘棕色。苞片20枚,长几相等,较花序长约2倍,宽2～11mm,向四周开展,平展;多次复出长侧枝聚伞花序具多数第1次辐射枝,辐射枝最长达7cm,每个第1次辐射枝具4～10个第2次辐射枝,最长达15cm;小穗密集排列于第2次辐射枝上端,椭圆形或长圆状披针形,长3～8mm,宽1.5～3mm,压扁,具6～26朵花,小穗轴不具翅;鳞片呈紧密的复瓦状排列,膜质,卵形,顶端渐尖,长约2mm,苍白色,具锈色斑点,或为黄褐色,具3～5条脉;雄蕊3枚,花药线形,顶端具刚毛状附属物;花柱短,柱头3枚。小坚果椭圆球形,近三棱状,长为鳞片的1/3,褐色。$2n=32$。

区内常见栽培,供观赏。原产于非洲;广泛分布于森林、草原地区的大湖、河流边缘的沼泽中。

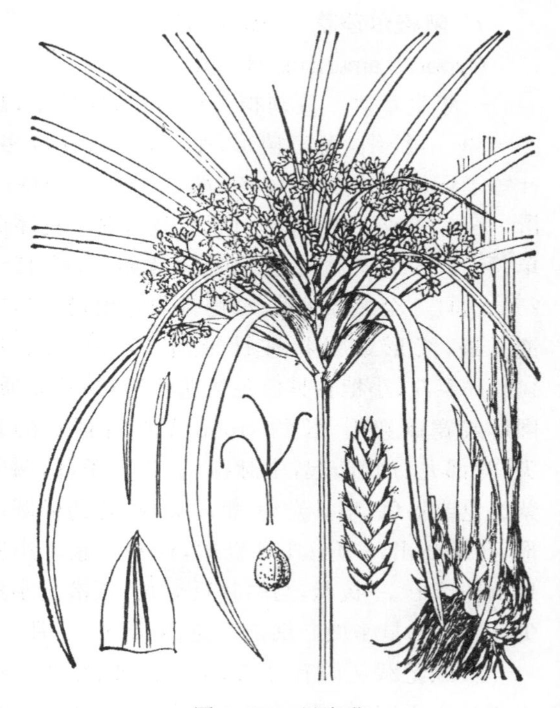

图3-419　风车草

10. **异型莎草** （图 3-420）

Cyperus difformis L.

一年生草本。具多数须根。秆丛生，高10～30cm，扁三棱形，平滑，具纵条纹。叶短于秆；叶片线形，扁平，宽 2～5mm。苞片 2 或 3 枚，叶状，长于花序；聚伞花序简单；穗状花序排列成近头状，直径为 6～8mm，具多数小穗；小穗长圆形、披针形或线状披针形，长 3～5mm，具10～15朵花，小穗轴无翅；鳞片排列疏松，膜质，扁圆形，长约 1mm，先端钝圆，中间淡黄色，两侧深红紫色，边缘白色透明，背面具 3 条不明显的脉；雄蕊 2 枚，稀 1 枚，花药椭圆球形；花柱短，柱头 3 枚。小坚果倒卵状椭圆球形，三棱状，与鳞片等长，淡黄色。花、果期 8—10 月。$2n$=34，36。

区内常见，生于溪边、河边、田边及路旁潮湿处。全国各地有分布；日本、朝鲜半岛、俄罗斯、印度、非洲及中美洲也有。

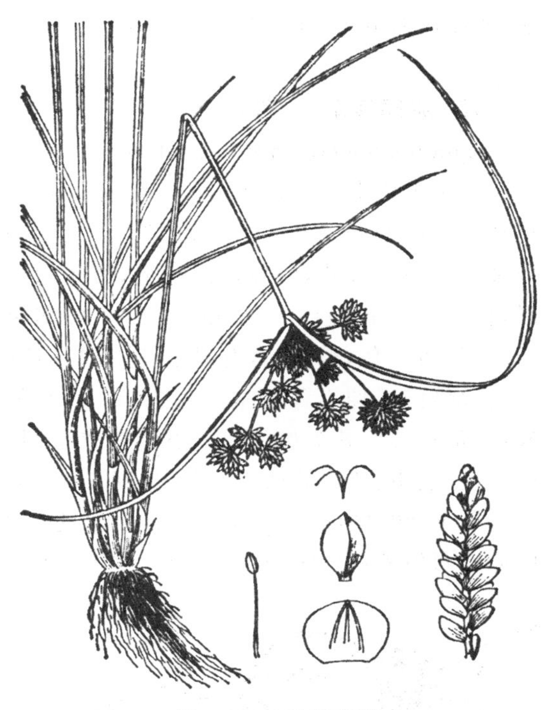

图 3-420 异型莎草

11. **畦畔莎草** （图 3-421）

Cyperus haspan L.

多年生草本。具许多须根。根状茎短缩，有时为一年生草本。秆丛生或散生，稍细弱，高2～100cm，扁三棱形，平滑。叶短于秆，宽2～3mm，有时仅剩叶鞘而无叶片。苞片 2 枚，叶状，常较花序短，罕长于花序；长侧枝聚伞花序复出或简单，少数为多次复出，具多数细长松散的第 1 次辐射枝，辐射枝最长达 17cm；小穗通常 3～6 枚呈指状排列，少数可多至 14 枚，线形或线状披针形，长 2～12mm，宽 1～1.5mm，具 6～24 朵花，小穗轴无翅；鳞片密复瓦状排列，膜质，长圆状卵形，长约 1.5mm，顶端具短尖，背面稍呈龙骨状凸起，绿色，两侧紫红色或苍白色，具 3 条脉；雄蕊 1～3 枚，花药线状长圆球形，顶端具白色刚毛状附属物；花柱中等长，柱头 3 枚。小坚果宽倒卵球形，三棱状，长约为鳞片的 1/3，淡黄色，具疣状小凸起。花、果期很长，随地区而改变。$2n$=16，26，30。

图 3-421 畦畔莎草

见于西湖景区（九溪），多生于水田或浅水

塘等多水处。分布于福建、广东、广西、四川、台湾、云南；日本、朝鲜半岛、越南、印度、马来西亚、印度尼西亚、菲律宾及非洲也有。

12. 旋鳞莎草　(图 3-422)

Cyperus michelianus (L.) Link

一年生草本。具许多须根。秆密丛生，高2～25cm，扁三棱形，平滑。叶长于或短于秆，宽1～2.5mm，平张或对折；基部叶鞘紫红色。苞片3～6枚，叶状，基部宽，较花序长很多；长侧枝聚伞花序呈头状，卵球形或球形，直径为5～15mm，具极多数密集的小穗；小穗卵形或披针形，长3～4mm，宽约1.5mm，具10～20多朵花；鳞片螺旋状排列，膜质，长圆状披针形，长约2mm，淡黄白色，稍透明，有时上部中间具黄褐色或红褐色条纹，具3～5条脉，中脉呈龙骨状凸起，绿色，延伸出顶端呈一短尖；雄蕊2枚，稀1枚，花药长圆球形；花柱长，柱头2枚，稀3枚，通常具黄色乳头状凸起。小坚果狭长圆球形，三棱状，长为鳞片的1/3～1/2，表面包有1层白色、透明、疏松的细胞。花、果期6—9月。

见于余杭区(临平)，生于草地阴湿处。分布于安徽、广东、河北、河南、黑龙江、江苏；日本、俄罗斯西伯利亚地区、欧洲中部及非洲北部也有。

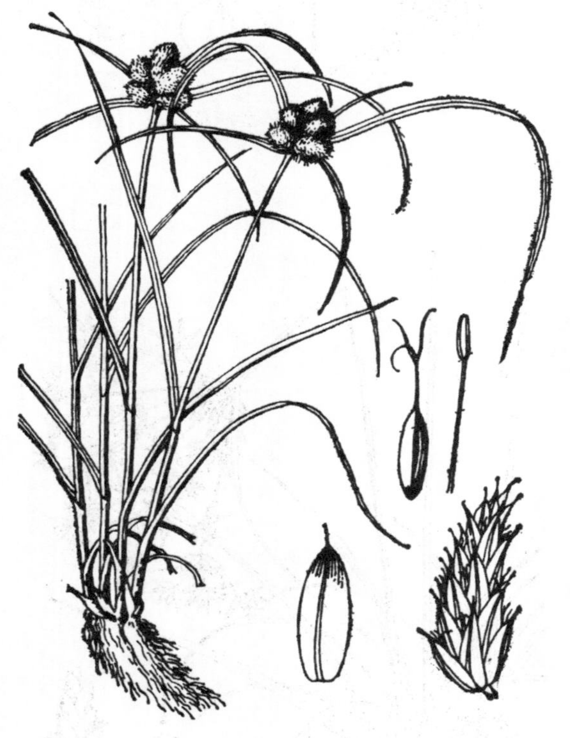

图 3-422　旋鳞莎草

图 3-423　白鳞莎草

13. 白鳞莎草　(图 3-423)

Cyperus nipponicus Franch. & Sav.

一年生草本。具许多细长的须根。秆密丛生，细弱，高5～20cm，扁三棱形，平滑，基部具少数叶。叶通常短于秆，有时与秆等长，宽1.5～2mm，平张或折合；叶鞘膜质，淡红棕色或紫褐色。苞片 3～5 枚，叶状，较花序长数倍，基部一般较叶片宽；长侧枝聚伞花序短缩成头状，圆球形，直径为 1～2cm，有时辐射枝稍延长，具多数密生的小穗；小穗无柄，披针形或卵状长圆形，压扁，长 3～8mm，宽 1.5～2mm，具 8～30 朵花，小穗轴具白色透明的翅；鳞片 2 列，稍疏复瓦状排列，宽卵形，顶端具小短尖，长约 2mm，背面沿中脉处绿色，两侧白色透明，有时具疏的锈色短条纹，具多数脉；雄蕊 2 枚，花药线状长圆球形；花柱长，柱头 2 枚。小坚果长圆球形，平凸状或有时近于凹凸状，长约为鳞片的 1/2，黄棕色。花、果期 8—9 月。

文献记载区内有分布，生于沟边、草地阴湿处。分布于河北、江苏、山西等；日本、朝鲜半岛也有。

14. 砖子苗 （图 3-424）

Cyperus cyperoides（L.）O. Ktze.——*Scirpus cyperoides* L.——*Mariscus umbellatus* Vahl——*M. cyperoides*（L.）Urban

多年生草本。根状茎短。秆疏丛生，高20～30cm，钝三棱形，基部膨大，具鞘。叶短于秆或与秆几等长；叶片线形，宽 3～4mm，下部常折合，向上渐成平展；叶鞘褐色或红棕色。苞片 6～8 枚，叶状，通常长于花序，斜展；聚伞花序简单；穗状花序圆筒形或长圆球形，长 10～20mm，宽 7～9mm，具多数密生的小穗；小穗平展或稍下垂，线状披针形，长 3～5mm，宽不及 1mm，具 1 或 2 朵花，小穗轴具宽翅；鳞片膜质，长圆状卵形，长约 3mm，先端钝，边缘内卷，淡黄色或绿白色，背面具多数脉，中间 3 条脉明显，绿色；雄蕊 3 枚；花柱短，柱头 3 枚，细长。小坚果狭长圆球形，三棱状，长约为鳞片的2/3，表面具微凸细点。花、果期 5—6 月。

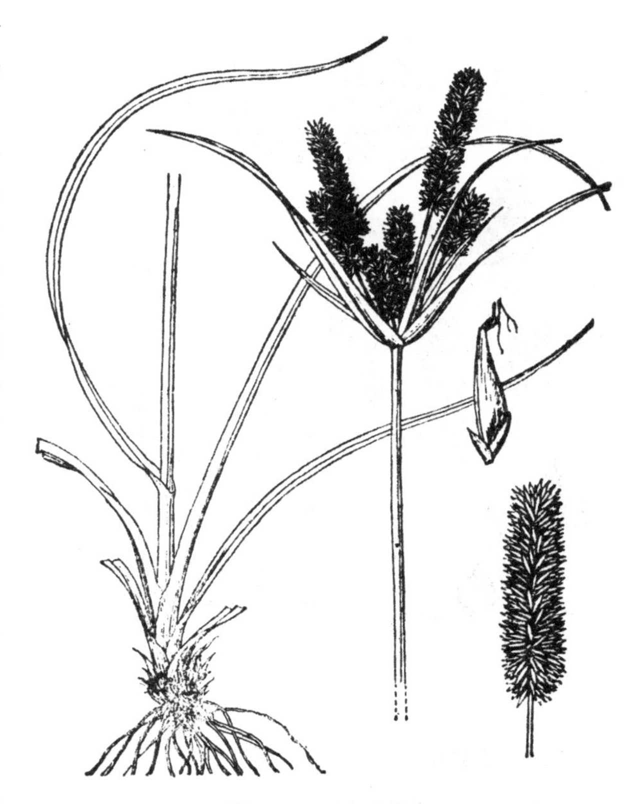
图 3-424 砖子苗

见于西湖景区（三台山），生于山坡、路边草地或溪沟边湿地。分布于安徽、福建、广东、广西、贵州、湖北、湖南、江苏、江西、陕西、四川、台湾、云南；日本、朝鲜半岛、越南、缅甸、马来西亚、尼泊尔、印度、印度尼西亚、菲律宾也有。

15. 水莎草 （图 3-425）

Cyperus serotinus Rottb.——*Juncellus serotinus*（Rottb.）Clarke

多年生草本，散生。根状茎长。秆高 35～100cm，粗壮，扁三棱形，平滑。叶片少，短于秆，有时长于秆，宽 3～10mm，平滑，基部折合，上面平张，背面中肋呈龙骨状凸起。苞片常 3 枚，稀 4 枚，叶状，较花序长 1 倍多，最宽至 8mm；复出长侧枝聚伞花序具 4～7 个第 1 次辐射枝，辐射枝向外开展，长短不等，最长达 16cm；每一辐射枝上具 1～3 个穗状花序，每一穗状花序具

5～17枚小穗；花序轴被疏的短硬毛；小穗排列稍松，近于平展，披针形或线状披针形，长8～20mm，宽约3mm，具10～34朵花，小穗轴具白色透明的翅；鳞片初期排列紧密，后期较松，纸质，宽卵形，顶端钝或圆，有时微缺，长2.5mm，背面中肋绿色，两侧红褐色或暗红褐色，边缘黄白色、透明，具5～7条脉；雄蕊3枚，花药线形，药隔暗红色；花柱很短，柱头2枚，细长，具暗红色斑纹。小坚果椭圆球形或倒卵球形，平凸状，长约为鳞片的4/5，棕色，稍有光泽，具凸起的细点。花、果期7—10月。

见于江干区(彭埠)，生于江堤旁、水沟边、田边。广布于我国东北、安徽、福建、甘肃、广东、贵州、河北、河南、湖北、江苏、江西、内蒙古、山东、山西、陕西、台湾、新疆、云南；日本、朝鲜半岛、喜马拉雅地区北部、欧洲中部、地中海地区也有。

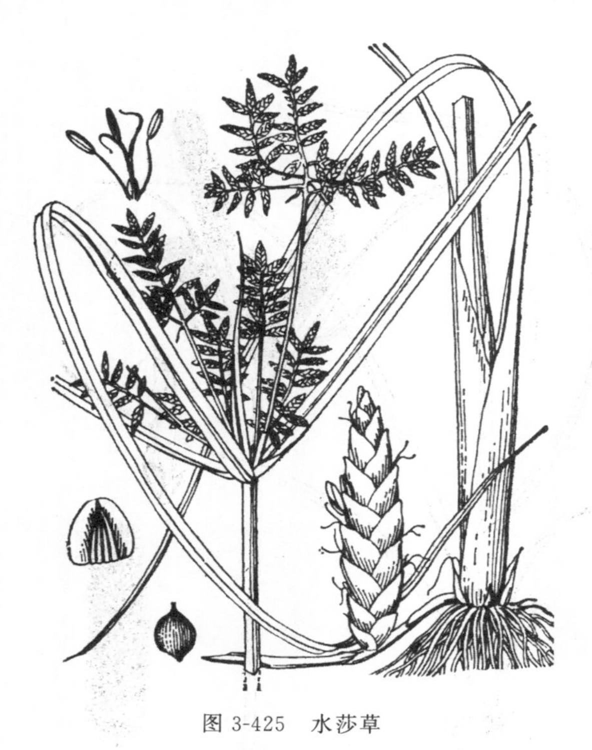
图3-425 水莎草

图3-426 红鳞扁莎

16. 红鳞扁莎 (图3-426)

Cyperus sanguinolentus Vahl——*Pycreus sanguinolentus* (Vahl) Nees

一年生草本。秆高30～35cm，扁三棱形，密丛状，全体无毛。叶较秆短或与之等长；叶片线形，宽2～3mm，上面边缘稍粗糙。苞片2～5枚，叶状，下部2或3枚较花序长；聚伞花序简单，具2～5个辐射枝，辐射枝长短不等，有时短缩成球状；小穗无梗，长圆形或线状长圆形，长8～12mm，先端钝，小穗轴具狭翅；鳞片宽卵形，长约2.5mm，先端钝，背面具3～5条脉，具黄色的龙骨状凸起，两侧有淡黄色的宽槽，边缘暗褐色或紫红色；雄蕊3枚；柱头2枚，细长。小坚果长圆状倒卵球形，扁双凸状，黑褐色，长约1.5mm，表面具灰色鱼鳞状小泡。花、果期10—11月。

见于西湖景区(虎跑、九溪)，生于田边、沟边。遍布于全国各地；日本、朝鲜半岛、俄罗斯、越南、印度、菲律宾、印度尼西亚、中亚、欧洲南部、非洲也有。

17. 球穗扁莎 (图 3-427)

Cyperus flavidus Retz.——*C. globosus* All.——*Pycreus flavidus* (Retz.) T. Koyama——*P. globosus* (All.) Reichb

多年生草本。根状茎短,具须根。秆丛生,高 10~60cm,细弱,钝三棱形,一面具沟,平滑,下部具少数叶。叶短于秆;叶片线形,宽约 1.5mm,折合或平展;叶鞘长,下部红棕色,有时撕裂成纤维状。苞片 2~4 枚,细长,长于花序;聚伞花序简单,具 3~5 个辐射枝,辐射枝长短不等,最长达 7cm,有时极短缩成指状或头状,每一辐射枝具 5~17 枚小穗;小穗密聚于辐射枝上,呈球形,辐射开展,线状长圆形或线形,极压扁,长 8~18mm,具 18~42 朵花,小穗轴近四棱形,两侧具横隔的槽;鳞片膜质,长圆状卵形,先端钝,长 1.5~2mm,背面龙骨状凸起,绿色,具 3 条脉,两侧黄褐色、红褐色或暗紫红色,具白色透明的狭边;雄蕊 2 枚,花药短,长圆球形;柱头 2 枚,细长。小坚果倒卵球形,顶端短尖,双凸状,稍扁,长约 2mm,褐色或暗褐色,具密的细点。花、果期 9—11 月。

图 3-427 球穗扁莎

见于江干区(彭埠)、西湖景区(九溪),生于水田边、溪边或草丛中。分布于安徽、福建、广东、贵州、河北、江苏、山东、山西、陕西、四川、云南及东北地区;日本、朝鲜半岛、越南、印度至地中海地区也有。

17a. 直球穗扁莎

var. strictus (C. B. Clarke) X. F. Jin——*C. globosus* All. var. *strictus* C. B. Clarke——*Pycerus globosus* All. var. *strictus* C. B. Clarke——*P. flavidus* Retz. var. *strictus* (C. B. Clarke) C. Y. Wu & Karthik.

与原种的区别在于:本变种叶长于秆,宽约 2mm;小穗含 8~16 朵花,较短。花、果期 9 月。

见于西湖景区(赤山埠),生于水田边或潮湿地上。分布于福建、甘肃、广东、贵州、河北、河南、山西、陕西、四川、云南;日本、不丹、尼泊尔、印度、地中海地区和澳大利亚也有。

17b. 小球穗扁莎

var. nilagiricus (Hochst. ex Steud.) X. F. Jin——*C. globosus* All. var. *nilagiricus* (Hochst. ex Steud.) C. B. Clarke——*Pycerus globosus* All. var. *nilagiricus* (Hochst. ex Steud.) C. B. Clarke——*P. flavidus* Retz. var. *nilagiricus* (Hochst. ex Steud.) Karthik.

与原种的区别在于:本变种小穗极压扁,宽常不超过 1.5mm;鳞片排列紧密,常栗色或紫褐色。花、果期7—9月。

见于西湖景区(赤山埠),生于水田边或潮湿地上。我国各地常见;日本、朝鲜半岛、俄罗斯、越南、印度、马来西亚、菲律宾及大洋洲也有。

7. 水蜈蚣属　Kyllinga Rottb.

多年生草本,稀为一年生。大多具匍匐的根状茎。秆丛生或散生,纤细,基部具叶。叶片线形。苞片叶状,长于花序;穗状花序1~3枚聚生,呈头状或球形,顶生,密生多数小穗;小穗压扁,基部具关节,小穗轴脱落于最下部2枚无花鳞片上;鳞片4枚,2行排列,最下部2枚鳞片小,中空、无花,膜质,常宿存于关节处,中间1枚鳞片内具1朵两性花,最上部1枚鳞片内无花或具1朵雄花;下位刚毛或下位鳞片缺如;雄蕊1~3枚;花柱基部不膨大,柱头2枚。小坚果扁平,近双凸状,棱向小穗轴着生,与小穗轴同时脱落。

约60种,分布于热带和温带地区;我国有6种,分布于华东、华南、华中、西南、华北与东北地区;浙江有1种,1变种;杭州均产。

1. 水蜈蚣　(图3-428)

Kyllinga brevifolia Rottb.

多年生草本。具匍匐根状茎。秆散生,高20~30cm,纤细,扁三棱形,下部具叶。叶长于秆或与秆等长;叶片线形,宽1.5~2mm,先端和背面上部中脉上稍粗糙,最下部1~2片为无叶片的叶鞘;叶鞘通常淡紫红色,鞘口斜形。苞片3枚,叶状,开展;穗状花序单一,近球形或卵球形,淡绿色,直径为5~7mm,密生多数小穗;小穗基部具关节,长椭圆形或长圆状披针形,长约3mm,宽约1mm,先端稍钝,具1朵两性花;鳞片卵形,膜质,在小穗下部的较短,淡绿色,具5~7条脉,先端由中肋延伸成外弯的突尖,背面龙骨状凸起上具数个白色透明的刺,两侧常具锈色斑点;雄蕊3枚;花柱细长,柱头2枚。小坚果倒卵球形,褐色,扁双凸状,长约1mm,表面具微凸的细点。花、果期7—8月。

见于江干区(九堡)、西湖景区(九溪、虎跑、六和塔、桃源岭),生于低海拔地区的路边、田边、水沟边。分布于安徽、福建、广东、广西、贵州、湖北、湖南、江西、四川、西藏、云南;日本、越南、缅甸、马来西亚、菲律宾、印度尼西亚、大洋洲、非洲、美洲也有。

图3-428　水蜈蚣

1a. 光鳞水蜈蚣

var. leiolepis (Franch. & Sav.) Hara

与原种的区别在于：小穗较宽，稍肿胀；鳞片背面的龙骨状凸起上无刺，顶端无短尖或具直的短尖。花、果期 5—10 月。

见于江干区(彭埠)，生于江边草地上。分布于甘肃、河北、河南、吉林、江苏、辽宁、山西、陕西；日本、朝鲜半岛、俄罗斯远东地区也有。

8. 湖瓜草属 Lipocarpha R. Br.

一年生或多年生草本。秆基部具叶；叶片线形。苞片叶状，长于花序；穗状花序 2～6 枚簇生成近头状，少有单生，具多数小穗；小穗有 2 枚小鳞片，小鳞片沿小穗轴背腹面排列，互生，下面 1 枚无花，上面 1 枚紧包 1 朵两性花；雄蕊 2 枚；柱头 3 枚。小坚果三棱状、双凸状或平凸状，表面有皱纹和细点，为下位鳞片所包。

约 15 种，广布于温带地区；我国有 3 种，分布于东北至西南地区；浙江有 1 种；杭州有 1 种。

湖瓜草 (图 3-429)

Lipocarpha microcephala (R. Br.) Kunth

一年生草本。具多数须根。秆丛生，高10～20cm，扁，纤细，具槽，被微柔毛。叶基生，最下部的叶鞘无叶片，上部的叶鞘具叶片；叶片线形，宽约 1mm，比秆短，先端尾状渐尖，两面无毛，边缘内卷；叶鞘管状，膜质，无毛。苞片 2 枚，叶状，长于花序，无鞘；小苞片刚毛状；穗状花序 1～3 枚，卵形，长 3～5mm，宽约 3mm，具多数鳞片和小穗；鳞片倒披针形，长 1～1.5mm；小穗具 2 枚小鳞片和 1 朵两性花，基部具关节；小鳞片长卵形，长约 1mm，膜质，透明，具 2 或 3 条粗脉；雄蕊 2 枚，花药线形；花柱细长，伸出小鳞片外，柱头 3 枚，被微柔毛。小坚果倒椭圆球形，三棱状，长约 1mm，先端有短尖，麦秆黄色，表面具细皱纹。花、果期 8—9 月。$2n=46$。

区内常见，生于路边、草坪、沟边。我国自东北至西南均有分布；日本、越南、印度也有。

图 3-429 湖瓜草

9. 薹草属 Carex L.

多年生草本,稀为一年生或越年生。根状茎匍匐或短缩,稀无。秆丛生或单生,三棱形或钝三棱形。叶互生;基部具叶鞘或无,有时细裂成纤维状,上部叶鞘具叶片;叶片线形,稀长披针形或丝状。苞片叶状至刚毛状,稀呈佛焰苞状,具鞘或无鞘;小穗1至多枚,单生或组成穗状、总状,稀为圆锥花序,单性(小穗全部具雌花或雄花)或两性(雌花和雄花生于同一小穗上),同株,稀异株,花序分枝基部或小穗柄基部大多具囊状枝先出叶;鳞片螺旋状排列;花单性,单生于鳞片内,无被;雄蕊3枚,稀2枚;子房1室,倒生1颗胚珠,外包果囊。果囊平凸状、双凸状或三棱状,膨胀或不膨胀,先端无喙至具中等长的喙,喙口全缘、斜截或2齿裂。小坚果平凸状、双凸状或三棱状,具颈或否,有时先端扩大成环盘;花柱单一,柱头2或3枚。

约2000种,广布于世界各地;我国有500余种,南北均产;浙江有100余种及若干种下类群;杭州有40种,1变种。

分种检索表

1. 小穗少数,常排列成总状花序,单性或两性;枝先出叶发育,常呈鞘状;柱头3枚,稀为2枚。
    2. 果囊及小坚果三棱状;柱头3枚。
        3. 果囊具短喙或近无喙,喙口截形、微凹缺至具2枚小齿。
            4. 苞片叶状或短叶状;果囊疏被短毛或近无毛;花柱基部膨大。
                5. 小坚果在棱上不具凹陷。
                    6. 小坚果顶端具显著粗壮的喙;叶片宽8～10mm ········ 1. **截鳞薹草** *C. truncatigluma*
                    6. 小坚果顶端收缩成环盘状;叶片宽小于7mm。
                        7. 雄小穗细瘦,线状圆柱形,宽小于2mm;雄花鳞片下部边缘合拢。
                            8. 花丝扁,开花时仅顶端伸出鳞片外 ···················· 2. **三穗薹草** *C. tristachya*
                            8. 花丝细长,开花时伸出鳞片外。
                                9. 雌花鳞片先端具短尖 ·· 3. **灰帽薹草** *C. mitrata*
                                9. 雌花鳞片先端具明显的芒尖 ·············· 3a. **具芒灰帽薹草** var. *aristata*
                        7. 雄小穗较粗壮,圆柱形,宽大于3mm;雄花鳞片边缘不合拢。
                            10. 雄小穗与其下的1枚雌小穗紧靠;小坚果上、下棱面均不凹陷 ·· 4. **青绿薹草** *C. breviculmis*
                            10. 小穗彼此疏远;小坚果上、下棱面均凹陷 ··········· 5. **中华薹草** *C. chinensis*
                5. 小坚果在棱上具凹陷。
                    11. 雌、雄小穗均长于3cm;小坚果顶端急缩成短喙 ········ 6. **穿孔薹草** *C. foraminata*
                    11. 雌、雄小穗均短于2cm;小坚果顶端急缩成环盘 ··············· 7. **仲氏薹草** *C. chungii*
            4. 苞片佛焰苞状;果囊密被短毛,或疏被毛;花柱基部稍增粗。
                12. 雌花鳞片两侧呈紫红色;果囊密被短毛 ······················· 8. **大披针薹草** *C. lanceolata*
                12. 雌花鳞片两侧呈黄白色;果囊疏被毛 ··································· 9. **隐匿薹草** *C. infossa*
        3. 果囊具中等长的喙或长喙,喙口常具明显2枚齿。
            13. 顶生小穗雌雄顺序;果囊具光泽及红褐色斑点 ······················ 10. **锈果薹草** *C. metallica*
            13. 顶生小穗雌性;果囊常无光泽和异色斑点,少数稍具光泽。
                14. 苞片通常无鞘,少数下部者具鞘;花柱基部不增粗。
                    15. 果囊成熟时水平张开或向下反折,少数斜展,干时绿褐色而无光泽。

16. 果囊成熟时水平张开或向下反折，无毛。
17. 果囊有不规则横皱纹 …………………………… 11. **皱果薹草** *C. dispalata*
17. 果囊平滑而无横皱纹。
18. 秆侧生；叶片背面常具短毛 ……………… 12. **反折果薹草** *C. retrofracta*
18. 秆中生；叶片背面无毛。
19. 雌花鳞片苍白色、淡绿色或淡褐色；雌小穗长 2～3cm ………………………………………………………… 13. **横果薹草** *C. transversa*
19. 雌花鳞片锈褐色；雌小穗长 5～10cm ………………………………………………………… 14. **榄绿果薹草** *C. olivacea*
16. 果囊成熟时斜展，无毛或具短硬毛。
20. 果囊无毛；雌花鳞片先端无短尖或芒 ……… 15. **狭穗薹草** *C. ischnostachya*
20. 果囊具短硬毛；雌花鳞片先端具芒。
21. 雌小穗狭圆柱形；果囊长约 2mm，喙直立 ………………………………………………………… 16. **硬果薹草** *C. sclerocarpa*
21. 雌小穗圆柱形；果囊长约 3mm，喙常外弯 ………………………………………………………… 17. **条穗薹草** *C. nemostachys*
15. 果囊成熟时斜展，干时绿黄色或淡黄褐色，稍具光泽。
22. 叶片宽小于 5mm；雌小穗长小于 1.5cm，最下部者具明显的柄 ………………………………………………………… 18. **日本薹草** *C. japonica*
22. 叶片宽 6～12mm；雌小穗粗壮，长大于 5cm ……………… 19. **签草** *C. doniana*
14. 苞片具明显的鞘；花柱基部常增粗。
23. 果囊疏被短毛或无毛；叶片之鞘不相互靠拢。
24. 果囊膜质或草质，细脉明显凸起；雄小穗 1 枚。
25. 小坚果卵菱形，棱上缢缩或具刀刻痕。
26. 小坚果顶端具直立或稍弯的喙。
27. 果囊疏被短毛；小坚果的喙稍弯。
28. 侧生小穗顶端具几朵雄花；雌花鳞片椭圆形，顶端具芒 ………………………………………………………… 20. **雁荡山薹草** *C. yandangshanica*
28. 侧生小穗顶端无雄花；雌花鳞片披针形，顶端渐尖 ………………………………………………………… 21. **短尖薹草** *C. brevicuspis*
27. 果囊无毛；小坚果的喙直立。
29. 小坚果棱上具刀刻痕；雌小穗具多数密生的花 ………………………………………………………… 22. **长颈薹草** *C. rhynchophora*
29. 小坚果棱上缢缩；雌小穗仅具少数花 … 23. **灰白薹草** *C. canina*
26. 小坚果顶端具扭转的喙。
30. 叶片、秆和苞片均具柔毛 ……………… 24. **弯喙薹草** *C. laticeps*
30. 叶片、秆和苞片均无毛 ………………………… 25. **弯柄薹草** *C. manca*
25. 小坚果倒卵球形，棱上不缢缩或具刀刻痕。
31. 侧生小穗雌性，不分枝………………………… 26. **相仿薹草** *C. simulans*
31. 侧生小穗两性，分枝，其雄性的分枝部分从具 1 朵雌花的果囊中伸出 ………………………………………………………… 27. **溪生薹草** *C. rivulorum*
24. 果囊近革质，细脉不明显凸起；雄小穗 1～3 枚 …… 28. **糙叶薹草** *C. scabrifolia*
23. 果囊密被短硬毛；叶片之鞘相互靠拢或呈套叠状 ………… 29. **舌叶薹草** *C. ligulata*
2. 果囊及小坚果双凸状；柱头 2 枚。

32. 苞片具鞘;小穗1～4枚生于同一苞鞘,两性,花稍密生。
33. 小穗1～4枚生于同一苞鞘;果囊上部全部被毛 …………………… 30. 褐果薹草 *C. brunnea*
33. 小穗单生于苞鞘;果囊近边缘被毛。
34. 植株高大,高35～70cm;果囊长4～4.5mm …………………… 31. 滨海薹草 *C. bodinieri*
34. 植物较矮小,高10～35cm;果囊长3～3.5mm ………………… 32. 仙台薹草 *C. sendaica*
32. 苞片无鞘;小穗单生于苞鞘,顶生者雄性或雌雄顺序,侧生者雌性,花密生。
35. 雌花鳞片顶端渐尖或近圆形,具短尖 …………………………… 33. 乳突薹草 *C. maximowiczii*
35. 雌花鳞片顶端平截或微凹,具粗糙芒尖。
36. 顶生小穗雌雄顺序;侧生小穗较粗,宽5～6mm ……………………………………………… 34. 二型鳞薹草 *C. dimorpholepis*
36. 顶生小穗雄性;侧生雌小穗较细,宽3～4mm ……………………… 35. 镜子薹草 *C. phacota*
1. 小穗多数,常密集排列成穗状花序,两性,稀单性;枝先出叶不发育;柱头2枚,稀为3枚。
37. 穗状花序紧密;小穗雌雄顺序 ……………………………………… 36. 翼果薹草 *C. neurocarpa*
37. 穗状花序间断;小穗雌雄异株,或雌雄顺序。
38. 植物雌雄同株。
39. 柱头3枚;秆挺直,基部膨大 ……………………………………… 37. 穹隆薹草 *C. gibba*
39. 柱头2枚;秆柔弱,基部不膨大。
40. 叶长于秆;苞片叶状,长于花序 …………………………………… 38. 书带薹草 *C. rochebruni*
40. 叶短于或近等长于秆;苞片基部刚毛状,其余鳞片状 ………… 39. 卵果薹草 *C. maackii*
38. 植物雌雄异株 ……………………………………………………… 40. 单性薹草 *C. unisexualis*

1. 截鳞薹草 (图3-430)

Carex truncatigluma C. B. Clarke

多年生草本。根状茎斜生,外被暗褐色撕裂的纤维。秆侧生,高10～30cm,三棱形,纤细,稍粗糙。叶长于秆,宽6～10mm,平张,两面均粗糙,草质。苞片短叶状,具鞘,鞘长6～9mm。小穗4～6枚;顶生小穗雄性,狭圆柱形,长1～1.5cm,宽约1mm,小穗无柄至具长0.5～2cm之柄;侧生小穗雌性,长圆柱形,长2～5cm,宽2.5～3mm,花稍疏,最上部的1枚雌小穗长于雄小穗,其小穗柄包藏于苞鞘内,下部的疏远,小穗柄伸出于苞鞘外,基部的长2～4(～6)cm。雄花鳞片长圆形,顶端圆形,长3～3.5mm,淡黄褐色;雌花鳞片宽倒卵形,顶端截形、宽楔形、圆形,微凹或头短尖,深黄色,具宽的白色膜质边缘,中脉绿色。果囊长于鳞片,纺锤形,钝三棱状,长4～6mm,绿褐色,膜质,被短柔毛,具多条脉,基部渐狭成楔形,具短柄,先端渐狭成喙,喙口具2枚短齿。小坚果紧密地包于果囊中,纺锤形,三棱状,长2.5～3.5mm,顶端具1个显著粗壮的喙,喙长0.5～1.5mm,顶面平截或稍凹陷,淡黄褐色,3个棱面中部凸出,呈肾状,上、下凹入,淡褐色,基部具柄,柄长0.5～0.7mm;花柱基部稍膨大而宿存,柱头3枚。花、果期3—5月。

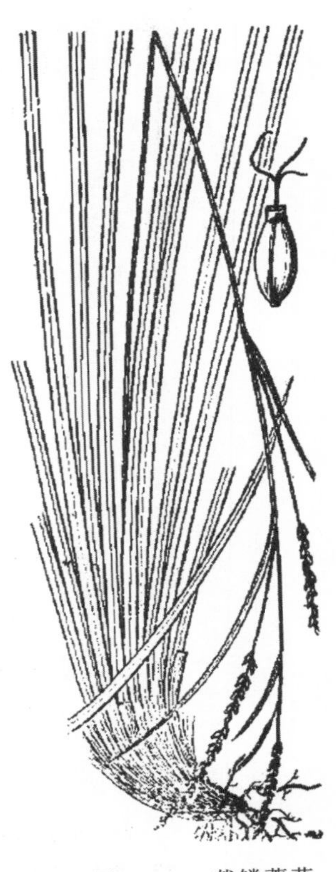

图3-430 截鳞薹草

见于西湖景区(玉皇山、云栖),生于林中、山坡草地或溪旁。分布于安徽、福建、广东、广西、贵州、海南、湖南、江西、四川、台湾、云南;越南、马来半岛也有分布。

2. 三穗薹草 (图 3-431)

Carex tristachya Franch.

多年生草本。根状茎短。秆中生,高15~30cm,纤细,基部具深褐色、纤维状细裂的叶鞘。叶长于或短于秆;叶片线形,宽2~3mm。苞片叶状,近等长于花序,具长苞鞘。小穗3~5枚,上部的密集顶端,帚状排列,无柄;下部的有间隔,具柄;顶生者雄性,线形;侧生者雌性,长圆柱形,长1~2cm,疏生花,基部的柄长3~5cm,上部的渐短。雄花鳞片宽卵形,长2~3mm,先端平截,花丝短,膨大合生,有时3枚花药也为膜状物所联合;雌花鳞片宽椭圆形,长约2.5mm,淡黄色,先端圆形、截形或微凹,具短尖。果囊卵状纺锤形,长2.5~3.5mm,三棱状,淡绿褐色,有短毛,具多条脉,顶端渐狭,喙极短,喙口具2枚小齿。小坚果椭圆球形,长约2mm,三棱状,顶端有环盘;花柱基部圆锥形,柱头3枚。花、果期3—5月。

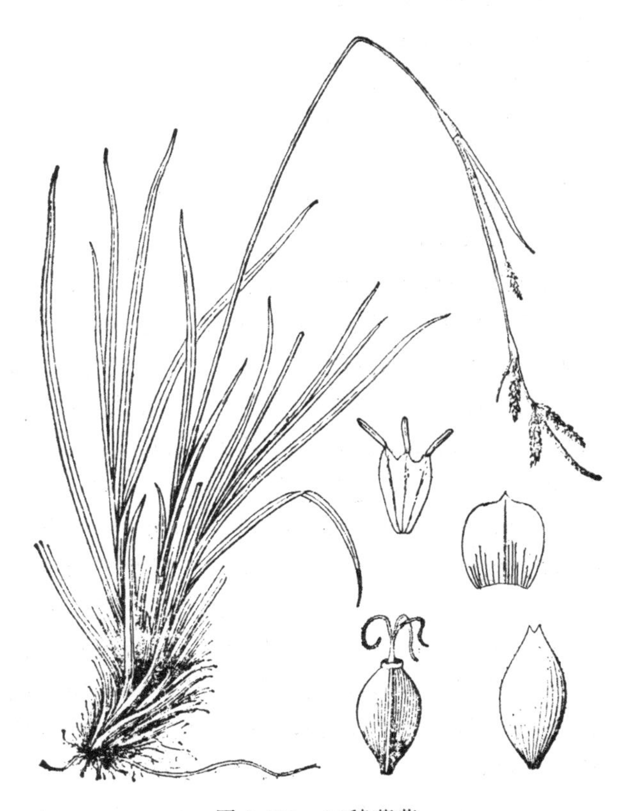
图 3-431 三穗薹草

见于西湖区(留下)、西湖景区(北高峰、九溪、六和塔、上天竺、云栖),生于山坡、路边。分布于安徽、福建、湖北、湖南、江苏、四川及华南;日本、朝鲜半岛也有。

3. 灰帽薹草

Carex mitrata Franch.

多年生草本。根状茎短。秆高10~30cm,纤细,钝三棱形,平滑,基部叶鞘褐色。叶长于秆,宽1.5~2(~3)mm,平张,粗糙。苞片基部刚毛状,短于花序,具短鞘,鞘长3~4mm。小穗3或4枚,上部的接近,最下部的1枚稍远离;顶生小穗雄性,线形,长1~1.7cm,宽约1mm,无柄或具短柄;侧生小穗雌性,圆柱形,长0.5~1.5cm,宽2~3mm,花稍密;上部的小穗近无柄;基部的小穗柄包藏于苞鞘内或稍稍伸出。雄花鳞片倒卵状长圆形,顶端圆,长约3mm,淡黄褐色,中间绿色;雌花鳞片倒卵状长圆形,顶端急尖,长约2mm,淡褐色,背面中间绿色,具1条脉,常延伸成粗糙的短尖。果囊长于或近等长于鳞片,卵状纺锤形,钝三棱状,长2~2.5mm,膜质,淡黄绿色,具多条脉,疏被微柔毛或近无毛,基部渐狭,具短柄,上部收缩成圆锥状的喙,喙口近全缘或微凹。小坚果紧包于果囊中,卵球形,长1.5~2mm,基部具短柄,顶端缢缩成环盘;花柱基部膨大成圆锥状,柱头3枚。花、果期4—5月。

见于西湖景区(飞来峰、云栖),生于山坡、竹林下。分布于安徽、江苏;日本、朝鲜半岛也有。

3a. 具芒灰帽薹草

var. aristata Ohwi

与原种的区别在于:本变种雌花鳞片先端具明显的芒尖。花、果期4—5月。

见于西湖景区(飞来峰、云栖),生于山坡、草地。分布于安徽、湖北、江苏、四川、台湾;日本也有。

4. 青绿薹草　(图3-432)

Carex breviculmis R. Br. ——*C. leucochlora* Bunge.

多年生草本。根状茎短缩,木质化。秆丛生,高10～30cm,中生,纤细,三棱形,棱上粗糙,基部有纤维状细裂的褐色叶鞘。叶较秆短;叶片线形,扁平,宽2～4mm,质硬,边缘粗糙。苞片最下者叶状,较花序长,其余的刚毛状。小穗2～5枚,直立;顶生者雄性,苍白色,棍棒状,长约1cm;侧生者雌性,椭圆球形或圆柱形,长达1.5cm,雄小穗与其下的1枚雌小穗紧靠。雄花鳞片倒卵状长圆形,先端渐尖,具短尖,黄白色,背面中间绿色;雌花鳞片长圆形、长圆状倒卵形或卵形,长2～2.5mm,先端截形或微凹,具凸出的长芒,中间绿色,两侧绿白色或黄绿色,膜质,具3条脉。果囊三棱状,长卵球形,长2～3mm,黄绿色,上部疏被短柔毛,具多条脉,顶端骤尖成短喙,喙口微凹。小坚果紧包于果囊中,倒卵球形,长约1.7mm,有3条棱,顶端膨大,呈环状;花柱基尖塔形,柱头3枚。花、果期4—5月。

图3-432　青绿薹草

见于西湖景区(宝石山、九溪),生于林下、草丛中。分布于安徽、贵州、河北、湖北、江苏、山东、山西、陕西、四川、台湾、云南及东北各省;日本、朝鲜半岛、俄罗斯、缅甸、印度也有。

5. 中华薹草　(图3-433)

Carex chinensis Retz.

多年生草本。根状茎短缩斜生,粗大,木质。秆丛生,高30～50cm,钝三棱形,基部具褐棕色呈纤维状细裂的叶鞘。叶长于秆;叶片线形,宽3～5mm,质硬,边缘外卷,上面粗糙。苞片叶状,上部者有时短叶状,苞鞘长,稍扩大。小穗4或5枚;顶生者雄性,圆柱形,长2～3cm;侧生者为雌性,圆柱形,长2～5cm,密生花,有时基部有少数雄花,基部小穗柄长3～5cm,向上渐短。雄花鳞片披针形,淡棕色,长7～8mm,顶端具短芒;雌花鳞片长椭圆形,长约3mm(芒除外),先端截形,有时微2裂或渐尖,具粗糙长芒,中间绿色,两侧绿白色,具3条脉。果囊倒卵球形,长3～3.5mm,成熟后开展,微向外弯曲,膜质,黄绿色,具多条脉,被短柔毛,上部收缩成中等长喙，喙口 2 裂。小坚果卵菱形，三棱状，长约 2mm，上、下棱面均凹陷，顶端具短喙，有环状物；花柱短，基部呈圆锥状，柱头 3 枚。花、果期 4—6 月。

见于西湖景区（飞来峰、云栖、韬光），生于路边或山坡石上。分布于福建、广东、江苏。

图 3-433 中华薹草

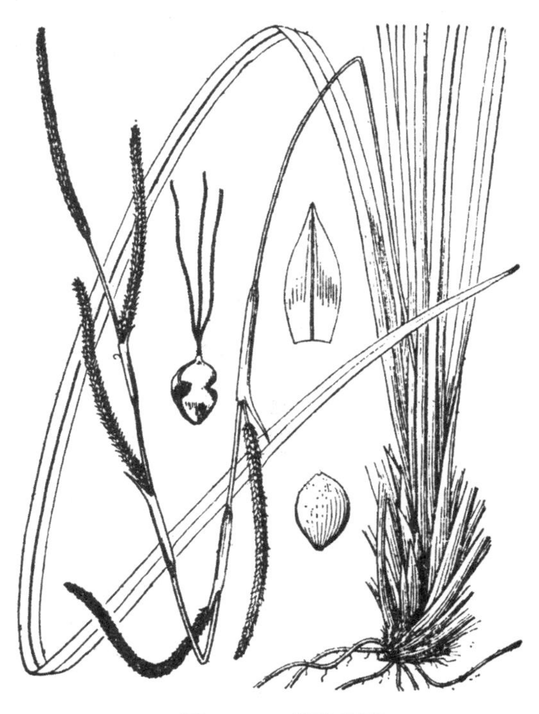

图 3-434 穿孔薹草

6. **穿孔薹草** （图 3-434）

Carex foraminata C. B. Clarke

多年生草本。根状茎粗壮。秆侧生，高40～60cm，纤细，三棱形，基部通常具黑褐色叶鞘。叶长于或短于秆；叶片线形，革质，宽 4～5mm。苞片短叶状，具长苞鞘。小穗 4～6 枚，疏离；顶生者雄性，圆柱形，长 4～6cm，小穗柄长 3.5～4.5cm；侧生者雌性，狭圆柱形，长 5～8cm，具稍密生的花，基部小穗柄长 4～8cm，上部者较短。雄花鳞片倒披针形，长 6～7mm，背面中部白色，具 1 条脉；雌花鳞片卵状披针形或长椭圆形，长3～3.5mm，先端长渐尖，有短尖，中间绿色，两侧栗色，具 3 条脉。果囊斜展，钝三棱状卵球形，长不及 2mm，微呈镰刀形弯曲，淡褐色或黄绿色，微被柔毛，具多数脉，有短柄，顶端近无缘。小坚果倒卵球形或卵球形，三棱状，长约 1.5mm，中部缢缩，顶端急缩成短喙；花柱短，柱头 3 枚。花、果期 4—5 月。

见于西湖区（留下）、西湖景区（飞来峰、上天竺、韬光），生于山坡林中或路边石上。分布于安徽、福建、贵州、江西。

7. **仲氏薹草** 皱苞薹草 （图 3-435）

Carex chungii C. P. Wang

多年生草本。根状茎短。秆丛生，高 25～30cm，微粗糙，基部通常具纤维状叶鞘。叶长于或短于秆，宽约 1.5mm，边缘微粗糙。苞片下部者短于或近等长于花序，刺芒状；上部苞片为颖状,苞鞘甚短。小穗3或4枚;顶生者雄性,线形或线状长圆形,长1.5～2cm,宽2～3mm,有短柄;侧生者雌性,线状圆柱形,长1～1.5cm,直径为2.5～3mm,有柄或上部的近于无柄。雄花鳞片倒卵状长圆形,长4～5mm,背面中间绿色,具3条脉;雌花鳞片倒卵形或长圆形,长2～3mm,先端截形,微凹,有长芒,具3条脉。果囊卵球形,长约3mm,疏生短柔毛,不规则下陷,绿色,具多条脉,基部渐狭成柄,顶端收缩成圆锥形短喙,喙口2裂。小坚果卵球形,长约2mm,中部棱上及上、下棱面均凹陷,顶端急缩成环盘;柱头3枚。花、果期4—5月。

见于余杭区(良渚)、西湖景区(云栖),生于路边草丛中。分布于安徽、河南、湖南、江苏、陕西、四川。

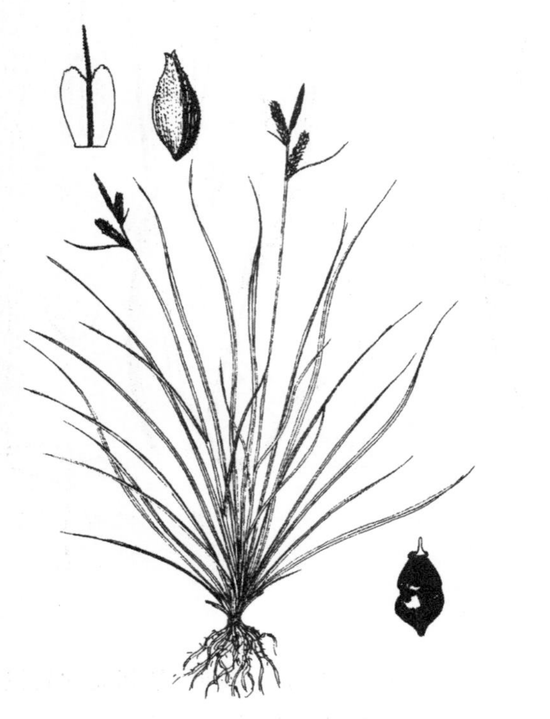

图3-435　仲氏薹草

图3-436　大披针薹草

8. **大披针薹草**　(图3-436)

Carex lanceolata Boott

多年生草本。根状茎短,粗壮,斜生。秆丛生,高10～30cm,纤弱,扁三棱形,上部粗糙,苍绿色,基部叶鞘紫褐色,细裂。叶与秆等长或稍长于秆;叶片扁平,线形,宽1～2mm。苞片佛焰苞状,有紫红色脉纹。小穗3～6枚,上部者近生,下方者稍疏离;顶生者雄性,棒状线形,长8～10mm;侧生者雌性,长圆柱形,长1～1.3cm;花疏生,最上1枚雌小穗与雄小穗接近,最下的小穗柄露出鞘外,小穗轴曲折。雄花鳞片长圆状披针形,长约8mm,先端急尖,褐色,具白色的膜质边缘,具1条脉;雌花鳞片卵状长圆形,长4～6mm,先端急尖或呈芒状,具绿色龙骨,凸起,两侧呈紫红色,边缘膜质,白色。果囊长约3.5mm,倒卵球形,三棱状,淡绿色,后淡灰黄色,密被短毛,通常具多数凸起脉,至少下部脉明显,顶端有极短的喙,喙口背侧凹陷。小坚果紧包于果囊中,倒卵球形,三棱状,棱面凹,深褐色,长约2.5mm,平滑,顶端具喙;花柱短,基部增大,向背侧倾斜,柱头3枚。花、果期4—5月。$2n=70,72$。

见于西湖区(留下)、西湖景区(宝石山)。分布于安徽、甘肃、贵州、河北、河南、江苏、江西、陕西、四川、云南及东北地区;日本、朝鲜半岛、蒙古、俄罗斯也有。

9. 隐匿薹草

Carex infossa Z. P. Wang

多年生草本。根状茎短。秆高可达30cm,纤细,三棱形,基部具无叶片或短叶片的鞘;鞘黑紫色,老叶鞘有时撕裂成纤维状。叶短于秆,宽2.5~3mm,质软,两面或仅背面粗糙。苞片叶状,长于小穗,具短鞘。小穗3或4枚;顶生雄小穗与最上面的雌小穗间距短且低于雌小穗,下面的小穗较远离,雄小穗狭倒卵形或近线形,长约5mm,具短柄;其余为雌小穗,长圆形,长0.8~2cm,疏生3或4朵花,少数可有5或6朵花,具稍长的小穗柄。雄花鳞片在基部的呈管状,后期开裂,仅基部合生,长4~4.5mm,顶端钝或微急尖,淡褐色或麦秆黄色,脊部绿色;雌花鳞片长圆形或长圆状卵形,长约3.5mm,顶端具小短尖或短芒,膜质,黄白色,中间淡绿色,具3条脉。果囊近于直立,长于鳞片,椭圆球形或倒卵状椭圆球形,三棱状,长5~6mm,灰绿色,具褐色斑点,疏被短毛,具2条明显的侧脉和多条不很明显的细脉,基部骤缩成短柄,顶端急缩成短喙,喙口具2枚短齿。小坚果宽椭圆球形,三棱状,长约3.5mm,基部具扭曲的柄,顶部下凹;花柱短,基部稍增粗,柱头3枚。花、果期4—6月。

见于西湖景区(黄龙洞),生于山坡、林下。分布于安徽、江苏。

10. 锈果薹草 金穗薹草

Carex metallica H. Lév. & Vant.

多年生草本。根状茎短,木质。秆丛生,高15~50cm,三棱形,平滑,基部具分裂成纤维状的残存老叶鞘。叶稍长于秆,有时稍短于秆,宽3~5mm,平张,边缘粗糙,叶鞘膜质部分常开裂。苞片下面者叶状,具鞘;上面者呈刚毛状,无鞘。小穗5~8枚;顶生小穗雌雄顺序,极少为雄小穗,棒状圆柱形;其余小穗为雌小穗,雌小穗常1或2枚出自同一苞鞘,基部有的具少数雄花,圆柱形,长2.5~4.5cm,具多数密生的花,具细长的小穗柄,上面的柄渐短。雄花鳞片长圆状披针形,顶端具短尖,膜质,淡黄白色,具1条中脉。果囊长于鳞片,近于直立,椭圆球形,平凹状,长约7mm,膜质,麦秆黄色,具光泽及红褐色斑点,背面具5条不很明显的脉,基部皱缩成短柄,上部渐狭成长喙,上部至喙的边缘均粗糙,喙口浅裂成2枚短齿。小坚果很松地包裹于果囊内,椭圆球形,三棱状,长约2mm,麦秆黄色,基部具短柄;花柱细长,柱头3枚。果期4—5月。

见于拱墅区(半山),生于潮湿地带。分布于福建、台湾;日本、朝鲜半岛也有。

11. 皱果薹草 (图3-437)

Carex dispalata Boott ex A. Gray

多年生草本。根状茎粗,木质,具长而较粗的地下匍匐茎。秆高40~80cm,锐三棱形,中等粗,上部棱上稍粗糙,基部常具红棕色、无叶片的鞘。叶几等长于秆,宽4~8mm,平张,具2条明显的侧脉,两面平滑,上端边缘粗糙,近基部的叶具较长的鞘,上面的叶近于无鞘。苞片叶状,下面的苞片稍长于小穗,上面的苞片常短于小穗,通常近于无鞘。小穗4~6枚,距离短,常集中生于秆的上端;顶生小穗为雄小穗,圆柱形,长4~6cm,具柄;侧生小穗为雌小穗,圆柱形,长3~9cm,密生多数雌花,有时顶端具少数雄花,近于无柄或最下面的小穗具很短的小穗柄。

雄花鳞片狭披针形，顶端急尖或钝，无短尖，长5～5.5mm，两侧红褐色，中间具1条中脉，麦秆黄色；雌花鳞片卵状披针形或披针形，顶端渐尖，无短尖，或具小短尖或芒，长约3mm，膜质，两侧红褐色，中间黄绿色，具3条脉。果囊稍长于鳞片，斜展或后期近于水平开展，卵球形，稍鼓胀三棱状，长3～4mm，厚纸质，淡绿褐色，具少数不明显的脉，具不规则的横皱纹，无毛，基部钝圆，具很短的柄，顶端急狭成中等长的喙，喙稍弯曲，上端常呈红褐色，喙口斜截形，后期微缺。小坚果稍松地包于果囊内，倒卵球形或椭圆状倒卵球形，三棱状，长约2mm，顶端具小短尖；柱头3枚。

见于西湖区(留下)、西湖景区(飞来峰、九溪、云栖)，生于潮湿地、沟边或沼泽地。分布于安徽、河北、吉林、江苏、辽宁、内蒙古、山西、陕西；日本、朝鲜半岛也有。

图3-437　皱果薹草

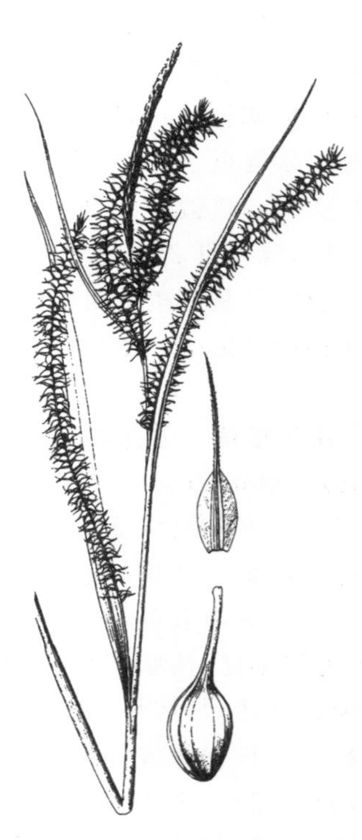

图3-438　反折果薹草

12. 反折果薹草　(图3-438)

Carex retrofracta Kükenth.

多年生草本。根状茎粗壮，长而匍匐，木质。秆侧生，高60～100cm，较粗壮，扁三棱形，平滑，下部生叶，基部具紫褐色、无叶片的鞘。叶短于秆，宽1～1.8cm，平张，具1条明显的中脉和2条侧脉，叶片上面平滑，下面常被疏的短硬毛，具较长的叶鞘。苞片叶状，长于小穗，下部苞片具较长的苞鞘，上部的鞘很短。小穗4或5枚，下面2枚间距较长，具较长的柄，上面的间距短，具很短的柄或近于无柄；顶生小穗为雄小穗，长圆柱形，长3～6cm，具短柄；其余小穗为雌小穗，长圆柱形，长4～10cm，疏生多数花。雄花鳞片披针形，长约7.5mm，顶端渐尖，有的具短尖，暗紫褐色，膜质，具1条暗绿色的脉；雌花鳞片卵形，长约5mm(包括芒)，顶端具长芒，芒边缘粗糙，两侧褐色，中间暗绿色，具3条脉。果囊斜展，后期水平张开或向下反折，卵球形或倒卵球形，稍鼓胀三棱状，长4～5mm，膜质，暗绿褐色，背面具不很明显的3～5条脉，成熟时稍具光泽,基部钝圆,顶端急缩成长喙,喙口斜截形。小坚果较紧地包于果囊内,椭圆球形,三棱状,长约 2mm,顶端具短尖,淡黄色;花柱基部微增粗,柱头 3 枚。花、果期 3—4 月。

见于西湖景区(飞来峰、九溪、上天竺、桃源岭、五云山、杨梅坞等),生于林下阴湿处。分布于湖南、广西、台湾。

13. 横果薹草 柔菅 (图 3-439)

Carex transversa Boott

多年生草本。根状茎斜生。秆丛生,较短,高 30～60cm,近坚硬,细弱,三棱形,上部棱上稍粗糙,基部具褐色叶鞘。叶基生和秆生,较秆短;叶片线形,质地柔软,宽 3～4mm。苞片叶状,较花序长,有短苞鞘;小穗 3 或 4 枚,上部 2 或 3 枚近生,基部 1 枚疏离;顶生者雄性,线状圆柱形,长 1～2cm,直立,具短柄;侧生者雌性,圆柱形,长 1.5～3cm,直立,密生花。雄花鳞片披针形,长 3～5mm,先端具长芒,芒长 3～4mm,膜质,淡黄色,具 1 条脉;雌花鳞片卵形,长约 3mm,膜质,先端急尖,中间绿色,两侧苍白色,具 3 条脉。果囊卵球形,膜质,开展,长 5～6mm,膨胀,暗灰褐色,有多数隆起脉,顶端骤狭为长喙,喙口白色,成熟时水平张开。小坚果疏松地包于果囊内,倒卵球形,三棱状,长约 2.5mm;花柱基部弯,柱头 3 枚。花、果期 4—5 月。

图 3-439 横果薹草

见于西湖景区(飞来峰、黄龙洞、龙井、茅家埠、棋盘山、云栖等),生于路边、田边。分布于安徽、福建、广东、湖南、江苏、江西;日本、朝鲜半岛也有。

14. 榄绿果薹草

Carex olivacea Boott

多年生草本。根状茎粗而短,木质,具长而粗的地下匍匐茎。秆疏丛生,高 45～95cm,锐三棱柱形,棱上稍粗糙,基部密生多数叶,具少数秆生叶。叶长于秆,宽 8～18mm,平张,上面 2 条侧脉明显,两面平滑,边缘粗糙,基部的叶鞘常开裂。苞片叶状,长于小穗,具很短的鞘或近于无鞘。小穗 5～7 枚,常集中于上端;顶端 1 或 2 枚为雄小穗,圆柱形或狭圆柱形,长 3～7cm,几无柄;其余小穗为雌小穗,有时顶端具少数雄花,圆柱形,长 5～10cm,仅最下部的小穗有时具较长的小穗柄。雄花鳞片倒披针形或长圆形,长 5～7mm,顶端急尖或钝,有的具小短尖,膜质,黄褐色或红褐色,具 1～3 条脉;雌花鳞片基部的近卵形,具长芒,全长约 8.5mm,芒长约 5mm,上部的长圆状披针形,长 4～5mm,顶端渐尖,有的呈截形,具短芒或短尖,膜质,锈褐色,具 1～3 条脉。果囊近等长于鳞片,小穗基部的短于鳞片(基部鳞片具长芒),成熟时近水平开展,卵球形、宽卵球形或近倒卵球形,鼓胀三棱状,长约 4mm,膜质,暗绿褐色,无毛,具多条脉，脉间具不规则的皱纹和少数微凸起，基部宽楔形，顶端急缩成中等长或稍短的喙，喙向一侧弯，喙口微凹或具2枚短齿。小坚果较松地包于果囊内，椭圆球形或近倒卵球形，三棱状，长约2mm，淡黄褐色，密生微凸起，基部具极短的柄，顶端具弯的小短尖；柱头3枚。

见于西湖区(留下)，生于沼泽地中。分布于四川、云南；日本、印度也有。

15. 狭穗薹草　珠穗薹草　(图3-440)

Carex ischnostachya Steud.

多年生草本。根状茎短缩，具短匍匐茎。秆丛生，高30～50cm，三棱形，基部具紫褐色或黑褐色、无叶的叶鞘。叶长于秆；叶片扁平，线形，宽3～5mm。苞片叶状，长于花序，具长苞鞘。小穗4或5枚，上部的近生，基部1或2枚疏离；顶生者雄性，线形，长2～4cm；侧生者雌性，线状圆柱形，长3～6cm，直立，疏生多花。雄花鳞片披针形，先端渐尖，长约3mm，淡黄褐色，具1条脉；雌花鳞片宽卵形，长1～2mm，先端钝或急尖，淡褐色。果囊直立，卵状椭圆球形，钝三棱状，长3～5mm，绿褐色，具多数隆起脉，无毛，顶端渐狭成长喙，喙口2裂。小坚果宽椭圆球形，长1.5～2mm，顶端具弯曲的短喙；花柱基部增大，柱头3枚。花、果期4—6月。$2n=62$。

图3-440　狭穗薹草

见于西湖区(留下)、西湖景区(飞来峰、黄龙洞、上天竺、韬光、云栖)，生于路边草丛中。分布于福建、广东、广西、贵州、湖南、江苏、江西、四川；日本、朝鲜半岛也有。

16. 硬果薹草　(图3-441)

Carex sclerocarpa Franch.

多年生草本。根状茎短，斜生，木质。秆丛生，高20～40cm，坚硬，三棱形。叶生至秆的中部，短于秆；叶片线形，宽3～4mm，具3条主脉，基部具紫褐色叶鞘。苞片叶状，短于花序，具长苞鞘。小穗6或7枚，上部的帚状排列，近无柄，下部的1或2枚疏远，具长3～4cm的柄；顶生者雄性，线状圆柱形，长2～5cm；侧生者雌性，线状圆柱形，长3～6cm，密生多花。雄花鳞片线状披针形，长约4mm，先端具芒，苍白色，具淡绿色中脉；雌花鳞片卵状披针形，长约2.5mm，膜质，苍白色，先端骤尖，具3条脉。果囊成熟后斜展，椭圆球形至卵状椭圆球形，三棱状，稍长于鳞片，长约2mm，绿色，密生短粗毛，具多条脉，上

图3-441　硬果薹草

部狭成长喙,喙直立,喙口2裂。小坚果卵状椭圆球形,长约1.5mm,有3条棱,棱面微凹;花柱短,柱头3枚。花、果期5—6月。

见于西湖景区(北高峰、飞来峰、上天竺、棋盘山),生于路边。分布于安徽、湖北、湖南、四川。

17. **条穗薹草** (图3-442)

Carex nemostachys Steud.

多年生草本。根状茎粗短,木质,具地下匍匐茎。秆高40~90cm,粗壮,三棱形,上部粗糙,基部具黄褐色、撕裂成纤维状的老叶鞘。叶长于秆,宽6~8mm,较坚挺,下部常折合,上部平张,两侧脉明显,脉和边缘均粗糙。苞片下面的叶状,上面的呈刚毛状,长于或短于秆,无鞘。小穗5~8枚,常聚生于秆的顶部;顶生小穗为雄小穗,线形,长5~10cm,近于无柄;其余小穗为雌小穗,长圆柱形,长4~12cm,密生多数花,近于无柄或在下部的具很短的小穗柄。雄花鳞片披针形,长约5mm,顶端具芒,芒常粗糙,膜质,边缘稍内卷;雌花鳞片狭披针形,长3~4mm,顶端具芒,芒粗糙,膜质,苍白色,具1~3条脉。果囊后期向外张开,稍短于鳞片(包括芒长),卵球形或宽卵球形,钝三棱状,长约3mm,膜质,褐色,具少数脉,疏被短硬毛,基部宽楔形,顶端急缩成长喙,喙向外弯,喙口斜截形。小坚果较松地包于果囊内,宽倒卵球形或近椭圆球形,三棱状,长约1.8mm,淡棕黄色;柱头3枚。花、果期9—12月。$2n=82,84$。

见于西湖景区(虎跑、龙井),生于溪旁、沼泽地、林下阴湿处。分布于安徽、福建、广东、贵州、湖北、湖南、江苏、江西、云南;日本、越南、泰国、柬埔寨、印度、孟加拉国也有。

图3-442 条穗薹草

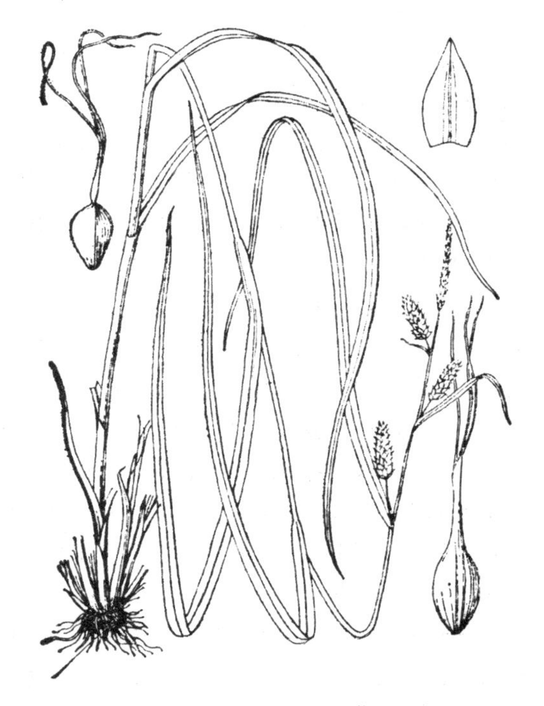

图3-443 日本薹草

18. **日本薹草** (图3-443)

Carex japonica Thunb.

多年生草本。根状茎短,具细长地下匍匐茎。秆高30~50cm,稍细弱,扁三棱形,稍具翼,基部具淡褐色、网状的叶鞘。叶长于秆,线形,扁平,宽3～5mm,质稍硬,具3条脉。苞片叶状,长于花序,无苞鞘。小穗3或4枚,疏离或上部者聚生;顶生者雄性,淡锈色,线形,长2～4cm,具长柄,柄长3～5cm;侧生者雌性,淡绿色,长圆状卵球形或圆柱形,短于1.5cm,花密生,上部者无柄或具极短柄,最下部者具明显的柄。雄花鳞片披针形,长约5mm,先端渐尖,苍白色,具3条脉,脉间淡绿色;雌花鳞片狭卵形,长2～2.5mm,先端渐尖,中间淡绿色,两侧苍白色,具3条脉。果囊斜展,狭卵球形,三棱状,稍膨大,膜质,长约4mm,黄绿色,有光泽,具多数脉,基部收缩,顶端渐狭成长喙,喙圆锥状,喙口膜质,2齿裂。小坚果疏松包于果囊中,倒卵球形,三棱状,长1.5～2mm,棱面凹;花柱基部稍增大,柱头3枚,长为花柱的4～5倍。花、果期5—6月。

文献记载区内有分布,生于路边草丛中。分布于河北、河南、湖北、江苏、山东、山西、陕西、四川、云南及东北地区;日本、朝鲜半岛、俄罗斯也有。

19. **签草** 芒尖薹草 (图3-444)

Carex doniana Spreng.

多年生草本。根状茎短,具细长地下匍匐茎。秆高30～50cm,直立,粗壮,扁三棱形,粗糙,基部具淡褐色叶鞘,或有鳞片状的叶。叶片宽7～10mm,最上部1枚较花序长,边缘粗糙,具显著3条脉,下面密布灰白绿色小点。苞片叶状,无苞鞘,最下部1枚较花序长,边缘及中脉粗糙。小穗4～6枚,近生;顶生者雄性,线柱形,长3～5.5cm,淡褐色,有短柄;侧生者雌性,圆柱形,粗壮,长大于5cm,密生多花,略叉开,靠近雄小穗的近无柄,下部的具短柄。雄花鳞片卵状披针形,长3～3.5mm,先端渐尖或短尖,淡黄色,具1条绿色中脉;雌花鳞片披针形或椭圆状披针形,长约4mm,先端渐尖,具芒尖,背面中肋绿色,具3条脉,两侧苍白色,具膜质边缘。果囊斜展或下弯,椭圆球形,三棱状,长3～3.5mm,淡绿色,有褐色斑点,脉明显,顶端渐狭成喙,喙口2齿裂,透明。小坚果卵菱形,三棱状,长约2mm,褐色;花柱基部稍增粗,柱头3枚。花、果期4—8月。$2n=62$。

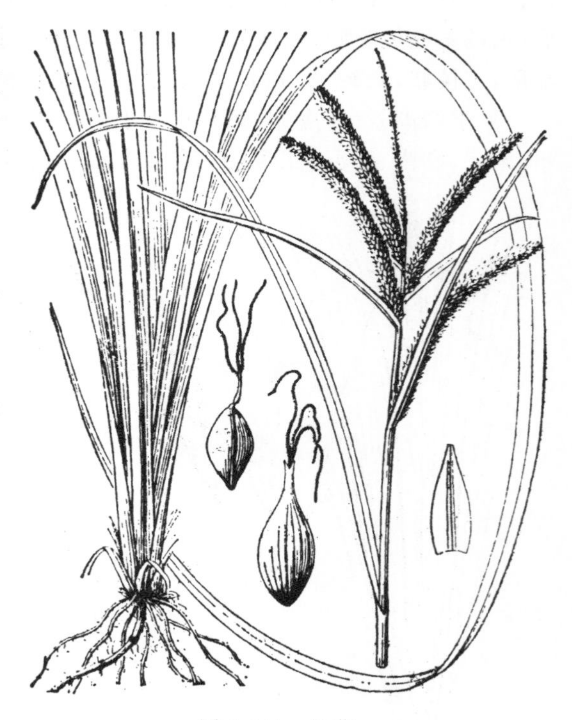

图3-444 签草

见于西湖景区(葛岭、虎跑、六和塔、韬光、桃源岭、云栖等),生于林下、草丛中。分布于安徽、福建、广东、广西、河南、湖北、湖南、江苏、陕西、四川、台湾、云南;日本、朝鲜半岛、尼泊尔、菲律宾、印度尼西亚也有。

20. **雁荡山薹草** (图3-445)

Carex yandangshanica C. Z. Zheng & X. F. Jin

多年生草本。根状茎粗壮,极长,木质,坚硬。秆侧生,高45～55cm,纤细,三棱形,平滑。

叶短于秆，宽6～11mm，平张。苞片短叶状，上部的刚毛状，短于花序，具鞘，鞘长2～3cm。小穗3枚；顶生者雄性，棍棒状，长3～4cm，具柄，柄长2.5～5cm；侧生者雌性，顶端常具几朵雄花，彼此疏远，圆柱形，长2～3cm，宽7～10mm，花密生，小穗柄包藏于苞鞘内。雄花鳞片倒披针形，先端渐尖，有小尖，长8～9mm，黄褐色；雌花鳞片椭圆形，先端渐尖，棕红色，长约5.5mm，中间绿色，先端具短芒。果囊长于鳞片，长约8mm，斜展，卵球形，无毛或近无毛，具多条细脉，基部渐狭，顶端急缩成直的长喙，喙口具2枚齿。小坚果紧包于果囊中，卵球形，三棱状，长约3mm，禾秆色，棱中部缢缩，上、下棱面凹陷，先端急缩成弯曲短喙，基部具短柄；花柱基部膨大，柱头3枚。花、果期5月。

见于西湖景区(飞来峰)，生于林下。分布于浙江。

图3-445 雁荡山薹草

图3-446 短尖薹草

21. **短尖薹草** (图3-446)

Carex brevicuspis C. B. Clarke

多年生草本。根状茎极长，木质，竹节状。秆丛生，高40～50cm，三棱形，坚硬，基部具褐色、呈纤维状分裂的枯死老叶鞘。叶长于秆；叶片线形，宽10～13mm，扁平。苞片长鞘状，短于花序。小穗3～5枚，疏远，直立；顶生者雄性，线形，长2.5～3.5cm，小穗柄细长；侧生者雌性，顶端无雄花，狭圆柱形，长4～5cm，直径为8～9mm，柄包于苞鞘内，直立。雄花鳞片披针形，淡黄褐色；雌花鳞片膜质，椭圆状披针形，长约6mm，淡黄褐色，先端具芒尖，具3条脉。果囊卵球形，稍长于鳞片或与鳞片近于等长，长约6.5mm，斜展，革质，肿胀，钝三棱状，微呈镰刀形弯曲，具多条脉，绿褐色，无毛，有时上部疏被短毛，顶端急缩成长喙，喙口具2枚小齿。小坚果卵菱形，三棱状，长约3.5mm，棱中部缢缩，上部具短而微弯的颈部；花柱短，基部扩大，柱头3枚。花、果期4—5月。

见于西湖景区(飞来峰、云栖)，生于林下岩石缝、山坡湿地。分布于安徽、福建、湖南、江西、台湾。

22. **长颈薹草**　(图 3-447)

Carex rhynchophora Franch.

多年生草本。根状茎斜生，木质。秆高 30～60cm，纤细，坚硬，三棱形，上部粗糙，基部具暗褐色、呈纤维状分裂的老叶鞘。叶长于秆，宽 2～5mm，线形，坚硬，边缘反卷，上部边缘粗糙，先端渐狭。苞片短叶状，具长鞘。小穗 3 或 4 枚；顶生 1 枚雄性，圆柱形，长 2.2～6cm，小穗柄长；侧生小穗雌雄顺序，雄花部分长为雌花部分的 1/3～1/2，圆柱形，长 2.5～4cm，花稍密生，小穗柄短。雌花鳞片长圆状椭圆形，锈色，背面 3 条脉绿色，延伸成芒，芒边缘粗糙。果囊稍长于鳞片，斜展，披针状卵形(喙除外)，长 6～7mm(连喙)，近革质，绿色，无毛，具多条脉，中部以下渐狭，上部渐狭成长喙，喙长 2.5～3mm，喙口深裂成 2 枚长齿。小坚果紧包于果囊中，卵状椭圆球形(喙除外)，三棱状，长 3.5～4mm(连喙)，基部具短柄，弯曲，中部棱上具刀刻状痕迹，上部急缩成直而长的喙，喙长 0.5～0.8mm，顶端膨大成环状；花柱基部几不膨大，柱头 3 枚。花、果期 3—5 月。

见于西湖景区(六和塔、云栖、三台山)，生于山坡、路边、林下。分布于贵州、江苏、四川。

图 3-447　长颈薹草

23. **灰白薹草**　戟叶薹草

Carex canina Dunn——*C. hastata* Kük.

根状茎短，木质。秆侧生，高 25～40cm，纤细，三棱形，上部粗糙，基部具暗褐色、呈纤维状分裂的老叶鞘。叶长于秆，宽 4～6mm，平张，坚硬，先端渐狭，边缘粗糙，灰绿色。苞片短叶状，边缘粗糙，具鞘。小穗 2 或 3 枚，彼此靠近；顶生 1 枚雄性，线形，长约 10mm，小穗柄短；侧生小穗雌性，长圆状卵形，长达 12mm，宽 5～7mm，有少数几朵至 6～7 朵花，最上部 1 枚雌小穗与雄小穗等高，小穗柄短。雌花鳞片卵形，先端急尖，黄白色，背面 3 条脉绿色。果囊长于鳞片，斜展，菱形，长 7.5mm，膜质，黄绿色，无毛，具多条细脉，中部以下渐狭，上部急缩成喙，喙口具 2 枚短齿。小坚果紧包于果囊中，椭圆球形，三棱状，长达 5mm，黄褐色，基部具柄，柄长 1mm，直立，棱上缢缩，先端急缩成喙，喙长 1mm，顶端稍膨大；花柱基部膨大，柱头 3 枚。花、果期 4—5 月。

见于西湖景区(云栖)，生于竹林下。分布于广西、湖南、江西。

24. **弯喙薹草**　(图 3-448)

Carex laticeps C. B. Carke

多年生草本，全株有白色短毛。根状茎粗短，木质。秆高 30～50cm，纤细，三棱形。叶短于秆；叶片线形，宽 3～4mm，边缘外卷，先端尖，疏被白色短毛。苞片短叶状，短于花序，被柔毛。小穗 2 或 3 枚，疏离；顶生者雄性，棍棒状，长 2～3cm，直立，有柄；侧生者雌性，柱状长椭圆形，长 2～3cm，直径为 4～8mm，密生花，柄直立于苞片的鞘内。雄花鳞片卵状椭圆形，长约 6mm，苍白色，先端渐尖，中部以上疏被短毛；雌花鳞片长圆状披针形，长 5～6mm，苍白色，中间有 3 条绿色脉，先端具短芒尖，中部以上疏被白色短毛。果囊成熟后开展，与鳞片等长或稍短于鳞片，卵状长圆球形，长 5～7mm，厚膜质，三棱状，微呈镰刀状弯曲，被短柔毛，绿褐色，具多条脉，顶端急尖，缩成长喙，喙口 2 深裂。小坚果宽三棱状纺锤形，长约 4mm，每条棱的中部凹陷，顶端具弯曲的短喙；花柱基部歪斜而弯曲，柱头 3 枚。花、果期 3—5 月。$2n=58$。

见于西湖景区(虎跑、龙井、茅家埠)，生于山坡林下。分布于安徽、福建、湖北、湖南、江苏、江西；日本、朝鲜半岛也有。

图 3-448 弯喙薹草　　　　图 3-449 弯柄薹草

25. **弯柄薹草** (图 3-449)

Carex manca Boott

多年生草本。根状茎粗短，木质。秆侧生，高 30～70cm，三棱形，纤细，平滑，基部具无叶片的叶鞘。不育的叶长于秆，宽 6～10mm，平张，基部对折，上部边缘粗糙，先端渐尖，革质，无毛。苞片短叶状，具长鞘，无毛。小穗 2～3 枚，彼此远离；顶生 1 枚雄性，线状圆柱形，长 4～5cm，小穗柄长约 5cm；侧生小穗雌性，长圆柱形，长 2～3cm，花稍密生，小穗柄短。雌花鳞片长圆状披针形或卵状披针形，具短尖，黄白色，背面 3 条脉绿色。果囊长于鳞片，斜展，菱状椭圆形，三棱状，长6～7mm，近革质，黄绿色，被稀疏柔毛，具多条细脉，基部收缩成短柄，上部急缩成长喙，喙缘无刺，喙口具 2 枚齿。小坚果紧包于果囊中，黄褐色，卵球形，三棱状，长约 2.5mm，中部棱上缢缩，下部棱面凹陷，基部具柄，稍弯，上部急缩成喙，喙圆柱形，弯曲；花柱基部变粗，柱头 3 枚。

见于西湖景区(上天竺),生于路边林下。分布于福建、广东、湖北、台湾。

26. 相仿薹草 (图 3-450)

Carex simulans C. B. Clarke

多年生草本。根状茎短而粗壮。秆侧生,高 40～50cm,三棱形,坚硬,基部具深褐色纤维状叶鞘。叶短于或近等长于花序;叶片线形,宽 4～5mm,边缘外卷,下面密生乳头状凸起。苞片短,有长苞鞘。小穗 3 或 4 枚;顶生者雄性,棍棒状,长 3～4cm;侧生者雌性,不分枝,花稍密,顶端多少带雄花,圆柱形,长 3～4cm,直立,包于苞鞘内。雄花鳞片披针形,淡锈色;雌花鳞片披针状卵形,长约 5mm,先端渐尖成芒,或呈长卵圆形,先端截形微凹,中间绿色,两侧苍白色带锈色,具 3 条脉。果囊长 5～7mm,卵球形,三棱状,绿褐色,具多条脉,上部渐狭成长喙,喙口 2 深裂。小坚果长约 4mm,椭圆球形,三棱状,棱面下部凹入,上部急狭成一短颈,顶端环状;花柱基部增粗,柱头 3 枚。花、果期 3—4 月。

见于余杭区(塘栖)、西湖景区(飞来峰、龙井、南高峰、棋盘山、玉皇山、云栖),生于山坡上、林下。分布于安徽、贵州、湖北、江苏、四川。

图 3-450 相仿薹草

图 3-451 溪生薹草

27. 溪生薹草 杭州薹草 (图 3-451)

Carex rivulorum Dunn——*C. hangzhouensis* C. Z. Zheng, X. F. Jin & B. Y. Ding

多年生草本。根状茎短。秆密丛生,高 30～60cm,三棱形,无毛。叶长于秆,平张,边缘微卷,宽 2.5～4mm,无毛,基部具光滑叶鞘。苞片线形,短于花序,苞鞘长 1～2.5mm。花序近总状排列;小穗裸露,顶生,长圆柱形,长 3～8cm,宽 1～1.7cm;顶生小穗雄性,长 4～5cm,下部者可达 8cm;侧生小穗两性,分枝,其雄性的分枝部分从具 1 朵雌花的果囊中伸出,长棍棒状,长 1.5～2cm,侧生小穗下部为雌性,顶端具 4～6 朵雄花。雄花鳞片淡黄色至淡褐色,长椭圆形,长约 8mm,膜质,顶端圆钝;雌花鳞片绿色,宽卵形,长约 8mm,近革质,中脉延长成芒,长约 3mm,先端渐尖。果囊成熟时黄褐色,与鳞片近等长,倒卵球形,钝三棱状,6~7mm,膜质,光滑,具有 2 条凸起的中脉和数条侧脉,基部楔形,顶端渐狭成弯曲的喙,喙长约 2mm,喙口具 2 枚齿。小坚果栗色,三棱状球形或倒卵球形,棱面微凹,长 3~4mm,基部几无柄,先端微凹;花柱基部增大,宿存,柱头 3 枚。花、果期 4—5 月。

见于西湖景区(飞来峰、南高峰),生于海拔 50~200m 的林下、山坡上。分布于安徽、福建。

28. 糙叶薹草　铜草　(图 3-452)

Carex scabrifolia Steud.

多年生草本。根状茎具地下匍匐茎。秆常 2 或 3 株簇生于匍匐茎节上,高 30~60cm,较细,三棱形,平滑,上端稍粗糙,基部具红褐色、无叶片的中鞘,老叶鞘有时稍细裂成网状。叶短于秆或上面的稍长于秆,宽 2~3mm,质坚挺,中间具沟或边缘稍内卷,边缘粗糙,具较长的叶鞘。苞片下面的叶状,长于花序,无苞鞘,上面的近鳞片状。小穗 3~5 枚;上端的 1~3 枚小穗为雄小穗,间距短,狭圆柱形,长 1~3.5cm,具很短的柄或近于无柄;其余 1~2 枚为雌小穗,间距较长些,长圆形或近卵形,长 1.5~2cm,宽约 1cm,具较密生的 10 余朵花,通常具短柄,或上面的近于无柄。雄花鳞片倒披针形,长约 8mm,顶端急尖,淡褐色;雌花鳞片宽卵形,长 5~6mm,顶端渐尖成短尖,膜质,棕色,中间色淡,具 3 条脉。果囊斜展,长于鳞片,长圆状椭圆形,鼓胀三棱状,长 6~8.5mm,近革质,棕色,无毛,具微凹的多条脉,基部急缩成宽钝形,顶端急狭成短而稍宽的喙,喙口呈半月形微凹,具 2 枚短齿。小坚果紧密地为果囊所包裹,长圆球形或狭长圆球形,钝三棱状,长 4~5.5mm,棕色;花柱短,基部稍增粗,柱头 3 枚。花、果期 4—7 月。

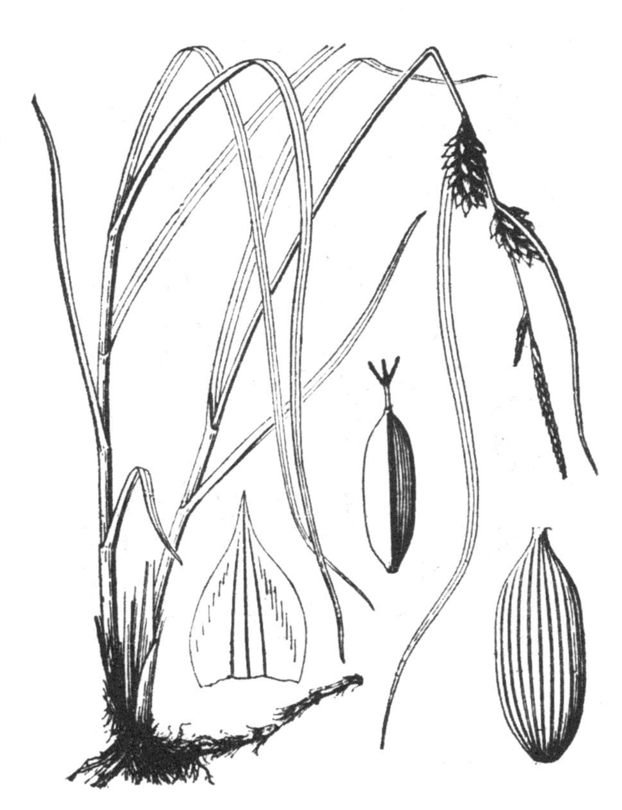
图 3-452　糙叶薹草

见于江干区(彭埠),生于沙地或田边。分布于福建、辽宁、河北、江苏、山东、台湾;日本、朝鲜半岛、俄罗斯远东地区也有。

29. 舌叶薹草　(图 3-453)

Carex ligulata Nees ex Wight

多年生草本。根状茎短,木质。秆丛生,高 30~60cm,直立,粗壮,三棱形,棱上粗糙,上部生叶,下部具紫红色无叶的鞘。叶排列较疏松,上部的较花序长;叶片线形,宽 5~11mm,质较软,边缘粗糙;叶鞘相互靠拢或呈套叠状,鞘口有明显的锈色叶舌。苞片叶状,长于花序。小穗5～7枚,近生或下部的较疏离;顶生者雄性,线形,长1～2cm,淡锈色;侧生者雌性,狭圆柱形,直立,长1.5～4cm,具多花,有短柄。雄花鳞片狭卵形,先端渐尖,淡锈色;雌花鳞片卵状三角形,长约2.5mm,先端钝而具芒尖,背面中脉绿色,两侧淡锈色,边缘膜质。果囊直立,倒卵状椭圆球形,长约4mm,三棱状,锈褐色,密被短硬毛,上部急狭成中等长的喙,喙口2齿裂。小坚果长约2.5mm,椭圆球形,三棱状;花柱基部稍增粗,柱头3枚。花、果期5—8月。$2n=54$。

见于西湖区(留下),生于林下、路边、草丛中。分布于安徽、江苏、陕西、华中、华南、西南地区;日本、印度、斯里兰卡、尼泊尔也有。

图3-453 舌叶薹草

图3-454 褐果薹草

30. 褐果薹草 栗褐薹草 (图3-454)

Carex brunnea Thunb.

多年生草本。根状茎缩短。秆丛生,高35～60cm,纤细,三棱形,上部粗糙,下部生叶,基部具栗褐色、呈纤维状的枯叶鞘。叶较秆短或长;叶片线形,宽2～3mm,粗糙。下部苞片叶状,具长苞鞘,上部者刚毛状。小穗多数,疏离,单生或2～5枚并生,雌雄顺序,圆柱形,长2～3cm,密生花,小穗柄细长,下垂。雄花鳞片狭卵形,长约3mm,先端急尖,黄褐色,背面具1条脉;雌花鳞片长圆状卵形,长约2.5mm,先端渐尖或急尖,中脉绿色,两侧锈褐色。果囊卵球形或宽卵球形,长2.5～3mm,平凸状,栗褐色,具多条脉,上部被短粗毛,顶端紧缩成中等长的喙,喙口具2枚小齿。小坚果长1.5～2mm,卵球形,平凸状;花柱基部略增粗,柱头2枚,稍长。花、果期9—10月。$2n=62$。

区内常见,生于路边或林下石上。分布于湖北、湖南、华东及西南地区;日本、朝鲜半岛、越南、菲律宾、印度、尼泊尔、澳大利亚也有。

31. 滨海薹草 (图 3-455)

Carex bodinieri Franch.

多年生草本。根状茎短,木质,无地下匍匐茎。秆丛生或疏丛生,较细,高 35～70cm,三棱形,平滑,基部或多或少具撕裂成纤维状的老叶鞘。叶多数为基生叶,很少为秆生叶;叶短于秆,宽 2～4mm,平张,质坚挺,两面和边缘均粗糙;鞘短,常开裂至基部。苞片下面的叶状,上面的线形,具苞鞘;鞘长 0.5～4.5cm,上端呈绿褐色。小穗多数,常 1～3 枚出自同一苞鞘,在下面则同一苞鞘内具 1～3 枚由几个小穗排列成的总状花序,排列疏松,间距最长可达 18cm,向顶端则渐短,全部小穗均为雌雄顺序,雄花部分较雌花部分短很多,少有顶生小穗为雄性,狭圆柱形或近披针形,长 1～3.5cm,具柄。雄花鳞片狭卵形,长约 3mm,顶端急尖,无短尖,膜质,麦秆黄色,具棕色短条纹,背面具 1 条中脉;雌花鳞片宽卵形,长约 3mm,顶端急尖,无短尖,膜质,棕色,有时中间部分色较淡并带有棕色条纹,背面具 3 条绿色的脉。果囊近于直立,稍长于鳞片,宽椭圆形,扁平凸状,长 4～4.5mm,膜质,红棕色,背面具 9 条细脉,中部以上边缘具疏缘毛,基部急缩成短柄,顶端急缩成中等长的喙;喙顶端具 2 枚齿。小坚果紧包于果囊中,椭圆球形,扁平凸状,长约 2mm,淡黄色;花柱基部稍增粗,柱头 2 枚,常较短于果囊。花、果期 3—10 月。

见于西湖景区(龙井、翁家山),生于山坡、林下、路边。分布于福建、湖南、江西。

图 3-455 滨海薹草

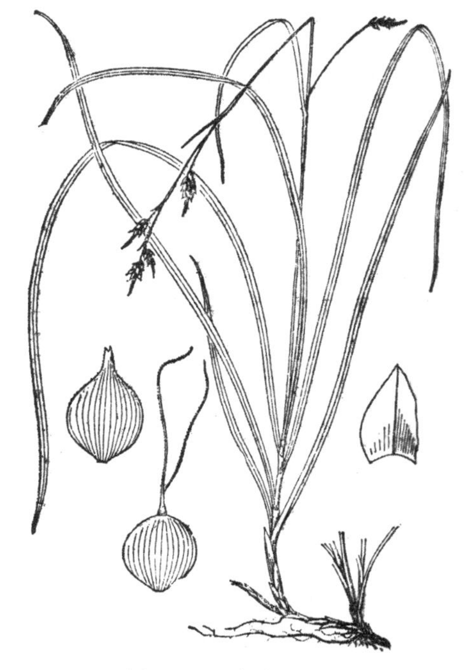

图 3-456 仙台薹草

32. 仙台薹草 (图 3-456)

Carex sendaica Franch.

多年生草本。根状茎细长,具地下匍匐茎。秆密丛生,高 10～35cm,细弱,三棱形,平滑,向顶端稍粗糙。叶基生,短于或等长于秆,宽 2～3mm,平展或折合,边缘粗糙,具鞘;鞘长 2～

3cm,常开裂。苞片下面的线形,上面的呈刚毛状,具鞘;鞘长5～10mm,鞘的一面为膜质,棕色。小穗3或4枚,单生于苞片鞘内,间距最长达5.5cm,向顶端间距渐短,雌雄顺序;顶生小穗雄花部分较雌花部分长,侧生小穗常雌花部分长于雄花部分;小穗长圆形,长8～15mm,具几朵至10余朵较密生的雌花;具细的小穗柄。雄花鳞片卵状披针形,长约3.5mm,顶端急尖或钝,膜质,褐色,背面具1条中脉;雌花鳞片卵形,长2～2.5mm,顶端急尖,无短尖,膜质,红棕色,背面具3条脉。果囊近于直立,长于鳞片,宽椭圆形或宽卵形,平凸状,长3～3.5mm,膜质,红棕色,背面具多条细脉,基部急缩成短柄,上部急狭成短喙,喙长不及1mm,边缘具短硬毛,顶端具2枚短齿。小坚果紧包于果囊内,近圆球形,扁平凸状,长约2mm,淡黄色,无柄;花柱基部稍增粗,柱头2枚,露出部分长于果囊。花、果期8—10月。

见于西湖景区(黄龙洞),生于草丛中和山坡阴处。分布于贵州、湖北、江苏、江西、陕西、四川;日本也有。

33. 乳突薹草　(图3-457)

Carex maximowiczii Miq.

多年生草本。根状茎短,稀匍匐。秆丛生,高30～75cm,锐三棱形,稍坚硬,基部具褐色或红褐色、无叶片的叶鞘,常呈纤维状细裂。叶短于或近等长于秆,宽3～4mm,平张或边缘反卷。苞片无鞘,基部叶状,长于花序,上部的刚毛状或鳞片状。小穗2～3枚;顶生1枚雄性,窄圆柱形,长2～4cm,具柄;侧生小穗雌性,长圆柱形或长圆形,长2.5～3cm,宽8～9mm;小穗柄纤细,基部的长1.5～2cm,下垂,上部的较短,直立或下垂。雌花鳞片长圆状披针形,顶端渐尖或近圆形,具短芒尖,长4～4.5mm,红褐色,中间绿色,具3条脉,具锈色点线。果囊短于或等长于鳞片,宽倒卵形或宽卵形,双凸状,长4～4.2mm,宽3～3.5mm,红褐色,密生乳头状凸起和红棕色树脂状小凸起,近无脉,基部宽楔形,具短柄,顶端急尖成短喙,喙口全缘。小坚果疏松地包于果囊中,扁圆球形,褐色,长2～2.2mm;花柱长,基部不膨大,柱头2枚。花、果期6—7月。

图3-457　乳突薹草

见于西湖区(留下),生于山坡阳处。分布于辽宁、山东;日本、朝鲜半岛也有。

34. 二型鳞薹草　(图3-458)

Carex dimorpholepis Steud.

多年生草本。根状茎短。秆丛生,高35～80cm,锐三棱形,上部粗糙,基部具红褐色至黑褐色、无叶片的叶鞘。叶短于或等长于秆,宽4～7mm,平张,边缘稍反卷。苞片下部的2枚叶状,长于花序,上部的刚毛状。小穗5或6枚,接近;顶生小穗雌雄顺序,长4～5cm;侧生小穗雌性,上部3枚其基部具雄花,圆柱形,长4.5～5.5cm,宽5～6mm;小穗柄纤细,长1.5～

6cm,向上渐短,下垂。雌花鳞片倒卵状长圆形,长 4～4.5mm,顶端微凹或平截,具粗糙长芒(芒长约 2.2mm),中间 3 条脉淡绿色,两侧白色,膜质,疏生锈色点线。果囊长于鳞片,椭圆形或椭圆状披针形,长约 3mm,略扁,红褐色,密生乳头状凸起和锈点,基部楔形,顶端急缩成短喙,喙口全缘;柱头 2 枚。花、果期 4—6 月。

见于江干区(凯旋)、西湖区(古荡)、西湖景区(鸡笼山、虎跑、云栖),生于水沟边、草丛中。分布于华东、华中、华北和西南地区;日本、朝鲜半岛、越南、缅甸、印度也有。

图 3-458 二型鳞薹草

图 3-459 镜子薹草

35. **镜子薹草** (图 3-459)

Carex phacota Spreng

多年生草本。根状茎短。秆丛生,高 20～75cm,锐三棱形,基部具淡黄褐色或深黄褐色的叶鞘,细裂成网状。叶与秆近等长,宽 3～5mm,平张,边缘反卷。苞片下部叶状,明显长于花序,无鞘,上部的刚毛状。小穗 3～5 枚,近生;顶生小穗雄性,线状圆柱形,长 4.5～6.5cm,宽 1.5～2mm,具柄;侧生小穗雌性,稀少顶部有少数雄花,长圆柱形,长 2.5～6.5cm,宽 3～4mm,密生花;小穗柄纤细,最下部的 1 枚长 2～3cm,向上渐短,略粗糙,下垂。雌花鳞片长圆形,长约 2mm(芒除外),顶端截形或凹,具粗糙芒尖,中间淡绿色,两侧苍白色,具锈色点线,有 3 条脉。果囊长于鳞片,宽卵形或椭圆形,长 2.5～3mm,宽约 1.8mm,双凸状,密生乳头状凸起,暗棕色,无脉,基部宽楔形,顶端急尖成短喙,喙口全缘或微凹。小坚果稍松地包于果囊中,近圆球形或宽卵球形,长 1.5mm,褐色,密生小乳头状凸起;花柱长,基部不膨大,柱头 2 枚。花、果期 3—5 月。

见于拱野区(半山)、西湖景区(云栖),生于溪沟边草丛中。分布于安徽、福建、广东、广西、贵州、海南、湖南、江苏、江西、山东、四川、台湾、云南;日本、尼泊尔、印度、印度尼西亚、马来西亚、斯里兰卡也有。

36. 翼果薹草　(图 3-460)

Carex neurocarpa Maxim.

多年生草本。根状茎短，木质。秆丛生，全株密生锈色点线，高 15～100cm，宽约 2mm，粗壮，扁钝三棱形，平滑，基部叶鞘无叶片，淡黄锈色。叶短于或长于秆，宽 2～3mm，平张，边缘粗糙，先端渐尖，基部具鞘，鞘腹面膜质，锈色。苞片下部的叶状，显著长于花序，无鞘，上部的刚毛状。小穗多数，雌雄顺序，卵形，长 5～8mm；穗状花序紧密，呈尖塔状圆柱形，长 2.5～8cm，宽1～1.8cm。雄花鳞片长圆形，长 2.8～3mm，锈黄色，密生锈色点线；雌花鳞片卵形至长圆状椭圆形，顶端急尖，具芒尖，基部近圆形，长 2～4mm，宽约 1.5mm，锈黄色，密生锈色点线。果囊长于鳞片，卵球形或宽卵球形，长 2.5～4mm，稍扁，膜质，密生锈色点线，两面具多条细脉，无毛，中部以上边缘具宽而微波状、不整齐的翅，锈黄色，上部通常具锈色点线，基部近圆形，里面具海绵状组织，有短柄，顶端急缩成喙，喙口 2 齿裂。小坚果疏松地包于果囊中，卵球形或椭圆球形，平凸状，长约 1mm，淡棕色，平滑，有光泽，具短柄，顶端具小尖头；花柱基部不膨大，柱头 2 枚。花、果期 6—8 月。$2n=108$。

见于西湖景区(六和塔)，生于溪沟边草丛中。分布于安徽、甘肃、河北、河南、黑龙江、吉林、江苏、辽宁、内蒙古、山东、山西、陕西；日本、朝鲜半岛、俄罗斯远东地区也有。

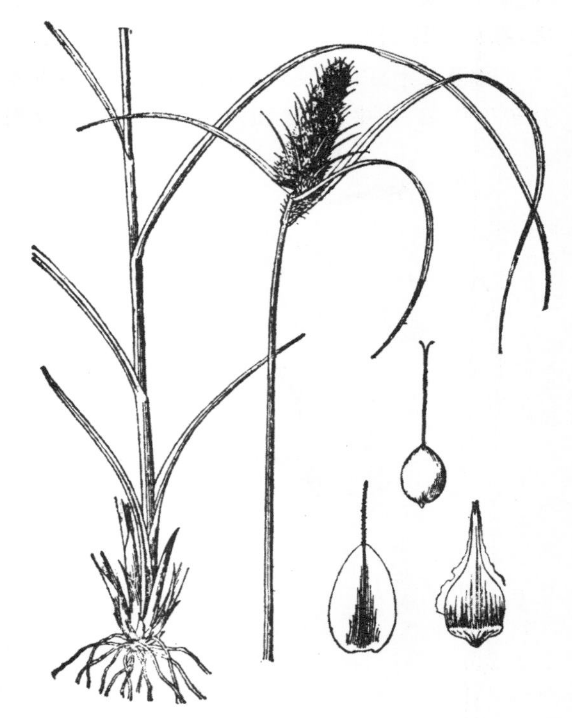

图 3-460　翼果薹草

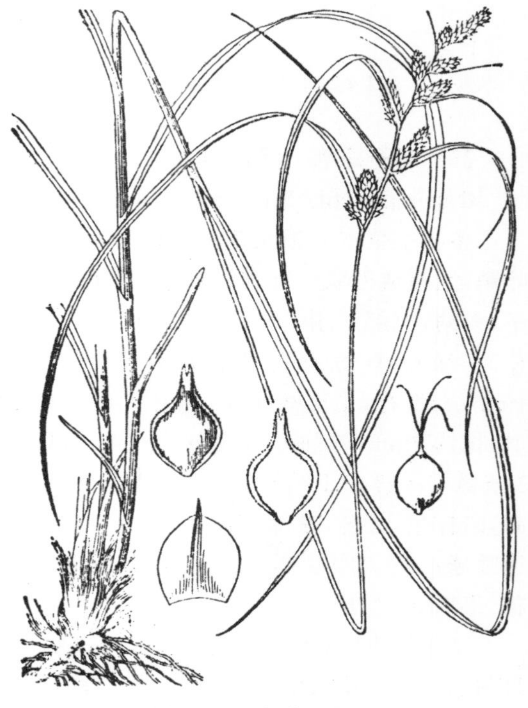

图 3-461　穹隆薹草

37. 穹隆薹草　(图 3-461)

Carex gibba Wahlenb.

多年生草本。根状茎短，木质。秆丛生，直立，高 30～50cm，三棱形，基部膨大，具褐色纤维状分裂的叶鞘。叶长于秆或与之近等长，线形，宽 2～3mm，柔软，平张。苞片叶状，长于花序。小穗 5～9 枚，长卵形或长圆形，长 5～10mm，宽 4～5mm，雌雄顺序，花密生。雄花鳞片长卵形，长约 1.5mm，中间绿色，两侧白色，具 3 条脉；雌花鳞片卵圆形，长约 2mm，膜质，中间绿色，两侧白色，具 3 条脉，顶端延伸成芒。果囊长于鳞片，宽卵球形，平凸状，长 3～3.5mm，淡绿色，无毛，无脉，边缘具不规则细齿，先端急狭成短喙，喙边缘粗糙，喙口具 2 枚小齿。小坚果紧包于果囊中，卵球形，长约 2.5mm，顶端近圆形，基部收缩成短柄；花柱基部不膨大，柱头 3 枚。花、果期 4—5 月。$2n=34$。

区内常见，生于山坡林下、路边、江边潮湿处。分布于福建、甘肃、河北、河南、江苏、江西、辽宁、山西、陕西、四川；日本、朝鲜半岛也有。

图 3-462 书带薹草

38. 书带薹草 （图 3-462）

Carex rochebruni Franch. & Sav.

多年生草本。根状茎短，粗壮，木质。秆丛生，高 35～50cm，纤细，三棱形，平滑，中部以下具叶，基部具无叶片的叶鞘。叶长于秆，线形，宽 1.5～2mm。苞片叶状，长于花序，上部的刚毛状。小穗 6～10 枚，长圆形，长 5～12mm，雌雄顺序。雄花鳞片长卵形，长约 2mm，中间绿色，两侧白色，具 3 条脉；雌花鳞片长圆形，长 2.5～3mm，膜质，中间绿色，两侧白色，具 3 条脉，顶端锐尖并具粗糙短芒。果囊长于鳞片，卵球状披针形，平凸状，长约 3.5mm，淡绿色，无毛，背面具脉，边缘中部以上具狭翅，翅缘粗糙，先端渐狭成长喙，喙口具 2 枚小齿，基部渐狭，呈楔形。小坚果紧包于果囊中，长圆球形，长约 2mm，顶端近圆形，基部渐狭；花柱基部略膨大，柱头 2 枚。花、果期 4—6 月。

见于西湖景区（虎跑、玉皇山），生于林下、林缘草丛中。分布于甘肃、河南、湖北、江苏、陕西、四川、西藏、云南。

图 3-463 卵果薹草

39. 卵果薹草 （图 3-463）

Carex maackii Maxim.

多年生草本。根状茎短，木质。秆丛生，高 20～70cm，宽 1.5～2mm，直立，近三棱形，上部粗糙，中下部具叶，基部具褐色、无叶片的叶鞘。叶短于或近等长于秆，宽 2～4mm，平张，柔软，边缘具细锯齿。苞片基部的刚毛状，其余的鳞片状。小穗 10～14 枚，卵形，长 5～10mm，宽 4～6mm，雌雄顺序，花密生；穗状花序长圆柱形，长 2.5～6cm，先端紧密，下部稍远离。雌花鳞片卵形，顶端急尖，长 2.2～2.8mm，淡褐色，中间绿色，具 1 条脉。果囊长于鳞片，卵形或卵状披针形，平凸状，长 3～

3.2mm，膜质，背面具5～7条脉，腹面4或5条脉，边缘内面具海绵状组织，外面具狭翅，上部具稀疏锯齿，基部近圆形，先端渐狭成中等长的喙，喙口2齿裂。小坚果疏松地包于果囊中，长圆形或长圆状卵形，微双凸状，长约1.5mm，淡棕色，基部楔形，具短柄；花柱基部不膨大，柱头2枚。花、果期5—6月。$2n=68$。

见于西湖景区(桃源岭)，生于溪边或湿地。分布于安徽、河南、黑龙江、吉林、辽宁、江苏；日本、朝鲜半岛、俄罗斯远东地区也有。

40. 单性薹草　(图3-464)

Carex unisexualis C. B. Clarke——*C. fluviatilis* Boott var. *unisexualis* (C. B. Clarke) Kükenth.

多年生草本。根状茎匍匐、细长，具褐色叶鞘，鞘常细裂成纤维状。秆高(10～)15～50cm，宽1.5～2mm，扁三棱形，基部叶鞘淡褐色。叶短于秆，宽1.5～2.5mm，平张或对折，微弯曲，先端渐细尖。苞片刚毛状或鳞片状。小穗15～30枚，单性，稀雌雄顺序；雌小穗长圆状卵形，长5～8mm，宽约4mm；雄小穗长圆形，长约6mm，宽2～3mm；雌雄异株，稀同株。雄花鳞片卵形，顶端急尖，长3～3.5mm，宽约2mm，苍白绿色，中间绿色；雌花鳞片卵形，顶端锐尖，具芒尖，长2～3mm，苍白绿色，中间绿色，具1条脉，两侧为白色膜质，疏生锈点。果囊长于鳞片，卵形，平凸状，长2～3mm，宽1～1.5mm，膜质，淡绿色或苍白色，有锈点，两面具多条细脉，边缘具狭翅，翅中部以上具细锯齿，基部近圆形，具海绵状组织，有短柄，先端渐狭成喙，喙边缘微粗糙，喙口深裂成2枚齿。小坚果疏松地包于果囊中，卵形或椭圆形，平凸状，长约1.2mm，深褐色，有光泽，基部具短柄，顶端圆形，具小尖头；花柱基部不膨大，柱头2枚。花、果期4—6月。

图3-464　单性薹草

见于西湖景区(黄龙洞)，生于山脚下、溪沟边。分布于安徽、湖北、湖南、江苏、江西、云南；日本也有。

141. 谷精草科　Eriocaulaceae

一年生或多年生草本，湿生或水生。茎不显著，稀延伸。叶基生，稀丛生于茎端；叶片狭窄，常具横脉。头状花序具总苞，单个或数个丛生于细长的花序梗上。花小，单性，雌雄同序，稀异株或异序；雌雄同株时，雌花位于花序四周，雄花位于中央；花被片4～6枚，2轮，每轮2～

3 枚;萼片离生或多少合生成佛焰苞状;花瓣常有柄,离生或合生,稀缺;雄蕊 1 或 2 轮,每轮 2～3枚,花丝细长,花药小,1～2 室,纵裂;子房上位,2～3 室,每一室具 1 枚下垂的直生胚珠,柱头2～3 枚,稀 1 枚。蒴果膜质,室背开裂;种子小,平滑或有纹饰。

10 属,约 1150 种,广泛分布于全球的热带和亚热带地区,尤以美洲为多;我国有 1 属,35 种;浙江有 9 种,2 变种;杭州有 1 种。

谷精草属　Eriocaulon L.

一年生或多年生草本,湿生。茎不显著。叶基生,叶片线形。花序梗长于叶片,具鞘。头状花序生于花序梗顶端;总苞片呈覆瓦状排列;苞片常被有白色短毛或细柔毛。花单性,雌雄同序;花被片 2 轮,每轮 3 枚,稀 2 枚。雄花萼片基部合生成短管状至全部合生成佛焰苞状,稀 2 浅裂;花瓣分离或合生成高脚杯状或漏斗状,先端具毛或黑色腺体;雄蕊 6 枚,稀 4 枚,花药黑色,稀黄白色。雌花萼片离生至合生成佛焰苞状;花瓣离生或基部合生,宽线形或棍棒形,先端具毛或黑色腺体,稀退化;子房2～3室,稀 1 室,柱头 2～3 枚,稀 1 枚。蒴果室背开裂,每一室含种子 1 枚;种子常椭圆球形,橙红色或黄色,表面常具横格及“T”字形毛。$n=8$,也有报道为 $n=10,20$。

约 400 种,广布于热带和亚热带,以亚洲热带为分布中心;我国有 35 种;浙江有 9 种,2 变种;杭州有 1 种。

谷精草　(图 3-465)

Eriocaulon buergerianum Koern.

一年生草本,湿生。叶线形,丛生,半透明,具横格,长 4～10(～20)cm,中部宽 2～5mm,脉 7～12(～18)条。头状花序球形,直径为 4～6mm;花序梗多,长短不一,长可达 30cm;总苞片倒卵形或近圆形,长 2～2.5mm,麦秆黄色,背面上部被白色棒状毛;苞片倒卵形,先端骤尖,上部密生白色短毛;花序托具长柔毛。雄花花萼佛焰苞状,外侧裂开,3 浅裂,长 1.8～2.5mm,背面及顶端多少有毛;花冠裂片 3 枚,近锥形,几等大,近顶处各有 1 个黑色腺体,端部常有白色短毛;雄蕊 6 枚,花药黑色。雌花花萼合生,外侧开裂,顶端 3 浅裂,长 1.8～2.5mm,背面及顶端有短毛,外侧裂口边缘有毛,下长上短;花瓣 3 枚,离生,扁棒形,肉质,顶端各具 1 个黑色腺体及若干白短毛,果成熟时毛易落,内面常有长柔毛;子房 3 室,花柱分枝 3 枚,短于花柱。种子矩圆球状,长 0.75～1mm,表面具横格及“T”字形凸起。花、果期 9—10 月。

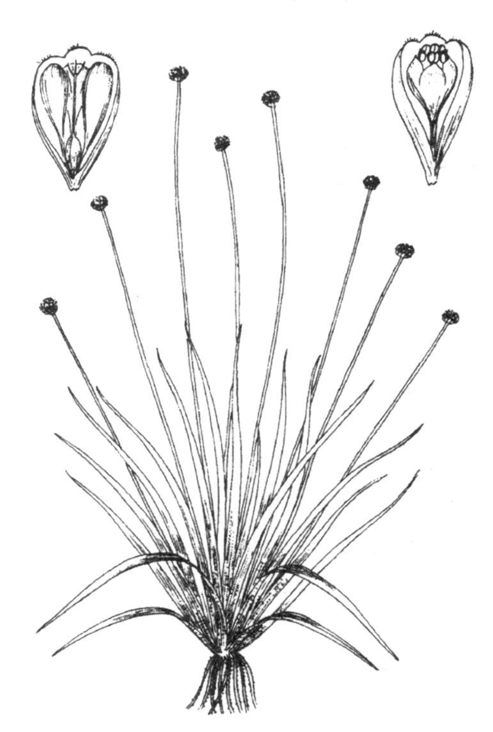
图 3-465　谷精草

见于拱墅区(半山),生于溪边、稻田边阴湿处及水沟边。分布于安徽、福建、广东、广西、贵州、湖北、湖南、江苏、江西、四川、台湾;日本、朝鲜半岛也有。

带花梗的头状花序可入药。

142. 鸭跖草科 Commelinaceae

一年生或多年生草本。茎直立、匍匐或缠绕,节明显。叶互生;叶片全缘,具明显的叶鞘。蝎尾状聚伞花序再排成顶生或腋生的圆锥花序,或缩短成伞形花序或头状花序,稀1至数花簇生于叶腋;花序梗上的总苞片叶状、舟状或佛焰苞状,聚伞花序基部的苞片存在或缺如;花两性,稀杂性同株,辐射对称,稀稍两侧对称;小苞片极小或早落;萼片3枚,离生,稀合生,花瓣3枚,离生或不同程度地合生;雄蕊6枚,全育或仅部分发育,退化雄蕊若存在则顶端扁,全缘,戟状或分裂成蝴蝶状,稀其中1~2枚退化殆尽,花丝有毛或无毛,花药2室,背着;子房上位,3室或退化为2室,每一室具1至数枚直生胚珠。蒴果室背开裂,稀为浆果状;种子有棱,种脐线形,背面或侧面有1个圆形脐眼状的胚盖。

约40属,650种,主要分布于热带地区,少数种分布于亚热带至温带地区;我国有15属,59种;浙江有8属,17种;杭州有3属,7种。

本科可分为2个亚科——黄剑草亚科 subfamily Cartonematoideae(仅包含黄剑草属 *Cartonema* R. Br. 和黄剑茅属 *Triceratella* Brenan 2属)和鸭跖草亚科 subfamily Commelinoideae。

分属检索表

1. 浆果,不开裂;圆锥花序 ························ 1. **杜若属** *Pollia*
1. 蒴果;聚伞花序,或缩短为伞形花序。
    2. 花两侧对称;能育雄蕊3枚,生于一侧;子房2室 ················ 2. **鸭跖草属** *Commelina*
    2. 花辐射对称;能育雄蕊6枚;子房3室 ················ 3. **紫露草属** *Tradescantia*

1. 杜若属 Pollia Thunb.

多年生草本。茎直立或基部匍匐。叶片椭圆形或长圆形,稀披针形,具柄或无柄。圆锥花序顶生,稀为伞形花序;总苞片叶状;苞片小或无;花两性,具短梗;萼片离生,舟状椭圆形;花瓣白色或紫色,离生,倒卵形、卵圆形或长圆形,短于或长于萼片;雄蕊全育,稀其中1或3枚退化,花丝无毛;子房3室,每一室具数颗胚珠。果为浆果状,球形或卵球形,成熟时蓝色或黑色,种子多角形。

约17种,分布于东半球的热带、亚热带和暖温带地区;我国有8种;浙江有1种;杭州有1种。

杜若 (图3-466)

Pollia japonica Thunb.

茎直立,有时基部匍匐,单一,高30~90cm,直径为5~10mm。叶片椭圆形或长圆形,稀披针形,长20~30cm,宽3~6cm,先端渐尖,基部渐狭成柄状,两面微粗糙;叶鞘疏生短糙毛。圆锥花序伸长,由疏离、轮生的聚伞花序组成;花序梗至花梗被白色短柔毛;总苞片叶状,较小;苞片更小;萼片白色,椭圆形,长约5mm,宿存;花瓣白色,稍带淡红色,倒卵状匙形,长于萼片;雄蕊全育,有时其中 3 枚略小,稀其中 1 枚退化。果为浆果状,球形或卵球形,直径为 5～8mm,成熟时蓝色;种子多角形,直径约为 2mm,有皱纹和窝孔。花期 6—7 月,果期 8—10 月。$2n=32$。

见于余杭区(中泰)、西湖景区(飞来峰、黄龙洞、云栖),生于山坡林下或沟边潮湿处。分布于安徽、福建、广东、广西、贵州、湖北、湖南、江西、四川、台湾;日本、朝鲜半岛也有。

根、全草入药。

图 3-466 杜若

2. 鸭跖草属 Commelina L.

一年生或多年生草本。茎直立或基部匍匐,多分枝。叶片卵形至披针形,无柄或具短柄。聚伞花序单生,或数枚集生于主茎或分枝的顶端;总苞片 1 枚,佛焰苞状,包裹花序;花两性,具梗,生于花序上部分枝上的花较小,早落,生于花序下部分枝上的花较大,正常发育;萼片膜质,内方的 2 枚基部常合生;花瓣蓝色,离生,后方的 2 枚较大,基部具爪;能育雄蕊 2～3 枚,退化雄蕊 3～4枚,顶端扁,分裂成蝴蝶状,花丝无毛;子房 2～3 室,每室具 1～2 颗胚珠。蒴果三棱状椭圆球形;种子有网纹、皱纹或窝孔,稀光滑。

约 170 种,主要分布于热带和亚热带地区;我国有 8 种;浙江有 2 种;杭州有 2 种。

1. 鸭跖草 (图 3-467)

Commelina communis L.

一年生草本。茎上部直立,下部匍匐,长可达 50cm,直径为 2～3mm,多分枝。叶片卵形至披针形,长 3～10cm,宽 1～2cm,先端急尖至渐尖,基部宽楔形,两面无毛或上面近边缘处微粗糙,无柄或几无柄;叶鞘近膜质,紧密抱茎,散生紫色斑点,鞘口有长睫毛。聚伞花序单生于主茎或分枝的顶端;总苞片佛焰苞状,心状卵形,长 1～2cm,折叠,边缘分离;萼片白色,狭卵形,长约 5mm;花瓣卵形,后方的 2 枚较大,蓝色,有长爪,长 1～1.5cm,前方的 1 枚较小,白色,无爪,长 5～7mm;能育雄蕊 2～3 枚,位于前方,退化雄蕊 3～4 枚,位于后方;子房 2 室,每室具 2 颗胚珠。蒴果椭圆球形,长 5～7mm,2 瓣裂;种子近肾形,长 2～3mm,有不规则的窝孔。花期 7—9 月。$2n=22,44,48,84,86,88,90$。

区内常见,生于田边、路边或山坡沟边潮湿处。

图 3-467 鸭跖草

分布于全国各地(除青海、西藏、新疆外);柬埔寨、日本、朝鲜半岛、老挝、俄罗斯、泰国、越南也有。

全草入药。

2. 饭包草　(图3-468)

Commelina benghalensis L.

多年生草本。茎下部匍匐,节上生根,上部多直立上升,被疏柔毛。叶片卵形,长3～7cm,宽1.5～3.5cm,先端钝或急尖,基部圆形,急缩成明显的叶柄,叶两面疏生短柔毛,叶缘有短睫毛;叶鞘膜质,鞘口有疏而长的睫毛。聚伞花序生于茎端;总苞片佛焰苞状、漏斗状,下部边缘合生,长8～15mm,被疏毛,顶端短急尖或钝;萼片膜质,披针形,长约2mm,无毛;花瓣宽卵形,后方2枚蓝色,较大,长5～8mm,具长爪,前方1枚色浅,较小,长3～4cm,无爪;雄蕊6枚,前方3枚可育,后方3枚退化。蒴果三棱状椭圆球形,长4～6mm,3室;种子长约2mm,黑色,表面有皱纹和不规则网纹。花期夏秋。

见于西湖景区(桃源岭),生于沟边和山脚林下潮湿处。分布于河北及秦岭—淮河以南各省、区;亚洲和非洲的热带、亚热带地区均有。

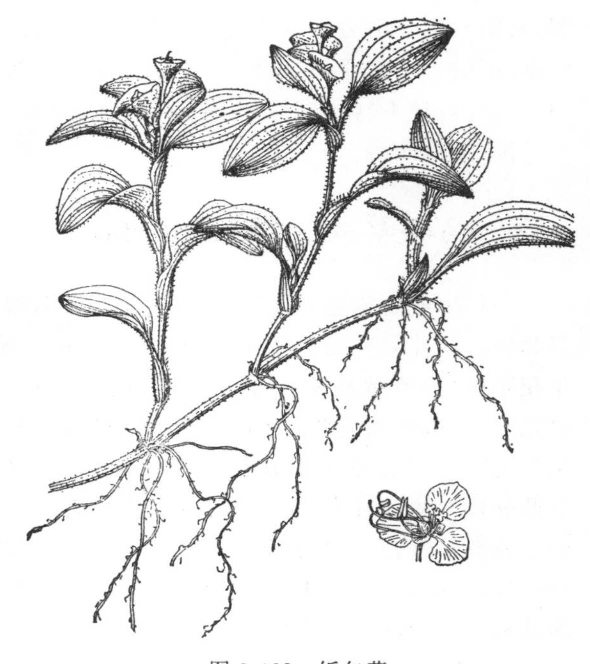

图3-468　饭包草

3. 紫露草属　Tradescantia L.

多年生草本。茎直立,丛生,上部有分枝。叶片线形,稀卵状披针形,无柄。聚伞花序缩短成顶生伞形花序,稀花单生;总苞片2枚,叶状;花两性,具梗;萼片离生或合生;花瓣蓝紫色或白色,离生或合生;雄蕊全育,花丝有毛或无毛;子房3室,每一室具2颗胚珠。蒴果椭圆球形;种子近半球形,有窝孔。

约70种,主产于热带美洲;我国引种栽培6种;浙江有6种;杭州有4种。

本属有时又分为紫竹梅属 *Setcreasea* K. Shum. & Sydow(5种)、紫万年青属 *Rhoeo* Hance(1种)、吊竹梅属 *Zebrina* Schnizl.(1种)等属。

分种检索表

1. 花瓣离生。
    2. 植物体匍匐;叶片长圆形或卵状长圆形;花白色 ………………………… 1. **白花紫露草**　*T. fluminensis*
    2. 植物体直立;叶片线形;花蓝紫色 ………………………………………………… 2. **紫露草**　*T. ohiensis*
1. 花瓣合生成筒状。
    3. 植株紫色;萼片和花瓣基部微合生为一短筒 ………………………………………… 3. **紫竹梅**　*T. pallida*
    3. 植株通常淡绿色,或仅叶片下面紫色;萼片和花瓣均合生成筒状……………… 4. **吊竹梅**　*T. zebrina*

1. 白花紫露草

Tradescantia fluminensis Vell.

茎匍匐，节上生根。叶长圆形或卵状长圆形，先端尖，光滑；叶鞘上端有毛。花多朵排成伞形花序，下包有 2 枚宽披针形的苞片，长超过花柄；萼片 3 枚，绿色，卵圆形；花瓣 3 枚，白色；雄蕊 6 枚，均能育，花丝被毛；子房无柄，3 室，每一室有胚珠 2 枚。花、果期 5—9 月。$2n=30$，40，50，60，70，108，132，140，144。

本种和吊竹梅很相似，但本种叶鞘仅上端具毛，而吊竹梅则叶鞘上、下两端均具毛。

区内有栽培。原产于南美洲；我国有引种栽培。供观赏。

2. 紫露草 （图 3-469）

Tradescantia ohiensis Raf.

茎高 50～70cm，直径为 5～8mm。叶片线形至线状披针形，禾叶状，长 25～35cm，宽约 1cm，边缘近基部处疏生睫毛。聚伞花序缩短成顶生伞形花序；总苞片一长一短，长者可达 20cm；花具细长的梗，稍下垂；萼片绿色，稍带紫色，长圆状椭圆形，长 7～8mm；花瓣蓝紫色，近倒卵形，长于萼片；花丝蓝紫色，密被念珠状长柔毛。蒴果椭圆球形；种子近半球形，直径约为 2.5mm，有窝孔。花期 6—8 月，果期 8—10 月。$2n=18$。

图 3-469 紫露草

区内有栽培。原产于北美洲中东部；我国有引种栽培。

本种花丝上的长柔毛由单列的细胞构成，细胞内原生质流动很快，在植物学上常用作观察原生质流动的实验材料。

3. 紫竹梅 （图 3-470）

Tradescantia pallida (Rose) D. R. Hunt

全体紫色。茎上部斜生，下部匍匐，长可达 50cm，直径为 5～10mm，多分枝。叶片长圆形或长圆状披针形，长 7～15cm，宽 3～5cm，先端急尖或渐尖，基部宽楔形，两面及边缘疏生长柔毛；叶鞘边缘和鞘口有睫毛。聚伞花序缩短成近头状花序；总苞片 2 枚，舟状，稍小于叶片；苞片膜质，卵形；萼片膜质，长圆形，长 5～6mm，外面基部密被白色长柔毛；花瓣淡紫色，离生，倒卵状长圆形，长于萼片；花丝有念珠状长柔毛。花期 6—11 月。$2n=24$。

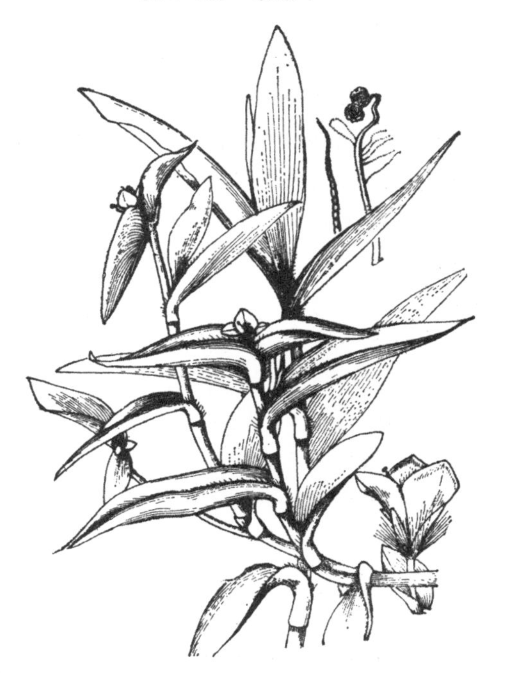

图 3-470 紫竹梅

区内常见露地栽培或盆栽。原产于墨西哥;我国各地有栽培,供观赏。

4. 吊竹梅 (图 3-471)

Tradescantia zebrina Heynh.

茎匍匐,长可达 1.5m,直径约为 5mm,多分枝,披散或悬垂。叶片卵状椭圆形,长 4～10cm,宽 2～4cm,先端渐尖,基部宽楔形,两面绿色,或上面有白色条纹,或下面紫色,边缘有短睫毛;叶鞘边缘和鞘口有长睫毛。聚伞花序缩短成近头状花序;总苞片 2 枚,舟状,稍小于叶片;萼片白色,大部分合生成管状,裂片三角形;花瓣中部以下合生成管状,花冠管白色,裂片紫红色,近圆形;花丝有念珠状长柔毛。花期 6—9 月。$2n=24$。

区内常见栽培。原产于墨西哥;我国各地有引种栽培,供观赏。

全草可入药,具有清热解毒之功效。

图 3-471 吊竹梅

143. 雨久花科 Pontederiaceae

多年生水生草本,稀一年生。具匍匐茎或根状茎。叶挺水、浮水或沉水;叶片具平行脉或者弧状脉;叶柄基部扩大成鞘;常具托叶。花两性,两侧对称,排列成总状、穗状或圆锥状花序,花序由上部叶鞘内抽出,有鞘状苞片;花被片 6 枚,呈 2 轮排列,花瓣状,离生或基部合生;雄蕊 3 或 6 枚,极少 1 枚,着生在花被管上或基部;子房上位,3 室,中轴胎座,或 1 室。蒴果,室背开裂,或小坚果;种子卵球形,具纵肋,胚乳含丰富的淀粉粒,胚为线形直胚。

6 属,约 40 种,分布于热带至亚热带地区;我国有 3 属,6 种;浙江有 3 属,4 种;杭州有 3 属,3 种。

分属检索表

1. 花序通常具 50 朵以上花;胞果,具 1 粒种子 ………… 1. **梭鱼草属** *Pontederia*
1. 花序具 30 朵以下花;蒴果,具 10～200 粒种子。
    2. 花被片基部合生成管;叶柄具气囊 ………… 2. **凤眼蓝属** *Eichhornia*
    2. 花被片离生;叶柄无气囊 ………… 3. **雨久花属** *Monochoria*

1. 梭鱼草属 Pontederia L.

一年生或多年生草本。根生泥中。营养茎沉水并伸至水面,或为根茎状;花茎沉水并伸至水面,或挺水且在基部节处稍收缩,高可达 1.2m。无柄叶呈基生莲座状,叶片薄;有柄叶浮水或挺水,叶片心形至纺锤形,先端圆钝至渐尖。穗状花序具50朵以上花,花期持续伸长;佛焰苞先端渐尖;花梗具腺毛或柔毛。花只开一天;花被淡紫色、蓝色或白色,漏斗状,基部联合成筒,裂片长圆形至倒披针形,具腺毛或柔毛,先端圆钝至渐尖;雄蕊6枚,三长三短,花丝紫色,具腺毛,花药黄色,卵球形至长圆球形;子房3室,只1室发育,胚珠1枚,柱头1或多枚。胞果卵球形,具齿状或光滑的纵脊;种子1枚,卵球形,光滑。

6种,产于西半球;我国引种栽培1种;浙江及杭州也有。

梭鱼草

Pontederia cordata L.

多年生草本。根生泥中。营养茎收缩成根茎状;花茎直立,高可达1.2m。无柄叶叶片线形;有柄叶伸出水面,托叶长7～29cm,叶柄在叶片下方显著收缩,叶片披针形至心形,长6～22cm,宽0.7～12cm。穗状花序长2～15cm,花多达数百朵;佛焰苞长5～17cm;花被片淡紫色,花被管长3～9mm,裂片倒披针形,长5～8mm,中间1枚裂片上有2枚黄斑;柱头3裂。胞果长4～6mm,宽2～3mm,具齿状脊。花、果期5—10月。$2n=16$。

区内各公园水畔常见栽培。原产于美洲;世界各地广泛栽培。

2. 凤眼蓝属 Eichhornia Kunth

漂浮草本。节上生根。叶常基生;叶片倒卵形、心形或近圆形,稀披针形;叶柄中部以下有膨大的气囊。花排列成穗状花序,稀为圆锥状;花被片基部合生成长或短的管;雄蕊6枚,三长三短,插生在花被管上,长雄蕊常伸出花被管外;子房无柄,3室,中轴胎座,有多数胚珠,花柱丝状。蒴果卵球形、长圆球形至线形,包藏于凋存的花被管内,室背开裂,果皮膜质;种子多数,卵球形,有棱。

7种,主要分布于热带美洲,1种产于热带非洲;我国引种栽培1种;浙江及杭州也有。

凤眼蓝 凤眼莲 (图3-472)

Eichhornia crassipes (Mart.) Solms

浮水草本,或在浅水处根生泥中。须根发达。根状茎极短,侧生长匍匐茎,可形成新植株;地上茎高30～50cm。叶丛生,呈莲座状;叶片卵形、菱状宽卵形或肾圆形,长3～15cm,长、宽近相等,先端圆钝,基部浅心形、截形、圆形或宽楔形,无毛,有光泽;叶柄长4～16cm,近中部膨大成球形或纺锤形的气囊,但植株密集生长时则气囊不明显,基部具鞘,略带紫红色。花茎单生,长过于叶,中部具鞘状苞片;花朵多排列成穗状花序;花被片蓝紫色,长4.5～6cm,花被管长1.2～1.8cm,外面有腺毛,花被裂片卵形、长圆形或倒卵形,上方裂片较大,有周围蓝色、中心黄色的斑块;长雄蕊花丝上有腺毛,常伸出花被外;子房卵球

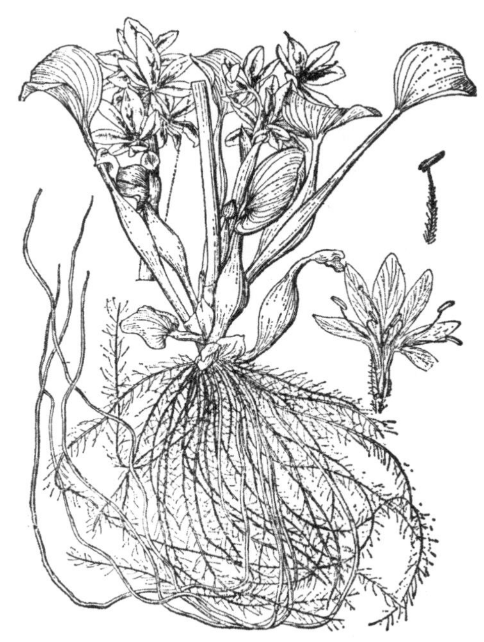

图3-472 凤眼蓝

形，花柱细长，上部有毛。蒴果球形。花期7—9月，果期8—10月。$2n=32$。

区内有栽培。原产于热带美洲；世界各热带至亚热带地区有栽培或逸生。

全草为家畜、家禽饲料；嫩叶及叶柄可作蔬菜；全株也可供药用；本种还是监测环境污染的良好植物，可监测水中是否有砷存在，还可净化水中汞、锡、铅等有害物质。

3. 雨久花属　Monochoria Presl

挺水草本。具匍匐茎。叶基生和茎生；叶片披针形、心形或箭头形；叶柄长，基部具鞘。花序通常总状，出自枝上端叶鞘中，具鞘状苞片；花被片离生，蓝色或白色；雄蕊6枚，其中1枚较大且花丝的一侧具刺状齿，花药基着，纵裂；子房上位，3室，中轴胎座，胚珠多数。蒴果室背开裂；种子小，多数。

8种，分布于非洲、亚洲和澳大利亚的热带和亚热带地区；我国有4种；浙江有2种；杭州有1种。

鸭舌草　(图3-473)

Monochoria vaginalis (Burm. f.) C. Presl

沼生或水生草本。地上茎直立或斜生，高10～30cm；根状茎短，下生须根。叶片形状和大小多变，宽卵形、卵形、披针形或线形，长2～7cm，宽0.5～6cm，先端渐尖，基部圆形、截形至心形，全缘，具弧状脉，两面无毛；叶柄长可达20cm，基部具长鞘。总状花序生于枝上端叶腋，具花2～7(～10)朵，花后常下垂，花梗长3～15mm；花蓝色，长约1cm，花被片披针形或卵形；雄蕊6枚，其中1枚较大；子房上位，3室，有胚珠多数。蒴果椭圆球形，长约1cm，顶端有宿存花柱；种子多数，长圆球形，有纵沟。花期6—9月，果期7—10月。$2n=24,26,52,80$。

见于西湖景区(虎跑、黄龙洞)，生于水田、水沟及池沼中。分布于全国各地；不丹、柬埔寨、印度、印度尼西亚、日本、朝鲜半岛、老挝、马来西亚、缅甸、尼泊尔、巴基斯坦、菲律宾、俄罗斯、斯里兰卡、泰国、越南、澳大利亚、非洲也有。

可供观赏；全草可入药。

图3-473　鸭舌草

144. 灯心草科　Juncaceae

多为多年生草本。根状茎直立或横走，具纤维状须根；地上茎多丛生，圆柱形或压扁，表面常具纵沟棱，具髓心或中空，常不分枝，绿色。叶多基生成丛，有的具茎生叶数片，常排成3列；

叶片扁平至圆柱状，披针形至线形，有时退化为膜质的鞘或刺芒状。聚伞花序或圆锥花序顶生或假侧生；具总苞片；花两性，小，绿色或稍白色；花被片 6 枚，2 轮，或内轮退化，颖片状；雄蕊 6 枚，稀 3 枚，或内轮退化；子房上位，1～3 室，每一室具胚珠 3 至多枚，侧膜胎座或中轴胎座，柱头 3 裂。蒴果 3 瓣裂，种子 3 至多数。$2n=12,40$。

约 8 属，400 种，广布于全世界温带至寒带地区，以及亚热带、热带的高海拔地区；我国有 2 属，92 种，南北各地均有分布；浙江有 2 属，10 种；杭州有 2 属，8 种。

1. 灯心草属 Juncus L.

多为多年生草本。根状茎横走或直伸；地上茎直立或斜生，圆柱形或压扁，具纵沟棱。叶基生和茎生，或仅具基生叶；叶片扁平或圆柱形、披针形、线形、毛发状，有时退化为刺芒状而仅存叶鞘。复聚伞花序或由多朵小花集成头状花序；头状花序单生于茎端或由多个组成聚伞、圆锥状花序；花序有时为假侧生，常具叶状总苞片，有时总苞片圆柱状，似茎的延伸；花雌蕊先熟；花被片 6 枚，2 轮，颖状，常淡绿色或褐色，顶端尖或钝，边缘常膜质，外轮常有明显背脊；雄蕊 6 枚，稀 3 枚；子房 1～3 室，花柱圆柱状或线形，柱头 3 裂，胚珠多数。蒴果，三棱状卵球形或长圆球形，顶端常有小尖头；种子多数，表面常具条纹。

约 240 种，广泛分布于全球亚热带、温带和寒带；我国有 77 种，各地均有；浙江有 8 种；杭州有 7 种。

分种检索表

1. 叶片大多退化成刺芒状；花序假侧生，总苞片似茎的延伸。
  2. 茎直径为 1.5～4mm；叶片多退化；子房 3 室 ………………………………………… 1. **灯心草** *J. effuses*
  2. 茎直径为 0.8～1.5mm；叶片多退化成刺芒状；子房不完全 3 室 ……… 2. **野灯心草** *J. setchuensis*
1. 叶片正常；花序顶生，总苞片叶状或苞片状。
  3. 花在花序分枝上单生；叶片扁平或边缘内卷，线形。
    4. 叶基生；花被片披针形，先端尾尖 ………………………………………………… 3. **柔弱灯心草** *J. tenuis*
    4. 叶基生和茎生；花被片卵状长圆形，先端钝 ……………………………… 4. **细灯心草** *J. gracillimus*
  3. 花在花序分枝上排列成小头状花序；叶片圆柱状或压扁，或多或少中空而具横隔。
    5. 叶片圆柱状，单管型，具贯连的竹节状横隔；雄蕊 3 枚 ……… 5. **江南灯心草** *J. prismatocarpus*
    5. 叶片压扁，多管型，具不贯连的竹节状横隔；雄蕊 3 或 6 枚。
      6. 茎两侧通常显著具翼；叶耳缺；雄蕊 6 枚 ……………………………… 6. **翅茎灯心草** *J. alatus*
      6. 茎两侧无翼或上部具狭翼；叶耳小；雄蕊 3 枚 …………… 7. **星花灯心草** *J. diastrophanthus*

1. 灯心草 （图 3-474）

Juncus effuses L.

多年生草本。根状茎横走；地上茎簇生，圆柱形，高 40～100cm，有多数细纵棱，绿色。叶基生或近基生，叶片大多退化殆尽，叶鞘中部以下紫褐色至黑褐色，无叶耳。复聚伞花序假侧生，通常较密集；总苞片即茎的延伸，直立，长 5～20cm；花被片披针形或卵状披针形，外轮的长 2～2.5mm，内轮的有时稍短，边缘膜质；雄蕊 3 枚，长约为花被片的 2/3，花药稍短于花丝；子房 3 室。蒴果三棱状椭圆球形，成熟时稍长于花被片，顶端钝或微凹；种子黄褐色，椭圆球形，长约 0.5mm，无附属物。花期 3—4 月，果期 4—7 月。

见于萧山区(城厢、楼塔)、余杭区(百丈、长乐、良渚、余杭)、西湖景区(九溪、云栖、梅家坞),生于沟边、田边及路边潮湿处,亦常见栽培。分布于全国各省、区;世界各大洲广布。

茎可供编织草席等;茎髓可供药用,有清热、镇痛、利尿之功效,也可作灯心。

图 3-474　灯心草　　　　图 3-475　野灯心草

2. **野灯心草**　(图 3-475)

Juncus setchuensis Buch.

多年生草本,高 25～65cm。根状茎短而横走,具黄褐色稍粗的须根;地上茎丛生,直立,圆柱形,有较深而明显的纵沟,直径为 1～1.5mm,茎内充满白色髓。叶基生或近基生,呈鞘状或鳞片状,包围在茎的基部,长 1～9.5cm,基部红褐色至棕褐色;叶片退化为刺芒状。聚伞花序假侧生;花多朵排列紧密或疏散;总苞片生于顶端,圆柱形,似茎的延伸,长 5～15cm;小苞片 2 枚,三角状卵形;花被片 6 枚,淡绿色,卵状披针形,长 2～3mm,顶端锐尖,边缘宽膜质;雄蕊 3 枚,比花被片稍短,花药黄色;子房 1 室,侧膜胎座呈半月形,柱头 3 裂。蒴果多卵球形,顶端钝,成熟时黄褐色至棕褐色;种子斜倒卵球形,长 0.5～0.7mm,棕褐色。花期 5—7 月,果期 6—9 月。

见于萧山区(进化)、西湖景区(梵村、九溪、桃源岭),生于沟边及路边潮湿处。分布于我国长江流域及其以南各省、区;日本、朝鲜半岛也有。

茎髓可入药,有利尿通淋、泄热安神之功效。

3. **柔弱灯心草**　(图 3-476)

Juncus tenuis Willd.

多年生草本。根状茎不明显;地上茎簇生,高25～50cm,直径约为 0.5mm,有细纵棱。无茎生叶，叶全部基生；叶片线形，扁平，长 10～22cm，宽约 1mm；有膜质叶耳，披针形或长圆形。顶生复聚伞花序；有叶形总苞片，远长于花序；单个花序有先出叶，近菱形，长约 1mm，膜质；花被片 6 枚，披针形，先端尾尖，边缘宽膜质，外轮的长，内轮的与外轮的近等长或稍短；雄蕊 6 枚，长为花被片的 1/2，花药与花丝近等长；雌蕊的子房为不完全 3 室。蒴果，卵球形，有 3 条棱，顶端钝；种子倒卵球形，黄褐色，较小，仅 0.3mm 长，无附属物。花、果期 6—9 月。$2n=32$，40，84。

见于西湖景区（桃源岭），生于荒野及路边草地。分布于台湾；日本、澳大利亚、亚洲中部、欧洲及美洲也有。

图 3-476 柔弱灯心草　　图 3-477 细灯心草

4. 细灯心草 （图 3-477）

Juncus gracillimus (Buch.) V. Krecz. & Gontsch.

多年生常绿草本，簇生，高 30～70cm。根状茎横走；地上茎圆柱形，中空，直径为 1～2mm，较平滑。有基生叶和茎生叶；叶线形，扁平，长 10～20cm，宽约 1mm，基部叶鞘边缘膜质，有叶耳，叶片边缘卷曲，先端稍硬质尖。复聚伞花序顶生，花在分枝上单生；叶状总苞片短于或等长于花序；花被片 6 枚，卵状长圆形，具较宽的膜质边缘，内轮稍短；雄蕊 6 枚，长为花被片的 2/3；子房 3 室。蒴果卵球形，超出花被片，顶端钝，红褐色，稍有光泽；种子椭圆球形，长 0.3mm，黄褐色。花、果期 5—7 月。

见于西湖景区（云栖），生于水边或沟边湿地。分布于长江以北；日本、朝鲜半岛及俄罗斯远东地区也有。

5. 江南灯心草　笄石菖　(图 3-478)

Juncus prismatocarpus R. Br. ——*J. leschenaultia* Gay

多年生草本,高 30～70cm,直径为 2～3mm。根状茎短;地上茎微压扁,少数簇生。叶基生,也有茎生;叶片圆柱形,中空,单管型,有贯连的竹节状横隔,长 9～21cm,直径为1.5～3mm;叶耳微小,膜质。顶生复聚伞花序,有花 3 至 10 余朵,在每个分枝上再排列成小的头状花序;总苞片短于花序,线状披针形;花序下具有膜质先出叶,长卵形,长约 1.5mm;花被片 6 枚,披针形,边缘狭膜质,近等长,长 3～3.5mm;雄蕊 3 枚,长为花被片的 1/2;子房 3 室。蒴果长圆球形,具 3 条棱,超出花被片,顶端具短喙;种子长卵球形,长约 0.8mm。花期 5—6 月,果期 6—9 月。

见于拱墅区(半山)、西湖景区(九溪),生于沟边、河边及路边潮湿处。分布于我国长江以南各省、区及陕西;日本、印度也有。

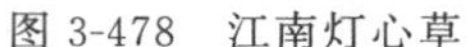

图 3-478　江南灯心草

图 3-479　翅茎灯心草

6. 翅茎灯心草　(图 3-479)

Juncus alatus Franch. & Sav.

多年生草本,高 11～48cm。根状茎短而横走,具淡褐色细弱的须根;地上茎丛生,直立,扁平,两侧有狭翅,宽 2～4cm。叶基生或茎生,前者多枚,后者 1～2 枚;叶片扁平,线形,长 5～16cm,宽 3～4mm,顶端尖锐;叶鞘两侧压扁,边缘膜质,松弛抱茎;叶耳小。由 7～27 枚头状花序排列成聚伞状花序,花序分枝常 3 个,具长短不等的花序梗,长者达 8cm;花序长 3～12cm;叶状总苞片长 2～9cm;头状花序扁平,有 3～7 朵花,具 2～3 枚宽卵形的膜质苞片,长 2～

2.5mm，宽约 1.5cm，顶端极尖；小苞片 1 枚，卵形；花梗极短；花被片 6 枚，淡绿色或黄褐色，披针形，长 3～3.5mm，宽 1～1.3mm，外轮者背脊明显，内轮者稍长；雄蕊 6 枚，花丝基部扁平；子房椭圆球形，3 室，柱头 3 裂。蒴果三棱状长卵球形，稍超出花被片，顶端钝，具短喙，成熟时上部带紫褐色；种子长卵球形，长约 0.8mm，两端稍尖，无附属物。花期 4—7 月，果期 5—10 月。

见于上城区（清波门）、余杭区（长乐）、西湖景区（黄龙洞、鸡笼山、龙井、茅家埠），生于田边、沟边及路边潮湿处。分布于华东、华中、华南、四川、陕西；日本也有。

7. 星花灯心草 （图 3-480）

Juncus diastrophanthus Buchen.

多年生草本，高 15～25cm。根状茎短，具淡黄或黄褐色须根；地上茎丛生，直立，微扁平，两侧略具狭翅，宽 1～2.5mm，绿色。叶基生和茎生；低出叶鞘状，长 1.5～2.5cm，基部紫褐色；基生叶松弛抱茎，叶片较短，叶鞘长 1.5～3cm，边缘膜质；茎生叶 1～3 枚，叶片扁平，线形，长4～10cm，宽 1～3.5mm，顶端渐尖。花序由6～24枚头状花序组成，头状花序呈星芒状球形，排列成顶生复聚伞状，花序分枝常 2～3 个，花序梗长短不等；每一头状花序有 5～14 朵花；叶状总苞片线形，长 3～7cm，短于花序；苞片 2～3枚，披针形，顶端锐尖；小苞片 1 枚，卵状披针形；花被片 6 枚，绿色，狭披针形，长 3～4mm，宽 0.7～0.9mm，内轮的比外轮的长，顶端具刺状芒尖，边缘膜质；雄蕊 3 枚，长为花被片的1/2～2/3；子房 1 室，柱头 3 裂，深褐色。蒴果长圆柱形，具 3 条棱，长 4～5mm，明显超出花被片，顶端锐尖，黄绿色至黄褐色，光亮；种子倒卵状椭圆球形，长 0.5～0.7mm，两端有小尖头，黄褐色。花期 5—6 月，果期 6—7 月。

图 3-480 星花灯心草

见于萧山区（浦阳），生于田边、沟边、路边及山坡林下潮湿处。分布于长江以南及陕西；日本也有。

2. 地杨梅属 Luzula DC.

多年生草本。根状茎短，直伸或横走，具细弱须根；地上茎直立，多丛生，通常圆柱形。叶基生和茎生，常具低出叶，最下面几片常于花期干枯而宿存；茎生叶较少，短而窄；叶片扁平，线形或披针形，边缘常具白色丝状缘毛；叶鞘闭合，常呈筒状包茎，鞘口部常密生丝状长毛；无叶耳。花序为复聚伞状、伞状或伞房状，或多花紧缩成头状或穗状花序；花单生或簇生于分枝顶端，花下具 2 枚小苞片；小苞片边缘常具缘毛或撕裂状；花被片 6 枚，2 轮，颖状；雄蕊 6 枚，稀 3 枚，通常短于花被片；子房 1 室，花柱线形或甚短，柱头 3 裂，线形，胚珠 3 枚，着生于子房基部。蒴果 1 室，3 瓣裂；种子 3 颗，基部（或顶端）多少具淡黄色或白色种阜。

约75种，分布于两半球的寒温带地区，以及亚热带高海拔山坡；我国有16种；浙江有2种；杭州有1种。

多花地杨梅　(图3-481)

Luzula multiflora (Retz.) Lej

多年生草本。具有短的根状茎；地上茎簇生，高15～40cm。基生叶丛生于茎基部，下面几枚花期常干枯而宿存；茎生叶1～3枚，线状披针形，长4～11cm，宽1.5～3.5mm；叶片扁平，顶端钝圆，加厚成胼胝状，边缘具白色丝状长毛；叶鞘闭合包茎，鞘口部密生丝状长毛。5～9枚头状花序排列成近伞形的顶生聚伞花序，花序分枝近辐射状，花序梗长短不等；叶状总苞片线状披针形；头状花序半球形，直径为4～7mm，含3～8朵花；花下具2枚膜质小苞片，宽卵形，顶端具芒尖，边缘常有丝状长毛；花被片6枚，披针形，长2.5～3mm，宽约0.9mm，内、外轮近等长，顶端长渐尖或成芒尖，边缘膜质，淡褐色至红褐色；雄蕊6枚；子房卵球形，柱头3裂，螺旋状扭转。蒴果倒卵球形，具3条棱，与花被片近等长，顶端具小尖头，红褐色至紫褐色；种子卵状椭圆球形，棕褐色，长约1.2mm，基部具淡黄色的种阜，长约0.3mm。花期5—7月，果期7—8月。$2n=24,36$。

图3-481　多花地杨梅

见西湖景区(飞来峰、黄龙洞、云栖)，生于山坡草地或路边草丛中。分布于我国各地；亚洲、欧洲、北美洲及澳大利亚也有。

145. 百部科　Stemonaceae

多年生草本，稀半灌木。须根肥大、肉质或否，味苦。根状茎粗短或细长；地上茎缠绕或直立。叶对生、轮生或互生；叶片边缘微波状或全缘，主脉数条，基出或近基出，侧脉有或无，细脉平行致密；叶柄有或无。花单生或数朵排列成总状花序，两性，辐射对称；花序梗腋生，稀部分贴生于叶片中脉上。花被片4枚，离生，2轮；雄蕊4枚，生于花被片基部，较花被片略短，花丝粗短，离生或基部略合生，花药线形，2室，内向纵裂，药室及药隔顶端常有长形附属物或否；子房上位，1室，具2至多枚胚珠，花柱不明显，柱头头状，不裂或2～3浅裂。蒴果；种皮厚；胚乳丰富，胚细长，坚硬。

3属，约30种，分布于亚洲、大洋洲和南美洲的热带、亚热带地区；我国有2属，6种；浙江有2属，4种；杭州有1属，1种。

本科植物多含生物碱，供药用。

百部属 Stemona Lour.

多年生草本。块根肉质，纺锤状，成簇，味苦。地上茎多缠绕，少数直立，光滑无毛；根状茎粗短。叶轮生或对生，均匀分布于全茎；叶片有主脉 5～13 条，侧脉无，细脉横向平行致密；叶柄有或无。花单生或数朵排列成总状花序；花被片淡黄绿色；雄蕊花丝、花药几等长，花药紫红色，药隔及药室顶端均有长形附属物；子房上位，1 室，胚珠多数。蒴果卵形至宽卵形，略扁，2 瓣开裂。

约 10 种，分布于亚洲东部、东南部至大洋洲；我国有 5 种；浙江有 3 种；杭州有 1 种。

百部 （图 3-482）

Stemona japonica (Blume) Miq.

多年生缠绕草本。块根肉质，纺锤状，成簇，长 6～12cm，直径为 0.8～1cm，表面黄白色，鲜时嫩脆，断面玉白色，干后坚韧，断面淡棕色。地上茎长 60～100cm，表面具细纵纹；根状茎粗短。叶常 4 枚轮生，少数对生；叶片卵形至卵状披针形，长 4～9cm，宽 1.5～5cm，先端渐尖，基部钝圆至平截，稀为浅心形或楔形，边缘微波状，主脉 7 条，基出或近基出，两面隆起，无侧脉，细脉横向平行致密；叶柄纤细，长 1.5～2.5cm。花单生或数朵排列成总状花序；花序梗大部分贴生在叶片中脉上；花梗纤细，长 1～2.5cm；花被片卵形至披针形，长约 1.5cm，先端渐尖，花开放后向背面反卷；雄蕊较花被片略短，药室顶端贴生箭头状附属物，药隔顶端延伸成钻状附属物；子房卵形，具浅纵槽 3 条。蒴果宽卵球形，略扁，长约 10mm，宽约 8mm，表面暗红棕色；种子椭圆球形，长约 5mm，宽约 4mm，表面深紫棕色，具细纵槽，一端簇生多数黄白色膜质物。花期 5—6 月，果期 6—7 月。$2n=14$。

图 3-482 百部

见于萧山区（进化、楼塔）、余杭区（长乐、径山、鸬鸟、闲林）、西湖景区（飞来峰、葛岭、南高峰、万松岭、玉皇山、云栖），生于山坡灌丛草地或林缘。分布于安徽、福建、湖北、江苏、江西；日本也有。

块根入药。

146. 百合科 Liliaceae

多年生草本,稀为半灌木、灌木或乔木状。大多具根状茎、块状茎或鳞茎。叶基生或茎生,后者多为互生,少为对生或轮生,稀退化成鳞片状,通常具弧状平行脉,稀具网状脉。花两性,稀单性异株或杂性,辐射对称,稀稍两侧对称;花被片6枚,稀2、3枚或多数,通常排列成2轮,离生或不同程度地合生;雄蕊通常与花被片同数,花丝离生或贴生于花被管上,花药基着、背着或"丁"字形着生,药室2个,纵裂,少为会合成1室而横裂;心皮3枚,合生或不同程度地离生,子房上位,稀半下位,3室,稀2、4、5室,中轴胎座,稀1室而侧膜胎座,每一室具1至多枚倒生胚珠。果为蒴果或浆果,稀为坚果;种子具丰富的胚乳,胚小。

约230属,3500种,广布于全世界,特别是温带及亚热带地区;我国有60属,约560种;浙江有41属,95种,12变种;杭州有32属,50种,3变种。

本志采用与《中国植物志》和《浙江植物志》相同的广义百合科的概念,但这一界定不被现今的分子系统学研究所支持。广义的百合科是一个多系类群,现今它的许多属已划分到百合目其他的科中,甚至是其他目的一些科中,下文中仅老鸦瓣属 *Amana* Honda、大百合属 *Cardiocrinum* (Endl.) L.、贝母属 *Fritillaria* L.、百合属 *Lilium* L.、油点草属 *Tricyrtis* Wall. 和郁金香属 *Tulipa* L. 这6属仍属于狭义的百合科。

分属检索表

1. 植株具或长或短的根状茎,绝不具鳞茎。
  2. 叶6至数枚,排成1轮,生于茎端;花单朵顶生,外轮花被片叶状,绿色……………… 1. **重楼属** *Paris*
  2. 叶和花均非上述情况。
    3. 叶退化为鳞片状;枝条变为绿色叶状枝 ……………………………………… 2. **天门冬属** *Asparagus*
    3. 叶不退化为鳞片状;枝条绝不变为绿色叶状枝。
      4. 叶肉质,肥厚多汁,边缘常有硬齿或刺 ……………………………………… 3. **芦荟属** *Aloe*
      4. 叶非上述情况。
        5. 叶具网状支脉;花单性,雌雄异株;攀援灌木,稀草本 …………………… 4. **菝葜属** *Smilax*
        5. 叶具平行支脉,不具网状支脉;花两性;草本,稀灌木状。
          6. 果实在未成熟前已不整齐开裂,露出幼嫩的种子,成熟种子为小核果状。
            7. 花直立,子房上位 ……………………………………………… 5. **山麦冬属** *Liriope*
            7. 花俯垂,子房半下位 ……………………………………… 6. **沿阶草属** *Ophiopogon*
          6. 浆果或蒴果,成熟前绝不开裂,成熟种子也不为核果状。
            8. 果为蒴果。
              9. 花被片多少贴生子房,子房半下位…………………… 7. **粉条儿菜属** *Aletris*
              9. 花被片与子房分离,子房上位。
                10. 花丝着生在花药的基部 ………………………… 8. **吊兰属** *Chlorophytum*
                10. 花丝着生在花药的背部。
                  11. 叶茎生;柱头3裂,每裂再二分枝 …………… 9. **油点草属** *Tricyrtis*

11. 叶基生；柱头非上述情况。
12. 叶宽大，心状卵形至倒卵状长圆形，有长叶 …… 10. **玉簪属** *Hosta*
12. 叶狭，线形至线状披针形，无叶柄。
13. 花蓝色；伞形花序 …………………… 11. **百子莲属** *Agapanthus*
13. 花红色、橘红色、黄色；非伞形花序。
14. 花漏斗状，直径为 10cm 以上，稀疏排列成总状花序或近二歧蜗壳状的圆锥花序 ……………… 12. **萱草属** *Hemerocallis*
14. 花筒状，数百朵紧密排列成总状或穗状花序 ……………………………………………… 13. **火把莲属** *Kniphofia*
8. 果为浆果或浆果状。
15. 茎木质化，灌木状 ……………………………………………… 14. **丝兰属** *Yucca*
15. 草本植物。
16. 茎生叶不发达，叶多基生或近基生。
17. 花被片离生 ………………………………… 15. **白穗花属** *Speirantha*
17. 花被片合生。
18. 花茎从横走的根状茎上抽出，单生 1 朵花 ……………………………………………………………… 16. **蜘蛛抱蛋属** *Aspidistra*
18. 花茎从叶丛上抽出，花序具多朵花。
19. 总状花序；花下垂；叶鞘套叠而形成假茎 ……………………………………………………………… 17. **铃兰属** *Convallaria*
19. 穗状花序；花不下垂；无假茎。
20. 花被片反折；花药披针形 ……… 18. **吉祥草属** *Reineckea*
20. 花被片内弯；花药卵球形。
21. 花被裂片不明显；苞片短于花 … 19. **万年青属** *Rohdea*
21. 花被裂片明显；苞片常长于花 ……………………………………………… 20. **开口箭属** *Campylandra*
16. 茎生叶发达。
22. 花或花序腋生。
23. 多年生常绿草本；花被内侧有副花冠，花被片中部以下合生；雄蕊着生于副花冠上；根状茎表面常黄色或带绿色 ……………………………………………………… 21. **竹根七属** *Disporopsis*
23. 多年生宿根草本；花被内侧无副花冠，花被片大部分合生；雄蕊着生于花被管上；根状茎黄白色或灰黄色 … 22. **黄精属** *Polygonatum*
22. 花或花序顶生于茎端或枝端 ………………… 23. **万寿竹属** *Disporum*
1. 植株具鳞茎，鳞茎膨大成球形，乃至不显著膨大。
24. 花序为典型的伞形花序，未开放前为总苞所包，总苞一侧开裂或裂成 2 至数枚；植物极大多数有葱蒜味 ……………………………………………………………………………… 24. **葱属** *Allium*
24. 花序不为伞形花序；植物无葱蒜味。
25. 花单生。
26. 花俯垂或下垂；花被片基部有腺穴，有小方格彩色斑纹 ……………… 25. **贝母属** *Fritillaria*
26. 花仰立；花被片无腺穴，也无小方格彩色斑纹。
27. 花葶上部有 2～4 枚对生或轮生的苞片；花柱与子房近等长 ……… 26. **老鸦瓣属** *Amana*
27. 无苞片；花柱不明显 ……………………………………………… 27. **郁金香属** *Tulipa*
25. 花数朵成伞房状或总状花序。

28. 叶茎生或兼有基生;花大,直径在5cm以上。

29. 叶片心形,具网状脉 ………………………………………… 28. **大百合属** *Cardiocrinum*

29. 叶片披针形至椭圆形,稀宽线形,无网状脉 ……………………………… 29. **百合属** *Lilium*

28. 叶全部基生;花小,直径在5cm以下。

30. 花被离生 ……………………………………………………………… 30. **绵枣儿属** *Barnardia*

30. 花被合生。

31. 花漏斗状至钟状,裂片与花被管等长或稍长 ……………… 31. **风信子属** *Hyacinthus*

31. 花坛状,颈部收缩,裂片短于花被管 ……………………………… 32. **蓝壶花属** *Muscari*

1. 重楼属 Paris L.

多年生草本。根状茎圆柱形或稍扁,细长或粗壮,横生;地上茎直立,不分枝,基部具1～3枚膜质鞘。叶通常4至多枚,极少3枚,轮生于茎端;叶片宽倒卵形、宽卵形、宽披针形或披针形,具3条主脉和网状细脉。花单生于茎端;花梗似茎的延续;花被片离生,每轮(3)4～6(～10)枚,外轮花被片通常叶状,绿色,极少花瓣状,白色或沿脉具白色斑纹,开展,稀反折,内轮花被片线形,稀缺;雄蕊基部稍合生,花丝扁平,花药长圆球形至宽线形,基着,2室,侧向纵裂,药隔有时在花药顶端凸出;子房上位,4～10室,每一室具数颗胚珠,顶端有时具盘状花柱茎,花柱不同程度合生,顶端具4～10分枝。果为蒴果或浆果状蒴果,光滑或具棱,室背开裂或不开裂。$2n=10$,亦有报道为$2n=15,20,30,40$。

约24种,分布于欧洲和亚洲的温带、亚热带地区;我国有19种,主要分布于西南部;浙江有1种,2变种;杭州有1变种。

分子系统学研究表明本属应归入黑药花科 Melanthiaceae(百合目 Liliales)(APG Ⅲ,2009)。

华重楼 重楼 七叶一枝花

Paris polyphylla Smith. var. **chinensis** (Franch.) Hara——*P. chinensis* Franch.

根状茎粗壮,稍扁,不等粗,密生环节,直径为10～30mm;地上茎连同花梗高100～150cm,基部有膜质鞘。叶通常6～8枚轮生于茎端;叶片长圆形、倒卵状长圆形或倒卵状椭圆形,长7～20cm,宽2.5～8cm,先端渐尖或短尾状,基部圆钝或宽楔形,具长0.5～3cm的叶柄。花单生于茎端,花梗长5～20cm,花被片每轮4～7枚,外轮花被片叶状,绿色,长3～8cm,宽1～3cm,开展,内轮花被片宽线形,上部较宽,通常远短于外轮花被片,稀近等长;雄蕊基部稍合生,花丝长4～7mm,下部稍扁平,花药宽线形,远长于花丝,长6～15mm,药隔凸出部分长1～1.5mm;子房具棱,4～7室,顶端具盘状花柱茎,花柱分枝4～7枚,粗短而外弯,短于或等长于合生部分。蒴果近球形,直径为1.5～2.5cm,具棱,暗紫色,室背开裂;种子具红色肉质的外种皮。花期4—6月,果期7—10月。$2n=10$。

见于余杭区(中泰),生于山坡林下阴湿处或沟边草丛中。分布于安徽、福建、广东、广西、贵州、湖北、湖南、江苏、江西、四川、台湾、云南;老挝、缅甸、泰国、越南也有。

根状茎入药,称"七叶一枝花"。

与原种的区别在于:原种内轮花被片通常长于外轮花被片,花药较短,稍长或等长于花丝。浙江不产。

2. 天门冬属 Asparagus L.

多年生草本或半灌木。根状茎粗短，常具稍肉质或膨大成纺锤状的根；地上茎直立或攀援，多分枝，小枝特化成刚毛状、近圆柱状、宽线状或镰刀状的叶状枝，簇生，有时有透明、乳凸状、软骨质的细齿。叶退化成鳞片状，位于叶状枝的基部，有时基部延伸成距或刺。花1～4朵簇生于叶腋，或多朵排列成腋生的总状花序或伞形花序；花小，两性或单性，雌雄异株或杂性同株；在单性花中雄花具退化雌蕊，雌花具退化雄蕊，花梗具关节；花被片6枚，离生，稀基部稍合生；雄蕊着生于花被片的基部或部分贴生于花被片上，花丝丝状，花药近圆球形至长圆球形，背着或近背着，2室，内向纵裂；子房上位，3室，每一室具2至数枚胚珠，花柱明显，柱头3裂。浆果小，球形，基部有宿存的花被片；种子1至数枚。$2n=20,40,60$，偶有报道为$2n=16,18,22,30$。

约300种，除美洲外，全世界温带至热带地区都有分布；我国有24种；浙江有6种；杭州有2种。

分子系统学研究表明本属应归入天门冬科 Asparagaceae（天门冬目 Asparagales）（APG Ⅲ，2009）。

1. 天门冬 （图3-483）

Asparagus cochinchinensis (Lour.) Merr.

根状茎粗短，具中部或近末端肉质纺锤状膨大的根；地上茎攀援，常弯曲或扭曲，长可达200cm，分枝具纵棱或狭翅，叶状枝(1～)3(～5)枚簇生，稍呈镰刀状，扁平，长10～40mm，宽1～1.5mm，中脉龙骨状隆起。鳞片状叶膜质，主茎上的基部具长2.5～3.5mm的硬刺状距，分枝上的基部距较短或不明显。花小，淡绿色，(1)2(3)朵簇生于叶腋，单性，雌雄异株；花梗长2～6mm，中部或中下部具关节；雄花花被片椭圆形，长2～3mm，雄蕊着生于花被片的基部，花药卵球形，近背着；雌花与雄花近等大。浆果球形，直径为6～7mm，成熟时红色；种子1枚。花期5—6月，果期8—9月。$2n=20$。

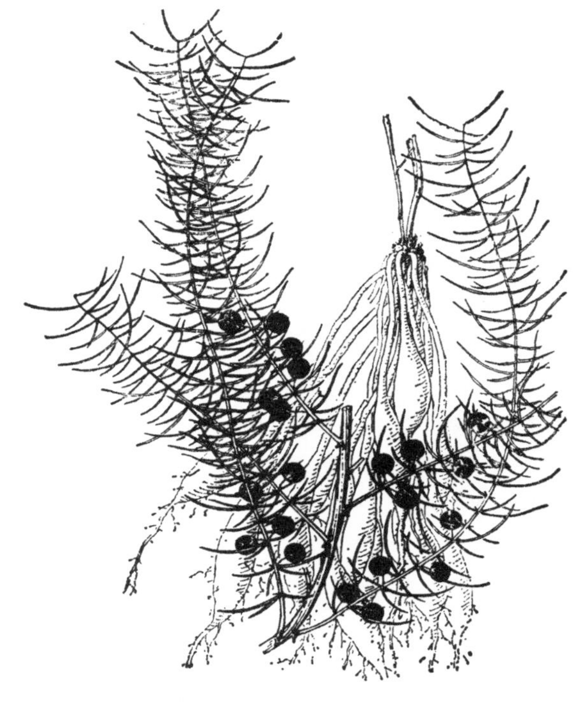

图3-483 天门冬

见于西湖区（留下、双浦）、萧山区（楼塔）、余杭区（良渚、闲林、中泰）、西湖景区（龙井、南高峰、云栖），生于山坡林下或灌丛草地。分布于安徽、福建、甘肃、广东、广西、贵州、海南、河北、河南、湖北、湖南、吉林、江苏、江西、辽宁、宁夏、山东、山西、陕西、四川、台湾、西藏、云南；日本、朝鲜半岛、老挝、越南也有。

块根入药。

2. 文竹 (图 3-484)

Asparagus setaceus (Kunth) Jessop

根状茎粗短,具稍肉质、细长的根;地上茎幼时直立,后渐变攀援状,高可达 1m 以上,具多数水平方向排列的分枝,叶状枝 10～13 枚簇生,刚毛状,略具 3 条棱,长 4～6mm,直径约为 0.2mm。鳞片状叶膜质,主茎上的基部具短刺状距,分枝上的基部距不明显。花小,白色,通常单生于叶腋或短枝的顶端,稀 2～4 朵簇生,两性;花梗稍长于叶状枝;花被片倒卵状披针形,长约 3mm;雄蕊着生于花被片的基部,花药长圆球形,背着。浆果球形,直径为 6～7mm,成熟时紫黑色;种子 1～3 枚。花期 9—10 月。$2n=20$。

区内常见栽培。原产于非洲南部;我国各地常见盆栽。

与上种的主要区别在于:本种叶状枝 10～13 枚簇生,刚毛状,直径约为 0.2mm;花两性,白色。

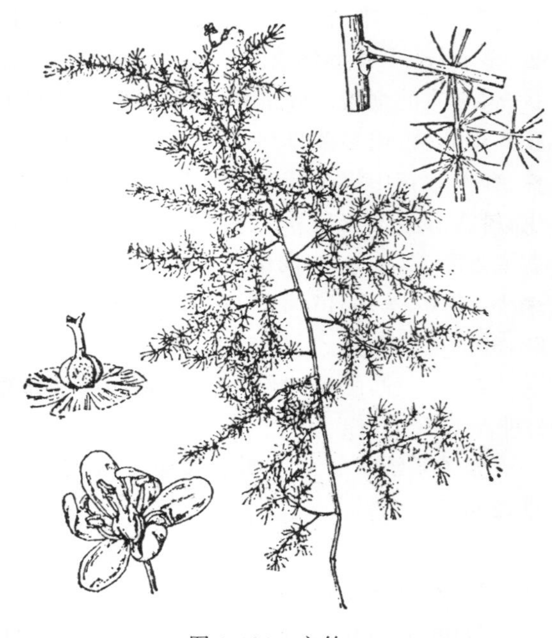

图 3-484 文竹

3. 芦荟属 Aloe L.

多年生常绿草本。茎短或明显。叶肉质,基生叶簇生,呈莲座状,茎生叶互生;叶片先端锐尖,边缘常有硬齿或刺。花葶直立;花排列成总状花序或伞形花序;苞片膜质;花圆筒状,花被片 6 枚,中部以下合生成管状;雄蕊着生于花被管的基部,花丝较长,花药背着,2 室,内向纵裂;子房上位,3 室,每一室具多数胚珠,花柱细长,柱头小。蒴果具 3 条棱,室背开裂。$2n=14$,亦有报道为 $2n=28,42$。

约 200 种,主要分布于非洲及地中海地区,以非洲南部的干旱地区为最多,亚洲南部也有;我国有 2 种;浙江有 2 种;杭州有 1 种。

分子系统学研究表明本属应归入刺叶树科 Xanthorrhoeaceae(天门冬目 Asparagales)(APG Ⅲ,2009)。

芦荟

Aloe vera L.

茎较短。叶肉质,基生叶簇生,呈莲座状,茎生叶互生;叶片肥厚,多黏液,线状披针形或披针形,长 15～35cm,基部宽 3.5～6cm,先端锐尖,边缘常疏生三角形的硬齿。花葶高 60～90cm;总状花序长 10～20cm;苞片膜质,近披针形或三角形;花黄色而具红色斑点,圆筒状,长约 2.5cm,花梗长 4～6mm,下弯;花被片中部以下合生成管状,裂片先端稍外弯;雄蕊着生于花被管的基部,与花被近等长;花柱伸出花被外。$2n=14$。

区内常见栽培。原产于非洲;我国南方各省、区常见栽培。

全株入药。

4. 菝葜属 Smilax L.

攀援或直立小灌木,落叶或常绿,稀为草本。常具坚硬的根状茎;地上茎木质而实心,稀草质而近中空,常有刺、疣状凸起或刚毛,分枝基部常具1枚与叶柄相对的鳞片。叶互生,2列;叶片革质、纸质或草质,全缘,具3~7条弧形主脉和网状支脉;叶柄两侧具1对卷须或无卷须,卷须着生点下方常具翅状鞘,近卷须着生点处至叶柄顶端的不同位置上具叶脱落点。花通常排列成腋生的伞形花序或总状花序,稀伞形花序重排成圆锥状或穗状;花序梗基部有时具1枚与叶柄相对的鳞片;花小,单性,雌雄异株;花被片6枚,离生;雄花具6枚雄蕊,稀为3枚,花药基着,2室,内向纵裂;雌花具3~6枚退化雄蕊,稀无退化雄蕊,子房上位,3室,每一室具1~2枚胚珠,花柱较短,柱头3裂。浆果通常圆球形。$2n=32$,亦有报道为$2n=26,30,64,90,96,128$。

200余种,分布于热带、亚热带和温带地区;我国约有88种;浙江有15种;杭州有6种。

分子系统学研究表明本属应归入菝葜科 Smilacaceae(百合目 Liliales)(APG Ⅲ,2009)。

分种检索表

1. 茎木质,实心,干后不凹瘪,稀小枝带草质,有刺或无刺;植株具坚硬的根状茎,须根不发达,稀发达。
  2. 叶之脱落点位于卷须着生点处或翅状鞘与叶柄合生部分的顶端,故宿存于小枝上的叶柄在其上方不带残留部分。
    3. 翅状鞘线状披针形或披针形,狭于叶柄,卷须粗壮,发达;浆果直径为7~15mm ………………………… 1. **菝葜** *S. china*
    3. 翅状鞘卵形至半圆形,稀长圆形,宽于叶柄,卷须通常纤细,不发达,稀无卷须;浆果直径不逾7mm ……………………………… 2. **小果菝葜** *S. davidiana*
  2. 叶之脱落点位于叶柄的顶端至卷须着生点的稍上方,故宿存于小枝上的叶柄在其上方带一段残留部分。
    4. 叶片长圆状披针形至披针形,革质或薄革质;花序梗通常明显短于叶柄 … 3. **土茯苓** *S. glabra*
    4. 叶片椭圆形,厚纸质或薄革质;花序梗明显长于叶柄 ………………… 4. **黑果菝葜** *S. glauco-china*
1. 茎草质,近中空,干后凹瘪而有沟槽,无刺;植株具发达的须根。
  5. 花序梗扁平,花后变粗壮,果期尤甚;花药椭圆球形,长不逾1mm;雌花具6枚退化雄蕊;叶片下面通常被粉尘状短柔毛 ……………………………… 5. **白背牛尾菜** *S. nipponica*
  5. 花序梗有数条纵棱,纤细,花后不变粗;花药镰刀状弯曲,长约1.5mm;雌花通常无退化雄蕊;叶片下面无毛 ……………………………… 6. **牛尾菜** *S. riparia*

1. **菝葜** (图3-485)

Smilax china L.

攀援灌木。根状茎粗壮,坚硬,直径为2~3cm,表面通常灰白色,有刺;地上茎长1~3m,具疏刺。叶片厚纸质至薄革质,近圆形、卵形或椭圆形,长3~10cm,宽1.5~8cm,萌发枝上的叶片长可达16cm,宽可达12cm,先端突尖至骤尖,基部宽楔形或圆形,有时微心形,下面淡绿色或苍白色,具3~5(~7)条主脉;叶柄长7~25mm,具卷须;翅状鞘线状披针形或披针形,长为叶柄的1/2～4/5,狭于叶柄,几全部与叶柄合生,脱落点位于卷须着生点处。伞形花序生于叶尚幼嫩的小枝上,具多花,花序梗长15～30mm,花序托膨大;小苞片宿存;花黄绿色;雄花花被片长3.5～4.5mm,雄蕊6枚,花药近长圆球形,稍弯曲;雌花与雄花大小相似,具6枚退化雄蕊。浆果直径为6～15mm,成熟时红色,有时具白粉。花期4—6月,果期6—10月。$2n=32,64,90,96$。

区内常见,生于山坡林下或灌丛中。分布于安徽、福建、广东、广西、贵州、河南、湖北、湖南、江苏、江西、辽宁、山东、四川、台湾、云南;缅甸、菲律宾、泰国、越南也有。

根状茎入药;又可供酿酒。

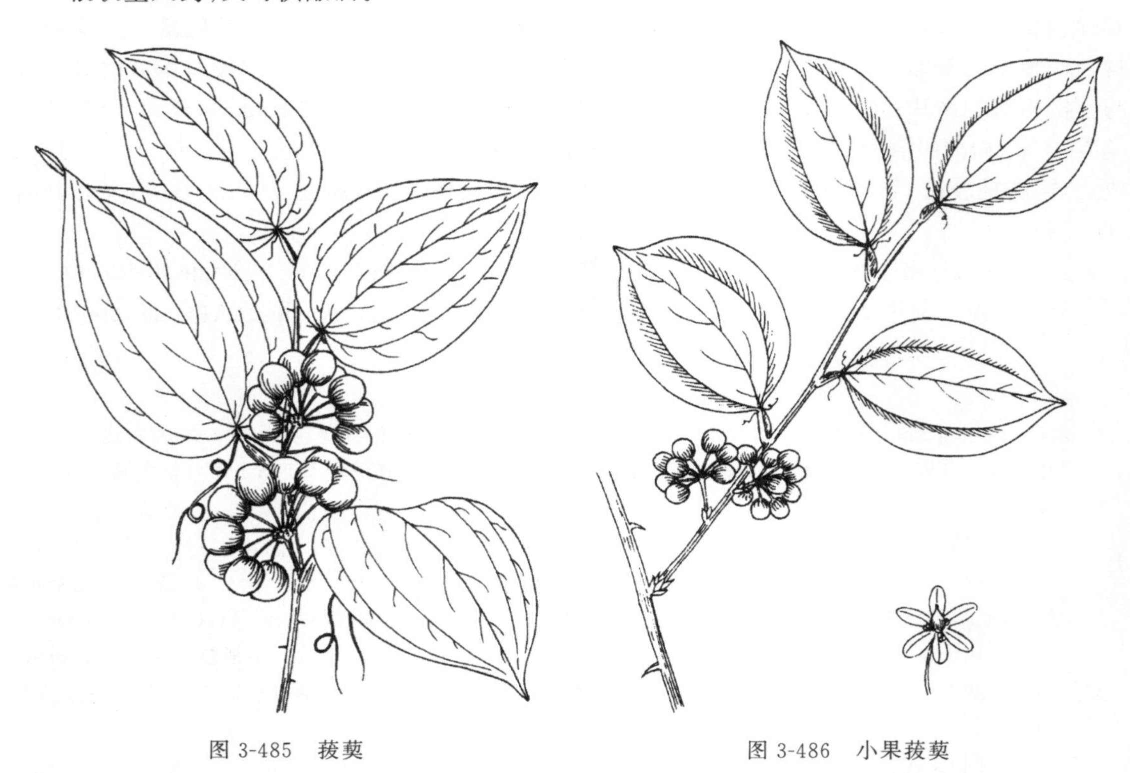

图3-485 菝葜　　图3-486 小果菝葜

2. 小果菝葜 (图3-486)

Smilax davidiana A. DC.

攀援灌木。根状茎粗壮,坚硬,直径为2～2.5cm,表面通常黑褐色,有刺;地上茎带紫红色,长1～2m,具疏刺。叶片厚纸质,通常椭圆形,长3～7cm,宽2～4cm,萌发枝上的叶片长可达14cm,宽可达12cm,先端突尖至骤尖,基部圆形至宽楔形,下面淡绿色,具3～5条主脉;叶柄长4～7mm,具细卷须;翅状鞘卵形至半圆形,其合生部分长为叶柄的1/2～2/3,远宽于叶柄,离生部分明显,脱落点位于卷须着生点处。伞形花序生于成长叶的小枝上,具多花,花序梗长2～15mm,花序托膨大;小苞片宿存;花黄绿色;雄花花被片长3.5～4mm,雄蕊6枚,花药近椭圆球形,稍弯曲;雌花与雄花大小相似,具3(4)枚退化雄蕊。浆果直径为5～7mm,成熟时红色。花期4—5月,果期10—11月。$2n=32$。

区内常见,生于山坡林下或灌丛中。分布于安徽、福建、广东、广西、贵州、湖南、江苏、江西、云南;老挝、泰国、越南也有。

根状茎入药，药用功效同菝葜。

3. 土茯苓 （图 3-487）

Smilax glabra Roxb.

常绿攀援灌木。根状茎坚硬，块根状，有时近连珠状，直径为 1.5～5cm，表面黑褐色，有刺；地上茎长 1～4m，无刺。叶片革质，长圆状披针形至披针形，长 5～15cm，宽 1～4cm，先端骤尖至渐尖，基部圆形或楔形，下面有时苍白色，具 3 条主脉；叶柄长 3～15mm，具卷须；翅状鞘狭披针形，长为叶柄的 1/4～2/3，几全部与叶柄合生，脱落点位于叶柄的顶端。伞形花序具多数花，花序梗通常明显短于叶柄，花序托膨大；小苞片宿存；花绿白色，六棱状扁球形；雄花外轮花被片兜状，背面中央具纵槽，内轮花被片近圆形，较小，边缘有不规则的细齿，雄蕊 6 枚，花丝极短，花药近圆球形；雌花与雄花大小相似，外轮花被片背面中央无明显的纵槽，内轮花被片全缘，具 3 枚退化雄蕊。浆果直径为6～8mm，成熟时紫黑色，具白粉。花期 7—8 月，果期 11 月至翌年 4 月。$2n=32$。

图 3-487 土茯苓

区内常见，生于山坡林下、林缘或灌丛中。分布于安徽、福建、甘肃、广东、广西、贵州、江苏、江西、海南、湖北、湖南、陕西、四川、台湾、西藏、云南；印度、缅甸、泰国、越南也有。

根状茎入药。

4. 黑果菝葜 （图 3-488）

Smilax glauco-china Warb.

攀援灌木。根状茎粗壮，坚硬，直径为 2～3.5cm，表面通常棕褐色，有刺；地上茎长 0.5～4m，疏生短刺。叶片厚纸质，通常椭圆形，长 5～13cm，宽 2～10cm，先端突尖或骤尖，基部圆形或宽楔形，下面苍白色，具 3～5(～7)条主脉；叶柄长8～15mm，具卷须；翅状鞘卵状披针形至卵形，其合生部分长为叶柄的 1/3～1/2，离生部分明显，脱落点位于卷须着生点的稍上方。伞形花序具多花，花序梗长 1～3cm，长于叶柄，花序托稍膨大；小苞片宿存；花黄绿色；雄花花被片长 5～6mm，雄蕊 6 枚，花药长圆球形；雌花与雄花大小相似，具 3 枚退化雄蕊。浆果直径为 7～8mm，成熟时黑色，常具白粉。花期 3—5 月，果期 9—11 月。$2n=32$。

图 3-488 黑果菝葜

区内常见，生于山坡林下或灌丛中。分布于安徽、甘肃、广东、广西、贵州、河南、湖北、湖南、江苏、江西、山西、陕西、四川、台湾。

根状茎入药，药用功效同菝葜。

5. **白背牛尾菜**　(图 3-489)

Smilax nipponica Miq.

攀援草本。根状茎不甚发达，具粗壮发达的须根；地上茎长0.2～1m，近中空，干后凹瘪而有沟槽，无刺。叶片草质，卵形至长圆形，长4～20cm，宽2～14cm，先端骤尖至渐尖，基部浅心形至近圆形，下面通常被粉尘状短柔毛，具7～9条主脉；叶柄长1.5～4.5cm，具卷须；翅状鞘线状披针形，长为叶柄的1/3～1/2，全部与叶柄合生，脱落点位于叶柄顶端的稍下方。伞形花序具多数花，花序梗扁平，长3～8cm，花后变粗壮，果期长可达15cm，花序托膨大；小苞片极小，早落；花黄绿色或绿白色；雄花花被片长约4mm，雄蕊6枚，花药椭圆球形，长不逾1mm；雌花与雄花大小相似，具6枚退化雄蕊。浆果直径为6～7mm，成熟时黑色，具白粉。花期5—7月，果期8—10月。$2n=32$。

见于余杭区(鸬鸟)，生于山坡林下、灌丛、山地路边或沟边草丛中。分布于安徽、福建、广东、贵州、河南、湖南、江西、辽宁、山东、四川、台湾；日本、朝鲜半岛也有。杭州新记录。

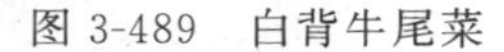

图 3-489　白背牛尾菜

图 3-490　牛尾菜

6. **牛尾菜**　(图 3-490)

Smilax riparia A. DC.

攀援草本。根状茎不甚发达，具粗壮发达的须根；地上茎长1～2m，近中空，干后凹瘪而具沟槽，无刺。叶片草质至薄纸质，卵形、长圆形或卵状披针形，长4～16cm，宽2～10cm，先端突尖、骤尖或渐尖，基部浅心形至近圆形，两面无毛，具5～7条主脉；叶柄长0.7～2cm，具卷须；

翅状鞘极短或线状披针形，长为叶柄的 1/5～1/2，全部与叶柄合生，脱落点位于叶柄顶端的稍下方。伞形花序具多数花，花序梗长 1～7cm，纤细，有数条纵棱，有时棱上具细小的乳头状凸起，花序托稍膨大；小苞片花期不脱落；花黄绿色；雄花花被片长约 4mm，雄蕊 6 枚，花药镰刀状弯曲，长约 1.5mm；雌花较雄花略小，通常无退化雄蕊。浆果直径为 7～9mm，成熟时黑色。花期 5—7 月，果期 8—10 月。$2n=30$。

见于西湖区(蒋村)、余杭区(径山、塘栖、中泰)，生于山坡林下、灌丛、山地路边或沟边草丛中。分布于安徽、福建、甘肃、广东、广西、贵州、海南、河北、河南、黑龙江、湖北、湖南、吉林、江苏、江西、辽宁、内蒙古、山东、山西、陕西、四川、台湾、云南；日本、朝鲜半岛、菲律宾也有。

根入药。

5. 山麦冬属 Liriope Lour.

多年生草本。根细长，有时近末端膨大成纺锤状。根状茎粗短或不明显，有时具细长的地下走茎。叶基生，密集排列成丛，无柄；叶片线形至宽线形，禾叶状；叶鞘膜质或边缘膜质。花葶直立，从叶丛中抽出，通常近浑圆，其上不具无花的苞片；花 1 至数朵簇生于苞片内，排列成总状花序；苞片小，干膜质；花较小；花梗直立，具关节，小苞片很小，位于花梗的基部；花被片 6 枚，离生，先端钝；雄蕊着生于花被片的基部，花丝等长或长于花药，花药椭圆球形至长圆球形，顶端钝，基着，2 室，上部内向纵裂；子房上位，3 室，每室具 2 枚胚珠，花柱三棱柱形，柱头微 3 裂。蒴果在未成熟时即不整齐开裂，露出肉质种子；种子 1 枚或几枚同时发育，圆球形或椭圆球形，小核果状，成熟时变为黑色或紫黑色。

8 种，分布于东亚；我国有 6 种；浙江有 5 种；杭州有 3 种。

分子系统学研究表明本属应归入天门冬科 Asparagaceae(天门冬目 Asparagales)(APG Ⅲ,2009)。

分种检索表

1. 植株无细长的地下走茎 ······ 1. **阔叶山麦冬** *L. muscari*
1. 植株具细长的地下走茎。
  2. 叶片宽 2～4mm；花被片长 3.5～4mm ······ 2. **禾叶山麦冬** *L. graminifolia*
  2. 叶片宽(4～)4.5～10mm；花被片长 4～5mm ······ 3. **山麦冬** *L. spicata*

1. 阔叶山麦冬 (图 3-491)

Liriope muscari (Decne.) Bailey——*L. platyphylla* F. T. Wang & Tang——*L. muscari* (Decne.) Bailey var. *communis* (Maxim.) Nakai

根细长，具膨大成椭圆球形或纺锤形的小块根。根状茎粗短，木质，无地下走茎。叶基生，无柄；叶片宽线形，长 12～50cm，宽(2～)5～20(～35)mm，边缘仅上部微粗糙；叶鞘膜质，褐色。花葶短于至远长于叶簇；总状花序长 2～45cm；苞片卵状披针形，短于花梗，先端尾尖；花紫色或紫红色，(3)4～8 朵簇生于苞片内；花梗长 4～5mm，关节位于其中部或中上部；花被片长圆形，长约 3.5mm，先端钝；雄蕊着生于花被片的基部，花丝扁，花药长圆球形，长 1.5～2mm，与花丝近等长，顶端钝；花柱长约 2mm，柱头较明显。种子近圆球形，小核果状，直径为 5～7mm。花期 7—8 月，果期 9—10 月。$2n=36,72,108$。

见于萧山区(北干)、西湖景区(飞来峰、葛岭、云栖),常见栽培供观赏,生于山坡林下阴湿处或沟边草地。分布于安徽、福建、广东、贵州、河南、湖北、湖南、江苏、江西、山东、四川、台湾;日本也有。

本种的金边品种——金边阔叶山麦冬'Gold Banded'在区内公园、庭院有栽培。

图 3-491 阔叶山麦冬

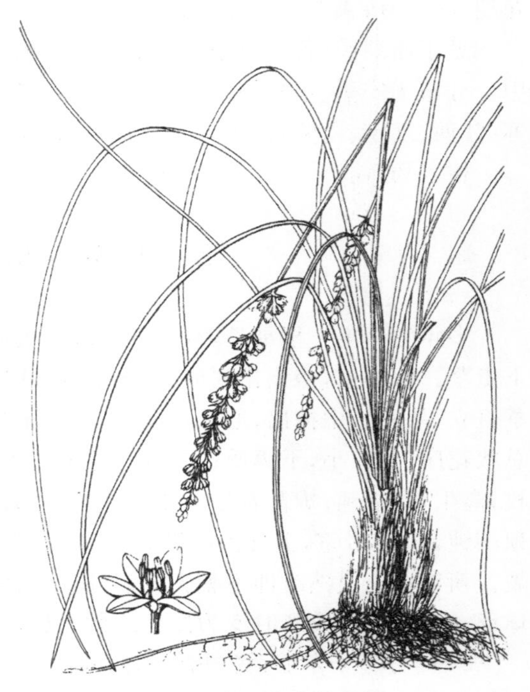

图 3-492 禾叶山麦冬

2. 禾叶山麦冬 (图 3-492)

Liriope graminifolia (L.) Baker

根近末端处常膨大成纺锤形的、较小的、肉质小块根。根状茎短或稍长,有细长的地下走茎。叶基生,无柄;叶片线形,长 20~60cm,宽 2~4mm,先端通常渐尖,具 5 条脉,中脉较明显,边缘近先端处具细锯齿;叶鞘边缘膜质。花葶近浑圆,通常稍短于叶簇;总状花序长 5~15cm;苞片卵状披针形,下部的稍长于花梗;花黄白色或稍带紫色,2~5 朵簇生于苞片内;花梗长 2~4mm,关节位于其中上部或近顶端;花被片长圆形,长 3.5~4mm,先端圆钝;雄蕊着生于花被片的基部,花丝明显,花药长圆球形,长约 1mm,短于花丝,顶端钝;花柱长约 2mm,柱头与花柱等宽。种子卵球形或近圆球形,小核果状,直径为 4~5mm。花期 6—8 月,果期 9—10 月。$2n=36,72,108$。

见于萧山区(新街),区内亦常见栽培供观赏,生于山坡林下、灌丛中或路边草地。分布于安徽、福建、甘肃、广东、贵州、河北、河南、湖北、江苏、江西、山西、陕西、四川、台湾。

3. 山麦冬 (图 3-493)

Liriope spicata (Thunb.) Lour.

根近末端处常膨大成长圆球形、椭圆球形或纺锤形的肉质小块根。根状茎短,有细长的地下走茎。叶基生,无柄;叶片宽线形,长 20~40(~50)cm,宽(4~)4.5~10mm,先端急尖或钝,具5条脉,中脉较明显,边缘具细锯齿;叶鞘边缘膜质。花葶近浑圆,稍短于至稍长于叶簇;总状花序长6~15cm;苞片卵状披针形,下部的稍长于花梗;花黄白色或稍带紫色,通常(2)3~5朵簇生于苞片内;花梗长2~4mm,关节位于其中上部或近顶端;花被片长圆形或长圆状披针形,长4~5mm,先端圆钝;雄蕊着生于花被片的基部,花丝明显,花药长圆球形,长约1.5mm,几与花丝等长,顶端钝;花柱长约2mm,稍弯,柱头不明显。种子近圆球形,小核果状,直径约为5mm。花期6—8月,果期9—10月。$2n=36,72,108$。

见于西湖区(双浦)、萧山区(衙前)、余杭区(星桥)、西湖景区(北高峰、飞来峰、孤山、虎跑),区内亦常见栽培供观赏,生于山坡林下或路边草地。分布于安徽、福建、甘肃、广东、广西、贵州、海南、河北、河南、湖北、湖南、江苏、江西、山东、山西、陕西、四川、台湾、云南;日本、朝鲜半岛、越南也有。

图3-493 山麦冬

6. 沿阶草属 Ophiopogon Ker Gawl.

多年生草本。根细长或粗壮,有时具膨大成长圆球形、椭圆球形或纺锤形的小块根。根状茎不明显或较长,木质,有时具细长的地下走茎;地上茎不明显或明显。叶基生或茎生,无柄或有柄;叶片线形、宽线形,禾叶状,或椭圆形至倒披针形;叶鞘膜质。花葶直立,从叶丛中抽出,或生于叶腋或茎端的叶丛中,通常扁平而两侧多少具狭翼,其上不具无花的苞片;花1至数朵簇生于苞片内,排列成总状花序;苞片小,干膜质;花较小,多少俯垂;花梗常下弯,具关节;小苞片很小,位于花梗的基部;花被片6枚,离生,先端尖,稀稍钝,雄蕊着生于花被片的基部,花丝不明显或长不及花药之半,花药圆锥形,顶端尖,基着,2室,上部内向纵裂;子房半下位,3室,每室具2枚胚珠,花柱三棱柱形、圆柱形或近圆锥形,柱头微3裂。蒴果在未成熟时即不整齐开裂,露出肉质种子;种子1枚或几枚同时发育,圆球形或椭圆球形,小核果状,成熟时常变暗蓝色或蓝紫色。$2n=36$,偶有报道为$2n=54,67,68,70,72,108$。

50余种,分布于亚洲东部和南部的亚热带和热带地区;我国有40余种;浙江有3种;杭州有1种。

分子系统学研究表明本属应归入天门冬科 Asparagaceae(天门冬目 Asparagales)(APG Ⅲ,2009)。

麦冬 (图3-494)

Ophiopogon japonicus (L. f.) Ker Gawl.

根较粗壮,中部或近末端常膨大成椭圆球形或纺锤形的小块根。根状茎粗短,木质,具细长的地下走茎;地上茎不明显。叶基生,无柄;叶片线形,长15~50cm,宽1~4mm,边缘具细锯齿;叶鞘膜质,白色至褐色。花葶从叶丛中抽出,远短于叶簇,扁平而两侧具明显的狭翼;总状花序长2~7cm,稍下弯;苞片披针形,下部的长于花梗;花紫色或淡紫色,(1)2(3)朵簇生于苞片内;花梗长2~6mm,常下弯,关节位于其中上部至中下部;花被片披针形,长4~5.5mm,先端尖;雄蕊着生于花被片的基部,花丝不明显,花药圆锥形,长2.5~3mm,顶端尖;花柱基部稍宽,略呈长圆锥形,长3~5mm,高出雄蕊。种子圆球形,小核果状,直径为7~8mm,成熟时暗蓝色。花期6—7月,果期7—8月。$2n=36,72$,偶有报道为$2n=67,68,70$。

见于江干区(笕桥)、西湖区(双浦)、萧山区(城厢、义桥)、余杭区(鸬鸟)、西湖景区(北高峰、六和塔、万松岭、烟霞洞、云栖),生于山坡林下阴湿处或沟边草地。分布于安徽、福建、广东、广西、贵州、河北、河南、湖北、湖南、江苏、江西、山东、陕西、四川、台湾、云南;日本、朝鲜半岛也有。

块根入药。

图3-494　麦冬

7. 粉条儿菜属　Aletris L.

多年生草本。根纤细或稍肉质,有时部分根毛膨大成米粒状。根状茎粗短或不明显。叶通常基生,密集排列成丛,无柄;叶片宽线形至线状披针形。花葶直立,从叶丛中抽出,其上通常具数枚由下而上渐次变小的无花的苞片;花单生于苞片腋内,排列成总状花序;花小,钟形或坛状卵球形;小苞片微小,位于花梗的近基部至中上部;花被片6枚,下部合生,花被管与子房贴生,裂片镊合状排列;雄蕊着生于花被裂片基部或花被管上部,花丝短,花药卵球形或近球形,基着,2室,半内向纵裂;子房半下位,3室,每室有多数胚珠,花柱短或长,柱头微3裂。蒴果坛状球形、倒卵球形或倒圆锥形,室背开裂。

约15种,分布于东亚和北美洲;我国有13种,1变种;浙江有3种;杭州有1种。

分子系统学研究表明本属应归入纳茜菜科Nartheciaceae(薯蓣目Dioscoreales)(APG Ⅲ,2009)。

粉条儿菜　(图3-495)

Aletris spicata (Thunb.) Franch.

根纤细,多分枝,具膨大成米粒状的根毛。根状茎粗短,有时略呈块状茎状。叶基生,密集排列成丛,无柄;叶片宽线形,长10~25cm,宽3~4mm,上部有时稍弯斜,中部以下有时对折,具3条脉。花葶粗壮,高30~60cm,直径为1.5~3mm,其上具数枚自下而上渐次变小的无花苞片;总状花序长8~20cm,有花15~50余朵,花序轴密被柔毛;苞片披针形,短于花;花小,稍密生，黄绿色，近钟形，花梗极短，密被柔毛；小苞片线形，稍长于花梗，位于花梗的近基部；花被片密被柔毛，中部以下合生，花被管与子房贴生，裂片披针形，长3～3.5mm，膜质，上部淡红色，具1条绿色的中脉，雄蕊着生于花被裂片的基部，花丝短，花药椭圆球形；花柱圆柱形，柱头微3裂。蒴果倒卵球形或倒圆锥形，长3～4mm，直径为2.5～3mm，有棱，密被柔毛。花期4—5月，果期6—7月。$2n=26,52$。

见于西湖区（留下）、余杭区（塘栖）、西湖景区（凤凰山、九溪、龙井），生于山地林缘或路边草地。分布于安徽、福建、甘肃、广东、广西、贵州、河北、河南、湖北、湖南、江苏、江西、山西、陕西、四川、台湾、云南；日本、缅甸、菲律宾也有。

根入药。

图 3-495 粉条儿菜

8. 吊兰属 Chlorophytum Ker Gawl.

多年生草本。常具稍肥厚或块状的根。根状茎粗短或稍长。叶基生，叶片通常宽线形至线状披针形，禾叶状。花葶直立或弧状弯曲，其上具无花的苞片；花单生或数朵簇生于苞片内，排列成总状花序或圆锥花序；花白色，花梗具关节；花被片6枚，离生；雄蕊着生于花被片的基部，花丝中部常多少变宽，花药长圆球形，近基着，2室，内向纵裂；子房上位，顶端3浅裂，3室，每室具1至数枚胚珠，花柱细长，柱头小。蒴果具3条锐棱，室背开裂；种子扁平，黑色。$2n=14,16,28,42$，偶有报道为$2n=32,40,56$。

100余种，主要分布于非洲和亚洲的热带地区，少数亦见于南美洲和大洋洲；我国有6种；浙江栽培2种；杭州栽培1种。

分子系统学研究表明本属应归入天门冬科 Asparagaceae（天门冬目 Asparagales）（APG Ⅲ，2009）。

吊兰 （图 3-496）

Chlorophytum comosum (Thunb.) Jacques

根稍肥厚。根状茎粗短，不明显。叶基生；叶片宽线形至线状披针形，禾叶状，长10～30cm，宽0.7～1.5cm，两面绿色或暗绿色，或有黄白色的纵条纹，两端稍变狭。花葶长于叶，有时长可达50cm，常变为弧状弯曲的匍匐茎而顶端常具叶簇或幼小植株，其上具无花的苞片；总状花序或圆锥花序疏散；花

图 3-496 吊兰

白色,常2～4朵簇生于苞片内;花梗长7～12mm,中部至上部具关节;花被片离生,长6～10mm,具3～5条脉,外轮花被片倒披针形,宽约2mm,内轮花被片长圆形,宽约2.5mm;雄蕊着生于花被片的基部,稍短于花被片,花丝中部稍变宽,花药长圆球形,明显短于花丝;子房顶端3浅裂,花柱细长,柱头小。蒴果扁球形,直径约为8mm,具3条锐棱;种子扁平,黑色。花期4—6月,果期8—9月。$2n=28$。

区内常见栽培。原产于非洲南部;我国各地常见盆栽供观赏。

本种的一个品种——中斑吊兰'Vittatum'的叶片中央沿主脉有1条金黄色条带,亦称"金边吊兰",区内各城区公园、庭院有栽培。

9. 油点草属　Tricyrtis Wall.

多年生草本。根状茎短或稍长,横生;地上茎单一,有时有分枝。叶互生;叶片卵形、椭圆形至长圆形,基部抱茎。花单生或数朵排列成顶生兼腋生的二歧聚伞花序;花被片6枚,离生,绿白色、白色、黄绿色或淡紫色,直立、斜展或折,通常早落,外轮3枚基部囊状或具短距;花丝扁平,下部多少靠合成筒,花药长圆球形,背着,2室,外向纵裂;子房上位,3室,每室具多数胚珠,花柱圆柱形,柱头3裂,向外弯垂,每裂再二分枝,密生颗粒状腺毛。蒴果长圆球形,具3条棱,上部室间开裂;种子多数,小而扁,卵球形或圆球形。

约22种,分布于东亚及菲律宾;我国有11种;浙江有2种;杭州有1种。

油点草　(图3-497)

Tricyrtis chinensis Hir. Takah. bis

根状茎短,下部节上簇生稍肉质的须根;地上茎单一,高50～150cm,上部疏生糙毛,有时近基部节上生根。叶片卵形至卵状长圆形,长8～15cm,宽4～10cm,先端急尖或短渐尖,基部圆心形或微心形而抱茎,边缘具短糙毛,上面有时散生油迹状斑点。二歧聚伞花序顶生兼腋生,长12～25cm;花序梗至花梗均被淡褐色的短糙毛和短绵毛。花疏散;花梗长1.2～2.5cm;花被片绿白色或白色,内面散生紫红色斑点,长圆状披针形或倒卵状披针形,长约1.5cm,开放后中部以上向下反折,外轮花被片基部向下延伸成囊状;雄蕊约等长于花被片,花丝下部靠合,中部以上向外弯曲;花柱圆柱形,柱头3裂,向外弯垂,每裂再2分枝,小裂片线形,密生颗粒状腺毛。蒴果长圆球形,长2～3cm;种子扁卵球形。花、果期8—9月。

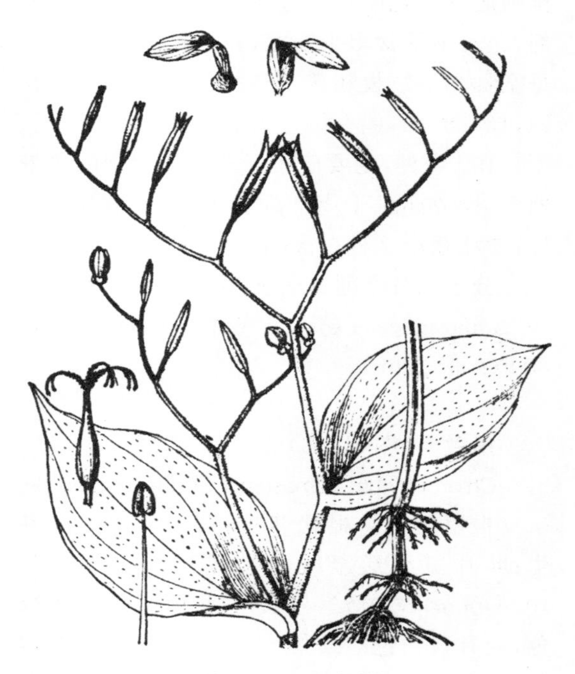

图3-497　油点草

见于西湖区(留下、龙坞、双浦)、萧山区(进化)、余杭区(鸬鸟、中泰)、西湖景区(北高峰、葛岭、孤山、栖霞岭、云栖)，生于山坡林下。分布于安徽、福建、广东、广西、湖南、江西。

全草及根入药。

本种是 Hiroshi 等(2001)发表的新种，他指出我国不产 *T. macropoda* Miq.(只产于日本)，过去采自我国的 *T. macropoda* Miq.应归入本种。两者的主要区别在于：本种的根状茎为一年生，因而较短，只具有 1～2 节匍匐茎，蒽醌类色素含量低，内轮花被片中部宽 2～4mm；而后者的根状茎为多年生，可具多节匍匐茎，蒽醌类色素含量丰富，内轮花被片中部宽4～5mm。

10. 玉簪属 Hosta Tratt.

多年生草本。具多数须根。根状茎不明显。叶基生，具长柄；叶片卵圆形至长圆状披针形，具弧形脉和纤细的横脉。花葶直立，高出叶簇，其上具少数无花的苞片；花常单生，稀 2～3 朵簇生于苞片内，排列成总状花序；花大型，近漏斗状；花被片 6 枚，下半部合生成长管状，上半部合生呈钟状，裂片明显；雄蕊着生于花被管的基部或下部，贴生于花被管上，与花被近等长或稍伸出，花丝纤细，花药近椭圆球形，背面有凹穴，"丁"字形着生，2 室，内向纵裂；子房上位，3 室，每室具多数胚珠，花柱细长，高出雄蕊之上，柱头小。蒴果近圆柱状，具 3 条棱，室背开裂；种子黑色，有扁平的翅。$2n=60$，亦有报道为 $2n=120$。

约 40 种，分布于东亚；我国有 3 种；浙江有 3 种；杭州有 2 种。

分子系统学研究表明本属应归入天门冬科 Asparagaceae(天门冬目 Asparagales)(APG Ⅲ,2009)。

1. 玉簪 (图 3-498)

Hosta plantaginea (Lam.) Aschers.

根状茎极粗短，直径为 1.5～3cm。叶基生；叶片卵状心形、卵圆形或卵形，长 14～24cm，宽 8～16cm，先端短渐尖，基部心形或圆形，侧脉 6～10 对；叶柄长 20～40cm。花葶高 40～80cm，其上具 1～3 枚无花的苞片；总状花序具数朵至 10 余朵花；苞片膜质，白色，卵形或披针形，长 2.5～7cm，宽 1～1.5cm；花白色，芳香，长 10～13cm，单生或 2～3 朵簇生于苞片内；小苞片微小；花梗长约 1cm；花被裂片长椭圆形，长 3.5～4cm，宽约 1.2cm；雄蕊下部与花被管贴生，与花被近等长。蒴果近圆柱状，长约 6cm，直径约为 1cm，具 3 条棱。花、果期 8—10 月。$2n=60$。

区内常见栽培，生于阴湿山坡。分布于安徽、福建、广东、广西、湖北、湖南、江苏、四川，全国各地广泛栽培。

全草入药，有小毒；又可供观赏。

图 3-498 玉簪

2. 紫萼　(图 3-499)

Hosta ventricosa (Salisb.) Stearn

根状茎粗短,直径为0.3～1cm。叶基生;叶片卵状心形、卵圆形或卵形,长6～18cm,宽3～14cm,先端近短尾状或骤尖,基部心形、圆形或近截形,侧脉7～11对;叶柄长6～25cm。花葶高30～60cm,其上具1～2枚无花的苞片;总状花序具10～30朵花,苞片膜质,白色,长圆状披针形,长1～2cm,宽4～6mm;花淡紫色,无香味,长4～6cm,单生于苞片内;小苞片微小;花梗长7～10mm;花被裂片长椭圆形,长1.5～1.8cm,宽约8mm;雄蕊着生于花被管的基部,稍伸出花被之外。蒴果近圆柱状,长约3cm,直径约为8mm,具3条棱。花、果期8—10月。$2n=60,120$。

见于余杭区(塘栖)、西湖景区(飞来峰、桃源岭、云栖),常见栽培,生于山坡林下、林缘或草丛中。分布于安徽、福建、广东、广西、贵州、湖北、湖南、江苏、江西、四川。

根状茎入药,药用功效同玉簪;也可供观赏。

图 3-499　紫萼

与上种的主要区别在于:本种花较小,淡紫色;雄蕊着生于花被管的基部;果亦较小。

11. 百子莲属　Agapanthus L'Hér.

多年生草本。具根状茎。叶狭长,多基生。花葶高出叶丛;具顶生的伞形花序,外包2枚苞片,常早落;花被联合,漏斗状,裂片长圆形,等长于筒部或稍长;雄蕊6枚,着生在喉部,花丝线形;子房3室,无柄。蒴果,室背开裂。

6～10种,分布于南非;我国引种栽培1种;浙江及杭州也有。

分子系统学研究表明本属应归入石蒜科 Amaryllidaceae(天门冬目 Asparagales)(APG Ⅲ,2009)。

百子莲

Agapanthus africanus (L.) Hoffmanns.

多年生宿根草本。根粗壮,绳索状。基生叶多数,线状披针形至带状。花葶高60～90cm;花10～50朵排成伞形花序,在花开放前外包2枚苞片;花鲜蓝色,具长柄;花被片6枚,长圆形,与筒部等长或稍长;雄蕊6枚;子房3室。蒴果室背开裂。花期6—8月,果期7—9月。$2n=30$。

区内有栽培。原产于南非;世界各温暖地区常见栽培。

供观赏。

12. 萱草属 Hemerocallis L.

多年生草本。具多数稍肉质或纺锤状膨大的根。根状茎极短，不明显。叶基生，2列；叶片宽线形或线状披针形，禾叶状。花葶直立，其上具少数无花的苞片；花排列成总状或近二歧蜗壳状的圆锥花序，稀仅存1朵花；苞片存在；花大型，近漏斗状；花梗通常粗短；花被片6枚，下部合生成管状，裂片长于花被管，内轮的常稍宽大；雄蕊着生于花被管的上部，伸出筒口，花丝细长，花药长圆球形，背着或近基着，2室，内向纵裂；子房上位，3室，每室具多数胚珠，花柱细长，柱头小。蒴果椭圆球形或倒卵球形，具3条钝棱，室背开裂；种子黑色，有棱角。$2n=22$，偶有报道为$2n=33,36$。

约14种，分布于亚洲温带至亚热带地区；我国有11种；浙江有2种；杭州有2种。

分子系统学研究表明本属应归入刺叶树科 Xanthorrhoeaceae（天门冬目 Asparagales）（APG Ⅲ，2009）。

1. 黄花菜 金针菜 （图3-500）

Hemerocallis citrina Baroni

根多数，稍肉质，其中一部分顶端膨大成纺锤状。根状茎极短，不明显。叶基生，2列；叶片宽线形，长30～80cm，宽6～18mm，通常暗绿色。花葶高可达1.5m，其上具少数无花的苞片；圆锥花序近二歧蜗壳状；苞片小，披针形至卵形；花大型，淡黄色，有香气，近漏斗状，长9～17cm；花梗长3～10mm；花被片下部合生成长3～5cm的花被管，外轮3枚裂片倒披针形，宽1～1.5cm，内轮3枚裂片长椭圆形，宽1.5～3cm，盛开时略外弯；雄蕊着生于花被管的上部，伸出筒口，花丝细长，花药长圆球形，近基着；花柱细长，柱头小。蒴果椭圆球形，长2.5～3cm，具3条钝棱；种子黑色，有棱角。花期7—9月，通常下午开放，次日上午凋谢。$2n=22$。

区内有栽培。分布于河北、河南、湖北、山东、山西、陕西、四川，全国各地亦多有栽培。

本种是重要的经济作物；花经蒸、晒后可加工成干菜，供食用；根入药，有小毒。

图3-500 黄花菜

2. 萱草 （图3-501）

Hemerocallis fulva (L.) L.

根多数，稍肉质，其中一部分顶端膨大成棍棒状或纺锤状。根状茎极短，不明显。叶基生，排列成2列；叶片宽线形至线状披针形，长40～80cm，宽1.5～3.5cm，通常鲜绿色。花葶高可达1.2m，其上具少数无花的苞片；圆锥花序近二歧蜗壳状；苞片披针形至卵状披针形，长3～15mm；花大型，橘红色至橘黄色，无香气，近漏斗状，长7～12cm；花梗长约5mm；花被片下部合生成长2～3cm的花被管,外轮3枚裂片长圆状披针形,宽1.2～1.8cm,内轮3枚裂片长圆形,宽可达2.5cm,下部通常具"∧"形红褐色的斑纹,边缘波状皱缩,盛开时向下反曲;雄蕊着生于花被管的上部,伸出筒口,花丝细长,花药长圆球形,背着;花柱细长,柱头小。蒴果长圆球形,长2.5～3.5cm,具3条钝棱;种子黑色,有棱角。花期6—8月,通常清晨开放,当日傍晚凋谢。$2n=22,33$,偶有报道为$2n=36$。

见于萧山区(进化)、余杭区(良渚)、西湖景区(凤凰山、仁寿山、桃源岭),杭州各城区亦常见栽培,生于山坡林下或沟边阴湿处。分布于安徽、福建、广东、广西、贵州、河北、河南、湖北、湖南、江苏、江西、山东、山西、陕西、四川、台湾、西藏、云南;印度、日本、朝鲜半岛、俄罗斯也有。

花亦可供食用,其味远逊于上种;根入药,有小毒;又可供观赏。

与上种的主要区别在于:本种叶片通常鲜绿色,较宽;花较小,橘红色至橘黄色,花被管较短,内轮花被裂片通常具"∧"形红褐色的斑纹。

图3-501 萱草

13. 火把莲属 Kniphofia Moench

一年生或多年生植物。一年生种类具线形叶,草质,长10～100cm;多年生种类具带状叶,稍宽,长达1.5m。花葶直立,高于叶丛;花多数密生,排列成顶生的总状花序或穗状花序;花红色、橘红色、黄色,花序上、下部的花颜色不同;花被联合成筒状,裂片6枚;雄蕊6枚,着生在基部;子房3室。蒴果卵形,室背开裂。

约72种,分布于非洲;我国引种栽培1种;浙江及杭州也有。

分子系统学研究表明本属应归入刺叶树科 Xanthorrhoeaceae(天门冬目 Asparagales)(APG Ⅲ,2009)。

火把莲 火炬花

Kniphofia uvaria L.

植株高80～150cm。根状茎短,稍肉质。叶线形,基部丛生。花葶直立,高可达1m;穗状花序顶生,呈火炬形,具数百朵花;花红色、橘红色、黄色;花被基部联合成筒状,顶端具6枚裂片,远短于筒部,先端圆钝;雄蕊6枚,着生在基部,伸出花被管外;子房3室。蒴果卵球形,熟时黄褐色,室背开裂。花期6—8月,果期9月。$2n=12$。

区内有栽培。原产于南非;我国新近引种栽培。

花序挺拔,如火炬一般壮丽,供观赏。

14. 丝兰属 Yucca L.

常绿灌木状或小乔木状草本。茎明显或不明显，有时有分枝，木质化。叶近莲座状排列于茎或分枝的近顶端；叶片剑形，质厚而坚挺，先端具刺尖，边缘全缘、有细齿或丝裂，无明显的中脉。花排列成大型的顶生圆锥花序；花葶上有多数无花的苞片；花大型，白色至淡黄色，近钟形，下垂；花被片 6 枚，基部稍合生；雄蕊着生于花被片的基部，远短于花被片，花丝粗厚，上部常外弯，花药小，箭头形，“丁”字形着生；子房上位，3 室，每室具多数胚珠，花柱短或不明显，柱头 3 裂，裂片先端微凹。果实为不开裂或开裂的蒴果，或为浆果；种子近球形或卵球形，扁平，通常黑色。$2n=60$，偶有报道为 $2n=50,54$。

约 30 种，分布于美洲；我国引种栽培 4 种；浙江栽培 2 种；杭州栽培 1 种。

分子系统学研究表明本属应归入天门冬科 Asparagaceae（天门冬目 Asparagales）（APG Ⅲ，2009）。

凤尾兰 凤尾丝兰 （图 3-502）

Yucca gloriosa L.

茎明显，有时有分枝，上有近环状的叶痕。叶近莲座状排列于茎或分枝的近顶端；叶片剑形，质厚而坚挺，长 40～80cm，宽 4～6cm，先端具刺尖，边缘幼时具少数疏离的细齿，老时全缘。花葶从叶丛中抽出，高可达 2m，其上有多数无花的苞片，圆锥花序大型，无毛；花大型，白色或稍带淡黄色，近钟形，下垂；花梗长 1.5～3cm，基部有苞片和小苞片各 1 枚；花被片基部稍合生，卵状菱形，外轮花被片长 4～5cm，宽 2～2.5cm，先端常带紫红色，内轮花被片较外轮花被片稍长，雄蕊着生于花被片的基部，花丝粗扁，被短毛，上部 1/3 外弯；子房近圆柱形，具 3 条钝棱。花期 9—11 月。$2n=60$，亦有报道为 $2n=50,54$。

区内常见栽培。原产于北美洲东部和东南部；我国各地常见栽培。

叶纤维韧性强，耐腐蚀，沿海各地常大片栽培，作制航海缆绳的原料；又可供观赏。

图 3-502 凤尾兰

15. 白穗花属 Speirantha Baker

多年生草本。植株基部包有膜质或撕裂成纤维状的鞘。根状茎较粗壮，斜生，节上生细长的地下走茎。叶基生，具柄；叶片倒披针形、披针形或长椭圆形。花葶侧生，短于叶簇；花多数，排列成总状花序；苞片近膜质；花梗直，顶端有关节；花被片 6 枚，离生；雄蕊着生于花被片的基部,花丝丝状,花药椭圆球形,“丁”字形着生,2室,内向纵裂;子房上位,近圆球形,3室,每室具3或4枚胚珠,花柱细长,柱头小。果为浆果。$2n=38$。

仅1种,我国华东地区特有;浙江及杭州也有栽培。

分子系统学研究表明本属应归入天门冬科 Asparagaceae(天门冬目 Asparagales)(APG Ⅲ,2009)。

白穗花　(图 3-503)

Speirantha gardenii (Hook.) Baill.

根状茎圆柱形,斜生,直径为0.3～1.5cm,节上有少数细长的地下走茎。叶4～8枚,基生;叶片倒披针形、披针形或长椭圆形,长10～20cm,宽3～5cm,先端渐尖或急尖,基部渐狭成柄,叶柄长5～8cm;叶鞘膜质,后撕裂成纤维状。花葶侧生,短于叶簇;总状花序长4～6cm,有花12～18朵;苞片白色或稍带红色,膜质,短于花梗;花白色;花梗长7～17mm,顶端有关节;花被片披针形,长4～6mm,宽1.5～2.4mm,先端钝,具1条脉;雄蕊着生于花被片的基部,短于花被片;花柱长约2mm。浆果近圆球形,直径约为5mm。花期5—6月,果期7月,但很少结实。$2n=38$。

区内有栽培,生于山谷溪边或阔叶林下。分布于安徽、江苏、江西。

图 3-503　白穗花

16. 蜘蛛抱蛋属　Aspidistra Ker Gawl.

多年生常绿草本。根状茎粗短或细长,横生,节上有覆瓦状的鳞片。叶单生或2～4枚簇生在根状茎的各节上,具明显或不明显的叶柄;叶片近椭圆形、线状披针形或宽线形,具细横脉。花序具1朵花,花序梗从根状茎抽出,极短而使花接近地面;自下部至顶端有2～8枚苞片,其中1～3枚位于花的基部;花紫色或带紫色,稀带黄色,肉质,钟状或坛状;花被片(4～)6～8(～10)枚,中部或中上部以下合生,裂片外弯或不外弯,内面有时有多数乳头状凸起或2～4条肉质的脊状隆起;雄蕊着生于花被管的基部或下部,花丝极短或不明显,花药背着,2室,内向纵裂;子房上位,3或4室,每室具2至多枚胚珠,花柱有关节或无关节,柱头通常盾状膨大,分裂或不分裂。浆果球形,通常仅具1枚发育的种子。$2n=36,38$,偶有报道为$2n=76,112$。

已知93种,估计总种数为200～300种(Tillich,2008),分布于亚洲热带至亚热带地区,我国广西的石灰岩地区是该属的物种多样性中心(产39种),另外,近年来共发表了28个产自越南的新种;我国有59种;浙江有3种;杭州有1种。

分子系统学研究表明本属应归入天门冬科 Asparagaceae(天门冬目 Asparagales)(APG Ⅲ,2009)。

蜘蛛抱蛋 （图 3-504）

Aspidistra elatior Blume

根状茎横生，直径为 5～10mm，节上有覆瓦状的鳞片。叶单生于根状茎的各节，彼此相距 1～3cm；叶片近革质，近椭圆形至长圆状披针形，长可达 80cm，宽可达 11cm，先端急尖，基部楔形，两面绿色，有时稍具黄白色的斑点或条纹；叶柄粗壮，长 5～35cm。花序梗长 0.5～2cm；苞片膜质，3～4 枚，其中 2 枚紧贴于花的基部；花紫色，肉质，钟状，长 12～18mm，直径为 10～15mm；花被片 8 枚，稀 6 枚，中部以下合生，裂片近三角形，开展或外弯，先端钝，内面具 4 条明显、肉质、光滑的脊状隆起；雄蕊着生于花被管的基部，花丝短，花药椭圆球形；子房 4 室，稀 3 室，花柱无关节，柱头裂片先端微凹，边缘常向上反卷。花期 5—6 月。$2n=36,38$。

区内常见栽培。原产地不甚清楚，可能为日本或我国；我国各地常见栽培。

图 3-504 蜘蛛抱蛋

17. 铃兰属 Convallaria L.

多年生草本。根状茎粗短，常具 1 或 2 条细长的地下走茎。叶通常 2 枚，稀 3 枚，具柄；叶鞘套叠成假茎；叶片椭圆形或卵状披针形。花葶侧生，通常短于叶；花排列成偏向一侧的总状花序；苞片膜质；花白色，俯垂，短钟状；花被片 6 枚，大部分合生；雄蕊着生于花被管的基部，内藏，花丝稍短于花药，花药近长圆球形，基着，2 室，内向纵裂；子房上位，3 室，每室具数枚胚珠，花柱圆柱状。浆果圆球形；种子小。$2n=38$。

仅 1 种，广布于北温带地区；我国北部也有；浙江及杭州偶见栽培。

分子系统学研究表明本属应归入天门冬科 Asparagaceae（天门冬目 Asparagales）（APG Ⅲ，2009）。

图 3-505 铃兰

铃兰 （图 3-505）

Convallaria majalis L.

根状茎粗短，常具 1 或 2 条细长的地下走茎。叶通常2枚,稀3枚;叶鞘套叠成假茎;叶片椭圆形或卵状披针形,长7～20cm,宽3～8.5cm,先端近急尖,基部楔形下延;叶柄长8～20cm。花葶侧生,从套叠无叶片的叶鞘内抽出,通常短于叶,稍外弯;总状花序长5～12cm,有花5～12朵;花白色,短钟状,长5～7mm,俯垂,偏向一侧;苞片膜质,披针形,短于花梗;花梗长6～15mm;花被片大部分合生,裂片卵状三角形,先端锐尖,具1条脉;雄蕊着生于花被管的基部,内藏;花柱长2.5～3mm。浆果圆球形,直径为6～12mm,成熟时红色;种子扁圆球形,双凸状,直径约为3mm,表面有细网纹。花期5—6月,果期7—9月。$2n=38$。

区内有栽培,生于阴坡林下阴湿处或沟边。原产于北温带地区。

全草入药;又可供观赏。

18. 吉祥草属 Reineckea Kunth

多年生草本。根状茎细长,横生于浅土中,或露出地面,呈匍匐状,每隔一定距离向上发出叶簇。叶片线状披针形或倒披针形,下部渐狭成柄。花葶侧生,从下部叶腋抽出,远短于叶簇;花较多,排列成穗状花序;小苞片膜质,淡褐色或带紫色;花被片6枚,中部以下合生呈短管状,裂片在开花时反卷;雄蕊着生于花被管的喉部,伸出花被管外,花丝丝状,花药长圆球形,背着,2室,内向纵裂;子房上位,3室,每室具2枚胚珠,花柱细长,柱头头状,微3裂。浆果圆球形;种子数枚,白色。$2n=38,42$。

仅1种,分布于我国和日本;浙江及杭州也有。

分子系统学研究表明本属应归入天门冬科 Asparagaceae(天门冬目 Asparagales)(APG Ⅲ,2009)。

吉祥草 (图3-506)

Reineckea carnea (Andr.) Kunth

根状茎细长,横生在浅土中,或露出地面,呈匍匐状,每隔一定距离向上发出叶簇。叶每簇3～8枚;叶片线状披针形或倒披针形,长10～45cm,宽1～2cm,先端渐尖,下部渐狭,呈柄状。花葶侧生,从下部叶腋抽出,远短于叶簇;穗状花序长2～8cm;小苞片淡褐色或带紫色,膜质,卵状披针形,长5～7mm;花淡红色或淡紫色,芳香;花被片中部以下合生呈短管状,裂片长圆形,长5～7mm,先端钝,开花时反卷;雄蕊着生于花被管的喉部,伸出花被管外,花丝丝状,花药淡绿色,长圆球形;子房长约3mm,花柱细长。浆果圆球形,直径为5～8mm,成熟时红色或紫红色;种子白色。花、果期10—11月。$2n=38,42$。

图3-506 吉祥草

区内常见栽培,生于山坡林下阴湿处或水沟

边。分布于安徽、广东、广西、贵州、河南、湖北、湖南、江苏、江西、陕西、四川、云南；日本也有。

根状茎及全草入药；可作地被植物。

19. 万年青属 Rohdea Roth

多年生常绿草本。根状茎粗壮，有时有分枝。叶数枚，基生；叶片长圆形、披针形或倒披针形，下部稍狭，基部稍扩展，抱茎。花葶侧生，远短于叶簇，直立或稍弯曲；花排列成密集的穗状花序；苞片短于花，全缘；花多数，肉质，球状钟形；花被片 6 枚，中上部以下合生，裂片很小，不十分明显，内弯，先端圆钝；雄蕊着生于花被管的上部至喉部，花丝不明显，花药卵球形，背着，2 室，内向纵裂；子房上位，3 室，每室具 2 枚胚珠，花柱不明显，柱头膨大，微 3 裂。浆果圆球形，通常仅具 1 枚发育的种子。$2n=38$，亦有报道为 $2n=28,76$。

仅 1 种，分布于我国和日本；浙江及杭州也有。

分子系统学研究表明本属应归入天门冬科 Asparagaceae（天门冬目 Asparagales）（APG Ⅲ，2009）。

万年青 （图 3-507）

Rohdea japonica（Thunb.）Roth

根状茎粗壮，直径为 1.5～2.5cm，有时有分枝。叶数枚，基生；叶片厚纸质，长圆形、披针形或倒披针形，长 15～50cm，宽 2.5～7cm，先端急尖，下部稍狭，基部稍扩展，抱茎。花葶侧生，远短于叶簇；穗状花序长 3～5cm，宽 1.2～2cm；苞片膜质，卵形或倒卵形，短于花；花密集，淡黄色，肉质，球状钟形；花被片中上部以下合生，裂片很小，不十分明显，内弯，先端圆钝；雄蕊着生于花被管的上部至喉部，花丝不明显，花药卵球形；花柱不明显，柱头膨大，微 3 裂。浆果圆球形，直径约为 8mm，成熟时红色。花期 6—7 月，果期 8—10 月。$2n=38$，亦有报道为 $2n=28,76$。

见于西湖区（双浦）、余杭区（鸬鸟），区内亦有栽培。原产于我国和日本；全国各地有栽培，偶见野生。

根状茎入药，称“白河车”。

图 3-507 万年青

20. 开口箭属 Campylandra Baker

多年生常绿草本。根状茎粗壮，直生或横生。叶数枚，基生或近基生，稀生于延长的茎上；叶片狭椭圆形至线状披针形或宽线形，有时下部渐狭，呈柄状，基部扩展，抱茎。花葶侧生，远短于叶簇,直立或外弯;花排列成密集的穗状花序;苞片通常长于花,全缘或边缘分裂成流苏状;花稍肉质,钟状或圆筒状;花被片6枚,中部至中上部以下合生,喉部有时具向内扩展的环状体,裂片开展,先端尖;雄蕊着生于花被管的上部至喉部,着生位置高于柱头,花丝明显或不明显,有时下部扩大,花药卵球形,背着,2室,内向纵裂;子房上位,3室,每室具2~4枚胚珠,花柱长1(~3.5)mm或不明显,柱头小,微3裂。浆果圆球形,成熟时紫红色、红色或黄褐色。$2n=38$。

约16种,分布于亚洲,从不丹、印度、尼泊尔至我国;我国均产;浙江有1种;杭州有1种。

分子系统学研究表明本属应归入天门冬科 Asparagaceae(天门冬目 Asparagales)(APG Ⅲ,2009)。

开口箭 (图3-508)

Campylandra chinensis (Baker) M. N. Tamura, S. Yun Liang, Turland——*Tupistra chinensis* Baker

根状茎黄绿色,圆柱形,直径为1~1.5cm。叶4~8枚,基生;叶片近革质,倒披针形或线状披针形,长15~30cm,宽1.5~4cm,先端渐尖,下部渐狭,呈柄状,基部扩展,抱茎。花葶侧生,远短于叶簇,直立;穗状花序长2.5~5cm,花密集;苞片绿色,卵状披针形至披针形,通常长于花,全缘;花黄色或黄绿色,稍肉质,钟状;花被片中部以下合生,花被管长2~2.5mm,裂片卵形,长3~3.5mm,先端渐尖;雄蕊着生于花被管的喉部,花丝基部扩大,彼此或多或少合生,分离部分长1~2mm,内弯,花药卵球形;花柱不明显,柱头微3裂。浆果圆球形,直径为8~10mm,成熟时紫红色。花期5—6月,果期10—11月。$2n=38$。

区内有栽培,生于山坡林下阴湿处或沟边。原产于我国南部。

图3-508 开口箭

21. 竹根七属 Disporopsis Hance

多年生常绿草本。根状茎圆柱形或连珠状;地上茎直立。叶互生,具短柄;叶片卵形、椭圆形至披针形。花单生或数朵簇生于叶腋;花近钟形,通常俯垂;花梗顶端具关节;花被片6枚,下部1/3~3/5合生;花冠管喉部具6裂的副花冠,副花冠裂片与花冠裂片对生或互生,肉质或膜质,线形、披针形或近卵形,先端不同程度地2裂;雄蕊与花被裂片对生,花丝极短,花药椭圆球形或长圆球形,背着,2室,内向纵裂;子房上位,3室,每室具1~3枚胚珠,花柱短,柱头头状。浆果近圆球形或卵球形;种子数枚。

6 种，分布于我国南部，老挝、菲律宾、泰国和越南也有；我国均产；浙江有 1 种；杭州有 1 种。

分子系统学研究表明本属应归入天门冬科 Asparagaceae（天门冬目 Asparagales）（APG Ⅲ，2009）。

深裂竹根七 （图 3-509）

Disporopsis pernyi (Hua) Diels

根状茎常接近地面，常绿色，圆柱形，直径为 5～10mm；地上茎高 30～45cm，不分枝，具紫色斑点。叶片厚纸质，长圆状披针形，长 6～10cm，宽 2～2.5cm，先端渐尖或近尾状，通常稍向一侧弯曲，基部圆钝，两面无毛；叶柄长 3～5mm。花单生或 2 朵簇生于叶腋；花白色，钟形，长 12～15mm，俯垂；花梗长 8～15mm；花被片中部以下合生，裂片近长圆形，副花冠裂片膜质，与花被裂片对生，长圆形，长约为花被裂片之半，先端 2 深裂；雄蕊着生于花被管的喉部、副花冠裂片先端的凹缺处，花药长圆球形，长 1.5～2mm；花柱短于子房。浆果近圆球形，直径为 7～10mm，成熟时暗紫色；种子 1～3 枚。花期 4—5 月，果期 11—12 月。$2n=40$。

区内有栽培，生于山坡林下阴湿处或沟边。分布于广东、广西、贵州、湖南、江西、四川、台湾、云南。

图 3-509 深裂竹根七

22. 黄精属 Polygonatum Mill.

多年生草本。根状茎圆柱状、结节状、连珠状或姜块状；地上茎直立或弯拱，不分枝，幼时下部各节具膜质鞘。叶互生、对生或轮生，无柄至具短柄；叶片卵形至线状披针形，先端直或卷曲。花排列成腋生的伞形花序、伞房花序或总状花序；苞片缺或微小而早落，稀叶状；花近圆筒形或坛状；花梗顶端具关节；花被片 6 枚，大部分合生，花被管基部与子房贴生，有时基部收缩成短柄状，裂片先端外面通常具乳凸状毛；雄蕊着生于花被管的中部至中上部，内藏，花丝丝状或侧扁，花药长圆球形至宽线形，背着，2 室，内向纵裂；子房上位，3 室，每室具 2～6 枚胚珠，花柱丝状，不伸出或稍伸出花被之外，柱头小。浆果近圆球形。本属内各种的染色体数目一般多变，且多为非整倍性变异。

约 40 种，分布于北温带地区；我国有 31 种；浙江有 5 种；杭州有 4 种。

分子系统学研究表明本属应归入天门冬科 Asparagaceae（天门冬目 Asparagales）（APG Ⅲ，2009）。

分种检索表

1. 叶互生；叶片椭圆形至长圆状披针形，先端平直。

2. 根状茎结节状或连珠状膨大;苞片线形,位于花梗中下部至近基部;花被管基部收缩成短柄状。

3. 叶片两面无毛;花序梗长0.7～2cm;花丝上部稍膨大乃至具囊状凸起 ………………………………………………………………………………………… 1. **多花黄精** *P. cyrtonema*

3. 叶片下面脉上有短毛;花序梗长2.5～13cm;花丝上部不膨大 …………… 2. **长梗黄精** *P. filipes*

2. 根状茎扁圆柱状;苞片缺;花被管基部不收缩成短柄状 ……………………………… 3. **玉竹** *P. odoratum*

1. 叶轮生;叶片线状披针形至披针形,先端卷曲 ……………………………………………… 4. **黄精** *P. sibiricum*

1. **多花黄精** (图3-510)

Polygonatum cyrtonema Hua

根状茎连珠状,稀结节状,直径为10～25mm;地上茎弯拱,高50～100cm。叶互生;叶片椭圆形至长圆状披针形,长8～20cm,宽3～8cm,先端急尖至渐尖,平直,基部圆钝,两面无毛。伞形花序通常具2～7朵花,下弯;花序梗长7～15mm;苞片线形,位于花梗的中下部,早落;花绿白色,近圆筒形,长15～20mm;花梗长7～15mm;花被管基部收缩成短柄状,裂片宽卵形,长约3mm;雄蕊着生于花被管的中部,花丝稍侧扁,被短绵毛,花药长圆球形,长3.5～4mm;花柱不伸出花被之外。浆果直径约为1cm,成熟时黑色;种子3～14枚。花期5—6月,果期8—10月。$2n=18,20,22,24$。

见于余杭区(良渚、闲林、中泰)、西湖景区(飞来峰),生于山坡林下阴湿处或沟边。分布于安徽、福建、广东、广西、贵州、河南、湖北、湖南、江苏、江西、陕西、四川。

根状茎入药,为常用中药"黄精"的来源之一。

图3-510　多花黄精

图3-511　长梗黄精

2. **长梗黄精** (图3-511)

Polygonatum filipes Merr.

根状茎结节状,稀连珠状,膨大部分的间隔长1～7cm,直径为5～20mm;地上茎弯拱,高

25～70cm。叶互生；叶片椭圆形至长圆形，长 6～15cm，宽 2～7cm，先端急尖，平直，基部圆钝，上面无毛，下面脉上有短毛。伞形花序或伞房花序通常具 2～4 朵花，稀更多，下垂；花序梗细丝状，长 2.5～13cm；苞片线形，位于花梗的中下部至近基部，早落；花绿白色，近圆筒形，长 15～20mm；花梗长 5～25mm；花被管基部收缩成短柄状，裂片卵状三角形，长约 4mm；雄蕊着生于花被管中部，花丝被短绵毛，花药长圆球形，长 2.5～3mm；花柱稍伸出花被之外。浆果直径约为 8mm，成熟时黑色；种子 2～5 枚。花期 5—6 月，果期 8—10 月。$2n=14,16,18,22$。

见于余杭区(鸬鸟)，生于山坡林下或灌丛草地。分布于安徽、福建、广东、广西、湖南、江苏、江西。

3. 玉竹 (图 3-512)

Polygonatum odoratum (Mill.) Druce

根状茎扁圆柱形，直径为 5～10mm；地上茎直立或稍弯拱，高 20～50cm，上部稍具 3 条棱。叶互生；叶片椭圆形或长圆状椭圆形，长 5～12cm，宽 2～4cm，先端急尖或钝，平直，基部楔形或圆钝，下面带灰白色，脉上平滑。伞形花序通常具 2 朵花，稀 1 或 3 朵花；花序梗长 0.7～1.2cm；苞片缺；花白色，近圆筒形，长 14～18mm；花梗长 10～20mm；花被管基部不收缩成短柄状，裂片近圆形，长约 3mm；雄蕊着生于花被管的中部，花丝丝状，具乳头状凸起，花药长圆球形，长约 4mm；花柱不伸出花被之外。浆果直径为7～10mm，成熟时紫黑色；种子 7～9 枚。花期 5—6 月，果期 8—9 月。染色体数目多变，以 $2n=20$ 报道最多，亦有报道为 $2n=16,18,21,22,23,24,26,28,29,30,40$。

图 3-512 玉竹

见于西湖区(留下、双浦)、余杭区(百丈)、西湖景区(九溪)，生于山坡草丛或林下阴湿处。分布于安徽、甘肃、广西、河北、河南、黑龙江、湖南、江苏、江西、辽宁、内蒙古、青海、山东、山西、陕西、台湾；日本、朝鲜半岛、蒙古、欧洲也有。

根状茎入药。

4. 黄精 (图 3-513)

Polygonatum sibiricum Delar. ex Redoute

根状茎结节状，膨大部分大多呈鸡头状，一端粗，一端渐细，彼此有较长的间隔，直径为1～2cm；地上茎近直立，高 50～100cm。叶 4～6 枚轮生；叶片线状披针形至披针形，长 8～15cm，宽1～3cm，先端渐尖，卷曲，下部渐狭，两面无毛，边缘具细小的乳头状凸起。伞形花序通常具 2～4 朵花，下垂；花序梗扁平，长 8～10mm；苞片膜质，线状披针形，具 1 条脉，位于花梗的

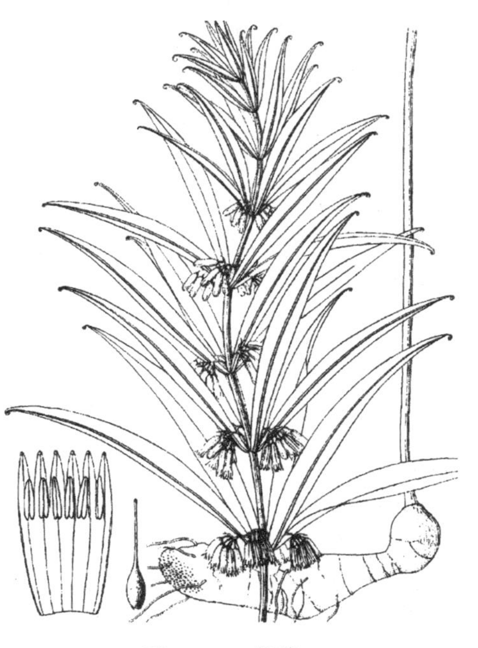

图 3-513 黄精

基部;花白色至淡黄色,近圆筒形,长5～10mm;花梗长2～4mm;花被管近直,裂片狭卵形,长2～4mm;雄蕊着生于花被管的中上部,花丝短,藏于花药之后,花药长圆球形,长2～3mm;花柱长至少为子房的1.5倍。浆果直径为7～10mm,成熟时黑色;种子4～7枚。花期5—6月,果期8—9月。$2n=22,24$。

见于余杭区(鸬鸟),生于山坡林下阴湿处。分布于安徽、甘肃、河北、河南、黑龙江、吉林、辽宁、内蒙古、宁夏、山东、山西、陕西;朝鲜半岛、蒙古、俄罗斯也有。杭州新记录。

根状茎入药,称“黄精”。

23. 万寿竹属　Disporum Salisb.

多年生草本。根状茎短或长,有时结节状,横生;地上茎直立,上部通常有分枝,下部有膜质鞘。叶互生,具短柄或无柄;叶片薄纸质至厚纸质,卵形至披针形。花1至数朵排列成伞形花序,着生于茎和分枝的顶端,或着生于与叶对生的具叶短枝的顶端,以致貌似腋生;苞片缺;花狭钟形或近筒状;花被片6枚,离生,基部囊状或距状;雄蕊着生于花被片的基部,花丝扁平,花药长圆球形,基着,2室,半外向纵裂;子房上位,3室,每室具2～6枚胚珠,花柱细长,柱头3裂。浆果近圆球形,成熟时黑色;种子2、3(～6)枚,近圆球形,表面具点状皱纹。$2n=14,16$,偶有报道为$2n=18$。

约25种,分布于亚洲和美洲温带地区;我国有13种;浙江有1种;杭州有1种。

分子系统学研究表明本属应归入秋水仙科 Colchicaceae(百合目 Liliales)(APG Ⅲ,2009)。

少花万寿竹

Disporum uniflorum Baker ex S. Moore

根状茎肉质,有长1～5cm、直径为3～6mm的匍匐茎;地上茎高20～80cm,上部分枝或不分枝,下部各节有膜质鞘。叶片薄纸质至纸质,宽椭圆形至长卵形,长4～9cm,宽1～6.5cm,先端急尖至渐尖,基部圆形或宽楔形,下面脉上和边缘有极细小的乳头状凸起;叶柄长5～10mm。伞形花序具1～3(～5)朵花,着生于茎和分枝的顶端;花黄色或黄绿色,近筒状,多少俯垂;花梗长1～2cm;花被片近直出,倒卵状披针形,长2～3cm,宽5～10mm,内面有短柔毛,边缘有极细小的乳头状凸起,基部具长1～2mm的短距;雄蕊着生于花被片的基部,花丝长约15mm,花药长4～8mm;花柱长约15mm,柱头3裂,外弯。浆果近球形,直径为1～1.5cm,成熟时蓝黑色;种子3枚,直径约为5mm,淡棕色。花期4—5月,果期7—10月。$2n=16$。

见于西湖区(双浦)、余杭区(百丈、径山、良渚、瓶窑、中泰)、西湖景区(飞来峰、黄龙洞、九曜山、龙井、棋盘山、玉皇山等),生于山坡林下或灌丛中。分布于安徽、河北、湖北、江苏、江西、辽宁、山东、陕西、四川;朝鲜半岛也有。

根状茎及根入药。

Flora of China 指出我国不产宝铎草 *D. sessile* (Thunb.) D. Don ex Schult. & Schult. f.(产于日本、朝鲜半岛、俄罗斯),而认为《中国植物志》所载的宝铎草主要是本种,另外还包括海南万寿竹 *D. hainanense* Merr.(产于海南)和山万寿竹 *D. shimadae* Hayata(产于台湾)。

24. 葱属 Allium L.

多年生草本，大多具葱蒜气味。鳞茎圆柱形至圆球形或扁球形，外有膜质、革质或纤维质的鳞茎皮。叶基生或兼茎生；叶片线形至卵圆形，扁平、半圆柱状或圆柱状，实心或中空，基部直接与闭合的叶鞘相连，或具柄。花莛从鳞茎基部长出，裸露或基部为叶鞘所包裹；花数朵至数十朵排列成顶生的伞形花序，开放前整个花序为非绿色的、闭合的总苞所包裹；小苞片存在或缺；花被片6枚，离生或基部合生；雄蕊着生于花被片基部，花丝基部扩大而全缘，或每侧各具1枚齿，扩大部分的基部通常彼此合生并与花被片贴生，花药椭圆球形，背着，2室，内向纵裂；子房上位，3室，每室具1至数枚胚珠，腹缝线基部常具蜜腺，花柱钻形，柱头小，全缘或微3裂。蒴果具3条棱，室背开裂；种子黑色，多棱形或近圆球形。染色体数目报道极多，绝大多数为 $2n=16,32$。

约500种，分布于北温带地区；我国有99种，11变种；浙江有9种；杭州有6种。

分子系统学研究表明本属应归入石蒜科 Amaryllidaceae（天门冬目 Asparagales）（APG Ⅲ，2009）。

分种检索表

1. 叶片挺直，管状圆柱形，中空。
   2. 鳞茎大，扁球形或近圆球形；花丝稍长于花被片，内轮花丝基部扩大部分每侧各具1枚齿 …………………………………… 1. **洋葱** *A. cepa*
   2. 鳞茎小，圆柱形或卵状圆柱形；花丝长为花被片的1.5～2倍，内轮花丝基部扩大部分全缘 …………………………………… 2. **葱** *A. fistulosum*
1. 叶片柔软，线形、宽线形，扁平、半圆柱状、三棱状或五棱状，实心或中空。
   3. 花淡红色至暗紫色，稀近白色；花丝长于花被片。
      4. 鳞茎卵球形至狭卵球形；花序内无珠芽；花被片椭圆形至卵状椭圆形，先端圆钝；花丝长为花被片的1.5倍 …………………………………… 3. **藠头** *A. chinense*
      4. 鳞茎近圆球形；花序内通常有珠芽；花被片长圆状卵形至长圆状披针形，先端稍尖；花丝稍长于花被片 …………………………………… 4. **薤白** *A. macrostemon*
   3. 花白色或稍带淡红色；花丝短于花被片。
      5. 鳞茎大，圆球形或扁球形；叶片宽可达2.5cm；内轮花丝基部扩大部分每侧各具1枚齿，齿端具长于花被片的丝状长尾 …………………………………… 5. **蒜** *A. sativum*
      5. 鳞茎小，近圆柱形；叶片宽或直径不逾8mm；内轮花丝基部扩大部分全缘 …………………………………… 6. **韭** *A. tuberosum*

1. **洋葱** （图3-514）

Allium cepa L.

鳞茎大，扁球形或近圆球形，鳞茎皮通常紫红色，稀淡黄色，纸质或薄革质。叶多数，无柄；叶片挺直，管状圆柱形，中空。花莛粗壮，管状圆柱形，中空，高可达1m，高于叶，通常中部以下膨大，下部为叶鞘所包裹；伞形花序圆球形，具多而密集的花；总苞膜质，2～3裂；花白色；花梗长约2.5cm；小苞片膜质；花被片基部合生，长圆状卵形，长4～5mm，宽约2mm；花丝稍长于花被片，下部1/5合生，合生部分的下部1/2与花被片贴生，分离部分锥形，内轮花丝基部极扩大,扩大部分每侧各具1枚齿;子房近圆球形,每室具2枚胚珠,腹缝线基部有具帘的凹陷蜜腺。花期6—7月。$2n=16$,偶有报道为$2n=14,28,32$。

区内有栽培。原产于西亚;世界各地广泛栽培。

鳞茎可作蔬菜。

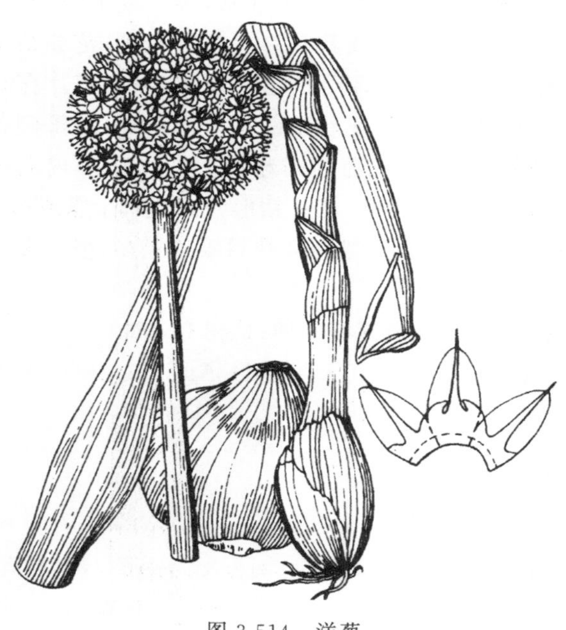

图3-514 洋葱

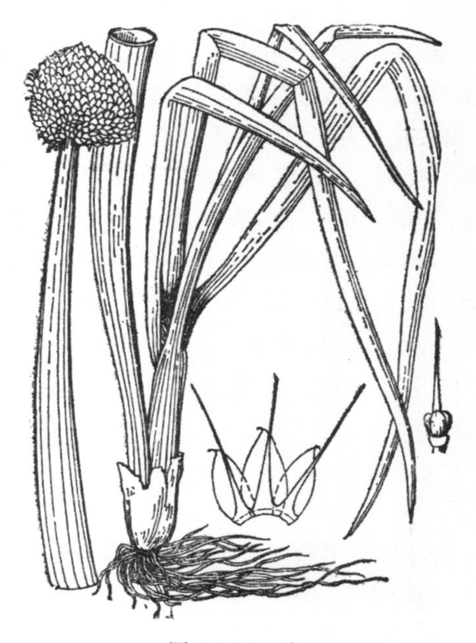

图3-515 葱

2. **葱** (图3-515)

Allium fistulosum L.

鳞茎近圆柱形,稀卵状圆柱形,鳞茎皮白色,稀带红褐色,膜质至薄革质。叶多枚,无柄;叶片挺直,管状圆柱形,中空。花葶管状圆柱形,中空,约与叶等长,中部最粗,下部为叶鞘所包裹;伞形花序圆球形,具多而较密集的花;总苞膜质,2裂;花白色;花梗纤细;小苞片缺;花被片基部合生,狭卵形,长6~8.5mm,先端渐尖,具反折的尖头,外轮的较短;花丝长为内花被片的1.5~2倍,分离部分锥形;子房倒卵球形,每室具2枚胚珠,腹缝线基部具不明显的凹陷蜜腺。花、果期5—7月。$2n=16$。

区内常见栽培。原产于俄罗斯西伯利亚地区;世界各地广泛栽培。

全株供食用或调味用;葱白(鳞茎)及葱子(种子)入药。

3. **藠头** 荞头 (图3-516)

Allium chinense G. Don

鳞茎卵球形至狭卵球形,常数枚聚生,直径为1~2cm,鳞茎皮白色或带红色,膜质。叶数枚,无柄;叶片三棱状或五棱状线形,常具3~5条细纵棱,直径为1~3mm,中空。花葶侧生,半圆柱状,实心,与叶近等长,高20~40cm,基部为叶鞘和鳞茎皮所包裹;伞形花序近半球形,具多数松散的花;总苞膜质,2裂;花淡紫色至暗紫色;花梗长15~20mm;小苞片膜质;花被片基部合生,椭圆形,长4~6mm,宽3~4mm,先端圆钝,内轮的较外轮的稍长;花丝长为花被片的 1.5 倍，分离部分外轮的锥形，内轮的基部扩大，扩大部分每侧各具 1 枚齿；子房倒卵球形，每室具 2 枚胚珠，腹缝线基部有具帘的凹陷蜜腺。花、果期 10—11 月。$2n=24,32$。

见于拱墅区(半山)、萧山区(城厢)、西湖景区(五云山)，生于山坡、路边草地。分布于安徽、福建、广东、广西、贵州、海南、河南、湖北、湖南、江西。

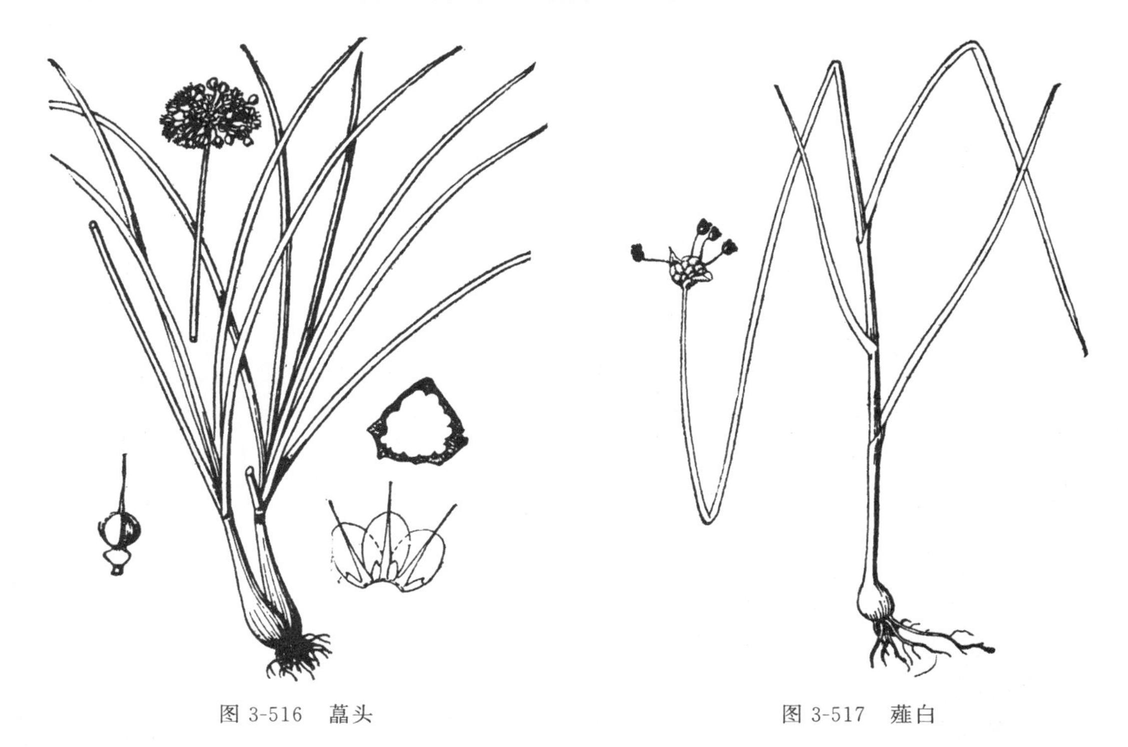

图 3-516 藠头　　图 3-517 薤白

4. 薤白 野葱 小根蒜 (图 3-517)

Allium macrostemon Bunge

鳞茎近圆球形，直径为 1～1.5cm，有时基部具小鳞茎，鳞茎皮外层的带黑色，易脱落，内层的白色，膜质或纸质。叶 3～5 枚，无柄；叶片半圆柱状或三棱状线形，直径为 1～2mm，中空，上面具沟槽。花葶圆柱状，实心，高 30～70cm，下部为叶鞘所包裹；伞形花序半球形至球形，密聚暗紫色的珠芽，间有数花，稀全为花；总苞膜质，先端渐尖至尾尖，2 裂，宿存；花淡紫色或淡红色，稀白色；花梗长 7～12mm；小苞片膜质，披针形，2 裂；花被片基部合生，长圆状卵形至长圆状披针形，长 3～4.5mm，宽 1～1.5mm，先端稍尖，内轮的常较狭；花丝稍长于花被片，分离部分的基部外轮的为狭三角形，内轮的为宽三角形，均向上收缩成锥形；子房近圆球形，每室具 2 枚胚珠，腹缝线基部具有帘的凹陷蜜腺。花期 5—6 月。$2n=32$，偶有报道为 $2n=40,48$。

区内常见，生于荒野、路边草地或山坡草丛中。分布于全国各地(除海南、青海、新疆外)；日本、朝鲜半岛、蒙古、俄罗斯也有。

鳞茎入药。

5. 蒜 大蒜 (图 3-518)

Allium sativum L.

鳞茎圆球形或扁球形，由 1 至数个肉质、瓣状的小鳞茎组成，鳞茎皮白色至带紫色，膜质。叶多枚,无柄;叶片扁平,实心,宽线形,宽可达 2.5cm。花葶圆柱状,实心,高可达 80cm,高于叶,中部以下为叶鞘所包裹;伞形花序圆球形,密具珠芽,间有数花;总苞绿色,草质,先端具长 7～20cm 的尾状长喙,早落;花通常淡红色;花梗纤细;小苞片大,膜质,卵形,具短尖头;花被片基部合生,外轮的披针形至卵状披针形,长 3～4mm,内轮的较外轮的短;花丝长为花被片的1/3～1/2,分离部分三角状锥形,内轮花丝基部扩大,扩大部分每侧各具 1 枚齿,齿端具长于花被片的丝状长尾;子房圆球形,每室具 2 枚胚珠。花期 7 月。$2n=16$,偶有报道为 $2n=12$。

区内常见栽培。原产于亚洲西部或欧洲;世界各地广泛栽培。

幼苗、鳞茎(蒜头)、花葶(蒜薹)均可作蔬菜或调味用;鳞茎入药。

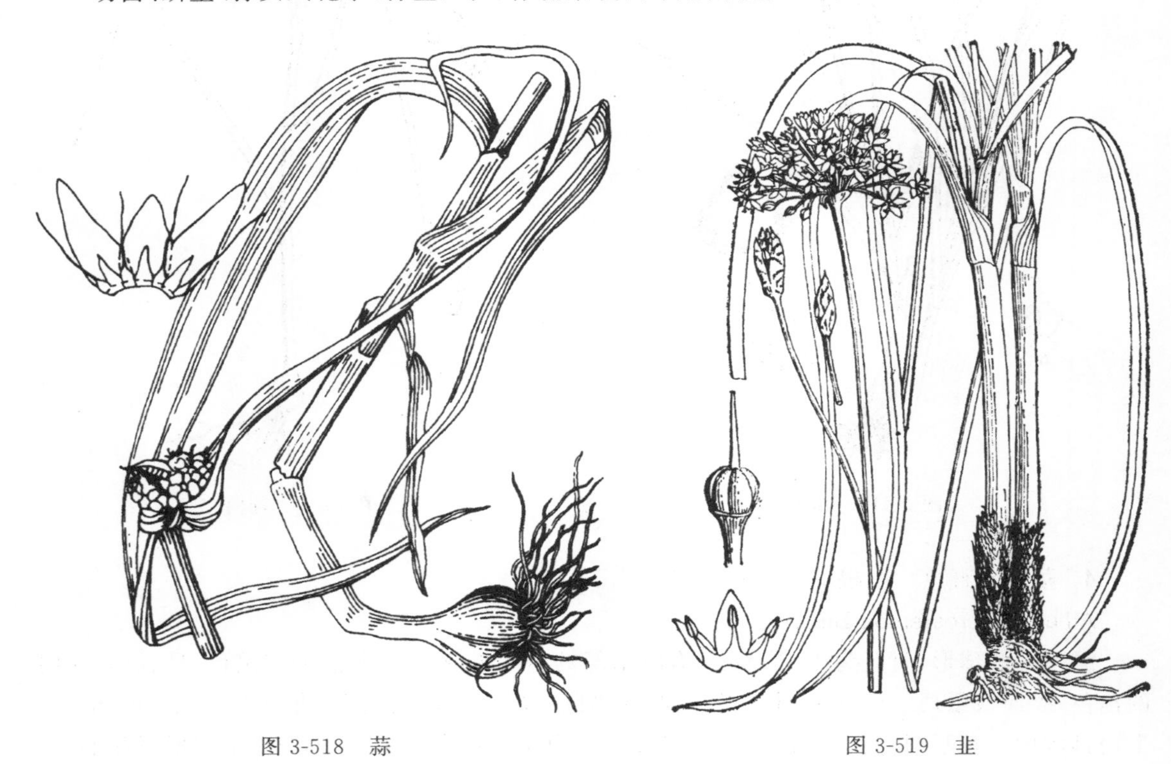

图 3-518　蒜　　　　图 3-519　韭

6. **韭**　韭菜　(图 3-519)

Allium tuberosum Rottl. ex Spreng.

鳞茎近圆柱形,鳞茎皮黄白色、暗黄色或黄褐色,革质或后变近网状的纤维质。叶多枚,无柄;叶片扁平,实心,宽线形,宽 2～8mm。花葶近圆柱状,常具 2 条纵棱,实心,高可达 60cm,高于叶,下部为叶鞘所包裹;伞形花序半球形,具多而稀疏的花;总苞膜质,单侧开裂或 2～3 裂,宿存;花白色;花梗长约 3cm,有纵棱;小苞片膜质;花被片基部合生,外轮的长圆状卵形至长圆状披针形,长 5～6mm,宽 2～2.5mm,内轮的较外轮的稍宽;花丝长为花被片的 2/3～4/5,分离部分三角状锥形;子房倒圆锥状球形,表面有细疣状凸起,每室具 2 枚胚珠。花、果期 8—10 月。$2n=32$,偶有报道为 $2n=16,24,31,33,62,64$。

区内常见栽培。原产于东南亚;世界各地广泛栽培。

叶、花葶(韭薹)均可作蔬菜;种子入药。

25. 贝母属 Fritillaria L.

多年生草本。鳞茎由2至多枚贝壳状粉质的鳞片组成，无鳞茎皮；地上茎直立，不分枝。叶互生、对生或轮生；叶片线形至卵形。花单生于茎端，或数朵排列成总状花序或近伞形花序；苞片叶状；花钟状，下垂；花被片6枚，常靠合，内面基部有蜜腺窝；雄蕊着生于花被片的基部，花丝细长，花药长圆球形，近基着或背着，2室，内向纵裂；子房上位，3室，每室具多数胚珠，花柱细长，柱头3裂或不裂。蒴果具6条棱，棱上常有翅，室背开裂；种子扁平，边缘有狭翅。$2n=24$，偶有报道为$2n=14,18,22,26,27,36,54$。

约60种，分布于北温带；我国有20种，2变种；浙江有2种，2变种；杭州有1种。

浙贝母 浙贝 象贝 （图3-520）

Fritillaria thunbergii Miq.

鳞茎通常扁球形，直径为2～6cm，通常由2枚肥厚的鳞片组成；地上茎高30～80cm。下部的叶互生或近对生，中部的常3～5枚轮生，上部的近对生至互生；叶片线状披针形、披针形或倒披针形，长6～15cm，宽0.5～1.5cm，下部的较宽，上部的渐变狭，先端下部的钝尖，中部以上的卷曲。总状花序有花3～9朵；叶状苞片顶生的常3～4枚轮生，其余的常2枚簇生；花淡黄绿色；花梗长1～2cm，下弯；花被片倒卵形或椭圆形，长2.5～2.8cm，宽约1cm，内面有紫色脉纹和斑点（压干后易褪色）；雄蕊长约为花被片的2/5，花药近基着，柱头裂片长1.5～2mm。蒴果长2～2.2cm，宽约2.5cm，棱上的翅宽6～8mm。花期3—4月，果期4—5月。$2n=24$。

见于余杭区（良渚），区内亦有栽培，生于路边阴湿处。分布于安徽、江苏。

鳞茎入药。

图3-520 浙贝母

26. 老鸦瓣属 Amana Honda

多年生草本。鳞茎圆球形或卵球形，鳞茎皮薄革质或纸质，内面被毛，稀无毛；地上茎通常不分枝。叶基生兼茎生，或基生叶花期枯萎；叶片线状披针形至长卵形。花单生于茎端；花葶上部有2～4枚苞片，对生或轮生；花被片6枚，离生；雄蕊等长或3长3短，着生于花被片的基部，花丝常中部或基部扩大，花药长圆球形，基着，2室，内向纵裂；子房上位，3室，每室具多数胚珠，花柱与子房近等长，柱头3裂。蒴果具3条钝棱，室背开裂；种子三角形，扁平。

有5种，分布于我国、日本、朝鲜半岛；我国均产；浙江有3种；杭州有1种。

本属曾被并入郁金香属 *Tulipa* L.。基于形态特征和分子系统学，现已恢复了其属的地位。与郁金香属的主要区别在于：本属的花葶上部有2～4枚对生或轮生的苞片，花柱与子房近等长；而后者无苞片，花柱不明显。Tan 等（2007）发表的新种——括苍山老鸦瓣 *A.*

kuocangshanica D. Y. Tan & D. Y. Hong 特有分布于浙江括苍山。

老鸦瓣 山慈姑 (图 3-521)

Amana edulis (Miq.) Honda——*Tulipa edulis* (Miq.) Baker

鳞茎卵球形,直径为 1.5～2cm,鳞茎皮纸质,黑褐色,内面密被黄褐色长柔毛;地上茎高 10～25cm,细弱,有时有分枝。茎下部的 1 对叶片线形,等宽,长15～25cm,宽通常 4～9mm;茎上部的叶对生,稀 3 枚轮生,苞片状,线形或宽线形,长2～3cm。花白色;花被片长圆状披针形,长 1.8～2.5cm,宽 4～7mm,背面有紫红色的纵条纹;雄蕊三长三短,花丝中部稍扩大;花柱长约 4mm。蒴果近圆球形,直径约为 1.2cm,具长喙。花期 3—4 月,果期 4—5 月。$2n=48$。

区内常见。分布于安徽、湖北、湖南、江苏、江西、辽宁、山东、陕西;日本、朝鲜半岛也有。

鳞茎入药。

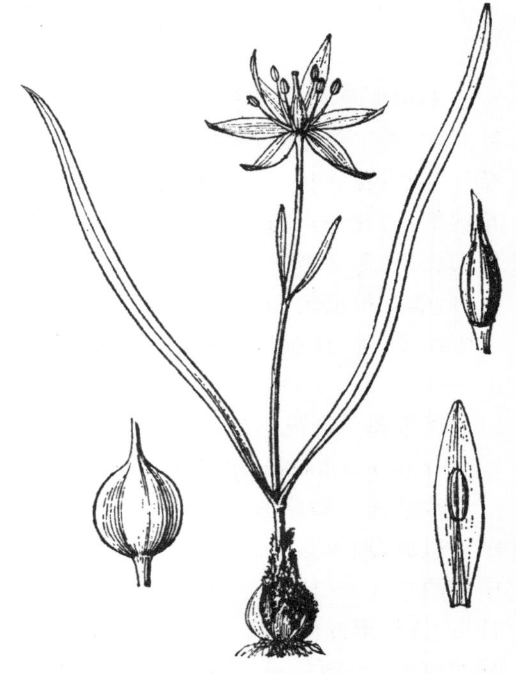

图 3-521 老鸦瓣

27. 郁金香属 Tulipa L.

多年生草本。鳞茎圆球形或卵球形,鳞茎皮薄革质或纸质,内面被毛,稀无毛;地上茎通常不分枝。叶基生兼茎生,或基生叶花期枯萎;叶片线状披针形至长卵形。花单生于茎端,其下无苞片;花被片 6 枚,离生;雄蕊等长或三长三短,着生于花被片的基部,花丝常中部或基部扩大,花药长圆球形,基着,2 室,内向纵裂;子房上位,3 室,每室具多数胚珠,花柱不明显,柱头 3 裂。蒴果具 3 条钝棱,室背开裂;种子三角形,扁平。$2n=24$,亦有报道为 $2n=36,48,60,72$。

约 150 种,分布于地中海地区、北非、中亚至欧洲;我国有 14 种;浙江及杭州栽培 1 种。

郁金香 (图 3-522)

Tulipa gesneriana L.

鳞茎卵球形,直径约为 2cm,鳞茎皮纸质,内面先端和基部有少数伏毛;地上茎高 20～50cm。叶 3～5枚,互生;叶片披针形至卵状披针形,先端有少数毛。花大而艳丽,红色、白色、黄色,有时为杂色或

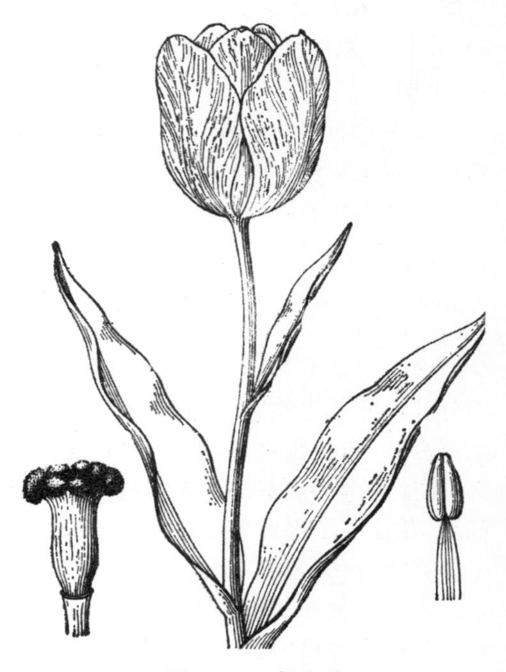

图 3-522 郁金香

其他颜色；花被片长5～7cm，宽2～4cm，外轮的披针形至椭圆形，稍长，先端尖，内轮的倒卵形，稍短，先端钝，所有花被片先端均有微毛；雄蕊等长，花丝中部扩大；花柱不明显，柱头增大成鸡冠状。花期4—5月。$2n=24,36$。

区内常见栽培。原产于土耳其；世界各地广泛栽培。

本种为广泛栽培的花卉，品种极多，供观赏。

28. 大百合属 Cardiocrinum (Endl.) L.

多年生草本。基生叶的叶柄基部膨大，形成鳞茎，但在花序长出后随即凋萎，生出数个卵形的小鳞茎，鳞茎皮纤维质；地上茎高大。叶基生兼茎生，具柄；茎生叶互生；叶片通常心形或卵状心形，向上渐变小，具网状脉。花3～16朵排列成顶生的总状花序；花大型，近白色，狭喇叭形；花被片6枚，离生，多少靠合；雄蕊着生于花被片基部，花丝扁平，花药长椭圆球形，“丁”字形背着，2室，内向纵裂；子房上位，3室，每室具多数胚珠，花柱约与子房等长，柱头膨大，微3裂。蒴果长圆球形或近圆球形，具6条钝棱和多数细横纹，顶端有小尖凸，室背开裂；种子扁平，周围有膜质翅。$2n=24$。

有3种，分布于我国和日本；我国有2种；浙江有1种；杭州有1种。

荞麦叶大百合 (图3-523)

Cardiocrinum cathayanum (E. H. Wilson) Stearn

小鳞茎高约2.5cm，直径为1.2～1.5cm；地上茎高50～150cm，直径为1～2cm，无毛。叶片卵状心形，长10～22cm，宽6～16cm，先端急尖，基部近心形；叶柄长2～20cm，上面具沟槽。总状花序有花3～5朵；苞片膜质，长圆状披针形，长4～5.5cm，宽1.5～1.8cm；花乳白色，内具紫色条纹；花梗粗短，长约1cm；花被片倒披针形，长约13cm，宽1.5～2cm；花丝长7～8cm，花药长2～3cm；子房圆柱形，长3～3.5cm，花柱长6～6.5cm。蒴果近圆球形或椭圆球形，长4～5cm，直径为3～3.5cm。花期6—7月，果期8—10月。$2n=24$。

见于余杭区(中泰)，生于山坡林下阴湿处或沟边草丛中。分布于安徽、福建、河南、湖北、湖南、江苏、江西。杭州新记录。

鳞茎入药。

图3-523 荞麦叶大百合

29. 百合属　Lilium L.

多年生草本。鳞茎卵球形或圆球形，具多数卵形或披针形的肉质鳞片；地上茎直立，不分枝。叶通常互生，稀轮生；叶片披针形至椭圆形，稀宽线形，全缘或边缘有小乳头状凸起。花单生于茎端，或数朵排列成总状花序或近伞房状花序；苞片叶状，较小；花大型，喇叭形或钟形；花被片6枚，离生，内轮花被片基部有蜜腺，有时蜜腺两侧有乳头状、鸡冠状或流苏状凸起；雄蕊着生于花被片的基部，花丝钻形，花药长圆球形，背着或“丁”字形着生，2室，内向纵裂；子房上位，3室，每室具多数胚珠，花柱细长，柱头膨大，微3裂。蒴果具3条钝棱，室背开裂；种子扁平，周围有翅。$2n=24$，偶有报道为$2n=12,23,25,36,48$。

约80种，分布于北温带地区；我国有36种，18变种；浙江有4种，2变种；杭州有2种，2变种。

分种检索表

1. 花橘红色 ………………………………………………………………………… 1. 卷丹　*L. trigrinum*
1. 花白色或乳白色。
  2. 花被片长13～18cm，无斑点，上部张开或先端外弯但不反卷；蒴果长圆球形 …… 2. 野百合　*L. brownii*
    3. 叶线状披针形至披针形，向上变小，但不呈苞片状。
    3. 叶片倒披针形至倒卵形，向上明显变小，呈苞片状 ……………………… 2a. 百合　var. *viridudum*
  2. 花被片长不逾7.5cm，内面下部散生紫红色斑点，中部以上反卷；蒴果近圆球形 ………………………
  ……………………………………………………………… 3. 药百合　*L. speciosum* var. *gloriosoides*

1. 卷丹　(图3-524)

Lilium tigrinum Ker Gawl.

鳞茎扁球形，直径为4～8cm，鳞片宽卵形，长2.5～3cm，宽1.4～2.5cm；地上茎高80～150cm，带紫色，被白色绵毛。叶互生，叶腋常有珠芽；叶片长圆状披针形至卵状披针形，有时下部的为线状披针形，长5～20cm，宽0.5～2cm，向上渐变小，呈苞片状，边缘有小乳头状凸起。总状花序有花3～10朵；叶状苞片卵状披针形，先端明显加厚；花橘红色，下垂；花梗长4～9cm，中部具1枚小苞片；花被片披针形，长6～12cm，宽1～2cm，内面散生紫黑色斑点，中部以上反卷，蜜腺宽线形，两侧有乳头状和流苏状凸起；花丝长5～7cm，无毛，花药长约1.5cm，“丁”字形着生；花柱长4.5～6.5cm。蒴果狭长卵球形，长3～4cm。花期7—8月，果期9—10月。$2n=24,36$。

图3-524　卷丹

见于西湖景区(云栖)，生于山坡灌丛、草地。分布于安徽、甘肃、广西、河北、河南、湖北、湖南、吉林、江苏、江西、青海、山东、山西、陕西、四川、西藏；日本、朝鲜半岛也有。

鳞茎入药，药效同野百合；亦可供食用。

本志遵循 Woodcock 和 Stearn(1950)的建议，采用 *L. tigrinum* Ker Gawl. 这一名称，而弃用 *L. lancifolium* Thunb.，因为后者是模糊不清的，长期以来亦被用于 *L. speciosum* Thunb. 这一物种。

2. 野百合 （图 3-525）

Lilium brownii F. E. Br. ex Miellez

鳞茎近圆球形，直径为 2～4.5cm，鳞片披针形，长 1.8～4cm，宽 8～14mm；地上茎高 70～200cm，带紫色，有排列成纵行的小乳头状凸起。叶互生；叶片线状披针形至披针形，长 7～15cm，宽 6～15mm，向上稍变小，但不呈苞片状，基部渐狭，呈柄状，边缘有小乳头状凸起。花单生或数朵排列成顶生近伞房状花序；叶状苞片披针形；花乳白色，喇叭形，稍下垂；花梗长 3～10cm，中部有 1 枚小苞片；花被片倒卵状披针形，长 13～18cm，宽 3～4cm，背面稍带紫色，内面无斑点，上部张开或先端外弯但不反卷，蜜腺两侧有小乳头状凸起；花丝长 10～13cm，中部以下密被柔毛，花药长约 1.5cm，背着；花柱长 10～12cm。蒴果长圆球形，长 4.5～6cm。花期 5—6 月，果期 7—9 月。$2n=24$。

图 3-525 野百合

见于余杭区(长乐)，生于山坡林缘、路边、溪旁。分布于安徽、福建、甘肃、广东、广西、贵州、河北、河南、湖北、湖南、江苏、江西、山西、陕西、四川、云南。

鳞茎入药；又可供食用。

2a. 百合

var. viridulum Baker

与原种的区别在于：本变种叶片倒披针形至倒卵形，茎上部的叶明显变小，呈苞片状。$2n=24$。

区内有栽培。产地同原种。

主要作鲜切花；鳞茎可供食用和药用。

3. 药百合 鹿子百合 （图 3-526）

Lilium speciosum Thunb. var. gloriosoides Baker

鳞茎近扁球形，直径约为 5cm，鳞片宽披针形，长约 2cm，宽约 1.2cm；地上茎高 60～120cm，圆而坚硬，无毛。叶互生；叶片宽披针形至卵状披针形，长 2.5～10cm，宽 2.5～4cm，向上渐变小，呈苞片状，基部圆钝，边缘有小乳头状凸起，上面横脉明显浮凸，具长约 5mm 之短柄。花单生，或 2～5 朵排列成顶生总

图 3-526 药百合

状花序或近伞房状花序；叶状苞片卵形；花白色，下垂；花梗长可达10cm，中上部具1枚小苞片；花被片宽披针形，长6～7.5cm，宽1～1.5cm，内面下部散生紫红色斑点，中部以上反卷，边缘波状，蜜腺两侧有红色流苏状和乳头状凸起；花丝长5.5～6cm，无毛，花药长1.5～1.8cm，“丁”字形着生，花柱长约3cm。蒴果近圆球形，直径约为3cm。花期7—8月，果期9—10月。$2n=24$。

见于萧山区(楼塔)，生于山坡灌丛、草地。分布于安徽、广西、湖南、江西、台湾。杭州新记录。

30. 绵枣儿属　Barnardia Lindl.

多年生草本。鳞茎卵球形或近圆球形，外有数层膜质的鳞茎皮。叶基生；叶片宽线形至卵形。花葶直立，其上不具无花的苞片；花数十朵排列成总状花序；小苞片小；花梗有关节；花被片6枚，离生或基部稍合生；雄蕊着生于花被片的基部或中部，花丝通常基部扩大，花药卵球形至长圆球形，背着，2室，内向纵裂；子房上位，3室，每室具1～10枚胚珠，花柱丝状，柱头很小。蒴果近圆球形或倒卵球形，具3条棱，室背开裂；种子少数，稀多数，黑色。

有2种，1种分布于东亚，另1种分布于非洲西北部及地中海地区；我国有1种；浙江及杭州也有。

分子系统学研究表明本属应归入天门冬科 Asparagaceae(天门冬目 Asparagales)(APG Ⅲ,2009)。Ali等(2012)指出在非洲及地中海分布的 *B. numidica* (Poir.) Speta 并不与东亚分布的绵枣儿近缘，应为其成立一个新属。

绵枣儿　(图3-527)

Barnardia japonica (Thunb.) Schult. & Schult. f. ——*Scilla scilloides* (Lindl.) Druce

鳞茎卵球形或近圆球形，直径为1～2.5cm，鳞茎皮黑褐色或褐色。叶通常2枚；叶片倒披针形，长4～15cm，宽5～7mm，先端急尖，基部渐狭。花葶常于叶枯萎后生出，通常1枚，稀2枚，高15～40cm；总状花序长3～12cm；苞片膜质，狭披针形，短于花梗；花小，紫红色、淡红色至白色；花梗长2～6mm，顶端具关节；花被片基部稍合生，倒卵状披针形或长圆形，长2.5～3mm，宽约1mm；雄蕊着生于花被片基部，花丝边缘和背面常多少具小乳头状凸起，花药椭圆球形；子房基部有短柄，表面多少具小乳头状凸起，花柱长为子房的1/2～2/3。蒴果倒卵球形，长3～6mm；种子1～3枚，长圆状狭倒卵球形，长2.5～5mm。花、果期9—10月。染色体数目多变，以$2n=16,18,34$报道较多，偶有报道为$2n=17,25,26,27,32,35,36,43,51$。

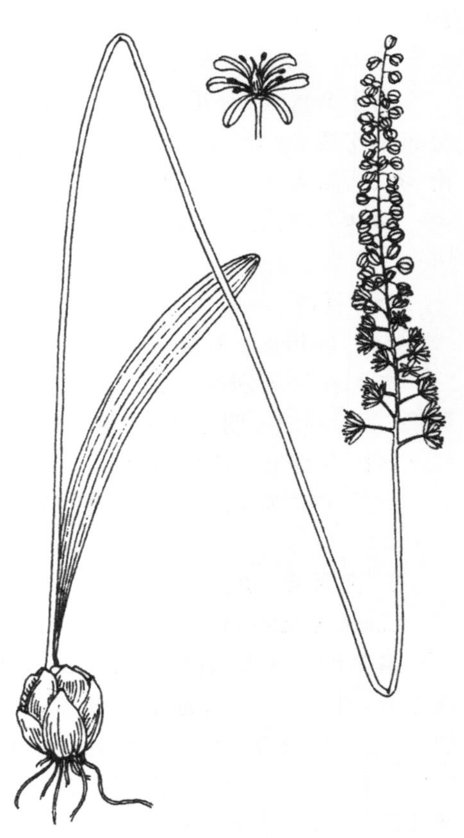
图3-527　绵枣儿

区内常见，生于山坡草地、林缘及路旁。分布于广东、广西、河北、河南、黑龙江、湖北、湖南、吉林、江苏、江西、辽宁、内蒙古、山西、台湾、云南；日本、朝鲜半岛、俄罗斯也有。

鳞茎及全草入药。

31. 风信子属 Hyacinthus L.

多年生草本。鳞茎大。叶基生，狭长。总状花序顶生；苞片膜质；花红色、黄色、白色或蓝色，直立或下垂，漏斗状或钟状；花被管基部有时膨大成囊状，上部 6 裂，裂片开展或反卷；雄蕊 6 枚，着生于花被管部或喉部；心皮 3 枚，合生，子房 3 室，具多数胚珠。蒴果，具 3 条棱，室背开裂。

有 3 种，分布于地中海地区东部至中亚；我国引种栽培 1 种；浙江及杭州也有。

分子系统学研究（APG Ⅲ，2009）表明本属应归入天门冬科 Asparagaceae（天门冬目 Asparagales）。

风信子 洋水仙

Hyacinthus orientalis L.

鳞茎卵球形，直径约为 3cm。基生叶 4～8 枚，带状，肉质，顶端急尖，上面有凹沟。花葶肉质，略高于叶，中空；总状花序具多数花，密生；苞片膜质；花蓝色、紫色、红色或白色，漏斗状；花被管基部膨大成囊状，花被裂片 6 枚，裂片长圆形，反卷，芳香；雄蕊着生在花被管内，比花被管短；雌蕊与雄蕊近等长。蒴果，三棱形，室背开裂。花期 2—4 月。$2n=16$，偶有报道为 $2n=24,25,26,27,28,30$。

区内常见栽培。原产于亚洲西南部；世界各地广泛栽培。

本种早春开花，艳丽芳香，故而广泛栽培，供观赏。

32. 蓝壶花属 Muscari Mill.

多年生草本。具鳞茎。叶基生，狭长，稍肉质。花序总状或穗状；花小，下垂，常为蓝色；花被合生成坛状、球形或长圆球形，顶端 6 裂或具齿，裂齿弯曲或反卷；雄蕊 6 枚，着生于花被管上；子房每室具多数胚珠。蒴果近圆球形或倒卵球形，凹面三棱状，室背开裂。$2n=18,36$，偶有报道为 $2n=19,27,28,34,37,45,48,54,63,72,108$。

约 42 种，分布于地中海地区至亚洲西南部；我国引种栽培 1 种；浙江及杭州也有。

分子系统学研究（APG Ⅲ，2009）表明本属应归入天门冬科 Asparagaceae（天门冬目 Asparagales）。

蓝壶花 葡萄风信子 葡萄麝香兰

Muscari botryoides (L.) Mill.

植株高 5～10cm。鳞茎卵球形或近球形，直径为 1～3cm，鳞茎皮白色。基生叶为半圆柱状线形，边缘常内卷。花葶自叶丛中抽出，1～3 枚；总状花序长椭圆状柱形，具多数花，密生；花深蓝色，坛状，直径约为 3mm，顶端有 6 枚白色的反曲齿；雄蕊 6 枚，着生于花被管上；子房每室具多数胚珠。蒴果，室背开裂。花期 4—5 月，果期 7 月。$2n=18,36$，偶有报道为

$2n=48,54$。

区内有栽培。原产于欧洲中部至东南部;世界各地常见栽培。

花朵像葡萄粒,整个花序则如一串葡萄,供观赏。

147. 石蒜科 Amaryllidaceae

多年生草本,极少数为半灌木、灌木乃至乔木。具鳞茎,少数有根状茎。叶多数基生,少为茎生;叶片多少呈线形,全缘或有刺齿。花单生,或排列成伞形花序、总状花序、穗状花序、圆锥花序;通常具佛焰苞状总苞,总苞片1至数枚,膜质;花两性,辐射状或左右对称;花被片6枚,2轮;副花冠有或无;雄蕊通常6枚,花药背着或基着,通常内向开裂;子房下位,3室,每室具有胚珠多数或少数,花柱细长,柱头头状或3裂。蒴果多数室背开裂,稀为浆果;种子含胚乳。

100多属,1200多种,分布于热带、亚热带及温带地区;我国有10属,34种,3变种;浙江有10属,28种,2变种;杭州有4属,10种,1变种。

分属检索表

1. 副花冠不存在。
    2. 花丝完全分离 ………………………… 1. **葱莲属** *Zephyranthes*
    2. 花丝基部合生成杯状体(雄蕊杯)或至少花丝间有离生的鳞片。
        3. 花丝基部合生成杯状体(雄蕊杯) ………………………… 2. **水鬼蕉属** *Hymenocallis*
        3. 花丝间有离生的鳞片 ………………………… 3. **石蒜属** *Lycoris*
1. 副花冠存在 ………………………… 4. **水仙属** *Narcissus*

1. 葱莲属 Zephyranthes Herb.

多年生草本。鳞茎卵球形,有鳞茎皮。叶数枚,基生,线形,常与花茎同时抽出。花茎中空,花单生于花茎顶端;佛焰苞状总苞片下部管状,顶端2裂;花漏斗状,花被片离生或下部合生;花被裂片6枚,近等长;雄蕊6枚,着生于花被管喉部或管内,3长3短,花药背着;柱头3裂,少有凹陷。蒴果近球形,室背3瓣开裂;种子黑色,多少扁平。

约40种,主要分布于西半球的温带地区;我国有2种,均为引种栽培;浙江有2种;杭州有2种。

1. 葱莲 (图3-528)

Zephyranthes candida (Lindl.) Herb.

多年生草本。鳞茎卵球形,直径达2.5cm,有明显的颈部。叶片线形,长20~30cm,宽2~4mm。花单生于花茎顶端;佛焰苞状总苞带红褐色,总苞片顶端2裂;花梗长约1cm;花白色,外面常带粉红色;花被管几无,花被裂片6枚,长3~5cm,宽约1cm,先端钝或短尖;雄蕊6枚;花柱细长,柱头不明显3裂。蒴果近球形,直径约为1.2cm,3瓣开裂;种子黑色,扁平。花期

8—11 月。

区内常见栽培。原产于南美洲;我国各地引种栽培。

可供观赏。

图 3-528 葱莲　　图 3-529 韭莲

2. **韭莲** (图 3-529)

Zephyranthes carinata Herb.

多年生草本。鳞茎卵球形,直径为 2～3cm。叶片宽线形,扁平,长 15～30cm,宽 6～8mm。花单生于花基顶端;总苞片佛焰苞状,常带淡紫红色,长 4～5cm,下部合生成管;花梗长 2～3cm;花玫瑰红色或粉红色;花被管长 1～2.5cm,花被裂片 6 枚,倒卵形,顶端略尖,长 3～6cm;雄蕊 6 枚,花药"丁"字形着生;子房下位,3 室,胚珠多数,花柱细长,柱头深 3 裂。蒴果近球形;种子黑色。花期夏秋。$2n=38,42,48$。

区内常见栽培。原产于南美洲;我国各地引种栽培。

与上种的区别在于:本种花玫瑰红色或粉红色,花被管长;而上种花白色,花被管几无。

2. 水鬼蕉属 Hymenocallis Salisb.

多年生草本。鳞茎球形。叶线形、带形、阔椭圆形或阔倒披针形。花茎实心;伞形花序有花数朵,下有佛焰苞状总苞,总苞片卵状披针形;花被管圆柱形,细弱,上部扩大,花被裂片狭,几相等,扩展,白色;雄蕊着生于花被管喉部,花丝基部合生成杯状体(雄蕊杯),花丝上部分离,花药"丁"字形着生;子房下位,每室具胚珠 2 枚,柱头头状。

约 50 种,主要分布于美洲温带、热带地区;我国引种栽培 1 种;浙江及杭州也有。

水鬼蕉

Hymenocallis littoralis (Jacq.) Salisb.

多年生草本。鳞茎球形。叶10~12枚,剑形,长45~75cm,宽2.5~6cm,顶端急尖,基部渐狭,深绿色,具多条脉,无柄。花茎扁平,高30~80cm;佛焰苞状总苞片长5~8cm,基部极阔;花茎顶端生花3~8朵,白色;花被管纤细,长短不等,长者可达10cm以上,花被裂片线形,通常短于花被管;杯状体(雄蕊杯)钟形或阔漏斗形,长约2.5cm,有齿,花丝分离部分长3~5cm;花柱约与雄蕊等长或更长。花期夏末秋初。

区内常见栽培。原产于热带美洲。

3. 石蒜属 Lycoris Herb.

多年生草本。鳞茎近球形或卵球形,鳞茎皮褐色。叶春季或秋季抽出,带状。花茎单一,实心;伞形花序顶生,有花4~8朵;总苞片2枚,膜质;花漏斗状,花被片下部合生;花被裂片6枚,倒披针形至长椭圆形,白色、乳白色、黄色、粉红色至鲜红色,边缘褶皱或不褶皱,基部合生成筒状;雄蕊6枚,着生于喉部,花丝丝状;雌蕊1枚,花柱细长,柱头头状,子房下位,3室,每室具胚珠少数。蒴果通常具3条棱,室背开裂;种子球形,黑色。

约20种,分布于我国、印度、日本、朝鲜半岛、老挝、缅甸、巴基斯坦、泰国和越南;我国有15种;浙江有8种;杭州有7种。

全属植物的鳞茎皆含有石蒜碱,可供药用。

分种检索表

1. 花非喇叭状,左右对称,花被裂片皱缩和反卷。
  2. 秋季出叶;雄蕊明显伸出花被外。
    3. 雄蕊比花被长1/3~1倍;花鲜红色、白色、稻草色。
      4. 雄蕊比花被长1倍左右;花鲜红色 …………………… 1. **石蒜** *L. radiata*
      4. 雄蕊比花被长1/3左右;花白色或稻草色 …………………… 2. **稻草石蒜** *L. straminea*
    3. 雄蕊比花被长1/6左右;花黄色或淡玫瑰红色。
      5. 花黄色;叶剑形,顶端渐尖 …………………… 3. **忽地笑** *L. aurea*
      5. 花淡玫瑰红色;叶带状,顶端圆 …………………… 4. **玫瑰石蒜** *L. rosea*
  2. 春季出叶;雄蕊不伸出或略伸出花被外 …………………… 5. **中国石蒜** *L. chinensis*
1. 花喇叭状,辐射对称,花被裂片不皱缩,或仅基部微皱缩和顶端略反卷。
  6. 花被裂片基部微皱缩;花淡紫红色 …………………… 6. **鹿葱** *L. squamigera*
  6. 花被裂片不皱缩;花淡紫红色,花被裂片顶端带蓝色 …………………… 7. **换锦花** *L. sprengeri*

1. 石蒜 (图3-530)

Lycoris radiata (L' Hér.) Herb.

多年生草本。鳞茎近球形,直径为1~3.5cm,鳞茎皮紫褐色。秋季出叶,至翌年夏季枯萎;叶片狭带状,长14~30cm,宽0.7cm,先端钝,深绿色,中间有粉绿色带。花茎高约30cm;伞形花序有花4~7朵;总苞片2枚,披针形,干膜质;花鲜红色;花被裂片狭倒披针形,长约3cm,宽约0.5cm,强度皱缩和反卷,花被管绿色;雄蕊显著伸出花被外,比花被长约1倍。花期 8—10 月，果期 10—11 月。$2n=22,32,33$。

区内常见，生于阴湿山坡或溪边石缝中。分布于安徽、福建、广东、广西、贵州、河南、湖北、湖南、江苏、江西、山东、陕西、四川、云南；日本、朝鲜半岛、尼泊尔也有。

花色艳丽，花形奇特，可供观赏。

图 3-530 石蒜

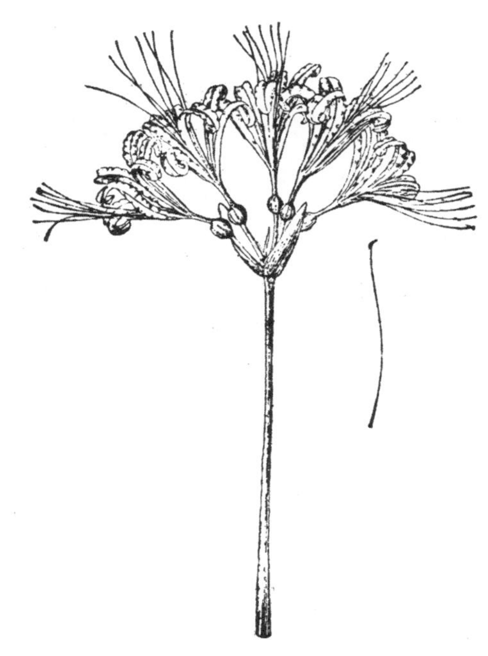

图 3-531 稻草石蒜

2. 稻草石蒜 （图 3-531）

Lycoris straminea Lindl.

多年生草本。鳞茎近球形，直径约为 3cm。秋季出叶；叶带状，长约 30cm，宽约 1.5cm，先端钝，绿色，中间淡色带明显。花茎高约 35cm；伞形花序有花 5～7 朵；总苞片 2 枚，披针形，长约 3cm，基部宽约 0.5cm；花稻草色；花被裂片 6 枚，近线状长圆形，长约 4cm，宽 0.6cm，强度反卷和皱缩，腹面散生少数粉红色条纹或斑点，花被管长约 1cm；雄蕊明显伸出花被外，比花被长 1/3 左右；子房近球形，直径约为 0.6cm。花期 8 月。

见于西湖景区（飞来峰），生于阴湿山坡。分布于江苏。

可供观赏。

3. 忽地笑 （图 3-532）

Lycoris aurea（L' Hér.）Herb.

多年生草本。鳞茎卵球形，直径约为 5cm。秋季出叶；叶剑形，长约 60cm，最宽处达 3cm，向基部渐狭，宽约 1.7cm，顶端渐尖，中间淡色带明显。花茎高约 60cm；伞形花序有花 4～8 朵；总苞片 2 枚，披针形，长约 3.5cm，宽约 0.8cm；花黄色；花被裂片 6 枚，倒披针形，长约 6cm，宽约 1cm，强度反卷和皱缩，背面具淡绿色中肋，花被管长 1.2～1.5cm；雄蕊略伸出花被外，比花被长 1/6 左右；花柱上部玫瑰红色。蒴果具 3 条棱，室背开裂；种子少数，近球形，黑色。花期 8—9 月，果期 10 月。$2n=12\sim16$。

见于西湖景区(飞来峰),生于阴湿山坡或石缝中。分布于福建、甘肃、广东、广西、贵州、河南、湖北、湖南、江苏、江西、陕西、四川、台湾、云南;印度、印度尼西亚、日本、老挝、缅甸、巴基斯坦、泰国和越南也有。

鳞茎含加兰他敏,可供药用;可供观赏。

图 3-532　忽地笑

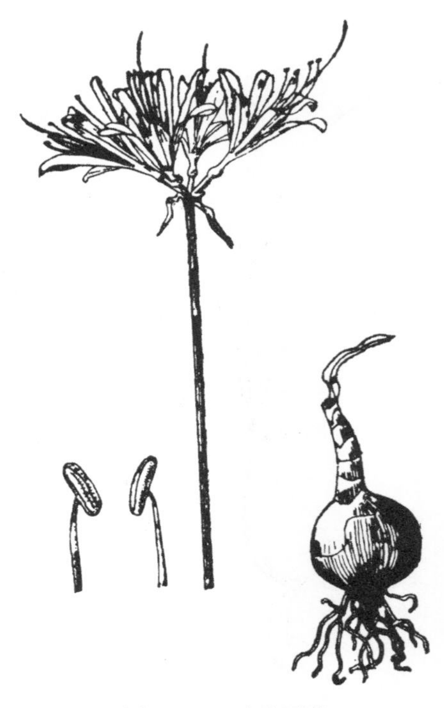

图 3-533　玫瑰石蒜

4. 玫瑰石蒜　(图 3-533)

Lycoris rosea Traub & Moldenke

多年生草本。鳞茎近球形,直径约为 2.5cm。秋季出叶;叶带状,长约 20cm,宽约 1cm,先端圆钝,淡绿色,中间淡色带明显。花茎高约 30cm;伞形花序有花 5 朵;总苞片 2 枚,披针形,长约 3.5cm,宽约 0.5cm;花淡玫瑰红色;花被裂片 6 枚,倒披针形,长约 4cm,宽约 0.8cm,中度反卷和皱缩,花被管长约 1cm;雄蕊伸出花被外,比花被长 1/6 左右。花期 9 月。

见于萧山区(新街)、西湖景区(飞来峰),生于阴湿山坡或石缝中。分布于江苏。

可供观赏。

5. 中国石蒜　(图 3-534)

Lycoris chinensis Traub

多年生草本。鳞茎卵球形,直径约为 4cm。春季出叶;叶片带状,长约 35cm,宽约 2cm,先端圆钝,绿色,中间淡色带明显。花茎高约 60cm;伞形花序有花 5～6 朵;总苞片 2 枚,倒披针形,长约 2.5cm,宽约 0.8cm;花橙黄色;花被裂片 6 枚,倒披针形,长约 6cm,宽约 1cm,强度反卷和皱缩,背面具淡黄色中肋,花被管长 1.7～2.5cm;雄蕊与花被近等长或略伸出花被外,花丝黄色;花柱上端玫瑰红色。花期 7—8 月,果期 9—10 月。$2n=16$。

区内有栽培。分布于河南、江苏、陕西、四川；朝鲜半岛也有。

鳞茎可制酒精及提取石蒜碱，可供药用；可供观赏。

图 3-534 中国石蒜

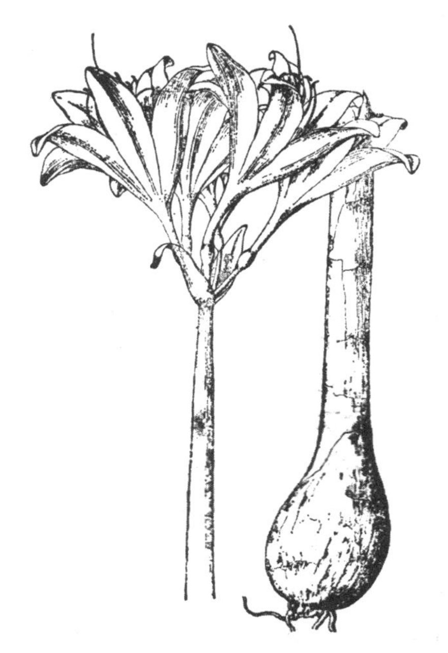

图 3-535 鹿葱

6. **鹿葱** （图 3-535）

Lycoris squamigera Maxim.

多年生草本。鳞茎宽卵球形，直径为 4～5cm。秋季出叶，入冬枯萎，至翌年早春再抽叶；叶带状，先端圆钝，淡绿色，宽约 2cm。花茎高 60cm；伞形花序有花 4～8 朵；总苞片 2 枚，披针形，长约 6cm，宽约 1.3cm；花淡紫红色；花被裂片倒披针形，长约 7cm，宽约 1.8cm，边缘基部微皱缩，花被管长约 2cm；雄蕊与花被近等长；花柱略伸出花被外。花期 8 月。$2n=27$。

见于萧山区（戴村）、余杭区（塘栖），生于山沟、溪边的阴湿地。分布于江苏、山东；日本、朝鲜半岛也有。

可供观赏。

7. **换锦花** （图 3-536）

Lycoris sprengeri Comes ex Baker

多年生草本。鳞茎椭圆球形或近球形，直径约为 3.5cm。早春出叶；叶片带状，长约 30cm，宽约 1cm，绿色，先端钝。花茎高约 55cm；伞形花序有花 5～8 朵；总苞片 2 枚，长约 3.5cm，宽约 1.2cm；花淡紫红色；花被裂片顶端常带蓝色，长圆状倒披针形、倒披针形，长 4.5～7cm，宽约 1cm，边缘不皱缩，花被管长 0.6～1.5cm；雄蕊与花被近等长；花柱略伸出花

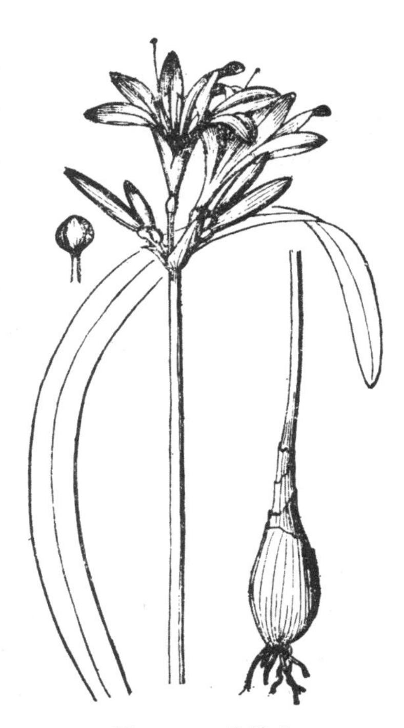

图 3-536 换锦花

被外。蒴果具 3 条棱,室背开裂;种子近球形,黑色。花期 8—9 月。$2n=22$。

见于萧山区(南阳)、西湖景区(飞来峰、葛岭),生于阴湿山坡及竹林中。分布于安徽、湖北、江苏。

鳞茎可提取加兰他敏,供药用;可供观赏。

4. 水仙属　Narcissus L.

多年生草本。具鳞茎。基生叶与花茎同时抽出;叶片线形或宽线形。花茎实心;伞形花序有花数朵,有时仅 1 朵;佛焰苞状总苞膜质,下部呈管状;花高脚碟状,直立或下垂;花被片下部合生,花被管较短,圆筒状或漏斗状,花被裂片 6 枚,几相等,直立或反卷;副花冠似花被,筒状或缩短成浅杯状;雄蕊着生于花被管内,花药基着;花柱丝状,柱头 3 裂。蒴果室背开裂;种子近球形。

约 60 种,分布于地中海沿岸及亚洲海滨温暖地区;我国有 2 种,1 变种;浙江有 1 变种;杭州有 1 变种。

水仙　(图 3-537)

Narcissus tazetta L. var. chinensis Roem.

多年生草本。鳞茎卵球形,直径为 7～8cm。叶片宽线形,扁平,长 20～40cm,宽 8～15mm,先端钝,粉绿色。花茎直立,几与叶等长;伞形花序通常有花 4～10 朵;花梗长短不一;花平伸或下垂,芳香,直径为 2.5～3.5cm;花被管圆柱状或漏斗状,长约 2.5cm,基部三棱形;花被裂片白色;副花冠浅杯状,鲜黄色,长不及花被的 1/2;雄蕊 6 枚;子房 3 室,每室有胚珠多数,花柱细长。花期 11 月至翌年 2 月。$2n=30$。

区内常见栽培。分布于福建。

可供观赏。

图 3-537　水仙

148. 薯蓣科　Dioscoreaceae

一年生至多年生缠绕草本,少数为木质藤本,稀为小草本。地下茎发达,形态多样;地上茎细长,左旋或右旋,有的具有毛、刺、翅等附属物。叶多为单叶,少数为掌状复叶,互生,茎中部以上常对生,有些种茎最下部和幼株顶端常 3～5 枚叶轮生;叶片具主脉数条,基出,侧脉及细脉网状;叶柄明显,基部着生,罕盾状着生,常扭转,有时基部具关节;有些种叶腋具珠芽。花单生,簇生,或排列成穗状、总状或圆锥花序;花小,辐射对称,单性,雌雄异株,稀同株或两性;花被片 6 枚,离生或基部合生;雄花具雄蕊 6 枚,或其中 3 枚退化,花丝着生于花被基部或者花托上,退化子房有或无;雌花具退化雌蕊 3 或 6 枚,或无,子房下位,3 室,中轴胎座,每室有胚珠 2

颗,少数属有多颗,花柱粗短,柱头 3 裂。果实多为具 3 条纵锐棱的蒴果,少数为浆果或翅果;种子有膜质翅或无,胚乳丰富,胚小。

约 9 属,650 种,广布于全世界热带、亚热带及温带地区,以南美洲北端最多;我国仅有 1 属,约 50 种;浙江有 17 种,2 变种;杭州有 5 种,2 变种。

本科植物多富经济价值,可供药用、食用或工业用。

薯蓣属 Dioscorea L.

一年生至多年生缠绕草本,少数为木质藤本。须根细长,质韧,富弹性,皮部易脱落。地下茎横走,为根状茎,或直生,为块状茎,分枝或不分枝,味苦,微甜或极涩;地上茎具细纵槽,有些种具毛、刺或翅。单叶,少数为掌状复叶,互生,茎中部以上常对生,有些种的茎最下部和幼枝顶端常 3～5 枚轮生;叶片多为纸质,少数为稍肉质、革质,稀为膜质;单叶的叶片常为心形至三角形,稀长卵形至卵状披针形,不裂,少数为掌状分裂,主脉 7～11 条,稀 3 条,侧脉及细脉网状;复叶的小叶片披针状至倒卵形,主脉 1～3 条,侧脉及细脉亦为网状;叶柄基部着生,稀盾状着生,常扭转,有些种叶腋有珠芽。花单性,雌雄异株,稀异株兼同株;花序腋生;花被片 6 枚,雄花具能育雄蕊 3 或 6 枚,个别种的药隔宽阔;雌花退化,雌蕊或有或无。果序下弯或否,果梗反卷或否,蒴果三棱状扁球形、球形、长圆球形、倒卵球形,果皮革质,成熟时顶端开裂;种子着生于中轴胎座的中部或一端,种翅膜质,宽椭圆形至长三角形。染色体数目报道极多,多为 $2n=20,40,60$,也有报道为 $2n=30,36,50,54,56,70,80,120,140$。

约 600 种,广布于全世界热带、亚热带及温带地区;我国约有 50 种;浙江有 17 种,2 变种;杭州有 5 种,2 变种。

本属植物的地下茎成分复杂,或以甾体皂苷为主,或以淀粉为主,或以单宁为主,分别供药用、食用或工业用。

分种检索表

1. 地下茎直生,为块状茎。
  2. 块状茎螺旋形,味苦;地上茎左旋;叶片宽卵状心形至圆形 ……………………… 1. **黄独** *D. bulbifera*
  2. 块状茎不为螺旋形,味淡至微甜;地上茎右旋;叶片三角状心形至长三角状心形。
    3. 叶片三角状心形至披针状心形,长为宽的 2～3.5 倍,不分裂 ………… 2. **日本薯蓣** *D. japonica*
      4. 茎、叶柄、叶片两面无毛。
      4. 茎、叶柄、叶片下面脉上被鳞片状毛 ………………………… 2a. **毛藤日本薯蓣** var. *pilifera*
    3. 叶片三角状心形至长三角状心形,长为宽的 1.1～1.7 倍,常 3 浅裂至 3 中裂,侧裂片方耳形至圆耳形 …………………………………………………………………… 3. **薯蓣** *D. polystachya*
1. 地下茎横走,为根状茎。
  5. 叶片掌状分裂,但在茎顶部者常不分裂 ………………………………………… 4. **穿龙薯蓣** *D. nipponica*
  5. 叶片不分裂,仅茎下部者有时掌状分裂。
    6. 根状茎直径为 1.5～3cm,多短趾状分枝,全形呈姜块状,断面鲜时黄色,干后淡黄色或边缘 1 圈淡黄色,余为粉白色;叶片鲜时稍肉质,干后常呈黑棕色,边缘无啮蚀状齿 ……………………………………………………………… 5. **粉背薯蓣** *D. collettii* var. *hypoglauca*
    6. 根状茎直径为 1～2cm,富竹节状短分枝,全形呈竹鞭状,断面鲜时及干后均为粉白色;叶片鲜时薄革质,干后不呈黑色,边缘具啮蚀状齿 ……………………………… 6. **纤细薯蓣** *D. gracillima*

1. 黄独 黄药子 (图 3-538)

Dioscorea bulbifera L.

多年生缠绕草质藤本。块状茎单生或2～3个簇生,粗壮,直径为3～7cm,表面棕黑色,密生须根,质坚硬;地上茎左旋,浅绿色稍带红紫色,具细纵槽,无毛。单叶互生;叶片宽卵状心形至圆形,长9～15cm,宽6～13cm,先端尾尖,边缘全缘,两面无毛;叶腋内有紫棕色球形或椭圆球形珠芽。花单性,雌雄异株;雄花序穗状,单生或数枚簇生,有时再排列成圆锥花序,雄花具雄蕊6枚,着生于花被基部,花丝与花药近等长;雌花序常数枚簇生,雌花单生,具退化雄蕊6枚;花被片离生,紫红色。果序直生,果梗反卷,蒴果三棱状长圆形,直径为8～15mm,高12～20mm,两端钝圆,成熟时枯黄色,表面密被紫色小斑点,无毛;种子深褐色,扁卵球形,通常两两着生于每室中轴顶部,种翅栗褐色,向种子基部延伸成长圆形。花期7—9月,果期8—10月。$2n$=36,40,60,70,80。

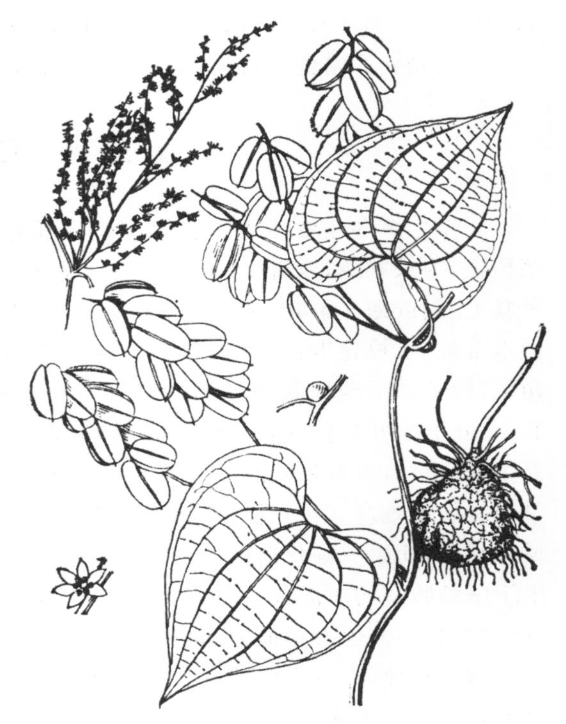

图 3-538 黄独

见于西湖景区(宝石山、飞来峰、九溪、云栖),生于山坡、林缘。分布于安徽、福建、甘肃、广东、广西、贵州、海南、河南、湖北、湖南、江苏、江西、陕西、四川、台湾、西藏、云南;不丹、柬埔寨、印度、日本、朝鲜半岛、缅甸、泰国、越南、澳大利亚、非洲也有。

块状茎为中药"黄药子"的主要来源。

2. 日本薯蓣 尖叶薯蓣 (图 3-539)

Dioscorea japonica Thunb.

多年生缠绕草本。地下茎直生,为块状茎,单生或2～3个簇生,圆柱形,略扁,末端较粗壮,长7～12cm,直径为1～1.5cm,不分枝,表面灰黄色至灰棕色,鲜时嫩脆,断面乳白色,富黏液,干后坚硬,断面粉白色,粉性,味淡至微甜;地上茎右旋,具细纵槽,无毛。叶为单叶,互生,少数对生;叶片纸质,长三角状心形至披针状心形,长6～18cm,宽2～9cm,长为宽的2～3.5倍,先端渐尖,基部心形至箭头形,有时近

图 3-539 日本薯蓣

平截,全缘,两面无毛,主脉 7 条;叶柄长为叶片的 2/5～1/2;叶腋珠芽偶见,为球形,表面紫绿色,略光滑。花单性,雌雄异株;花被片淡黄绿色;雄花序穗状,单生或 2～3 枚簇生,雄花具雄蕊 6 枚,全育;雌花序穗状,单生或 2～3 枚簇生,雌花具退化雄蕊 6 枚。果序下弯,果梗不反曲,果面向下,蒴果三棱状扁球形,直径为 14～31mm,高 10～21mm,表面枯黄色;种子着生于果轴中部,种翅长圆形,种子居其中央。花期 6—9 月,果期 7—10 月。

见于萧山区(河上)、西湖景区(飞来峰、虎跑、灵峰、云栖),生于山坡林缘或灌丛中。分布于安徽、福建、广东、广西、贵州、湖北、湖南、江苏、江西、四川、台湾;日本、朝鲜半岛也有。

根状茎代“山药”,供药用。

2a. 毛藤日本薯蓣 毛藤尖叶薯蓣

var. **pilifera** C. T. Ting & M. C. Chang

与原种的区别在于:本变种的茎、叶柄、叶片下面脉上和花序梗均被鳞片状毛,老时易脱落;花期 8—9 月。

见于西湖景区(五云山),生于沟边灌丛中或山坡疏林下。分布于安徽、福建、广西、贵州、湖北、湖南、江苏、江西。

3. 薯蓣 山药 (图 3-540)

Dioscorea polystachya Turcz.

多年生缠绕草质藤本。块状茎长圆柱形,单生或 2～3 个簇生,圆柱形,略扁,末端较粗壮,长 8～15cm,直径为 1～1.5cm,断面干时白色,富黏液;地上茎通常带紫红色,右旋,无毛,节处常为紫红色。单叶,在茎下部的互生,中部以上的对生,很少 3 枚叶轮生;叶片纸质,三角状心形至长三角状心形,长 4～7cm,宽 2.5～6cm,边缘常 3 浅裂至 3 深裂,中裂片卵形至长卵形,侧裂片方耳形至圆耳形;叶腋内常有珠芽。雌雄异株;雄花序为穗状花序,2～5 枚簇生,花序轴明显地呈“之”字状曲折,苞片和花被片有紫褐色斑点,雄花的外轮花被片宽卵形,内轮花被片卵形,较小,雄蕊 6 枚,全育;雌花序为穗状花序,单生或 2～3 枚簇生,雌花具苞片 2 枚。果序下弯,蒴果不反卷,三棱状球状,直径为 16～24mm,高 13～22mm,表面枯黄色;种子着生于果轴中部,扁卵球形,四周有膜质翅。花期 6—9 月,果期 7—10 月。栽培品种花果少见。$2n=140$。

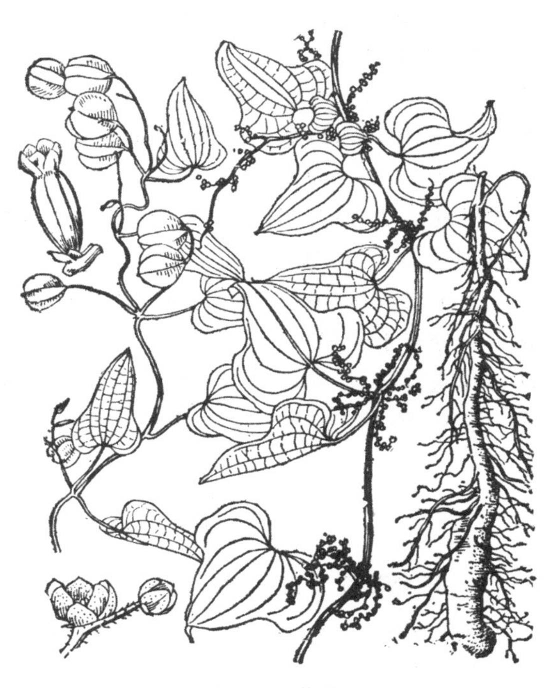

图 3-540 薯蓣

见于萧山区(南阳、楼塔)、余杭区(长乐、闲林)、西湖景区(老和山),生于山坡、山谷林下灌丛或杂草中。

块状茎可食用;为常用中药“山药”的主要来源。

4. 穿龙薯蓣　龙萆薢　(图 3-541)

Dioscorea nipponica Makino

多年生缠绕草本。须根直径为 0.4～0.6mm。地下茎横走,为根状茎,直径为 1～2cm,弯曲,有长、短两类分枝,常反复错结成长 1m、宽 0.5m 的网系,表面污棕色,外皮常显著层状松动甚至自动剥落,露出枯黄色的内层,鲜时质坚韧,断面黄色,干后坚硬,断面白色至淡黄色,粉性,味微苦;地上茎左旋,长 4～5m,具细纵槽,有微毛。叶为单叶,互生,但茎最下部或幼株顶端者常 3～4 枚轮生;叶片纸质,茎中、下部者掌状卵心形,长 8～18cm,宽 6～15cm,先端渐尖,基部心形,稀平截,5～7 浅至中裂,少数 7～9 深裂,中间裂片最大,卵形,茎上部者形渐小,分裂渐浅,茎顶部者不裂,长卵状心形,边缘浅波状乃至全缘,两面皆具白色细柔毛,下面脉上较多,主脉 9 条;叶柄长为叶片的 1/2～9/10。花单性,雌雄异株;小苞片披针形,较花被略短;花被片淡黄绿色;雄花序穗状或再排列成圆锥花序,其中、下部花常 2～3 朵簇生,上部花常单生,雄蕊 6 枚,全育;雌花序穗状,单生,具退化雄蕊。果序下垂,果梗反曲,果面向上,蒴果三棱状倒卵球形,直径为 11～16mm,高 16～23mm,顶端微凹,基部宽楔形,表面暗黄棕色;种子着生于果轴基部,扁椭圆球形,种翅三角状倒卵形,淡棕色,种子位于狭端。花期 5—7 月,果期 7—9 月。$2n=20$,偶有报道为 $2n=56$。

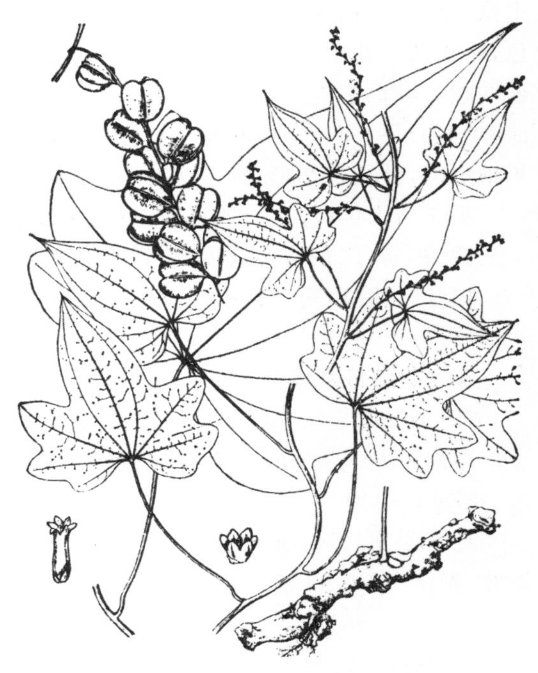

图 3-541　穿龙薯蓣

见于余杭区(百丈),生于阴湿山谷沟边或疏林下。分布于安徽、甘肃、贵州、河北、河南、黑龙江、湖北、吉林、江西、辽宁、内蒙古、宁夏、青海、山东、山西、陕西、四川;日本、朝鲜半岛、俄罗斯也有。

根状茎代“粉萆薢”,供药用。

5. 粉背薯蓣　粉萆薢　(图 3-542)

Dioscorea collettii Hook. f. var. hypoglauca (Palib.) S. J. Pei & C. T. Ting

多年生缠绕草本。须根直径为 0.3～1mm。根状茎横走,直径为 1.5～3cm,多结节,分枝粗短,趾状,呈姜块状,表面灰棕色至枯黄棕色;地上茎左旋,疏生细毛,长可达 5m。叶片稍肉质,长心形、长三角状心形至长三角形,长 7～19cm,宽 4～15cm,先端渐尖,基部心形至平截,边缘微波状至

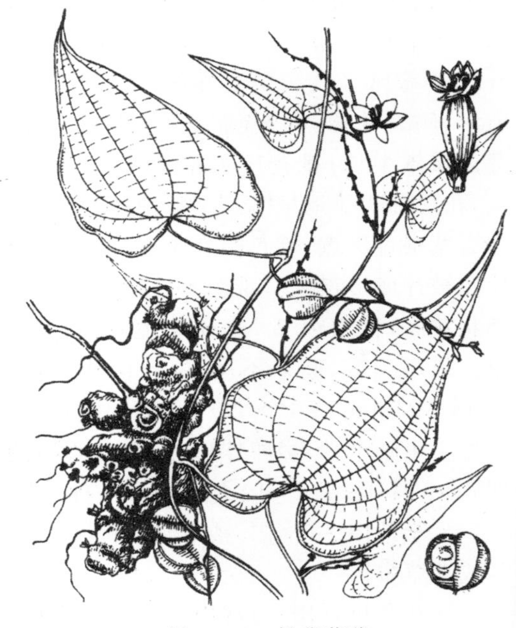

图 3-542　粉背薯蓣

全缘，鲜时叶上面深绿色，有光泽，具大块白斑，下面灰绿色，常少被白粉，两面脉上疏生短硬毛；叶柄长为叶片的1/3～3/5。花雌雄异株；雄花序穗状，单生或2～4枚簇生，有时再排列成圆锥花序，雄蕊6枚，仅3枚能育，花丝短，花开放后药隔变宽，但不分叉；雌花序穗状，单生。果序下垂，果梗反卷，果面向上，蒴果三棱状球形，直径为14～29mm，高13～28mm，顶端微凹，基部钝圆，表面紫棕色而被白粉；种子生于果轴中部，扁椭圆球形，棕色，具长圆形翅。花期5—7月，果期7—9月。$2n=40$。

见于萧山区(河上)、余杭区(百丈)，生于山谷沟边林下、林缘及灌丛中。分布于安徽、福建、广东、广西、河南、湖北、湖南、江西、台湾。

根状茎为中药"粉萆薢"的主要来源。

6. 纤细薯蓣 白萆薢 (图3-543)

Dioscorea gracillima Miq.

多年生缠绕草质藤本。须根直径约为0.4mm。根状茎横生，直径为1～2cm，多竹节状分枝，形状不规则，表面枯黄色，粗糙；地上茎左旋，具细纵槽，无毛。单叶互生，有时在茎基部3～5片轮生；叶片薄革质，宽卵状心形，长6～20cm，宽5～14cm，顶端渐尖，基部心形、宽心形或近截形，全缘或微波状，有时边缘呈明显啮蚀状，干后不变黑，两面无毛，背面常具有白粉；叶柄与叶片近于等长。雄花序穗状，单生于叶腋，通常作不规则分枝，雄花无梗，单生，很少2～3朵簇生，着生于花序的基部，能育雄蕊3枚，退化雄蕊3枚，棍棒状，两者互生，着生于花托的边缘；雌花序与雄花序相似，雌花有6枚退化雄蕊。果序下垂，果梗反卷；蒴果三棱状球形，略扁，直径为15～21mm，高14～20mm，顶端截形，棱翅状，大小不一；种子每室2枚，着生于中轴中部，四周有薄膜状翅。花期5—7月，果期6—9月。$2n=20$。

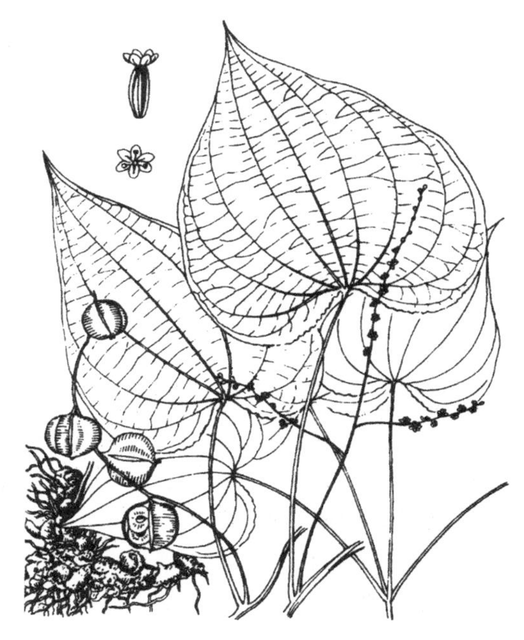

图3-543 纤细薯蓣

见于萧山区(河上)、余杭区(百丈)，生于山坡疏林下、阴湿沟边。分布于安徽、福建、湖北、湖南、江西；日本也有。

根状茎为中药"粉萆薢"的来源之一。

149. 鸢尾科 Iridaceae

多年生草本。植株具根状茎、块状茎或鳞茎，少数种类有分枝或不分枝的地上茎。叶常基生，少为互生；叶片线形、剑形或丝状，基部常沿中脉对折成2列而互相套叠，具平行脉。花单生，数朵簇生，或多花排列成总状、穗状、聚伞及圆锥花序；花或花序下有1至多枚草质或膜质的苞片；花被片6枚，基部常合生成丝状或喇叭形的花被管，裂片2轮排列，内轮裂片与外轮裂片等大或不等；雄蕊3枚，着生于花被管上乃至花被裂片的基部，花药多外向开裂；子房下位，3室，中轴胎座，胚珠多数，花柱1枚，上部多有3分枝，分枝圆柱形或花瓣状，稀不明显而呈3浅裂状，顶端或内侧有柱头。蒴果室背开裂；种子多数，常有附属物或小翅。

60属，800余种，广布于热带、亚热带及温带地区；我国有11属，71种，13变种，5变型；浙江有5属，13种，4变种，2变型；杭州有2属，7种，1变种，1变型。

1. 唐菖蒲属　Gladiolus L.

多年生草本。球茎外被膜质鳞叶。叶片狭剑形，基部互相套叠。花茎较长，直立，下部生数枚茎生叶；花大，两侧对称，红色、紫色、黄色、白色、粉红色或其他颜色，每朵花基部包有草质或膜质的苞片；花被管较短而弯曲，呈漏斗状，花被裂片不等大，上面3枚较大；雄蕊常偏于一侧，花丝着生于花被管上；花柱细长，上部有3分枝。蒴果长圆球形或倒卵球形；种子扁平，边缘有时有翅。染色体数目变异较大(已有报道$2n=22\sim180$)，但多为$2n=30,60$。

约250种，分布于亚洲西南部及中部、非洲热带、地中海沿岸；我国栽培1种；浙江及杭州也有。

唐菖蒲　(图3-544)

Gladiolus × gandavensis Van Houtte——*G. gandavensis* Van Houtte

球茎扁球形，直径为2.5～4.5cm，外被棕色或黄棕色膜质鳞叶。叶基生或在花基部互生；叶片剑形，长40～60cm，宽2～4cm，有数条纵脉，中脉明显凸出。花茎直立，高50～80cm，不分枝；顶生穗状花序长25～35cm；花基部具苞片2枚，黄绿色，膜质，卵形或宽披针形，长4～5cm，宽1.8～3cm，中脉明显；花无梗，两侧对称，红色、黄色、白色或粉红色，直径为6～8cm；花被管弯曲，长约2.5cm，花被裂片均为卵圆形或椭圆形，上面3枚(外轮裂片2枚，内轮裂片1枚)略大，最上面的1枚内轮裂片宽大，呈盔状；雄蕊着生于花被管喉部之下，长约5.5cm，花药条形，红紫色或深紫色；子房椭圆球形，花柱长约6cm，柱头稍扁宽，具短茸毛。蒴果椭圆球形或倒卵球形；种子扁，有翅。花期7—9月，果期8—10月。$2n=56,60$。

区内有栽培。原产于非洲南部；全国各地有栽培。

图3-544　唐菖蒲

本种是一个重要的园艺杂种，于1837年由*G. dalenii* Van Geel和*G. oppositiflorus* Herb.杂交育成。

2. 鸢尾属 Iris L.

多年生草本。根状茎块状或长条状；多数种类地上茎不明显。叶多基生，偶互生，套叠状排成2列；叶片剑形、线形或丝状，具平行叶脉，中脉明显或无，先端渐尖，基部鞘状。花茎自叶丛中抽出，伸出地面，稀短缩不伸出。总状或圆锥状花序顶生，或在花茎顶端仅生1朵花，或偶为二歧状伞房花序；花或花序基部有膜质或草质苞片数枚；花大，蓝紫色、紫色、红紫色、黄色、白色，偶为橘红色；花被管丝状、喇叭状或甚短，外轮花被裂片常大于内轮，上部反折下垂，有或无鸡冠状、须毛状附属物，内轮花被裂片直立或外倾；雄蕊着生于外轮花被裂片的基部；花柱上部有3分枝，分枝花瓣状，每一分枝顶端再2裂，裂片呈半圆形、三角形或狭披针形，或花柱分枝不明显而呈3浅裂状。蒴果椭圆球形、圆球形或卵球形，顶端有喙或无；种子梨形、扁平半圆球形、不规则多面体形或球形，有或无附属物。染色体数目变异较大（已有报道$2n=14\sim108$），但多为$2n=20,24,28,32,34,40,44$。

约300种，分布于北温带；我国约有40种；浙江有9种，4变种，2变型；杭州有6种，1变种，1变型。

分种检索表

1. 根状茎为不规则块状；地上茎明显；花橙红色，花柱分枝不明显而呈3浅裂状；种子球形 ………………………………………… 1. **射干** *I. domestica*
1. 根状茎圆柱形；地上茎不明显；花非橙红色，花柱分枝扁平，呈花瓣状；种子不为球形。
  2. 花茎有数个分枝；花黄色 ……………………………… 2. **黄菖蒲** *I. pseudacorus*
  2. 花茎不分枝；花非黄色。
    3. 外轮花被裂片的中脉上有须毛状附属物 ………………… 3. **德国鸢尾** *I. germanica*
    3. 外轮花被裂片的中脉上有鸡冠状附属物。
      4. 花大，直径达10cm ……………………………… 4. **鸢尾** *I. tectorum*
      4. 花小，直径为3.5～6cm。
        5. 花多数，排成总状聚伞花序。
          6. 花淡蓝色或蓝色 ……………………………… 5. **蝴蝶花** *I. japonica*
          6. 花白色 ……………………………… 5a. **白蝴蝶花** f. *pallescens*
        5. 苞片内仅1～2朵花。
          7. 植株粗壮；花梗长0.6～1cm，花直径为3.5～4cm ………… 6. **小鸢尾** *I. proantha*
          7. 植株粗壮；花梗长1～2cm，花直径约为5cm ………… 6a. **粗壮小鸢尾** var. *valida*

1. 射干 （图3-545）

Iris domestica（L.）Goldblatt & Mabb.——*Belamcanda chinensis*（L.）DC.

根状茎粗壮，不规则结节状，鲜黄色；地上茎直立，高0.5～1.5m。叶片剑形，长20～60cm，宽1～4cm，基部鞘状抱茎，先端渐尖，无中脉。二歧状伞房花序顶生；花梗与分枝基部均有数枚膜质苞片，苞片卵形至狭卵形，先端钝，长约1cm；花梗细，长约1.5cm；花橙红色，散生暗红色斑点，直径为4～5cm；外轮花被裂片倒卵形或长椭圆形，长约2.5cm，宽约1cm，先端钝圆或微凹，基部楔形，内轮花被裂片较外轮的稍短而狭；雄蕊长1.8～2cm，花药线形，长1cm；子房倒卵球形，花柱顶端稍扁，裂片稍外卷，具短细毛。蒴果倒卵球形或长椭圆球形，长2.5～3cm，直径为1.5～2.5cm，顶端常宿存凋萎花被；种子圆球形，黑色，有光泽。花期6—8月，果期7—9月。$2n=32$。

见于西湖景区(云栖)，也常见栽培于庭院或农舍前后，生于杂木林缘、旷野、岩石旁及溪边草丛中。分布于安徽、福建、甘肃、广东、广西、贵州、海南、河北、河南、黑龙江、湖北、湖南、吉林、江苏、江西、辽宁、宁夏、山东、山西、陕西、四川、台湾、西藏、云南；不丹、印度、日本、朝鲜半岛、缅甸、尼泊尔、菲律宾、俄罗斯、越南也有。

根状茎入药。

本种过去常被作为一个单独的属——射干属 *Belamcanda* Adans.，但 Goldblatt 和 Mabberley(2005)基于分子系统学研究，将该属并入鸢尾属，并发表了 *I. domestica* (L.) Goldblatt & Mabb. 这个新名称。

图3-545　射干

2. 黄菖蒲　黄鸢尾

Iris pseudacorus L.

植株基部围有少量老叶残留的纤维。须根黄白色，有皱缩横纹。根状茎粗壮，斜生，有明显节结。基生叶的叶片宽剑形，长40～60cm，宽1.5～3cm，中脉明显。花茎粗壮，高60～70cm，直径为4～6mm，具明显纵棱，上部有分枝。茎生叶的叶片较基生叶短而窄；苞片3～4枚，膜质，披针形，长6.5～8.5cm，宽1.5～2cm，先端渐尖；花梗长5～5.5cm；花黄色，直径为10～11cm；花被管长约1.5cm，外轮花被裂片卵圆形或倒卵形，长约7cm，宽4.5～5cm，有黑褐色条纹，内轮花被裂片较小，直立，倒披针形，长2.7cm，宽约5mm；雄蕊长约3cm，花丝黄白色，花药紫黑色；子房三棱状柱形，长约2.5cm，直径约为5mm，花柱分枝淡黄色，长约4.5cm，宽约1.2cm，顶端裂片半圆形，边缘具疏齿。花期5月，果期6—8月。$2n=34$，偶有报道为$2n=24,32$。

区内常见栽培。原产于欧洲；我国各地常见栽培。

3. 德国鸢尾　(图3-546)

Iris germanica L.

须根肉质。根状茎粗壮肥厚，扁圆球形，具环纹，斜生。基生叶的叶片剑形，长20～50cm，宽2～4cm，中脉不明显。花茎高60～100cm，上部有1～3枚侧枝，中、下部有茎生叶1～3枚；苞片3枚，草质，卵圆形或宽卵形，长2～5cm，宽2～3cm，内有花1～2朵；花大，淡紫色、蓝紫色、深紫色或白色，具香味，直径可达12cm；花被管喇叭形，长约2cm，外轮花被裂片椭圆形或倒卵形，长 6～7.5cm，宽 4～4.5cm，爪部狭楔形，中脉上密生黄色须毛状附属物，内轮花被裂片直立，上部向内拱曲，倒卵形或圆形，长、宽几相等，约 5cm，中脉宽，隆起；雄蕊长 2.5～2.8cm，花药乳白色；子房纺锤形，长约 3cm，直径约为 5mm，花柱分枝淡蓝色、蓝紫色或白色，顶端裂片宽三角形或半圆形，有锯齿。蒴果三棱状圆柱形，长 4～5cm，顶端无喙，成熟时自上而下开裂；种子黄棕色，梨形，表面具皱纹，顶端有黄白色附属物。花期 4—5 月，果期 6—8 月。$2n=44,48$，偶有报道为 $2n=24,28$。

区内有栽培。原产于欧洲；全国各地常有栽培。

图 3-546 德国鸢尾　　　　图 3-547 鸢尾

4. **鸢尾** 蓝蝴蝶 （图 3-547）

Iris tectorum Maxim.

植株基部残留膜质叶鞘及纤维。须根较细短。根状茎粗壮，二歧分枝，斜生。基生叶的叶片宽剑形，稍弯曲，长 15～50cm，宽 1.5～3.5cm，具数条不明显的纵脉。花茎光滑，几与基生叶等长，顶端常有 1～2 个短侧枝，中、下部具茎生叶 1～2 枚；苞片 2～3 枚，草质，披针形或卵圆形，长 5～7.5cm，宽 2～2.5cm，先端渐尖或长渐尖，内含花 1～2 朵；花梗极短；花蓝紫色，直径约为 10cm；花被管长约 3cm，外轮花被裂片倒卵形，长 5～6cm，宽约 4cm，中脉上有 1 行白色带紫纹的鸡冠状附属物，内轮花被裂片稍小，椭圆形，长 4.5～5cm，宽约 3cm，斜展；雄蕊长约 2.5cm，花药黄色；子房纺锤状圆柱形，长 1.8～2cm，花柱分枝扁平，淡蓝色，长约 3.5cm，顶端裂片 2 枚，近四方形，具疏齿。蒴果长圆球形至椭圆球形，长 4.5～6cm，直径为 2～2.5cm，具 6 条明显的肋，成熟时自上而下 3 瓣裂；种子黑褐色，梨形，无附属物。花期 4—5 月，果期 6—8 月。$2n=28$，偶有报道为 $2n=32,36$。

区内有栽培。原产于东亚；我国各地常见栽培。

5. **蝴蝶花**　日本鸢尾　(图 3-548)

Iris japonica Thunb.

根状茎有直立扁圆形及纤细横走者两种。基生叶的叶片暗绿色,有光泽,剑形,长 25～60cm,宽 1.5～3.5cm,中脉不明显。花茎直立,有分枝,常高于基生叶,顶生稀疏总状聚伞花序,分枝与苞片等长或略长;苞片叶状,3～5 枚,宽披针形或卵圆形,长 0.8～1.5cm,先端钝;有花2～4朵,花梗长于苞片;花淡蓝色或淡紫色,直径为 4.5～5.5cm;花被管明显,长1.1～1.5cm,外轮花被裂片倒卵形,长 2.5～3cm,宽 1.4～2cm,先端微凹,边缘波状,有细齿裂,中脉上有黄色的鸡冠状附属物,内轮花被裂片椭圆形或狭倒卵形,长约 3cm,宽 1.5～2.1cm,先端 2 裂,边缘有细齿裂;雄蕊长 0.8～1.2cm,花药白色,长椭圆球形;子房纺锤形,长 0.7～1cm,花柱分枝较内轮花被裂片略短,中肋处淡蓝色,先端縫状丝裂,呈花瓣状,反折而盖于花药上。蒴果倒卵圆柱形,长 2.5～3cm,直径为 1.2～1.5cm,具 6 条明显的肋,无喙,成熟时自顶端开裂至中部;种子为不规则的多面体,无附属物。花期 3—4 月,果期 5—6 月。染色体数目多变,为 $2n=18,28,30,32,34,36,54,60$。

图 3-548　蝴蝶花

见于余杭区(中泰)、西湖景区(飞来峰、棋盘山),区内亦常见栽培,生于林缘阴湿处或路边、水沟边阴湿地带。分布于安徽、福建、甘肃、广东、广西、贵州、海南、湖北、湖南、江苏、江西、青海、山西、陕西、四川、西藏、云南;日本、缅甸也有。

5a. **白蝴蝶花**

f. pallescens P. L. Chiu & Y. T. Zhao ex Y. T. Zhao

与原种的区别在于:本变型叶片、苞片均为黄绿色;花白色;外轮花被裂片中脉上有淡黄色斑纹和黄褐色条状斑纹;花柱分枝的中肋上略带淡蓝色。

产地与生境同原种。分布于浙江。

6. **小鸢尾**　(图 3-549)

Iris proantha Diels——*I. pseudorossii* S. S. Chien

植株矮小,基部围有 3～5 枚鞘状叶及少量老叶残留的纤维。须根细弱。根状茎细长,二歧分枝,横走,节稍膨大。基生叶的叶片线形或狭线形,花期长 5～20cm,宽1～2.5mm,果期长可达 40cm,宽达 7mm,具纵脉 1～2 条。花茎高 5～7cm,中、下部具 1～2 枚鞘状茎生叶;苞片叶状,2 枚,狭披针形,长 3.5～5.5cm,宽约 6mm,先端渐尖,宿存,内有花 1 朵;花梗长 0.6～1cm;花淡蓝紫色,直径为 3.5～4cm;花被管细弱,长 2.5～3(～5)cm,外轮花被裂片倒卵状匙形,长约 2.5cm,宽 1～1.2cm,上有马蹄形的斑纹,中脉上有黄色鸡冠状附属物,内轮花被裂片直立,倒披针形,长2.2～2.5cm,宽约 7mm;雄蕊长约 1cm,花药白色;子房圆柱形,长 4～

5mm，花柱分枝淡蓝色，长约 1.8cm，宽约 4mm，顶端裂片长三角形，外缘有不明显的疏齿。蒴果圆球形，直径为 1.2～1.5cm，顶端有短喙；果梗长 1～1.3cm。花期 3—4 月，果期 5—7 月。

见于西湖景区（葛岭、桃源岭），生于山坡、草地或疏林下。分布于安徽、河南、湖北、湖南、江苏。

图 3-549 小鸢尾

6a. 粗壮小鸢尾

var. **valida** (S. S. Chien) Y. T. Zhao——*I. pseudorossii* S. S. Chien var. *valida* S. S. Chien

本变种植株各部分均较原种粗壮。植株高 20～28cm。花期叶片长约 27cm，宽约 7mm；果期叶片长可达 55cm，宽约 8mm。花梗长 1～2cm；花淡蓝紫色，直径约为 5cm；花被管长 3～6cm，外轮花被裂片长约 2.6cm，宽约 9mm，内轮花被裂片长 2～2.2cm，宽约 7mm；雄蕊长约 7mm；花柱分枝长约 1.6cm。花期 4 月，果期 5—7 月。

见于余杭区（径山），生于林下、荒地或路旁。分布于浙江。

150. 芭蕉科 Musaceae

高大多年生草本。茎或假茎高大，不分枝，有时木质化。叶较大，螺旋排列或排列成 2 行，叶片全缘，具平行羽状脉。顶生或腋生的聚伞花序，常生于排成一大型而有鲜艳颜色的苞片（佛焰苞）中，或直接生于由根状茎生出的花葶上。花两性或单性，两侧对称；花被片 6 枚，2 轮，分离或联合成管状；雄蕊 5～6 枚，花药 2 室；子房下位，3 室，胚珠多数，中轴胎座或单个基生；花柱 1 枚，柱头 3～6 浅裂。浆果或蒴果；种子坚硬，有假种皮或无，胚直，有丰富胚乳。

3 属，约 40 种，分布于非洲和亚洲的热带、亚热带地区；我国有 3 属，14 种；浙江有 1 属，3 种；杭州有 1 属，1 种。

芭蕉属 Musa L.

高大多年生草本。根状茎粗壮；假茎树干状。叶大型，螺旋状排列；叶片长圆形，叶柄伸长，下部增大成一抱茎的叶鞘。穗状花序直立，下垂或半下垂；苞片扁平或具槽，旋转或覆瓦状排列，每一苞片内有花 1 或 2 列，下部苞片内的花在功能上为雌花，但偶有两性花，上部苞片内的花为雄花；花被片离生或合生，合生花被片管状，先端具 5 (3＋2)枚齿，两侧齿先端具钩、角或其他附属物，或无；离生花被片与合生花被片对生。浆果伸长，肉质，有多数种子；种子近球形、双凸镜形或形状不规则。

约30种,主要分布于东南亚地区;我国有11种;浙江有3种;杭州有1种。

芭蕉 (图3-550)

Musa basjoo Siebold & Zucc.

高大多年生草本,高2.5~4m。根状茎粗壮。叶大型,螺旋状排列;叶片长圆形,长2~3m,宽25~30cm,先端钝,基部圆形,常不对称,叶面鲜绿色,有光泽,羽状平行脉;叶柄粗壮,长达30cm。穗状花序,顶生,下垂;苞片红褐色或紫色;雄花生于花序上部,雌花生于花序下部;每一苞片具雌花10~16朵,排成2列;离生花被片与合生花被片近等长,对生,合生花被片长4~4.5cm,具5(3+2)齿裂,离生花被片顶端具小尖头。浆果三棱状,肉质,内具多数种子;种子黑色,宽6~8mm。花期夏秋季节,果期翌年5—6月。$2n=22$。

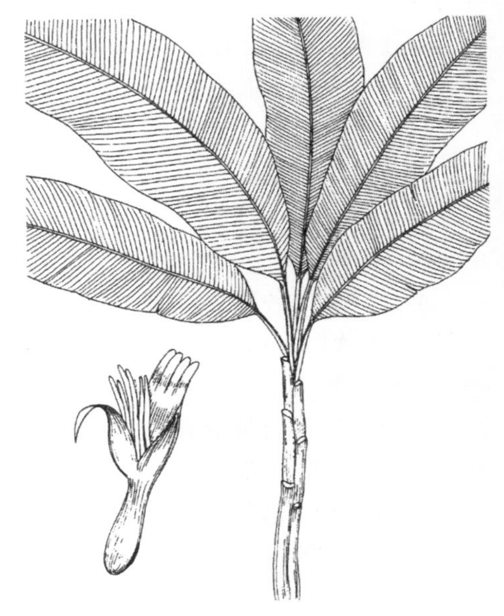

图3-550 芭蕉

区内有栽培。原产于日本;我国福建、广东、广西、贵州、湖北、湖南、江苏、江西、四川、云南均有栽培。

为庭院观赏植物;根可供药用。

151. 姜科 Zingiberaceae

多年生,稀一年生草本。根状茎具香气,横走或块状;地上茎高大或矮小,稀无,基部通常具鞘。叶基生或茎生,通常2行排列,稀螺旋状排列;叶片较大,通常为披针形或椭圆形,自中脉斜生出平行的羽状脉;具闭合或不闭合的叶鞘,叶鞘的顶端具叶舌。花单生,或组成穗状、总状或圆锥花序,生于具叶的茎上或由根状茎发出;花常两性,两侧对称,具苞片;花被片6枚,2轮,外轮萼状,基部合生呈管状,内轮花冠状,基部合生呈管状,上部具3枚裂片;退化雄蕊2或4枚,外轮2枚呈花瓣状,齿状或不存在,内轮的2枚联合成1枚唇瓣,稀无;能育雄蕊1枚,花药2室,具药隔附属体或无;子房下位,3室,胚珠通常多数。蒴果开裂或呈浆果状不开裂;种子圆球形或有棱角,有假种皮,胚乳丰富。

约50属,约1300种,分布于热带、亚热带地区;我国有20属,216种;浙江有5属,7种;杭州有1属,1种。

姜属 Zingiber Mill.

多年生草本。根状茎块状,肉质,具芳香或辛辣味;地上茎直立。叶2列,叶片披针形至椭圆形,无柄。穗状花序球果状,生于由根状茎抽出的花序梗上,花序梗被鳞片状鞘;苞片覆瓦状排列，卵形至披针形，宿存，每一苞片内通常只有1朵花；小苞片佛焰苞状；花萼圆筒状，具3枚齿，通常一侧开裂；花冠管顶部常扩大，长于苞片，裂片中后方的1片常较大，白色或淡黄色；侧生退化雄蕊常与唇瓣合生，唇瓣2裂，外翻，全缘，皱波状；能育雄蕊花丝短，花药2室，药隔附属体长喙状；子房3室，每室有胚珠多数。蒴果卵球形，3瓣裂或不整齐开裂；种子黑色，被假种皮。

100～150种，分布于亚洲热带至温带地区；我国有42种；浙江有2种；杭州有1种。

蘘荷 野姜 （图3-551）

Zingiber mioga (Thunb.) Roscoe

多年生草本。根状茎不明显，淡黄色，根端膨大成块状；地上茎直立，高0.5～1m。叶片披针状椭圆形或线状披针形，长16～37cm，宽3～6cm，叶面无毛，叶背无毛或疏被长柔毛，先端尾尖；叶柄长0.5～1.7cm或无柄；叶舌膜质，2裂，长0.3～1.2cm。穗状花序椭圆球形，长5～7cm；苞片覆瓦状排列，椭圆形，红绿色，具紫脉；花萼长2.5～3cm，一侧开裂；花冠管长于萼片，裂片披针形，长2.7～3cm，宽约7mm，淡黄色；唇瓣卵形，3裂，中部黄色，边缘白色，侧裂片长1.3cm，宽4mm；花药、药隔附属体各长1cm。蒴果倒卵球形，熟时裂成3瓣，内果皮鲜红色；种子黑色，卵球形，被白色假种皮。花期5—6月，果期8—11月。$2n=22,55$。

见于西湖景区（九溪、杨梅岭、云栖），生于林下坡地、水沟边或路边。分布于安徽、广东、广西、贵州、湖南、江苏、江西、云南；日本也有。

根状茎和花序可供药用。

图3-551 蘘荷

152. 美人蕉科 Cannaceae

多年生、直立、粗壮草本。有块状的地下茎。叶大，互生，有明显的羽状平行脉，具叶鞘。花两性，大而美丽，不对称，排成顶生的穗状花序、总状花序或狭圆锥花序；有苞片；萼片3枚，绿色，宿存；花瓣3枚，萼状，通常披针形，绿色或其他颜色，下部合生成管状并常和退化雄蕊群联合；退化雄蕊花瓣状，基部联合，为花中最美丽、最显著的部分，红色或黄色，3～4枚，外轮的3枚（有时2枚或无）较大，内轮的1枚较狭，外反，称为唇瓣；能育雄蕊的花丝亦增大成花瓣状，多少旋卷，边缘有1枚1室的药室，基部或一半和增大的花柱联合；子房下位，3室，每室有胚珠多颗，花柱扁平或棒状。果为蒴果，3瓣裂，多少具3条棱，有小瘤体或柔刺；种子球形。

1属，约55种，产于美洲的热带和亚热带地区；我国常见引种栽培7种；浙江有6种；杭州有4种。

美人蕉属　Canna L.

属特征同科。

分种检索表

1. 退化雄蕊较狭小,宽常不及1.5cm。
   2. 茎、叶绿色,无蜡质白粉 ………………………………………… 1. **美人蕉**　*C. indica*
   2. 茎、叶被蜡质白粉,全部染黄色;花常孪生于苞片内;花冠裂片橘黄色,带淡紫色 ……………………………………………………………………………… 2. **紫叶美人蕉**　*C. warscewiezii*
1. 退化雄蕊较宽大,宽2～6cm。
   3. 花暗红色、红色、橘黄色,稀柠檬黄色或乳白色,有时兼具红色或玫瑰红色的大溅点;花冠裂片花后不反折;茎、叶通常被蜡质白粉 ………………………………………… 3. **大花美人蕉**　*C. generalis*
   3. 花柠檬黄色,仅唇瓣及能育雄蕊的下部散生红色小斑点;花冠裂片花后反折;茎、叶无蜡质白粉 ……………………………………………………………………………… 4. **柔瓣美人蕉**　*C. flaccida*

1. 美人蕉　(图3-552)

Canna indica L.

植株全部绿色,高可达1.5m。叶片卵状长圆形,长10～30cm,宽达10cm。总状花序疏花,略超出于叶片之上;花红色,单生;苞片卵形,绿色,长约1.2cm;萼片3枚,披针形,长约1cm,绿色而有时染红;花冠管长不及1cm,花冠裂片披针形,长3～3.5cm,绿色或红色;外轮退化雄蕊2～3枚,鲜红色,其中2枚倒披针形,长3.5～4cm,宽5～7mm,另1枚如存在,则特别小,长1.5cm,宽仅1mm;唇瓣披针形,长3cm,弯曲;能育雄蕊长2.5cm,药室长6mm;花柱扁平,长3cm,一半与能育雄蕊的花丝联合。蒴果绿色,长卵球形,有软刺,长1.2～1.8cm。花、果期3—12月。$2n=18$。

区内常见栽培。原产于印度;全国各地广泛栽培。

根状茎入药;茎、叶纤维可制人造棉、织麻袋、搓绳。

图3-552　美人蕉

2. 紫叶美人蕉　(图3-553)

Canna warscewiezii A. Dietr.

植株高约1.5m。茎粗壮,紫红色,被蜡质白粉,有很密集的叶。叶片卵形或卵状长圆形,最大的长达50cm,宽达20cm,顶端渐尖,基部心形,暗绿色,边缘绿色,叶脉多少染紫色或古铜色。总状花序长15cm,超出叶;苞片紫色,卵形,多少内凹,略超出子房,被天蓝色粉霜,无小苞片;萼片披针形,急尖,紫色,长1.2～1.5cm或过之;花冠裂片披针形,长4～5cm,深红色,外稍染蓝色,顶端内凹;外轮退化雄蕊2枚,倒披针形,背面的1枚长约5.5cm,宽8～9mm,红染紫色,侧面的1枚长4cm,宽4～5mm,分离几达基部;唇瓣舌状或线状长圆形,顶端微凹或2

裂，弯曲，红色；能育雄蕊披针形，浅褐色，急尖，较药室略长；子房梨形，深红色，密被小疣状凸起，花柱线形，较药室长。果熟时黑色。花期秋季。

区内常见栽培。原产于南美洲；我国南部城市有栽培。

图 3-553 紫叶美人蕉

图 3-554 大花美人蕉

3. 大花美人蕉 （图 3-554）

Canna generalis Bailey

植株高约 1.5m。茎、叶和花序均被白粉。叶片椭圆形，长达 40cm，宽达 20cm，叶缘、叶鞘紫色。总状花序顶生，长 15～30cm（连花序梗）；花大，比较密集，每一苞片内有花 1～2 朵；萼片披针形，长 1.5～3cm；花冠管长 5～10mm，花冠裂片披针形，长 4.5～6.5cm；外轮退化雄蕊 3 枚，倒卵状匙形，长 5～10cm，宽 2～5cm，颜色多种，红色、橘红色、淡黄色、白色；唇瓣倒卵状匙形，长约 4.5cm，宽 1.2～4cm；能育雄蕊披针形，长约 4cm，宽 2.5cm；子房球形，直径为 4～8mm，花柱带形，离生部分长 3.5cm。花期秋季。

区内常见栽培。我国南部城市有栽培。

品种较多，其植株高矮、花色、叶色及能育雄蕊的形状均有很大差异，尤以矮株红花型和高株橘黄花型最为普遍。

图 3-555 柔瓣美人蕉

4. 柔瓣美人蕉 （图 3-555）

Canna flaccida Salisb.

植株高 1.3～2m。茎绿色。叶片长圆状披针形，长

25～60cm,宽10～12cm,顶端渐尖,具线形尖头。总状花序直立,花少而疏;苞片极小;花黄色,美丽,质柔而脆;萼片披针形,长2～2.5cm,绿色;花冠管明显,长达萼的2倍,花冠裂片线状披针形,长达8cm,宽达1.5cm,花后反折;外轮退化雄蕊3枚,圆形,长5～7cm,宽3～4cm;唇瓣圆形;能育雄蕊半倒卵形;花柱短,椭圆球形。蒴果椭圆球形,长约6cm,宽约4cm。花期夏秋。$2n=18$。

区内常见栽培。原产于南美洲;我国各地均有栽培。

153. 竹芋科　Marantaceae

多年生草本。有根状茎或块状茎,地上茎有或无。叶通常大,具羽状平行脉,通常2列,具柄,柄的顶部增厚,称叶枕,有叶鞘。花两性,不对称,常成对生于苞片中,组成顶生的穗状、总状或疏散的圆锥花序,或花序单独由根状茎抽出;萼片3枚,分离;花冠管短或长,裂片3枚,外方的1枚通常大而多少呈风帽状;退化雄蕊2～4枚,外轮的1～2枚(有时无)花瓣状,较大,内轮的2枚中一为兜状,包围花柱,一为硬革质;能育雄蕊1枚,花瓣状,花药1室,生于一侧;子房下位,1～3室,每室有胚珠1颗,花柱偏斜、弯曲、变宽,柱头3裂。果为蒴果或浆果状;种子1～3枚,坚硬,有胚乳和假种皮。

约31属,525种,分布于泛热带地区,主要分布于美洲;我国有5属,9种;浙江有1属,1种;杭州有1属,1种。

水竹芋属　Thalia L.

水生草本。根状茎无明显膨大;地上茎直立,高1～3.5m,茎不分枝。叶基生;叶绿色,卵形至椭圆形。花序分枝,分枝短而直立;穗轴节间明显锯齿状;苞片脱落,每一苞片对着花1对;花白色至暗紫色(花冠和雄蕊);萼片膜质,宿存,长0.5～3mm;花冠管长1～6mm,花冠裂片近等长或不等长;退化雄蕊1枚,花瓣状,艳丽;胼胝体退化雄蕊肉质,窄心形;兜状退化雄蕊2枚,近顶生。荚果近球形至椭圆球形,果皮薄,不裂;种子1枚,近球形或椭圆形,暗褐色,光滑,假种皮退化。

有6种,主要分布在非洲和美洲;我国栽培1种;浙江及杭州也有。

本属是竹芋科中唯一的水生类群,是很好的水景植物材料。

水竹芋

Thalia dealbata Fraser

多年生挺水草本,高0.7～2.5m。叶卵形或狭椭圆形,坚固,硬纸质,先端渐尖,基部圆形,稀钝,长17～55cm,宽7～22cm,背面具粉霜,白色,无毛,近轴面具柔毛。复总状花序直立,密集紧凑,长9～31cm,宽7～18cm,花葶高0.5～1.9m;花序轴具粉霜,节间长2～3mm;苞片明显具粉霜,白色,红棕色或红紫色,圆形,杯状,长0.8～1.5cm,硬,革质,无毛;萼片长1.5～2.5mm;退化雄蕊深紫色,长12～15mm,宽约6mm;胼胝体退化雄蕊基部白色或淡紫色,边缘和先端深紫色,顶端边缘降低,花瓣状。果实近球形至宽倒卵球形,长 9～12mm,宽 8～11mm;种子暗褐色至黑色,近球形至宽椭圆球形。

区内常见栽培,生于沼泽、池塘或其他湿地。原产于美国南部和中部。

重要的挺水花卉,常片植于水池或湿地,也可盆栽供观赏或种植于庭院水体景观中。

154. 兰科 Orchidaceae

多年生草本,稀亚灌木,极少为攀援藤本;陆生、附生或腐生。陆生和腐生者具须根,通常还具根状茎或块状茎;附生者具有肥厚、肉质的气生根。茎直立,基部匍匐状、悬垂或攀援,合轴或单轴,延长或缩短,常在基部或全部膨大为具一节或多节、呈多种形状的假鳞茎。叶通常互生,排成 2 列或螺旋状着生,极少数对生或轮生,有时着生于假鳞茎顶端;叶片革质或带肉质(干时膜质),扁平、两侧压扁或圆柱状,有时退化成鳞片状,基部有时具关节或具管状抱茎的叶鞘。花序具 1 朵花,或具多数花而排列成总状、穗状或伞形花序,少数为圆锥花序,顶生或侧生于茎上或假鳞茎上;苞片宿存或早落。花通常艳丽,有香气,或小而不显著,两性,极少单性,两侧对称。花被片上位,6 枚,排成 2 轮:外轮 3 枚为萼片,通常花瓣状,离生或合生,中央的 1 枚称为中萼片,有时凹陷,通常稍大,并与花瓣靠合成兜,两侧的 2 枚称为侧萼片,通常略歪斜,离生或靠合,极少合生为 1 枚(称合萼片),有时基部的一部分或全部贴生于蕊柱足上而形成萼囊;内轮两侧的 2 枚称花瓣,通常具颜色,与萼片相似或不相似,中央的 1 枚特化而称唇瓣,呈多种形状,常因子房的 180°扭转弯曲或花序的下垂而使其位于下方,先端分裂或不裂,有时由于中部缢缩而分成前部与后部(上唇与下唇),上面有时具脊、褶片、胼胝体或其他附属物,有时基部延伸成囊状或距,其内具蜜腺。雄蕊和雌蕊合生而形成合蕊柱,常称蕊柱,有时其基部延伸为蕊柱足;能育雄蕊通常 1 枚,生于蕊柱顶端背面,较少为 2 枚,生于蕊柱的两侧,花药 2 室,内向,直立或前倾,花粉粘合成花粉块,花粉块 2～8 枚,粉质或蜡质,具花粉块柄或蕊喙柄、黏盘,或无;退化雄蕊有时存在,呈小凸起状,有时大而具彩色;柱头侧生,极少为顶生,凹陷或凸出,上方通常有 1 枚喙状的小凸起,称蕊喙;子房下位,1 室,侧膜胎座,胚珠多数,倒生。蒴果常为三棱状圆柱形或纺锤形,成熟时开裂为 3～6 枚果爿,但开裂后顶端部分仍相连;种子极多而微小,无胚乳,通常具膜质或呈翅状扩张的种皮,具未分化的小胚。

约 880 属,21950～26049 种,世界广布,以热带最为丰富多样;我国约有 150 属,1100 种;浙江有 48 属,94 种,1 变种;杭州有 14 属,18 种。

兰科和菊科是被子植物中最大的 2 个科。本科分为 5 个亚科——拟兰亚科 Apostasioideae、杓兰亚科 Cypripedioideae、香荚兰亚科 Vanilloideae、树兰亚科 Epidendroideae 和兰亚科 Orchidoideae。

分属检索表

1. 附生植物(蝴蝶兰属常见栽培于基质中)。
    2. 具假鳞茎,茎顶端常具 1 枚叶,稀 2～3 枚;花粉块不具黏盘和黏盘柄 …… 1. **石豆兰属** *Bulbophyllum*
    2. 无假鳞茎,茎顶端常具 3 枚叶或更多;花粉块具黏盘和黏盘柄 …………… 2. **蝴蝶兰属** *Phalaenopsis*

1. 陆生植物,若生长在石壁上,则后者表面必有覆土。

3. 花在花序轴上呈螺旋状排列;茎基部簇生数条指状、肉质的根 ………………… 3. **绶草属** *Spiranthes*

3. 花在花序轴上非螺旋状排列,或仅生1朵花;茎基部的根非上述情况。

4. 植株具明显可见的假鳞茎。

5. 花葶从假鳞茎基部的根状茎上长出 ……………………………………… 4. **带唇兰属** *Tainia*

5. 花葶从假鳞茎的顶端或顶侧长出。

6. 假鳞茎扁球形或扁斜卵球形,具2个长的凸起,彼此以同一个方向的凸起连成1串,具荸荠似的环带;叶3枚以上 ……………………………………………… 5. **白芨属** *Bletilla*

6. 假鳞茎非上述情况;叶3枚以下。

7. 叶片近圆形、宽椭圆形至椭圆状长圆形;叶脱落后假鳞茎顶端无皿状齿环;唇瓣基部具角状距 ………………………………………………………… 6. **独花兰属** *Changnienia*

7. 叶片椭圆形至椭圆状披针形;叶脱落后假鳞茎顶端具皿状齿环;唇瓣无距 …………………………………………………………………………… 7. **独蒜兰属** *Pleione*

4. 植株具或长或短的直立茎,无假鳞茎,或无明显可见、常隐藏于叶丛之中的假鳞茎。

8. 植株具块状茎,或具肉质、肥厚、指状、平展的根状茎。

9. 柱头1枚,位于蕊喙之下,凹陷;植株具指状、平展、肉质的根状茎,或膨大成块状茎 ……………………………………………………………………… 8. **舌唇兰属** *Platanthera*

9. 柱头2枚,分离,隆起凸出;植株具圆球形、卵球形或椭圆球形的块状茎。

10. 花大;退化雄蕊小;蕊喙长;药室叉开;花粉块的黏盘不附于蕊喙短臂上,离生 ……………………………………………………………………… 9. **玉凤花属** *Habenaria*

10. 花小;退化雄蕊宽阔;蕊喙小;药室平行靠近;花粉块的黏盘附于蕊喙短臂上 …………………………………………………………………… 10. **阔蕊兰属** *Peristylus*

8. 植株无肉质、肥厚、指状、平展的根状茎或块状茎,根状茎短,只具稍或多或少肉质的纤维根。

11. 茎长而明显,无假鳞茎;叶茎生。

12. 根状茎短,具或多或少肉质的根;蕊喙非二叉状;花粉块无柄 ……………………………………………………………… 11. **头蕊兰属** *Cephalanthera*

12. 根状茎细长、匍匐、具节,节上生根;蕊喙为二叉状;花粉块具柄 ……………………………………………………………………… 12. **斑叶兰属** *Goodyera*

11. 茎极短,假鳞茎不明显,隐藏于叶丛中;叶近基生或丛生。

13. 叶片宽而薄,卵状椭圆形、长椭圆形或椭圆形,干后变为靛蓝色,具叶柄;蕊柱短;花粉块2枚 ………………………………………………………… 13. **虾脊兰属** *Calanthe*

13. 叶片革质,常为长带形或剑形,干后不变为靛蓝色,通常无柄;蕊柱长;花粉块8枚 …………………………………………………………………………… 14. **兰属** *Cymbidium*

1. 石豆兰属　Bulbophyllum Thou.

附生植物。具长而匍匐的根状茎;假鳞茎形状多样,大小不一,在根状茎上直立或斜生,彼此排列紧密至远离,顶端通常生叶1枚,稀2～3枚。叶质地通常较厚,先端不等侧2圆裂,锐尖或钝尖。花葶侧生于假鳞茎基部或生于根状茎上,顶生头状伞形花序、总状花序或仅生1朵花;苞片小,膜质,卵状披针形;萼片近相似或不相似,中萼片通常披针形,侧萼片卵状披针形或斜卵形,离生或下侧边缘部分或大部分粘合,基部贴生于蕊柱足上,形成萼囊;花瓣较小,边缘全缘,或具腺毛或柔毛,或具流苏状齿;唇瓣位于下方,通常肉质,舌状,基部收狭,贴生于蕊柱足末端,能活动,边缘全缘,唇盘上常具乳凸或毛;蕊柱短而直,顶端常具1对芒状或齿状的蕊柱齿，高于花药，具蕊柱足；花药前倾，2 室，花粉块 4 枚，成 2 对，蜡质，无附属物。蒴果卵球形或长椭圆球形，无喙。$2n=38$，偶有报道为 $2n=36,40$。

约 1000 种，主要分布于亚洲、美洲、非洲和大洋洲等热带地区；我国约有 70 种，分布于长江流域及其以南各省、区；浙江有 4 种；杭州有 1 种。

广东石豆兰 （图 3-556）

Bulbophyllum kwangtungense Schltr.

根状茎长而匍匐，粗约 2mm；假鳞茎长圆柱形，长 1～2.5cm，宽 2～5mm，在根状茎上远离着生，彼此相距 2～7cm，顶生 1 叶。叶片革质，长圆形，长 2～6.5cm，宽 4～10mm，先端钝圆而凹，基部渐狭，呈楔形，具短柄，有关节，中脉明显。花葶从假鳞茎基部长出，高于叶，长达 8cm，有 3～5 枚膜质鞘；总状花序短，呈伞状，具花 2～4 朵；苞片小；花淡黄色；萼片近同形，线状披针形，中萼片长约 1cm，宽 1.5mm，侧萼片稍长，上部边缘上卷，呈筒状，先端尾状，基部贴生于蕊柱基部和蕊柱足上；花瓣狭披针形，长约 5mm，长渐尖，全缘；唇瓣对折，较花瓣短，唇盘上具 4 条褶片；蕊柱足的离生部分长约 4mm。蒴果长椭圆球形，长约 2.5cm，直径为 5mm。花期 6 月，果期 9—10 月。

图 3-556 广东石豆兰

文献记载区内有分布，生于林下石缝中。分布于福建、广东、广西、湖北、湖南、江西、云南。

全草入药。

2. 蝴蝶兰属 Phalaenopsis Blume

附生草本。根肉质，发达，从茎的基部或下部的节上发出，长而扁。茎短，具少数近基生的叶。叶质地厚，扁平，椭圆形、长圆状披针形至倒卵状披针形，通常较宽，基部多少收狭，具关节和抱茎的鞘，花期宿存或凋落。花序侧生于茎的基部，直立或斜生，分枝或不分枝，具少数至多数花；苞片小；花小至大，十分美丽，花期长，开放；萼片近等大，离生；花瓣通常近似萼片而较宽阔，基部收狭或具爪；唇瓣基部具爪，贴生于蕊柱足末端，无关节，3 裂；侧裂片直立，与蕊柱平行，基部不下延，与中裂片基部不形成距，中裂片较厚，伸展，唇盘在两侧裂片之间，或在中裂片基部常有肉凸或附属物；蕊柱较长，中部常收窄，通常具翅，基部具蕊柱足；蕊喙狭长，2 裂；药床浅，药帽半球形，花粉团蜡质，2 枚，近球形，每个半裂或劈裂为不等大的 2 爿；黏盘柄近匙形，上部扩大，向基部变狭；黏盘片状，比黏盘柄的基部宽。$2n=38$，偶有报道为 $2n=40,76$。

约 40 种，分布于热带亚洲至澳大利亚；我国有 6 种，产于南方诸省、区；浙江有 1 种；杭州 1 种。

蝴蝶兰

Phalaenopsis aphrodite Rchb. f.

茎很短,常被叶鞘所包。叶片稍肉质,常3～4枚或更多,上面绿色,背面紫色,椭圆形、长圆形或镰刀状长圆形,长10～20cm,宽3～6cm,先端锐尖或钝,基部楔形或有时歪斜,具短而宽的鞘。花序侧生于茎的基部,长达50cm,不分枝或有时分枝,花序梗绿色,粗4～5mm,被数枚鳞片状鞘,花序轴紫绿色,多少回折状,常具数朵由基部向顶端逐朵开放的花;苞片卵状三角形,长3～5mm;花梗连同子房绿色,纤细,长2.5～4.5cm;花白色或红色,美丽,花期长;中萼片近椭圆形,长2.5～3cm,宽1.4～1.7cm,先端钝,基部稍收狭,具网状脉,侧萼片歪卵形,长2.6～3.5cm,宽1.4～2.2cm,先端钝,基部收狭并贴生在蕊柱足上,具网状脉;花瓣菱状圆形,长2.7～3.4cm,宽2.4～3.8cm,先端圆形,基部收狭,呈短爪,具网状脉;唇瓣3裂,基部具长7～9mm的爪;侧裂片直立,倒卵形,长2cm,先端圆形或锐尖,基部收狭,具红色斑点或细条纹,在两侧裂片之间和中裂片基部相交处具1枚黄色肉凸,中裂片似菱形,长1.5～2.8cm,宽1.4～1.7cm,先端渐狭并且具2条长8～18mm的卷须,基部楔形;蕊柱粗壮,长约1cm,具宽的蕊柱足;花粉团2枚,近球形,每个劈裂为不等大的2爿。花期4—6月。$2n$=38,76。

区内常见盆栽,供室内观赏。原产于我国台湾至东南亚;世界各地均有栽培。

3. 绶草属 Spiranthes L. C. Rich.

陆生植物。根肉质,指状,簇生于茎基部。茎较短。叶多少带肉质,近基生;茎上部叶呈苞片状,鞘状抱茎。穗状花序顶生;花小,呈螺旋状排列,倒置,唇瓣位于下方;萼片相似,近等长,离生,中萼片直立,与花瓣靠合成盔状,侧萼片多少偏斜或下延;唇瓣具短爪,基部凹陷且围抱蕊柱,通常具2枚胼胝体,无距,先端不裂或3裂,边缘皱波状;蕊柱基部稍扩大,无蕊柱足,蕊喙直立;花药直立,位于蕊柱后方,花粉块2枚,粒粉质,具花粉块柄和黏盘。蒴果卵球形或长圆柱形,通常具3条棱。$2n$=30,偶有报道为$2n$=44,45,60,74。

约50种,广布于亚洲、欧洲、大洋洲、北美洲温带和热带地区;我国有1种;浙江及杭州也有。

图3-557 绶草

绶草 盘龙参 (图3-557)

Spiranthes sinensis (Pers.) Arues

植株高15～45cm。茎直立,基部簇生数条肉质根。叶2～8枚,下部的近基生;叶片稍肉质,下部的线状倒披针形或线形,长2～17cm,宽3～10mm,先端尖,中脉微凹,上部的呈苞片状。穗状花序长4～20cm,具多数呈螺旋状排列的小花;苞片长圆状卵形,长约6mm,稍长于子房,先端长渐尖;花淡红色、紫红色或白色;萼片几等长,长3～4mm,宽约3mm,中萼片长圆形,先端钝,与花瓣靠合成兜状,侧萼片较狭;花瓣与萼片等长,先端钝;

唇瓣长圆形或卵状长圆形，长约 4.5mm，宽 2mm，先端平截，皱缩，基部全缘，中部以上呈啮齿皱波状，表面具皱波纹和硬毛，基部稍凹陷，呈浅囊状，囊内具 2 枚凸起；蕊柱短，先端扩大，基部狭窄。$2n=30$。

见于江干区（半山、丁桥）、滨江区（长河）、西湖景区（葛岭、桃源岭、云栖），生于林下、灌丛下、路边草地或沟边草丛中。分布于全国各地；阿富汗、不丹、印度、日本、朝鲜半岛、马来西亚、蒙古、缅甸、尼泊尔、菲律宾、俄罗斯、泰国、越南、大洋洲也有。

全草入药。

4. 带唇兰属 Tainia Blume

陆生植物。具根状茎；假鳞茎长圆柱形，顶生叶 1 枚。叶具长柄。花葶从假鳞茎基部的根状茎上长出；总状花序具多数花；萼片与花瓣相似，侧萼片生于蕊柱足上，形成萼囊；唇瓣位于下方，生于蕊柱足末端，无距，先端 3 裂或不裂，中部缢缩成前、后两部分，上面通常具纵褶片；蕊柱细长，具短的蕊柱足；花药 2 室，花粉块 8 枚，蜡质，无明显花粉块柄。$2n=30,32,40$。

约 25 种，分布于亚洲热带和亚热带地区；我国有 6 种，产于西南部至东南部；浙江有 1 种；杭州有 1 种。

带唇兰 （图 3-558）

Tainia dunnii Rolfe

植株高 32～58cm。根状茎匍匐伸长，节上生假鳞茎；假鳞茎圆柱形或卵状圆锥形，长 1.5～3cm，粗 4～5mm，紫褐色，顶生叶 1 枚。叶具长柄，叶柄长 2～6cm；叶片长椭圆状披针形，长 15～22cm，宽 0.6～3cm，先端渐尖，基部渐狭。花葶直立，从假鳞茎侧边的根状茎上长出，纤细，高 30～60cm；总状花序疏生花 10 余朵；苞片线状披针形，短于子房，长约 5mm；花淡黄色；中萼片披针形，先端急尖，侧萼片与花瓣几等长，长 1.2～1.5cm，镰刀状披针形，先端急尖，萼囊钝，长 3mm；唇瓣长圆形，长约 1cm，3 裂，侧裂片镰刀状长圆形，中裂片横椭圆形，先端平截或中央稍凹缺，上面有 3 条短的褶片，唇盘上有 2 条纵褶片；蕊柱棍棒状，弧曲，长约 6mm，具短蕊柱足；子房具细柄，连柄长 5～10mm。花期 5 月，果期 7 月。

文献记载区内有分布，生于林下溪沟边。分布于福建、广东、广西、海南、湖南、江西、四川、台湾。

图 3-558 带唇兰

5. 白芨属 Bletilla Rchb. f.

陆生植物。假鳞茎扁球形，具荸荠似的环纹，彼此连接成一串；地上茎直立，生于假鳞茎顶端，具叶 3～9 枚。叶互生；叶片椭圆形或线形，基部收狭，呈鞘状抱茎，折扇状叶脉，与叶鞘相接处有明显的节痕。总状花序生于茎端,具3至数朵花;苞片小,早落;花中等大而艳丽,玫瑰红色、紫红色、黄色或白色;萼片离生,与花瓣相似;唇瓣3裂或几不裂,上面有3～5条脊状褶片;蕊柱半圆柱状,稍向前弯曲,两侧具翅;花药2室,花粉块8枚,粒粉质,每室4枚,成对着生,花粉块柄不明显,无黏盘。

约6种,分布于东亚;我国有4种,以西南地区和华中地区为多;浙江有1种;杭州有1种。

白芨　(图3-559)

Bletilla striata (Thunb.) Rchb. f.

植株高30～80cm。具明显粗壮的茎;假鳞茎扁球形,彼此相连接,上面具荸荠似的环纹,直径为1.5～3cm,富黏性。叶4～5枚;叶片狭长椭圆形或披针形,长18～45cm,宽2.5～5cm,先端渐尖,基部渐窄,下延成长鞘状抱茎,叶面具多条平行纵褶。总状花序顶生,具花4～10朵;苞片长椭圆状披针形,长2～3cm,开花时凋落;花较大,直径约为4cm,紫红色或玫瑰红色;萼片离生,与花瓣几相似,狭卵圆形,长2.5～3cm;唇瓣倒卵形,长2.3～2.8cm,白色带红色,具紫色脉纹,中部以上3裂,侧裂片直立,围抱蕊柱,先端钝而具细齿,稍伸向中裂片,但不及中裂片的一半处,中裂片倒卵形,上面有5条脊状褶片,褶片边缘波状;蕊柱长12mm,宽3.5mm,两侧具翅,具细长的蕊喙。花期5—6月,果期7—9月。$2n=30,32,76$。

图3-559　白芨

见于西湖景区(九曜山、龙井),生于山坡草地、沟谷边滩地。分布于安徽、福建、甘肃、广东、广西、贵州、湖北、湖南、江苏、江西、陕西、四川;日本、朝鲜半岛、缅甸也有。

假鳞茎入药。

6. 独花兰属　Changnienia S. S. Chien

陆生植物。假鳞茎宽卵球形,具2～3节,顶生叶1枚。叶片近圆形、宽椭圆形至椭圆状长圆形,具长柄。花1朵,顶生,直径为4～5cm;萼片长圆状披针形,先端钝;花瓣斜倒卵状披针形,先端钝;唇瓣生于蕊柱基部,横椭圆形,先端3裂,侧裂片直立,斜卵状三角形,中裂片开展,具短而宽的爪;唇盘上具5条纵褶片,基部圆形,具粗大角状的距;蕊柱长,具阔翅,无蕊柱足;花粉块4枚,成2对,蜡质,粘着于方形黏盘上。

仅1种,我国特有;浙江及杭州也有。

独花兰 （图 3-560）

Changnienia amoena S. S. Chien

植株高 10～18cm。假鳞茎卵状长圆球形或宽卵球形，具 2～3 节，直径约为 1cm，肉质，顶生叶 1 枚。叶片近圆形、宽椭圆形、椭圆状长圆形，长 7～11cm，宽 4.5～8cm，先端急尖至渐尖，基部圆形，全缘，下面紫红色，具 9～11 条脉；叶柄长 5.5～9.5cm。花葶从假鳞茎顶端长出，直立，长8～11cm，具 2～3 枚退化叶，顶生花 1 朵；苞片小，早落；花淡紫色，直径为4～5cm；萼片长圆状披针形，先端钝，具腺体；唇瓣生于蕊柱基部，横椭圆形，长约 2.5cm，基部圆形，具浅紫色和带深红色斑点，先端 3 裂，侧裂片直立，斜卵状三角形，中裂片斜出，近肾形，边缘具皱波状圆齿，唇盘上具 5 枚附属物，具短而宽的爪，距粗壮，角状，稍弯曲；蕊柱有阔翅，背面紫红色，长约 2.2cm；蕊喙侧面具 2 枚三角状小齿；子房短，圆柱形，长 7～8mm。花期 4 月。

文献记载区内有分布，生于疏林下山谷荫蔽处。分布于安徽、湖北、湖南、江苏、江西、陕西、四川。

全草入药。本种为我国特有珍稀植物，也是国家二级重点保护野生植物。

图 3-560 独花兰

7. 独蒜兰属 Pleione D. Don.

陆生植物。假鳞茎斜卵球形或瓶状，顶生叶 1～2 枚，叶脱落后，呈皿状齿环宿存在假鳞茎上。花葶从假鳞茎顶端长出，直立，通常具花 1 朵；花与叶同时出现或花先于叶，大而艳丽，倒置，唇瓣位于下方；萼片和花瓣离生，近相似，或花瓣较窄；唇瓣宽大，基部围抱蕊柱，3 裂或不裂，内面具褶片或脉上具刚毛，先端具不整齐的齿或流苏；蕊柱长，顶端具宽翅，蕊喙显著，全缘或3～4裂；花药 2 室，花粉块 4 枚，蜡质，具花粉块柄；柱头横生。$2n=40$，偶有报道为 $2n=38$，42，44，60，80，120。

10 余种，产于亚洲热带；我国有 8 种，多分布于西南部、南部至东部；浙江有 1 种；杭州有 1 种。

台湾独蒜兰 （图 3-561）

Pleione formosana Hayata

植株高 10～25cm。假鳞茎斜狭卵球形或长颈瓶状，长 1～2cm，宽约 8mm，通常紫红色，顶生 1 枚叶，叶脱落后，在假鳞茎顶端宿存皿状齿环。叶和花同时出现；叶片椭圆形至椭圆状披针形，长5～25cm，宽1.5～5cm，先端渐尖，基部收狭成柄，围抱花葶。花葶从假鳞茎顶端长出，基部具2～3枚鞘状鳞叶，上部有时具苞片状叶，顶生花1朵；苞片线状长圆形至长圆形，长1.5～2cm，宽3～5mm，先端钝，与子房等长或稍长；花大，紫红色或粉红色；萼片与花瓣等长，近同形，狭披针形，长4～5cm，宽约1cm；花瓣稍窄，具5条脉，中脉明显，先端急尖；唇瓣宽阔，长3.5～4cm，最宽处宽约3cm，基部楔形，先端不明显3裂，侧裂片先端圆钝，中裂片半圆形，先端中央凹缺或不凹缺，边缘具不整齐的锯齿，内面有3～5条波状或直的纵褶片；蕊柱长线形，长约3.5cm，顶端扩大成翅。花期4—5月，果期7月。$2n=40$。

见于西湖区(留下)，生于沟谷旁或密林中具覆土的岩石上。分布于福建、江西、台湾。

假鳞茎入药。

图3-561　台湾独蒜兰

8. 舌唇兰属　Platanthera L. C. Rich.

陆生植物。具肉质肥厚的根。根下生肉质肥厚的根状茎或块状茎；地上茎直立，具叶1至数枚。叶互生，稀对生；叶片椭圆形、圆形或线状披针形；基部叶鞘状，上部叶为花苞片状。总状花序顶生，具花数朵；苞片革质，通常披针形；花黄绿色或白色，倒置，唇瓣位于下方；中萼片直立，通常较侧萼片宽，近等长，侧萼片伸展；花瓣较萼片狭；唇瓣不裂，舌状，基部贴生于蕊柱，两侧无耳或具耳；距长，少数距较短；花药直立，2室，药室平行或叉开，药隔明显；退化雄蕊2枚，位于花药近基部两侧；蕊喙常大，贴生于药隔上；花粉块2枚，粉质，颗粒状，具花粉块柄和黏盘，黏盘附于蕊喙臂上；柱头1枚，凹陷，与蕊喙下部会合，两者分开，或1枚隆起，位于距口的后缘或前方，或为2枚位于距口前方两侧，隆起，离生。$2n=42$，偶有报道为$2n=36,38,40,44,84$。

约50种，分布于热带和温带地区；我国约有30种，南北均产，以西南各省、区为多；浙江有6种；杭州有2种。

1. 尾瓣舌唇兰　(图3-562)

Platanthera mandarinorum Rchb. f.

植株高18～45cm。根状茎肉质，指状；地上茎直立，具叶1～3枚，以1枚为多。叶片长圆形，少为线状披针形，长5～12cm，宽1.5～2.5cm，先端急尖，基部抱

图3-562　尾瓣舌唇兰

茎。总状花序疏生花7至20余朵；苞片披针形，长7～14mm，长于或等长于子房；花黄绿色；中萼片宽卵形，长4～4.5mm，宽3～4mm，先端钝圆，具3条脉，侧萼片长圆状披针形，偏斜，长约5mm，宽2mm，基部一侧扩大，反折，先端钝，具3条脉；花瓣镰刀形，下半部卵圆形，基部一侧扩大，上部骤狭为线形尾状，增厚，具3条脉，其中1条脉又侧生支脉；唇瓣舌状线形，长约6mm，宽1.5～2mm；距细长，长2～3cm，向后斜伸且有时向上举；花药直立，药隔宽，先端微凹；子房纺锤形，长1～1.4cm，先端向前弯曲。花期5—6月。$2n=42$。

文献记载区内有分布，生于山坡林下。分布于安徽、福建、广东、广西、贵州、河南、湖北、湖南、江苏、江西、山东、四川、台湾、云南；日本、朝鲜半岛也有。

2. 小舌唇兰 （图3-563）

Platanthera minor (Miq.) Rchb. f.

植株高20～60cm。根状茎膨大，呈块状茎状，椭圆球形或纺锤形；地上茎直立。叶2～3枚，由下向上渐小，呈苞片状；叶片椭圆形、长圆形、卵状椭圆形或长圆状披针形，长6～15cm，宽1.5～5cm，先端急尖或钝圆，基部鞘状抱茎，茎上部的线状披针形，先端渐尖。总状花序长10～18cm，疏生多数花；苞片卵状披针形，长0.8～2cm；花淡绿色；中萼片宽卵形，长4～5mm，宽约3.5mm，先端钝或急尖，具3条脉，侧萼片椭圆形，稍偏斜，长5～6mm，宽约2mm，先端钝，具3条脉，反折；花瓣斜卵形，先端钝，基部一侧稍扩大，具2条脉，其中1条脉又分出1条支脉；唇瓣舌状，长5～7mm，肉质，下垂；距细筒状，下垂，稍向前弯曲，长1～1.5cm；药隔宽，先端凹缺；子房圆柱状，向上渐狭，长1～1.5cm。花期5—7月。$2n=42$。

图3-563 小舌唇兰

见于拱墅区（半山）、西湖区（留下），生于山坡林下或草地。分布于安徽、福建、广东、广西、贵州、海南、河南、湖北、湖南、江苏、江西、四川、台湾、云南；日本、朝鲜半岛也有。

与上种的主要区别在于：本种根状茎膨大成块状茎状，椭圆球形或纺锤形；花瓣斜卵形，先端不呈尾状，不肉质增厚；侧萼片椭圆形；距下垂，向前多少弯曲。

9. 玉凤花属 Habenaria Willd.

陆生植物。块状茎肉质，卵球形、球形或椭圆球形；地上茎直立，具叶2至多枚，基部具1～3枚筒状鞘，上部具苞片状叶。叶散生或集生于茎的中部，或近基部呈莲座状。总状花序顶生，具花少数至多数；苞片宿存；花小型，中等大或较大，白色或淡绿色；中萼片与花瓣靠合成兜状，侧萼片开展或反折；花瓣不裂或分裂；唇瓣基部与蕊柱贴生，通常3裂，稀不裂，基部具或长或短的距，稀无距；蕊柱短，两侧通常具退化雄蕊，蕊喙长、厚、大，具臂；花药2室，药隔较宽，药室下部通常叉开,基部延长成或长或短的管;花粉块2枚,粒粉质,具花粉块柄和黏盘;柱头2枚,凸起或延长成为柱头枝。$2n=42$,也有报道为$2n=28,30,32,40,44,46,48,50,64,66,80,84,88$。

约600种,分布于热带、亚热带和温带地区;我国约有90种,主要分布于西南部至东部;浙江有8种;杭州有1种。

丝裂玉凤花 (图3-564)

Habenaria polytricha Rolfe

植株高40~50cm。块状茎肉质,长圆柱形;地上茎直立,粗壮,中部集生叶5~8枚,下部具筒状鞘3~5枚,上部具披针形苞片状叶2~3枚。叶片长椭圆形或长圆状披针形,长4~20cm,宽4~6cm,干时膜质,先端短渐尖,基部渐狭,成鞘状抱茎。总状花序长15~20cm,密生花6~10朵;苞片卵状披针形,长10~12mm,先端长渐尖;花绿白色,中等大;萼片绿色,中萼片长圆形,兜状,长8~9mm,宽2~3mm,先端长尾尖,具3条脉,侧萼片斜卵形,长8~12mm,宽约4mm,先端长尾尖,具3条脉,反折;花瓣白色,2深裂,上裂片又2深裂,下裂片又4~5深裂,裂片丝状,长14~17mm;唇瓣白色,3深裂,每一裂片又多次深裂,裂片细丝状,长14~18mm;距下垂,向末端膨大,棒状,长12~14mm,向前稍弯曲;子房长圆柱状,扭曲,连柄长14~15mm。花期8—9月。

图3-564 丝裂玉凤花

见于余杭区(黄湖),生于林下阴湿处。分布于广西、江苏、四川、台湾;日本、菲律宾也有。

10. 阔蕊兰属 Peristylus Blume

陆生植物。块状茎肉质;地上茎直立,具叶1至多枚。叶着生于茎中部或近基部,叶以下具2~4枚鞘,叶以上具1至数枚披针形和鳞片状小叶。总状花序顶生,通常具多数花,密生成穗状;苞片通常披针形或卵状披针形;花小;萼片离生,中萼片卵形,侧萼片常伸展,稀反折;花瓣直立,与中萼片靠合成兜状;唇瓣3裂,或先端3齿裂,稀不裂;距短,囊状或球形;蕊柱短,蕊喙小,三角形,不分裂;花药2室,平行,不延长成管;花粉块2枚,粒粉质,具短花粉块柄和黏盘;退化雄蕊2枚,位于蕊柱近基部两侧;柱头2枚,隆起成球形或稍伸长,贴生于唇瓣基部。$2n=42,46$,偶有报道为$2n=38,88$。

约60种,分布于亚洲热带、亚热带地区;我国约有17种,分布于长江流域及其以南地区,尤以西南地区为多;浙江有3种;杭州有1种。

长须阔蕊兰 (图 3-565)

Peristylus calcaratus (Rolfe) S. Y. Hu

植株高 20～48cm。块状茎肉质,长圆球形或椭圆球形;地上茎细长,无毛,基部具 2～4 枚筒状鞘,近基部具叶3～4枚,叶之上具 1 至数枚披针形小叶。叶片椭圆状披针形,长 3～12cm,宽1～3.5cm,基部鞘状抱茎,先端渐尖、急尖或钝。总状花序具多数花,密生或疏生,长 9～23cm;苞片卵状披针形,长 6～8mm,先端渐尖,较子房短或等长;花小,绿色;萼片长圆形,长约3mm,宽 1.3～1.5mm,先端钝,中萼片直立,凹陷,侧萼片开展,稍偏斜;花瓣直立伸展,与中萼片相靠,斜卵状长圆形,长 3mm,先端钝,较萼片厚;唇瓣与花瓣基部合生,3 深裂,中裂片狭长圆状披针形,长 2～3mm,先端钝,侧裂片叉开与中裂片约成直角,丝状,弯曲,长可达14mm,在侧裂片基部有 1 条隆起的横脊,将唇瓣分为上唇和下唇两部分,基部具距;距棒状或纺锤形,长 4～5mm,末端钝,下垂;蕊柱粗短,长约 1mm,蕊喙小;药室并行,花粉块具短柄,黏盘小,椭圆形;退化雄蕊近长圆球形,向前伸展,长约 1mm;柱头 2 枚,隆起,从蕊喙下向前伸出,位于唇瓣基部两侧;子房细圆柱状纺锤形,扭曲,无毛,连花梗长 6～9mm。花期 9—10 月。

图 3-565 长须阔蕊兰

见于余杭区(黄湖),生于山坡灌丛下。分布于广东、广西、湖南、江苏、江西、台湾、云南;越南也有。

11. 头蕊兰属 Cephalanthera L. C. Rich.

陆生植物,极少为腐生植物。具短的根状茎;地上茎直立,具茎生叶 3～7 枚。叶互生,通常无柄;叶片基部鞘状抱茎。总状花序顶生,具花数朵;花白色或黄色,直立,几与花序轴平行;苞片小,鳞片状或下部较大;萼片和花瓣几相似,离生,通常多少相靠合,不张开;唇瓣通常不伸出,中部常缢缩成前、后两部分,其间无关节,前部 3 裂,中裂片较宽,先端急尖,侧裂片较小,稍抱蕊柱,基部凹陷成囊状的短距;蕊柱半圆状,直立,无翅,蕊喙小或不明显;花药生于蕊柱顶端后方,直立,2 室;花粉块 2 枚,粉质,无花粉块柄,多少纵裂为 2 枚;柱头较大,皿状,子房线状三棱形。蒴果直立。$2n=32,34,36$,偶有报道为 $2n=44,48,54$。

约 12 种,分布北温带,个别种分布至泰国;我国有 6 种,除炎热的南部地区外,全国均产;浙江有 2 种;杭州有 1 种。

金兰 (图 3-566)

Cephalanthera falcata (Thunb.) Lindl.

植株高 20～50cm。具多数细长的根。根状茎粗短;地上茎直立,基部至中部具 3～5 枚鞘状鳞叶,上部具叶 4～7 枚。叶片椭圆形或椭圆状披针形至卵状披针形,长 8～15cm,宽 2～4.5cm,先端渐尖或急尖,基部鞘状抱茎。总状花序顶生,具花 5～10 朵;苞片较小,长约 2mm,短于花梗连子房长;花黄色,直立,长约 1.5cm,不完全开展;萼片卵状椭圆形,长 1.3～1.5cm,宽 4～6mm,先端钝或急尖,具 5 条脉;花瓣与萼片相似,但稍短;唇瓣长约 5mm,宽 8mm,先端不裂或 3 浅裂,中裂片圆心形,先端钝,内面具 7 条纵褶,侧裂片三角形,基部围抱蕊柱;距圆锥形,长约 2mm,伸出萼外;蕊柱长 8～9mm;子房线形,无毛。花期 4—5 月。$2n=34$。

见于萧山区(楼塔)、余杭区(百丈、径山)、西湖景区(云栖),生于山坡林下。分布于安徽、福建、广东、广西、贵州、湖北、湖南、江苏、江西、四川、云南;日本、朝鲜半岛也有。

图 3-566 金兰

12. 斑叶兰属 Goodyera R. Br.

陆生植物。茎或长或短,直立,下部匍匐,节上生根,具多枚叶。叶近基生或在茎下部互生;叶片稍肉质,卵形或椭圆状披针形,上面常具有色斑纹或无,全缘;具叶柄。总状花序或近穗状花序顶生,具花 2 至多朵,通常偏向同一侧或不偏向同一侧;苞片长超过花梗连子房长;花中等大或小;花被片近等长;中萼片直立,凹陷,与花瓣靠合成兜状,侧萼片分离,直立或开展;唇瓣舟状或囊状,无爪,先端渐尖,有时反折,通常内面有刚毛或纵向脊状隆起,或具胼胝体,基部围抱蕊柱;蕊柱短,无附属物,蕊喙通常长而先端下弯或直立,深 2 裂或叉状;花药直立或斜卧,药隔先端常呈喙状尖凸,花粉块 2 枚,粉质,具甚短的花粉块柄和黏盘。蒴果直立,无喙。$2n=28,30,32$,偶有报道为 $2n=22,26,38,40,42,56,58,60$。

约 100 种,分布于亚洲热带和亚热带地区、欧洲、大洋洲、北美洲、南美洲;我国约有 30 种,全国均有分布;浙江有 5 种;杭州有 1 种。

斑叶兰 (图 3-567)

Goodyera schlechtendaliana Rchb. f.

植株高 15～25cm。茎上部直立,具长柔毛,下部匍匐伸长成根状茎,基部具叶 4～6 枚。叶互生;叶片卵形或卵状披针形,长 3～8cm,宽 0.8～2.5cm,上面绿色,具黄白色斑纹,下面淡绿色,先端急尖,基部楔形,具柄;叶柄长 4～10mm,基部扩大成鞘状抱茎。总状花序长 8～

20cm，疏生花数朵至20余朵；花序轴被柔毛；苞片披针形，长约12mm，宽4mm，外面被短柔毛，较花梗连子房稍长或近等长；花白色或带红色，偏向同一侧；萼片外面被柔毛，具1条脉，中萼片长圆形，凹陷，与花瓣合成兜状，长8～10mm，侧萼片卵状披针形，与中萼片等长；花瓣倒披针形，长约10mm，具1条脉；唇瓣长约7mm，基部囊状，囊内面具稀疏刚毛，基部围抱蕊柱；蕊柱极短，蕊喙2裂成叉状，裂片长约3mm；花药卵球形，药隔先端渐尖；子房长8～10mm，被长柔毛，扭曲。花期9—10月。$2n=30,60$。

见于西湖区(留下)、西湖景区(五云山)，生于山坡林下。分布于安徽、福建、甘肃、广东、广西、贵州、海南、河南、湖北、湖南、江苏、江西、山西、陕西、四川、台湾、西藏、云南；不丹、印度、印度尼西亚、日本、朝鲜半岛、尼泊尔、泰国、越南也有。

全草入药。

图3-567 斑叶兰

13. 虾脊兰属 Calanthe R. Br.

陆生植物。具短的根状茎和被叶鞘所包围的假鳞茎。叶2至数枚；叶片通常较大，少数为带状，先端尖，基部下延成鞘状柄，或无柄，全缘，干后通常呈靛蓝色。花葶直立，从叶丛中长出，或从假鳞茎基部的一侧长出；总状花序具多数花；苞片卵形或披针形，宿存或早落；花中等大；萼片与花瓣近相似，离生，开展；花瓣较小；唇瓣大，基部全部或部分与蕊柱合生，通常3裂或不裂，唇盘具胼胝体和褶片，或无，有距或无距；蕊柱通常粗短，前面两侧具翅，蕊喙2裂或近3裂，裂片三角形，先端锐尖，齿状或丝状；花药圆锥形，2室，药帽心形，花粉块8枚，蜡质，排成2群。蒴果长圆柱形，常下垂。$2n=40$，偶有报道为$2n=20,38,42,44,45,46,60$。

约250种，分布于亚洲热带、亚热带地区，中美洲，非洲，澳大利亚；我国约有50种，主产于长江流域及其以南各省、区；浙江有5种；杭州有1种。

虾脊兰 (图3-568)

Calanthe discolor Lindl.

植株高30～40cm。茎不明显。叶近基生，通常2～3枚；叶片狭倒卵状长圆形，长15～25cm，宽4～6cm，先端急尖或钝而具短尖，基部楔形，下延至叶柄；叶柄明显，基部扩大。花葶从当年生新株的幼叶的叶丛中长出，长30～50cm，下部具几枚鞘状的鳞叶；总状花序长5～15cm，有花数朵至10余朵，花序轴被短柔毛；苞片膜质，披针形，长5～10mm，较花梗连子房短；花紫红色，开展；萼片近等长，长约1.3cm，中萼片卵状椭圆形，侧萼片狭卵状披针形，先端急尖；花瓣较中萼片小，倒卵状匙形或倒卵状披针形；唇瓣与萼片近等长，玫瑰色或白色，3裂，中裂片卵状楔形,先端2裂,中央无短尖,边缘具齿,侧裂片斧状,稍内弯,全缘,唇盘上具3条褶片;距细长,长6～10mm,末端弯曲而非钩状。花期5月。$2n=40$。

见于西湖景区(飞来峰),生于山坡林下阴湿地。分布于安徽、福建、广东、贵州、湖北、湖南、江苏、江西;日本、朝鲜半岛也有。

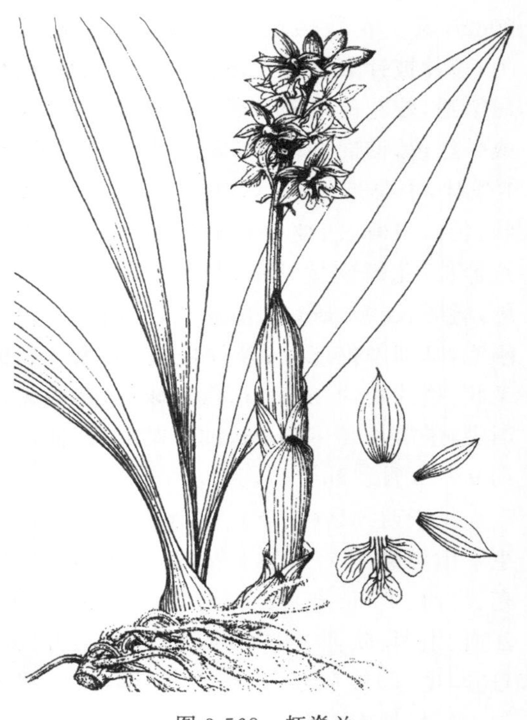

图3-568　虾脊兰

14. 兰属　Cymbidium Sw.

陆生或附生植物,稀为腐生。根粗壮,肉质。茎极短或稍延长成假鳞茎,但被叶所包围。叶丛生或近基生;叶片通常带形或剑形,少为椭圆形而具柄,基部通常具枯萎叶。花葶从叶丛中抽出;总状花序具多数花,少数仅生1朵花;苞片宿存,有时呈鞘状;花中等大,通常具香气;萼片和花瓣相似,开展或稍开展;唇瓣不裂或3裂,中裂片反折或外弯,侧裂片直立,围抱蕊柱;唇瓣上面具隆起褶片,基部贴生于蕊柱基部;无距;蕊柱较长,稍弧形或半圆柱形,边缘具狭翅或无翅,无蕊柱足;花药顶生,1室或不完全2室,花粉块2枚,近球形,蜡质,有裂隙,生于共同的花粉块柄上,有黏盘。蒴果长椭圆球形。$2n=38,40$,偶有报道为$2n=36,42,44,52$。

约60种,分布于亚洲热带和亚热带地区,非洲和大洋洲也有;我国约有20种和多数变种,主产于长江流域;浙江有8种,1变种;杭州有4种。

本属有许多种用于栽培,点缀庭院,美化居住环境。

分种检索表

1. 花葶上具花1朵,稀2朵;苞片长于花梗连子房 …… 1. **春兰** *C. goeringii*
1. 花葶上具花3朵以上;苞片短于花梗连子房。
    2. 叶脉透明,中脉明显;唇瓣中裂片边缘具不整齐的齿,皱褶呈波状;春季至初夏开花 …… 2. **蕙兰** *C. faberi*
    2. 叶脉不透明,主脉向两面凸起;唇瓣中裂片无不整齐的齿,非皱褶呈波状;秋冬至翌年早春开花。
        3. 叶片较柔软,弯曲下垂;花葶短于叶丛,花序上部的苞片短于子房;花期夏季和秋季 …… 3. **建兰** *C. ensifolium*
        3. 叶片较硬,直立;花葶近等长于或长于叶,花序上部的苞片与子房近等长;花期冬季至翌年早春 …… 4. **寒兰** *C. kanran*

1. 春兰　(图3-569)

Cymbidium goeringii (Rchb. f.) Rchb. f.

陆生植物。根状茎短;假鳞茎集生于叶丛中。叶基生,4～6枚成束;叶片带形,长20～50

(～60)cm，宽 5～8mm，先端锐尖，基部渐尖，边缘略具细齿。花葶直立，高 3～7cm，具花 1 朵，稀 2 朵；苞片膜质，鞘状包围花葶；花淡黄绿色，具清香，直径为 6～8cm；萼片较厚，长圆状披针形，中脉紫红色，基部具紫纹，中萼片长 3～4cm，宽9～10mm，侧萼片长约 2.7cm，宽 8mm；花瓣卵状披针形，长 2～2.3cm，宽约 7mm，具紫褐色斑点，中脉紫红色，先端渐尖；唇瓣乳白色，长约 1.6cm，宽 1cm，不明显 3 裂，中裂片向下反卷，先端钝，长约 1.1cm，侧裂片较小，位于中部两侧，唇盘中央从基部至中部具 2 条褶片；蕊柱直立，长约 1.2cm，宽 5mm，蕊柱翅不明显。蒴果长椭圆柱形。花期 2—4 月。$2n=38,40$。

区内常见栽培。分布于安徽、福建、甘肃、广东、广西、贵州、河南、湖北、湖南、江苏、江西、陕西、四川、台湾、云南；不丹、印度、日本、朝鲜半岛也有。

本种全国各地广为栽培，按花萼、花瓣的变化，分为许多类型，如荷瓣、梅瓣、水仙瓣、蝴蝶瓣等。杭州栽培春兰的名贵品种有大富贵、宋梅等。

根可入药。

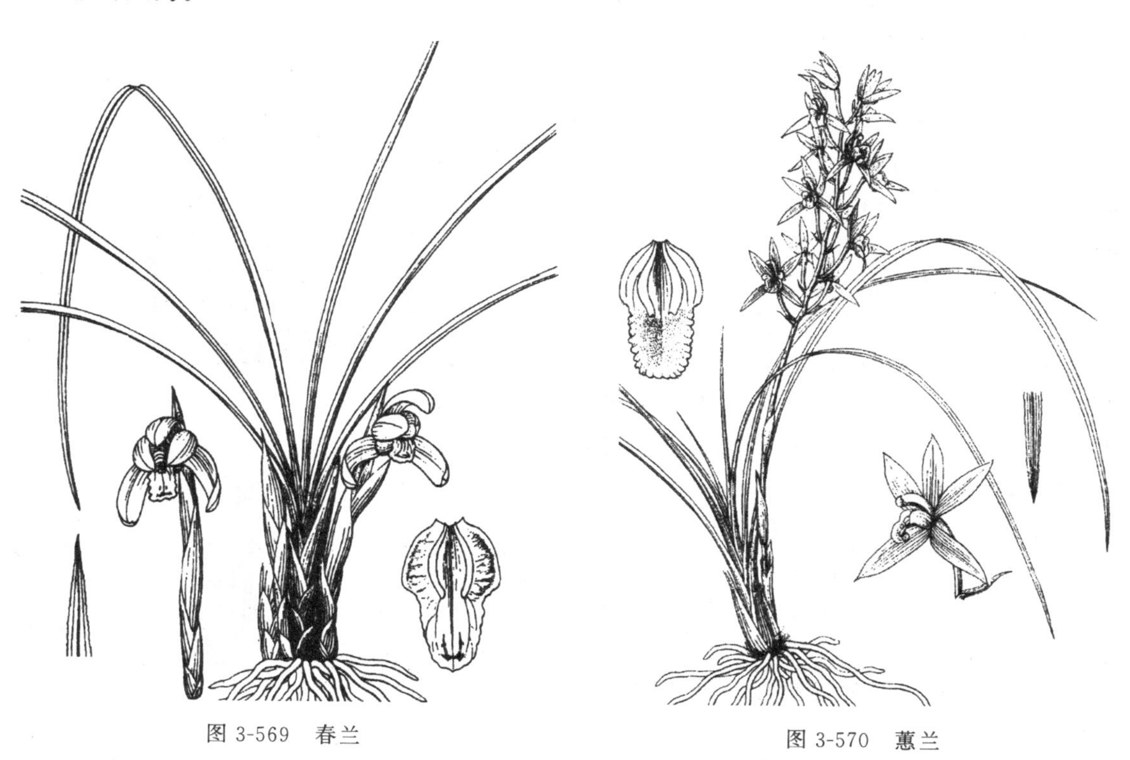

图 3-569 春兰　　图 3-570 蕙兰

2. **蕙兰** (图 3-570)

Cymbidium faberi Rolfe

陆生植物。根带白色，粗 7～10mm。假鳞茎不明显。叶 6～10 枚成束状丛生；叶片带形，长 20～80cm，宽 4～12mm，革质，或多或少硬而直立或下弯，中下部对折，先端急尖，边缘具细锯齿，叶脉透明，中脉明显。花葶高 30～60cm，中部以下具 4～6 枚膜质鞘，鞘长 3cm 左右；总状花序具花 9～18 朵；苞片披针形，长 2～3cm，短于花梗连子房；花黄绿色或紫褐色，直径为 5～7cm，具香气；萼片狭长倒披针形，长 2.7～3cm，宽 6～8mm，稍肉质，先端急尖；花瓣狭长披针形，长约 2.5cm，宽 8～10mm，基部具红线纹；唇瓣长圆形，长 2～2.3cm，宽 1～1.1cm，苍绿色或浅黄绿色，具红色斑点，不明显 3 裂，中裂片椭圆形，长约 1.4cm，宽约 6mm，向下反卷，上面具透明的乳凸和紫红色斑点，边缘具不整齐的齿，且皱褶呈波状，侧裂片直立，紫色，唇盘上有2条弧形的褶片；蕊柱长约11mm，宽3～3.5mm，黄绿色，具紫红色斑点，蕊柱翅明显。花期4—5月。$2n=40,42,44$。

区内有栽培。原产于我国南部至尼泊尔、印度；全国各地均有栽培。

本种有许多品种或类型，如小叶蕙兰、狭叶蕙兰等。

3. 建兰　(图3-571)

Cymbidium ensifolium (L.) Sw.

陆生植物。根状茎短；假鳞茎卵球形，长2～3cm，隐于叶丛中。叶2～6枚成束；叶片带形，长30～50cm，宽1～1.7cm，较柔软而弯曲下垂，先端急尖，基部收狭，边缘具不明显的钝齿，具3条两面凸起的主脉。花葶高20～35cm，基部具膜质鞘；总状花序具花5～10朵；苞片卵状披针形，长约1cm，宽2mm，先端急尖，上部的短于子房；花苍绿色或黄绿色，具清香，直径为4～5cm；花被片具5条深色的脉，中萼片长椭圆状披针形，长3～3.5cm，宽5～8mm，先端急尖或钝，侧萼片稍镰刀状；花瓣长圆形，长约2cm，宽8mm，脉纹紫色；唇瓣卵状长圆形，长约1.8cm，宽1cm，具红色斑点和短硬毛，不明显3裂，中裂片卵圆形，具紫红色斑点，向下反卷，先端急尖，侧裂片长圆形，浅黄褐色，唇盘上具2条半月形白色褶片；蕊柱长约1.2cm。花期7—10月，两次开花。$2n=40$。

图3-571　建兰

区内有栽培。原产于东亚至东南亚；全国各地均有栽培。

本种为重要栽培观赏花卉，有许多品种和类型。

4. 寒兰　(图3-572)

Cymbidium kanran Makino

陆生植物。根粗5～7mm。假鳞茎卵球状棍棒形，或多或少左右压扁，长4～6cm，宽1～1.5cm，隐于叶丛中。叶4～5枚成束；叶片带形，长35～70cm，宽1～1.7cm，革质，深绿色，略带光泽，先端渐尖，边缘近先端具细齿，叶脉在叶两面均凸起。花葶直立，长30～54cm，稍长于、等长于或短于叶；总状花序疏生5～12朵

图3-572　寒兰

花；苞片披针形，长 1.3～3.8cm；花梗连子房长 2.4～4cm；花绿色或紫色，直径为 6～8cm；萼片线状披针形，长约 3.5cm，宽 3～4mm，中萼片稍宽，先端渐尖，具几条红线纹；花瓣披针形，长 2.8～3cm，宽约 5mm，先端急尖，基部收狭，具 7 条脉，近基部具红色斑点；唇瓣卵状长圆形，长 2.3～2.5cm，宽 7～12mm，乳白色，具红色斑点或紫红色，不明显 3 裂，中裂片长 1.2～1.3cm，先端钝，边缘无齿，侧裂片直立，半圆形，有紫红色斜纹，唇盘从基部至中部具 2 条平行的褶片；蕊柱长 1.2cm，宽约 3mm，无蕊柱翅。花期 10—11 月。$2n=40$。

区内有栽培。原产于东亚；全国各地均有栽培。

附录一 杭州珍稀植物与古树名木

一、珍稀植物

本志收录的植物中,列入《国家重点保护野生植物名录(第一批)》的植物有23种,其中,国家一级保护植物有6种,国家二级保护植物有17种;列入《中国植物红皮书》的植物有7种(与上重复者不计);列入《浙江省重点保护野生植物名录(第一批)》的植物有16种(与上重复者不计)。

(一) 列入《国家重点保护野生植物名录(第一批)》的植物

一级保护植物

1. 中华水韭 *Isoëtes sinensis*:水韭科。西湖区(蒋村)有栽培,生于浅水池塘边、湿地和山沟淤泥上。

2. 苏铁 *Cycas revolute*:苏铁科。区内常见栽培。

3. 银杏 *Ginkgo biloba*:银杏科。区内常见栽培,多见于庙宇旁、村落附近。

4. 南方红豆杉 *Taxus wallichiana* var. *mairei*:红豆杉科。见于余杭区(鸬鸟),并有古树28株,西湖景区(花港)也有栽培。

5. 水杉 *Metasequoia glyptostroboides*:杉科。区内常见栽培。

6. 珙桐 *Davidia involucrate*:蓝果树科。西湖景区(黄龙洞、云栖)有栽培。

二级保护植物

1. 水蕨 *Ceratopteris thalictroides*:水蕨科。西湖区(蒋村)、西湖景区(虎跑、九溪、杭州花圃)有栽培,生于池塘、水田或水沟的淤泥中。

2. 金钱松 *Pseudolarix amabilis*:松科。区内常见栽培,余杭区(鸬鸟)有野生。

3. 榧树 *Torreya grandis*:红豆杉科。西湖景区(花港、满觉陇、玉皇山)有栽培。

4. 中华结缕草 *Zoysia sinica*:禾本科。西湖景区作草坪。

5. 樟树 *Cinnamomum camphora*:樟科。区内常见栽培和野生,保有大量古树,生于山坡、沟边林下、灌丛中或栽植于道旁。

6. 浙江楠 *Phoebe chekiangensis*:樟科。见于西湖景区(飞来峰、九溪、云栖),生于山坡、沟谷、杂木林中。

7. 野大豆 *Glycine soja*:豆科。区内常见,生于向阳山坡灌丛中、林缘、路边或田边。

8. 花榈木 *Ormosia henryi*:豆科。见于西湖景区(九溪、屏风山、韬光),生于山谷、山坡林中或林缘。

9. 鹅掌楸 *Liriodendron chinense*:木兰科。区内有栽培。

10. 厚朴 *Houpoëa officinalis*:木兰科。见于余杭区(鸬鸟),生于山林中。

11. 莲 *Nelumbo nucifera*:莲科。区内常见栽培,生于池塘或水田内。

12. 喜树 *Camptotheca acuminata*：蓝果树科。区内常见栽培。

13. 金荞麦 *Fagopyrum dibotrys*：蓼科。区内常见，生于山坡荒地、旷野路边及水沟边。

14. 香果树 *Emmenopterys henryi*：茜草科。见于余杭区（鸬鸟），生于山谷林下。

15. 秤锤树 *Sinojackia xylocarpa*：野茉莉科。西湖景区（花港）有少量栽培。

16. 榉树 *Zelkova serrata*：榆科。区内常见栽培。

17. 野菱 Trapa incisa：菱科。见于余杭区（余杭）、西湖景区（桃源岭），生于池塘、湿地中。

（二）列入《中国植物红皮书》的植物

1. 青檀 *Pterocelti statarinowii*：榆科。见于余杭区（黄湖），生于山地林间。

2. 杜仲 *Eucommia ulmoides*：杜仲科。区内有栽培。

3. 天目木兰 *Yulania amoena*：木兰科。见于余杭区（中泰），生于山林中，西湖景区（湖滨）也有栽培。

4. 黄山木兰 *Yulania cylindrica*：木兰科。见于余杭区（良渚），生于山地林间。

5. 明党参 *Changium smyrnioides*：伞形科。见于萧山区（楼塔）、余杭区（百丈、良渚），生于落叶林下和竹林中。

6. 短穗竹 *Brachystachyum densiflorum*：禾本科。区内常见。

7. 独花兰 *Changnienia amoena*：兰科。文献记载区内有分布。

（三）列入《浙江省重点保护野生植物名录（第一批）》的植物

1. 蛇足石杉 *Huperzia serrata*：石松科。见于西湖景区（云栖），生于林下阴湿之处。

2. 圆柏 *Juniperus chinensis*：柏科。区内常见栽培。

3. 孩儿参 *Pseudostellaria heterophylla*：石竹科。见于余杭区（塘栖）、西湖景区（宝石山、葛岭），生于阴湿的山坡及石隙中。

4. 睡莲 *Nymphaea tetragona*：睡莲科。区内常见栽培，生于池沼中。

5. 芡实 *Euryale ferox*：睡莲科。余杭区（径山）、西湖景区（曲院风荷）有栽培，生于湖泊、池塘。

6. 六角莲 *Dysosma pleiantha*：小檗科。见于萧山区（楼塔）、余杭区（百丈、径山），生于山坡、沟谷、竹林或杂木林下湿润处。

7. 蜡梅 *Chimonanthus praecox*：蜡梅科。见于西湖区（双浦），生于山地灌丛中。

8. 三叶崖爬藤 *Tetrastigma hemsleyanum*：葡萄科。见于余杭区（余杭），生于山坡、山沟或溪谷两旁林下阴处。

9. 杨桐 *Cleyera japonica*：山茶科。杭州各山区均产，生于山谷溪边林下。

10. 红山茶 *Camellia japonica*：山茶科。区内广泛栽培。

11. 秋海棠 *Begonia grandis*：秋海棠科。见于余杭区（余杭）、西湖景区（黄龙洞、云栖），生于山地林下阴湿处、溪旁岩石上。

12. 堇叶紫金牛 *Ardisia violacea*：紫金牛科。见于西湖景区（云栖），生于山坡密林下或阴湿地。

13. 琼花荚蒾 *Viburnum macrocephalum* f. *keteleeri*：忍冬科。区内常见栽培。

14. 寒竹 *Chimonobambusa marmorea*：禾本科。见于西湖景区（百子尖、九溪、中天竺），生于山坡或潮湿水沟边，喜阴湿环境。

15. 方竹 *Chimonobambusa quadrangularis*：禾本科。西湖景区(黄龙洞、桃源岭)有栽培,常见于庙宇周边。

16. 薏苡 *Coix lacryma-jobi*：禾本科。区内有栽培。

二、古树名木

古树名木是指保存下来的年代久远或具有重要科研、历史、文化价值的树木。一般树龄在100年及以上的树木可称为古树;名木则是指在历史上或社会上有重大影响力的中外历代名人、领袖人物所植,或具有极其重要的历史、文化价值与纪念意义的树木。一般而言,古树分为三级：树龄为500年及以上的树木为一级古树;树龄为300～499年的为二级古树;树龄为100～299年的为三级古树。而名木没有年龄限制,不分级。

杭州市自然条件优越,历史悠久,孕育并保存了许多的古树名木。在调查的城区中,西湖景区古树名木的数量最多,有796株(见表3-1)。主要种类为樟树、枫香、银杏、珊瑚朴等。其中,樟树有355株,占总数的44.6%;其次为枫香和珊瑚朴,分别占总数的9.5%和5.8%。所有古树中,一级古树有76株,二级古树有99株,三级古树有618株。

表3-1　西湖景区古树名木种类和数量

中名	拉丁名	数量/株
樟树	*Cinnamomum camphora*	355
枫香	*Liquidambar formosana*	76
珊瑚朴	*Celtis julianae*	46
银杏	*Ginkgo biloba*	33
苦槠	*Castanopsis sclerophylla*	32
木犀	*Osmanthus fragrans*	22
朴树	*Celtis sinensis*	16
浙江楠	*Phoebe chekiangensis*	15
广玉兰	*Magnolia grandiflora*	13
麻栎	*Quercus acutissima*	12
糙叶树	*Aphananthe aspera*	11
槐树	*Sophora japonica*	11
黄连木	*Pistacia chinensis*	11
蜡梅	*Chimonanthus praecox*	10
三角槭	*Acer buergerianum*	10
南川柳	*Salix rosthornii*	9
青冈栎	*Cyclobalanopsis glauca*	9
罗汉松	*Podocarpus macrophyllus*	8
雪松	*Cedrus deodara*	8

续 表

中名	拉丁名	数量/株
枫杨	*Pterocarya stenoptera*	7
七叶树	*Aesculus chinensis*	7
紫藤	*Wisteria sinensis*	5
龙柏	*Sabina chinensis* 'Kaizuka'	4
楸	*Catalpa bungei*	4
白栎	*Quercus fabri*	3
常春油麻藤	*Mucuna sempervirens*	3
龙爪槐	*Sophora japonica* f. *pendula*	3
薄叶润楠	*Machilus leptophylla*	2
豹皮樟	*Litsea coreana* var. *sinensis*	2
红果榆	*Ulmus szechuanica*	2
木荷	*Schima superba*	2
女贞	*Ligustrum lucidum*	2
刨花楠	*Machilus pauhoi*	2
日本柳杉	*Cryptomeria japonica*	2
日本五针松	*Pinus parviflora*	2
石榴	*Punica granatum*	2
水榆花楸	*Sorbus alnifolia*	2
无患子	*Sapindus mukorossi*	2
圆柏	*Sabina chinensis*	2
皂荚	*Gleditsia sinensis*	2
紫薇	*Lagerstroemia indica*	2
白蜡树	*Fraxinus chinensis*	1
北美红杉	*Sequoia sempervirens*	1
刺槐	*Robinia pseudoacacia*	1
大叶冬青	*Ilex latifolia*	1
鹅掌楸	*Liriodendron chinense*	1
杭州榆	*Ulmus changii*	1
黑松	*Pinus thunbergiana*	1
红楠	*Machilus thunbergii*	1
胡颓子	*Elaeagnus pungens*	1
黄檀	*Dalbergia hupeana*	1

续 表

中名	拉丁名	数量/株
鸡爪槭	*Acer palmatum*	1
榔榆	*Ulmus parvifolia*	1
美人茶	*Camellia uraku*	1
木香	*Rosa banksiae*	1
乌桕	*Sapium sebiferum*	1
梧桐	*Firmiana simplex*	1
响叶杨	*Populus adenopoda*	1
羽毛枫	*Acer palmatum* 'Dissectum'	1
玉兰	*Magnoliadenudata*	1
浙江红山茶	*Camellia chekiangoleosa*	1
浙江柿	*Diospyros glaucifolia*	1
浙江樟	*Cinnamomum chekiangense*	1
竹柏	*Nageia nagi*	1
锥栗	*Castanea henryi*	1
紫楠	*Phoebe sheareri*	1

余杭区古树名木数量也较多,共有560株,其中包括4个柳杉古树群、1个榔榆古树群和1个樟树古树群,隶属于24科,38种(见表3-2)。树种以柳杉、樟树、银杏、枫香、南方红豆杉为主。其中,柳杉有144株,占总数的25.7%;其次为樟树和银杏,分别占总数的23.4%和13.0%。黄连木、枳椇、蓝果树、榉树、皂荚、玉兰、黄杨、冬青、粗榧等种类有少量分布。这些古树的树龄大多为150～300年,超过千年树龄的古树有6株。所有古树中,一级古树有21株,二级古树有102株,三级古树有437株。

表3-2 余杭区古树名木种类和数量

中名	拉丁名	数量/株
柳杉	*Cryptomeria japonica* var. *sinensis*	144
樟树	*Cinnamomum camphora*	131
银杏	*Ginkgo biloba*	73
枫香	*Liquidambar formosana*	53
南方红豆杉	*Taxus wallichiana* var. *mairei*	28
榔榆	*Ulmus parvifolia*	23
朴树	*Celtis sinensis*	19
苦槠	*Castanopsis sclerophylla*	16
麻栎	*Quercus acutissima*	10

续　表

中名	拉丁名	数量/株
金钱松	*Pseudolarix amabilis*	6
金桂	*Osmanthus fragrans*	4
槐树	*Sophora japonica*	4
玉兰	*Yulania denudata*	4
黄檀	*Dalbergia hupeana*	4
枳椇	*Hovenia dulcis*	4
大叶青冈	*Cyclobalanopsis jenseniana*	3
枫杨	*Pterocarya stenoptera*	3
冬青	*Ilex chinensis*	3
黄连木	*Pistacia chinensis*	2
黄杨	*Buxus sinica*	2
榉树	*Zelkova serrata*	2
杭州榆	*Ulmus changii*	2
皂荚	*Gleditsia sinensis*	2
榧树	*Torreya grandis*	2
粗榧	*Cephalotaxus sinensis*	2
沙梨	*Pyrus pyrifolia*	2
浙江红山茶	*Camellia chekiangoleosa*	1
重阳木	*Bischofia polycarpa*	1
柏木	*Cupressus funebris*	1
罗汉松	*Podocarpus macrophyllus*	1
红楠	*Machilus thunbergii*	1
龙柏	*Juniperus chinensis* 'Kaizuka'	1
白栎	*Quercus fabri*	1
柿	*Diospyros kaki*	1
红山茶	*Camellia japonica*	1
乌桕	*Triadica sebifera*	1
肥皂荚	*Gymnocladus chinensis*	1
蓝果树	*Nyssa sinensis*	1

萧山区有古树名木472株,隶属于18科,21种(见表3-3)。其中,樟树数量最多,有309株,占总数的65.5%;其次为银杏和枫香,各占总数的11.2%和9.3%。所有古树中,一级古树有43株,二级古树有97株,三级古树有331株。

表3-3 萧山区古树名木种类和数量

中名	拉丁名	数量/株
樟树	*Cinnamomum camphora*	309
银杏	*Ginkgo biloba*	53
枫香	*Liquidambar formosana*	44
朴树	*Celtis sinensis*	17
三角槭	*Acer buergerianum*	13
槐树	*Sophora japonica*	7
金桂	*Osmanthus fragrans*	5
苦槠	*Castanopsis sclerophylla*	5
马尾松	*Pinus massoniana*	3
南方红豆杉	*Taxus wallichiana* var. *mairei*	3
柳杉	*Cryptomeria japonica* var. *sinensis*	2
女贞	*Ligustrum lucidum*	2
臭椿	*Ailanthus altissima*	1
枫杨	*Pterocarya stenoptera*	1
罗汉松	*Podocarpus macrophyllus*	1
麻栎	*Quercus acutissima*	1
无患子	*Sapindus saponaria*	1
杨梅	*Myrica rubra*	1
樱桃	*Cerasus pseudocerasus*	1
紫玉兰	*Yulania liliiflora*	1
榔榆	*Ulmus parvifolia*	1

此外,杭州市上城区(73株)、下城区(19株)、江干区(20株)、拱墅区(64株)、西湖区(146株)共有古树名木322株,隶属于14科,16种(见表3-4)。其中,以樟树最多,共有255株,占总数的79.2%;其次为银杏,有40株,占总数的12.4%。

表 3-4　上城区、下城区、江干区、拱墅区、西湖区古树名木种类、数量和分布

区域	中名	拉丁名	数量/株
上城区	樟树	*Cinnamomum camphora*	37
	银杏	*Ginkgo biloba*	24
	朴树	*Celtis sinensis*	4
	女贞	*Ligustrum lucidum*	1
	珊瑚朴	*Celtis julianae*	1
	枫杨	*Pterocarya stenoptera*	1
	广玉兰	*Magnolia grandiflora*	4
	粗糠树	*Ehretia macrophylla*	1
下城区	樟树	*Cinnamomum camphora*	12
	苏铁	*Cycas revolute*	2
	朴树	*Celtis sinensis*	1
	银杏	*Ginkgo biloba*	3
	榉树	*Zelkova serrata*	1
江干区	樟树	*Cinnamomum camphora*	20
拱墅区	樟树	*Cinnamomum camphora*	62
	银杏	*Ginkgo biloba*	2
西湖区	樟树	*Cinnamomum camphora*	124
	银杏	*Ginkgo biloba*	11
	枸骨	*Ilex cornuta*	1
	女贞	*Ligustrum lucidum*	1
	黄连木	*Pistacia chinensis*	1
	麻栎	*Quercus acutissima*	1
	枫香	*Liquidambar formosana*	1
	石楠	*Photinia serratifolia*	2
	茶花	*Camellia japonica*	1
	枫杨	*Pterocarya stenoptera*	3

附录二　采自杭州的植物模式标本

杭州历史文化积淀深厚,加之交通便利,吸引了许多国内外植物学家和植物爱好者来此调查、采集。第一个确定的杭州植物的模式标本是由英国人 Hance 根据 Moule 采集的标本于1875年命名的新种穆氏栎 *Quercus moulei*(此种在我国以往的分类文献中均未作处理)。钟观光、胡先骕、郑万钧、秦仁昌、耿以礼等也曾在杭州进行了深入的采集工作,从中也发现了不少新植物。

本志收载了采自杭州(除富阳区、临安区外)的植物模式标本共65种,1亚种,13变种,4变型。由于这些分类群发表时指定的模式标本不止1号(份),有时有2号(份)以上合模式,因此模式标本采自杭州的共有95号(份),共有30余位采集人(队)。在这些分类群中,有42个已经为后来相关研究者归并,有1个已经被重新组合,有3个为新名称所替代。

各个模式标本按照中名(少数在国外杂志上发表的未拟中名)、拉丁名、文献出处、采集人与采集号、模式类型与保存单位依次排列。标本保存单位的标本馆代号均以纽约植物园编订的 *Index Herbariorum* (8th ed)和傅立国主编的《中国植物标本馆索引》中所拟定的为准,详见文后附注。

采自杭州的植物模式标本名录如下。

蕨类植物门　Pteridophyta

1. 铁角蕨科 Aspleniaceae

(1) **杭州铁角蕨***Asplenium hangzhouense* Ching & C. F. Zhang in Bull. Bot. Res., Harbin (植物研究) 3(3): 38. 1983. C. F. Zhang (张朝芳) 7250 (holotype, PE). [被并入: **江苏铁角蕨***A. kiangsuense* Ching & Y. X. Jing]

(2) **小叶铁角蕨***Asplenium parviusculum* Ching in Bull. Bot. Res., Harbin (植物研究) 3(3): 37. 1983. C. C. Wu (吴长春) s. n. (holotype, PE). [被并入: **江苏铁角蕨***A. kiangsuense* Ching & Y. X. Jing]

2. 鳞毛蕨科 Dryopteridaceae

(3) **多芒复叶耳蕨***Arachniodes aristatissima* Ching in Bull. Bot. Res., Harbin (植物研究) 6(3): 1, pl. 1: 7. 1986. P. C. Chiu (裘佩熹) 149 (holotype, PE). [被并入: **长尾复叶耳蕨***A. simplicior* (Makino) Ohwi]

(4) **云栖复叶耳蕨***Arachniodes yunqiensis* Y. T. Hsieh in Bull. Bot. Res., Harbin (植物研究) 6(4): 3. 1986. P. C. Chiu (裘佩熹) 3463 (holotype, PE). [被并入: **紫云山复叶耳蕨***A. ziyunshanensis* Y. T. Hsieh]

(5) **似多变鳞毛蕨***Dryopteris consimilis* Ching & Chiu in Bot. Res. Acad. Sin. (植物学集刊) 2: 25, pl. 9: 3. 1987. P. C. Chiu (裘佩熹) 510 (holotype, PE). [被并入: **变异鳞毛

蕨*D. varia* (L.) O. Ktze.]

(6) **杭州鳞毛蕨***Dryopteris hangchowensis* Ching in Bull. Fan Mem. Inst. Biol. Bot. (静生生物调查所汇报) 8(6): 414. 1938. T. Tang & W. Y. Hsia (唐进，夏纬瑛) 93 (holotype, PE).

(7) **灵隐鳞毛蕨***Dryopteris linyingensis* Ching & C. F. Zhang in Bull. Bot. Res., Harbin (植物研究) 3(3): 30, pl. 22. 1983. C. F. Zhang (张朝芳) 3131 (holotype, PE). [被并入: **红盖鳞毛蕨***D. erythrosora* (Eaton) O. Ktze.]

(8) **龙井鳞毛蕨***Dryopteris lungjingensis* Ching & Chiu in Bot. Res. Acad. Sin. (植物学集刊) 2: 27, pl. 10: 1. 1987. P. C. Chiu (裘佩熹) 3477 (holotype, PE). [被并入: **太平鳞毛蕨***D. pacifica* (Nakai) Tagawa]

(9) **假红盖鳞毛蕨***Dryopteris pseudoerythrosora* Ching & C. F. Zhang in Bull. Bot. Res., Harbin (植物研究) 3(3): 27, pl. 20. 1983, non Kodama ex Matsumura in 1913. C. F. Zhang (张朝芳) 7235 (holotype, PE). [被替代为: *D. paraërythrosora* Ching & C. F. Zhang in C. F. Zhang & S. Y. Chang, Fl. Zhejiang (浙江植物志) 1: 250, pl. 1－258. 1993]. [被并入: **红盖鳞毛蕨***D. erythrosora* (Eaton) O. Ktze.]

(10) **天竺鳞毛蕨***Dryopteris tieanzuensis* Ching & Chiu in Bot. Res. Acad. Sin. (植物学集刊) 2: 24, pl. 9: 2. 1987. P. C. Chiu (裘佩熹) 3555 (holotype, PE). [被并入: **棕边鳞毛蕨***D. sacrosancta* Koidz.]

被子植物门 Angiospermae

3. 壳斗科 Fagaceae

(11) **钩栲***Castanopsis tibetana* Hance in J. Bot. 13: 367. 1875. Moule s. n. (holotype, BM).

(12) **穆氏栎***Quercus moulei* Hance in J. Bot. 13: 363. 1875. Moule s. n. (holotype, BM). [被并入: **麻栎***Q. acutissima* Caruth.]

4. 榆科 Ulmaceae

(13) **杭州榆***Ulmus changii* W. C. Cheng in Contr. Biol. Lab. Sci. Soc. China, Bot. Ser. (中国科学社生物研究所论文集) 10(2): 94, fig. 13. 1936. S. C. Chang 158 (holotype, NAS).

5. 荨麻科 Urticaceae

(14) *Achudemia insignis* Migo in J. Shanghai Sci. Inst. Sect. 3. 3: 91, tab. 9. 1935. H. Migo s. n. (holotype, TI). [被并入: **山冷水花***Pilea japonica* (Maxim.) Hand.-Mazz.]

6. 蓼科 Polygonaceae

(15) **中华蓼***Persicaria sinica* Migo in J. Shanghai Sci. Inst. Sect. 3. 9: 143. 1939. H. Migo s. n. (holotype, NAS). [被并入: **戟叶蓼***Polygonum thunbergii* Siebold & Zucc.]

(16) **杭州蓼***Polygonum hangchowense* Matsuda in Bot. Mag., Tokyo 27: 9. 1913. K. Honda 684 (holotype, TI). [被并入: **愉悦蓼***P. jucundum* Meisn.]

(17)*Polygonum virginianum* L. f. var. *glabratum* Matsuda in Bot. Mag., Tokyo 27: 11. 1913. K. Honda 406 (holotype, TI). [被并入: **短毛金线草***Antenoron filiforme* (Thunb.) Rob. & Vaut.]

7. 樟科 Lauraceae

(18) **浙江樟***Cinnamomum chekiangense* Nakai in Fl. Sylv. Kor. 22: 23. 1939. W. C. Cheng (郑万钧) 32 (holotype, TI).

(19) **浙江润楠***Machilus chekiangensis* S. K. Lee in Acta Phytotax. Sin. (植物分类学报) 17(2): 53, pl. 5, fig. 4. 1979. S. Y. Chang (章绍尧) 737 (holotype, PE).

(20) **浙江楠***Phoebe chekiangensis* Shang in Acta Phytotax. Sin. (植物分类学报) 12(3): 295, pl. 60. 1974. T. Hong (洪涛) 6358 (holotype, NF).

8. 十字花科 Cruciferae

(21) **中华碎米荠***Cardamine cathayensis* Migo in J. Shanghai Sci. Inst. Sect. 3. 3: 223. 1937. H. Migo s. n. (holotype, TI). [被并入: **白花碎米荠***C. leucantha* (Tausch) O. E. Schulz]

(22) **卵叶弯曲碎米荠***Cardamine flexuosa* With. var. *ovatifolia* T. Y. Cheo & R. C. Fang in Bull. Bot. Lab. N. E. Forest. Inst., Harbin (东北林学院植物研究室汇刊) 1980 (6): 24. 1980. S. Y. Chang (章绍尧) 186 (holotype, NAS). [被并入: **弯曲碎米荠***C. flexuosa* With.]

(23)*Cardamine hickinii* O. E. Schulz in Repert. Spec. Nov. Regni Veg. 17: 289. 1921. H. J. Hickin s. n. (holotype, KI). [被并入: **心叶华葱芥***Sinalliaria limprinchitana* (Pax) X. F. Jin, Y. Y. Zhou & H. W. Zhang]

(24) **铺散诸葛菜***Orychophragmus diffusus* Z. M. Tam & J. M. Xu in Acta Phytotax. Sin. (植物分类学报) 36(6): 547, fig. 3. 1998. Z. M. Tan (谭仲明) 95—16 (holotype, SZ).

9. 景天科 Crassulaceae

(25) **凹叶景天** *Sedum emarginatum* Migo in J. Shanghai Sci. Inst. Sect. 3. 3: 224. 1937. H. Migo s. n. (holotype, TI).

(26) **杭州景天** *Sedum hangzhouense* K. T. Fu & G. Y. Rao in Acta Bot. Boreal.-Occid. Sin. (西北植物学报) 8(2): 119 (1988). anonymous 71 (holotype, SZ).

(27) **狭叶垂盆草***Sedum angustifolium* Z. B. Hu & X. L. Huang in Acta Phytotax. Sin. (植物分类学报) 19(3): 311 (1981). X. L. Huang (黄秀兰) 7604 (holotype, SHMI). [被并入: **垂盆草***S. sarmentosum* Bunge]

10. 虎耳草科 Saxifragaceae

(28) **疏花太平花** *Philadelphus pekinensis* Rupr. var. *laxiflorus* W. C. Cheng in Contr. Biol. Lab. Sci. Soc. China, Bot. Ser. (中国科学社生物研究所论文集) 10(2): 118.

1936. Hu（胡先骕）1497，1653（syntypes，NAS）.［被替代为：**浙江山梅花***P. zhejiangensis* S. M. Hwang in Acta Bot. Aus. Sin.（中国科学院华南植物研究所集刊）7：10. 1991］

11. 冬青科 Aquifoliaceae

（29）**浙江冬青***Ilex zhejiangensis* Tseng ex S. K. Chen & Y. X. Feng in Acta Phytotax. Sin.（植物分类学报）37(2)：144. 1999. C. J. Tseng（曾沧江）s. n.（holotype，AU）.

12. 七叶树科 Hippocastanaceae

（30）**浙江七叶树***Aesculus chekiangensis* Hu & W. P. Fang in Act. Sci. Nat. Univ. Szech.（四川大学学报）1960(3)：85，t. 2. 1960. S. Y. Chang（章绍尧）695（holotype，PE）.［本志作为变种处理：*A. chinersis* var. *chekiangensis*（Hu & W. P. Fang）W. P. Fang］

13. 葡萄科 Vitaceae

（31）**三出蘡薁***Vitis adstricta* Hance var. *ternata* W. T. Wang in Acta Phytotax. Sin.（植物分类学报）17(3)：76，pl. 1：1. 1979. Hangzhou Bot. Gard.（杭州植物园）15（holotype，PE）.［被替代为：*V. sinoternata* W. T. Wang in Guihaia 30(3)：287. 2010］

（32）**华东葡萄***Vitis pseudoreticulata* W. T. Wang in Acta Phytotax. Sin.（植物分类学报）17(3)：73，pl. 5：1. 1979. Hangzhou Bot. Gard.（杭州植物园）394（holotype，PE）.

14. 椴树科 Tiliaceae

（33）**绒果田麻***Corchoropsis tomentosa*（Thunb.）Makino var. *tomentosicarpa* P. L. Chiu & G. R. Zhong in Bull. Bot. Res.，Harbin（植物研究）8(4)：106. 1988. S. Y. Chang（章绍尧）1228（holotype，HHBG）.［被并入：**田麻***C. crenata* Siebold & Zucc.］

15. 猕猴桃科 Actinidiaceae

（34）**梅叶猕猴桃***Actinidia macrosperma* C. F. Liang var. *mumoides* C. F. Liang in K. M. Feng，Fl. Reipubl. Popularis Sin.（中国植物志）49(2)：312，pl. 60：6－9. 1984. S. Y. Chang（章绍尧）2159（holotype，PE）.［被并入：**大籽猕猴桃***A. macrosperma* C. F. Liang］

16. 山茶科 Theaceae

（35）**光紫茎***Stewartia glabra* Yan in Acta Phytotax. Sin.（植物分类学报）19(4)：466，fig. 2. 1981. Z. R. Li（李增瑞）086（holotype，FUS）.

17. 胡颓子科 Elaeagnaceae

（36）**浙江胡颓子***Elaeagnus chekiangensis* Matsuda in Bot. Mag.，Tokyo 30：40. 1916. C. M. Chang（张之铭）22（holotype，TI）.［被并入：**佘山牛奶子***E. argyi* H. Lév.］

18. 杜鹃花科 Ericaceae

(37) **杭州杜鹃***Rhododendron hangzhouense* W. P. Fang & M. Y. He in Bull. Bot. Res., Harbin (植物研究) 2(2): 81, fig. 1. 1982. S. Y. Chang (章绍尧) 211 (holotype, PE). [被并入: **马银花***R. ovatum* (Lindl.) Planch. ex Maxim.]

(38) **刚毛马银花***Rhododendron ovatum* (Lindl.) Planch. ex Maxim. var. *setuliferum* anonymous M. Y. He in Journ. Sichuan Univ. Nat. Sci. Ed. (四川大学学报) 1984(1): 96, 1984. 浙博 T1163 (holotype, ZM). [被并入: **马银花** *R. ovatum* (Lindl.) Planch. ex Maxim.]

(39) **杭州越橘***Vaccinium donianum* Wight var. *hangchowense* Matsuda in Bot. Mag., Tokyo 26: 319. 1912. K. Honda 1266 (syntype, TI). [被并入: **江南越橘***V. mandarinorum* Diels]

19. 报春花科 Primulaceae

(40) **紫脉聚花过路黄***Lysimachia congestiflora* Hemsl. var. *atronervata* C. C. Wu in Acta Phytotax. Sin. (植物分类学报) 9(4): 314. 1964. Hangzhou Univ. Sect. Phytotax. (杭州大学分类组) 2197 (holotype, HZU). [被并入: **聚花过路黄***L. congestiflora* Hemsl.]

(41) **堇叶报春***Primula cicutariifolia* Pax in Jahresber. Schles. Ges. Vaterl. Cult. 93: Abt. 2, 1. 1916. H. W. Limprichit 822 (holotype, WRSL).

(42) **小毛茛叶报春***Primula ranunculoides* Chen var. *minor* Chen in Acta Phytotax. Sin. (植物分类学报) 1(2): 178. 1951. C. X. Zhong (仲崇信) s. n. (holotype, PE). [被并入: **堇叶报春***P. cicutariifolia* Pax]

20. 山矾科 Symplocaceae

(43) **棱角山矾***Symplocos tetragona* Chen ex Y. F. Wu in Acta Phytotax. Sin. (植物分类学报) 24(3): 194, fig. 1. 1986. Y. Y. Ho (贺贤育) 30344 (holotype, IBSC).

21. 唇形科 Labiatae

(44) *Amethystanthus nakaii* Migo in J. Shanghai Sci. Inst. Sect. 3. 9: 155. 1939. H. Migo s. n. (holotype, TI). [被并入: **大萼香茶菜***Isodon macrocalyx* (Dunn) Kudô]

(45) **浙江铃子香***Chelonopsis chekiangensis* C. Y. Wu in Novon 19: 133. 2009. R. C. Ching (秦仁昌) 3724 (holotype, PE).

(46) **杭州石荠苎***Mosla hangchowensis* Matsuda in Bot. Mag., Tokyo 26: 344. 1912. K. Honda 473 (holotype, TI).

22. 苦苣苔科 Gesneraceae

(47) **西子报春苣苔***Primulina xiziae* F. Wen, Yue Wang & G. J. Hua in Nordic J. Bot. 30(1): 77, figs. 1 & 2. 2012. F. Wen et al. (温放等) HZ20080601 (holotype, IBK). [被并入: **牛耳朵***Chirita eburnea* Hance]

23. 茜草科 Rubiaceae

(48) **浙江虎刺** *Damnacanthus shanii* K. Yao & M. B. Deng in Bull. Bot. Res., Harbin (植物研究) 10(4): 1, fig. 1. 1990. S. Y. Chang (章绍尧) 1801 (holotype, NAS). [被并入: **浙皖虎刺** *D. macrophyllus* Siebold & Zucc.]

24. 忍冬科 Caprifoliaceae

(49) **忍冬** *Lonicera japonica* Thunb. f. *macrantha* Matsuda in Bot. Mag., Tokyo 26: 307. 1912. K. Honda 1278, 1279, 1280, 1281 (syntypes, TI). [被并入: **金银花** *L. japonica* Thunb.]

(50) **浙江荚蒾** *Viburnum schesianum* Maxim. subsp. *chekiangense* Hsu & P. L. Chiu in Acta Phytotax. Sin. (植物分类学报) 17(2): 78. 1979. S. Y. Chang (章绍尧) 2649 (holotype, HHBG). [被并入: **陕西荚蒾** *V. schensianum* Marim.]

25. 菊科 Compsitae

(51) **密毛奇蒿** *Artemisia anomala* S. Moore var. *tomentella* Hand.-Mazz. in Not. Bot. Gart. Berl. 13: 633. 1937. R. C. Ching (秦仁昌) 3800 (holotype, W).

(52) **多叶还阳参** *Crepis japonica* Benth. f. *foliosa* Matsuda in Bot. Mag., Tokyo 26: 313. 1912. K. Honda 1180, 1195, 1302 (syntypes, TI). [被并入: **多裂黄鹌菜** *Youngia rosthornii* (Diels) Babcock & Stebbins]

26. 禾本科 Gramineae

(53) **苦绿竹** *Bambusa prasina* Wen in J. Bamboo Res. (竹子研究汇刊) 1(1): 29, fig. 7. 1982. T. H. Wen (温太辉) 76109 (holotype, ZJFI). [被并入: **扁竹** *B. basihirsuta* McClure]

(54) **宽叶北美箭竹** *Arundinaria latifolia* Keng in Sinensia (台湾"中研院"自然历史博物馆丛刊) 6(2): 147, fig. 1. 1935. S. C. Yang (杨衔晋) 118 (holotype, NAS). [组合为: **阔叶箬竹** *Indocalamus latifolius* (Keng) McClure in Sunyatsenia (中山专刊) 6: 37. 1941.]

(55) **尖头青竹** *Phyllostachys acuta* C. D. Chu & C. S. Chao in Acta Phytotax. Sin. (植物分类学报) 18(2): 172, fig. 2. 1980. C. D. Chu & H. Y. Zou (朱政德, 邹惠渝) 75132 (holotype, NF).

(56) **乌芽竹** *Phyllostachys atrovaginata* C. S. Chao & H. Y. Chou in Acta Phytotax. Sin. (植物分类学报) 18(2): 191, fig. 13. 1980. C. S. Chao & H. Y. Zou (赵奇僧, 邹惠渝) 74166 (holotype, NF).

(57) **黄槽竹** *Phyllostachys aureosulcata* McClure in J. Wash. Acad. Sci. 35: 282. 1945. F. A. McClure 20971 (holotype, WS).

(58) **毛壳花哺鸡竹** *Phyllostachys circumpilis* C. Y. Yao & S. Y. Chen in Acta Phytotax. Sin. (植物分类学报) 18(2): 178, fig. 5. 1980. C. Y. Yao & S. Y. Chen (姚昌豫, 陈绍云) 75015 (holotype, HHBG).

(59) **乌壳鳗竹** *Phyllostachys erecta* Wen in Bull. Bot. Res., Harbin (植物研究) 2(1):

62, fig. 2. 1982. T. H. Wen（温太辉）63505（holotype, N）. ［被并入：**芽竹** *P. robustiramea* S. Y. Chen & C. Y. Yao］

（60）**花哺鸡竹** *Phyllostachys glabrata* S. Y. Chen & C. Y. Yao in Acta Phytotax. Sin.（植物分类学报）18(2)：174, fig. 3. 1980. S. Y. Chen & C. Y. Yao（陈绍云，姚昌豫）75012（holotype, HHBG）.

（61）**毛壳竹** *Phyllostachys hispida* S. C. Li, S. H. Wu & S. Y. Chen in Acta Phytotax. Sin.（植物分类学报）20(4)：492, fig. 1. 1982. Z. P. Wang & G. H. Ye（王正平，叶光汉）8041（holotype, N）. ［被并入：**乌竹** *P. varioauriculata* S. C. Li & S. H. Wu］

（62）**红竹** *Phyllostachys iridescens* C. Y. Yao & S. Y. Chen in Acta Phytotax. Sin.（植物分类学报）18(2)：170, fig. 1. 1980. C. Y. Yao & S. Y. Chen（姚昌豫，陈绍云）75013（holotype, HHBG）.

（63）**高节竹** *Phyllostachys prominens* W. Y. Xiong in Acta Phytotax. Sin.（植物分类学报）18(2)：182, fig. 6. 1980. C. S. Chao（赵奇僧）74181（holotype, NF）.

（64）**望江哺鸡竹** *Phyllostachys propinqua* McClure f. *lanuginosa* Wen in Bull. Bot. Res., Harbin（植物研究）2(1)：75. 1982. T. H. Wen（温太辉）78401（holotype, ZJFI）.

（65）**芽竹** *Phyllostachys robustiramea* S. Y. Chen & C. Y. Yao in Acta Phytotax. Sin.（植物分类学报）18(2)：188, fig. 10. 1980. S. Y. Chen & C. Y. Yao（陈绍云，姚昌豫）75022（holotype, HHBG）.

（66）**乌哺鸡竹** *Phyllostachys vivax* McClure in J. Wash. Acad. Sci. 35：292. 1945. F. A. McClure 21044（holotype, WS）.

（67）**苦北美箭竹** *Arundinaria amara* Keng in Sinensia（台湾"中研院"自然历史博物馆丛刊）6(2)：148, fig. 2. 1935. Y. L. Keng（耿以礼）2947（holotype, NAS）. ［组合为：**苦竹** *Pleioblastus amarus*（Keng）Keng f. in Techn. Bull. Nat. For. Res. Bur. China 8：14. 1948.］

（68）**杭州苦竹** *Pleioblastus amarus*（Keng）Keng f. var. *hangzhouensis* S. L. Chen & S. Y. Chen in Acta Phytotax. Sin.（植物分类学报）21(4)：408, fig. 3. 1983. S. Y. Chen et al.（陈绍云等）78030（holotype, HHBG）.

（69）**垂枝苦竹** *Pleioblastus amarus*（Keng）Keng f. var. *pendulifolius* S. Y. Chen in Acta Phytotax. Sin.（植物分类学报）21(4)：413. 1983. S. Y. Chen et al.（陈绍云等）78031（holotype, HHBG）.

（70）**华丝竹** *Pleioblastus intermedius* S. Y. Chen in Acta Phytotax. Sin.（植物分类学报）21(4)：408, fig. 5. 1983. S. Y. Chen et al.（陈绍云等）78035（holotype, HHBG）.

（71）**硬头苦竹** *Pleioblastus longifimbriatus* S. Y. Chen in Acta Phytotax. Sin.（植物分类学报）21(4)：411, fig. 7. 1983. S. Y. Chen et al.（陈绍云等）78045（holotype, HHBG）. ［被并入：**晾衫竹** *Sinobambusa intermedia* McClure］

（72）**变异北美箭竹** *Arundinaria varia* Keng in Sinensia（台湾"中研院"自然历史博物馆丛刊）6(2)：150, fig. 3. 1935. K. K. Tsoong（钟观光）116, 363（syntypes, HZU）. ［被并入：**苦竹** *Pleioblastus amarus*（Keng）Keng f.］

（73）**宜兴苦竹** *Pleioblastus yixingensis* S. L. Chen & S. Y. Chen in Acta Phytotax. Sin.（植物分类学报）21(4)：411, fig. 9. 1983. S. Y. Chen et al.（陈绍云等）78027

(holotype, HHBG).

(74) **笔竹***Pseudosasa viridula* S. L. Chen & G. Y. Sheng in Bull. Bot. Res., Harbin (植物研究) 11(4): 46, fig. 2: 5—6. 1991. S. L. Chen et al. (陈守良等) 79459 (holotype, NAS).

(75) **中华业平竹***Semiarundinaria sinica* Wen in J. Bamboo Res. (竹子研究汇刊) 8 (1): 13, fig. 1. 1989. T. H. Wen (温太辉) 88501 (holotype, ZJFI).

(76) **多木鸭嘴草***Ischaemum hondae* Matsuda in Bot Mag., Tokyo 27: 106. 1913. K. Honda 111, 367, 430, 437, 479 (syntypes, TI). [被并入: **有芒鸭嘴草***I. aristatum* L.]

27. 莎草科 Cyperaceae

(77) **杭州薹草***Carex hangzhouensis* C. Z. Zheng, X. F. Jin & B. Y. Ding in Novon 15 (1): 157, fig. 1. 2005. X. F. Jin et al. (金孝锋等) 702 (holotype, HZU). [被并入: **溪生薹草***C. rivulorum* Dunn]

(78) **戟叶薹草***Carex hastata* Kük. in Repert. Spec. Nov. Regni Veg. 27: 110. 1929. Y. L. Keng (耿以礼) 2353 (holotype, N). [被并入: **灰白薹草***C. canina* Dunn]

(79) *Carex haematorrhyncha* Ohwiet T. Koyama in Bull. Nat. Sci. Mus. (Tokyo) 3 (1): 21, pl. 4. 1956. H. Migo s. n. (holotype, TNS). [被并入: **反折果薹草***C. retrofracta* Kük.]

(80) **反折果薹草***Carex retrofracta* Kük. in Repert. Spec. Nov. Regni Veg. 27: 110. 1929. Y. L. Keng (耿以礼) 2352 (holotype, N).

28. 百合科 Liliaceae

(81) **浙江沿阶草***Ophiopogon chekiangensis* K. Kimura & Migo in J. Jpn. Bot. 57(10): 313. 1982. K. Kimura 810720, 810424 (syntypes, TI). [被并入: **麦冬***O. japonicus* (L. f.) Ker Gawl.]

(82) **浙江黄精***Polygonatum zhejiangensis* X. J. Xue & H. Yao in Bull. Bot. Res., Harbin (植物研究) 14(3): 241, fig. 1. 1994. X. J. Xue (薛祥骥) 8334 (holotype, HHBG).

29. 鸢尾科 Iridaceae

(83) **白蝴蝶花***Iris japonica* Thunb. f. *pallescens* P. L. Chiu & Y. T. Zhao ex Y. T. Zhao in Acta Phytotax. Sin. (植物分类学报) 18(1): 58. 1980. P. L. Chiu (裘宝林) s. n. (holotype, NFNU).

注：标本馆代号与中文全称

AU：厦门大学植物标本馆

BM：英国自然历史博物馆(英国)

FUS：复旦大学植物标本馆

HHBG：杭州植物园标本馆

HZU：浙江大学植物标本馆

IBK：广西壮族自治区中国科学院植物研究所标本馆
IBSC：中国科学院华南植物园标本馆
K：皇家植物园邱园标本馆(英国)
N：南京大学植物标本馆
NAS：江苏省中国科学院植物研究所标本馆
NF：南京林业大学植物标本馆
NFNU：东北师范大学植物标本馆
PE：中国科学院植物研究所标本馆
SHMI：中国科学院上海药物研究所标本馆
SZ：四川大学植物标本馆
TI：东京大学综合博物馆(日本)
TNS：东京国立科学博物馆(日本)
W：维也纳大学标本馆(奥地利)
WRSL：华沙大学标本馆(波兰)
WS：华盛顿史密森尼研究所标本馆(美国)
ZJFI：浙江省林业科学研究院植物标本馆
ZM：浙江自然博物馆

中名索引

E

F

G

H

J

M

N

P

Q

R

S

T

W

X

Y

拉丁名索引

A

B

C

D

E

F

G

H

I

J

K

L

M

N

O

P

R

S

T

U

V

W

X

Y

Z

白毛鹿茸草

匍茎通泉草

松蒿

腺毛阴行草

胡麻

半蒴苣苔

吊石苣苔

绞股蓝

虎刺

鸡仔木

日本粗叶木

日本蛇根草

印度羊角藤

栀子

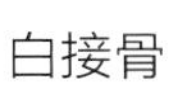

白接骨

球花马蓝

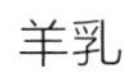

羊乳

茶荚蒾

水马桑

下江忍冬

多茎鼠麹草

蜂斗菜

蒲儿根

陀螺紫菀

半夏

灯台莲

石菖蒲

天南星

白花紫露草

百部

白背牛尾菜

黑果菝葜

小果菝葜

白穗花

华重楼

卷丹

老鸦瓣

少花万寿竹

油点草

长梗黄精

浙贝母

换锦花

日本薯蓣

水鬼蕉

射干

小鸢尾

蘘荷

斑叶兰

金兰

台湾独蒜兰